实例 10

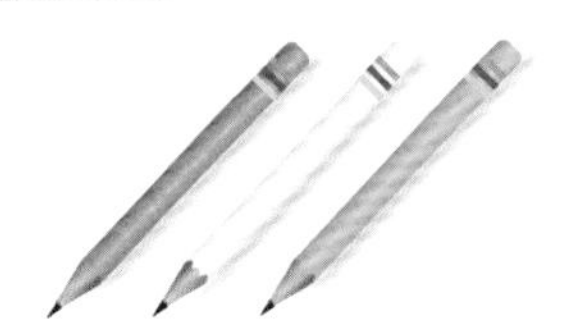
实例 11

实例 12

实例 13

实例 14

实例 15

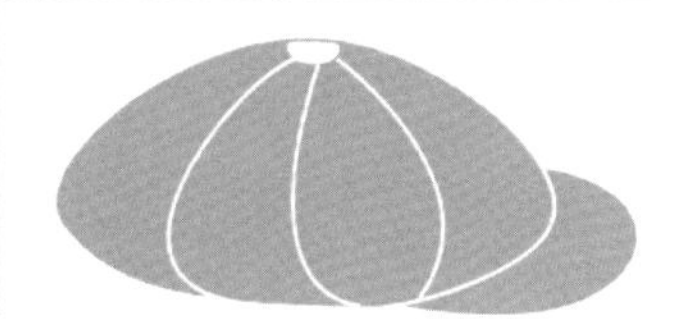
实例 16

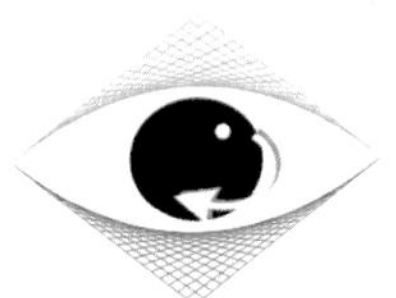
实例 17

实例 18

实例 19

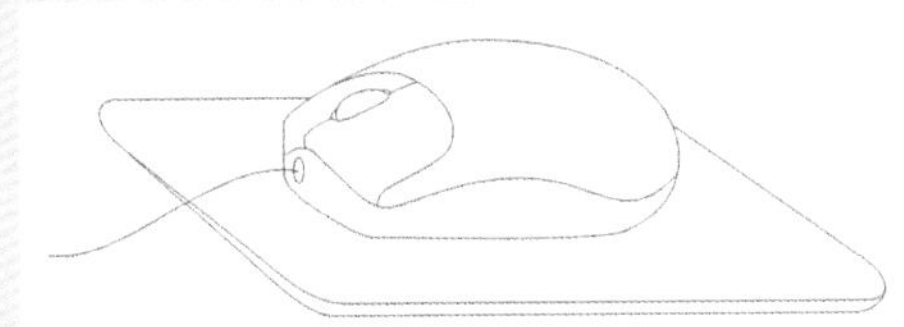
实例 20

实例 21

实例 22

实例 23

实例 24

实例 25

实例 26

实例 27

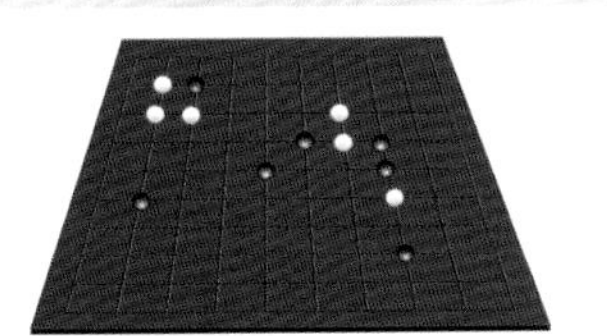
实例 28

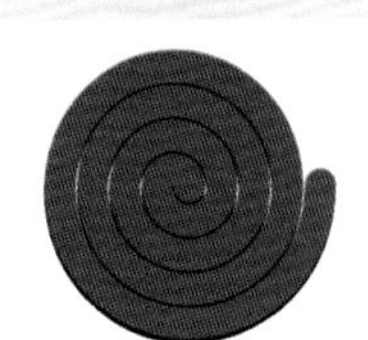
实例 29

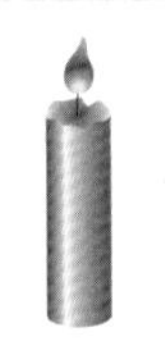
实例 30

实例 31

实例 32

实例 33

实例 34

实例 35

实例 36

实例 37

实例 38

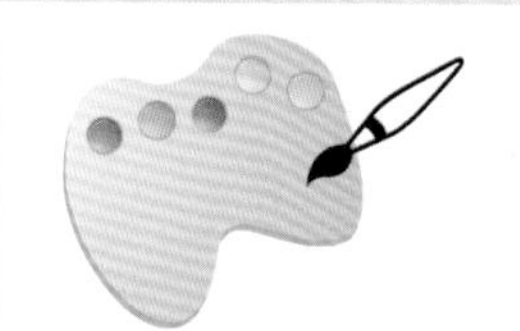
实例 39

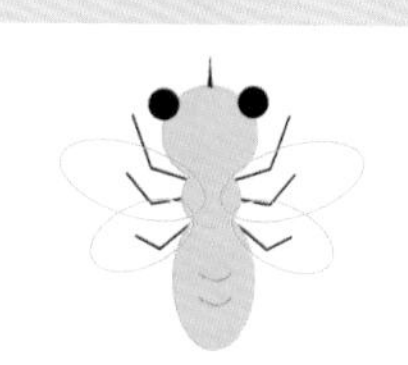
实例 40

实例 41

实例 42

实例 43

实例 44

实例 45

实例 46

实例 47

实例 48

实例 49

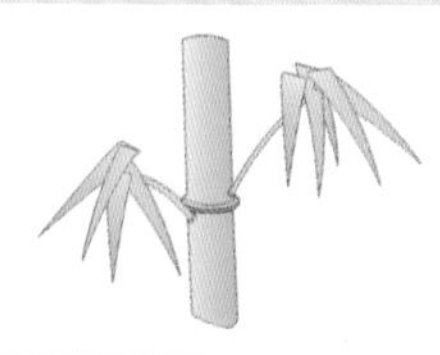
实例 50

实例 51

实例 52

实例 53

实例 54

实例 55

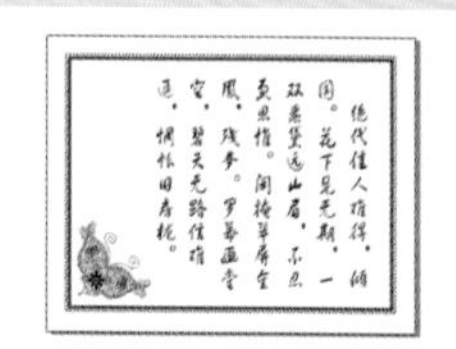
实例 56

实例 57

实例 58

实例 59

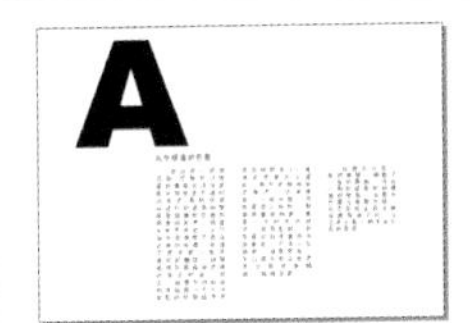

实例 60

实例 62

实例 61

实例 63

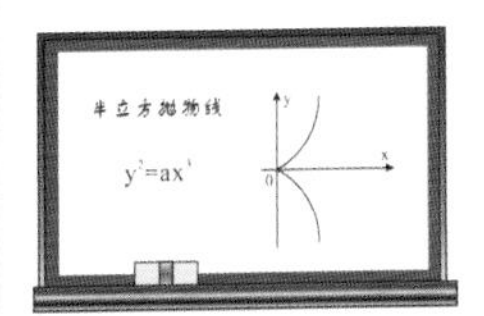

实例 65

实例 64

实例 66

实例 67

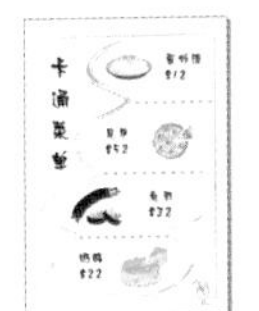
实例 68

实例 70

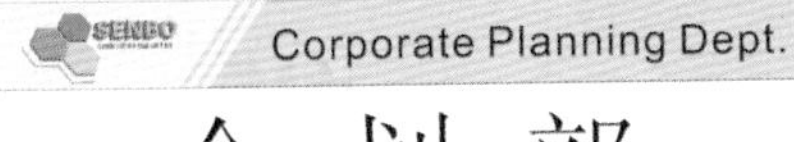

实例 69

实例 71

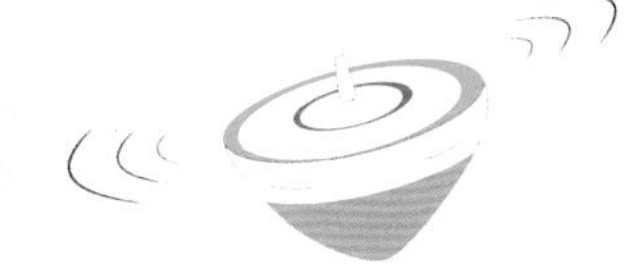
实例 72

实例 73

实例 74

实例 75

实例 76

实例 77

实例 78

实例 79

实例 80

实例 81

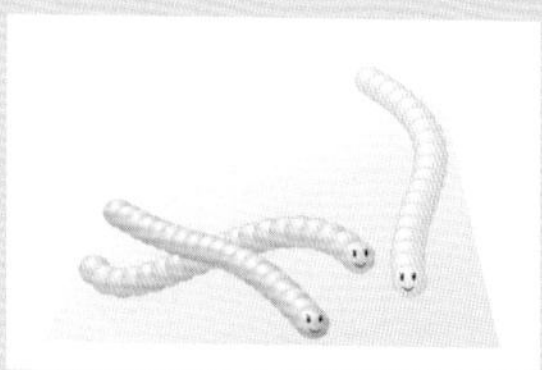
实例 82

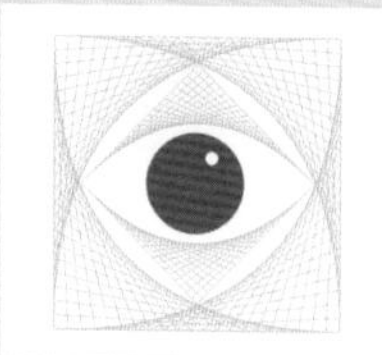
实例 83

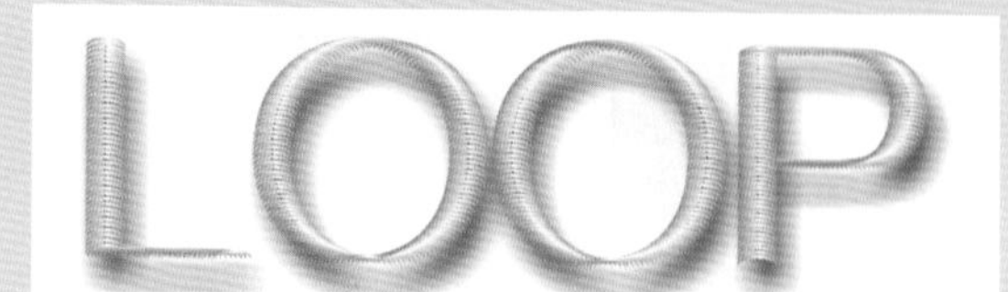

实例 84

实例 85

实例 86

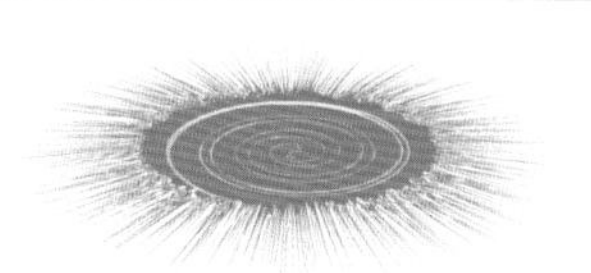
实例 87

实例 88

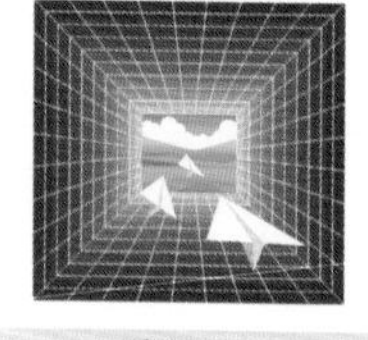
实例 89

实例 90

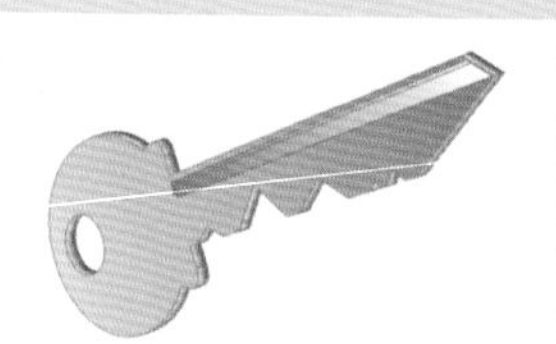
实例 91

实例 92

实例 93

实例 94

实例 95

实例 96

实例 97

实例 98

实例 99

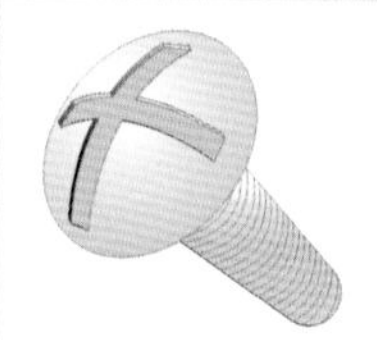
实例 100

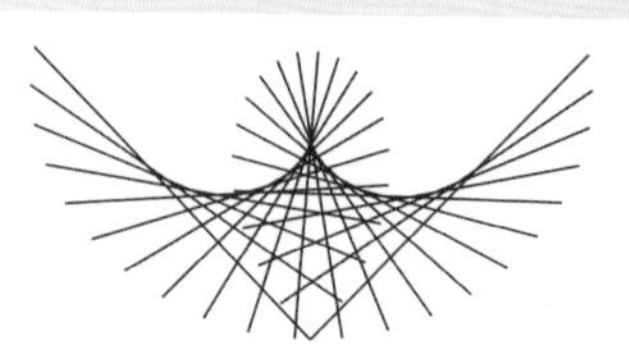
实例 101

实例 102

实例 103

实例 104

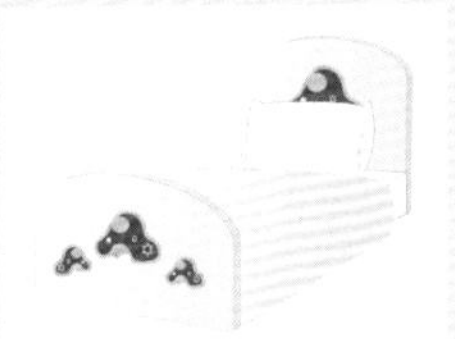

实例 106

实例 107

实例 105

实例 108

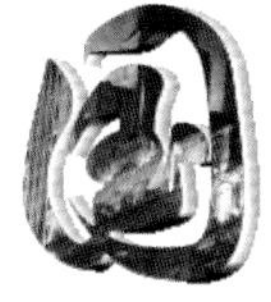

实例 109

实例 110

实例 111

实例 112

实例 113

实例 114

实例 115

实例 116

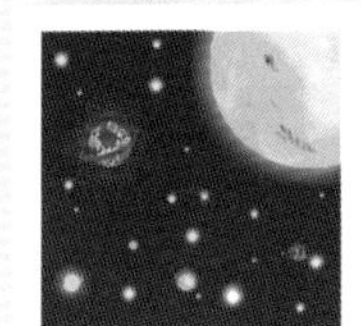

实例 118

实例 117

实例 119

实例 120

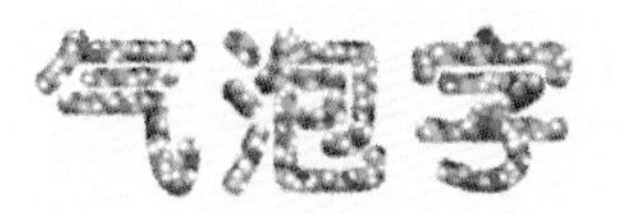

实例 121

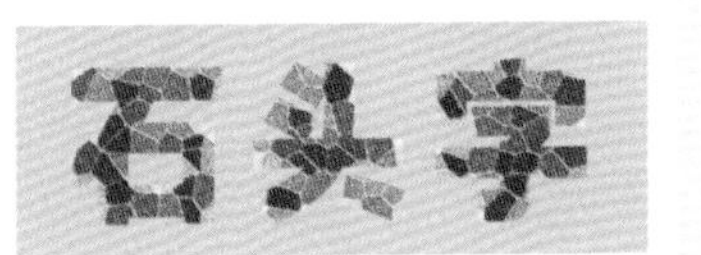

实例 122

实例 123

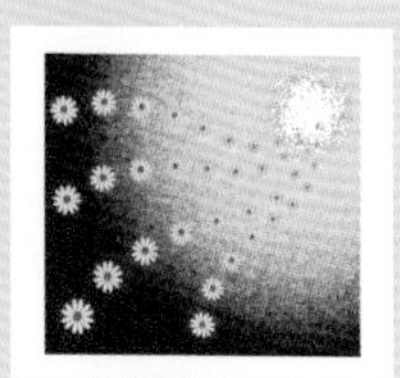
实例 124

实例 125

实例 126

实例 127

实例 128

实例 129

实例 130

实例 131

实例 132

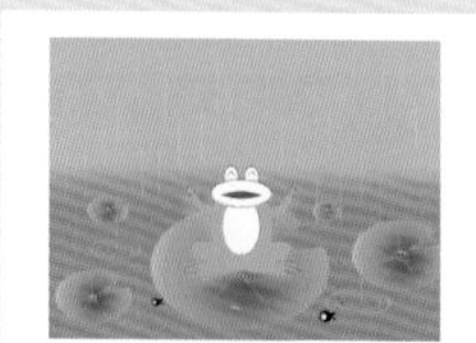
实例 133

实例 134

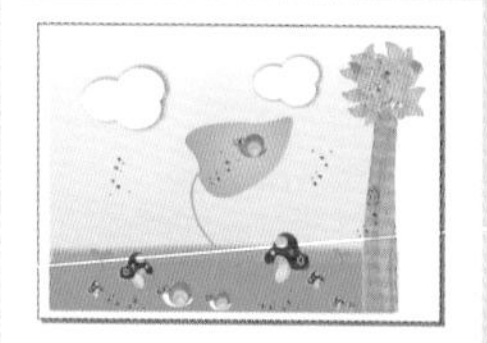
实例 135

实例 136

实例 137

实例 138

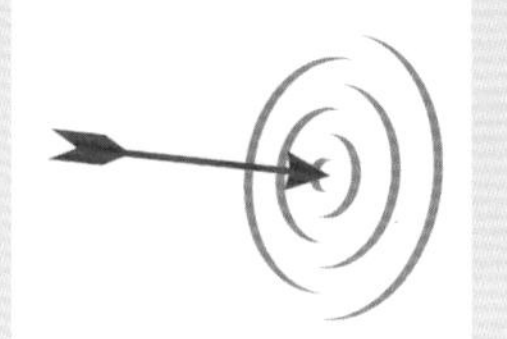
实例 139

实例 140

实例 141

实例 142

实例 143

实例 144

实例 145

实例 146

实例 147

实例 148

实例 149

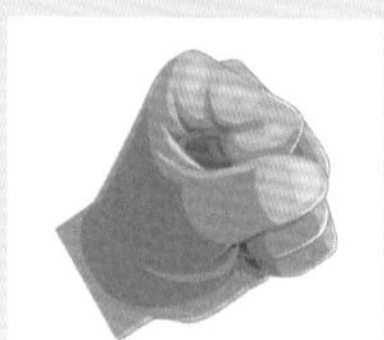
实例 150

实例 151

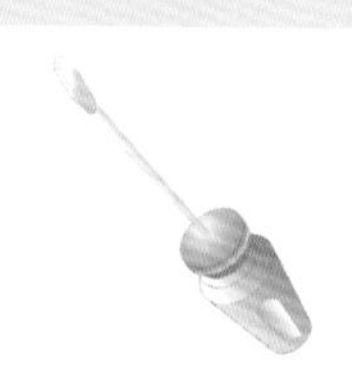
实例 152

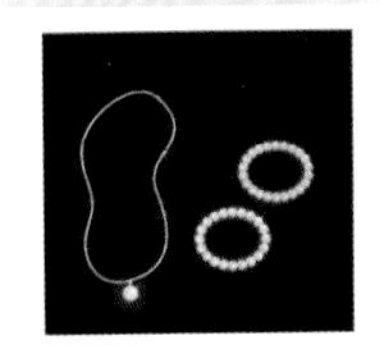
实例 153

实例 154

实例 155

实例 156

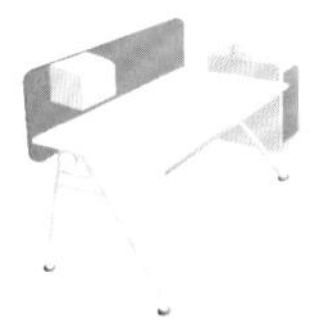
实例 157

实例 158

实例 159

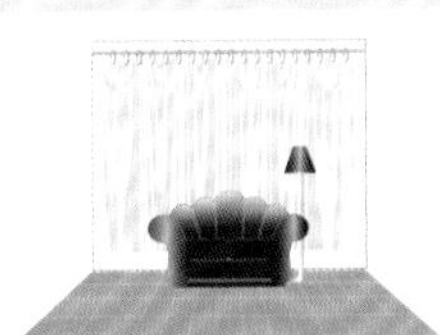
实例 160

实例 161

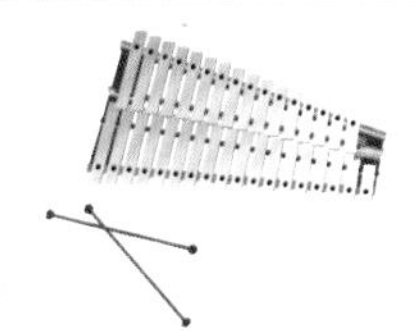
实例 162

实例 163

实例 165

实例 164

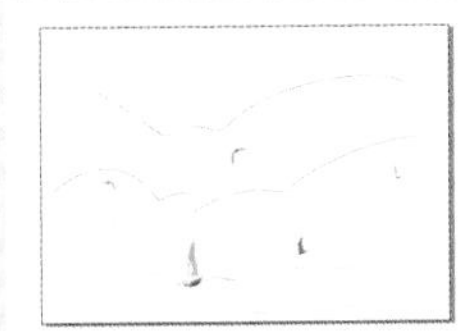
实例 166

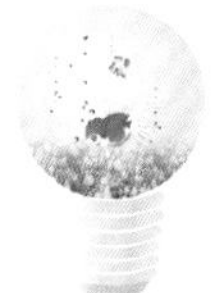
实例 167

实例 169

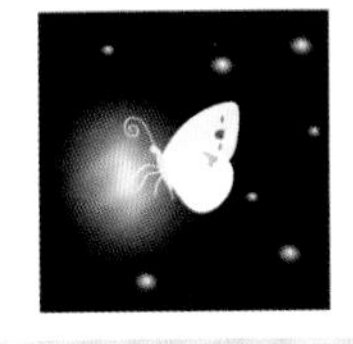
实例 168

实例 170

实例 171

实例 172

实例 173

实例 174

实例 175

实例 176

实例 177

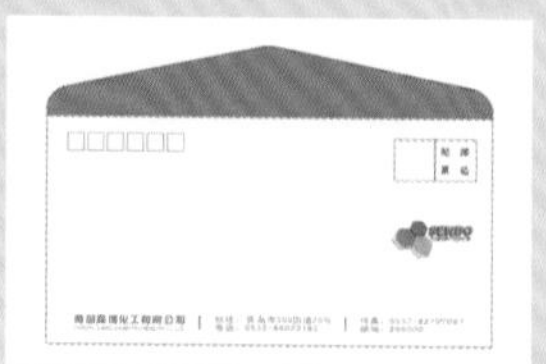
实例 178

实例 179

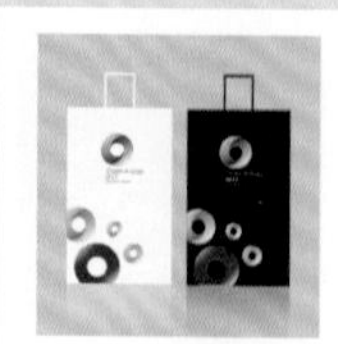
实例 180

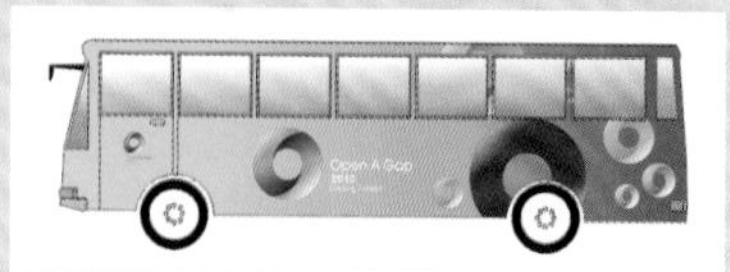
实例 181

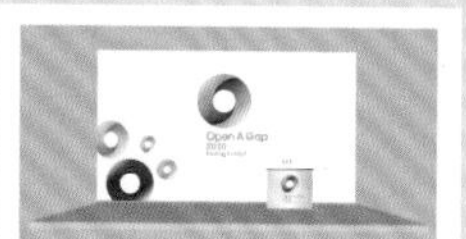
实例 182

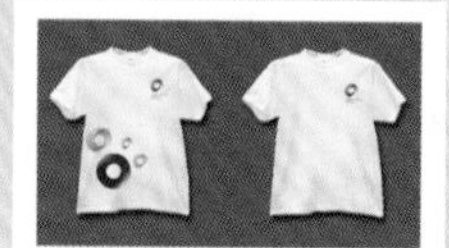
实例 183

实例 184

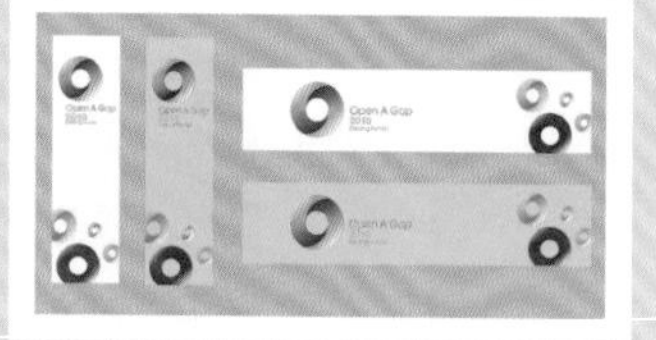
实例 185

实例 186

实例 187

实例 188

实例 189

实例 190

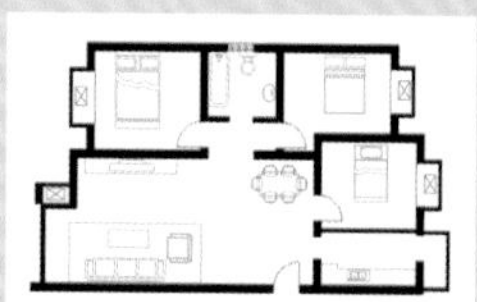
实例 191

实例 192

实例 193

实例 194

实例 195

实例 196

实例 197

实例 198

实例 199

实例 200

全彩超值版

CoreIDRAW X5 实战从入门到精通

新视角文化行　陆鑫　周荥　王琳　编著

适合自学：

全书设计了200个实例，由浅入深，从易到难，逐步引导读者系统地掌握软件操作技能。

技术手册：

每一个实例都是一个技术专题，与实战紧密结合，技巧全面丰富。

老师讲解：

超大容量的DVD多媒体教学光盘，包含了书中200个案例的全程同步多媒体语音视频教学，就像有一位专业的老师在您旁边讲解一样。

1-DVD

人民邮电出版社
北京

图书在版编目（CIP）数据

CorelDRAW X5实战从入门到精通 ：全彩超值版 / 陆鑫，周荥，王琳编著. -- 北京 ：人民邮电出版社，2012.6（2014.2重印）
（设计师梦工厂. 从入门到精通）
ISBN 978-7-115-27803-6

Ⅰ. ①C… Ⅱ. ①陆… ②周… ③王… Ⅲ. ①图形软件，CorelDRAW X5 Ⅳ. ①TP391.41

中国版本图书馆CIP数据核字(2012)第048893号

内 容 提 要

《CorelDRAW X5 实战从入门到精通》一经上市便受到了广大读者的好评，但由于是黑白书，效果不能够完美地呈现出来，影响了读者的阅读。一段时间销售之后，经过市场调查和研究决定推出全彩版，以便读者能够更好地感受设计的魅力。

本书是“从入门到精通”系列中的一本。本书根据使用 CorelDRAW X5 进行图形设计的特点编写而成，并精心设计了 200 个实例，循序渐进地讲解了使用 CorelDRAW X5 设计专业平面作品所需要的全部知识。全书共分 17 章，包括软件基础知识、线形工具的使用、几何图形工具的使用、图形对象的编辑、文本的输入与应用、对象的排列与组合、矢量图的交互式效果、矢量图的特殊效果、位图的编辑、卡通人物绘制、其他卡通形象和场景绘制、卡通实物绘制、复杂三维图形绘制、抽象图形绘制、VI 设计、平面设计、打印输出与页面设置等内容。本书附带 1 张 DVD 光盘，包含了书中 200 个案例的多媒体视频教程、源文件和素材文件。

本书采用“完全案例”的编写形式，兼具技术手册和应用技巧参考手册的特点，技术实用，讲解清晰，不仅可以作为图形设计初中级读者的学习用书，而且也可以作为大中专院校相关专业及图形设计培训班的教材。

设计师梦工厂 • 从入门到精通
CorelDRAW X5 实战从入门到精通（全彩超值版）

◆ 编　　著　新视角文化行　陆　鑫　周　荥　王　琳
　责任编辑　郭发明
◆ 人民邮电出版社出版发行　　北京市丰台区成寿寺路 11 号
　邮编　100164　　电子邮件　315@ptpress.com.cn
　网址　http://www.ptpress.com.cn
　北京鑫丰华彩印有限公司印刷
◆ 开本：787×1092　1/16
　印张：28.25　　彩插：4
　字数：901 千字　　2012 年 6 月第 1 版
　印数：14 001-16 000 册　　2014 年 2 月北京第 8 次印刷

ISBN 978-7-115-27803-6

定价：79.00 元（附 1 DVD）

前 言

关于本系列图书

感谢您翻开本系列图书。在茫茫的书海中，或许您曾经为寻找一本技术全面、案例丰富的计算机图书而苦恼，或许您为担心自己是否能做出书中的案例效果而犹豫，或许您为了自己应该买一本入门教材而仔细挑选，或许您正在为自己进步太慢而缺少信心……

现在，我们就为您奉献一套优秀的学习用书——“从入门到精通”系列，它采用完全适合自学的“教程+案例”和“完全案例”两种形式编写，兼具技术手册和应用技巧参考手册的特点，随书附带的DVD多媒体教学光盘包含书中所有案例的视频教程、源文件和素材文件。希望通过本系列书能够帮助您解决学习中的难题，提高技术水平，快速成为高手。

■ **自学教程**。书中设计了大量案例，由浅入深、从易到难，可以让您在实战中循序渐进地学习到相应的软件知识和操作技巧，同时掌握相应的行业应用知识。

■ **技术手册**。一方面，书中的每一章都是一个小专题，不仅可以让您充分掌握该专题中提到的知识和技巧，而且举一反三，掌握实现同样效果的更多方法。

■ **应用技巧参考手册**。书中把许多大的案例化整为零，让您在不知不觉中学习到专业应用案例的制作方法和流程，书中还设计了许多技巧提示，恰到好处地对您进行点拨，到了一定程度后，您就可以自己动手，自由发挥，制作出相应的专业案例效果。

■ **老师讲解**。每本书都附带了CD或DVD多媒体教学光盘，每个案例都有详细的语音视频讲解，就像有一位专业的老师在您旁边一样，您不仅可以通过本系列图书研究每一个操作细节，而且还可以通过多媒体教学领悟到更多的技巧。

本系列书近期已推出以下品种。

3ds Max+VRay效果图制作从入门到精通	Flash CS5动画制作实战从入门到精通
Photoshop CS3图像处理实战从入门到精通	Illustrator CS5实践从入门到精通
Photoshop CS5中文版从入门到精通	3ds Max+VRay效果图制作从入门到精通全彩版
Photoshop CS3平面设计实战从入门到精通	Maya 2011从入门到精通
3ds Max 2010中文版从入门到精通	3ds Max 2010中文版实战从入门到精通
Photoshop CS4从入门到精通	AutoCAD 2010中文版辅助绘图从入门到精通
会声会影X3实战从入门到精通全彩版	AutoCAD 2009机械设计实战从入门到精通
3ds Max 2009中文版效果图制作从入门到精通	Photoshop CS4图像处理实战从入门到精通

本书特点

本书每一章的内容都丰富多彩，力争涵盖CorelDRAW X5中全部的知识点，大量的实例贯穿于整个讲解过程。

本书具有以下特点。

- 内容全面，几乎涵盖了CorelDRAW X5中的所有知识点。本书由具有丰富教学经验的设计师编写，从图形设计的一般流程入手，逐步引导读者学习软件和设计的各种技能。
- 语言通俗易懂，讲解清晰，前后呼应，以最小的篇幅、最易读懂的语言来讲解每一项功能和每一个实例，让您学习起来更加轻松，阅读更加容易。
- 实例丰富，技巧全面实用，技术含量高，与实践紧密结合。每一个实例都倾注了作者多年的实践经验，每一个功能都已经过技术认证。
- 注重技巧的归纳和总结。在本书知识点和实例的讲解过程中穿插了大量的提示和技巧，使读者更容易理解和掌握，从而方便记忆知识点，进而能够举一反三。
- 多媒体视频教学，学习轻松方便。本书配有1张海量信息的DVD光盘，包含全书200个案例的多媒体视频教程、案例最终源文件和素材文件。

本书各章编排

本书首先讲解了CorelDRAW X5的软件技能操作，包括基础知识、线形工具的使用、几何图形工具的使用、图形对象的编辑、文本的输入与应用、对象的排列与组合、矢量图的交互式效果、矢量图的特殊效果、位图的编辑；然后从提升图形设计技能的角度出发，层层深入到商业应用的层面进行讲解，包括卡通人物绘制、其他卡通形象和场景绘制、卡通实物绘制、复杂三维图形绘制、抽象图形绘制、VI设计、平面设计、打印输出与页面设置等内容。

本书读者对象

本书主要面向初、中级读者。对于软件每个功能的讲解都从必备的基础操作开始，以前没有接触过CorelDRAW X5的读者无需参照其他书籍即可轻松入门，接触过CorelDRAW X5的读者同样可以从中快速了解CorelDRAW X5的各种功能和知识点，自如地踏上新的台阶。

本书由新视角文化行总策划，由制作公司和一线专业教师编写，在成书的过程中，得到了杜昌国、邹庆俊、易兵、宋国庆、汪建强、信士常、罗丙太、王泉宏、李晓杰、王大勇、王日东、高立平、杨新颖、李洪辉、邹焦平、张立峰、邢金辉、王艾琴、吴晓光、崔洪禹、田成立、梁静、任宏、吴井云、艾宏伟、张华、张平、孙宝莱、孙朝明、任嘉敏、钟丽、尹志宏、蔡增起、段群兴、郭兵、杜昌丽等人的大力帮助和支持，在此表示感谢。

由于编写水平有限，书中难免有错误和疏漏之处，恳请广大读者批评、指正。读者在学习的过程中，如果遇到问题，可以联系作者（电子邮件nvangle@163.com），也可以与本书策划编辑郭发明联系交流（guofaming@ptpress.com.cn）。

新视角文化行

2012年5月

目录

第1章　基础知识

本章主要讲解在CorelDRAW中新建文件、打开文件、导入图片、保存文件、关闭文件、页面设置、放大视图、缩小视图、设置快捷键等操作，使读者对CorelDRAW整个工作窗口和操作中的一些基础知识有一个初步了解，方便读者后面的学习。

Example 实例 1　新建文件

实例目的

主要讲解CorelDRAW X5软件从启动到新建文件的过程。

实例要点

- 启动CorelDRAW X5。
- 【CorelDRAW X5】对话框。
- 新建文件。
- 从模板新建文件。

操作步骤

01 单击桌面左下方的【开始】按钮，在弹出的菜单中将鼠标指针移动到【程序】项上，右侧展开下一级子菜单，再将鼠标指针移至【CorelDRAW Graphics Suite X5】项上，展开下一级子菜单，最后将鼠标指针移至【CorelDRAW X5】项，如图1-1所示。

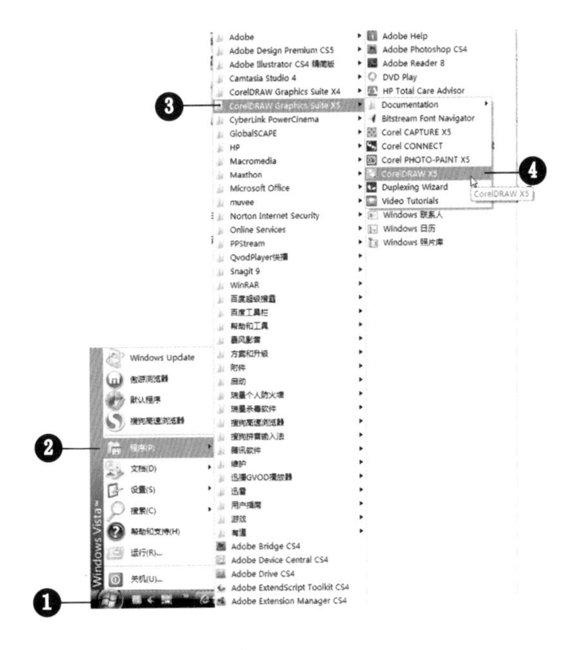

图1-1　启动菜单

如果CorelDRAW X5在桌面上创建有快捷方式，可在 图标上双击，也可快速地启动CorelDRAW X5。

02 在【CorelDRAW X5】项上单击鼠标左键，启动CorelDRAW X5，如图1-2所示；弹出【CorelDRAW X5】对话框，如图1-3所示。

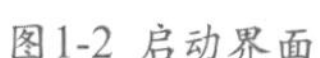

图1-2 启动界面

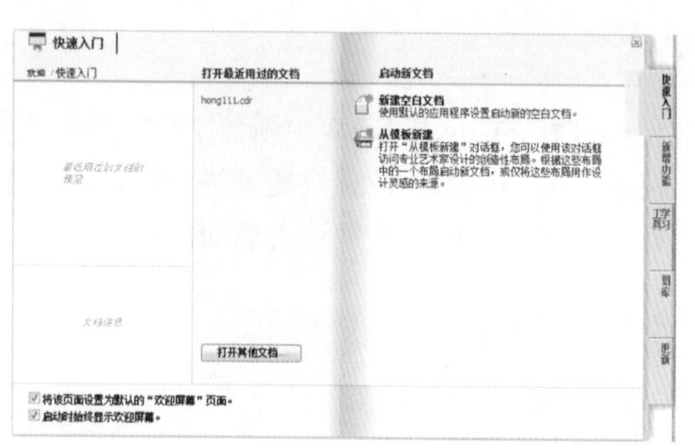

图1-3 【CorelDRAW X5】对话框

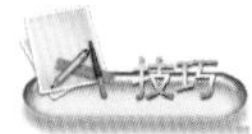

启动时显示欢迎屏幕，复选框处于勾选状态时，则每次启动CorelDRAW X5，都会出现【CorelDRAW X5】欢迎屏幕对话框；如果取消勾选复选框，则在每次启动CorelDRAW X5时，将不再出现该对话框。

03 将鼠标指针移动到【新建空白文档】按钮处，鼠标指针变为图形时，单击鼠标左键，系统会弹出如图1-4所示的【创建新文档】对话框。单击【确定】按钮，会进入CorelDRAW X5的工作界面，系统自动新建一个空白文档，如图1-5所示。

图1-4 【创建新文档】对话框

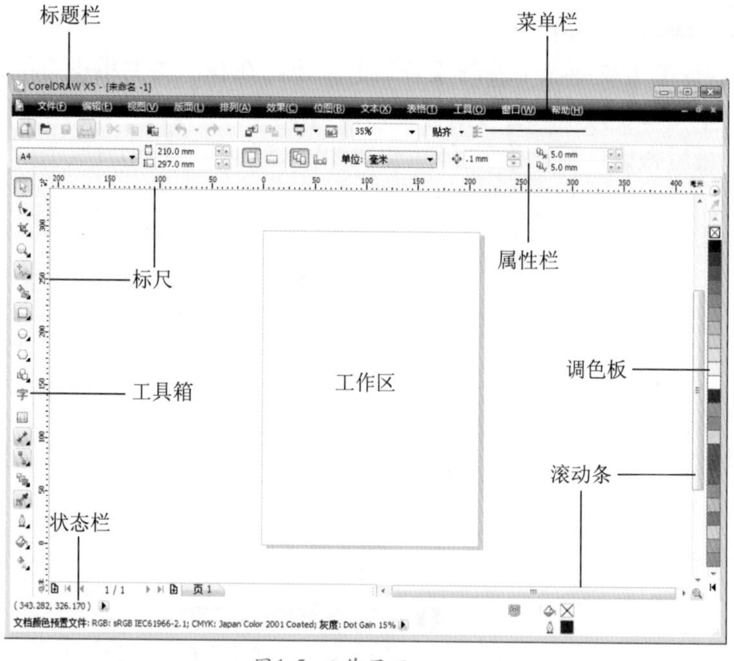

图1-5 工作界面

前面介绍了通过【CorelDRAW X5】对话框中的新建图标来建立新的空白文件。进入CorelDRAW后，要建立新的空白文件，可通过单击菜单栏上的【文件】/【新建】命令，如图1-6所示；或单击标准工具栏上的（新建）按钮来建立新文件，如图1-7所示。

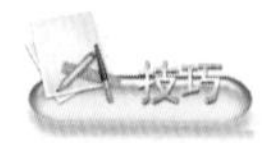

除了通过单击菜单栏中的【文件】/【新建】命令和单击标准工具栏上的（新建）按钮可以新建文件外，还可以按键盘上的Ctrl+N键，快速建立一个新的文件。

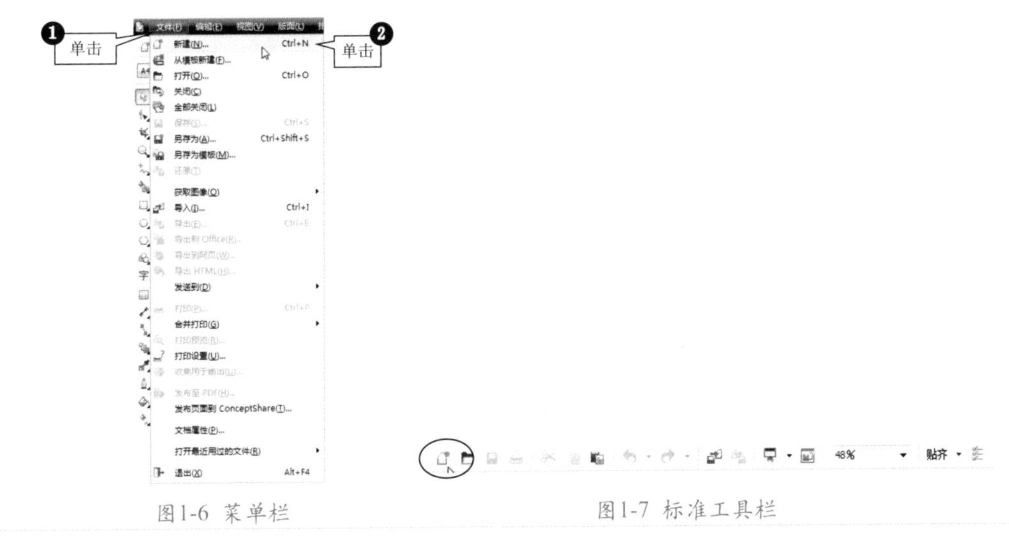

图1-6 菜单栏　　　　图1-7 标准工具栏

04 在菜单栏中，单击【文件】/【从模板新建】命令，弹出【从模板新建】对话框，如图1-8所示。

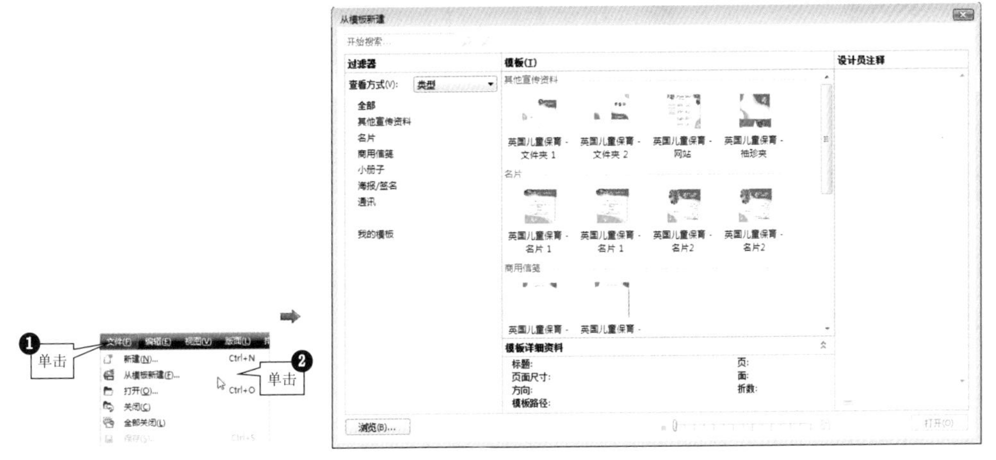

图1-8 【从模板新建】对话框

05 在对话框中单击【小册子】选项，从模板列表中选择其中一个选项，如图1-9所示。

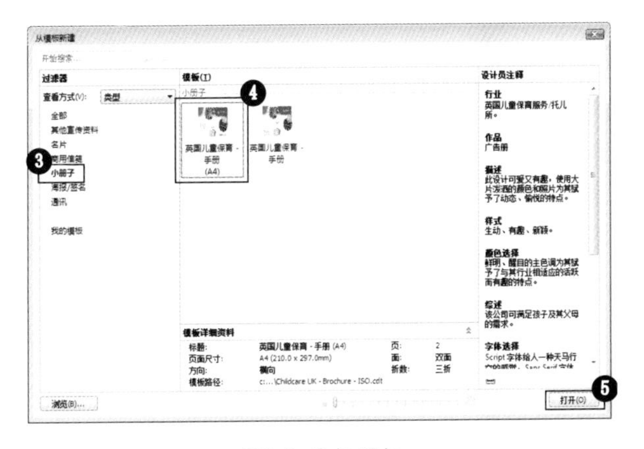

图1-9 选择模板

06 单击 打开(O) 按钮，从模板新建一个文件，如图1-10所示。

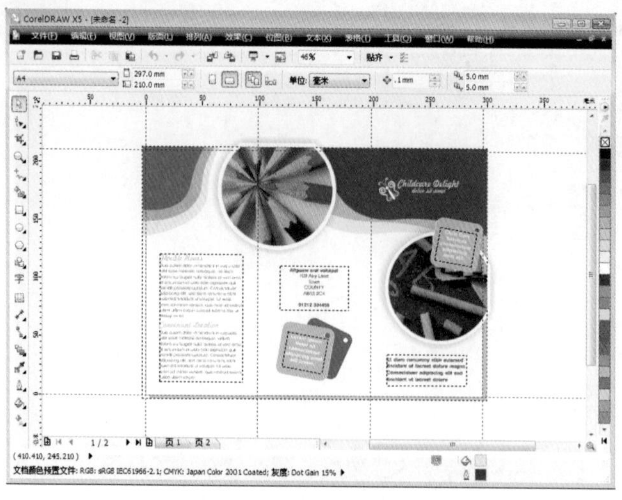

图1-10 新建模板文件

实例总结

本实例讲解了启动CorelDRAW X5的方法，以及在CorelDRAW中如何新建文件。其中，我们讲解了4种新建文件的方法，即从【CorelDRAW X5】对话框中单击【新建文件】按钮，单击菜单栏中的【文件】/【新建】命令，单击标准工具栏上的（新建）按钮，按键盘上的Ctrl+N键新建文件。

Example 实例 2 打开文件

实例目的

以“插画.cdr”文件为例，讲解通过菜单栏中的【文件】/【打开】命令或单击标准工具栏上的（打开）按钮来打开“插画.cdr”文件。

实例要点

◆ 打开【打开绘图】对话框。

◆ 打开“插画.cdr”文件。

操作步骤

01 启动CorelDRAW X5。

02 单击菜单栏中的【文件】/【打开】命令，或将鼠标指针移至标准工具栏上的（打开）按钮上，单击鼠标左键，弹出【打开绘图】对话框，选择“插画.cdr”文件（本书配套光盘“第1章”目录下），在【打开】对话框的右下方可预览文件效果，如图1-11所示。

图1-11 【打开绘图】对话框

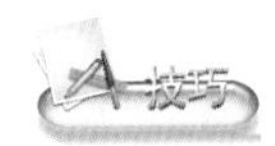

按键盘上的Ctrl+O键，可直接弹出【打开绘图】对话框，快速打开文件。

在【打开绘图】对话框中的“插画.cdr”文件上双击鼠标左键，可以直接打开“插画.cdr”文件。

03 单击 打开 按钮，打开“插画.cdr”文件，如图1-12所示。

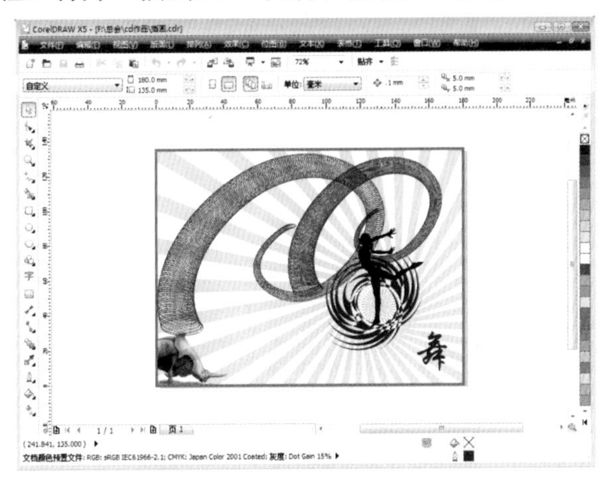

图1-12 打开“插画.cdr”文件

高版本的CorelDRAW可以打开低版本的CDR文件，但低版本的CorelDRAW不能打开高版本的CDR文件。解决的方法是在保存文件时选择相应的低版本即可。

安装CorelDRAW软件后，系统自动识别CDR格式的文件，在CDR格式的文件上双击鼠标，无论CorelDRAW软件是否启动，即可用CorelDRAW软件打开该文件。

实例总结

本实例主要讲解通过单击菜单栏中的【文件】/【打开】命令，或将鼠标指针移至标准工具栏上的 （打开）按钮单击，弹出【打开绘图】对话框，在此对话框的【查找范围】选项中选择合适的磁盘或文件夹，然后选择需要打开的文件，单击【打开】按钮，即可打开文件。

Example 实例 3 导入图片文件

实例目的

在使用CorelDRAW绘图时，有时需要从外部导入非CorelDRAW格式的图片文件，下面，我们将通过实例讲解导入非CorelDRAW格式的外部图片的方法。

实例要点

- 打开【导入】对话框。
- 单击【导入】按钮。
- 拖动导入图片。

操作步骤

01 单击菜单栏中的【文件】/【新建】命令，新建一个空白文件（注意：在后面的操作过程中，我们将此步骤简述为“新建文件”）。

02 单击菜单栏中的【文件】/【导入】命令，或将鼠标指针移至标准工具栏上的 （导入）按钮上，单击鼠标左键，弹出【导入】对话框，如图1-13所示。

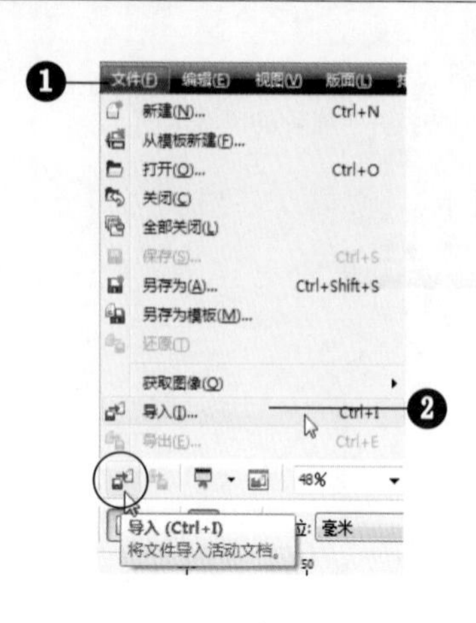

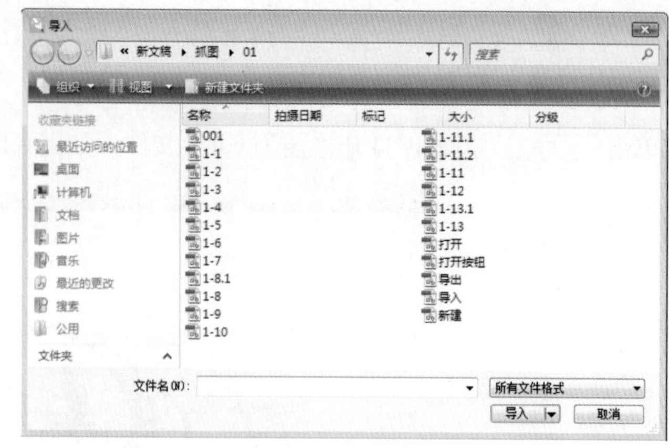

图1-13 打开【导入】对话框

03 在【导入】对话框的查找路径中，选择本书配套光盘“素材”目录下的OragTiger.jpg文件，将鼠标指针移动至OragTiger.jpg文件上，稍后会在鼠标指针的下方显示该文件的尺寸、类型和大小的信息，如图1-14所示。

图1-14 选择导入的图片

04 单击 导入 按钮，鼠标指针变为图1-15所示的状态。

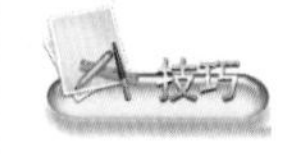

在CorelDRAW中导入图片的方法有3种，即通过单击、拖动或按键盘上的Enter键导入图片。

下面以拖动的方法为例来导入图片。

05 移动鼠标指针至合适的位置，按住鼠标左键拖曳，显示一个红色矩形框，在鼠标指针的右下方显示导入图片的宽度和高度，如图1-16所示。

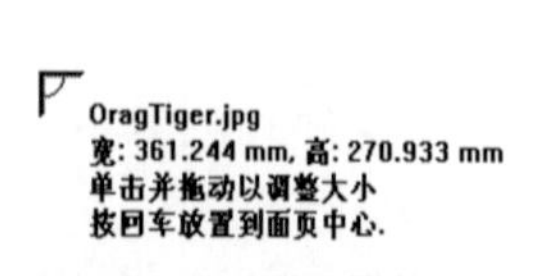

图1-15 鼠标指针的状态

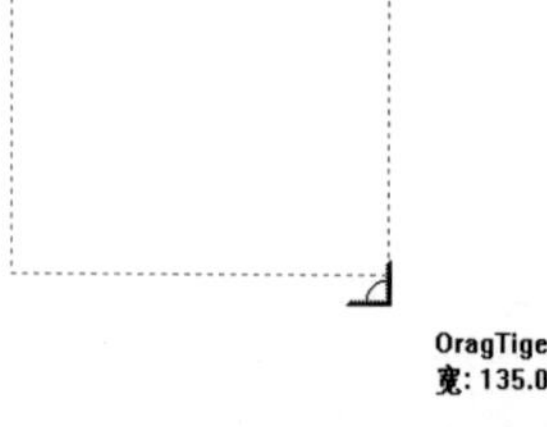

图1-16 拖动导入图片

06 将鼠标指针拖曳至合适位置，松开鼠标左键，即可导入图片，如图1-17所示。

实例总结

在CorelDRAW中导入图片的方法有3种，即单击鼠标导入图片，图片将保持原来的大小，单击的位置为图片左上角所在的位置；拖曳鼠标的方法导入图片，根据拖动出的矩形框大小重新设置图片的大小；按键盘上的Enter键导入图片，图片将保持原来的大小，且自动与页面居中对齐。

图1-17 导入图片

Example 实例 4 保存和关闭文件

实例目的

学习在CorelDRAW中保存文件和关闭文件的操作。

实例要点

- ◆ 打开【保存绘图】对话框。
- ◆ 选择磁盘和文件夹。
- ◆ 输入文件名。
- ◆ 保存文件。
- ◆ 关闭文件。

操作步骤

01 启动CorelDRAW软件。

02 单击菜单栏中的【文件】/【保存】命令，或单击标准工具栏中的 （保存）按钮，弹出【保存绘图】对话框，如图1-18所示。

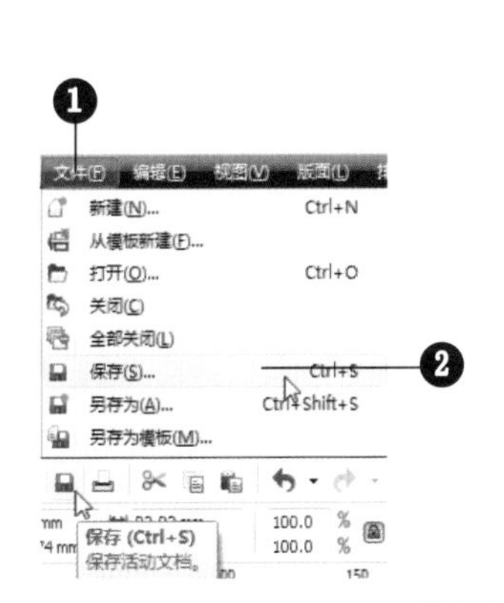

图1-18 打开【保存绘图】对话框

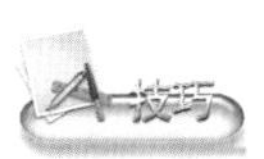

按键盘上的Ctrl+S组合键，也可以弹出【保存绘图】对话框，快速保存文件。

03 在【保存绘图】对话框【保存在】右侧的下拉列表中选择保存文件的磁盘和文件夹，在【文件名】右侧的文本框中输入文件名，如图1-19所示。

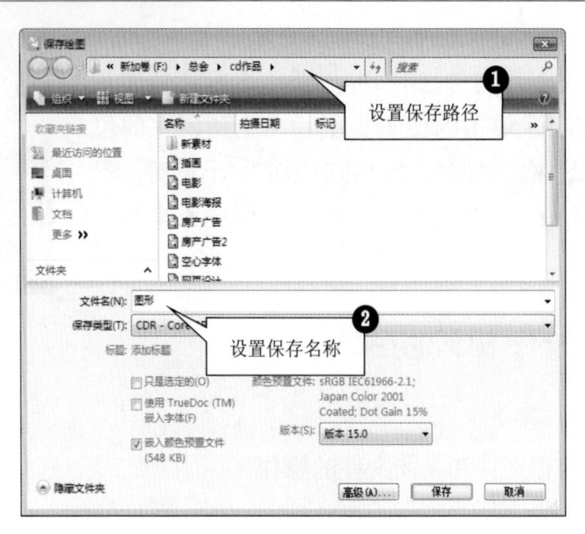

图1-19 【保存绘图】对话框

在【保存类型】下拉列表中，设置“CDR-CorelDRAW”格式为CorelDRAW的标准格式，方便在下次打开时对所绘制的图形进行修改。

04 单击 保存 按钮，即可保存文件。

对已经保存的文件再进行修改时，可单击【文件】/【保存】命令，或单击标准工具栏中的（保存）按钮直接保存文件。此时，不再弹出【保存绘图】对话框。也可将文件换名保存，即单击【文件】/【另存为】命令，在弹出的【保存绘图】对话框中，重复前面的操作，在【文件名】右侧的文件框中重新更换一个文件名，再进行保存。

通过按键盘上的Ctrl+Shift+S组合键，可在【保存绘图】对话框的【文件名】右侧的文本框中用新名称保存绘图。

05 单击菜单栏中的【文件】/【关闭】命令，或单击菜单栏右侧的按钮，如图1-20所示。

此时，如果文件没有任何改动，则文件将直接关闭；如果对文件进行了修改，将弹出如图1-21所示的对话框。

图1-20 关闭文件　　图1-21 【CorelDRAW】对话框

单击 是(Y) 按钮，保存文件的修改，并关闭文件；单击 否(N) 按钮，将关闭文件，不保存对文件的修改；单击 取消 按钮，取消文件的关闭操作。

实例总结

本实例主要讲解通过单击菜单栏中的【文件】/【保存】命令，或将鼠标指针移至标准工具栏上的（保存）按钮单击，弹出【保存绘图】对话框的方法，在此对话框的【查找范围】选项中选择合适的磁盘或文件夹，然后在【文件名】右侧的文本框中输入文件名，单击【保存】按钮，即可保存文件。

可以通过单击菜单栏中的【文件】/【关闭】命令，或单击菜单栏右侧的按钮的方法关闭文件。

Example 实例 5 页面设置

实例目的

在绘图之前，需要先设置好页面的大小和方向，本例主要讲解CorelDRAW页面的基本设置方法。

实例要点

- 设置横向页面。
- 设置“A5”纸张页面。
- 自定义页面。
- 设置页面背景颜色。

操作步骤

01 新建文件。

02 在属性栏中显示当前页面的信息，如图1-22所示。

图1-22 属性栏

设置横向页面

03 单击属性栏中的（横向）按钮，【纸张宽度和高度】数值框中的值对调，页面设置为横向，如图1-23所示。

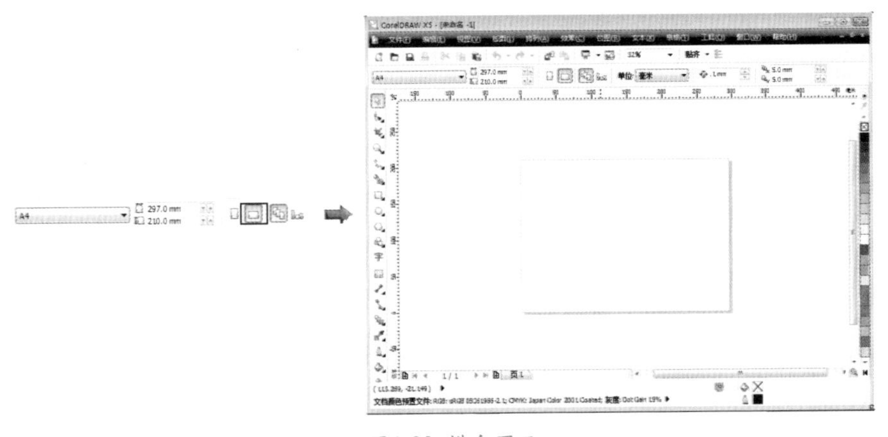

图1-23 横向页面

设置“A5”纸张页面

04 在属性栏的【纸张类型/大小】下拉列表中选择“A5”选项后，页面将自动改为纵向的A5纸，如图1-24所示。

自定义页面

05 单击菜单栏中的【版面】/【页面设置】命令，弹出【选项】对话框，在宽度后面的单位下拉列表框中选择【毫米】选项。

06 在【宽度】右侧的数值框中输入180，在【高度】右侧的数值框中输入80，按键盘上的Tab键，可通过预览框预览设置后的页面的大小和方向，如图1-25所示。

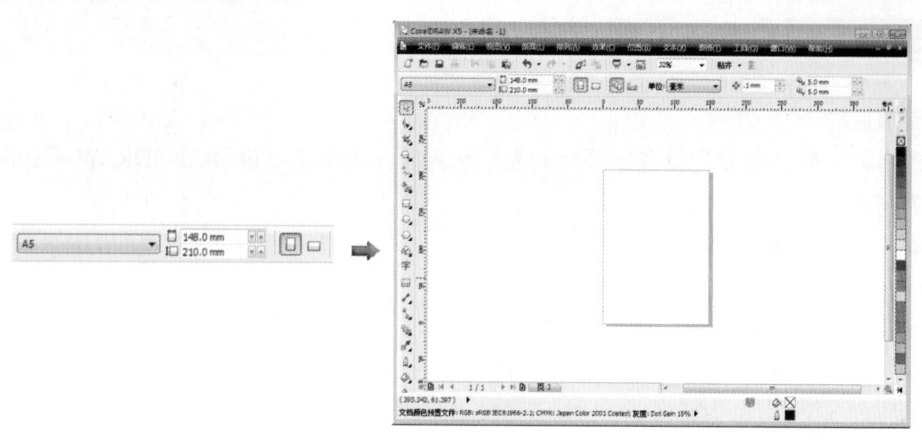

图1-24 “A5”页面

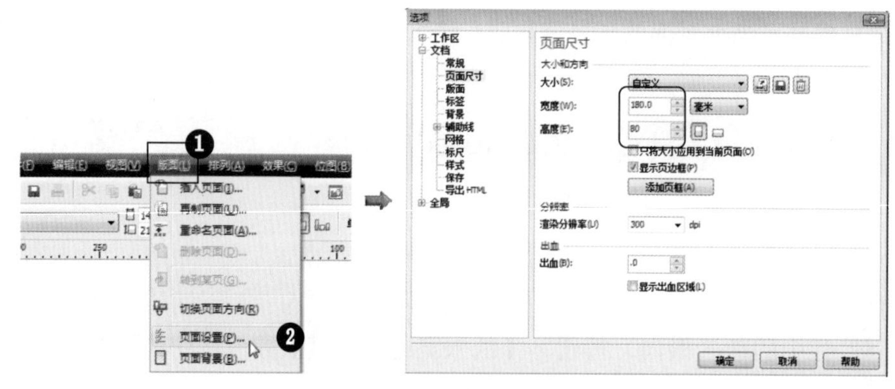

图1-25 【选项】对话框

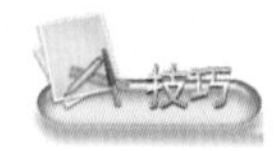

在对话框中，按键盘上的 Tab 键，可以在对话框中的选项和数值框中进行循环切换。快速方便地进行各项设置。

07 单击 确定(O) 按钮，完成页面的设置。

设置页面背景

08 单击【版面】/【页面背景】命令，弹出【选项】对话框，选择【选项】右侧的 纯色(S) 单选项，在其后的颜色下拉列表框中选择黄色，如图1-26所示。

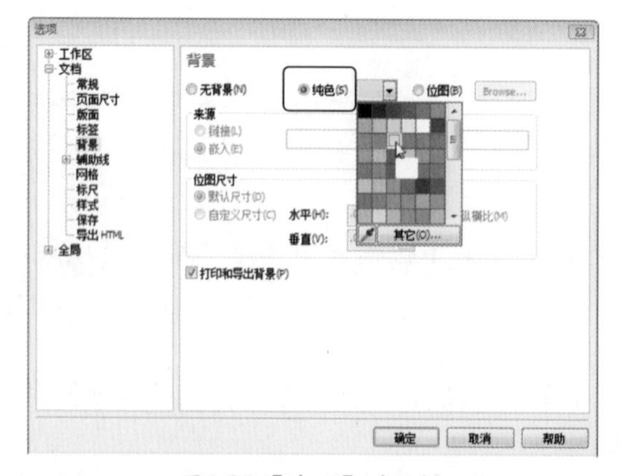

图1-26 【选项】对话框

09 单击 确定(O) 按钮，将页面的背景色设置为黄色，效果如图1-27所示。

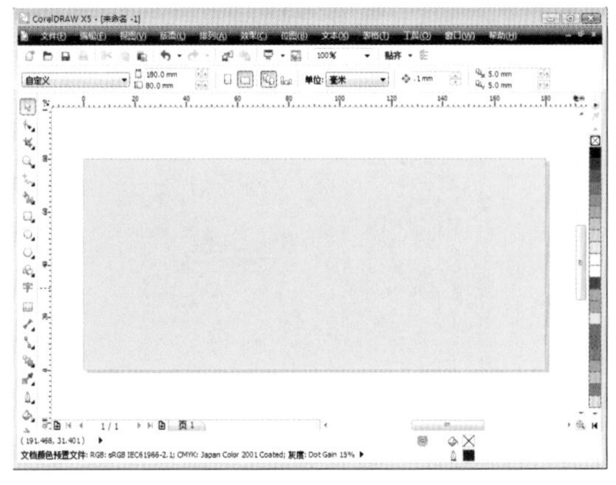

图1-27 黄色背景页面

实例总结

设置页面大小和方向的方法主要有两种，一种是在属性栏中设置，另一种是在【选项】对话框中设置。

Example 实例 6 放大和缩小视图

实例目的

在绘制图形时，为了方便调整图形的整体和局体效果，可以按需要缩放和调整视图的显示模式。

实例要点

- 使用标准工具栏中的【缩放级别】工具放大视图。
- 在标准工具栏中的【缩放级别】下拉列表中输入数值，缩小视图。
- 使用标准工具栏中的【缩放级别】/【到页面】选项。
- 使用标准工具栏中的【缩放级别】/【到页宽】选项。
- 使用标准工具栏中的【缩放级别】/【到页高】选项。
- 运用【缩放工具】单击放大。
- 运用【缩放工具】局部放大。
- 缩放到全部对象。
- 缩放到页面大小。

操作步骤

01 新建文件。

02 单击菜单栏中的【文件】/【打开】命令，在弹出的【打开绘图】对话框中，打开本书配套光盘“素材”目录下的“飞机.cdr”文件，如图1-28所示。

03 在标准工具栏中单击【缩放级别】右侧的按钮，在弹出的下拉列表中选择100%选项。

04 按键盘上的Enter键，图形在页面中将以100%显示，如图1-29所示。

在标准属性栏的【缩放级别】下拉列表中分别选择【到页面】、【到页宽】、【到页高】选项，分别以最适合页面、页宽和页高显示，如图1-30所示。

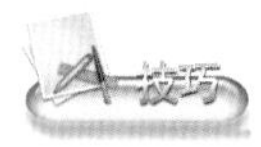

在标准属性栏的【缩放级别】下拉列表中选择【到页面】选项的操作，也可以通过按键盘上的Shift+F4组合键，快速执行。

图1-28 打开“飞机.cdr”文件

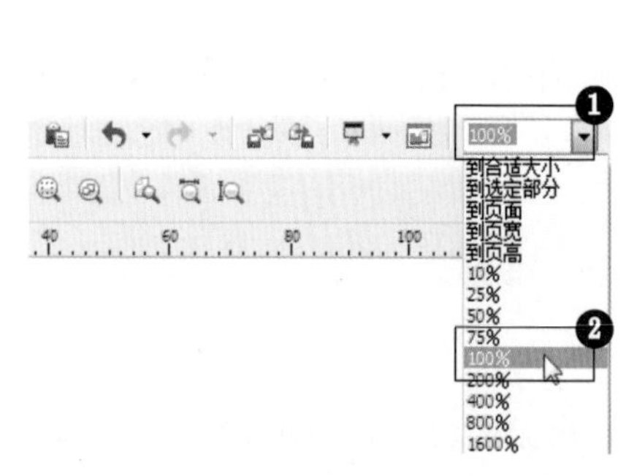

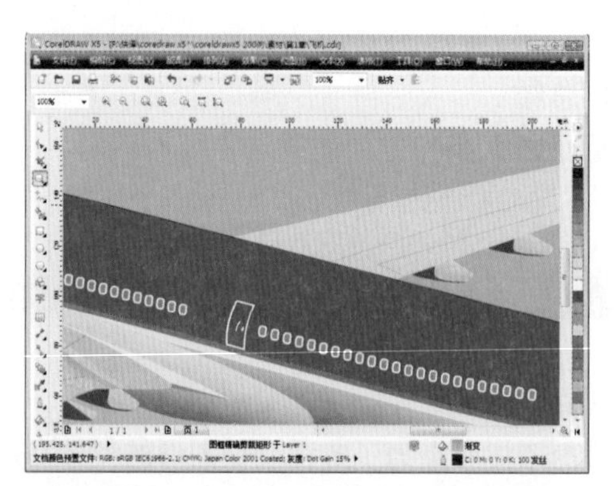

图1-29 放大到100%显示状态

到页面显示状态

到页宽显示状态

到页高显示状态

图1-30 显示状态

可在【缩放级别】下拉列表框中直接输入缩放的数值，如果要缩小80%显示，则在【缩放级别】下拉列表框中输入80，再按键盘上的Enter键即可，如图1-31所示。

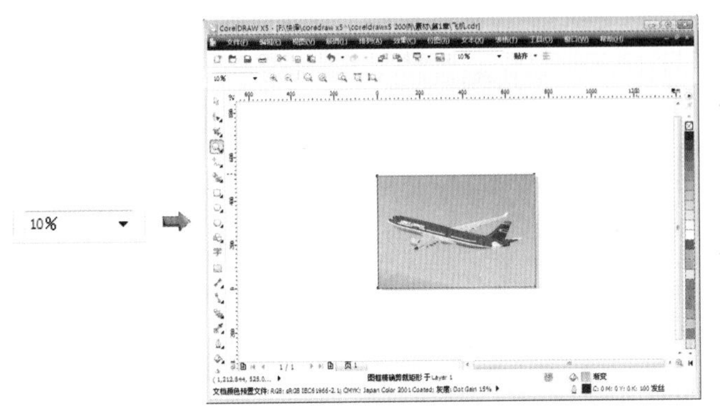

图1-31 缩小80%显示状态

使用缩放工具

05 移动鼠标指针至工具箱中的（缩放工具）按钮上，单击鼠标左键，使【缩放工具】处于选择状态，此时鼠标指针变为状态，移动鼠标指针至飞机图形上，单击鼠标左键，图形将以鼠标单击的位置为中心放大至40%，如图1-32所示。

图1-32 显示状态

06 移动鼠标指针至飞机内侧合适的位置，按住鼠标左键拖曳出一个矩形框，松开鼠标左键，框选的区域将放大显示，可以看到飞机内侧的纹理，效果如图1-33所示。

如果想恢复至上一步的显示状态，单击鼠标右键即可。

按键盘上的Alt+Backspace（退格）键，在使用工具箱中的任何工具时，暂时切换为手形工具，调整图形在窗口中的显示位置后，再次显示当前使用的工具。

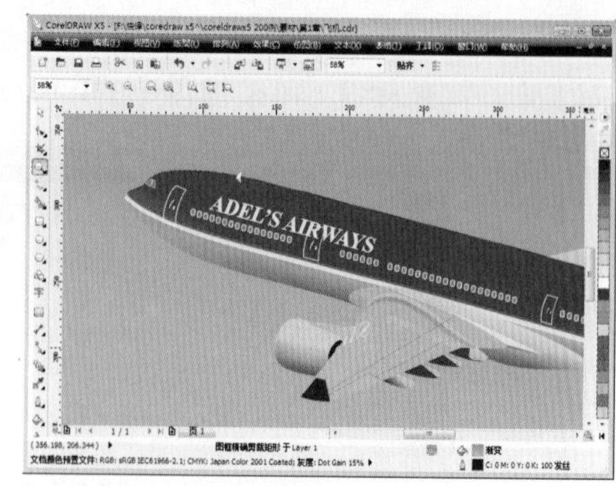

图1-33 局部放大图形

07 在属性栏中单击（缩放到全部对象）按钮，显示状态如图1-34所示。

08 单击属性栏中的（显示页面）按钮，将以整个图像页面的缩放级别显示，如图1-35所示。

图1-34 显示状态1

图1-35 显示状态2

在工作区或绘图区按住键盘上的Shift键，鼠标指针由状态变为形态，单击鼠标后，可以整体缩小视图显示。

实例总结

缩放视图主要有两种方法，即在标准工具栏中的【缩放级别】下拉列表框中选择合适的选项和缩放工具。

Example 实例 7 撤销与重做的操作

实例目的

在绘图的过程中，撤销和重做操作可以快速地纠正错误。本例将学习撤销与重做的操作方法。

实例要点

- 使用【编辑】/【撤销删除】命令。
- 使用【编辑】/【重做删除】命令。
- 使用【编辑】/【撤销移动】命令。
- 标准工具栏中【撤销】工具的使用。

操作步骤

01 打开本书配套光盘“第1章”目录下的“摘星星.cdr”文件，如图1-36所示。

直接删除图形

02 选择月亮图形将其删除，效果如图1-37所示。

图1-36 “摘星星”图形

图1-37 删除月亮图形

03 单击菜单栏中的【编辑】/【撤销删除】命令，取消前一步的操作，删除的月亮图形恢复到视图中，如图1-38所示。

图1-38 撤销删除操作

技巧

可以按键盘上的Ctrl+Z键，快速撤销上一次的操作。

如果再执行【编辑】/【重做删除】命令，月亮图形将重新被删除，如图1-39所示。

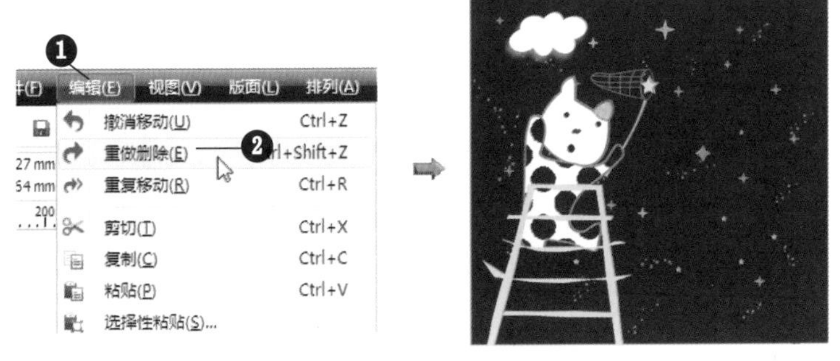

图1-39 重做删除

移动删除图形

04 选择小猫图形，将其调整到其他位置，再将其删除，效果如图1-40所示。

05 单击标准工具栏中 （撤销）右侧的 按钮，在弹出的面板中，移动鼠标指针至“移动”上，单击鼠标左键，效果如图1-41所示。

图1-40 删除后的效果

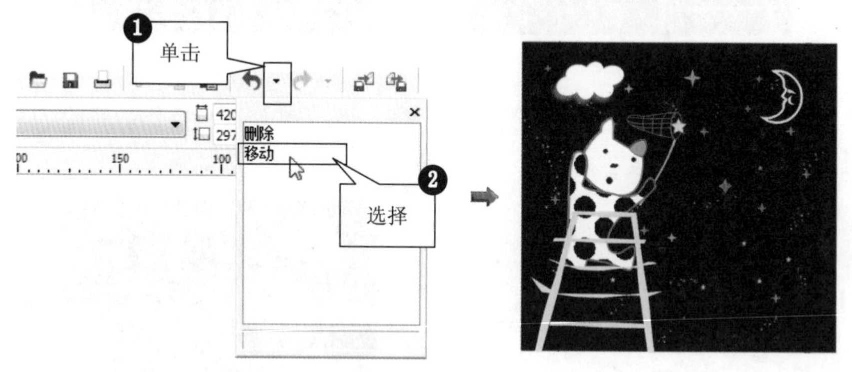

图1-41 撤销操作

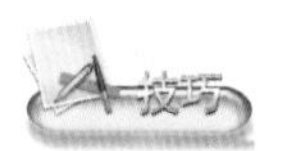

按键盘上的Ctrl+Shift+Z键，可退回上一次的“撤销”操作。

执行的操作不同，【编辑】菜单和标准工具栏中的撤销或重做面板中显示的撤销命令亦不同。读者在使用该命令时应灵活掌握。

实例总结

撤销操作可将一步或已执行的多步操作撤销，返回到操作前的状态；而重做操作则是在撤销操作后进行恢复。

Example 实例 8　设置快捷键

实例目的

很多时候，CorelDRAW自带的快捷键不能满足我们的需要，并且有些常用的快捷键设置使用起来并不方便，而有些不常用的快捷键则便于操作，我们可以通过快捷键的设置功能将它们进行调换，对一些没有的功能进行设置。

实例要点

- 打开【选项】对话框。
- 选择【工具箱】选项。
- 选择工具。
- 【快捷键】选项卡。
- 指定快捷键。

操作步骤

01 在CorelDRAW X5中新建文件。

02 在菜单栏中单击【工具】/【选项】命令，弹出【选项】对话框。

03 在【工作区】选项下选择【自定义】下的【命令】选项，单击【文件】右侧的按钮，在弹出的下拉列表中选择【工具箱】选项，如图1-42所示。

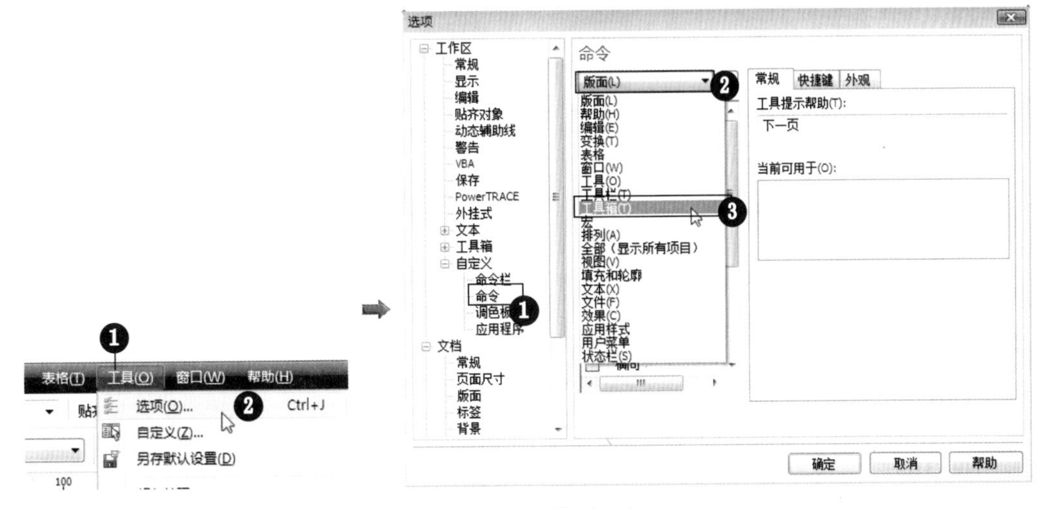

图1-42 【选项】对话框

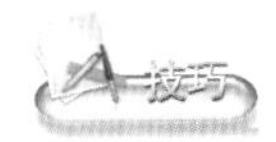

也可以按键盘上的Ctrl+J组合键，快速打开【选项】对话框。

04 在【工具箱】列表框中选择【智能填充】工具，单击右侧的【快捷键】选项卡，移动鼠标指针至【新建快捷键】设置框中，单击鼠标左键，按键盘上的 Ctrl+3 键，如图 1-43所示。

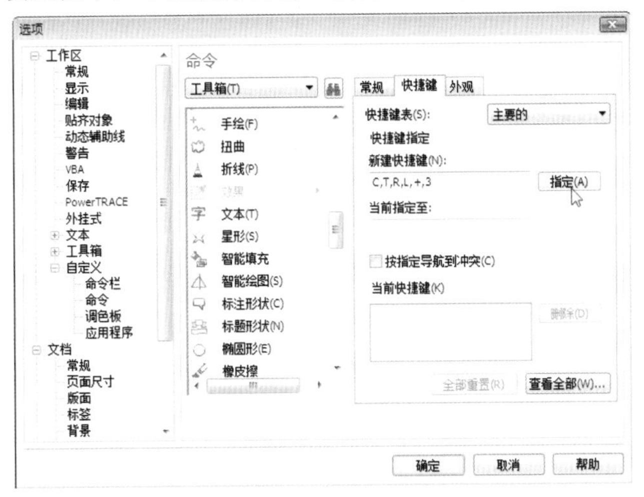

图1-43 设置快捷键

05 单击 指定(A) 按钮，快捷键指定到【当前快捷键】下的设置框中，如图1-44所示。

06 单击 确定(O) 按钮，完成快捷键的设置。

实例总结

本例主要讲解设置快捷键的操作方法，读者可根据自己的使用情况和操作习惯定义快捷键。

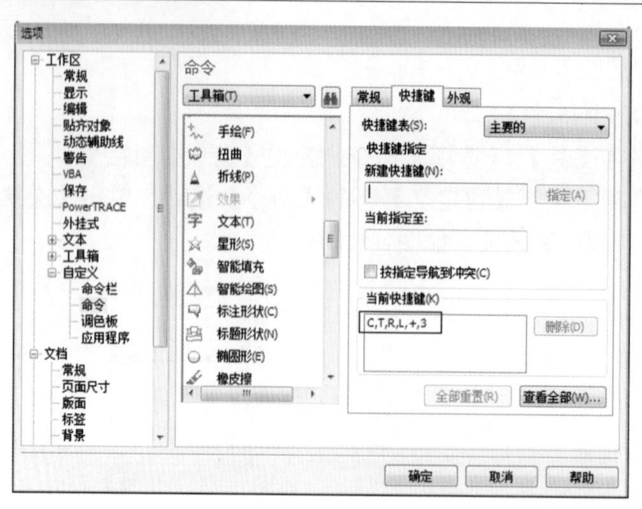

图1-44 指定快捷键

Example 实例 9 不同模式的显示方式

实例目的

CorelDRAW支持多种显示模式，如简单线框、线框、草稿、正常和增强模式。学习使用CorelDRAW支持的显示模式，释放电脑资源，提高CorelDRAW的运行速度。

实例要点

◆ 熟悉简单线框显示状态。

◆ 熟悉线框显示状态。

◆ 熟悉草稿显示状态。

◆ 熟悉正常和增强模式的显示状态。

操作步骤

01 打开本书配套光盘“第1章”/“示例”目录下的“雪人.cdr”文件，如图1-45所示。

图1-45 雪人图形

02 单击【查看】/【简单线框】命令，只显示对象的轮廓，其渐变、立体、均匀填充和渐变填充等效果都被隐藏，可以更方便和快捷地选择和编辑对象，效果如图1-46所示。

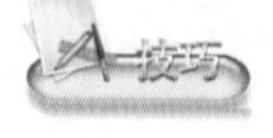

按键盘上的Alt+X组合键，直接切换为【简单线框】显示状态，只显示绘图的基本线框（切换），即只显示调和、立体化和轮廓图的控件对象。

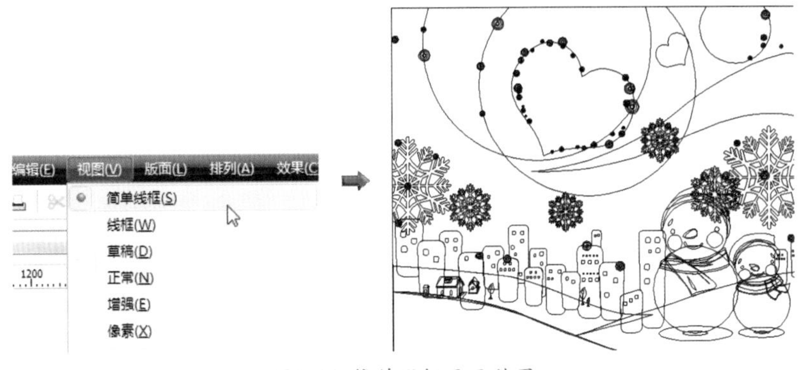

图1-46 简单线框显示效果

03 单击【查看】/【线框】命令，其显示效果与简单框类似，但可显示使用交互式调和工具绘制的对象轮廓，效果如图1-47所示。

04 同样的，单击【查看】/【草稿】命令，可显示标准填充，效果如图1-48所示。

图1-47 线框显示效果

图1-48 草稿显示效果

草稿模式可显示标准填充，将位图的分辨率降低后显示，对于CorelDRAW中绘制的图形对象来说，该显示模式可将透视和渐变填充显示为纯色，渐变填充则以起始颜色和终止颜色的调和来显示，若用户需要快速刷新复杂图像，又需要掌握画面基本色调时可使用此模式。在草稿模式显示状态下，对象显示有颗粒感，边缘不光滑。

05 单击【查看】/【正常】命令，以常规显示模式显示对象，效果如图1-49所示。

图1-49 正常显示状态

06 单击【查看】/【增强】命令，系统将采用两倍超精度取样的方法来达到最佳的显示效果，即系统默认的显示状态，如图1-50所示。

07 单击【查看】/【像素】命令，系统会将矢量图以输出后的位图形式进行预览，如图1-51所示。

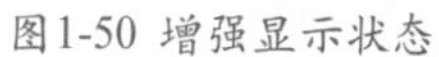
图1-50 增强显示状态

图1-51 像素显示状态

使用“填充”展开工具栏中的【PostScript填充对话框】填充的对象，将不能显示其填充效果。在此显示状态下，对象的边缘不光滑。

实例总结

增强模式最耗费电脑资源，因此在图形对象较多时，可以使用其他的显示模式，以释放电脑资源，提高CorelDRAW的运行速度。

第2章　线形工具的使用

要运用CorelDRAW软件制作出好的作品，首先要了解CorelDRAW中有哪些工具可供我们使用，然后需要了解这些工具的使用方法。

在日常生活中，使用绘图工具，如直尺、圆规等，可以很容易地绘制出直线、曲线。如何运用CorelDRAW软件绘制直线、曲线呢？从本章开始，我们将通过实例来具体讲解各工具的使用方法。

Example 实例 10　手绘工具——蛋壳

实例目的

本实例主要讲解运用工具箱中的手绘工具绘制直线、曲线的方法。本节仅学习绘制图形的蛋壳部分，效果如图2-1所示。

图2-1 蛋壳效果

实例要点

- 运用【手绘工具】绘制直线。
- 运用【形状工具】调整节点位置。
- 运用【手绘工具】绘制曲线。
- 删除节点。
- 调整曲线。
- 保存文件。

操作步骤

01 在CorelDRAW X5中新建文件。

02 单击工具箱中的（手绘工具）按钮，在绘图区中的任意位置单击鼠标左键，指定一点，移动鼠标指针至合适位置，再单击鼠标左键指定另一点，绘制出一条直线，如图2-2所示。

通过上面的操作，读者不难发现，当运用手绘工具指定一个端点后，再指定出另一端点，即形成一条直线，而再指定出一个端点时，即开始指定出另一条直线的开始端点。

03 将鼠标指针移动至绘制好的直线的节点处，鼠标指针变为形状，单击鼠标左键，移动鼠标，在绘图区的合适位置再单击鼠标左键，绘制出下一段直线，如图2-3所示。

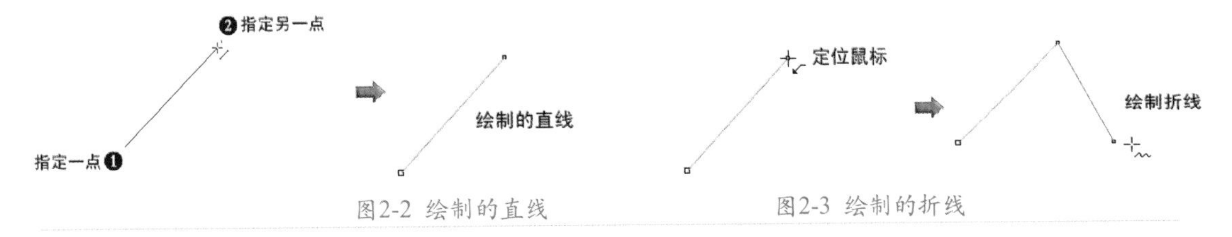

图2-2 绘制的直线　　图2-3 绘制的折线

04 运用同样的方法，继续绘制出如图2-4所示的图形。

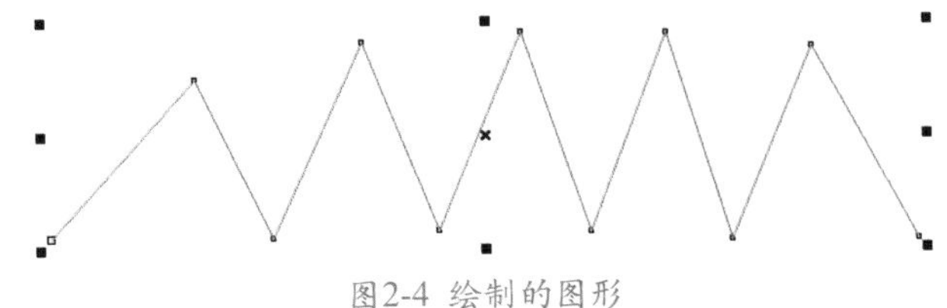

图2-4 绘制的图形

05 单击工具箱中的 （形状工具）按钮，移动鼠标指针至节点处，鼠标指针变为 形态，选择节点，如图2-5所示。

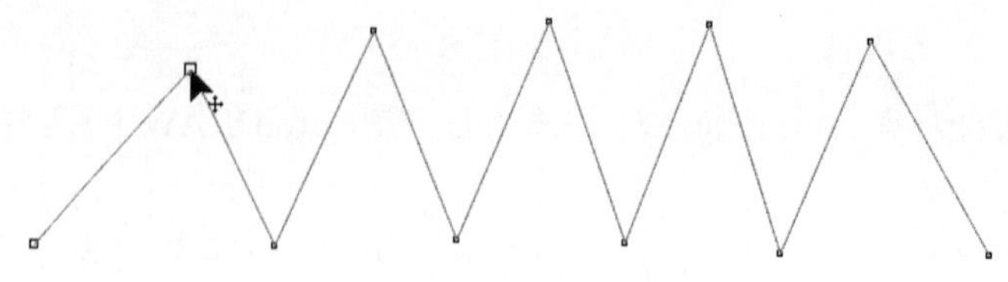

图2-5 选择的节点

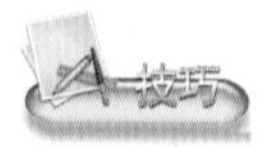

连接节点。移动鼠标指针至对象的节点处，鼠标指针变为 形状时，单击鼠标左键，连接节点；也可以在指定直线的第二个节点处双击鼠标左键，开始绘制下一条直线，如图2-3所示。

调整节点位置。移动鼠标指针至需要调整的节点上，单击鼠标左键，节点处于选择状态，按住鼠标左键移动，即可调整节点的位置。

节点是指在折线或曲线中起关键性作用的点。用手绘工具绘制的折线在转折处都有节点。

06 按住鼠标左键不放，移动鼠标，调整节点的位置，调整后的形态如图2-6所示。

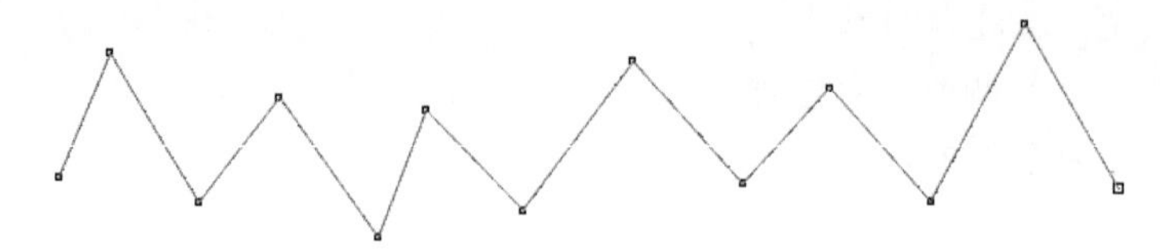

图2-6 调整后的形态

07 将鼠标指针移至折线的起点处，鼠标指针变为 形状，按住鼠标左键不放，绘制一条曲线，至折线的最后节点处，鼠标指针变为 形状，单击鼠标左键，绘制出一个封闭图形，如图2-7所示。（注意：使用【手绘工具】，按住鼠标左键并拖动，绘制曲线，拖动过的地方将显示曲线的大致形状，CorelDRAW会自动使曲线变得平滑，并加入节点。由于用手控制鼠标的能力因人而宜，所绘制的曲线上形成的节点有多有少，因此绘制曲线的形态也不同。读者在操作时，可参照下面的操作步骤进行修改。）

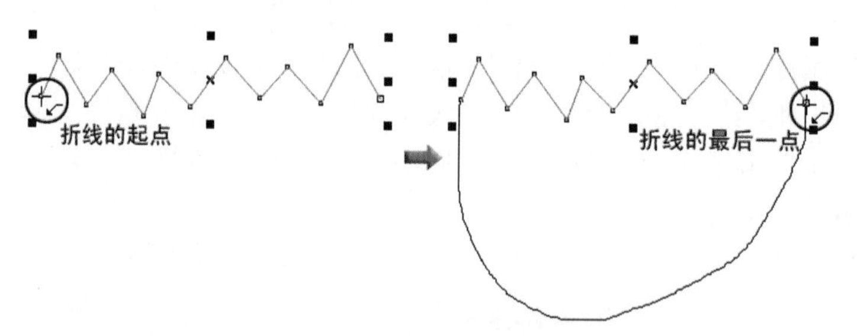

图2-7 绘制封闭图形

将鼠标指针移至折线的起点处，鼠标指针变为 形状，按住鼠标左键不放，绘制一个圆弧形，至折线的最后节点处，鼠标指针变为 形状，单击鼠标左键，绘制出一个封闭图形。

用手绘工具绘制的曲线的节点用于控制曲线的曲度，即曲线的弯曲程度。

08 单击工具箱中的 （形状工具）按钮，处于选择状态的图形上显示出节点的位置，移动鼠标指针至需要删除的节点处，单击鼠标左键，节点处于选择状态，如图2-8所示。

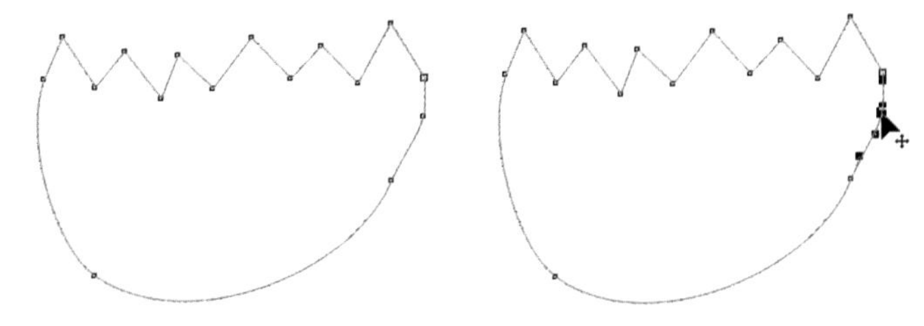

图2-8 选择节点

⑨ 单击属性栏中的 （删除节点）按钮，删除节点，如图2-9所示。（注意：使用的工具不同或选择的对象不同，属性栏中显示的状态也不同。）

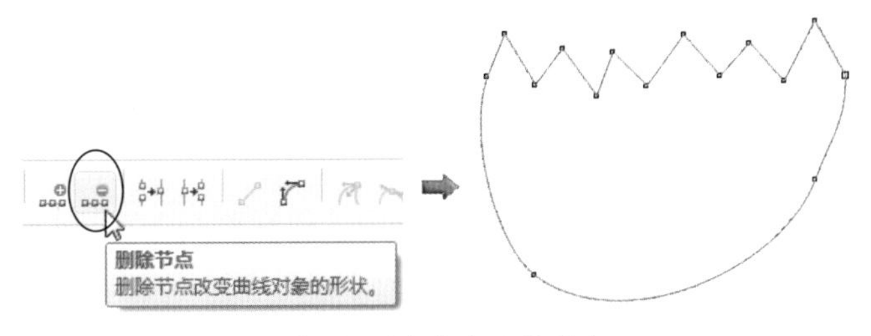

图2-9 删除节点后的形态

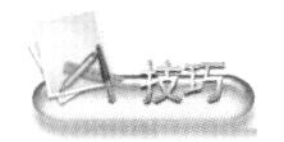

移动鼠标指针至需要删除的节点上，单击鼠标右键，在弹出的菜单中选择【删除】命令，即可删除节点。

⑩ 运用同样的方法，删除曲线上多余的节点，保留一个节点，并将节点调整到图形下方。

⑪ 确认图形下方的节点处于选择状态，节点两侧出现两个调节杆，移动鼠标指针至调节杆上，按住鼠标左键，移动鼠标，调整曲线的曲度，如图2-10所示。

调节杆的方向决定了曲线的方向，当调节杆在下方时，曲线向下方弯曲；当调节杆在上方时，曲线向上方弯曲。当控制柄离直线较近时，曲线的曲度较小；当调节杆离直线较远时，曲线的曲度则较大。

⑫ 运用同样的方法，调整曲线上其他节点调节杆的曲度，调整后的形态如图2-11所示。

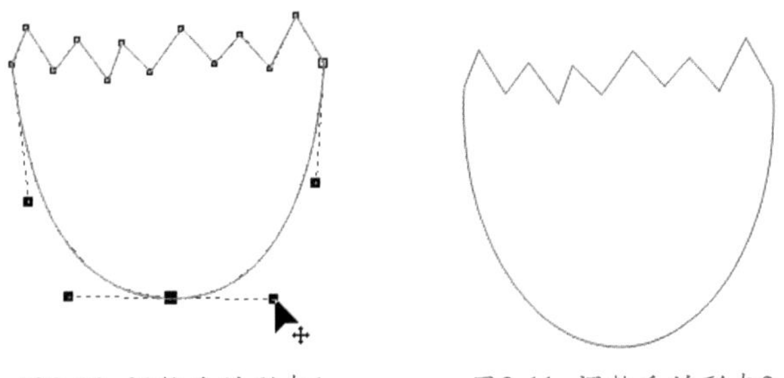

图2-10 调整后的形态1　　图2-11 调整后的形态2

至此，蛋壳图形绘制完成。后面我们将进一步讲解圆形的绘制、填充颜色等操作，读者可通过后面的学习来完成蛋壳中小鸡的绘制，也可参考本书配套光盘“第2章”/“示例”目录下的“蛋壳E.cdr”文件。

⑬ 单击菜单栏上的【文件】/【保存】命令，保存文件，命名为“蛋壳.cdr”。

实例总结

本例主要讲解运用手绘工具绘制直线和曲线的方法。定位一点后，将其拉伸至另一点，那么两节点之间会形成一条直线；而在绘制曲线时，鼠标就像画笔，CorelDRAW窗口中的绘图区则像是一张纸，按住鼠标左键任意移动鼠标，鼠标指针则会在绘图区中随意地绘制曲线。

Example 实例 11 贝塞尔工具——铅笔

实例目的

通过绘制“铅笔”图形，掌握运用“曲线”展开工具栏中的【贝塞尔工具】绘制直线和曲线的方法。铅笔效果如图2-12所示。

实例要点

- 切换工具。
- 运用【贝塞尔工具】绘制水平直线。
- 运用【贝塞尔工具】绘制直线。
- 运用框选的方式选择节点。
- 对齐节点。
- 将直线转换为曲线。
- 运用【贝塞尔工具】绘制曲线。
- 复制。
- 设置轮廓线宽度。
- 旋转。

图2-12 铅笔效果

操作步骤

01 在CorelDRAW X5中新建文件。

02 在工具箱中单击（手绘工具）按钮右下方的三角形，展开“曲线”工具栏，移动鼠标指针至（贝塞尔工具）按钮上，单击鼠标左键，切换为贝塞尔工具，如图2-13所示。

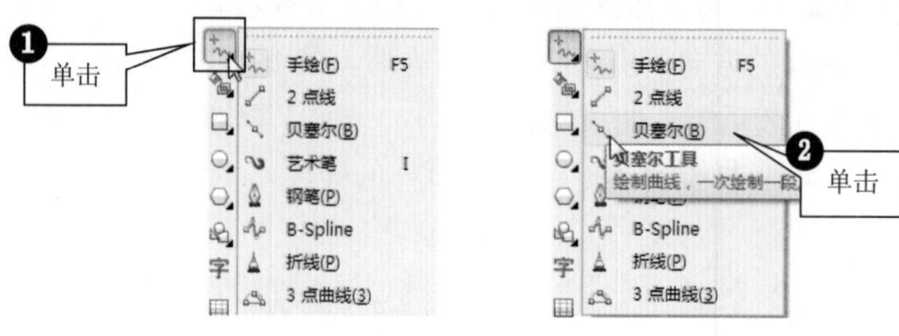

图2-13 展开“曲线”工具栏

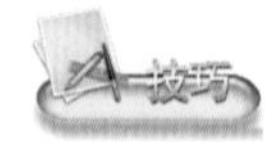

单击（手绘工具）按钮右下方的三角形，展开“曲线”工具栏，按键盘上的Tab键，切换选择工具。

03 在绘图区中的任意位置单击鼠标左键，按住键盘上的Ctrl键的同时，向右移动鼠标指针至合适位置，再单击鼠标左键，绘制出一条水平直线，如图2-14所示。

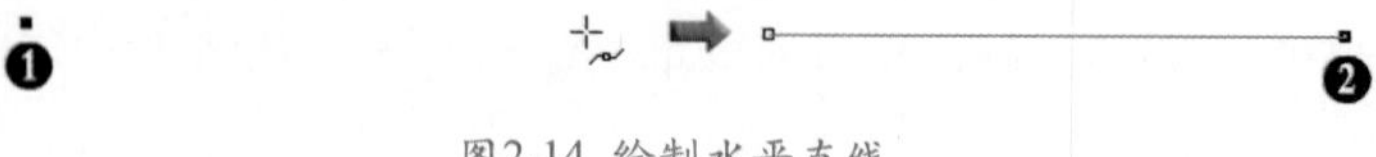

图2-14 绘制水平直线

04 继续上面的操作，在合适的位置单击鼠标左键3次，返回到起点，鼠标指针变为形状，再单击鼠标左键，绘制出如图2-15所示的封闭图形。

05 单击工具箱中的（形状工具）按钮，当鼠标指针变为形态时，按住鼠标左键不放拖曳出一个蓝色矩形框，松开鼠标左键，矩形框中的节点被同时选择，如图2-16所示。

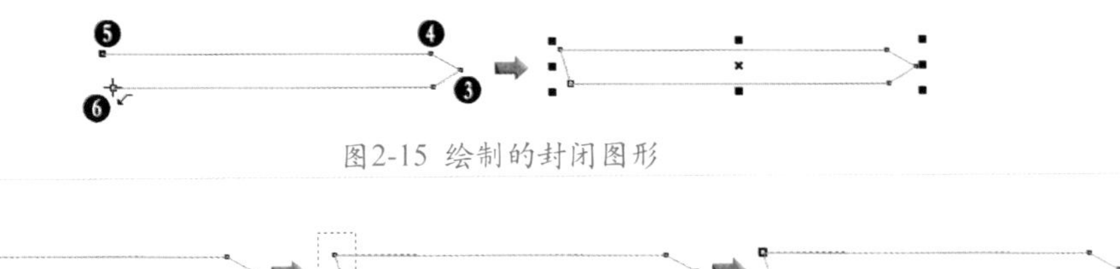

图2-15 绘制的封闭图形

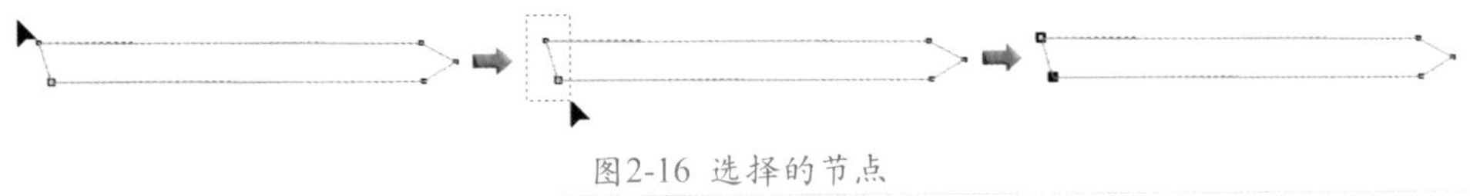

图2-16 选择的节点

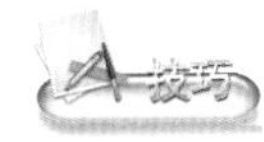

指定直线的一端后，按住Ctrl键，可以绘制出水平或垂直的直线，也可以在水平或垂直的基础上以15°角为增量绘制直线。

框选节点。按住鼠标左键不放拖曳出一个蓝色矩形框，矩形框中的节点将同时处于选择状态。

加选节点。按住键盘上的Shift键的同时，在节点上单击鼠标左键，即可加选节点。

06 在属性栏中单击（对齐节点）按钮，弹出【节点对齐】对话框，取消勾选【水平对齐】选项，如图2-17所示。

07 单击[确定]按钮，两节点垂直对齐，如图2-18所示。

图2-17 【节点对齐】对话框

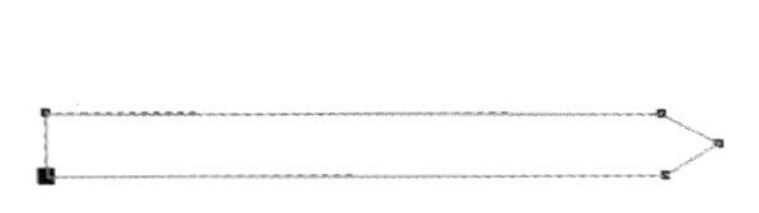

图2-18 垂直对齐的两个节点

08 在属性栏上单击（转换为曲线）按钮，将直线转换为曲线，调整调节杆的位置，如图2-19所示。

09 运用工具箱中的（形状工具），调整其他节点的位置，调整后的形态如图2-20所示。

图2-19 调节杆的位置　　图2-20 调整后的形态

10 单击工具箱中的（贝塞尔工具）按钮，按住鼠标左键拖曳，该节点两旁会出现两条蓝色虚线，移动鼠标指针，向左下方移动至合适位置，松开鼠标左键。

11 移动鼠标指针至其他位置，单击并按住鼠标左键不放向右拖曳，两节点之间形成一段向左弯曲的平滑曲线。

12 重复上面的操作，再绘制出两段曲线，如图2-21所示，最后按键盘上的Enter键，结束曲线的绘制。

使用贝塞尔工具可同时绘制直线和曲线，即按住鼠标拖动出调节杆，可绘制平滑的曲线，单击鼠标指定节点，则可绘制出直线。

13 单击工具箱中的（形状工具）按钮，调整曲线，调整后的形态如图2-22所示。

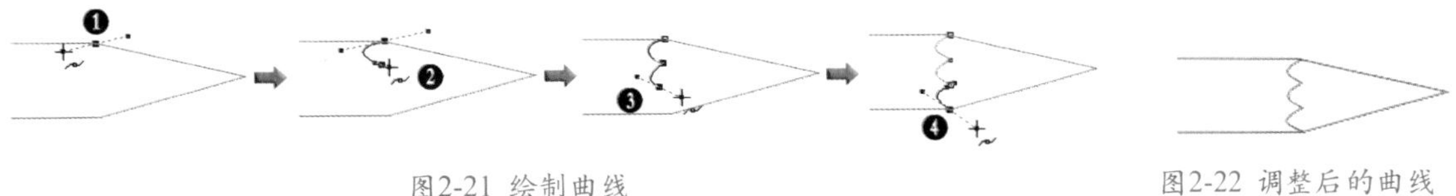

图2-21 绘制曲线　　图2-22 调整后的曲线

⑭ 在工具箱上单击（挑选工具）按钮，切换为挑选工具，选择曲线。

⑮ 单击菜单栏中的【编辑】/【复制】命令，再单击【编辑】/【粘贴】命令，将曲线复制出一条。

⑯ 复制出的对象四周出现8个黑色的控制点，移动鼠标指针至曲线中心位置，鼠标指针变为✥形状时，按住鼠标左键向右移动至合适位置，松开鼠标左键。

⑰ 将鼠标指针移动到曲线右上方的控制点上，鼠标指针变为↗形态时，按住鼠标左键并向左下方移动，等比例缩小曲线，调整曲线的位置，如图2-23所示。

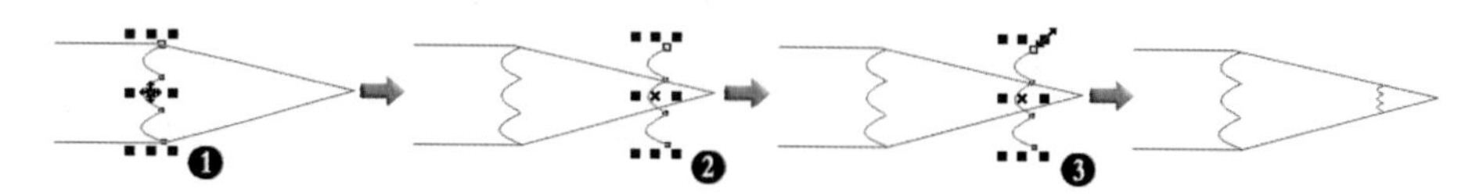

图2-23 曲线的调整过程

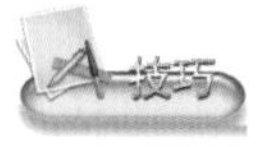

移动鼠标指针至需要选择的对象上，单击鼠标左键，即可选取该对象，被选取的对象四周将会出现8个黑色的控制点。在工作区的空白位置单击鼠标左键或按键盘上的Esc键，即可取消所选择的对象。

移动对象。移动鼠标指针至对象上，鼠标指针变为✥形状时，按住鼠标左键拖曳，此时对象显示为蓝色，鼠标指针变为✥形状，移动至合适位置，松开鼠标左键即可。

移动鼠标指针至对角的控制点上，鼠标指针变为↘或↗形态时，按住鼠标左键拖曳，可等比例放大或缩小对象。

⑱ 单击工具箱中的（贝塞尔工具）按钮，按住键盘上的Ctrl键，绘制出一条垂直的直线，位置如图2-24所示。

⑲ 运用前面介绍的方法，将直线复制出两条，分别调整到如图2-25所示的位置。

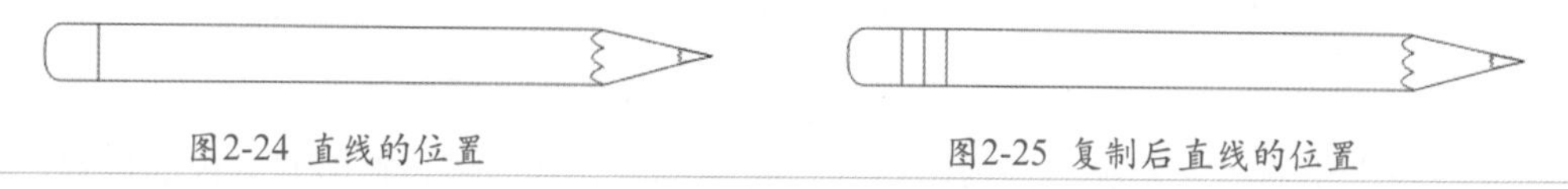

图2-24 直线的位置　　图2-25 复制后直线的位置

⑳ 按键盘上的空格键，切换为挑选工具。选择一条直线，按住键盘上的Shift键，单击另一条直线，两条直线同时处于选择状态，运用同样的方法，再在第三条直线上单击鼠标左键，选择3条直线。

㉑ 单击工具箱中（轮廓笔工具）按钮右下方的三角形，展开“轮廓”展开工具栏，移动鼠标指针至（轮廓笔对话框）按钮上，单击鼠标左键，弹出【轮廓笔】对话框，在【宽度】数值框中输入2，如图2-26所示。

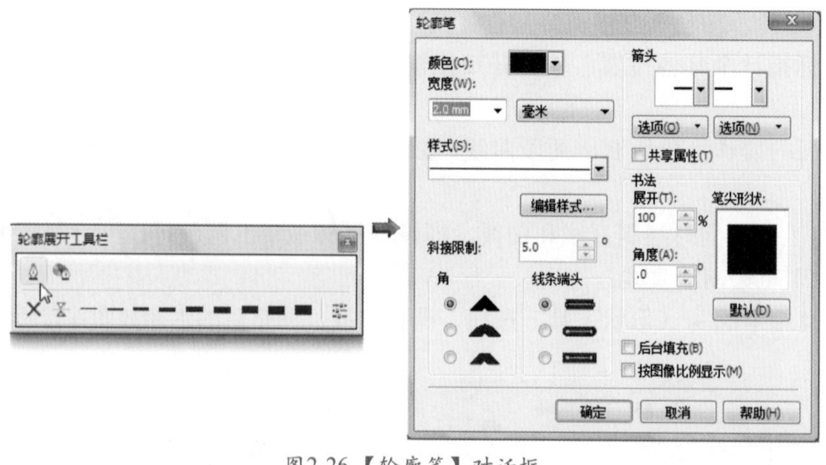

图2-26 【轮廓笔】对话框

㉒ 单击[确定]按钮，编辑后的效果如图2-27所示。

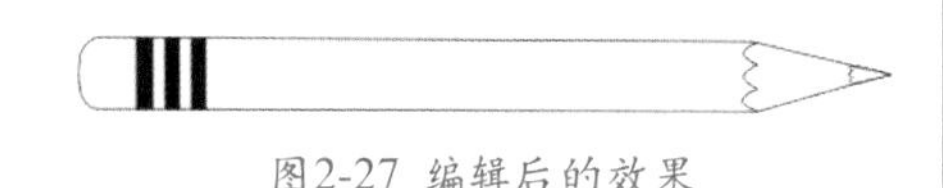

图2-27 编辑后的效果

㉓ 单击菜单栏中的【编辑】/【全选】/【对象】命令，选择全部对象，如图2-28所示。

图2-28 全选对象

㉔ 在属性栏（旋转角度）右侧的数值框中输入315，调整后的形态如图2-29所示。

㉕ 在绘图区中的空白区域单击鼠标左键，取消图形选择，铅笔图形绘制完成，如图2-30所示。

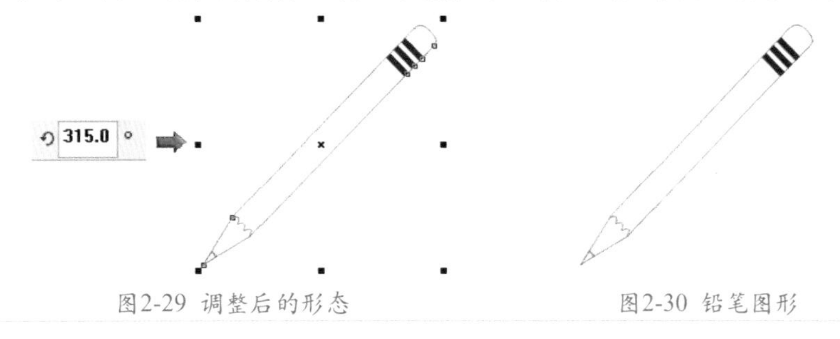

图2-29 调整后的形态　　图2-30 铅笔图形

在旋转时，如果需要旋转的对象按逆时针旋转45°，可在属性栏中旋转角度右侧的数值框中输入–45，系统将自动转换为315°。

铅笔轮廓图形的绘制讲解至此，我们会在后面继续学习轮廓颜色的设置、填充颜色、交互式阴影工具的应用等操作，读者可在后面的学习中完成铅笔的绘制，也可参考本书配套光盘“第2章”/“示例”目录下的“铅笔E.cdr”文件。

㉖ 单击标准工具栏上的（保存）按钮，保存为“铅笔.cdr”文件。

实例总结

使用贝塞尔工具绘制直线的原理与数学中两点决定一条直线的原理类似，即在不同位置单击鼠标来指定直线两端所在的位置，CorelDRAW会自动将两点连接，形成直线；而绘制曲线比绘制直线多用了一种操作，即需要同时使用鼠标单击和鼠标拖曳两种操作。

注意体会运用贝塞尔工具与手绘工具时，所绘制的曲线和直线的方法有哪些不同。

Example 实例 12 钢笔工具——雨伞

实例目的

前面我们已经讲解了两种绘制直线和曲线的工具，即手绘工具和贝塞尔工具，这一节，我们将讲解可以绘制直线和曲线的第三种工具—钢笔工具。下面通过实例来讲解如何运用【钢笔工具】绘制直线和曲线。雨伞效果如图2-31所示。

图2-31 雨伞效果

实例要点

- 运用【钢笔工具】绘制直线和曲线。
- 运用【钢笔工具】绘制封闭图形。
- 设置轮廓线。
- 设置线条端头。

操作步骤

01 在CorelDRAW X5中新建文件。

02 在“曲线”展开工具栏中单击（钢笔）工具，切换为钢笔工具，如图2-32所示。

图2-32 “曲线”展开工具栏

03 在绘图区中的任意位置，单击鼠标左键，移动鼠标指针至其他位置，可以发现有一条线跟着鼠标指针移动，单击鼠标左键，绘制出第二个节点，移动鼠标指针至合适位置，再单击鼠标左键，绘制出第3个节点，按键盘上的Esc键，结束操作，如图2-33所示。

04 在绘图区中的任意位置，单击鼠标左键，移动鼠标指针至其他位置，按住鼠标左键不放，调整调节杆的曲度，然后松开鼠标左键，按键盘上的Enter键，绘制出一条曲线，如图2-34所示。

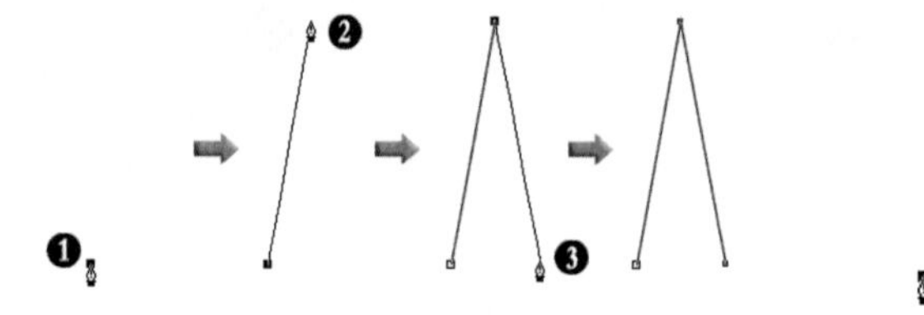

图2-33 绘制的直线

图2-34 绘制曲线

技巧

使用钢笔工具绘制曲线时，当单击确定起点并移动鼠标指针至其他位置后，按键盘上的空格键可以鼠标指针所在的位置确定结束点，同时切换为挑选工具。

绘制曲线。运用【贝塞尔工具】或【手绘工具】，单击指定节点，然后拖动鼠标，在节点处出现控制柄，调整控制柄的方向绘制曲线，如图2-34所示。

05 继续前面的操作，将鼠标指针移至曲线的第二个节点上，鼠标指针变为形态，单击鼠标左键，可继续绘制曲线。

06 运用（钢笔工具），继续绘制如图2-35所示的图形，当鼠标指针回到起始点，鼠标指针变为形态时，单击鼠标左键，绘制出一个封闭的图形。

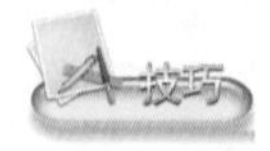

技巧

绘制封闭图形。运用【钢笔工具】，绘制直线或曲线后，回到起始点，鼠标指针变为形态时，单击鼠标左键，闭合图形。

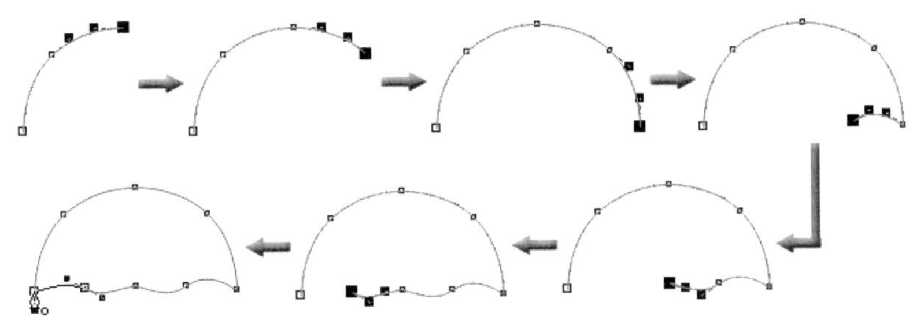

图2-35 绘制的图形

07 按键盘上的空格键，切换为挑选工具。

08 选择前面绘制的折线，调整到图形上方，如图2-36所示。

09 运用前面介绍的方法，绘制两条曲线，位置如图2-37所示。

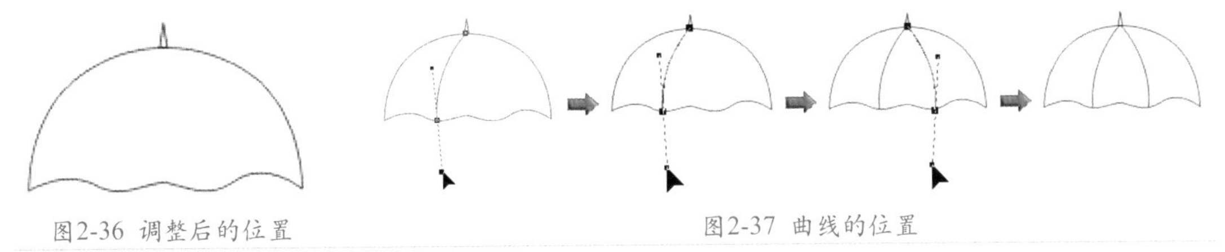

图2-36 调整后的位置　　图2-37 曲线的位置

10 继续运用（钢笔工具），绘制出伞柄图形，如图2-38所示。

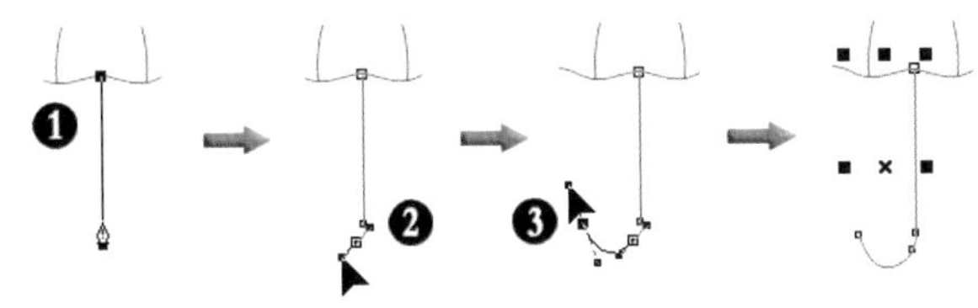

图2-38 绘制伞柄

11 确认伞柄图形处于选择状态，单击“轮廓”展开工具栏中的（轮廓笔刷对话框）按钮，弹出【轮廓笔】对话框，在【宽度】数值框中输入1.5；在【角度】选项中，点选项；在【线条端头】选项中，点选项，如图2-39所示。

12 单击确定按钮，雨伞图形的绘制完成，如图2-40所示。

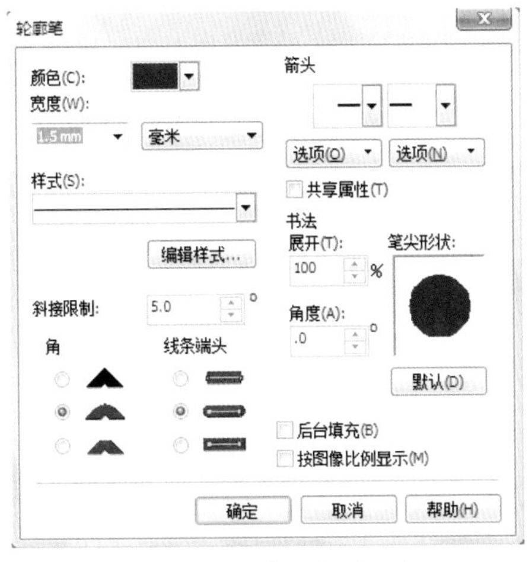

图2-39 【轮廓笔】对话框

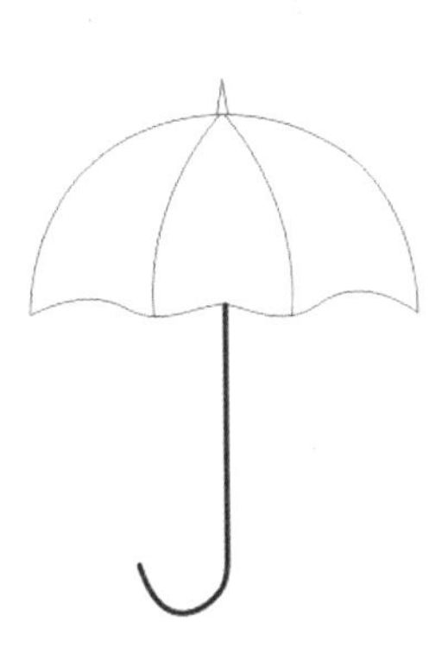

图2-40 雨伞图形

雨伞的绘制讲解至此，在第 3 章中，我们将讲解【渐变填充】的使用，读者可根据学习的情况将雨伞图形填充上喜欢的渐变色，将雨伞中的两条曲线设置为白色，完成雨伞图形的最终效果，读者也可参考本书配套光盘“第2章”/“示例”目录下的“雨伞E.cdr”文件。

⑬ 保存为文件，命名为“雨伞.cdr”。

实例总结

用钢笔工具绘制直线和曲线，实际上就是手绘工具和贝塞尔工具的结合。通过单击鼠标指定线两端的位置，连续单击鼠标可绘制出折线；单击并按住鼠标拖曳，则可调整曲线的曲度，这点与贝塞尔工具在绘制直线时相同。在指定一个节点后，都会有一条线跟着移动，与手绘工具绘制直线时完全一样。

Example 实例 13 艺术笔工具笔刷——字母T

实例目的

学习艺术笔工具中笔刷工具的使用方法，在字母T中，运用两种不同的方法设置笔刷笔触。字母T效果如图2-41所示。

实例要点

- 笔刷工具。
- 设置艺术笔工具的宽度。
- 选择笔刷笔触。
- 将直线转换为笔刷笔触。

图2-41 字母T效果

操作步骤

01 在CorelDRAW X5中新建文件。

02 单击“曲线”展开工具栏中的（艺术笔工具），在属性工具栏中单击（笔刷）按钮，切换为笔刷工具。

03 设置【飞溅类笔刷工具的宽度】为15mm，在笔触列表中选择如图2-42所示的图形。

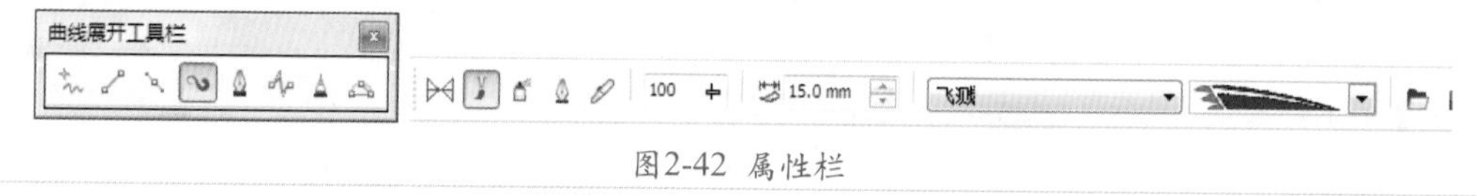

图2-42 属性栏

04 在绘图区中的任意位置，按住鼠标左键从左向右拖曳，绘制出如图2-43所示的图形。

图2-43 绘制图形

运用【艺术笔工具】绘制图形时，按住键盘上的Ctrl键，可沿水平或垂直的路径绘制图形。

05 单击“曲线”展开工具栏中的（手绘工具）按钮，切换为手绘工具，在刚刚绘制的图形下方，绘制如图2-44所示的直线。

06 确认直线处于选择状态。单击“曲线”展开工具栏中的（艺术笔工具），在属性工具栏中单击（笔刷）按钮，切换为笔刷工具，在【笔触列表】中，选择如图2-45所示的图形。

07 处于选择状态的直线变为属性栏【笔触列表】中选择的图形，字母T绘制完成，如图2-46所示。

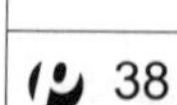

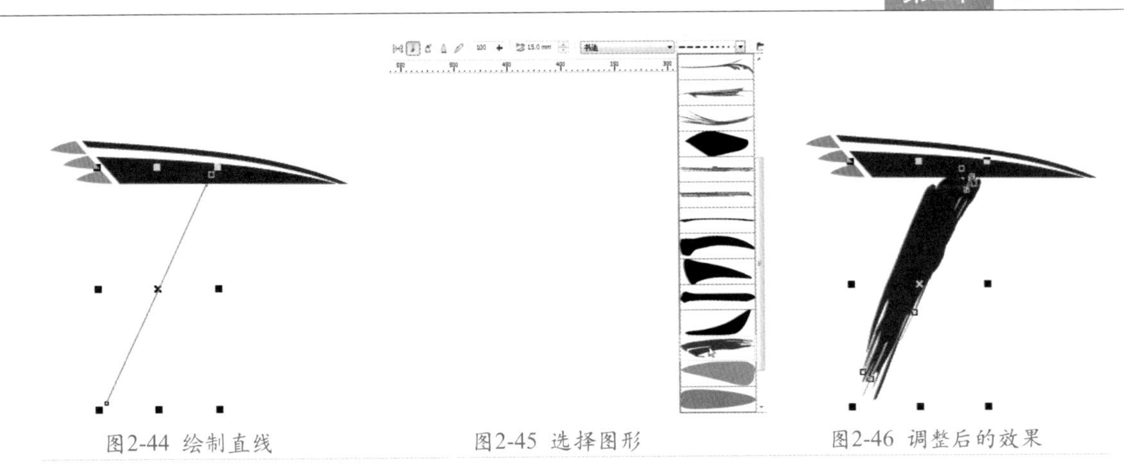

图2-44 绘制直线　　图2-45 选择图形　　图2-46 调整后的效果

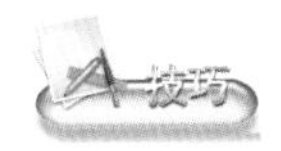

先绘制出直线或曲线，确认绘制的对象处于选择状态，然后再在【笔触列表】中选择合适的图形，这样处于选择状态的对象即可转换为所选择的艺术笔触图形。

08 保存文件，命名为“字母T.cdr”。

实例总结

不同的笔刷效果所使用的设置方法相似，都是通过属性栏进行设置。在【笔触列表】中选择笔刷笔触，然后在绘图区中拖动鼠标，即可绘制出所选择的笔触效果；另外，还可以运用手绘、贝塞尔等工具，先绘制出直线或曲线，然后在【笔触列表】中选择合适的笔刷笔触，将所绘制的直线或曲线转换为笔刷笔触。读者可根据实际情况灵活运用。

Example 实例 14 艺术笔工具书法——书法效果

实例目的

学习艺术笔工具中书法工具的使用方法，通过设置手绘平滑、书法的角度，来绘制书法效果，如图2-47所示。

实例要点

- 书法工具。
- 设置手绘平滑度。
- 设置书法的角度。

图2-47 书法效果

01 在CorelDRAW X5中新建文件。

02 单击“曲线”展开工具栏中的（艺术笔工具）按钮，在属性栏中单击（书法）按钮，切换为书法工具。设置手绘平滑度为100，艺术笔工具的宽度为5mm，书法的角度为10，如图2-48所示。

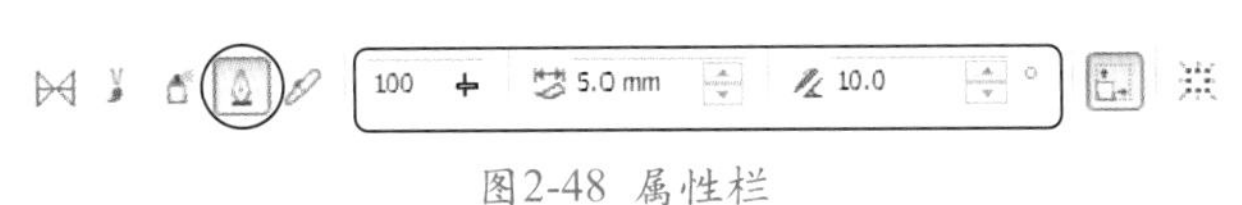

图2-48 属性栏

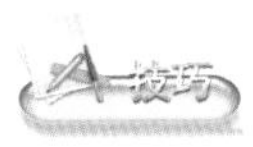

在绘图区（或工作区）中的空白位置单击鼠标右键，在弹出的菜单中选择【创建对象】/【艺术笔】/【书法笔触】命令，也可切换为（书法）工具。

03 在绘图区中按住鼠标左键拖曳，绘制一个“青”字，效果如图2-49所示（读者可根据情况随意书写或绘制图形，了解书法工具的使用）。

图2-49 绘制的效果

实例总结

使用书法工具可绘制不同角度的曲线。绘制曲线时，曲线的曲度基于角度的改变而产生粗细不同的效果。通过属性栏中光滑度的设置来改变图形的光滑度，参数值越高，曲线越光滑。

Example 实例 15 喷涂工具——画框

实例目的

学习【艺术笔工具】中喷涂工具的使用方法，以及工具箱中多点线工具的使用，画框效果如图2-50所示。

图2-50 画框效果

实例要点

- 运用多点线工具绘制封闭矩形。
- 设置线条端头。
- 运用喷涂工具设置艺术效果。
- 导入图片。

操作步骤

01 在CorelDRAW X5中新建文件。

02 单击“曲线”展开工具栏中的（折线）按钮，切换为多点线工具，如图2-51所示。

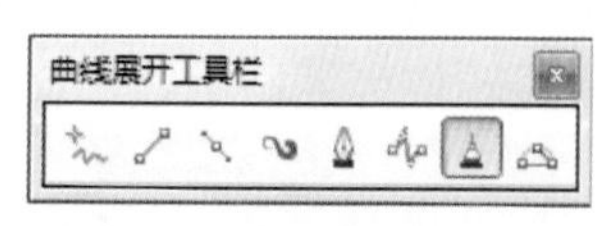

图2-51 选择多点线工具

03 移动鼠标指针至绘图区中的任意位置，鼠标指针变为形状，单击鼠标左键指定一点，按住键盘上的Ctrl键，在绘图区中绘制出一个封闭的矩形，如图2-52所示。（注意：运用多点线工具绘制矩形时，很难一次性绘制完整，可选择图形上方的两个节点，在属性栏中单击（对齐节点）按钮，取消勾选【垂直对齐】选项，保持【水平对齐】选项的勾选，使选择的节点水平对齐。）

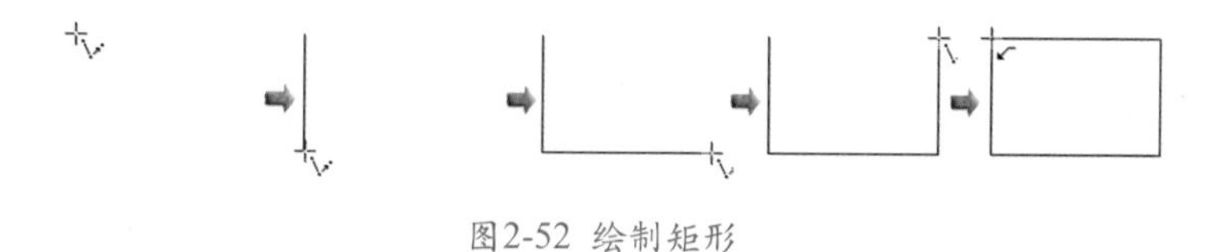

图2-52 绘制矩形

04 在“轮廓”展开工具栏中，单击（轮廓笔对话框）按钮，在弹出的【轮廓笔】对话框中设置【宽度】为12mm，【颜色】为蓝灰色（CMYK：40、20、0、40），其他设置如图2-53所示。

05 单击（折线）按钮，在矩形框中的合适位置按住鼠标左键拖曳，绘制出如图2-54所示的曲线，绘制的曲线自动进行平滑处理。

06 在“曲线”展开工具栏中，单击（艺术笔工具）按钮，切换为艺术笔工具，在属性栏中单击（喷涂）按钮，切换为喷涂工具。

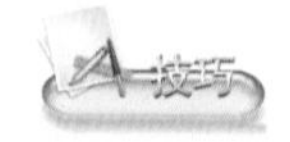

按键盘上的I键，可直接切换为艺术笔工具。

07 在属性栏的【喷涂列表文件】下拉列表中，选择如图2-55所示的喷涂图案。（【喷涂列表文件】下拉列表中的喷涂图案在排列时是随机变化的，读者在设置时可能会有所不同。）

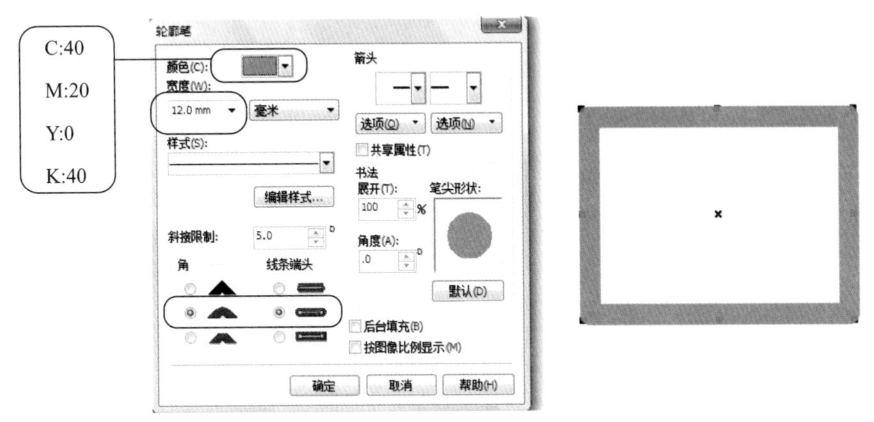

图2-53 【轮廓笔】对话框

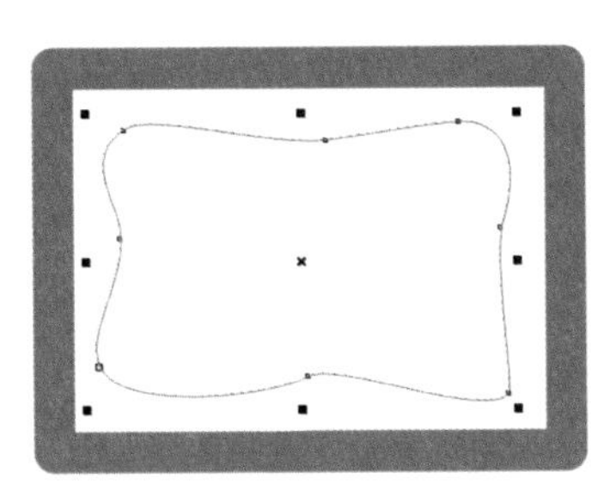

图2-54 绘制曲线

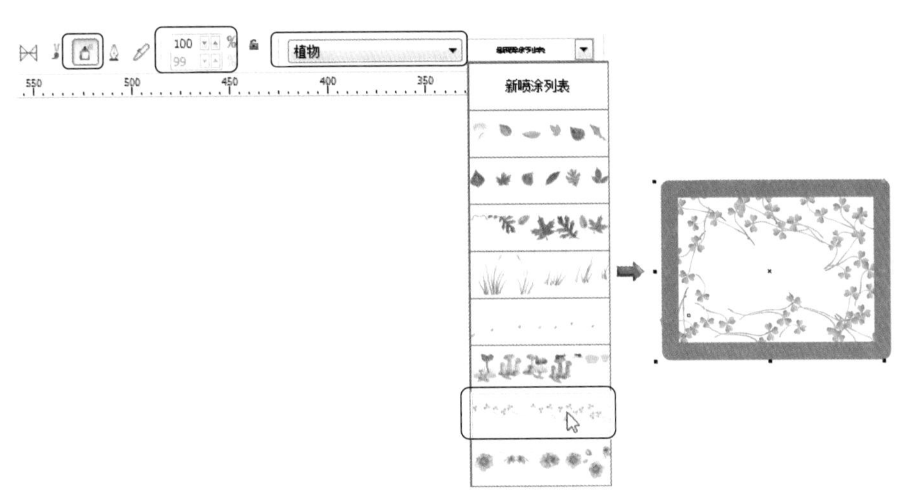

图2-55 选择图形

⑧ 在属性栏中单击（偏移）右下角的三角形，在弹出的对话框中取消勾选【使用偏移】选项，如图2-56所示。

⑨ 在【要喷涂的对象大小】右侧的数值框中输入50，在（要喷涂的对象的小块颜料/间距）右侧的数值框中输入0.875，如图2-57所示。

⑩ 按键盘上的Enter键，编辑后的效果如图2-58所示。

⑪ 单击属性栏中的（喷涂列表对话框）按钮，弹出【创建播放列表】对话框，如图2-59所示。

⑫ 在右侧的【播放列表】中选择“图像6”选项，单击 移除 按钮，“图像6”从【播放列表】中移除。

⑬ 运用同样的方法，将【播放列表】中的“图像5”和“图像7”移除，如图2-60所示。

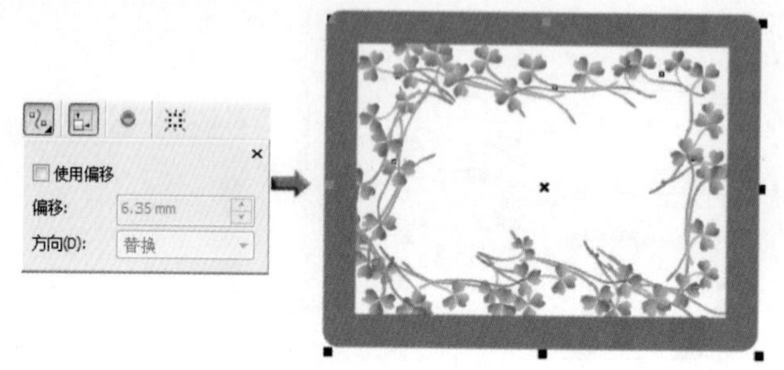

图2-56 【偏移】对话框

图2-57 属性栏

图2-58 编辑后的效果

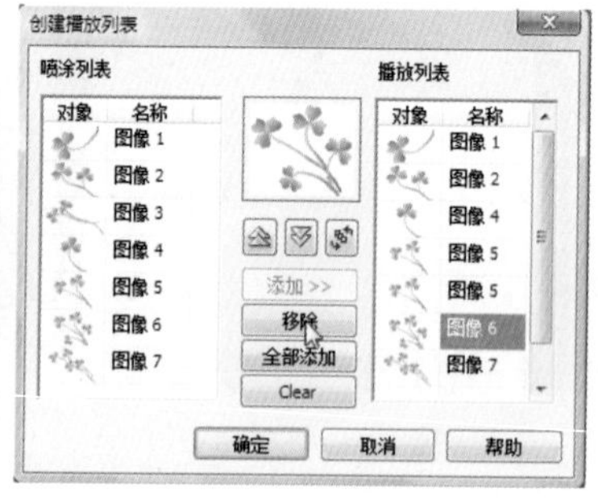

图2-59 【创建播放列表】对话框

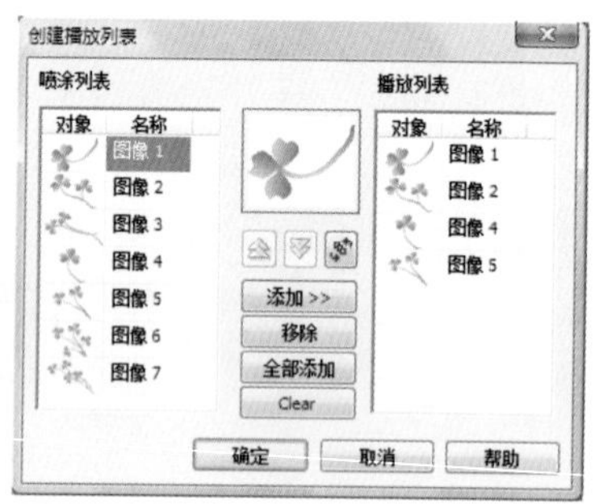

图2-60 移除图像5和图像7

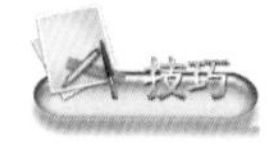

在【创建播放列表】对话框中，可以选择喷涂列表中的对象，将其移除或清除，如果需要移除的对象较多，可直接将其清除，然后在喷涂列表中选择需要的喷涂图像，将其添加到播放列表中。添加或移除喷涂对象，可以在绘制前设置，也可在绘制后设置。

⑭ 单击确定按钮，移除图像后的效果如图2-61所示。

⑮ 单击菜单栏中的【文件】/【导入】命令，打开本书配套光盘中的“第2章”/“素材”目录下的“001.jpg”文件，如图2-62所示。

⑯ 选择导入的图片，调整图片的大小，将其调整至画框中，如图2-63所示。

图2-61 编辑后的效果

图2-62 导入的图片

图2-63 导入文件的位置

⑰ 保存文件，命名为“画框.cdr”。

实例总结

使用艺术笔工具绘制艺术效果后可根据需要对艺术效果进行各种设置，不同的艺术效果所使用的设置方法相似，都可通过属性栏进行设置。

Example 实例 16 三点曲线工具——帽子

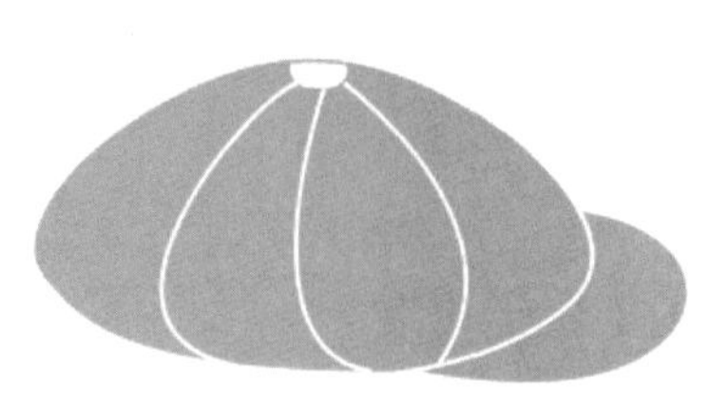
图2-64 帽子效果

实例目的

本例将学习运用“曲线”展开工具栏中的【三点曲线】工具绘制图形的方法，帽子效果如图2-64所示。

实例要点

◆ 运用【三点曲线】工具绘制直线、曲线。

◆ 延长闭合曲线。

◆ 将直线转换为曲线。

操作步骤

01 在CorelDRAW X5中新建文件。

02 在“曲线”展开工具栏中单击（三点曲线）按钮，切换为三点曲线工具，如图2-65所示。

03 在绘制区中的任意位置按住鼠标左键不放，向下移动鼠标指针至合适位置，松开鼠标左键，拖曳出一条直线。

04 移动鼠标可实时查看曲线弯曲方向和曲度的情况，当曲线弯曲到合适的方向和曲度时，单击鼠标左键，确定曲线弯曲的方向和曲度，如图2-66所示。

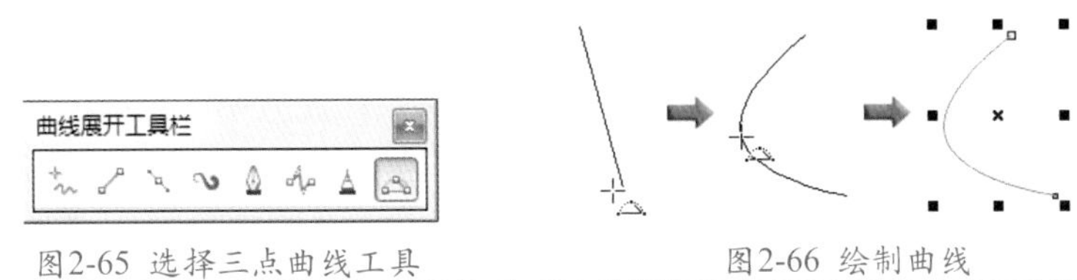

图2-65 选择三点曲线工具　　图2-66 绘制曲线

05 移动鼠标指针至曲线的上方节点处，鼠标指针变为形状时，按住鼠标左键不放至合适的位置，松开鼠标左键，重复上一步的操作，绘制出下一段曲线，如图2-67所示。

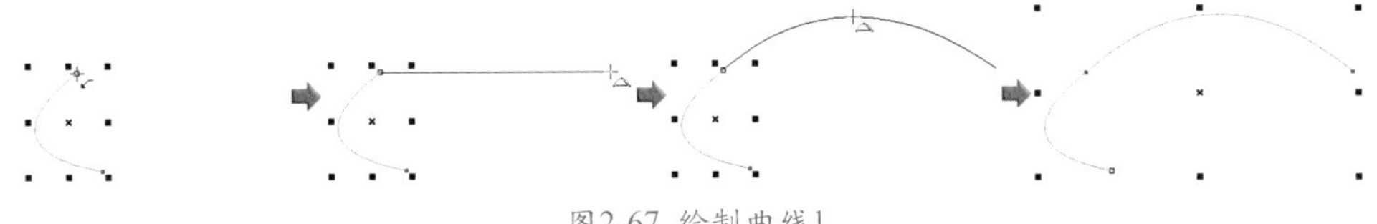
图2-67 绘制曲线1

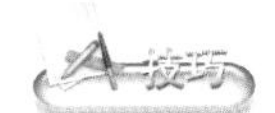

按住键盘中的Ctrl键的同时，拖曳鼠标，绘制出一条水平直线，可使生成的弧线段的节点处于水平位置。

06 运用同样的方法，绘制出如图2-68所示的曲线。

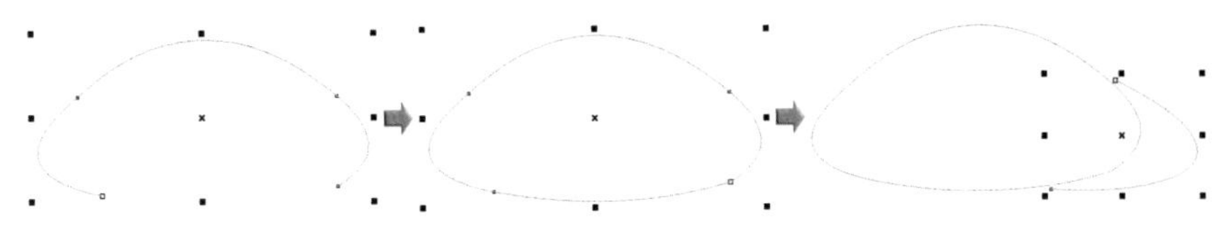
图2-68 绘制曲线2

07 单击工具箱中的（形状工具）按钮，选择图形上的节点，单击属性栏中的（平滑节点）按钮，使节点变得平滑，如图2-69所示。

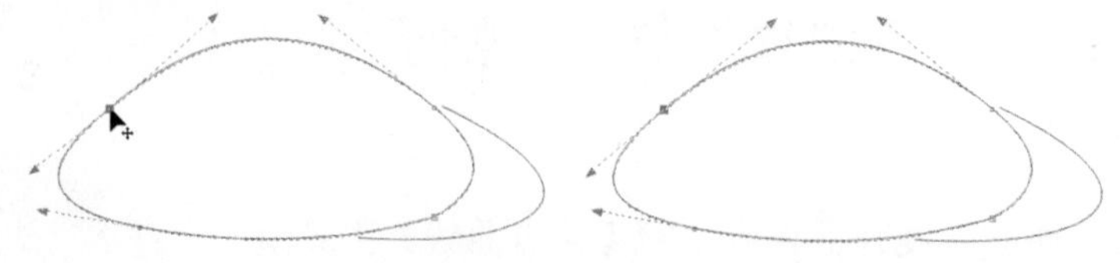

图2-69 平滑节点

快速编辑光滑曲线。当对象处于编辑状态时，单击属性栏中的（选择所有节点）按钮，选择对象上的全部节点，再单击（平滑节点）按钮即可。

08 运用同样的方法，选择剩余节点，将它们设置为平滑节点，调整节点的位置，效果如图2-70所示。

09 选择帽沿曲线，单击工具箱中的（形状工具）按钮，选择起始点和结束点，然后单击属性栏中的（延长曲线使之闭合）按钮，两节点之间有一条直线连接，形成闭合曲线。

10 单击属性栏中的（转换为曲线）按钮，将直线转换为曲线，调整曲线的形态，如图2-71所示。

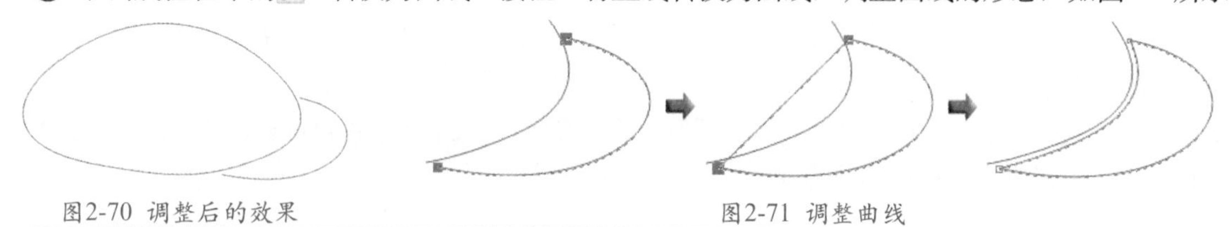

图2-70 调整后的效果　　图2-71 调整曲线

11 单击（三点曲线）按钮，绘制如图2-72所示的曲线，完成帽子轮廓的绘制。

帽子图形的轮廓绘制完成，在第 3 章中，我们将讲解填充颜色，读者可根据后面的讲解，为图形填充上颜色（CMYK：0、40、20、0），设置轮廓宽度为0.706mm及颜色为（CMYK：0、0、0、0），即完成整个图形的制作，读者可参考本书配套光盘中的“示例”目录下的“帽子E.cdr”文件，如图2-73所示。

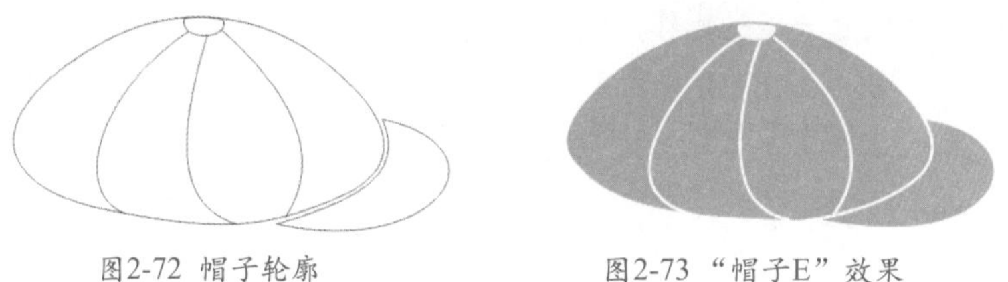

图2-72 帽子轮廓　　图2-73 “帽子E”效果

12 保存文件，命名为“帽子.cdr”。

实例总结

运用三点曲线工具绘制曲线，先指定曲线两端节点的位置，然后指定曲线的弯曲方向和曲度，其中节点的位置是用拖动鼠标的方法指定，曲线弯曲的方向和曲度通过单击鼠标确认。

Example 实例 17 轮廓笔对话框——平面构图

实例目的

学习“轮廓”展开工具栏中【轮廓笔对话框】和【轮廓颜色对话框】工具的使用，平面构图效果如图2-74所示。

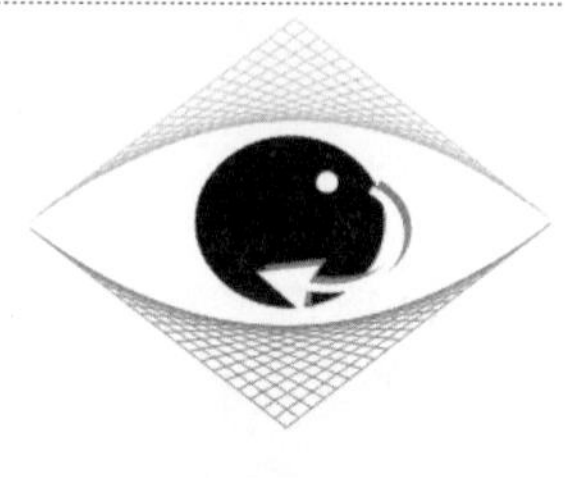

图2-74 平面构图效果

实例要点

◆ 运用拖动的方法导入图形。

◆ 设置箭头样式。

操作步骤

01 在CorelDRAW X5中新建文件。

02 单击标准工具栏中的（导入）按钮，在弹出的【导入】对话框中，打开本书配套光盘“第2章”/“素材”目录下的“平面构图S.cdr”文件，如图2-75所示。

03 选择“曲线”展开工具栏中的（贝塞尔）工具，在如图2-76所示的位置绘制一条曲线。（注意：为了显示清楚，会将对象设置成不同的颜色，以清楚显示对象所在的位置，如在此将绘制的曲线暂设为灰色，在后面的操作中类似的情况将不再提及。）

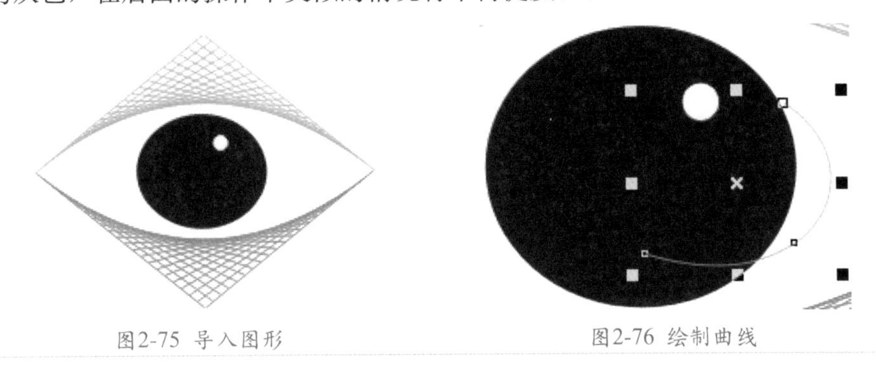

图2-75 导入图形　　图2-76 绘制曲线

04 在“轮廓”展开工具栏中单击（轮廓笔对话框）按钮，在弹出的【轮廓笔】对话框中设置参数，如图2-77所示。

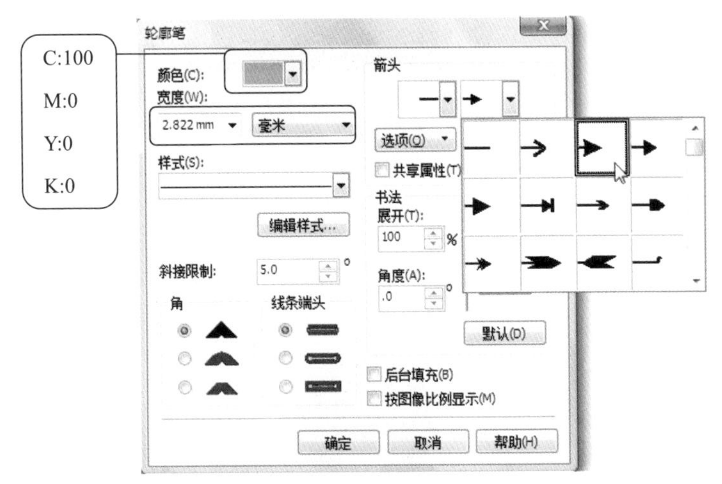

图2-77 【轮廓笔】对话框

可以通过按键盘上的F12键，快速打开【轮廓笔】对话框。

05 单击确定按钮，设置后的效果如图2-78所示。

06 确认曲线处于选择状态，单击标准工具栏中的（复制）按钮，再单击（粘贴）按钮，将处于选择状态的曲线复制出一条，位置如图2-79所示。

07 选择“轮廓”展开工具栏中的（轮廓色对话框）工具，在弹出的【轮廓颜色】对话框中设置参数，如图2-80所示。

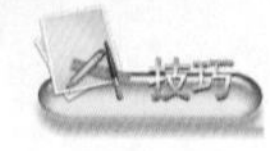

单击“轮廓”展开工具栏中的（轮廓色对话框）按钮或按键盘上的Shift+F12键，都可打开【轮廓色】对话框。

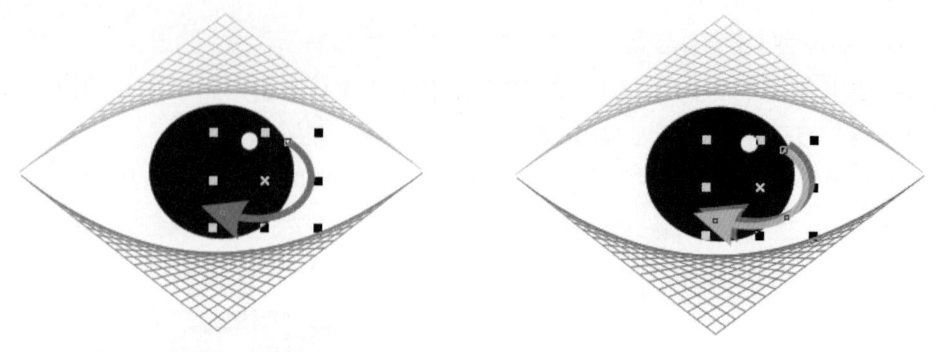

图2-78 设置轮廓后的效果　　图2-79 复制后的位置

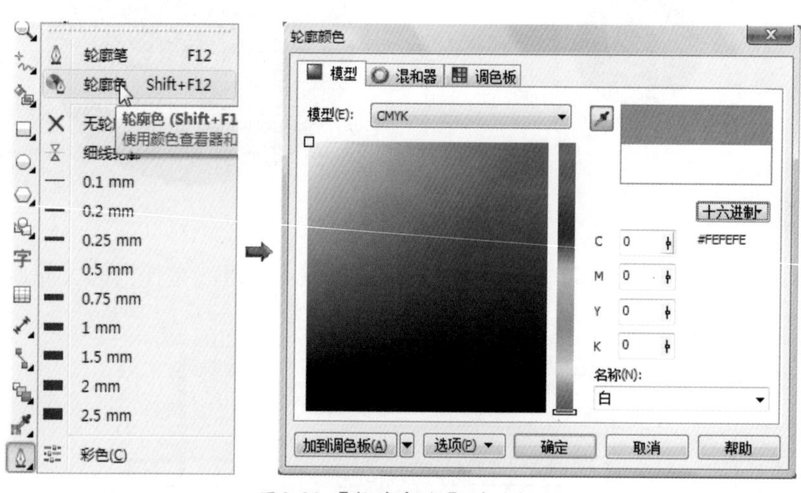

图2-80 【轮廓颜色】对话框

08 单击确定(O)按钮，设置后的效果如图2-81所示。

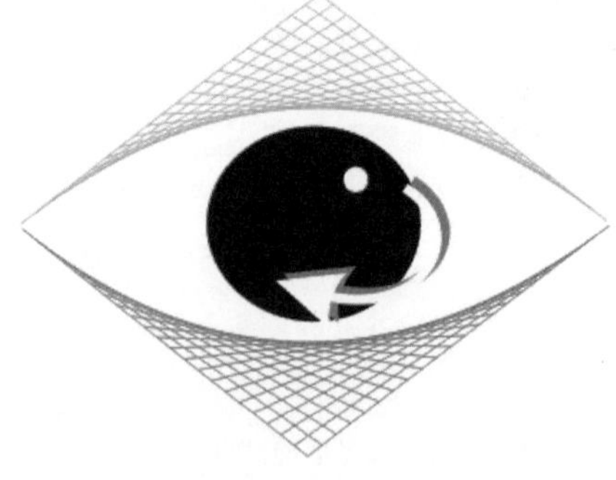

图2-81 设置后的效果

09 保存文件，命名为“平面构图.cdr”。

实例总结

在【轮廓笔】对话框中除了设置轮廓线的宽度和颜色外，还可以设置轮廓的箭头样式，从而可以非常方便地绘制出箭头和箭尾的形状。

Example 实例 18 贝塞尔工具——跳舞的少女

实例目的

前面已经学习了【贝塞尔工具】的操作方法，现在读者自已动手运用【贝塞尔工具】绘制跳舞的少女的轮廓，如图2-82所示。

图2-82 跳舞的少女轮廓效果

实例要点

◆ 运用“曲线”展开工具栏中的【贝塞尔工具】或【钢笔工具】绘制出“跳舞的少女”图形的轮廓。

Example 实例 19 曲线工具——岩字

实例目的

分别运用【手绘工具】、【贝塞尔曲线工具】、【钢笔工具】、【折线】、【三点曲线】工具绘制出“岩字”图形。岩字效果如图2-83所示。

实例要点

◆ 运用“曲线”展开工具栏中的工具绘制出岩字图形的轮廓。

◆ 设置图形的轮廓宽度。

◆ 设置轮廓颜色。

图2-83 岩字效果

Example 实例 20 贝塞尔工具——绘制鼠标

实例目的

学习了前面的范例，现在读者自已动手绘制出一个鼠标图形，效果如图2-84所示。

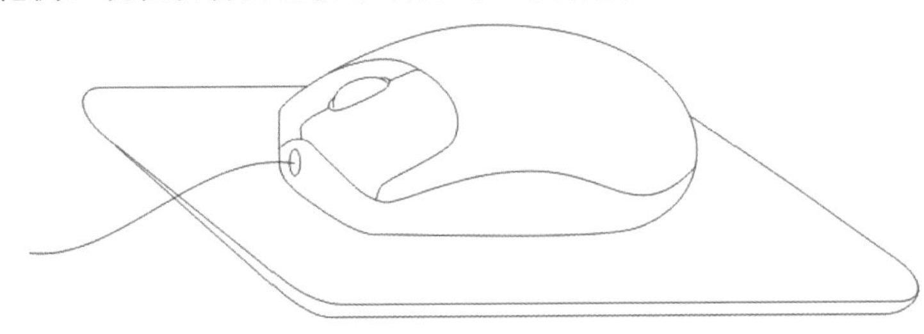

图2-84 绘制鼠标效果

实例要点

- ◆ 运用【贝塞尔工具】绘制鼠标外壳。
- ◆ 绘制鼠标滚轮等轮廓线。
- ◆ 绘制鼠标垫。

Example 实例 21 艺术笔——卡通月亮

实例目的

运用【贝塞尔曲线】工具、【艺术笔工具】中的【笔刷】工具，绘制出“卡通月亮”图形，效果如图2-85所示。

图2-85 卡通月亮效果

实例要点

- ◆ 运用【贝塞尔曲线】工具绘制出月亮的轮廓。
- ◆ 将月亮轮廓转换为笔刷笔触。
- ◆ 运用笔刷工具绘制出眉毛、眼睛，完成月亮图形的制作。

第3章　几何图形工具的使用

在我们的日常生活中会接触到很多图形，但是无论表面看起来多么复杂或简单的图形，其实都是由方形、圆形、多边形演变而来的，在本章中，我们通过实例向大家介绍在CorelDRAW软件中绘制这些基本几何图形的方法。

本章主要涉及矩形、椭圆形、多边形、网络图纸、螺旋及预设形状、参数设置、填充颜色等内容。

Example 实例 22　矩形工具——标志

实例目的

通过实例学习矩形、正方形和圆角方形的绘制方法，以及参数的精确设置。标志效果如图3-1所示。

实例要点

◆ 绘制矩形和正方形。
◆ 精确缩放。
◆ 复制。
◆ 设置圆角方形。
◆ 通过调色板填充颜色。
◆ 无轮廓。

图3-1 标志效果

操 作 步 骤

01 在CorelDRAW X5中新建空白文件。

02 单击工具箱中的□（矩形工具）按钮，移动鼠标指针至绘图区中，鼠标指针变为┼□形状，在绘图区中的任意位置，按住鼠标左键并拖曳至合适位置，松开鼠标左键，绘制出一个矩形，如图3-2所示。（注意：拖曳鼠标绘制矩形时，在属性栏中可以看到坐标位置也在发生变化，注意在这里的坐标位置是指矩形的中心，而不是绘制时鼠标指针所在的坐标位置。）

图3-2 绘制矩形

精确设置对象的长度和宽度。在属性栏↔和↕右侧的数值框中，可精确设置对象大小，当↔和↕右侧的数值相等时，对象变为正方形，如图3-3所示。

03 在属性栏↔（对象大小）右侧的数值框中输入160mm，设置矩形的长度；在属性栏↕（对象大小）右侧的数值框中输入160mm，设置矩形的高度，按键盘上的Enter键，完成正方形的设置，如图3-3所示。注意：在后面的操作中，将前两步操作步骤简述为“运用□（矩形工具），在绘图区中绘制一个长度为*，高度为*的矩形。”（*号表示数字）

04 按键盘上的空格键，切换为选择工具。

05 单击标准工具栏中的（复制）按钮，再单击标准工具栏上的（粘贴）按钮，复制出一个正方形。

06 单击属性栏中的（缩放比率）按钮，在属性栏（对象大小）右侧的数值框中输入20，对象按比例缩放，（对象大小）右侧数值框中的数值随长度的改变也变为20，如图3-4所示。

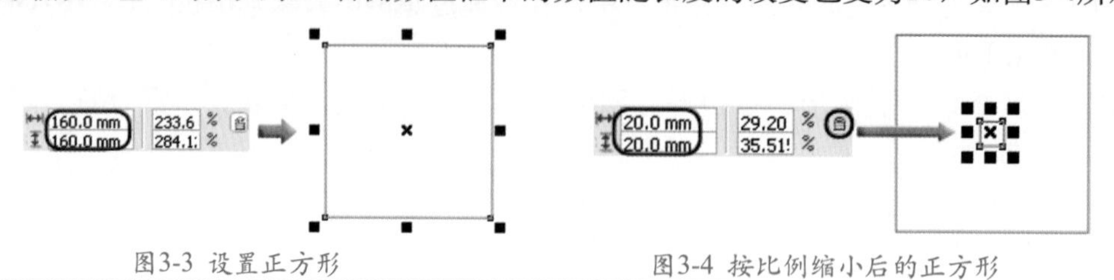

图3-3 设置正方形　　图3-4 按比例缩小后的正方形

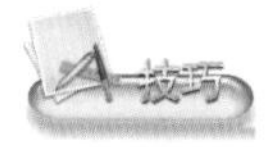

在属性栏中，对象大小右上角的（锁定比率）按钮处于选择状态，即呈白色显示状态，可以分别设置对象的长度和高度。在（锁定比率）按钮上单击鼠标左键，变为（锁定比率）状态，即不处于选择状态，改变长度值，高度值也将按比例改变。

07 运用（矩形工具），在绘图区中绘制一个长度为100mm，高度为10mm的矩形，位置如图3-5所示。

08 确认矩形处于选择状态，将其复制出一个，调整到如图3-6所示的位置。

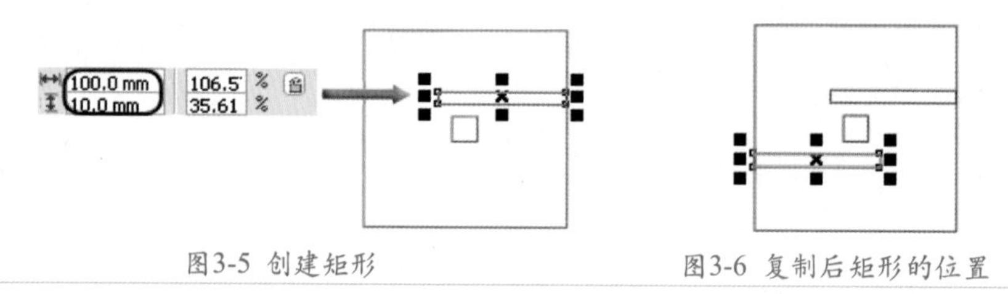

图3-5 创建矩形　　图3-6 复制后矩形的位置

09 将矩形再复制一个，在属性栏（旋转角度）右侧的 .0 °数值框中输入90，复制后的矩形旋转90°，调整到如图3-7所示的位置（在后面的操作中，将此步简述为“在属性栏中设置矩形的旋转角度为90°”）。

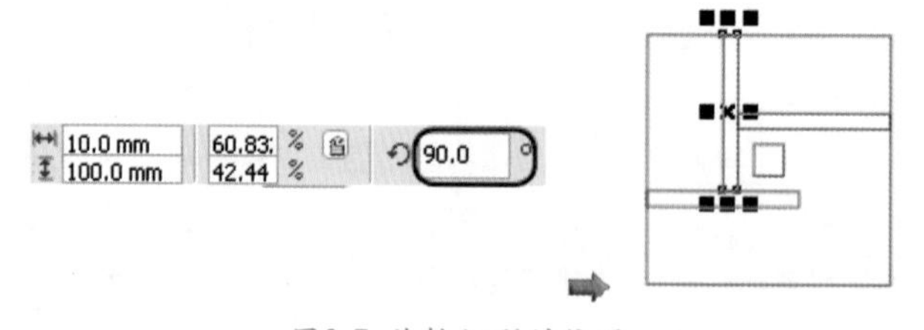

图3-7 旋转矩形的位置

10 移动鼠标指针至旋转矩形的中心位置，鼠标指针变为形状时，按住鼠标左键向右移动，此时矩形框显示为蓝色，鼠标指针变为形状，移动至合适位置，单击鼠标右键，鼠标指针右下方出现符号，松开鼠标右键，即可复制出一个矩形，如图3-8所示。

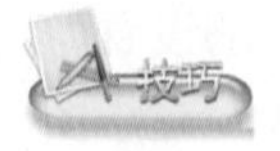

移动复制。选择需要移动的对象，按住鼠标左键，移动到合适位置，单击鼠标右键的同时，鼠标指针右下方出现号，然后依次松开鼠标右键和左键。

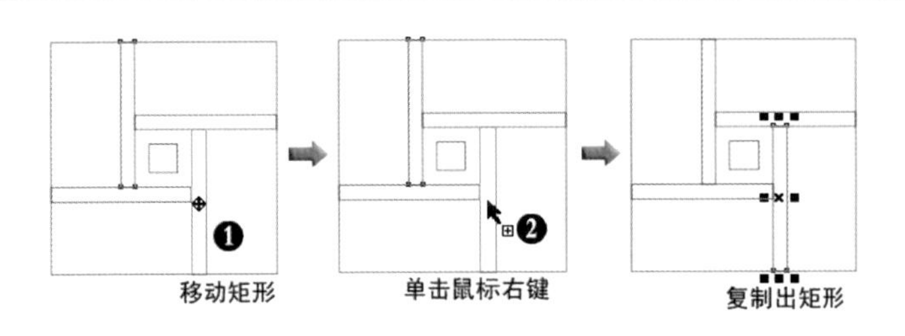

图3-8 复制距形

⑪ 单击工具箱中的 （形状工具）按钮，移动鼠标指针至外侧的正方形上，单击鼠标左键，正方形上出现四个节点，在任意一个节点上，按住鼠标左键向上或向下拖曳，调整出圆角方形，如图3-9所示。

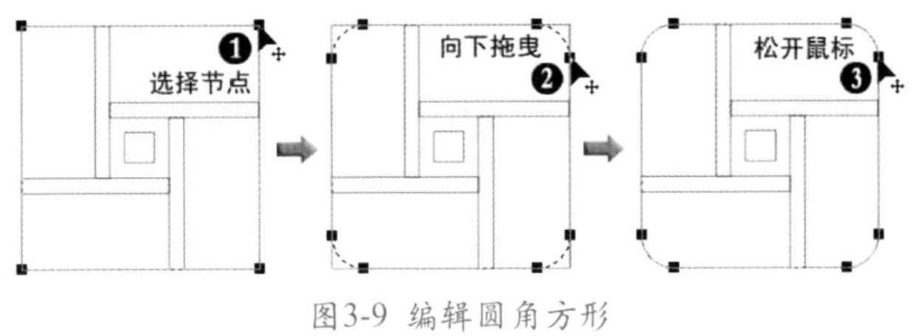

图3-9 编辑圆角方形

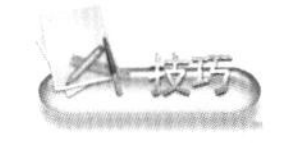

运用【形状工具】，在选择的矩形的节点上按住鼠标左键拖曳，可以直接将矩形尖锐的角调整成圆滑的角。

⑫ 在属性栏【左边矩形的边角圆滑度】数值框或【右边矩形的边角圆滑度】数值框中输入20，调整后的形状如图3-10所示。

⑬ 选择绘图区中的全部图形，在属性栏中设置旋角度为45°，旋转后的形状如图3-11所示。

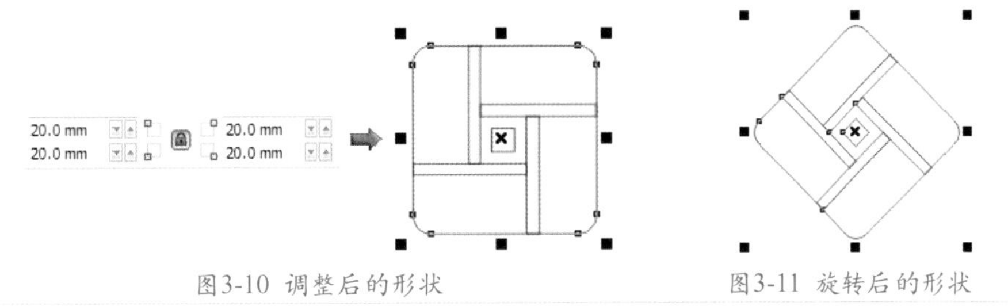

图3-10 调整后的形状　　图3-11 旋转后的形状

至此，标志图形的外轮廓绘制完成。下面我们将通过调色板为标志图形添充颜色。

⑭ 选择小正方形，将鼠标指针移动至调色板的红色色块上，单击鼠标左键，小正方形填充为红色，如图3-12所示（注意：在后面的操作中，将此操作步骤简述为“将小正方形填充为红色”）。

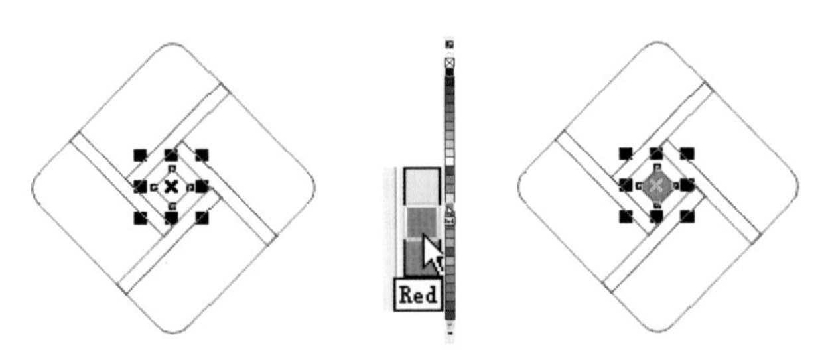

图3-12 填充红色

⑮ 选择任意一个矩形，按住键盘上的Shift键，将鼠标指针移动至其他矩形上，单击鼠标左键，

两个矩形被同时选择，继续选择其他两个矩形，如图3-13所示。

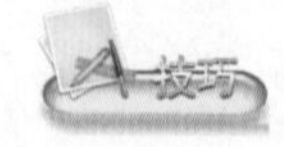

按住键盘上Shift键的同时，逐一在需要选择的对象上单击鼠标左键，可连续选择多个对象。

⑯ 移动鼠标指针至调色板的青色色块上，单击鼠标左键，选择的矩形填充为青色，如图3-14所示。

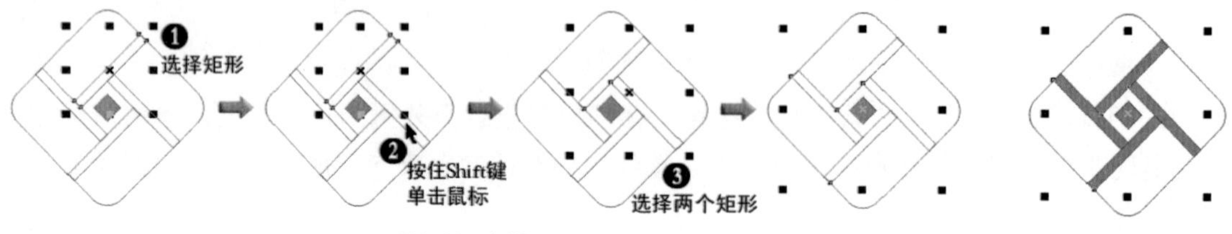

图3-13 选择矩形　　图3-14 填充后的效果

⑰ 单击“轮廓”展开工具栏中的（轮廓笔对话框）按钮，在弹出的【轮廓笔】对话框中设置【宽度】为1.5mm，设置【颜色】为白色（CMYK：0、0、0、0），编辑后的效果如图3-15所示。

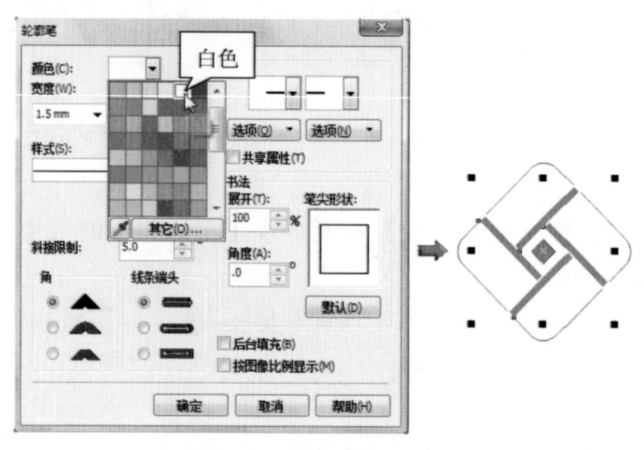

图3-15 设置轮廓后的效果

⑱ 运用前面介绍的方法，选择大的正方形，将其填充为蓝色（CMYK：100、100、0、0），在“轮廓”展开工具栏中单击✕（无轮廓）按钮，取消外侧正方形的轮廓，效果如图3-16所示。

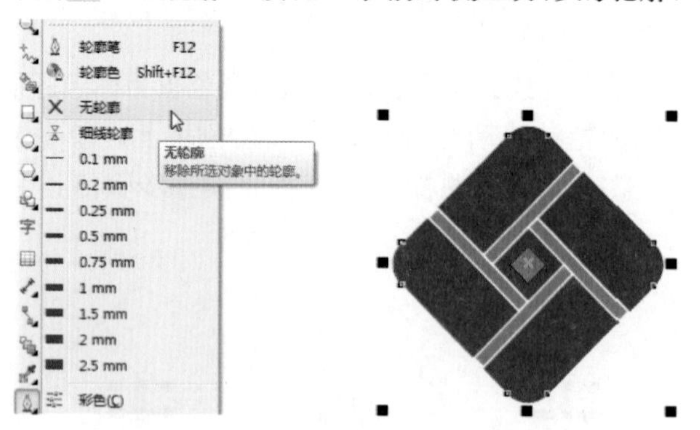

图3-16 取消轮廓后的效果

图形处于选择状态时，移动鼠标指针至调色板的⊠上，单击鼠标右键，即可删除图形的轮廓。（注意：在后面的操作中，读者可根据情况取消轮廓或将轮廓的颜色设置为与填充色相同的颜色。）

⑲ 保存文件，命名为“标志.cdr”。

实例总结

运用【矩形工具】绘制矩形是指通过指定矩形两个对角点的方式来确定矩形的大小和位置。正方形是特殊的矩形，通过属性栏【对象大小】数值框设置矩形长度和高度的值相等即可，还可以在绘制时按住Ctrl键，快速绘制出正方形。在绘制标志图标的过程中，我们讲解了两种将矩形4个尖锐的角，调整为圆滑的圆角矩形的方法，即运用【形状工具】绘制和通过属性栏设置。另外，我们还讲解了通过调色板填充颜色的方法。

Example 实例 23 圆角矩形——贴图表情

实例目的

本例讲解圆形矩形左上角、左下角、右上角、右下角边角圆滑度的设置方法，贴图表情效果如图3-17所示。

实例要点

- ◆ 绘制矩形。
- ◆ 设置矩形的边角圆滑度。
- ◆ 绘制高光部分和嘴。
- ◆ 运用贝塞尔曲线绘制曲线。

图3-17 贴图表情效果

操作步骤

01 在CorelDRAW X5中新建文件。

02 运用（矩形工具），按住键盘上的Ctrl键，在绘图区中绘制一个正方形。

03 在属性栏中单击（圆角）按钮，设置左上角和右下角的边角圆滑度为10，左下角和右上角的边角圆滑度为30，然后将其填充为黑色，如图3-18所示。

04 将正方形复制出一个，然后在属性栏中修改左上角和右下角的边角圆滑度为15，左下角和右上角的边角圆滑度为0，调整大小及位置，如图3-19所示。

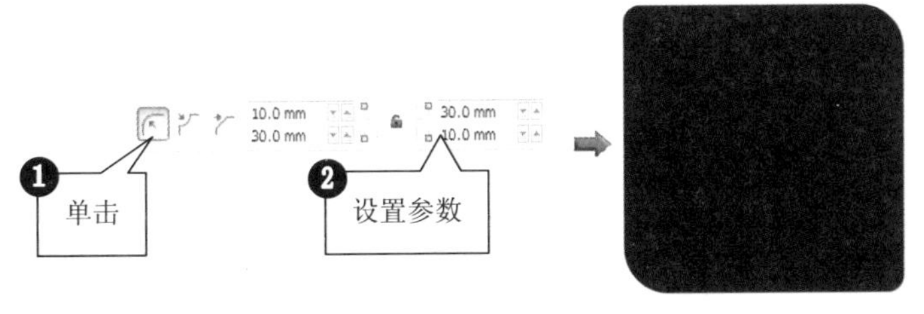

图3-18 绘制圆角方形

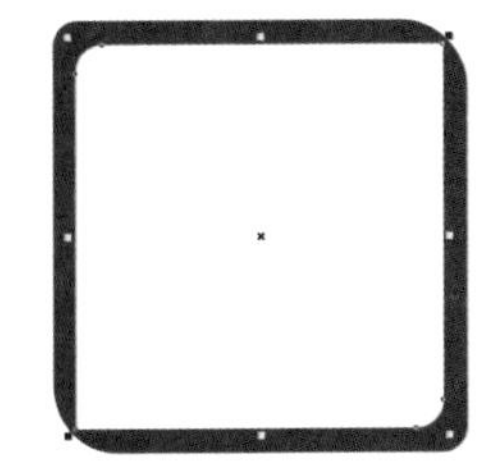

图3-19 编辑后的效果

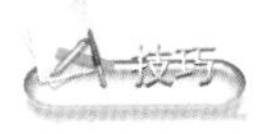

当（锁定比率）按钮处于选择状态时，图形的边角圆滑度将按比例改变，即在任意一个数值框中输入数值，其他数值也会相应改变。在（锁定比率）按钮上单击鼠标左键，变为状态，即取消选择状态，可对图形的任意角的圆滑度进行单独设置。

05 将复制的矩形填充为粉红色（CMYK：0、69、28、0）。

06 单击（椭圆工具）按钮，按住键盘上的Ctrl键，绘制一个圆形，然后将圆形填充为橘红色（CMYK：2、49、84、0），设置轮廓宽度为0.5mm，位置如图3-20所示。

07 运用（贝塞尔工具）和（椭圆工具），绘制高光部分，然后将其填充为白色，如图3-21所示。

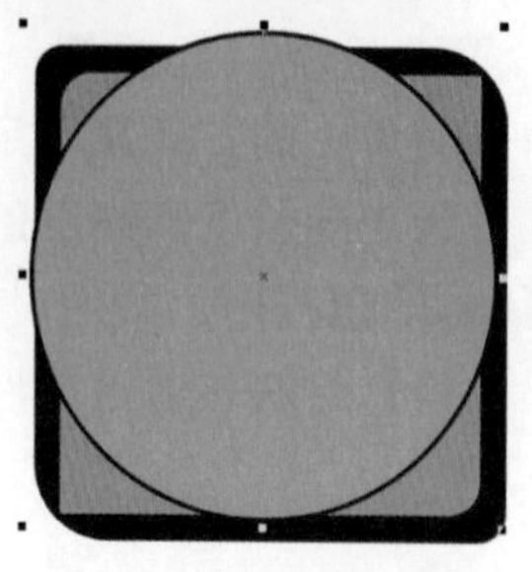

图3-20 圆形的位置

图3-21 绘制高光部分

08 选择（贝塞尔工具），绘制出嘴巴图形，然后将其填充为白色，如图3-22所示。

在绘制出一段直线或曲线后，移动鼠标指针至第二个节点上，双击鼠标，使节点变为尖突节点。

09 运用（贝塞尔工具）绘制出眉毛、眼睛及牙齿，如图3-23所示。

图3-22 绘制嘴

图3-23 绘制图形

10 保存文件，命名为“贴图表情.cdr”。

实例总结

本例运用了【矩形工具】、【椭圆工具】和【贝塞尔曲线】工具，绘制出“贴图表情”图形，重点掌握圆角矩形边角圆滑度的设置方法。

Example 实例 24 3点椭圆——汽球

实例目的

本例学习运用【椭圆】、【3点椭圆】工具绘制椭圆的方法，以及运用“填充”展开工具栏中的【填充颜色对话框】工具填充颜色的方法，汽球效果如图3-24所示。

图3-24 汽球效果

实例要点

- 运用【椭圆工具】绘制椭圆。
- 运用【3点椭圆】工具绘制椭圆。
- 均匀填充。
- 2点轮廓。

操作步骤

01 在CorelDRAW X5中新建文件。

02 单击工具箱中的（椭圆工具）按钮，移动鼠标指针至绘图区中，鼠标指针变为形状，在绘图区的任意位置，按住鼠标左键拖曳至合适位置，松开鼠标左键，绘制出一个椭圆形，如图3-25所示。

03 在属性栏中，设置椭圆形的长度为40mm、高度为50mm，如图3-26所示。注意：在后面的操作中，将前两步操作简述为“运用（椭圆工具），在绘图区中绘制一个长度为*，高度为*的椭圆形。”（*号表示数字）。

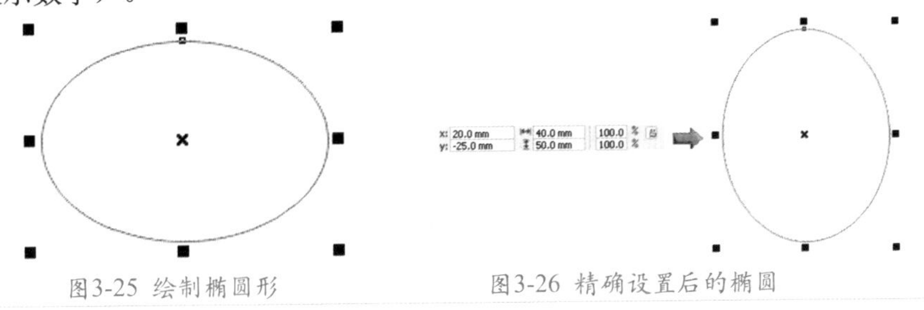

图3-25 绘制椭圆形　　图3-26 精确设置后的椭圆

技巧：选择椭圆工具，按住键盘上的Ctrl键，在绘图区中按住鼠标左键拖曳，可以绘制圆形。

04 单击工具栏中（填充工具）按钮右下方的三角形，展开“填充”展开工具栏，移动鼠标指针至（均匀填充对话框）按钮上，单击鼠标左键，弹出【均匀填充】对话框；在【模型】选项卡的【组件】栏中，在CMYK数值框中分别输入36、3、2、0，设置颜色为浅蓝色，单击“确定”按钮，将椭圆形填充为浅蓝色，如图3-27所示（注意，在后面的操作中，将此操作步骤简述为“将椭圆形填充为浅蓝色（CMYK：36、3、2、0）”）。

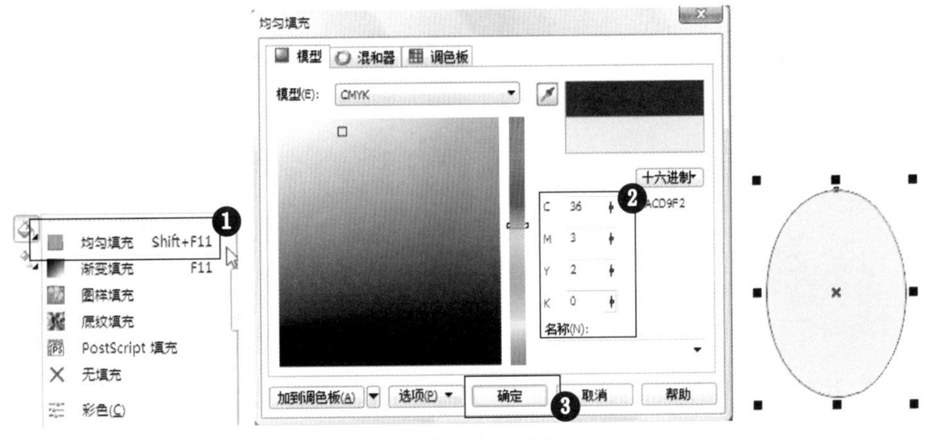

图3-27 填充颜色

05 单击工具箱中（椭圆工具）按钮右下方的三角形，展开“椭圆”展开工具栏，移动鼠标指针至（3点椭圆）按钮上并单击鼠标左键，切换为3点椭圆工具。

06 移动鼠标指针至椭圆形的左上角，按住鼠标左键绘制出一条线段，作为椭圆形的轴线，松开鼠标左键，向线段的一侧移动到合适的位置，单击鼠标左键，绘制出一个椭圆形，如图3-28所示。

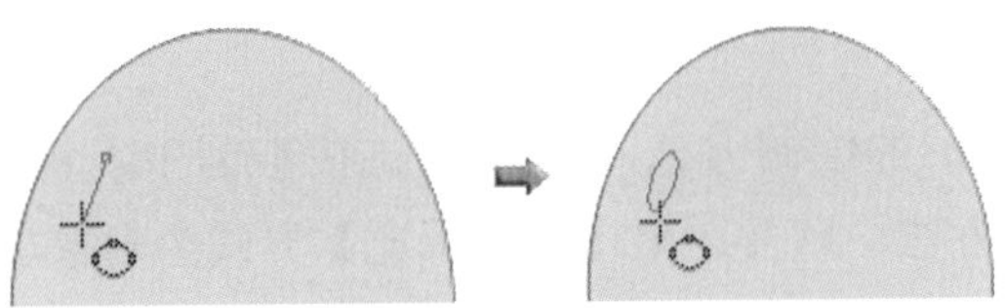

图3-28 绘制椭圆形

运用【3点椭圆】工具，按住键盘上Ctrl键的同时按住鼠标左键拖曳，可绘制出一条水平或垂直的直线作为椭圆的轴线。

⑦ 将椭圆形填充为白色（CMYK：0、0、0、0）。在“轮廓”展开工具栏中单击（无轮廓）按钮，取消椭圆形的轮廓，如图3-29所示。

⑧ 运用（手绘工具）在椭圆形中绘制一条曲线，位置如图3-30所示。

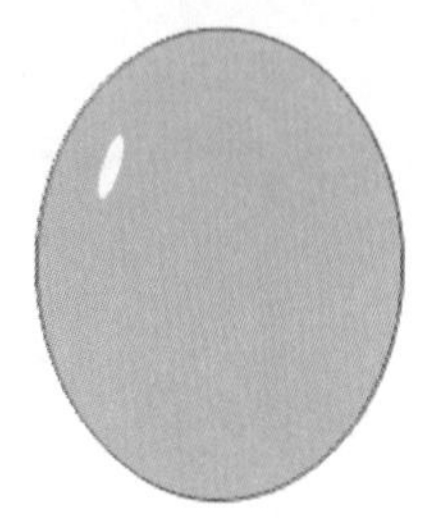

图3-29 取消椭圆轮廓

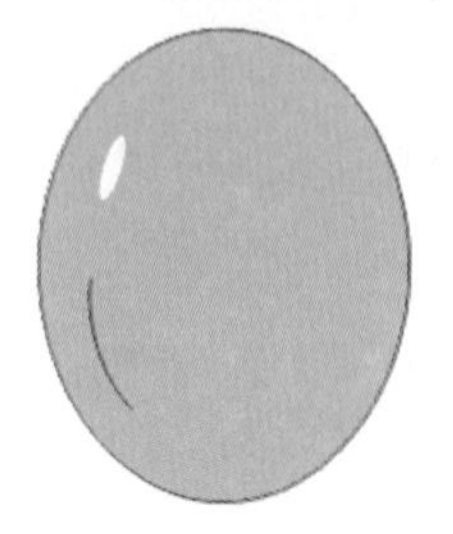

图3-30 绘制曲线

⑨ 确认曲线处于选择状态。单击“轮廓”展开工具栏中的【0.75mm轮廓】按钮，直接设置轮廓宽度，效果如图3-31所示。

⑩ 将曲线的轮廓颜色设置为白色（CMYK：0、0、0、0）。

⑪ 在“曲线”展开工具栏中单击（贝塞尔工具），在椭圆形的底部绘制一个封闭梯形，并填充为浅蓝色（与椭圆形填充的颜色相同），如图3-32所示（注意：开放的折线是不能直接填充颜色的，因此，在此步操作中，需要绘制一个封闭的梯形）。

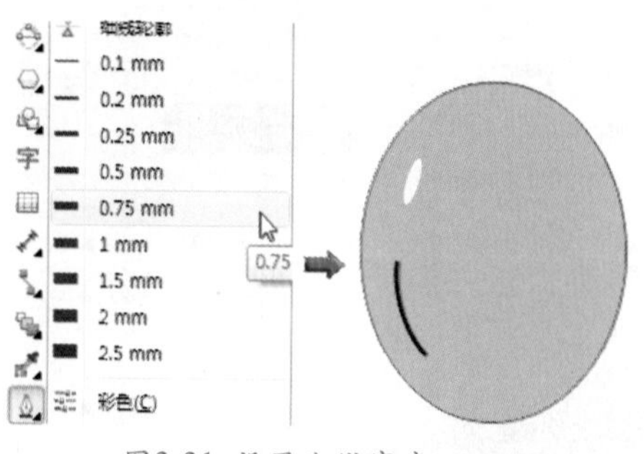

图3-31 设置曲线宽度

图3-32 绘制梯形

⑫ 运用（手绘工具），在梯形的底部绘制出一条长曲线，作为汽球的线，如图3-33所示。

在CorelDRAW中绘图时手绘工具应用得较多。在绘制的过程中，按键盘上的F5键，可快速切换为手绘工具。

一个汽球绘制完成。

⑬ 运用框选的方法，选择全部图形，将汽球图形复制出几个，随意调整汽球的颜色及大小，调整后的效果如图3-34所示。

⑭ 保存文件，命名为“汽球.cdr”。

实例总结

椭圆形的绘制方法与矩形的绘制方法基本相同。在本例中，讲解了运用【椭圆】和【3点椭圆】两种工具绘制椭圆形的方法，以及运用【均匀填充】方式为对象填充颜色的方法。

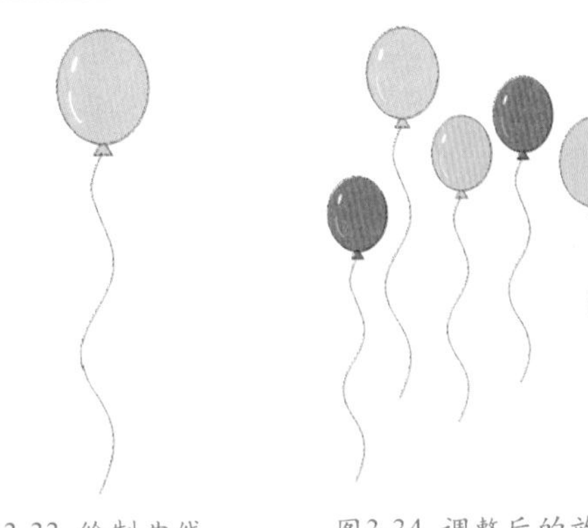

图3-33 绘制曲线　　图3-34 调整后的效果

Example 实例 25 椭圆工具——卡通字母

实例目的

通过“卡通字母”实例，学习运用【椭圆工具】绘制圆形、饼形和弧形这三种图形的方法。卡通字母效果如图3-35所示。

图3-35 卡通字母效果

实例要点

- 绘制圆形。
- 绘制曲线。
- 绘制封闭图形。
- 设置饼形和弧形。

操作步骤

01 在CorelDRAW X5中新建文件。

02 单击（椭圆工具）按钮，按住键盘上的Ctrl键，在绘图区中按住鼠标左键拖曳，绘制出一个圆形。

按住键盘上的Shift+Ctrl组合键，在绘图区中绘制圆形，将以鼠标拖动的起点为中心进行绘制。

03 在属性栏中设置圆形的长度、高度均为100mm，如图3-36所示。

04 确认圆形处于选择状态，将其填充为绿色（CMYK：100、0、100、0），取消轮廓。

05 将圆形复制出一个，在属性栏中，修改长度和高度均为46mm，填充为白色（CMYK：0、0、0、0），位置如图3-37所示。

06 将白色圆形再复制一个，在属性栏中，修改长度和高度均为7.7mm，调整位置，如图3-38所示。

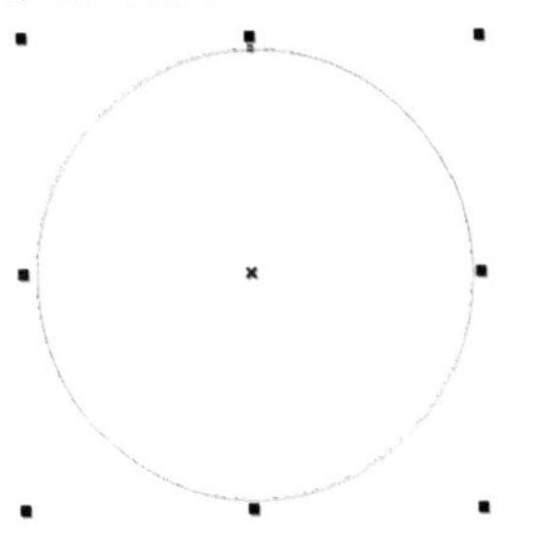

图3-36 绘制圆形

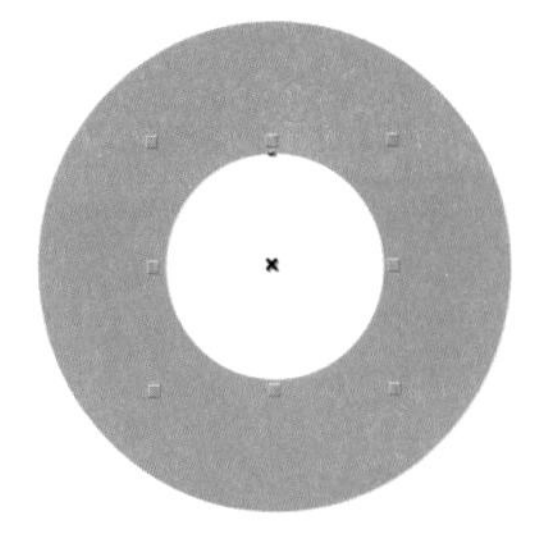

图3-37 复制后圆形的位置

图3-38 调整后的位置

07 运用（椭圆工具），按住键盘上的Ctrl键，绘制长度和高度均为1.5mm的圆形，填充为黑色，调整位置，如图3-39所示，制作出字母的眼睛。

08 选择字母眼睛部分的两个圆形，将其再制一组，按住键盘上的Ctrl键，向右调整图形的位置，如图3-40所示，完成字母眼睛的制作。

09 单击“曲线”展开工具栏中的（贝塞尔工具）按钮，切换为贝塞尔工具，在图形中心偏下的位置绘制一条曲线，形态如图3-41所示，作为字母的嘴巴。

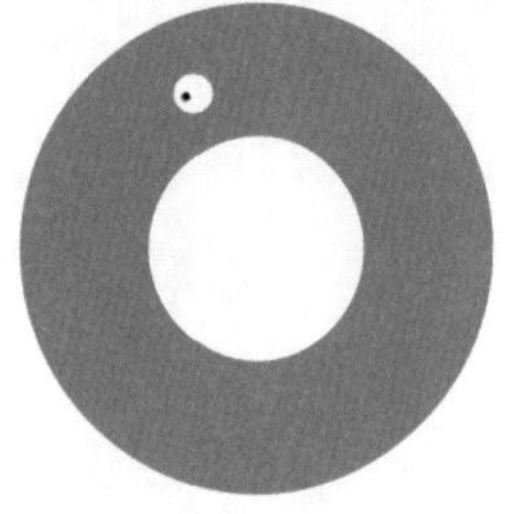

图3-39 黑色圆形的位置

图3-40 调整后的位置

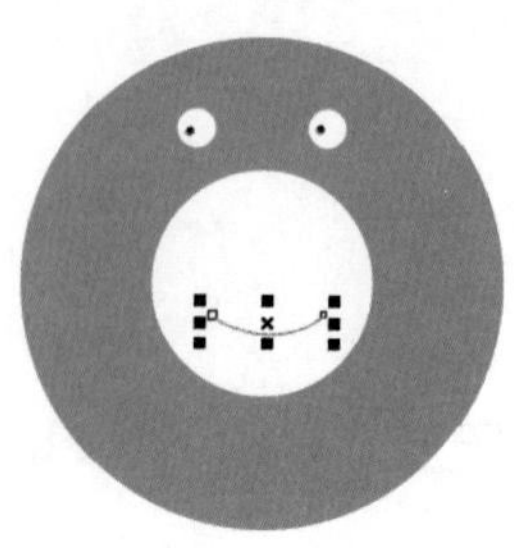

图3-41 曲线的形态及位置

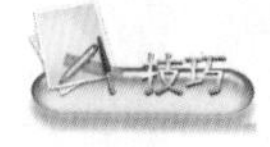

选择需要移动的对象，按住键盘上的Ctrl键，可使对象在水平和垂直方向移动，即限制对象的移动方向。

10 继续运用（贝塞尔工具），在曲线下方绘制一个封闭的图形，如图3-42所示。

11 在如图3-43所示的位置绘制一条直线。

12 将绘制的封闭图形填充为红色（CMYK：0、100、100、0），完成卡通字母O的绘制，效果如图3-44所示。

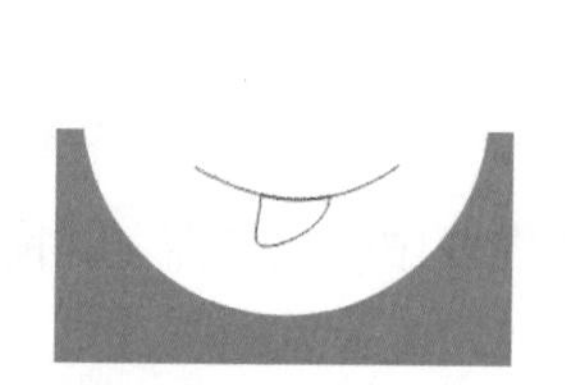

图3-42 绘制的封闭图形

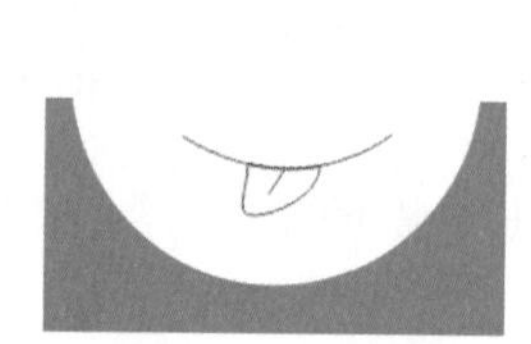

图3-43 绘制的直线

图3-44 填充后的效果

绘制卡通字母C

13 将绿色圆形复制一个，填充为品红色（CMYK：0、100、0、0），调整位置，如图3-45所示。

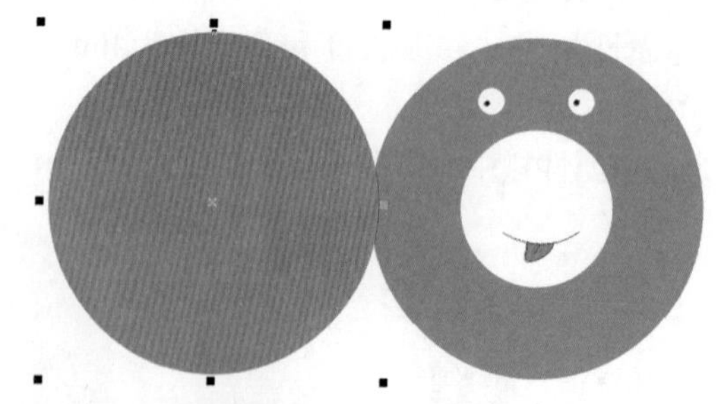

图3-45 复制后圆形的位置

14 单击属性栏中的（饼形）按钮，圆形变为图3-46所示的饼形。

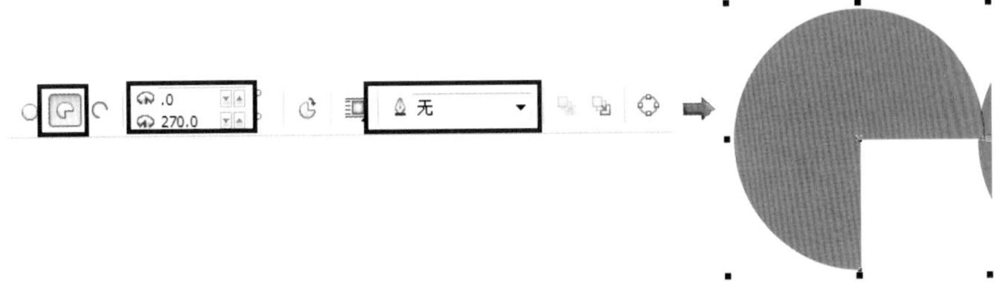

图3-46 设置饼形

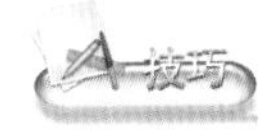

选择需要删除轮廓的对象，在属性栏中的轮廓宽度右侧的下拉列表中选择“无”，即取消对象轮廓。

⑮ 在属性栏（起始和结束角度）右侧的数值框中输入45；在（起始和结束角度）右侧的数值框中输入325，效果如图3-47所示。

图3-47 设置后的形态

⑯ 将“卡通字母O”中的眼睛复制一组，调整到如图3-48所示的位置。

⑰ 选择黑色圆形，调整位置，如图3-49所示。

⑱ 在眼睛的外侧绘制一个圆形，将白色圆形复制一个，将白色圆形放大至合适大小，取消填充色，设置轮廓颜色为黑色（CMYK：0、0、0、100），如图3-50所示。

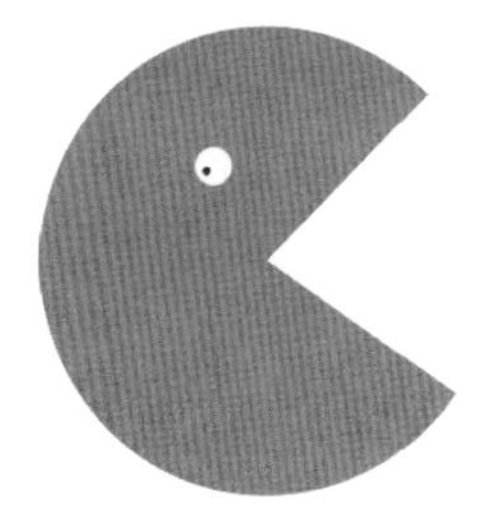
图3-48 复制后的位置

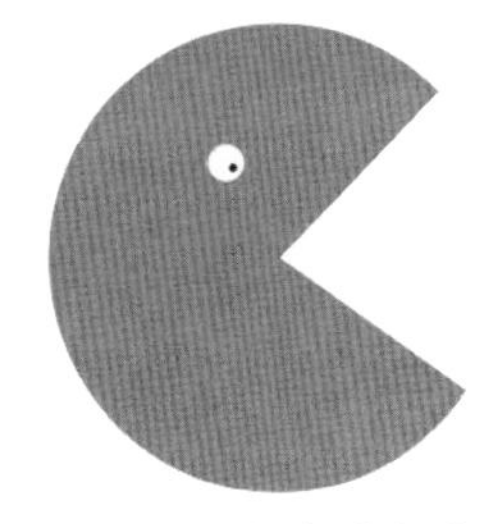
图3-49 调整后的位置

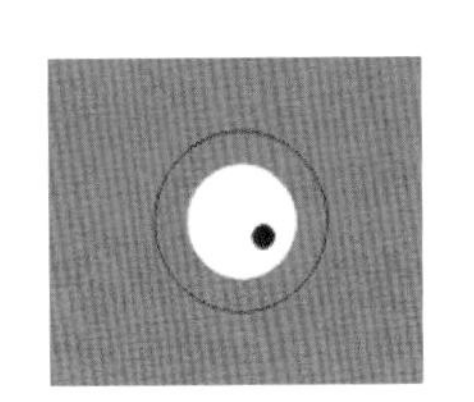
图3-50 复制后的圆形

选择需要取消填充色的对象，移动鼠标指针至调色板的☒上，单击鼠标左键，即可取消对象的填充色。

⑲ 单击属性栏中的（弧形）按钮，圆形变为如图3-51所示的弧形。

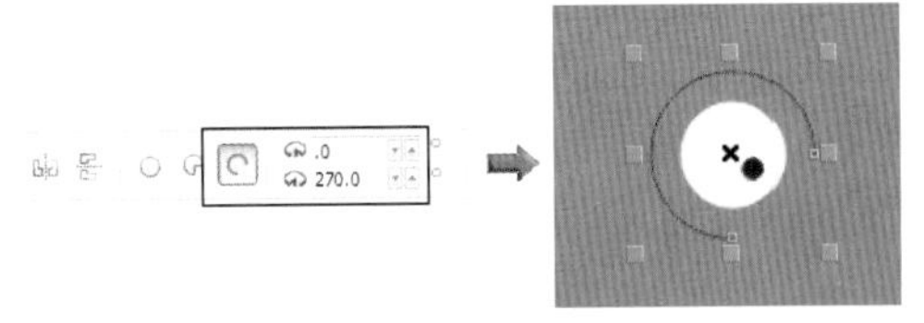

图3-51 弧形的形态

⑳ 在属性栏（起始和结束角度）右侧的数值框中输入80；在（起始和结束角度）右侧的

数值框中输入180，效果如图3-52所示。

㉑ 运用（贝塞尔工具），在弧形上绘制3条曲线，作为眉毛，如图3-53所示。

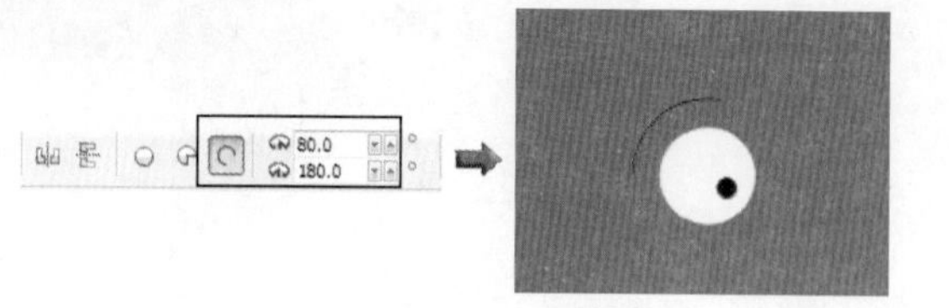

图3-52 调整后弧形的形态

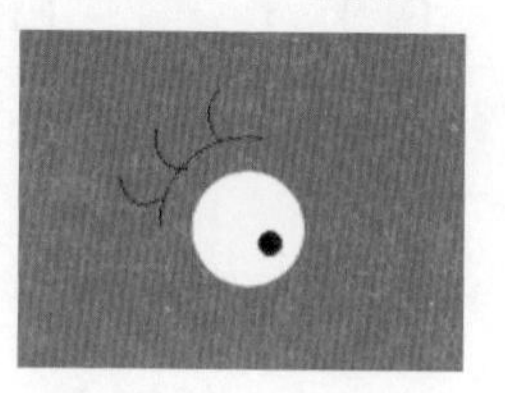

图3-53 曲线的形态

至此，整个图形绘制完成，效果如图3-54所示。

图3-54 最终效果

㉒ 保存文件，命名为“卡通字母.cdr”。

实例总结

绘制圆形与绘制正方形的方法相同，即绘制椭圆时按住键盘上的Ctrl键即可。饼形实际上是不完整的椭圆，通过属性栏中的【起始和结束角度】数值框设置角度。与饼形不同，弧形是没有轴线的，绘制方法与饼形的操作方法一样。

Example 实例 26 渐变填充——樱桃

实例目的

本例学习圆形的绘制方法和“填充”展开工具栏中【渐变填充】工具的使用方法，樱桃效果如图3-55所示。

图3-55 樱桃效果

实例要点

- 绘制圆形。
- 设置圆形。
- 设置书法笔触。
- 渐变填充。

操作步骤

01 在CorelDRAW X5中新建文件。

02 运用（椭圆工具），按住键盘上的Ctrl键，在绘图区中绘制一个长度、高度均为50mm的圆形。

03 单击（贝塞尔工具）按钮，绘制出如图3-56所示的曲线，然后运用（形状工具）调整曲线的形态。

04 按键盘上的空格键，切换为选择工具；选择如图3-57所示的曲线，在“轮廓”展开工具栏中

单击 （轮廓笔对话框）按钮，在弹出的【轮廓笔】对话框中，设置线形的书法笔触效果。

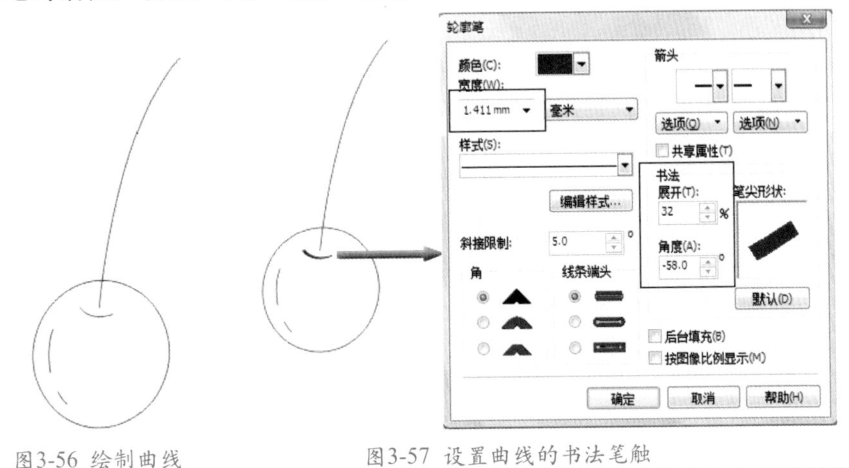

图3-56 绘制曲线　　图3-57 设置曲线的书法笔触

05 选择如图3-58所示的曲线，设置曲线的书法笔触效果。

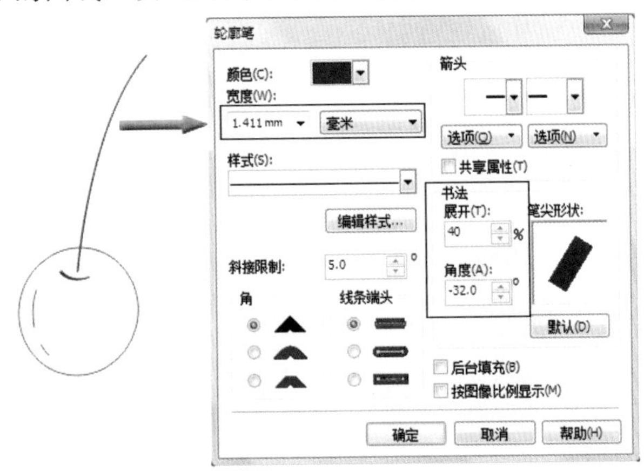

图3-58 设置曲线的书法笔触

06 运用同样的方法，选择樱桃图形中的其余两条曲线，设置轮廓宽度为0.706mm。一个樱桃的外轮廓绘制完成。

07 选择圆形，在“填充”展开工具栏中选择 （渐变填充工具），单击鼠标左键，弹出【渐变填充】对话框。

08 单击【类型】右侧的下拉按钮，在弹出的面板中选择【辐射】；单击【颜色调和】选项组中的【自定义】单选项，在其下方出现预览色带，移动鼠标指针至预览色带左上方的□（起始点）上，单击鼠标左键，□变为■，处于选择状态；单击 其它(O) 按钮，在弹出的【选择颜色】对话框中设置颜色为橘色（CMYK：2、44、69、0），在预览色带的起始点和终点颜色之间双击，出现一个黑色的倒三角形，设置颜色为橘红色（CMYK：0、87、79、0），选择预览色带终点的色块，设置颜色为白色（CMYK：0、0、0、0），如图3-59所示。

09 单击 确定 按钮，完成渐变色的设置，效果如图3-60所示。

在预览色带的起始点和终点颜色之间双击，出现一个黑色的倒三角形，可以设置颜色，双击某个三角色块可删除某种颜色。

10 删除圆形的外轮廓，选择圆形内的3条曲线，设置轮廓颜色为白色。

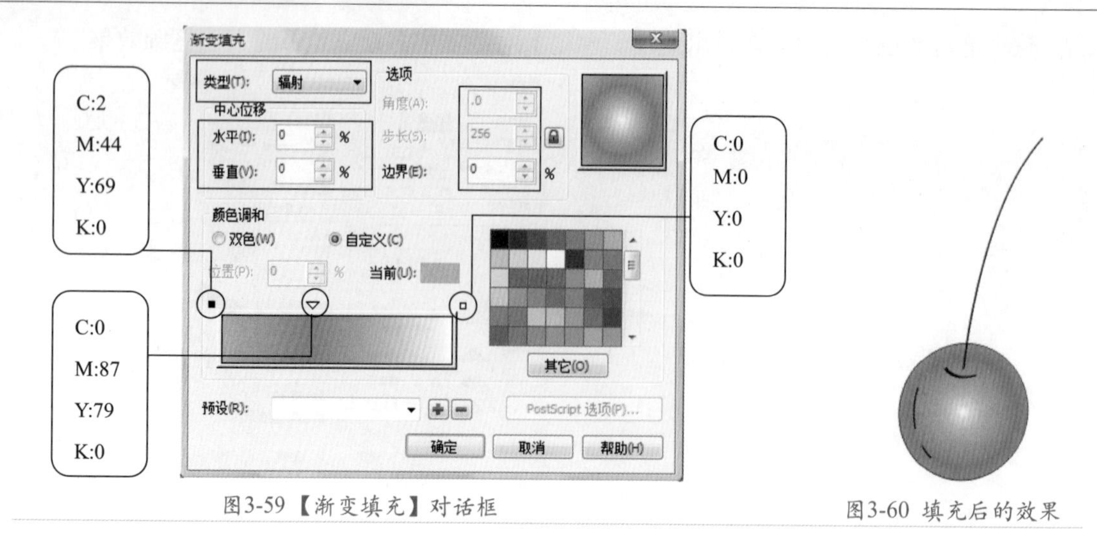

图3-59【渐变填充】对话框　　图3-60 填充后的效果

⑪ 运用框选的方法，选择樱桃图形，将其复制两组，调整其大小及位置，如图3-61所示。

⑫ 运用（贝塞尔工具），在绘图区中绘制一条曲线，然后运用（形状工具）调整曲形的形态，效果如图3-62所示。

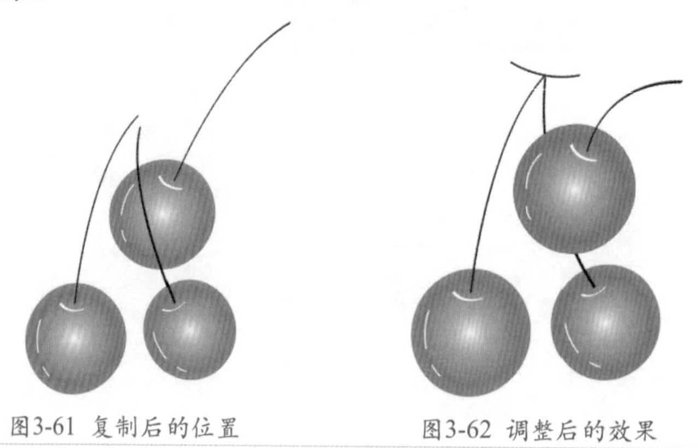

图3-61 复制后的位置　　图3-62 调整后的效果

⑬ 保存文件，命名为“樱桃.cdr”。

实例总结

本例重点学习【椭圆工具】、【贝塞尔工具】，以及【轮廓工具】中【轮廓画笔对话框】和【填充工具】中【渐变填充】工具的配合使用。

Example 实例 27　多边形工具——猫头鹰

实例目的

本例主要学习运用【多边形工具】，在属性栏中直接设置多边形的点或边数，绘制多边形的方法。猫头鹰效果如图3-63所示。

图3-63 猫头鹰效果

实例要点

- 绘制圆形、椭圆形和三角形。
- 转换曲线。
- 编辑曲线。
- 渐变填充。
- 设置饼形。

操作步骤

01 在CorelDRAW X5中新建文件。

02 单击（椭圆工具）按钮，按住键盘上的Shift键，在绘图区中绘制一个长度和高度均为100mm的圆形，并将其填充为青色（CMYK：60、0、20、0），如图3-64所示。

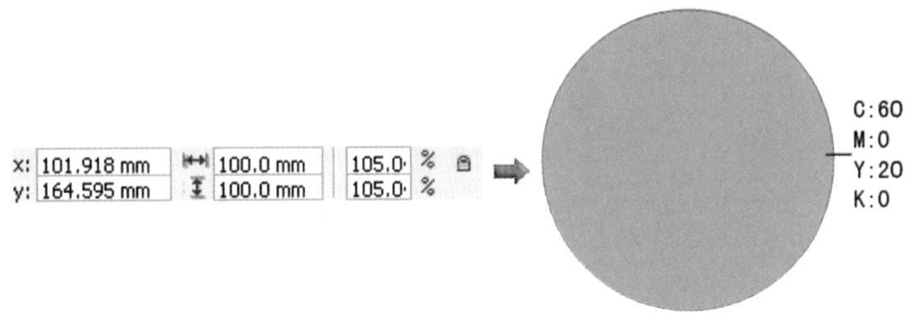

图3-64 绘制圆形

CorelDRAW中的椭圆工具，在绘图中的应用较广，可通过按键盘上的F7键，快速切换为椭圆工具。

绘制眼睛

03 运用（椭圆工具），在绘图区中绘制一个长度为35mm、高度为24mm椭圆形，填充颜色为白色（CMYK：0、0、0、0），位置如图3-65所示。

04 在绘图区中再绘制一个长度为8mm、高度为23mm椭圆形，填充颜色为黑色（CMYK：0、0、0、100），调整位置，如图3-66所示。

05 按键盘上的空格键，切换为选择工具；选择两个椭圆形，将其复制一组，调整到如图3-67所示的位置。

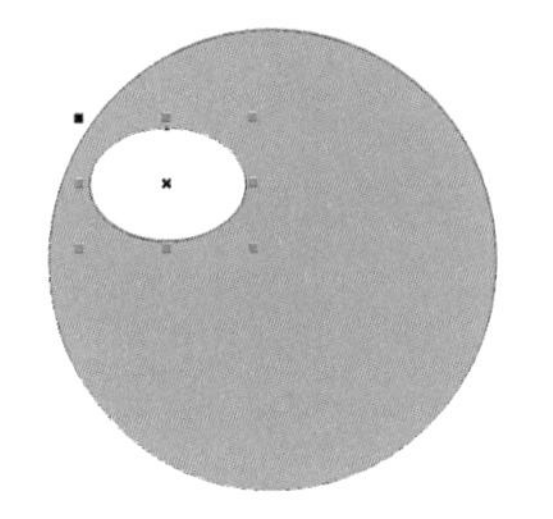

图3-65 椭圆形的位置

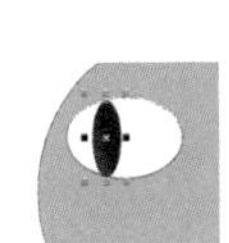

图3-66 椭圆形的位置

图3-67 复制后的位置

绘制耳朵

06 单击工具箱中的（多边形工具）按钮，在属性栏中【星形及复杂星形多边形点或边数】右侧的数值框中输入3，如图3-68所示。

图3-68 属性栏

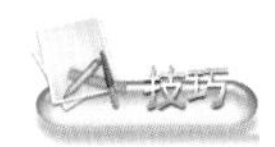

在绘图过程中，多边形工具是常用工具之一，按键盘上的Y键，可快速切换为多边形工具。

07 在绘图区中按住鼠标左键并拖曳，绘制出一个等腰三角形。

08 按键盘上的空格键，切换为选择工具；在属性栏中，设置三角形的长度为17.5mm、高度为18.6mm、旋转角度为50°，调整位置，如图3-69所示。

⑨ 执行【排列】/【转换为曲线】命令，将三角形转换为曲线。

⑩ 运用（形状工具）调整曲线的形态，填充颜色为土黄色（CMYK：0、20、100、0），如图3-70所示。

⑪ 将编辑后的三角形水平镜像复制一个，调整到图3-71所示的位置。

图3-69 三角形的位置

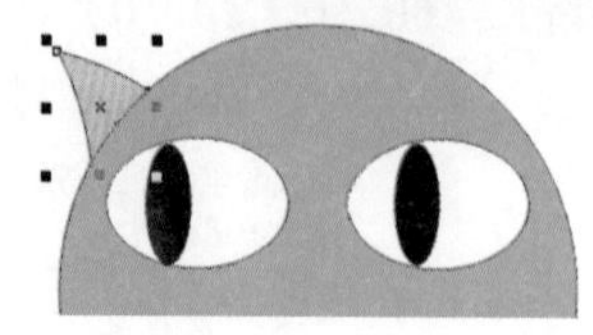

图3-70 调整后的形态

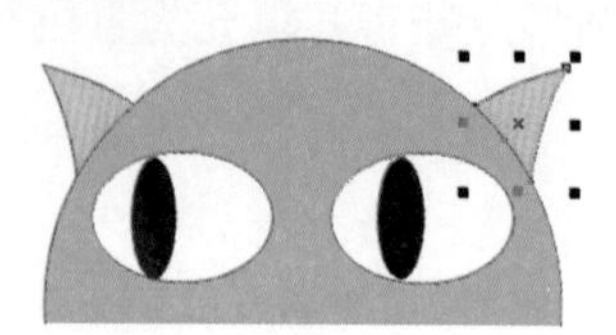

图3-71 复制后的位置

绘制嘴

⑫ 运用（多边形工具），在圆形中间绘制一个长度为8.5mm，高度为9mm的倒三角形，位置如图3-72所示。

图3-72 三角形的位置

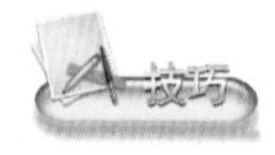

在绘图区中，按住鼠标左键向右下方拖曳，可绘制正三角形，反之，按住鼠标左键向左上方拖曳，即可绘制一个倒三角形。

⑬ 在"填充"展开工具栏中，单击（渐变填充）按钮，在弹出的对话框中设置参数，如图3-73所示。

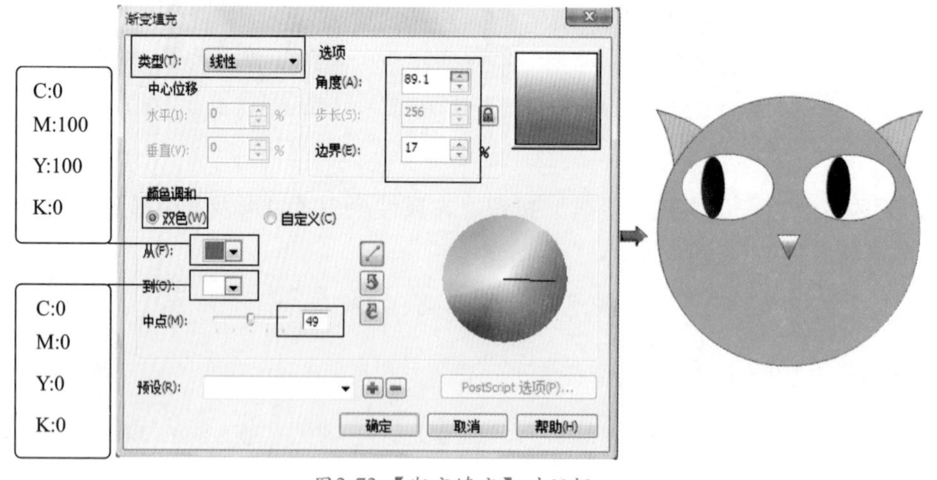

图3-73 【渐变填充】对话框

绘制爪子

⑭ 运用"曲线"展开工具栏中的（贝塞尔工具），在圆形的下部绘制如图3-74所示的封闭图形，填充为土黄色（CMYK：0、20、100、0）。

⑮ 将绘制的图形复制一个，调整到如图3-75所示的位置。

⑯ 选择圆形，将其复制一个，填充颜色为红色（CMYK：0、100、100、0）。

⑰ 单击属性栏中的（饼形）按钮，设置【起始和结束角度】分别为49、131，形态如图3-76所示。

图3-74 绘制图形

图3-75 复制后的位置

图3-76 饼形的形态

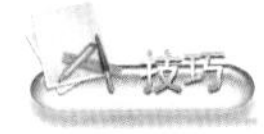

选择圆形，再选择工具箱中的（形状工具），移动鼠标指针至圆形的节点上，按住鼠标左键向内移动，将圆形编辑为饼形，向外移动，可将圆形编辑成弧形。

⑱ 单击【排列】/【顺序】/【到图层前面】命令，将饼形调整到前部，效果如图3-77所示。

⑲ 单击【排列】/【转换为曲线】命令，将饼形转换为曲线，然后运用（形状工具）编辑饼形的形态，如图3-78所示。

⑳ 选择绘图区中的全部图形，设置轮廓宽度为0.706mm，效果如图3-79所示。

图3-77 调整后的效果

图3-78 调整后的形态

图3-79 设置轮廓后的效果

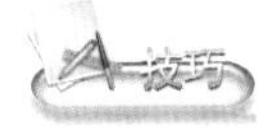

框选若干个对象：运用工具箱中的（选择工具），移动鼠标指针到需要选择对象的右上方，按住鼠标左键向右下方拖曳，出现一个蓝色矩形框，完全在矩形框内的对象即可被选择。

㉑ 保存文件，命名为“猫头鹰.cdr”。

实例总结

本例重点学习通过属性栏设置多边形的端点数，快速绘制出多边形的方法。在本例中首次运用【渐变填充】对话框中的【线性】类型填充图形。

Example 实例 28 图纸工具——棋盘

实例目的

本例学习工具箱中【图纸工具】的操作方法，进一步学习【渐变填充】工具的使用方法，棋盘效果如图3-80所示。

实例要点

- 绘制网格图形。
- 精确设置网格图形。
- 调整图形层次。
- 转换为曲线。
- 运用【到后部】命令的快捷方法。
- 渐变填充。

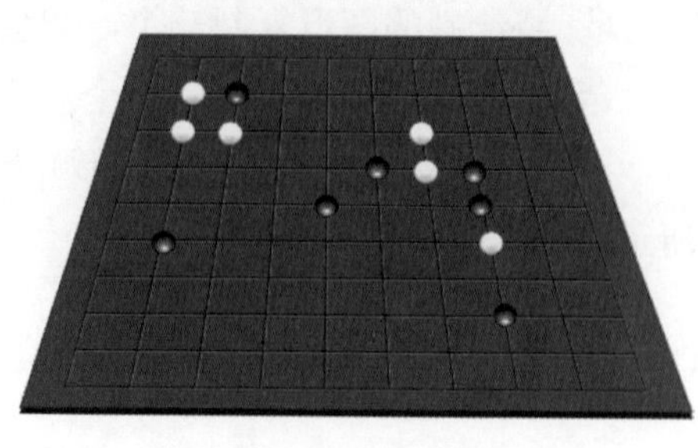
图3-80 棋盘效果

操作步骤

01 在CorelDRAW X5中新建文件。

02 单击（多边形工具）按钮右下方的三角形，展开“对象”展开工具栏，移动鼠标指针至（图纸工具）按钮上，单击鼠标左键，切换为图纸工具，如图3-81所示。

03 在属性栏中【图纸行和列数】右侧的数值框中均输入9，如图3-82所示。

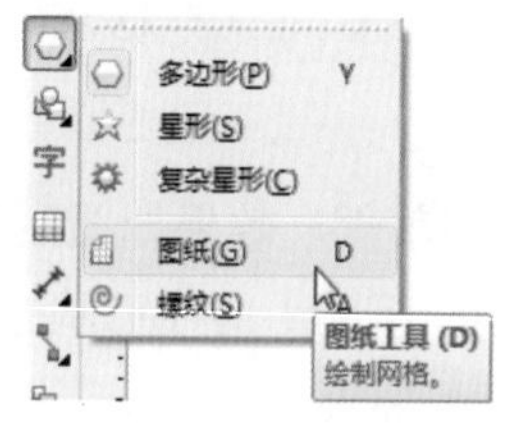

图3-81 切换为图纸工具

图3-82 属性栏

04 在绘图区中，按住鼠标左键并拖曳，绘制出网格图形，如图3-83所示。

05 按键盘上的空格键，切换为选择工具；在属性栏中，设置网格图形的长度为160mm，高度为87mm，如图3-84所示。

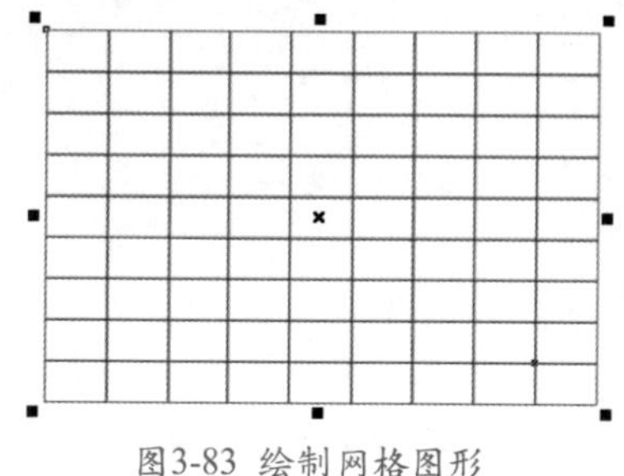
图3-83 绘制网格图形

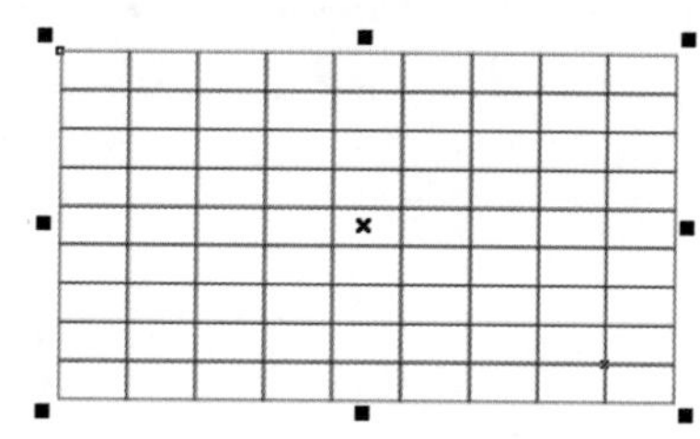
图3-84 设置后的效果

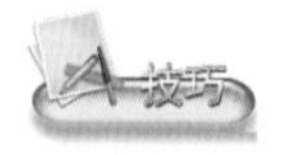

在空白位置单击鼠标右键，在弹出的菜单中选择【创建对象】/【图纸】命令，可切换为图纸工具。

06 单击“交互式”展开工具栏中的（封套）按钮（封套工具我们将在本书的第7章进行详细讲解），选择网格图形，网格图形上出现8个节点，按住键盘上的Shift键，选择如图3-85所示的4个节点。

07 单击属性栏中的（删除节点）按钮，删除选择的节点。

08 选择剩余的4个点，单击属性栏中的（转换为线条）按钮，将曲线转换为直线。

09 调整网格图形上端两个点的位置，如图3-86所示。

10 运用（矩形工具），在绘图区中绘制一个长度为160mm，高度为86mm的矩形，调整位置，如图3-87所示。

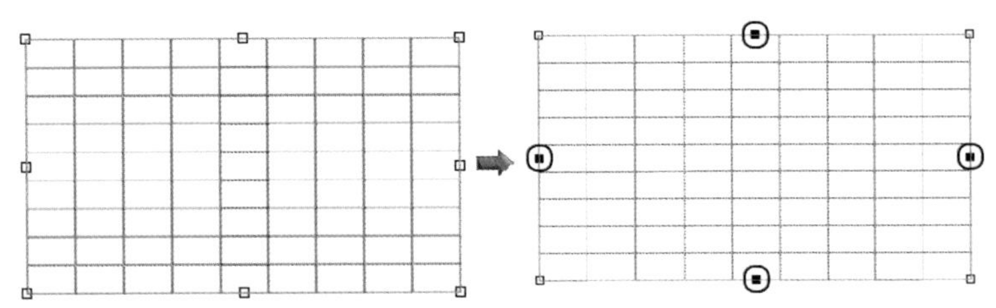

图3-85 选择网格图形节点

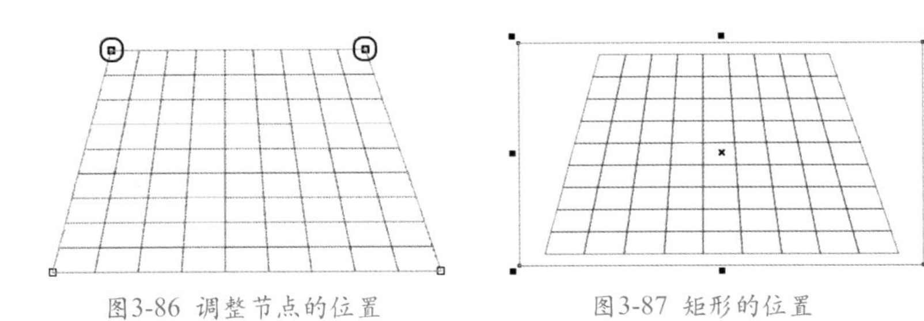

图3-86 调整节点的位置　　图3-87 矩形的位置

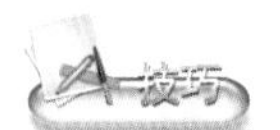

运用CorelDRAW软件绘图时，矩形工具是常用工具之一，按键盘上的F6键，可以快速切换为矩形工具。

⑪ 单击【排列】/【转换为曲线】命令，将矩形转换为曲线。

⑫ 运用（形状工具），调整矩形上部的两个节点的位置，将矩形调整成等腰梯形，形态如图3-88所示。

⑬ 将梯形填充为枣红色（CMYK：50、90、100、0）。

⑭ 确认梯形处于选择状态，在矩形上单击鼠标右键，弹出快捷菜单，选择【顺序】/【到图层后面】命令，如图3-89所示。

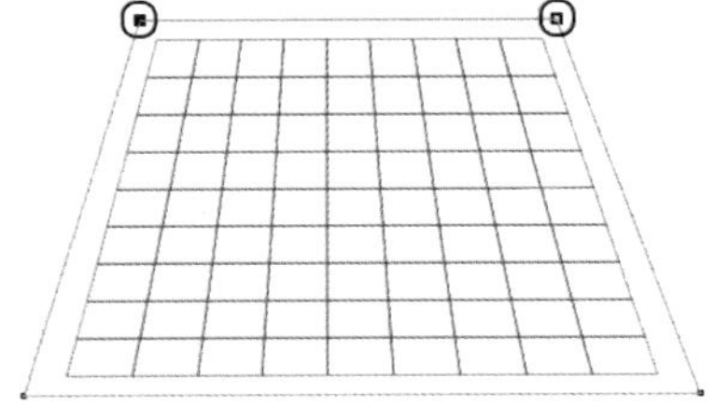

图3-88 矩形节点的位置

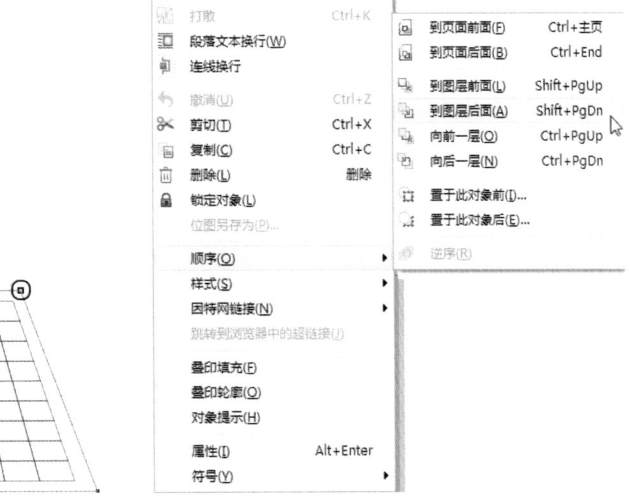

图3-89 右键快捷菜单

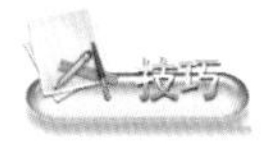

在选择的对象上单击鼠标右键，弹出快捷菜单，选择【顺序】/【到图层后面】命令，可将选择的对象调整到后面。

⑮ 矩形置于后部，如图3-90所示。

⑯ 运用前面讲解的方法，将矩形复制一个，调整到后部，填充为黑色，调整后的效果如图3-91所示。

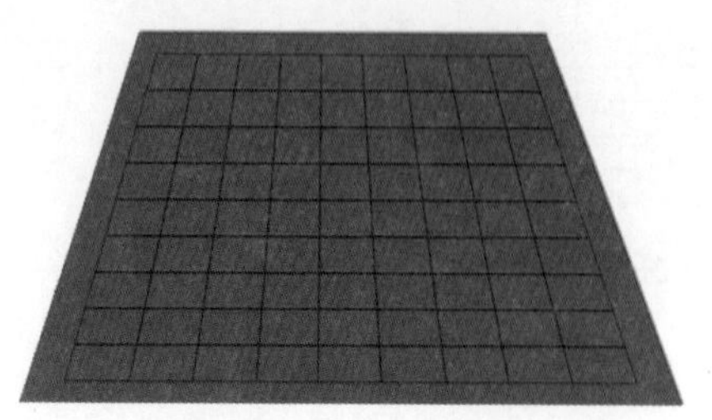
图3-90 填充后的效果

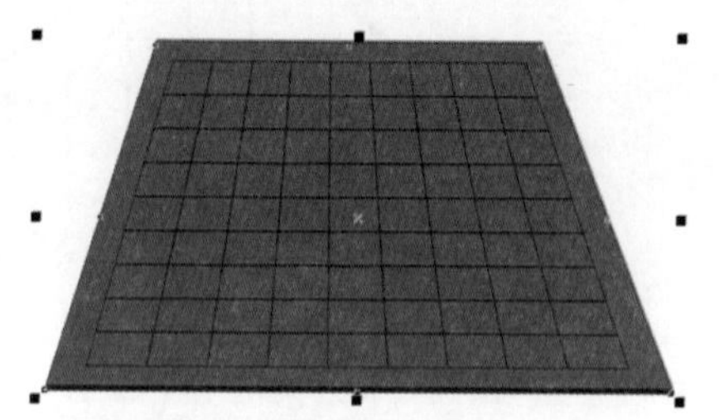
图3-91 调整后的效果

⑰ 复制一个网格图形，设置轮廓颜色为灰色（CMYK：0、0、0、30），调整位置，如图3-92所示。

⑱ 在复制的网格图形上，单击菜单栏中的【排列】/【顺序】/【向后一层】命令，将复制后的网格图形置于下一层，效果如图3-93所示。

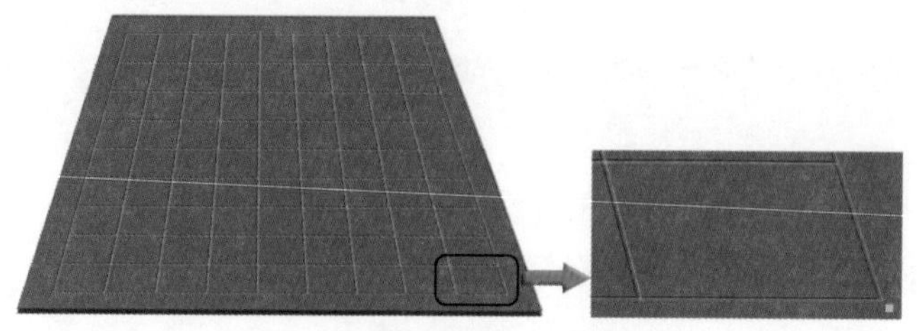
图3-92 调整后的位置

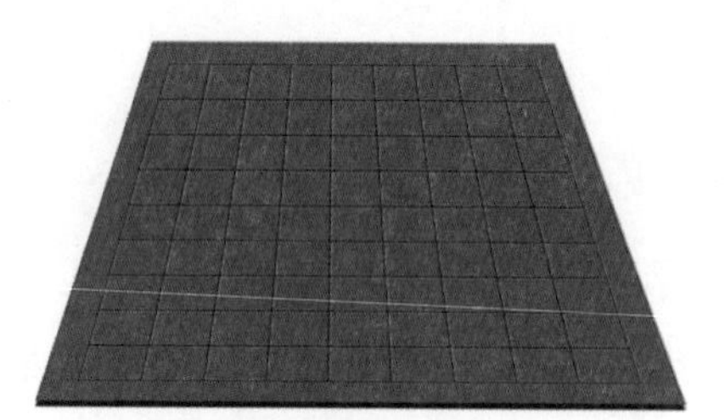
图3-93 调整后的效果

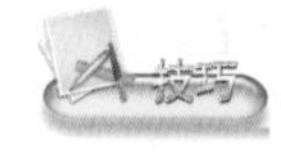

向后一层调整图层顺序。在需要调整图层顺序的对象上单击鼠标右键，在弹出的菜单中选择【顺序】/【向后一层】命令。

⑲ 按键盘上的空格键，切换为选择工具。选择黑色轮廓的网格图形，设置轮廓宽度为0.353mm，效果如图3-94所示。

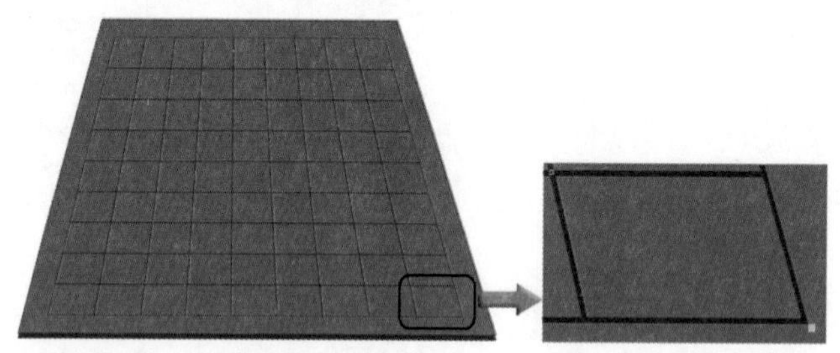
图3-94 调整宽度后的效果

棋盘绘制完成，下面开始制作棋子。

⑳ 运用（椭圆工具），在绘图区中绘制一个长度为5.4mm，高度为5mm的椭圆形。

㉑ 在“填充”展开工具栏中单击（渐变填充）按钮，在弹出的对话框中设置参数，如图3-95所示。

㉒ 将椭圆形复制一个，设置轮廓颜色为灰色（CMYK：0、0、0、20）。

㉓ 在“填充”展开工具栏中单击（渐变填充）按钮，在弹出的对话框中设置参数，如图3-96所示。

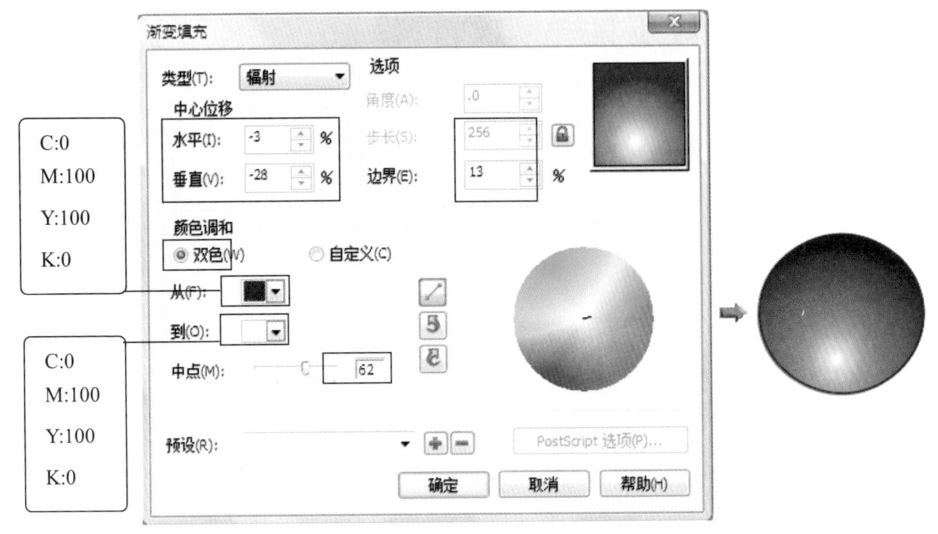

图3-95 【渐变填充】对话框1

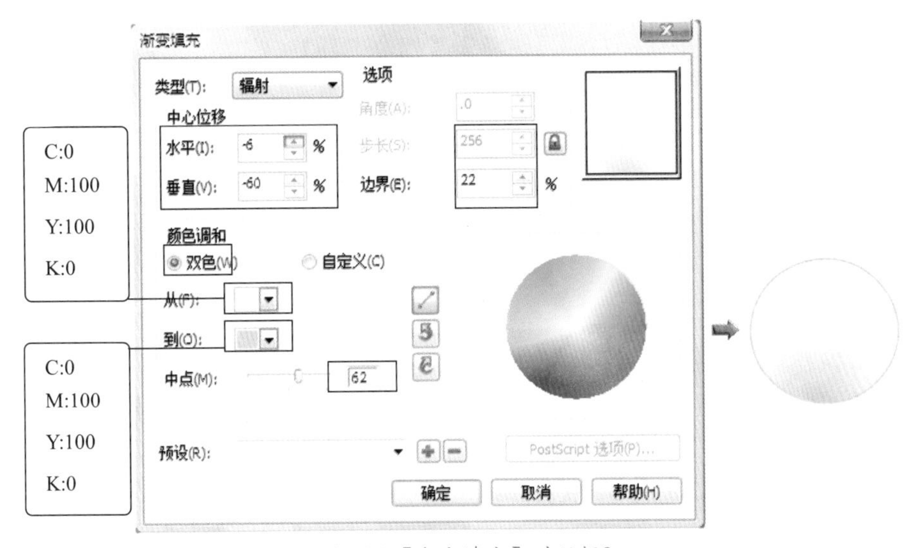

图3-96 【渐变填充】对话框2

按键盘上的F11键，可直接打开【渐变填充】对话框，快速设置图形对象的渐变方式。

㉔ 将椭圆形调整到棋盘中，将其复制出多个，分别调整到适合的位置，如图3-97所示。

㉕ 保存文件，命名为“棋盘.cdr”。

实例总结

网格图形实际上就是将多个矩形中间不留缝隙地连续排列，与绘制其他图形对象不同的是，在绘制网格图形前需要先设置【宽度方向单元格数】和【高度方向单元格数】，再绘制网格图形，而不能在绘制网格图形后再设置单元格数。

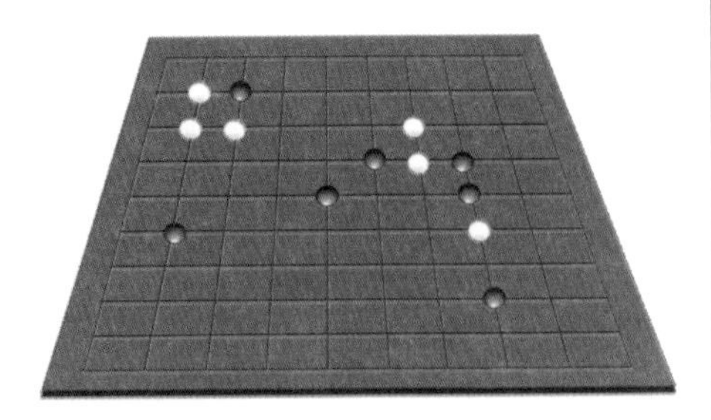

图3-97 调整后的位置

Example 实例 29 螺纹工具——蚊香

实例目的

本例讲解运用【螺纹工具】中的【对称式螺纹】样式绘制出蚊香图形的方法，蚊香效果如图3-98所示。

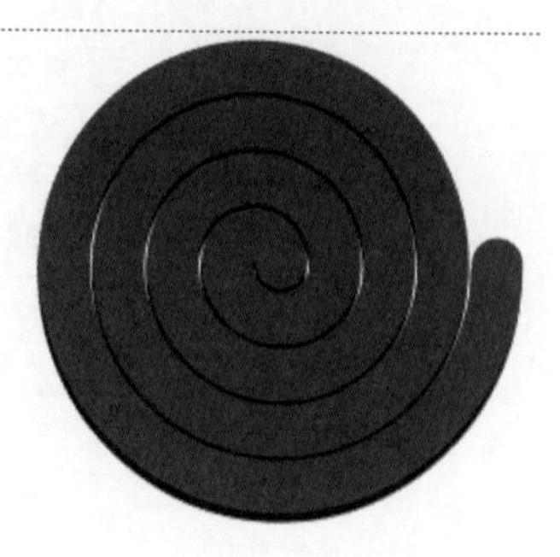

图3-98 蚊香效果

实例要点

- 绘制对称螺旋。
- 螺旋工具的设置。
- 在【轮廓笔】对话框中设置轮廓颜色。
- 在调色板中快速设置轮廓颜色。

操作步骤

01 在CorelDRAW X5中新建文件。

02 单击工具箱（多边形工具）右下方的三角形，展开“对象”展开工具栏，移动鼠标指针至（螺纹工具）按钮上，单击鼠标左键，切换为【螺纹工具】，如图3-99所示。

03 在属性栏中设置【螺纹回圈】为4，如图3-100所示。

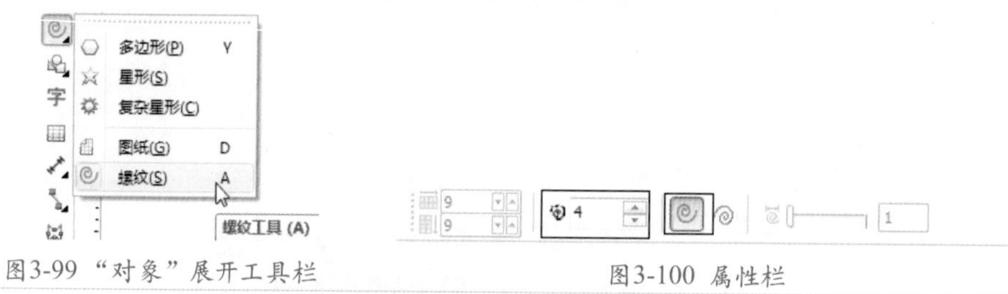

图3-99 “对象”展开工具栏　　图3-100 属性栏

04 在绘图区中的任意位置，按住鼠标左键并拖曳，绘制一个螺纹图形。

05 按键盘上的空格键，切换为选择工具。

06 在属性栏中，设置螺纹图形的长度为70mm，高度为66mm，如图3-101所示。

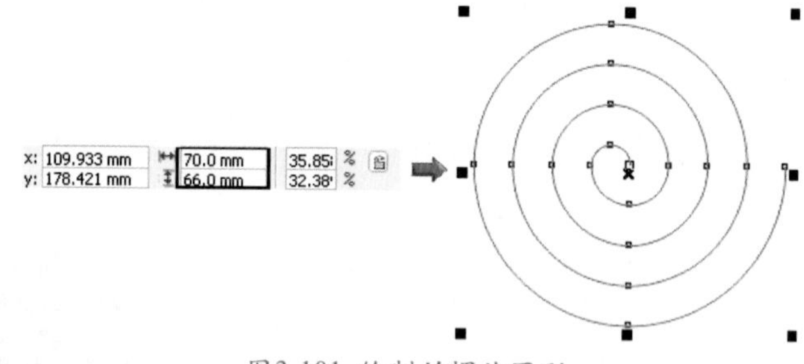

图3-101 绘制的螺旋图形

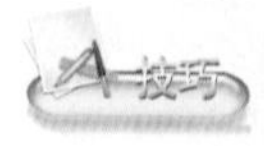

技巧

在工具箱中的（螺旋形）工具上双击鼠标左键，弹出【选项】对话框，设置螺纹工具的分辨率数，即可改变属性栏中的螺纹回圈数。

运用螺纹工具，按住键盘上的Ctrl键，在绘图区中按住鼠标左键并拖曳，可以绘制出宽度和高度均相等的螺旋形。

07 单击“轮廓”展开工具栏中的（轮廓笔对话框）按钮，在弹出的对话框中设置参数，如图3-102所示。

08 单击 确定 按钮，完成螺纹图形的轮廓设置，如图3-103所示。

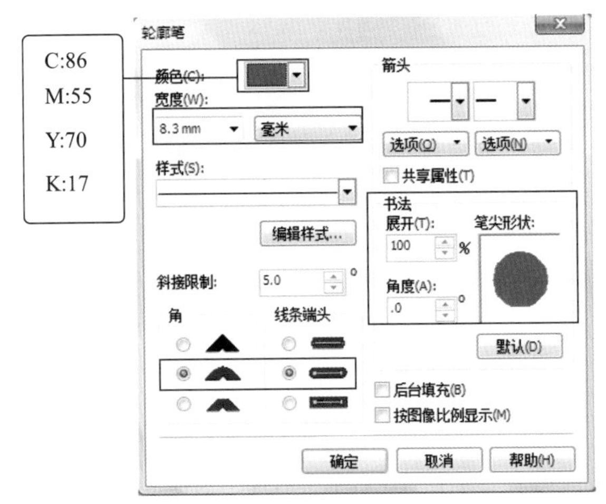

图3-102 【轮廓笔】对话框

图3-103 编辑后的效果

09 将螺纹图形再复制一个，设置复制的螺纹图形的轮廓颜色为黑色。

10 按键盘上的空格键，切换为选择工具，调整黑色螺纹图形的位置，调整后的位置如图3-104所示。

11 运用前面介绍的方法，将黑色螺纹图形调整到后部，蚊香图形编辑完成，效果如图3-105所示。

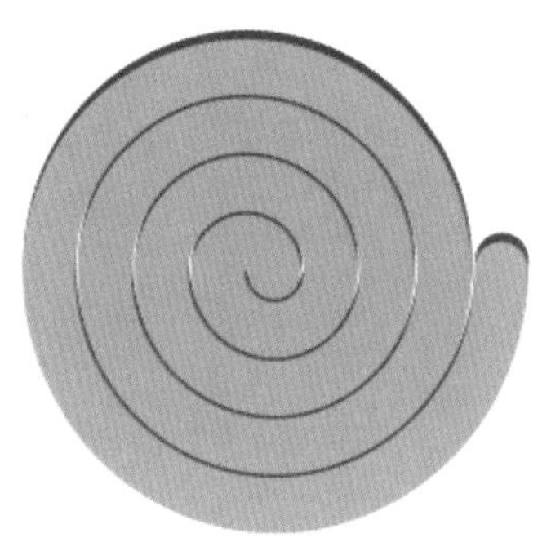
图3-104 调整后的位置

图3-105 蚊香效果

12 保存文件，命名为“蚊香.cdr”。

实例总结

螺蚊工具绘制图形对象的方法与图纸工具和多边形工具相似。使用对称式螺纹样式可以绘制出许多圈曲线环绕形成的图形对象，且每一圈螺纹的间距都是相等的。

Example 实例 30 渐变填充——蜡烛

实例目的

以蜡烛为例，学习基本形状的绘制方法，以及运用【渐变填充】对话框中的【线性】类型制作出凹、凸立体效果。蜡烛效果如图3-106所示。

图3-106 蜡烛效果

实例要点

- ◆ 渐变填充。
- ◆ 运用贝塞尔工具绘制图形。
- ◆ 转换曲线。
- ◆ 编辑图形。

操作步骤

01 在CorelDRAW X5中新建文件。

02 运用□（矩形工具），在绘图区中绘制一个长为30mm，高为90mm的矩形。

03 单击【排列】/【转换为曲线】命令，将矩形转换为曲线。

04 运用（形状工具），调整矩形底部两个节点上的调节杆的位置，如图3-107所示。

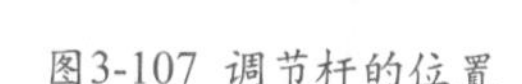
图3-107 调节杆的位置

05 在“填充”展开工具栏中单击（渐变填充）按钮，在弹出的对话框中设置参数，如图3-108所示。

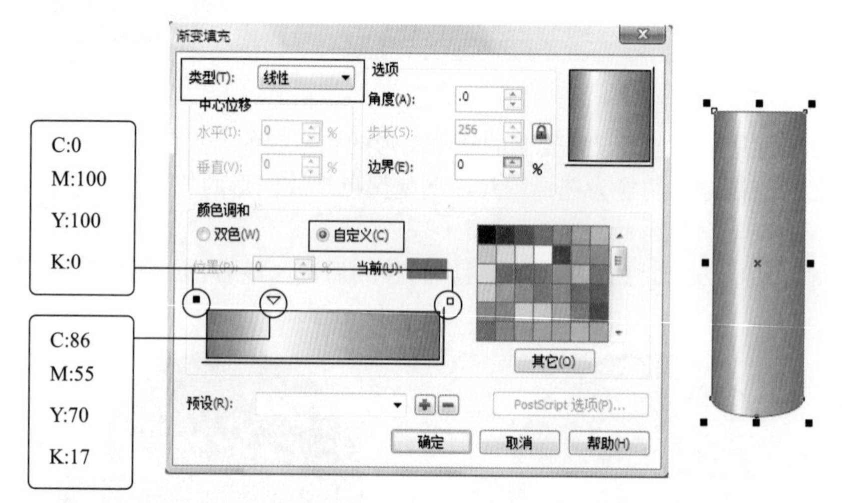

图3-108【渐变填充】对话框

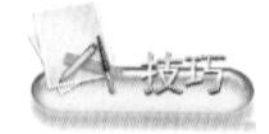
技巧

在编辑曲线时，经常需要运用形状工具编辑曲线形态，按键盘上的F10键，可快速切换为形状工具。

06 运用“曲线”展开工具栏中的（贝塞尔工具），在绘图区中绘制如图3-109所示的封闭图形。

07 在“填充”展开工具栏中单击（渐变填充）按钮，在弹出的对话框中设置参数，如图3-110所示。

08 单击工具箱中的（手绘工具）按钮，在绘图区中绘制一条垂直的直线，设置轮廓宽度为0.706mm，位置如图3-111所示。

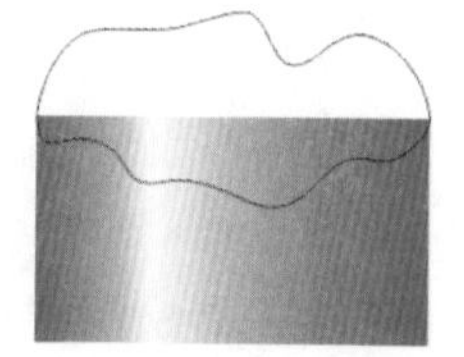
图3-109 绘制的图形

09 单击工具箱中的（基本形状）按钮，在属性栏中单击（完美形状）按钮，在弹出的列表中单击按钮，如图3-112所示。

10 在绘图区中，按住鼠标左键拖曳绘制一个水滴图形，调整到图3-113所示的位置。

11 单击【排列】/【转换为曲线】命令，将水滴图形转换为曲线。

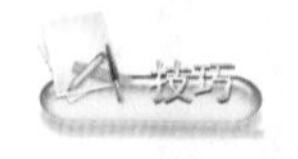
技巧

移动鼠标指针至水滴图形上，单击鼠标右键，在弹出的菜单中选择【转换为曲线】命令，即可将水滴图形转换为曲线。

12 运用工具箱中的（形状工具），编辑水滴图形的形态，如图3-114所示。

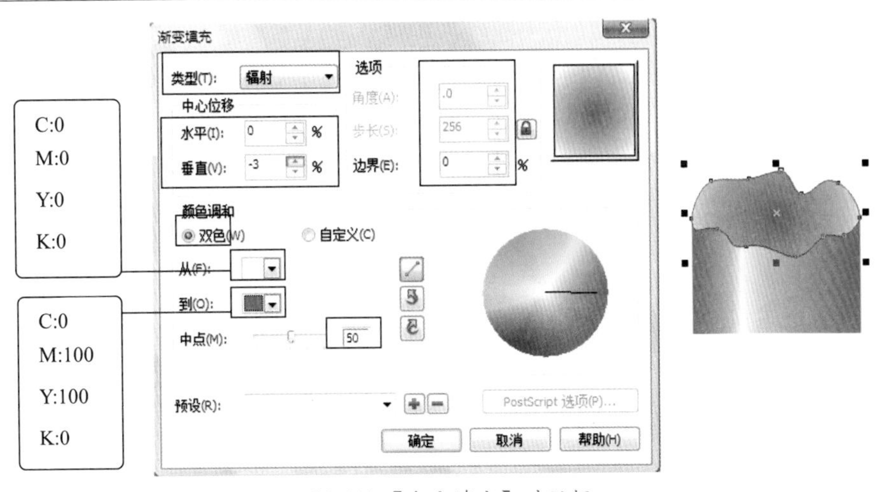

图3-110 【渐变填充】对话框

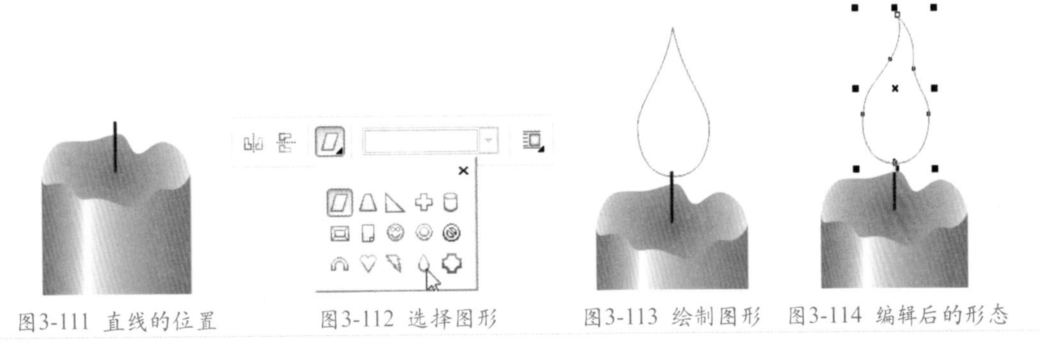

图3-111 直线的位置　图3-112 选择图形　图3-113 绘制图形　图3-114 编辑后的形态

⑬ 在“填充”展开工具栏中单击（渐变填充）按钮，在弹出的对话框中设置参数，如图3-115所示。

⑭ 单击确定按钮，填充后的效果如图3-116所示。

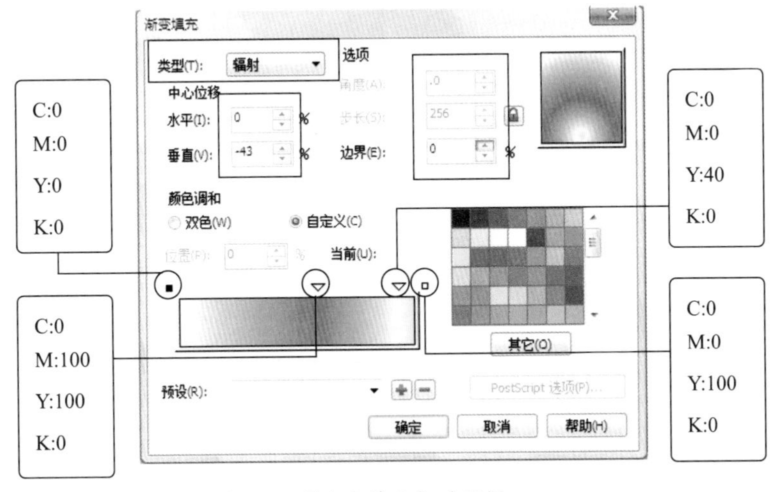

图3-115 【渐变填充】对话框

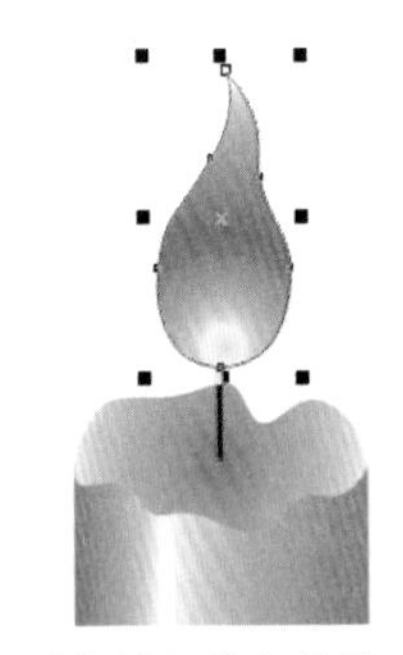

图3-116 填充效果

⑮ 删除水滴图形的外轮廓，完成蜡烛图形的制作，效果如图3-117所示。

⑯ 保存文件，命名为“蜡烛.cdr”。

实例总结

在本例中，我们运用基本形状中的水滴图形，在转换为曲线后，运用【形状工具】稍加调整，制作出蜡烛的火焰。这种将基本图形转换为曲线，稍加修改的方法，在实际工作中经常使用。

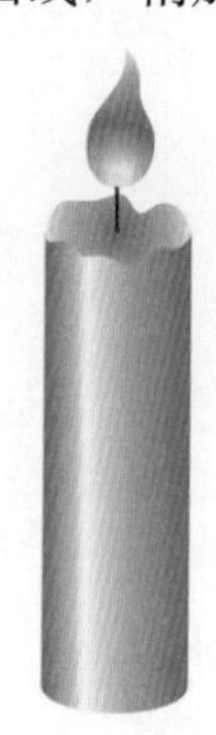

图3-117 蜡烛效果

Example 实例 31 渐变填充——立体效果

实例目的

通过立体效果的制作，熟练掌握【渐变填充】工具中线性、射线和圆锥 3 种填充方式的使用方法，立体效果如图3-118所示。

实例要点

- 线性渐变。
- 射线渐变。
- 圆锥渐变。
- 调整图形。

图3-118 立体效果

操作步骤

01 在CorelDRAW X5中新建文件。

制作圆柱体

02 运用（矩形工具），在绘图区中绘制一个长度为36mm、高度为67mm的矩形。

03 将矩形转换为曲线，然后运用（形状工具），调整矩形底部的形态，如图3-119所示。

04 单击工具箱中的（椭圆工具）按钮，绘制一个长度为36mm、高度为9mm的椭圆形，调整位置，如图3-120所示。

图3-119 调整后的形态

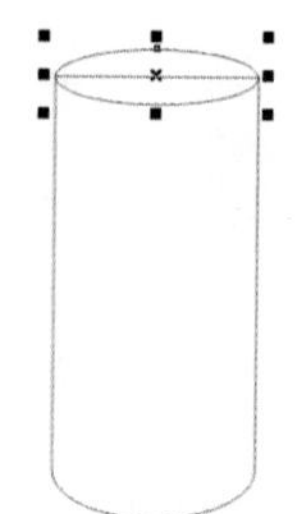

图3-120 椭圆形的位置

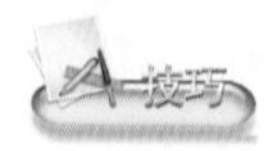

绘制一个矩形，然后绘制两个与矩形同宽的椭圆形，分别置于矩形的上方和下方，上方的椭圆形的高需小于下方椭圆形的高度，最后选择矩形及其下方的椭圆形，将其焊接。

05 按键盘上的空格键，切换为选择工具。

06 选择矩形，单击“填充”展开工具栏中的 （渐变填充）按钮，在弹出的对话框中设置参数，如图3-121所示。

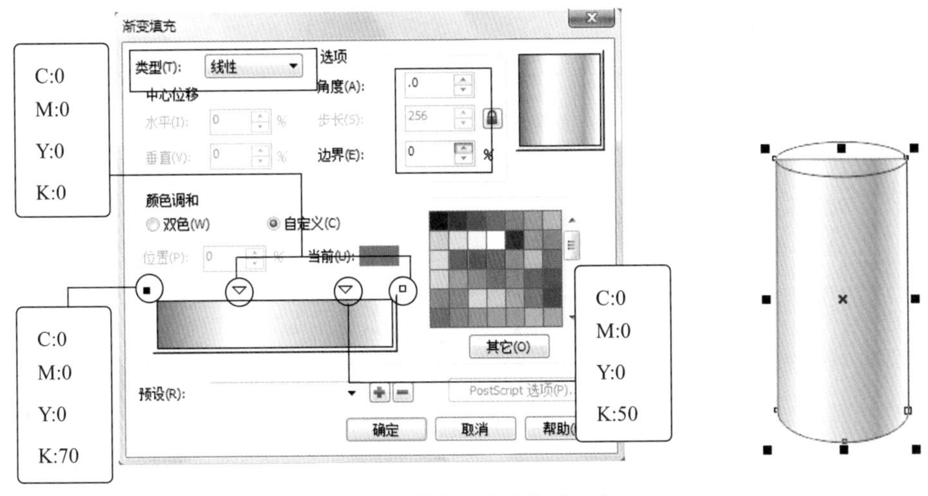

图3-121 【渐变填充】对话框1

07 选择椭圆形，单击“填充”展开工具栏中的 （渐变填充）按钮，在弹出的对话框中设置参数，如图3-122所示。

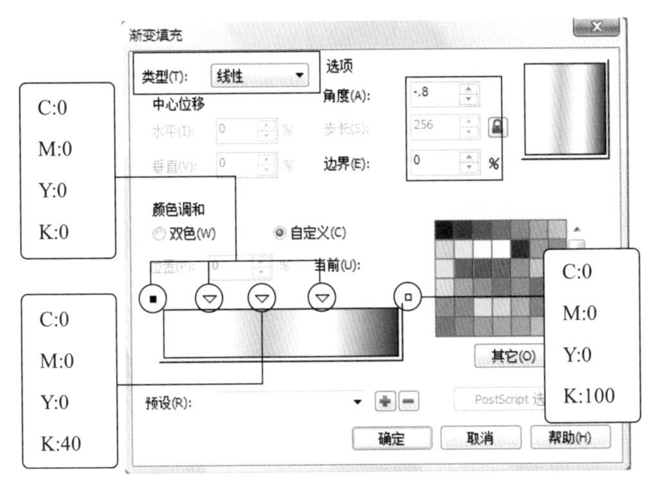

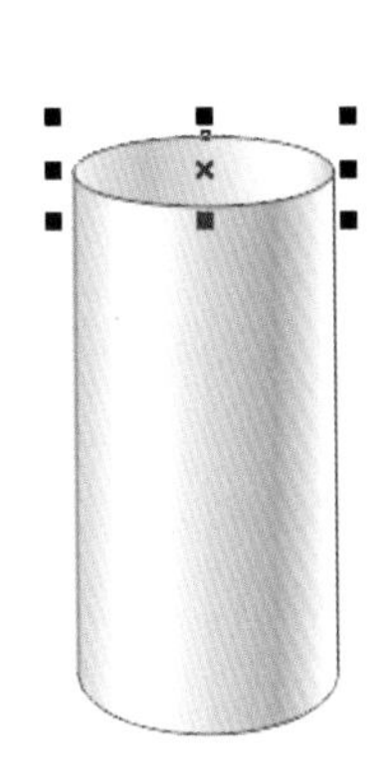

图3-122 【渐变填充】对话框2

圆柱柱体与柱口图形都采用渐变填充方式，柱体与柱口的调和颜色的设置正好相反，读者在制作时，注意颜色设置。

08 运用框选的方法，选择柱体图形，删除图形轮廓，效果如图3-123所示。

图3-123 圆柱效果

制作球体

09 运用 （椭圆工具），按住键盘上的Shift键，在绘图区中绘制一个长度和高度均为50mm的圆形。

10 单击“填充”展开工具栏中的 （渐变填充）按钮，在弹出的对话框中设置参数，如图3-124所示。

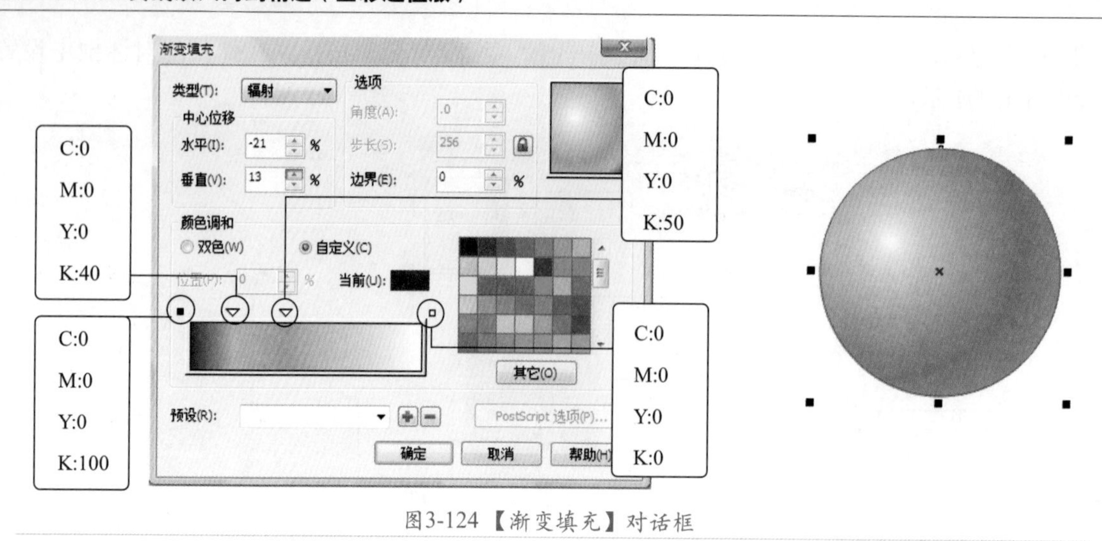

图3-124 【渐变填充】对话框

⑪ 删除轮廓，球体效果如图3-125所示。

制作锥体

⑫ 运用（多边形工具），在属性栏中设置星形的边数为3，在绘图区中绘制一个长度为54mm、高度为82mm的三角形，如图3-126所示。

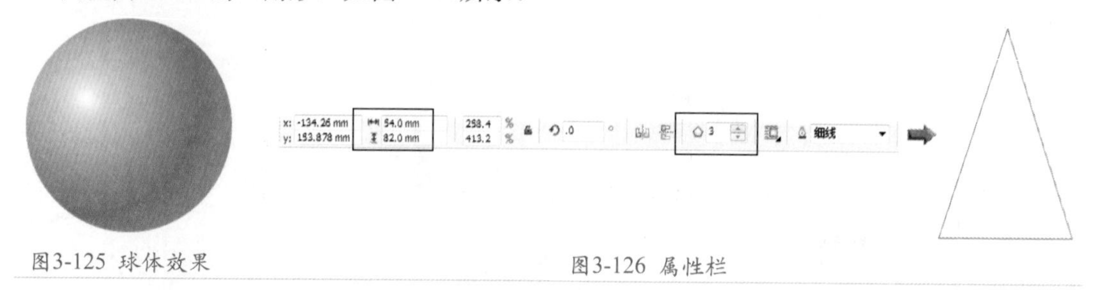

图3-125 球体效果　　图3-126 属性栏

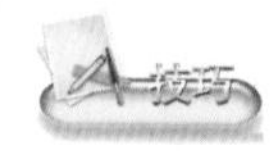

在绘图区（或工作区）中的空白位置，单击鼠标右键，在弹出的菜单中选择【创建对象】/【多边形】命令，即可切换为（多边形工具）。

⑬ 将三角形转换为曲线，然后运用（形状工具）调整三角形底边的形态，如图3-127所示。

⑭ 单击“填充”展开工具栏中的（渐变填充）按钮，在弹出的对话框中设置参数，如图3-128所示。

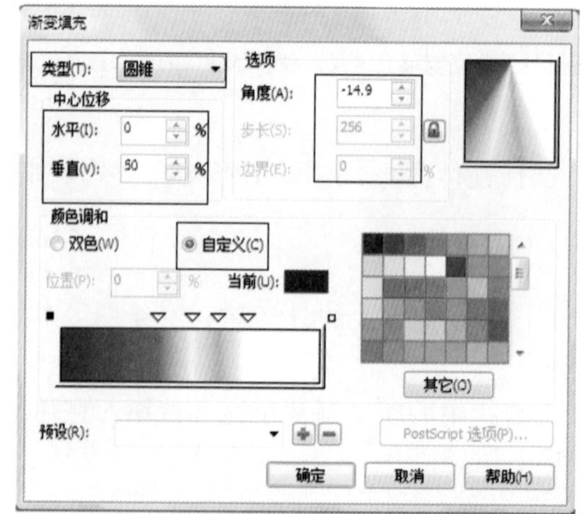

图3-127 编辑后的形态　　图3-128 【渐变填充】对话框

⑮ 删除轮廓，锥体效果如图3-129所示。

⑯ 单击（基本形状）按钮，在属性栏中单击（完美形状）按钮，在弹出的列表中单击按钮；在绘图区中，按住鼠标左键并拖曳，绘制出一个梯形，然后在属性栏中设置梯形的长度为400mm，高度为175mm，如图3-130所示。

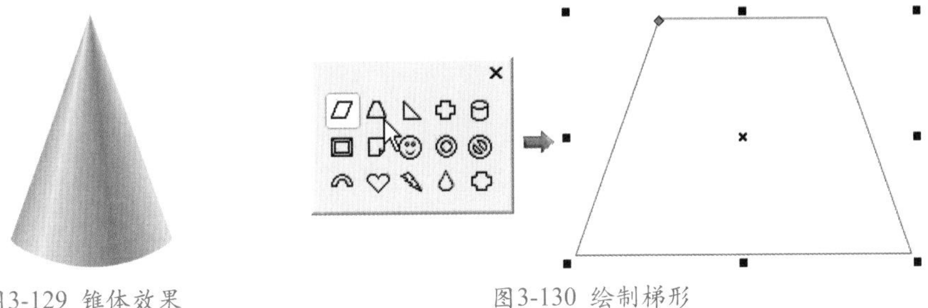

图3-129 锥体效果　　图3-130 绘制梯形

⑰ 移动鼠标指针至梯形左上角的红色棱形节点上，鼠标指针变为▶形状时，按住鼠键向左移动至合适位置，松开鼠标左键，效果如图3-131所示。

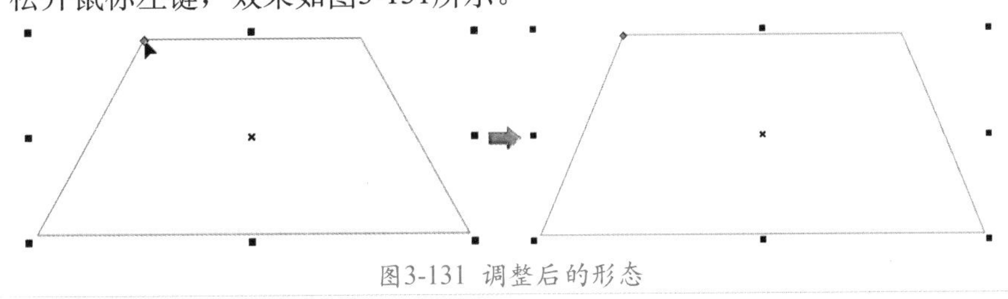

图3-131 调整后的形态

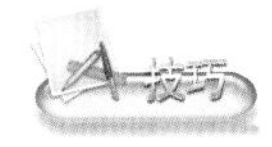

移动鼠标指针至梯形左上角的红色棱形节点上，鼠标指针变为▶形状时，按住鼠标向左移动，梯形的另一侧也会相应的进行调整。

⑱ 将调整后的梯形填充为40%黑（CMYK：0、0、0、40），删除轮廓。

⑲ 调整柱体、球体和锥体的位置，如图3-132所示。

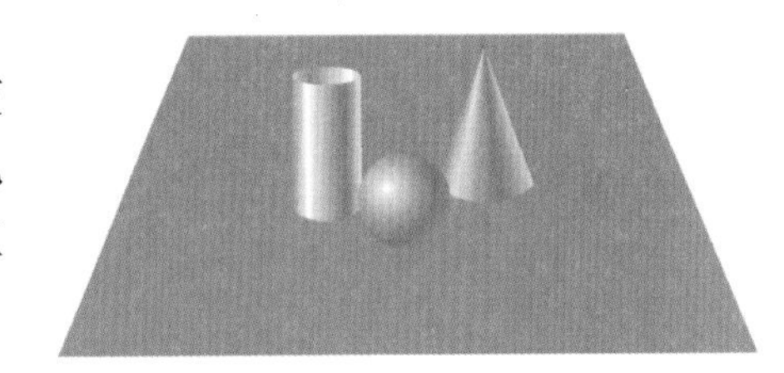

图3-132 调整后的位置

立体效果的制作就讲解完了，读者在学习完第 7 章的交互式阴影工具的应用后，自行完成立体效果的投影部分，也可参考本书配套光盘中的“第3章”/“示例”目录下的“立体效果E.cdr”文件。

⑳ 保存文件，命名为“立体效果.cdr”。

实例总结

渐变填充可以为图形填充多种颜色的渐变效果，是CorelDRAW中非常重要的技巧之一，读者在学习时应灵活掌握。

Example 实例 32 标注形状——绵羊

实例目的

本例讲解运用【标注形状】工具绘制图形、编辑标注图形的方法，以及运用【螺纹工具】中的【对数式螺纹】样式绘制图形的方法。绵羊效果如图3-133所示。

实例要点

- 绘制和编辑标注形状。
- 绘制对数式螺旋。

◆ 绘制三角形。

图3-133 绵羊效果

操作步骤

01 在CorelDRAW X5中新建文件。

02 单击（基本形状）按钮右下方的三角形，展开“完美形状”展开工具栏，选择（标注形状）工具，如图3-134所示。

03 在属性栏中单击（完美形状）按钮，在弹出的列表中单击按钮，如图3-135所示。

04 在绘图区中，按住鼠标左键并拖曳，绘制标注形状，如图3-136所示。

图3-134 “完美形状”展开工具栏　图3-135 选择图形　图3-136 绘制标注形状

05 单击【排列】/【转换为曲线】命令，将图形转换为曲线，再单击【排列】/【拆分】命令，拆分图形，选择图形左上方的3个圆形，按键盘上的Delete键，删除选择的图形，效果如图3-137所示。

06 运用“曲线”展开工具栏中的（贝塞尔工具），在图形下方绘制如图3-138所示的曲线。

07 运用“对象”展开工具栏中的（螺纹工具），单击属性栏中的（对数式螺旋）按钮，在（对数式螺旋）右侧的数值框中输入2；在绘图区中按住鼠标左键由下向上拖曳，绘制出对数式螺旋图形，如图3-139所示。

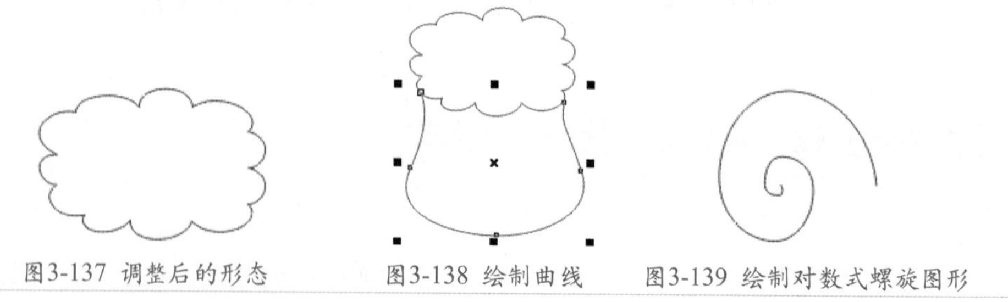

图3-137 调整后的形态　图3-138 绘制曲线　图3-139 绘制对数式螺旋图形

技巧

移动鼠标指针至需要删除的对象上，单击鼠标右键，在弹出的菜单中选择【删除】命令，删除对象。

除了通过选择“对象”展开工具栏中的（螺纹工具）切换螺纹工具外，还可以通过按键盘上的A键，快速切换为螺纹工具。

08 按键盘上的空格键，切换为选择工具；在属性栏中，设置螺旋形的长度为47mm、高度为43mm、旋转角度为40°，调整到如图3-140所示的位置。

09 将螺纹图形水平镜像复制一个，调整图形的位置，如图3-141所示。

10 单击（椭圆工具）按钮，按住键盘上的Ctrl键，绘制长度和高度均为5.5mm的两个圆形，调整位置，如图3-142所示。

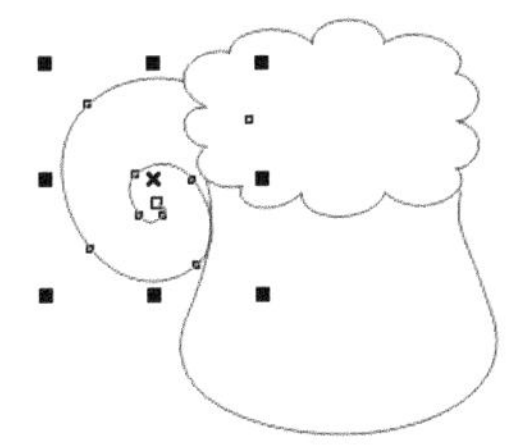
图3-140 图形的位置

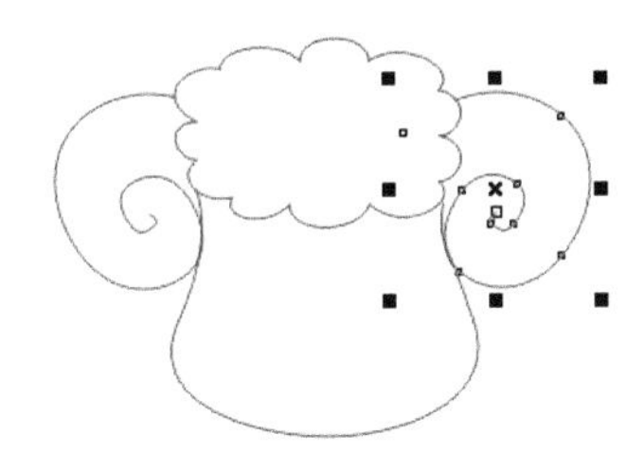
图3-141 复制后图形的位置

图3-142 圆形的位置

11 在绘图区中绘制一个长度为14mm、高度为7mm的椭圆形，调整位置，如图3-143所示。

12 运用“曲线”展开工具栏中的（贝塞尔工具），绘制如图3-144所示的封闭图形。

13 运用（多边形工具），绘制一个长度为7.5mm、高度为8.2mm的三角形，填充颜色为白色，旋转至合适的角度，调整到如图3-145所示的位置。

图3-143 椭圆形的位置

图3-144 绘制封闭图形

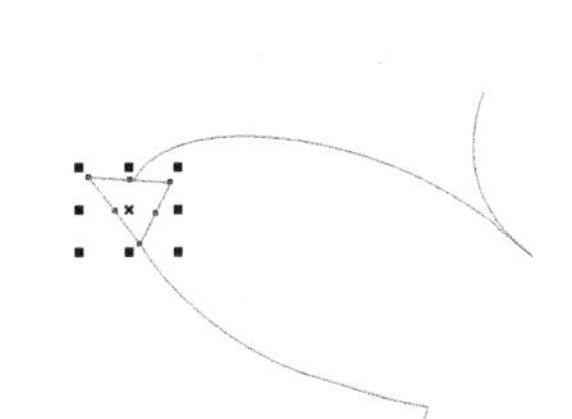
图3-145 三角形的位置

14 将三角形复制一个，调整位置，如图3-146所示。

15 选择两个三角形，将其复制三组，分别旋转至合适的角度，然后调整位置，如图3-147所示。

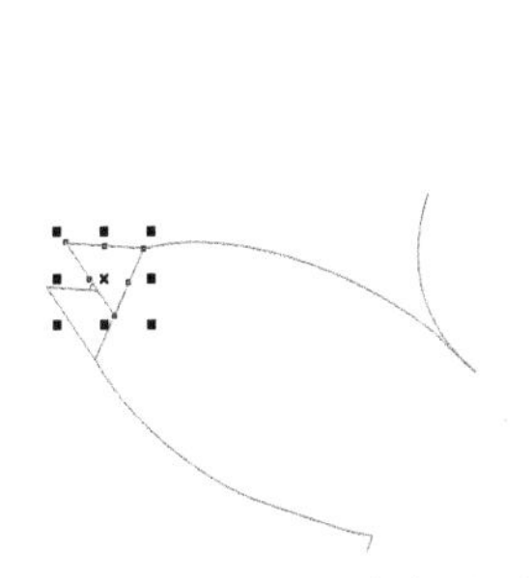
图3-146 复制后的位置

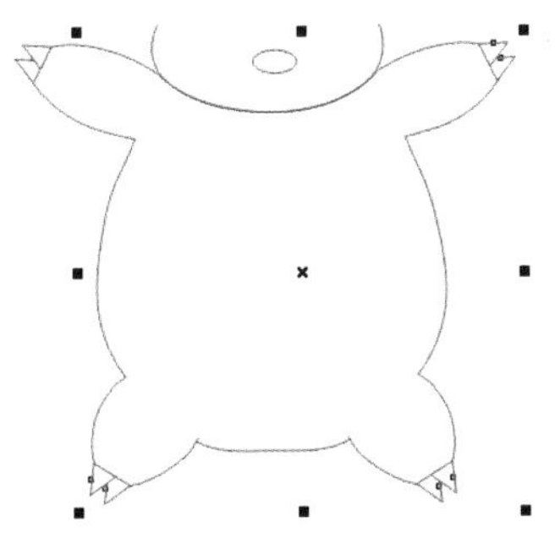
图3-147 调整后的位置

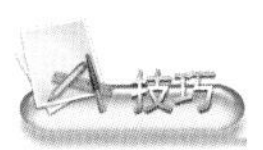

移动鼠标指针至需要复制的对象上，单击鼠标右键，在弹出的菜单中选择【复制】命令，再单击鼠标右键，在弹出的菜单中选择【粘贴】命令，即可复制对象。

绵羊图形制作完成，效果如图3-148所示。

16 保存文件，命名为“绵羊.cdr”。

图3-148 绵羊效果

实例总结

本例综合运用【基本形状】、【螺纹工具】、【椭圆形工具】、【多边形工具】和【贝塞尔工具】绘制图形，重点掌握使用【基本形状】/【标注形状】工具和【螺纹工具】/【对数式螺纹】样式绘制图形的方法。

Example 实例 33 图样填充——小棉袄

实例目的

本例学习“填充”展开工具栏中【纹理填充对话框】工具的使用方法，小棉袄效果如图3-149所示。

图3-149 小棉袄效果

实例要点

◆ 绘制封闭图形和曲线。

◆ 绘制椭圆。

◆ 图样填充。

操作步骤

01 在CorelDRAW X5中新建文件。

02 运用“曲线”展开工具栏中的（贝塞尔工具），绘制出如图3-150的封闭图形。

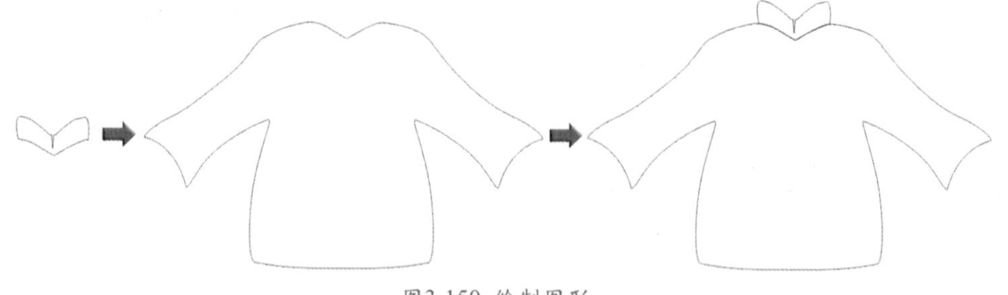

图3-150 绘制图形

03 继续运用（贝塞尔工具），绘制出如图3-151所示的曲线。（注意：在以后的操作过程中，如果设置轮廓宽度，而呈粗线显示的曲线，即为需要绘制的曲线。）

04 单击（椭圆工具）按钮，绘制如图3-152所示的图形。

05 按键盘上的空格键，切换为选择工具；选择上一步操作中绘制的图形，调整到如图3-153所示的位置。

06 将选择的图形复制4组，旋转至合适的角度，然后调整位置，如图3-154所示。

07 选择绘制的封闭图形，单击“填充”展开工具栏中的（图样填充对话框）按钮，弹出【图样填充】对话框，选择全色(F)单选项，单击装入(L)...按钮，弹出【导入】对话框，选择“花布.png”文件（光盘\第3章\素材\），单击导入按钮，导入图样，返回【图样填充】对话框，在【宽度】和【高度】右侧的数值框中均输入20，如图3-155所示。

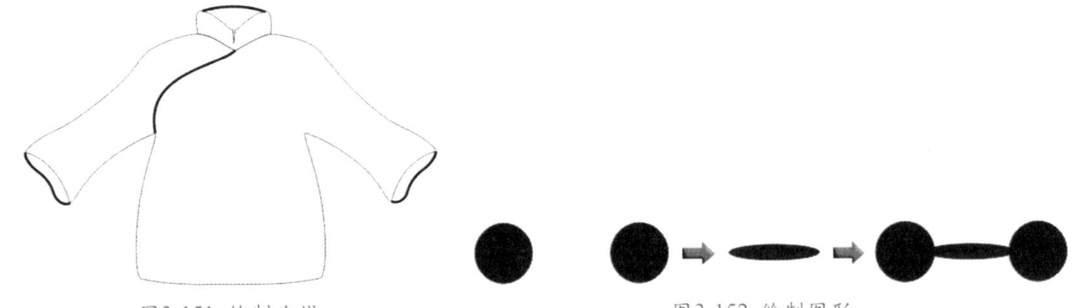

图3-151 绘制曲线　　图3-152 绘制图形

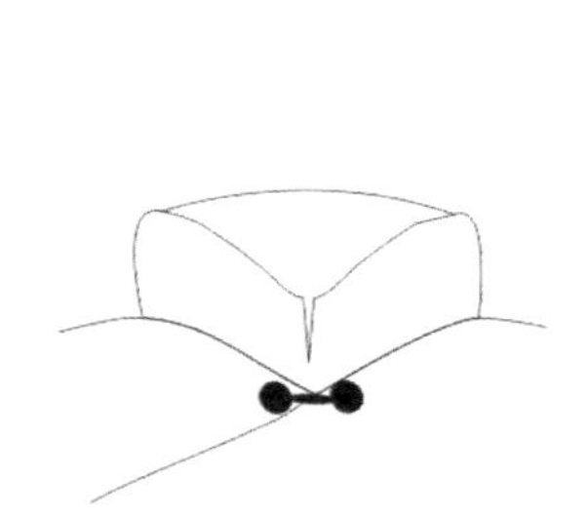

图3-153 选择图形的位置

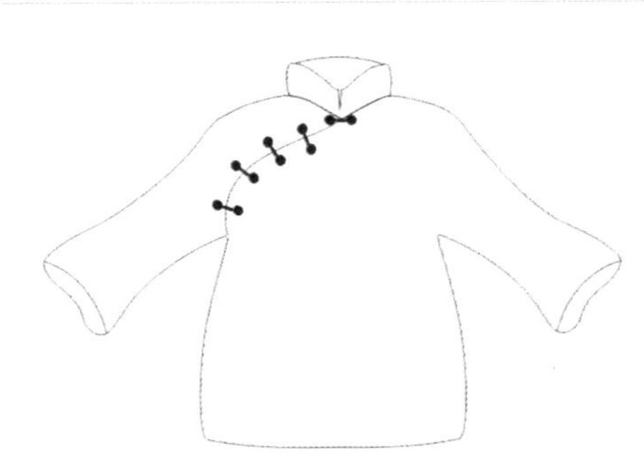

图3-154 复制后的位置

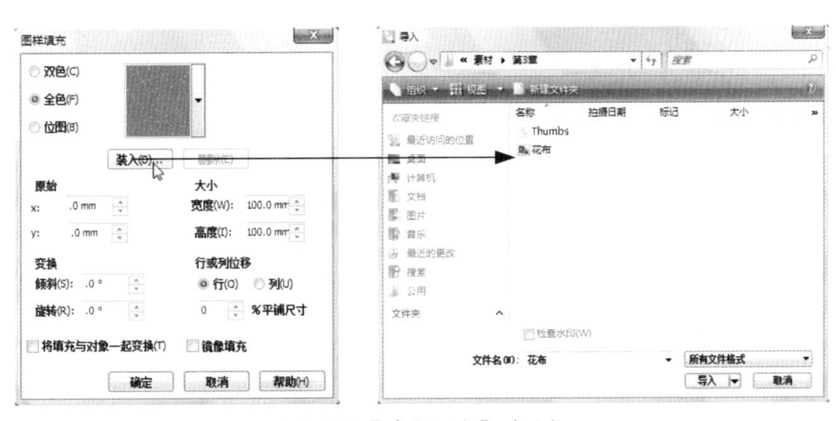

图3-155 【填充图案】对话框

08 单击确定按钮，填充效果如图3-156所示。

图3-156 填充效果

09 保存文件，命名为“小棉袄.cdr”。

实例总结

全色图样填充支持更多的颜色，可将外部的文件转为图样，并保留图样完整的颜色信息。

Example 实例 34 智能填充工具——摄影效果

实例目的

本例讲解智能填充工具的应用，得到的摄影效果如图3-157所示。

图3-157 摄影效果

实例要点

- 运用矩形和椭圆工具绘制背景。
- 【渐变填充】对话框。
- 运用【智能填充工具】填充图形。
- 导入图形。

操作步骤

01 在CorelDRAW X5中新建文件。

02 运用（矩形工具），绘制一个长度为177mm，高度为120mm的矩形，如图3-158所示。

03 运用（椭圆工具），按住键盘上的Ctrl键，绘制一个长度和高度均为113mm的圆形，调整位置，如图3-159所示。

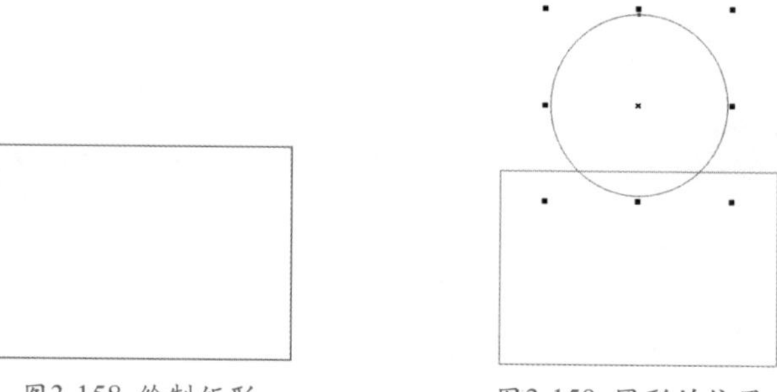
图3-158 绘制矩形　　图3-159 圆形的位置

04 单击工具箱中的（智能填充工具）按钮，在属性栏中单击【选择创建新对象时填充方式】右侧的按钮，选择【无填充】选项，如图3-160所示。

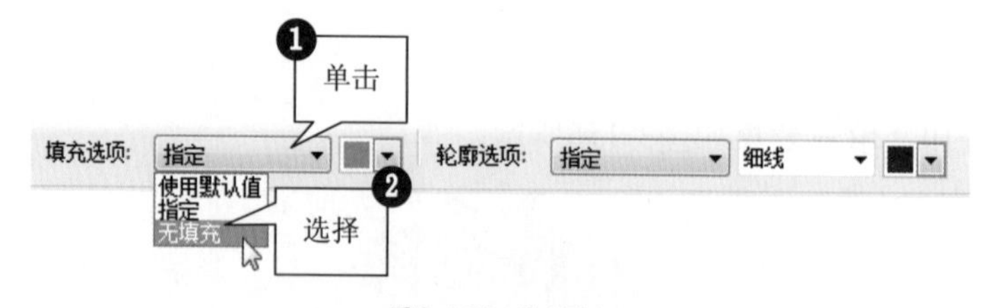

图3-160 属性栏

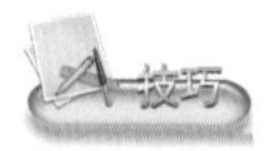

单击属性栏中【选择创建新对象时填充方式】右侧的按钮，选择【无填充】选项，再运用（智能填充工具），在所需要图形上的相交位置单击鼠标左键，创建新的图形，所创建的对象只有轮廓，无填充色。

05 移动鼠标指针到圆形中心位置，单击鼠标左键，创建新的图形对象。

06 按键盘上的空格键，切换为选择工具，新创建的图形处于选择状态，如图3-161所示。

07 选择圆形，按键盘上的Delete键，将其删除，效果如图3-162所示。

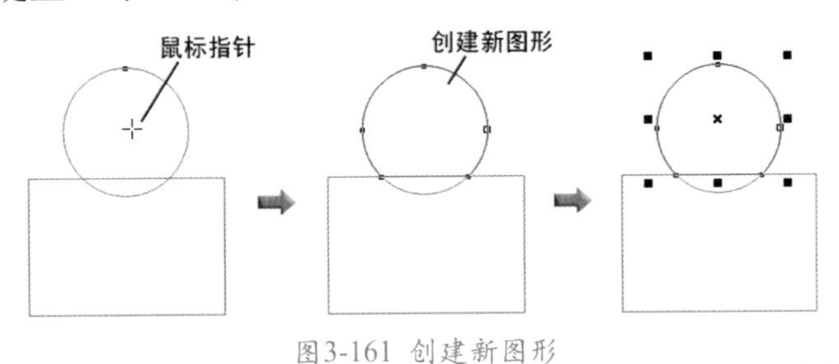

图3-161 创建新图形

08 将填充后的图形调整到如图3-163所示的位置。

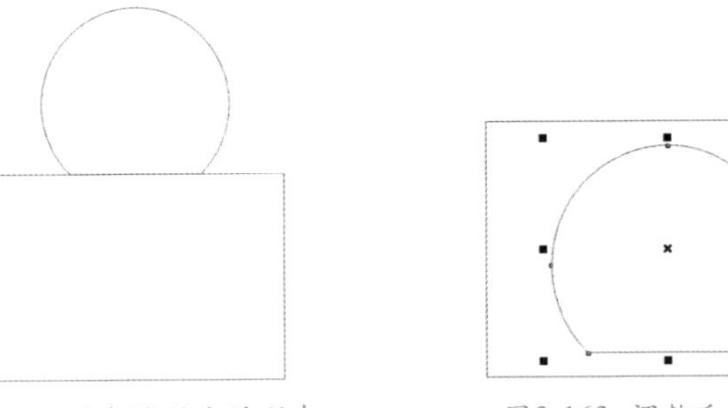

图3-162 删除圆形后的形态　　图3-163 调整后的位置

09 按键盘上的F11键，打开【渐变填充】对话框，参数设置如图3-164所示。

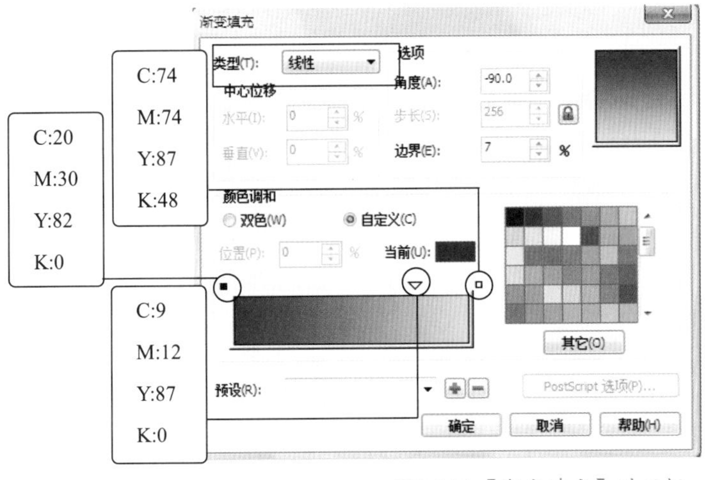

图3-164 【渐变填充】对话框

10 单击标准工具栏中的 （导入）按钮，弹出【导入】对话框，打开第2章绘制的“跳舞的少女.cdr”图形，如图3-165所示。

11 选择导入的图形，调整其大小及位置，如图3-166所示。

图3-165 导入图形

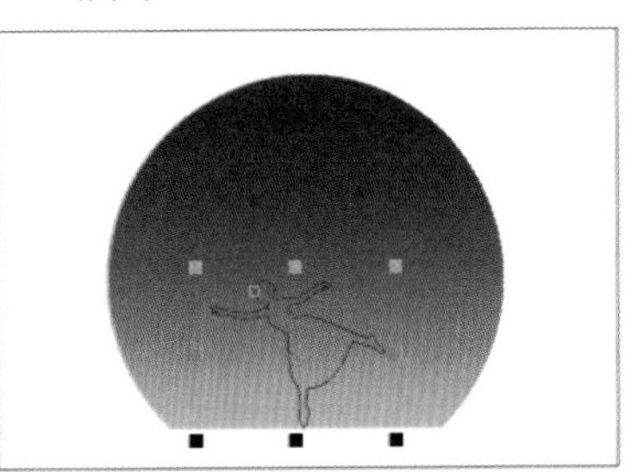

图3-166 导入图形的位置

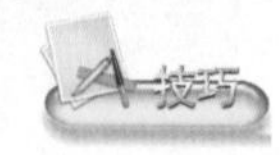

在绘图区（或工作区）的空白位置单击鼠标右键，在弹出的菜单中选择【导入】命令，也可打开【导入】对话框。

⑫ 将导入的图形和矩形填充为黑色，效果如图3-167所示。

图3-167 填充后的效果

⑬ 保存文件，命名为“舞蹈.cdr”。

实例总结

在本例中运用了【矩形工具】、【椭圆工具】和【智能填充工具】3种工具，应重点掌握【智能填充工具】的使用方法。

Example 实例 35 滴管工具——磁盘

实例目的

通过“磁盘”实例的制作过程，学习【滴管工具】和【应用颜色】工具的使用方法，磁盘效果如图3-168所示。

实例要点

- 绘制磁盘轮廓。
- 运用吸管工具吸取颜色。
- 运用油漆桶工具填充颜色。
- 旋转图形。
- 填充图形。

图3-168 磁盘效果

操作步骤

01 在CorelDRAW X5中新建文件。

02 选择工具箱中的（矩形工具），在绘图区中绘制一个矩形和一个边角圆滑度为15的圆角矩形，位置如图3-169所示。

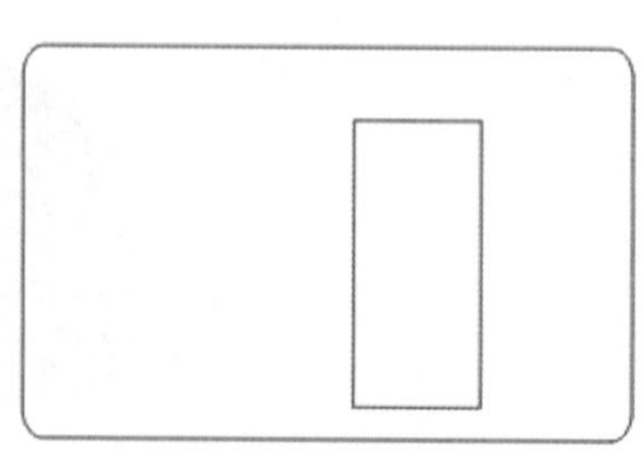

图3-169 矩形和圆角矩形的位置

选择矩形工具后，先在属性栏中设置矩形的边角圆滑度，然后再绘制矩形，所绘制的矩形均为圆角矩形。如果需要绘制直角矩形，需在选择矩形后，在绘制矩形前，先设置矩形的边角圆滑度为0，再进行绘制。

03 运用工具箱中的（智能填充工具），创建新的图形对象，如图3-170所示。

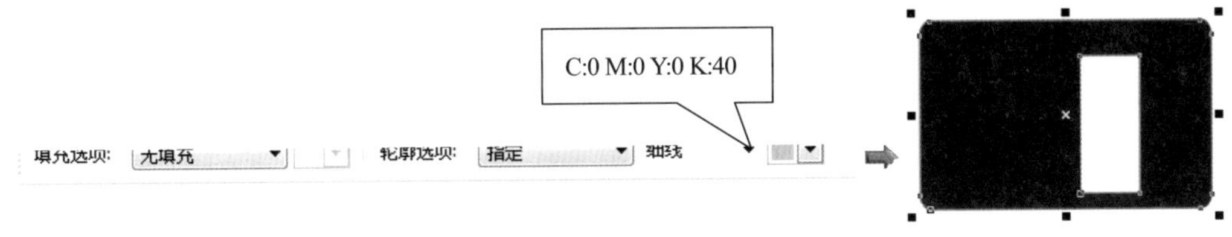

图3-170 填充图形

04 选择矩形，按键盘上的Delete键，将其删除，然后选择圆角矩形，调整其大小及位置，如图3-171所示。

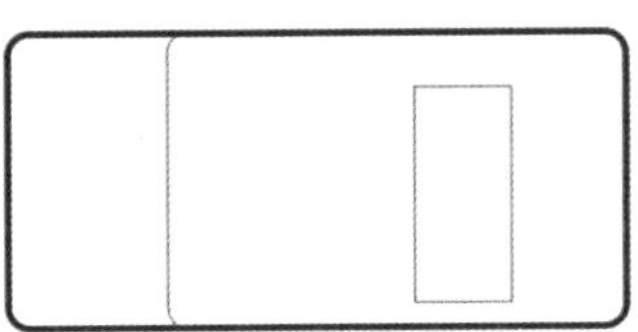

图3-171 调整后的位置

05 再运用（矩形工具），绘制两个大小相同的矩形和一个边角圆滑度为20的圆角矩形，位置如图3-172所示。

06 在属性栏中设置矩形的边角圆滑度为10，绘制一个圆角矩形，位置如图3-173所示。

07 单击工具箱中的（手绘工具），按住键盘上的Ctrl键，绘制一条直线，然后将其复制3条，调整位置，如图3-174所示。

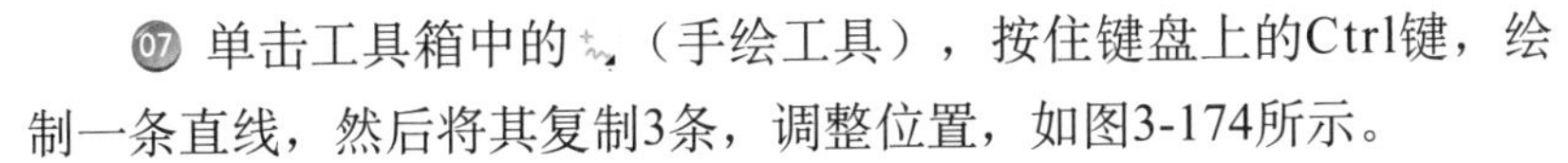

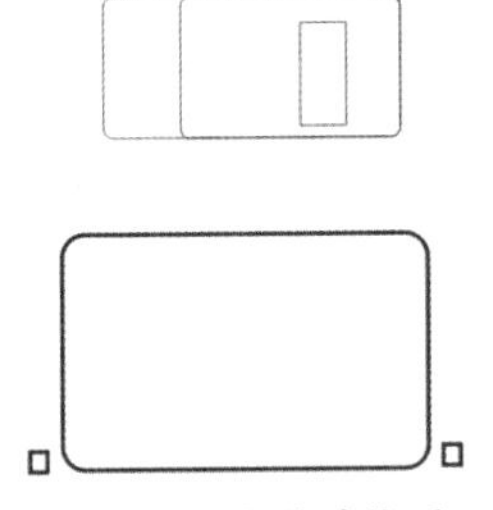

图3-172 图形的位置

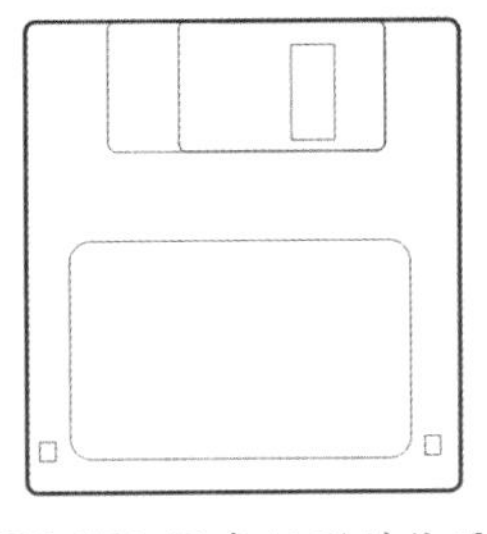

图3-173 圆角矩形的位置

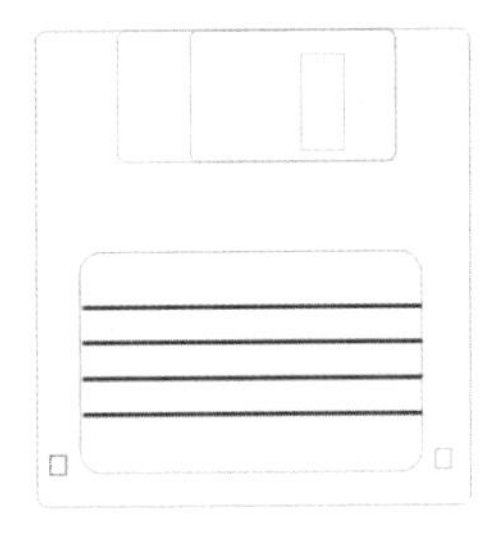

图3-174 直线的位置

08 选择新创建的图形，单击“填充”展开工具栏中的（渐变填充）按钮，在弹出的对话框中设置参数，如图3-175所示。

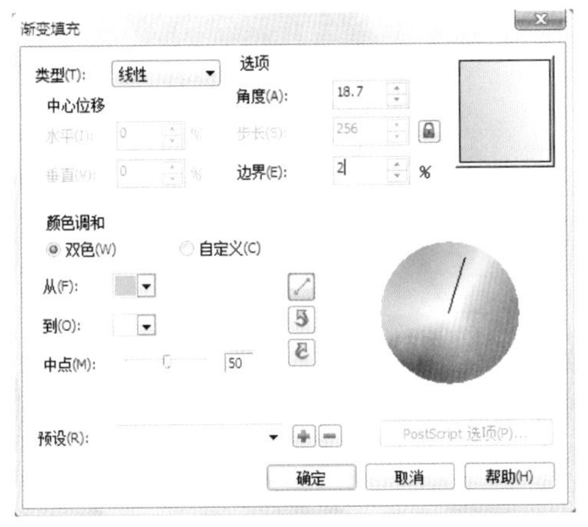

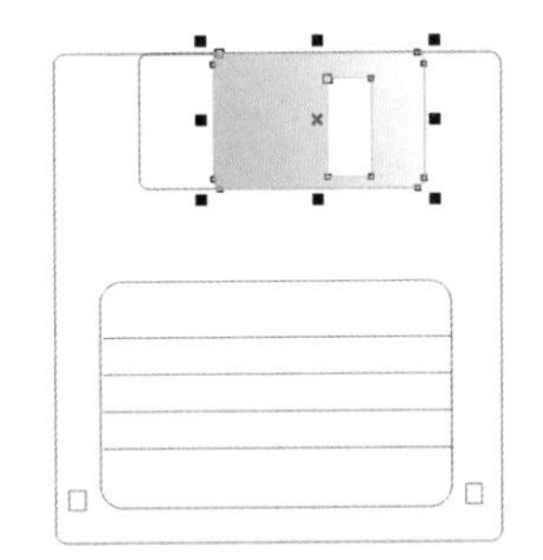

图3-175【渐变填充】对话框

09 单击工具栏中的（颜色滴管工具）按钮，移动鼠标指针至需要填充的图形上，单击鼠标左键，吸取对象上的颜色。

⑩ 在属性栏中，移动鼠标指针至（应用颜色工具）按钮上，单击鼠标左键，切换为应用颜色工具，如图3-176所示。

⑪ 移动鼠标指针至未填充颜色的圆角矩形上，单击鼠标左键，即可填充与吸取图形相同的颜色，如图3-177所示。

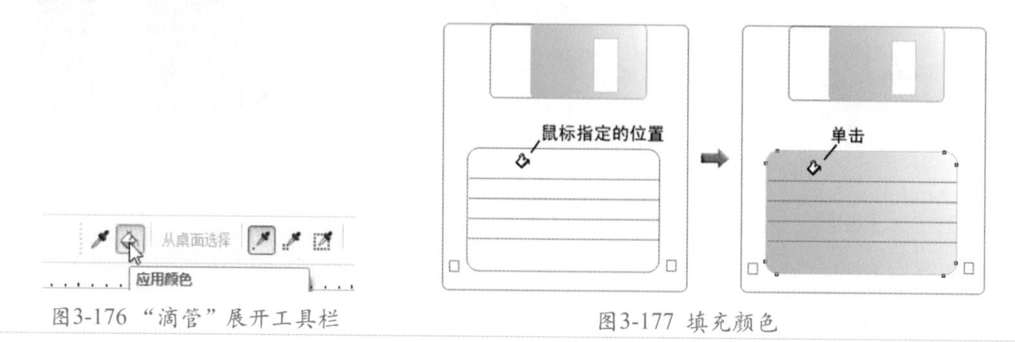

图3-176 “滴管”展开工具栏　　图3-177 填充颜色

⑫ 运用同样的方法，将其他圆角矩形填充相同的颜色，如图3-178所示。

⑬ 将磁盘左下角和右下角的小矩形分别填充为白色和灰色（同轮廓颜色），效果如图3-179所示。

图3-178 复制填充后的效果

图3-179 填充后的效果

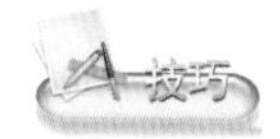

移动鼠标指针至已填充的对象上，按住鼠标右键，拖动鼠标至未填充的对象上，松开鼠标，在随后弹出的快捷菜单中选择“复制填充”命令，即可将已填充对象的颜色复制到未填充的对象上。

⑭ 运用“完美形状”展开工具栏中的（箭头形状）工具，单击属性栏中的（完美形状）按钮，在弹出的下拉列表中选择向上箭头图形，如图3-180所示。

图3-180 属性栏

⑮ 将鼠标指针移动至磁盘的右上角，按住鼠标左键拖曳绘制一个箭头图形，如图3-181所示。

⑯ 确认箭头处于选择状态，将其填充为灰绿色（CMYK：20、0、60、20），删除轮廓，效果如图3-182所示。

⑰ 单击工具箱中的（文字工具）（文字工具将在第 5 章中详细讲解），在磁盘的右上方输入HD两个字母，在属性栏中设置字体为“宋体”，如图3-183所示。

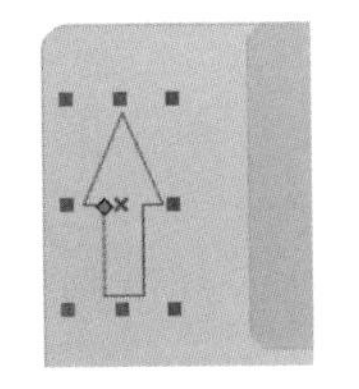

图3-181 绘制箭头

图3-182 填充后的效果

图3-183 输入文字

⑱ 确认文字处于选择状态，将其填充为焦黄色（CMYK：0、0、60、20），选择图形中的所有直线，设置其轮廓颜色为浅灰色（CMYK：0、0、0、40），完成磁盘的制作，效果如图3-184所示。

⑲ 运用框选的方法选择磁盘图形，在属性栏中设置旋转角度为330，效果如图3-185所示。

绘制背景

⑳ 运用工具箱中的（椭圆工具），在绘图区中绘制4个椭圆形，位置如图3-186所示。

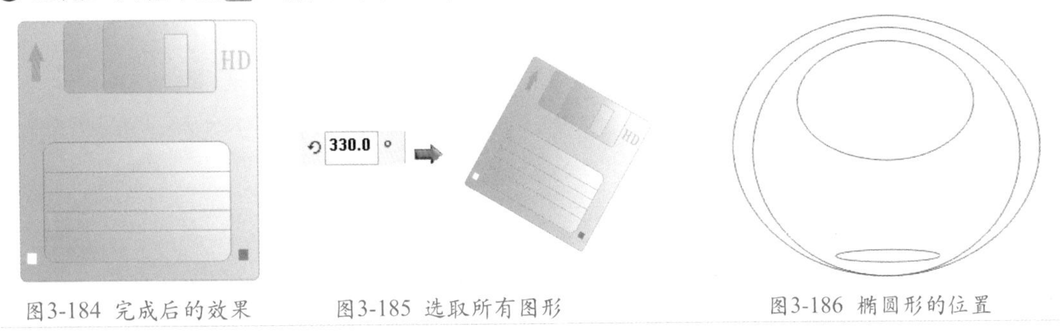

图3-184 完成后的效果　　图3-185 选取所有图形　　图3-186 椭圆形的位置

㉑ 按键盘上的空格键，切换为选择工具。

㉒ 选择中上部的椭圆形，单击“填充”展开工具栏中的（渐变填充）按钮，在弹出的对话框中设置参数，如图3-187所示。

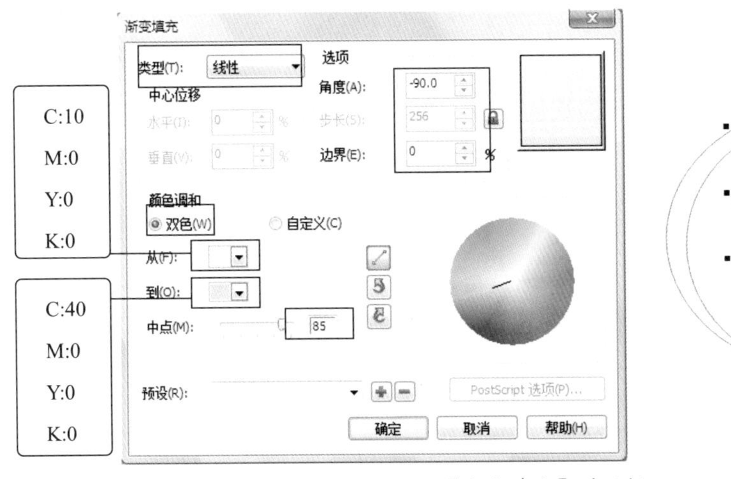

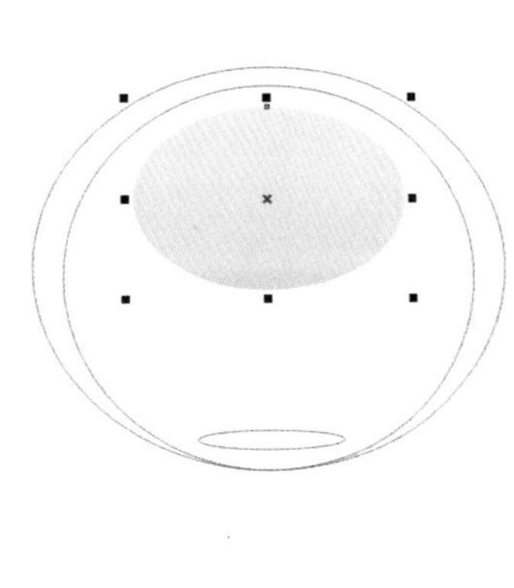

图3-187【渐变填充】对话框

㉓ 选择小椭圆形，将其填充为白色，并删除轮廓。

㉔ 选择小椭圆形外侧的椭圆形，单击“填充”展开工具栏中的（渐变填充）工具，在弹出的对话框中设置参数，如图3-188所示。

㉕ 选择最外侧的椭圆形，按键盘上的F11键，在弹出的【渐变填充】对话框中设置参数，如图3-189所示。

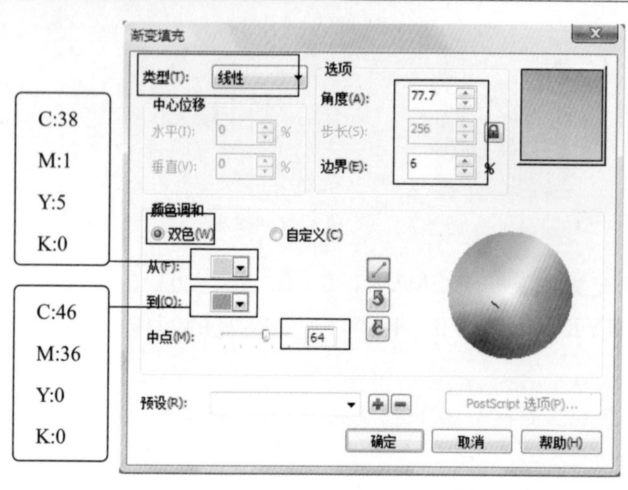

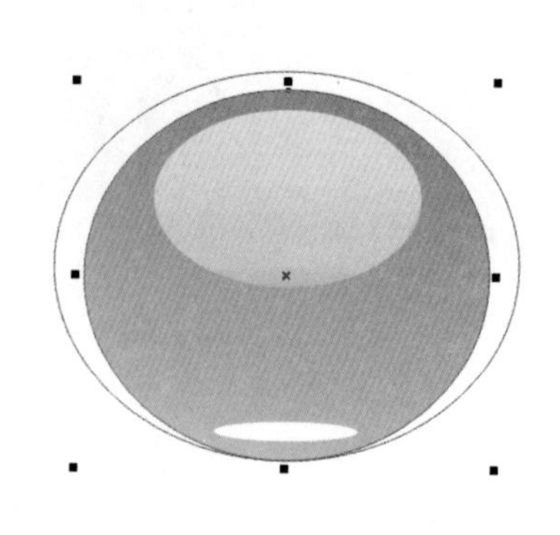

图3-188 【渐变填充】对话框

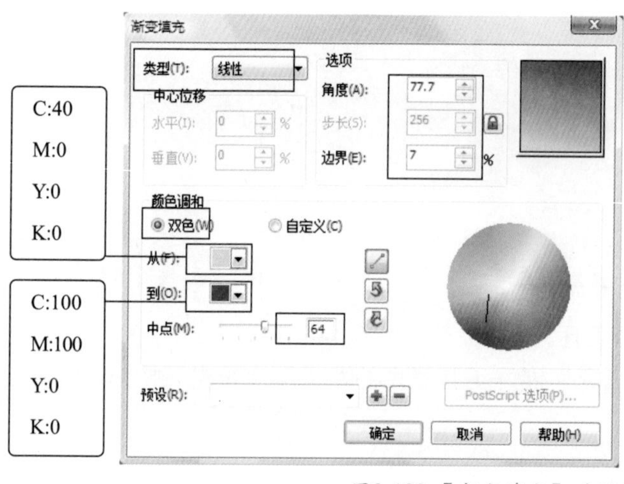

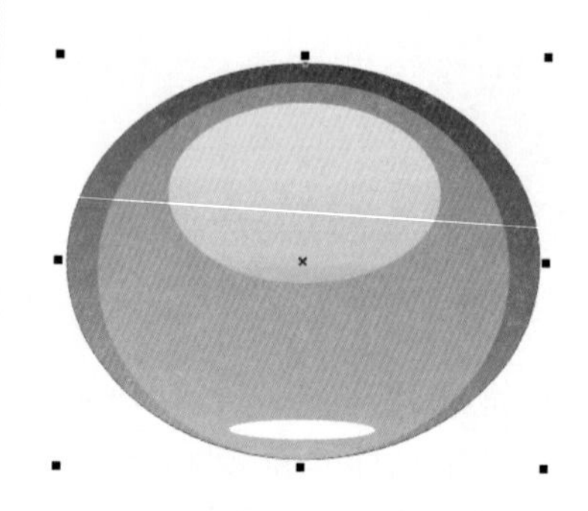

图3-189 【渐变填充】对话框

㉖ 将磁盘再复制两个，填充上自己喜欢的颜色，然后将其旋转至合适的角度，调整位置，如图3-190所示。

㉗ 保存文件，命名为“磁盘.cdr”。

实例总结

吸管工具用于吸取对象的颜色，而油漆桶工具可以将吸取的颜色填充到指定的对象上，配合使用滴管和油漆桶工具，可以快速方便地均匀填充对象。

图3-190 调整后的位置

Example 实例 36 贝塞尔工具——枫叶

实例目的

通过前面的学习，现在读者需自己动手运用【贝塞尔工具】、【多边形工具】绘制出“枫叶”图形，效果如图3-191所示。

实例要点

- 运用贝塞尔工具绘制出枫叶的轮廓。
- 选择多边形工具，设置多边形边数为3，绘制出叶纹。

图3-191 枫叶效果

◆ 将枫叶填充为从咖啡色（CMYK：51、98、97、10）到红色（CMYK：0、100、100、0）的线性渐变色。

◆ 选择叶纹，填充为黄色（CMYK：7、6、96、0）。

Example 实例 37 图纸工具——小房子

实例目的

读者自己动手，运用【矩形工具】、【图纸工具】和【贝塞尔工具】制作出小房子图形，效果如图3-192所示。

实例要点

◆ 绘制一个圆角矩形，在属性栏中设置边角圆滑度为24，轮廓宽度为1.4mm。

◆ 绘制一个矩形，在属性栏中，设置右上角和左上角的边角圆滑度为100，制作出小房子的门。

◆ 运用【图纸工具】，在属性栏中设置【图纸行和列数】为2，制作出小房子的窗户。

图3-192 小房子效果

◆ 选择门和窗户图形，填充为乳色（CMYK：0、0、30、0），设置轮廓宽度为1mm，轮廓颜色为浅橘红色（CMYK：0、60、80、0）。

◆ 在门上绘制一个椭圆形，填充为浅橘红色（同轮廓颜色），作为门把手。

◆ 运用【贝塞尔工具】绘制出房顶，按由上至下的顺序，分别填充为浅橘红色（同轮廓颜色）和深黄色（CMYK：0、20、100、0），制作出小房子的房顶。

◆ 在房顶的左侧绘制一个矩形，填充为深黄色（同上），将其复制一个，调整其大小，调整到矩形的上方，填充为浅橘红色（同轮廓颜色），作为烟囱的边，制作小房子上的烟囱。

Example 实例 38 贝塞尔工具——帐篷

实例目的

通过前面实例的学习，现在读者自己动手制作出一个“帐篷”图形，效果如图3-193所示。

实例要点

◆ 运用【贝塞尔工具】绘制出帐篷的支架，设置轮廓宽度为2.5mm，轮廓颜色为“CMYK：31、71、100、1”。

◆ 绘制出帐篷图形，填充为“CMYK：4、7、94、0”。

◆ 绘制出帐篷上的拉门，轮廓颜色同支架颜色。

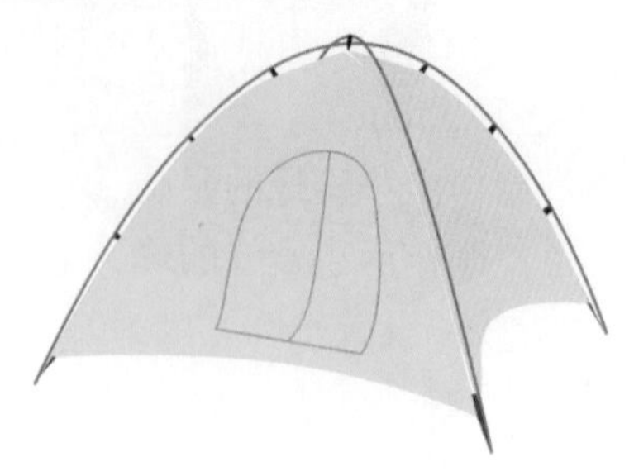

图3-193 帐篷效果

Example 实例 39 填充工具——调色板

实例目的

自己动手绘制“调色板”图形，综合运用【贝塞尔工具】、【椭圆工具】和【填充工具】，调色板效果如图3-194所示。

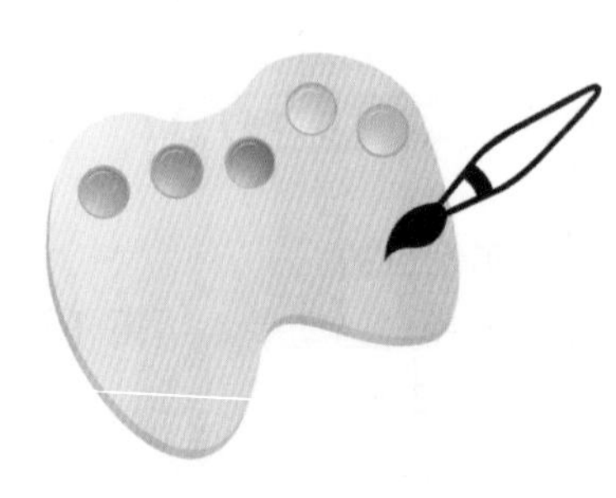

图3-194 调色板效果

实例要点

◆ 先绘制出调色板的轮廓，打开【渐变填充】对话框，设置渐变类型为线性，调和颜色为自定义，按照从左到右的顺序，设置第一种颜色为“CMYK：84、72、73、86”，第二种颜色为“CMYK：0、13、47、0”，第三种颜色为白色。

◆ 将图形复制一个，调整到图层后面，填充为“CMYK：0、33、89、0”。

◆ 绘制两个圆形，将大圆形填充为30%黑（CMYK：0、0、0、30）；选择小圆形，填充为从红色（CMYK：0、100、100、0）到白色（CMYK：0、0、0、0）的射线渐变。

◆ 在圆形上方绘制一条曲线，设置轮廓颜色为白色，制作出高光。调色板左侧的调整盘制作完成。

◆ 选择调色盘图形，将其复制4个，按从左到右的顺序分别将调色盘的颜色调整为青色（CMYK：100、0、0、0）、烧赭石（CMYK：40、75、100、0）、粉蓝（CMYK：20、20、0、0）、酒绿（CMYK：40、0、100、0）、白色的射线渐变色。

◆ 从【插入字符】面板中选择毛笔图形拖到调色板上，然后将其填充为黑色，完成调色板的制作。

Example 实例 40 椭圆工具——小蜜蜂

实例目的

学习了前面的范例后，现在读者自己动手绘制出一个“小蜜蜂”图形，效果如图3-195所示。

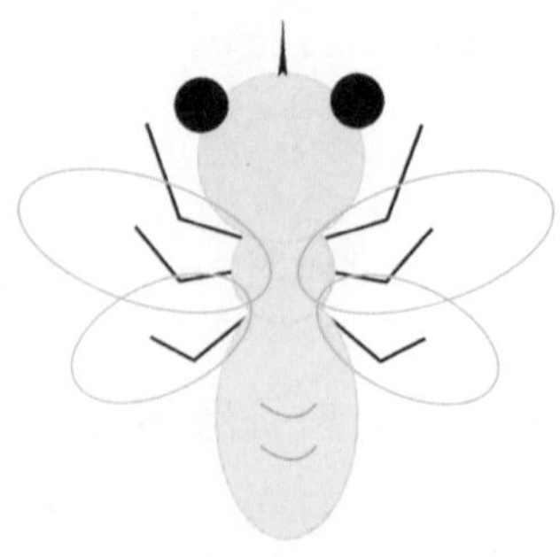

图3-195 小蜜蜂效果

实例要点

◆ 绘制3个椭圆形，填充为黄色（CMYK：0、0、100、0），设置轮廓颜色为沙黄色（CMYK：0、20、40、0），轮廓宽度为0.35mm。

◆ 绘制两个圆形，填充为黑色，制作出小蜜蜂的眼睛。

◆ 绘制一个三角形，填充为黑色，制作出小蜜蜂的蜂针。

◆ 在小蜜蜂的身体两侧绘制6条折线，设置轮廓宽度为0.35mm，制作出小蜜蜂的腿。

◆ 在小蜜蜂的身体下方绘制两条曲线，设置轮廓颜色为40%黑（CMYK：0、0、0、40）。

◆ 绘制4个椭圆形，设置轮廓颜色为冰蓝色（CMYK：40、0、0、0），轮廓宽度同腿。

Example 实例 41 形状工具——帆船

实例目的

学习了前面的范例后，现在读者自己动手绘制出一个“帆船”图形，效果如图3-196所示。

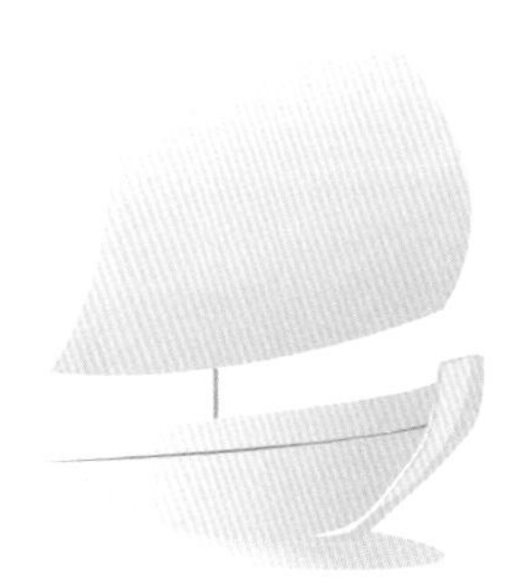

图3-196 帆船效果

实例要点

◆ 绘制船体，将其填充为从“CMYK：0、20、0、0”到“CMYK：0、5、0、0”的线性渐变色。

◆ 绘制船杆，将其填充为从“CMYK：0、0、0、35”到“CMYK：0、15、0、0”的线性渐变色。

◆ 绘制帆，将其填充为从“CMYK：0、20、0、0”到白色的线性渐变色。

第4章　图形对象的编辑

本章是在巩固前两章的基础上，结合图像的编辑功能，用扩展选取功能、对象变形、对象的旋转及倾斜、自由变换、裁切图像（刻刀、虚拟段删除）、修饰图像等操作编辑对象。

Example 实例 42　智能填充工具——蛋糕

实例目的

通过本例学习倾斜对象的操作方法，配合【智能填充工具】、【矩形工具】和【贝塞尔工具】绘制出“蛋糕”图形，效果如图4-1所示。

图4-1 蛋糕效果

实例要点

◆ 绘制盘子。

◆ 制作蛋糕。

◆ 导入图形。

◆ 制作透明效果。

操作步骤

01 在CorelDRAW X5中新建文件。

制作碟子

02 在绘图区中绘制一个椭圆形，如图4-2所示。

图4-2 绘制椭圆形

03 在“填充”展开工具栏中单击（渐变填充）按钮，弹出【渐变填充】对话框，参数设置如图4-3所示，并删除其轮廓。

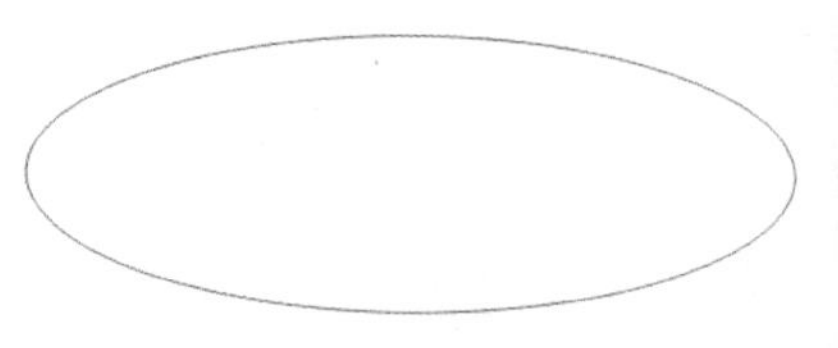

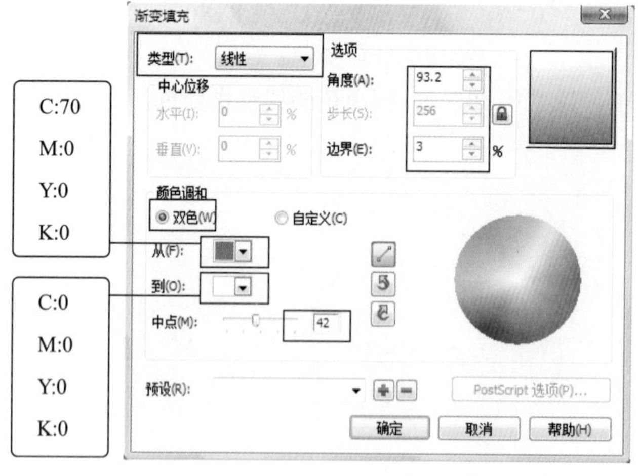

图4-3 【渐变填充】对话框

04 继续绘制一个椭圆形，位置如图4-4所示。

05 单击（智能填充工具），在属性栏【填充选项】右侧的下拉列表中选择【无填充】选项，其他设置如图4-5所示。

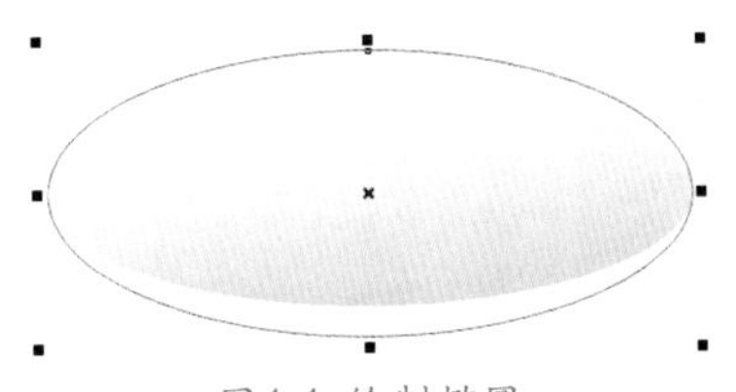

图4-4 绘制椭圆

图4-5 属性栏

06 移动鼠标指针至两个椭圆形底部相交区域，单击鼠标左键，创建如图4-6所示的图形。

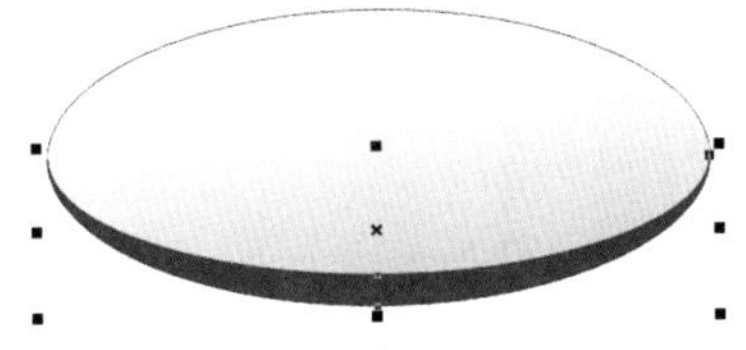

图4-6 填充图形

07 确认智能填充图形处于选择状态，单击“填充”展开工具栏中的（渐变填充）工具，在弹出的对话框中设置参数，如图4-7所示。

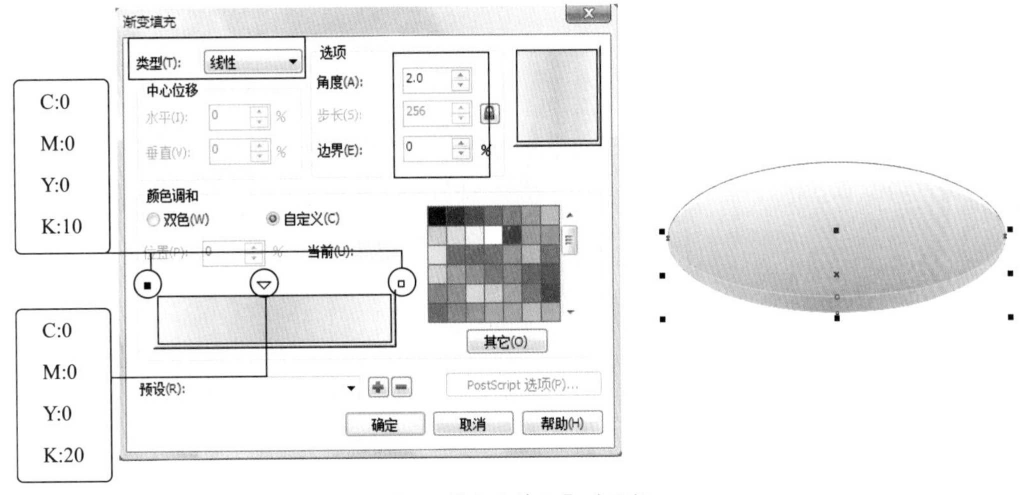

图4-7 【渐变填充】对话框

08 选择未填充颜色的椭圆形，调整其大小及位置，如图4-8所示。

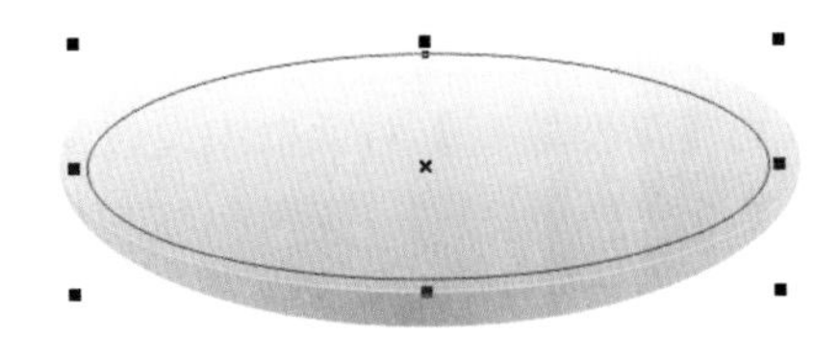

图4-8 调整后的位置

09 设置椭圆形的轮廓为浅灰色（CMYK：0、0、0、12），按键盘上的F11键，在弹出的【渐变填充】对话框中设置参数，如图4-9所示。

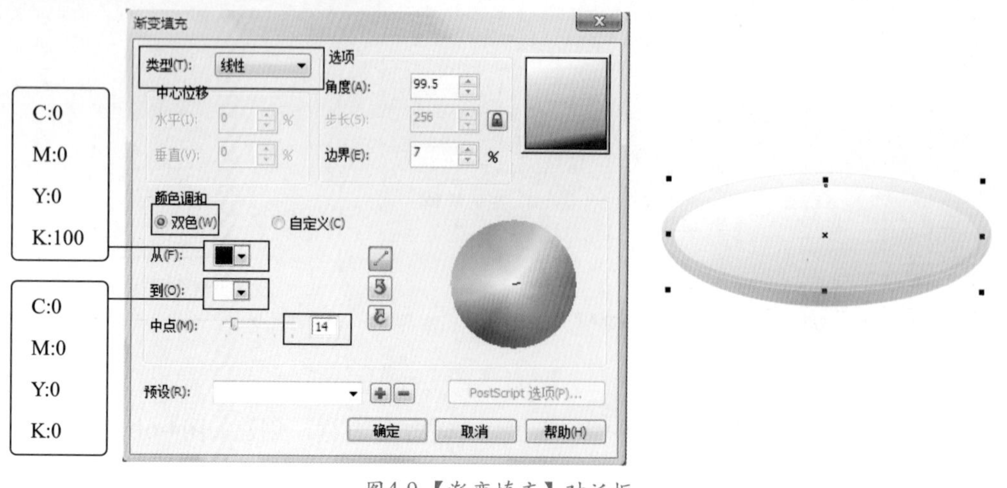

图4-9【渐变填充】对话框

制作蛋糕

⑩ 运用（矩形工具），在绘图区中绘制一个矩形，如图4-10所示。

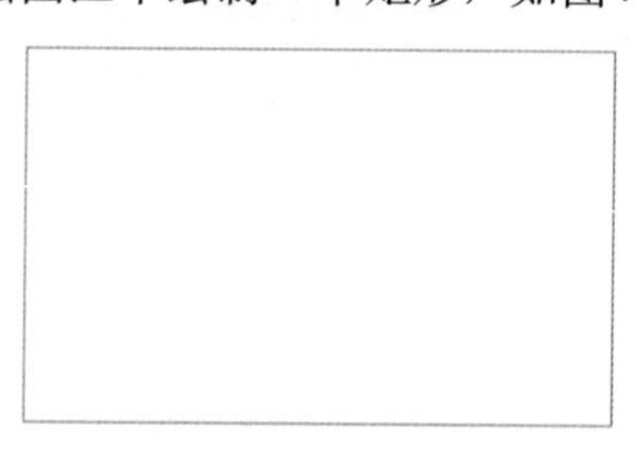

图4-10 绘制矩形

⑪ 在矩形内单击鼠标，将鼠标指针移动至矩形的右侧，当鼠标指针变为形状时，按住鼠标左键向上拖动至合适位置，松开鼠标左键，倾斜矩形，如图4-11所示。

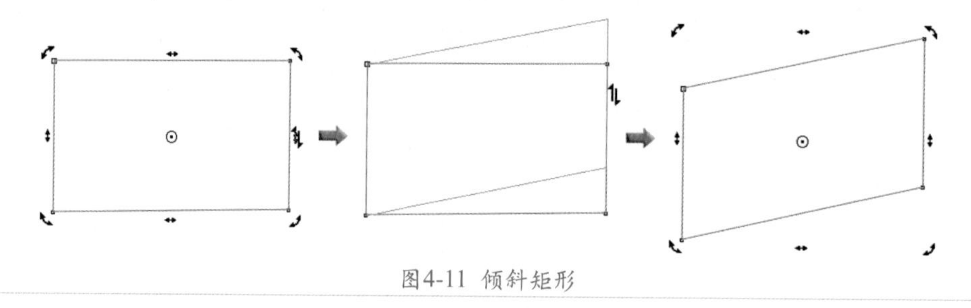

图4-11 倾斜矩形

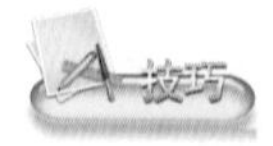

双击对象，使其处于旋转状态，移动鼠标指针至对象控制点上，鼠标指针变为或形状时，按住鼠标左右上下或左右拖动至适合位置，松开鼠标左键，即可倾斜对象。

⑫ 按键盘上的F11键，在弹出的【渐变填充】对话框中设置参数，如图4-12所示。

⑬ 选择（矩形工具），在属性栏中单击（圆角）按钮，设置矩形的边角圆滑度为40，在绘图区中绘制一个圆角矩形，如图4-13所示。

⑭ 运用前面介绍的方法，倾斜圆角矩形，将其调整到如图4-14所示的位置。

⑮ 单击（智能填充工具），在属性栏中，设置填充颜色为宝石红（CMYK：0、60、60、40），设置轮廓选项为【无轮廓】，效果如图4-15所示。

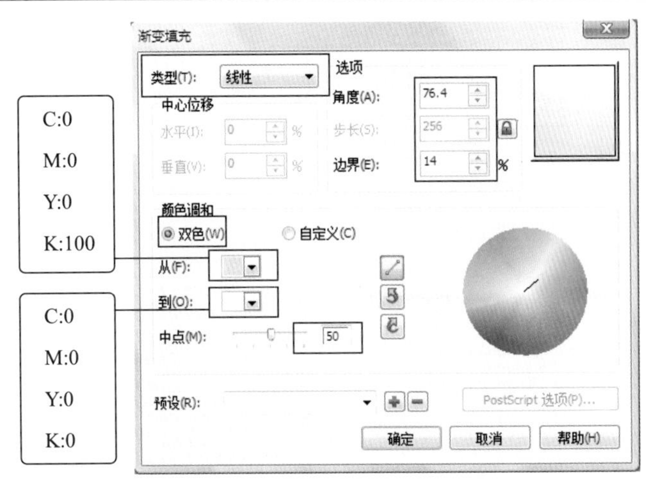

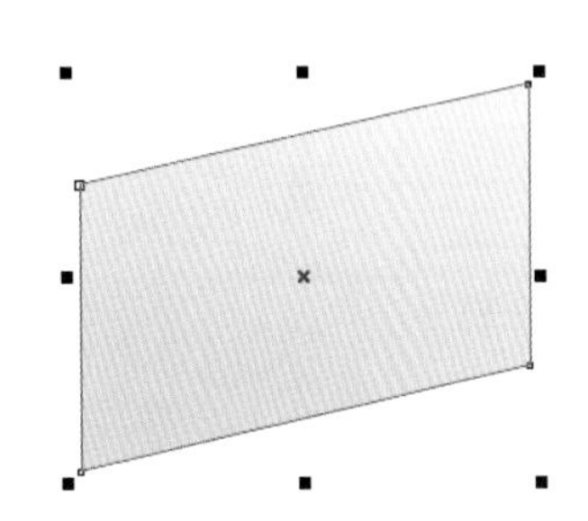

图4-12 【渐变填充】对话框

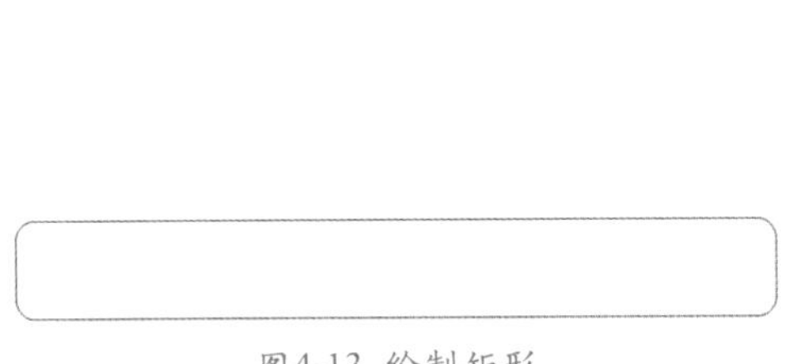

图4-13 绘制矩形

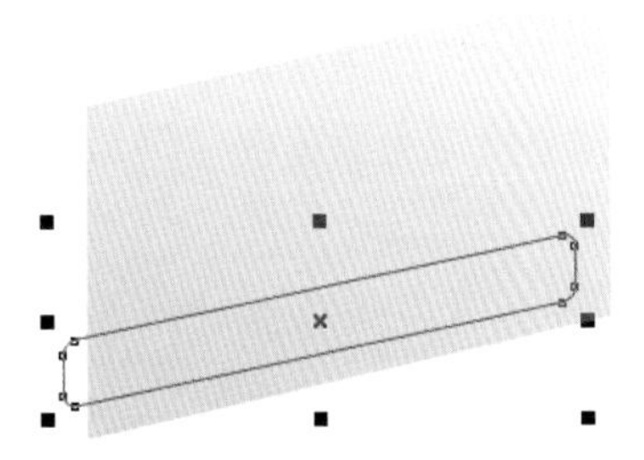

图4-14 调整后的位置

⑯ 删除圆角矩形，将指定填充颜色的图形复制两个，调整其位置，如图4-16所示。

图4-15 填充图形

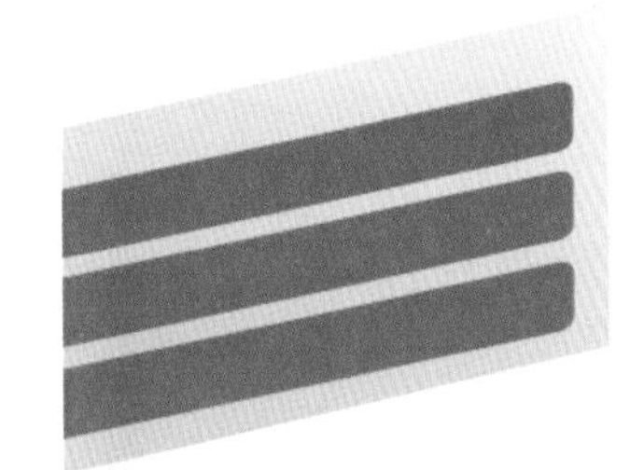

图4-16 复制后的位置

选择对象，按键盘上的Ctrl+C键，复制所选择的对象，再按键盘上的Ctrl+V键，粘贴对象。

⑰ 运用“曲线”展开工具栏中的 （贝塞尔工具），绘制一条直线，位置如图4-17所示。

⑱ 选择 （智能填充工具），填充如图4-18所示的图形。

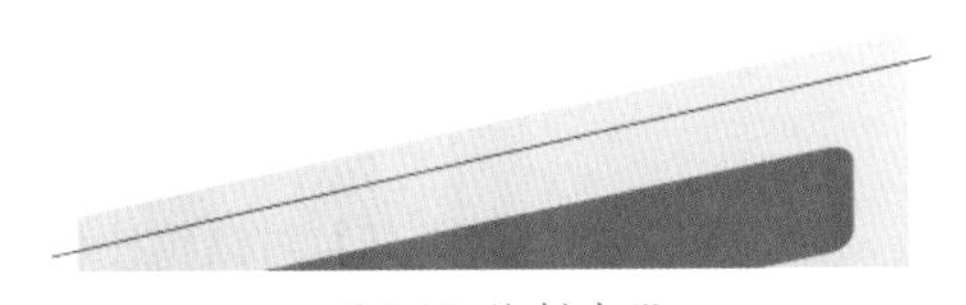

图4-17 绘制直线

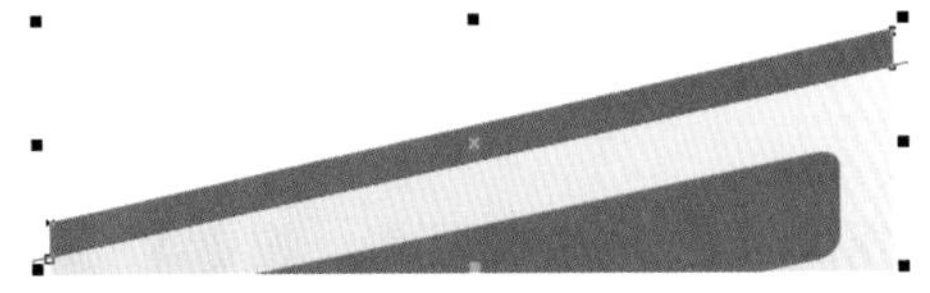

图4-18 填充图形

⑲ 在“填充”展开工具栏中单击 （渐变填充）按钮，在弹出的【渐变填充】对话框中设置

参数，如图4-19所示。

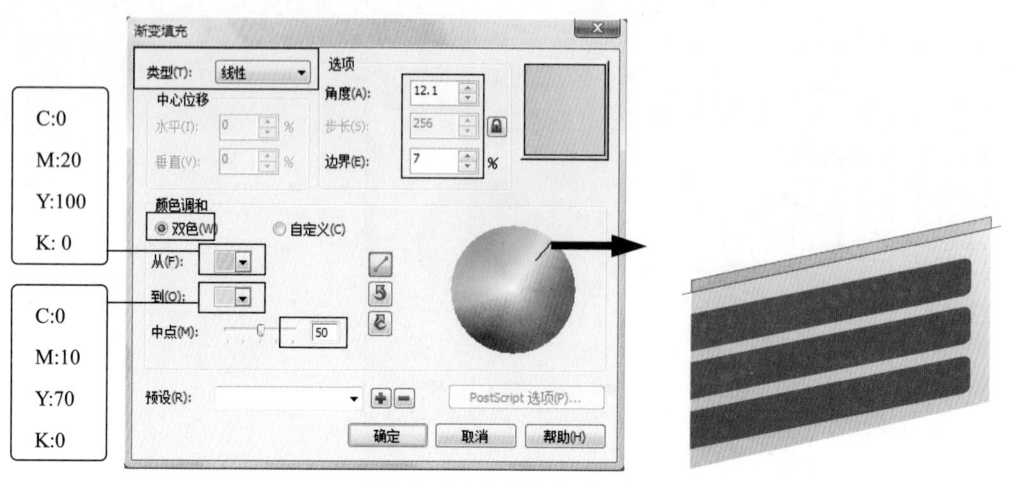

图4-19 【渐变填充】对话框

⑳ 删除直线，运用工具箱中的（贝塞尔工具），绘制出如图4-20所示的曲线。

㉑ 将图形填充为橘黄色（CMYK：1、16、86、0），删除轮廓，效果如图4-21所示。

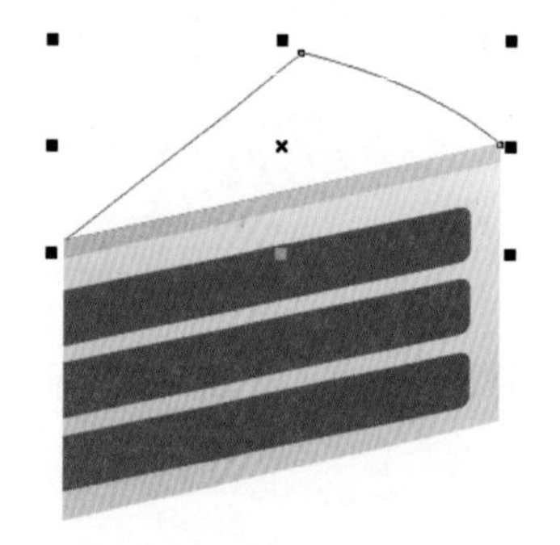

图4-20 绘制曲线

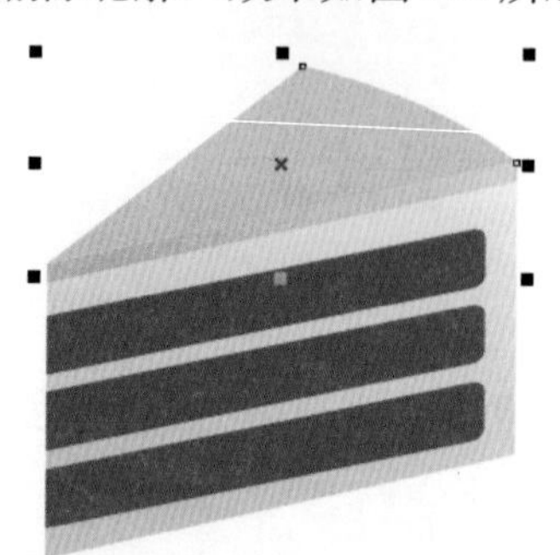

图4-21 填充后的效果

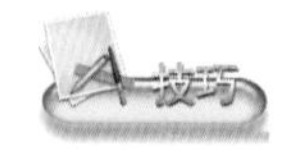

对于此操作，可以先绘制一个椭圆形，然后运用（形状工具），移动鼠标指针至椭圆形的节点上，按住鼠标左键向内移动，将椭圆形编辑为饼形，最后将其转换为曲线，稍微调整节点的位置。

制作巧克力

㉒ 继续运用工具箱中的（贝塞尔工具），绘制出如图4-22所示的图形。

㉓ 运用（椭圆工具）绘制一个椭圆形，位置如图4-23所示。

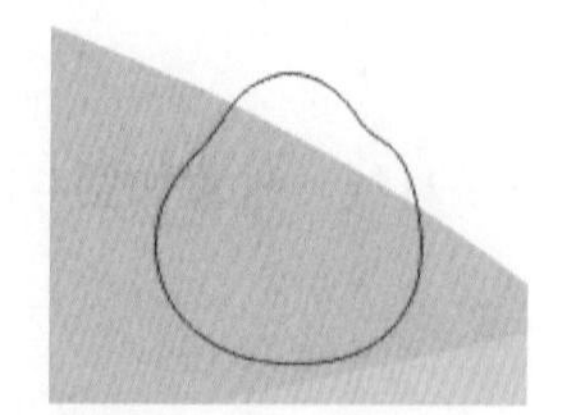

图4-22 绘制曲线

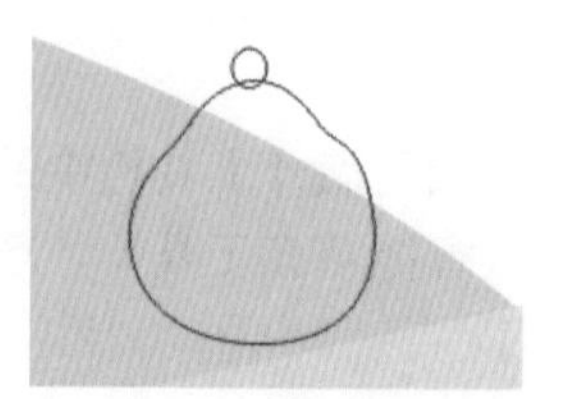

图4-23 椭圆形的位置

㉔ 选择前面绘制的两个图形，按键盘上的F11键，在弹出的【渐变填充】对话框中设置参数，如图4-24所示。

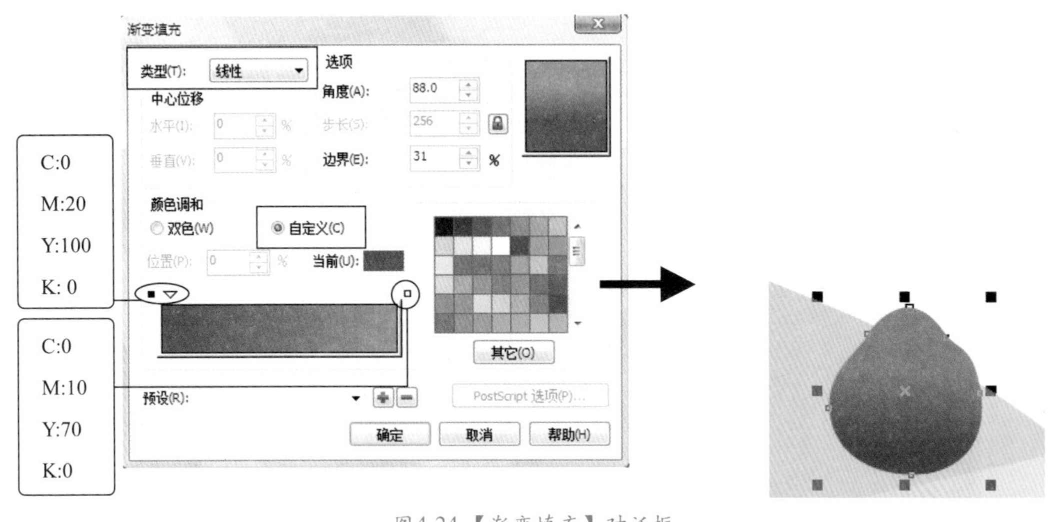

图4-24 【渐变填充】对话框

㉕ 继续运用（贝塞尔工具），绘制如图4-25所示的曲线，并填充为白色，删除轮廓。

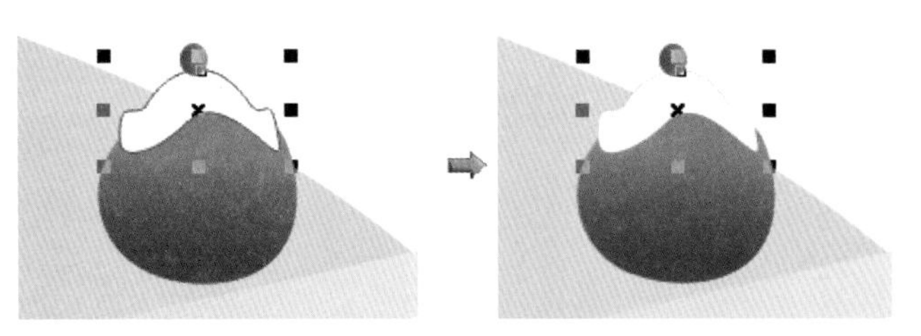

图4-25 绘制图形

㉖ 选择巧克力图形，并将其复制两组，调整位置，如图4-26所示。

㉗ 导入“草莓.cdr”文件（光盘\第4章\素材），如图4-27所示。

㉘ 调整导入的草莓图形的大小及位置，如图4-28所示。

图4-26 复制后的位置　　图4-27 草莓图形　　图4-28 草莓图形的位置

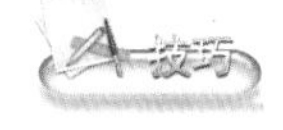

选择需要复制的对象，按键盘上的+键，可以快速对已选择的对象进行再制。比用键盘上的Ctrl+C键复制，Ctrl+V键粘贴更加简单。

㉙ 运用“交互式”展开工具栏中的（交互式阴影工具）（交互式阴影工具将在本书的第7章进行详细讲解），制作出草莓及巧克力图形的阴影，效果如图4-29所示。

㉚ 选择蛋糕图形，将其调整到如图4-30所示的位置。

㉛ 将部分蛋糕图形垂直镜像复制一组，然后调整到如图4-31所示的位置。

图4-29 制作阴影

图4-30 草莓图形的位置

图4-31 复制后的位置

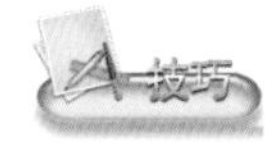

快速镜像复制对象，选择需要复制的对象，按住键盘上的Ctrl键，移动鼠标指针至对象上部中间的控制点上，鼠标指针变为双向箭头时，按住鼠标左键向下拖曳，出现与选择对象等比例大小的蓝框，此时再单击鼠标右键，即可复制选择的对象。运用此方法，还可以快速水平镜像复制对象，对角复制对象。

制作阴影

㉜ 运用“交互式”展开工具栏中的（交互式透明工具）（交互式透明工具将在第7章进行详细讲解），将复制的蛋糕图设置为线性透明，如图4-32所示。

㉝ 运用工具箱中的矩形工具绘制一个矩形，位置如图4-33所示。

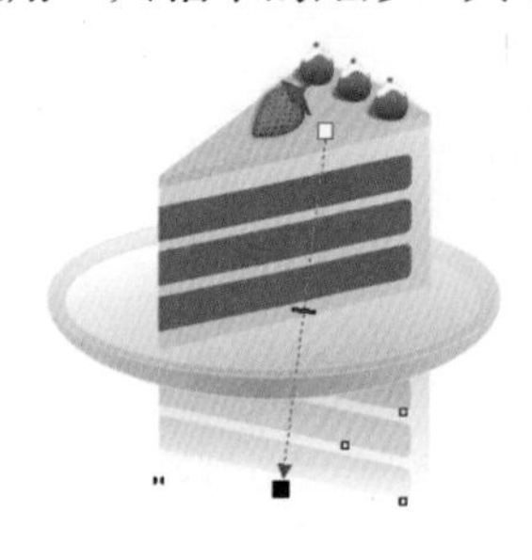

图4-32 编辑效果

图4-33 绘制矩形

㉞ 删除矩形轮廓，按键盘上的F11键，在弹出的【渐变填充】对话框中设置参数，如图4-34所示。

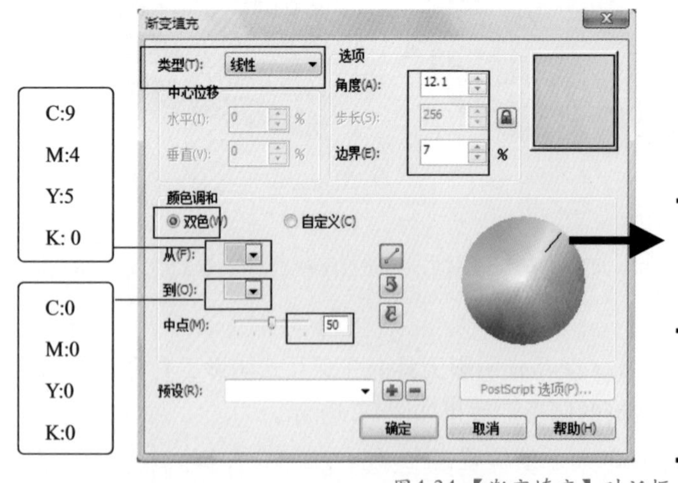

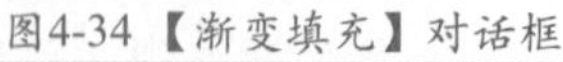

图4-34 【渐变填充】对话框

㉟ 选择蛋糕图形，然后将其复制两个，调整到如图4-35所示的位置。

图4-35 复制后的效果

㊱ 保存文件，命名为“蛋糕.cdr”。

实例总结

在绘制蛋糕图形的过程中，主要运用【椭圆工具】、【渐变填充】、【智能填充工具】、【矩形工具】、【贝塞尔工具】等，应重点掌握倾斜对象的操作方法。

Example 实例 43 多边形工具——杯子

实例目的

通过本实例学习旋转复制的操作方法，再运用【椭圆工具】、【贝塞尔工具】、【多边形工具】绘制出杯子图形，效果如图4-36所示。

图4-36 杯子效果

实例要点

- 绘制杯子。
- 设置轮廓。
- 绘制吸管。
- 制作柠檬。

操作步骤

01 在CorelDRAW X5中新建文件。

绘制杯子

02 运用“曲线”展开工具栏中的（贝塞尔工具），绘制出如图4-37所示的图形。

图4-37 绘制图形

03 单击“轮廓”展开工具栏中的（轮廓画笔对话框）按钮，在弹出的【轮廓笔】对话框中设置参数，如图4-38所示。

04 继续运用（贝塞尔工具），沿杯壁绘制折线，如图4-39所示。

05 选择所绘制的折线，设置轮廓颜色为酒绿色（CMYK：40、0、100、0）。

06 单击工具箱中的（多边形工具）按钮，在属性栏中设置【星形及复杂星形的多边形点或边数】为3，在折线内侧绘制一个三角形，位置如图4-40所示。

07 确认三角形处于选择状态，将其填充为黄色（CMYK：0、0、100、0），取消轮廓。

08 运用工具箱中的（矩形工具）绘制两个矩形，调整其位置，如图4-41所示。

移动鼠标指针至调色板的黄色色块上，按住鼠标左键并拖曳至三角形中，鼠标指针右下方出现黄色色块，松开鼠标左键，即可填充颜色。

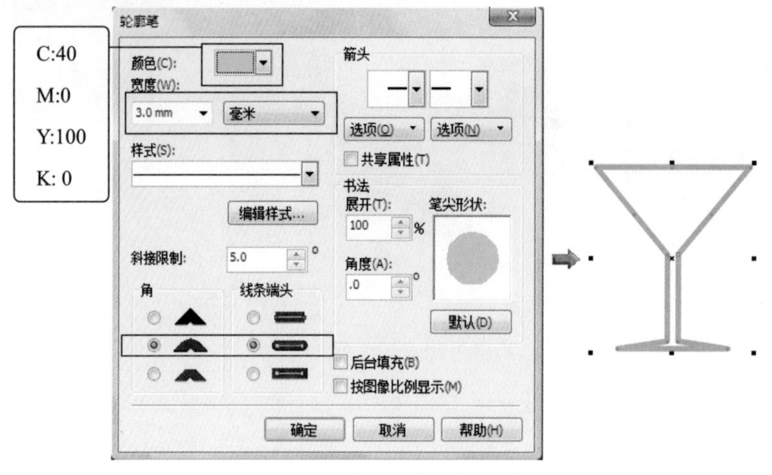

图4-38 【轮廓笔】对话框

图4-39 绘制折线

图4-40 三角形的位置

图4-41 矩形的位置

⑨ 将矩形填充为白色，取消轮廓。

绘制吸管

⑩ 运用“曲线”展开工具栏中的（贝塞尔工具），绘制出如图4-42所示的吸管图形。

⑪ 单击【排列】/【顺序】/【到图层后面】命令，将吸管图形置于底层，填充为沙黄色（CMYK：0、20、40、0），效果如图4-43所示。

图4-42 绘制图形　　图4-43 编辑后的图形

制作柠檬

⑫ 运用工具箱中的（椭圆工具），按住键盘上的Ctrl键，在绘图区中绘制一个圆形，然后单击“轮廓”展开工具栏中的（轮廓画笔对话框）按钮，在弹出的【轮廓笔】对话框中设置参数，如图4-44所示。

⑬ 将圆形复制一个，调整其形态，如图4-45所示。

⑭ 将复制后的圆形填充为黄色（CMYK：0、0、100、0），设置轮廓颜色为白色（CMYK：

0、0、0、0），轮廓宽度为0.7mm，如图4-46所示。

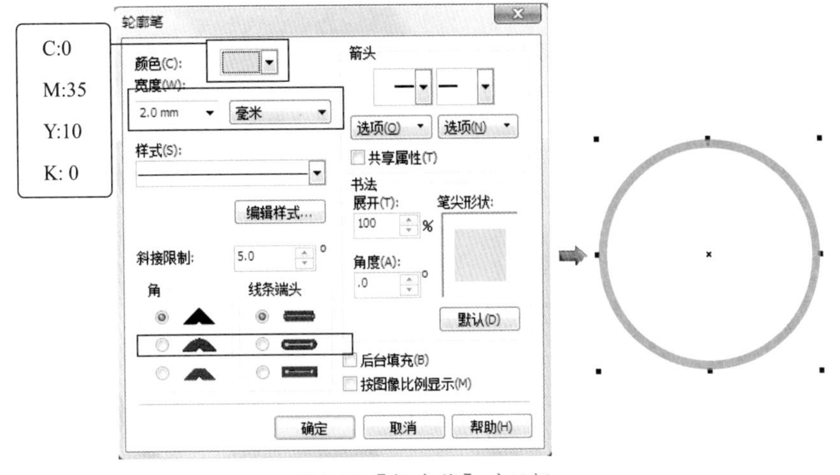

图4-44 【轮廓笔】对话框

⑮ 单击属性栏中的（饼形）按钮，设置【起始/结束角度】分别为90、135，轮廓宽度为0.7mm，编辑后的形态如图4-47所示。

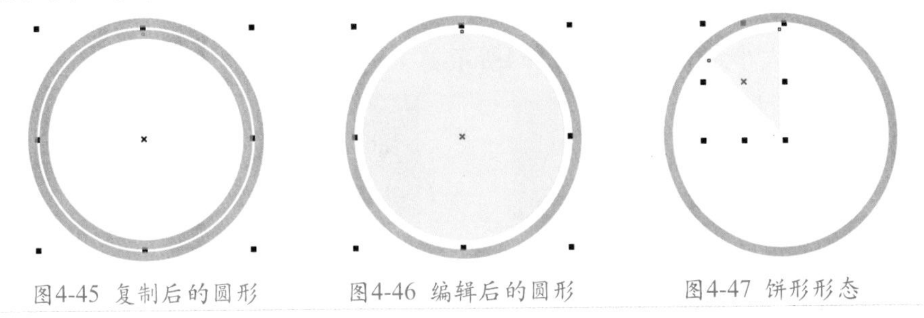

图4-45 复制后的圆形　　图4-46 编辑后的圆形　　图4-47 饼形形态

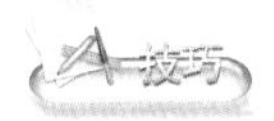

按住键盘上的Shift键，等比例缩小图形到合适大小，单击鼠标右键，即可复制出一个缩小的圆形，此方法在后面的操作中称为"缩小复制的方法"。

⑯ 在已选择的饼形上单击鼠标左键，中心点由×变为⊙形状，移动鼠标指针至中心点上，按住鼠标左键，拖动至如图4-48所示的位置。

⑰ 移动鼠标指针至饼形右上角的弧形箭头上，鼠标指针变为形状时，按住键盘上的Ctrl键，旋转45°，单击鼠标右键，松开鼠标左键，旋转复制出一个饼形图形，如图4-49所示。（注意：在后面的操作中，将此操作方法称为"旋转复制"）

⑱ 单击【编辑】/【重复再制】命令，再制出一个饼形，如图4-50所示。

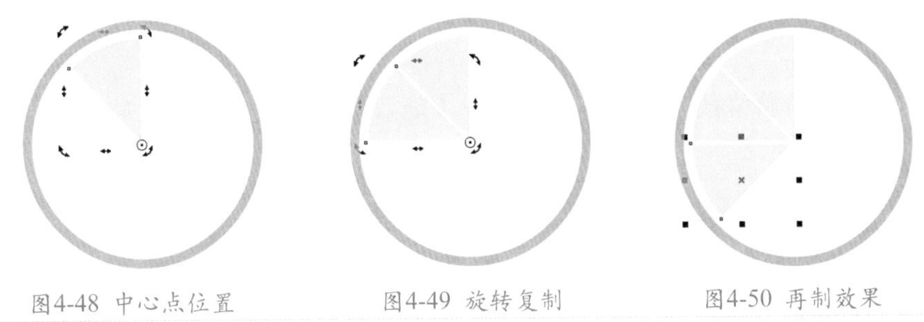

图4-48 中心点位置　　图4-49 旋转复制　　图4-50 再制效果

⑲ 运用同样的方法，再单击【编辑】/【重复再制】命令5次，编辑出如图4-51所示的效果。

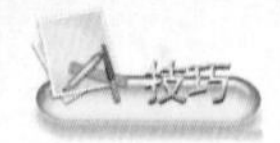

按住Ctrl键，旋转对象，对象可以按15° 增量旋转，再配合鼠标右键的快捷复制键，在旋转对象的同时，单击鼠标右键，即可在旋转的同时复制对象。

单击【编辑】/【重复再制】命令，是复制图形对象的扩展，按键盘上的Ctrl+R组合键，可快速执行【重复再制】命令。

⑳ 将柠檬图形调整到杯子的左侧位置，按键盘上的Shift+PageDown键，将图形置于底层，效果如图4-52所示。

图4-51 重复再制效果

图4-52 调整后的位置

㉑ 导入“002.jpg”文件（光盘\第4章\素材\），如图4-53所示。

㉒ 调整导入图片的大小及位置，如图4-54所示。

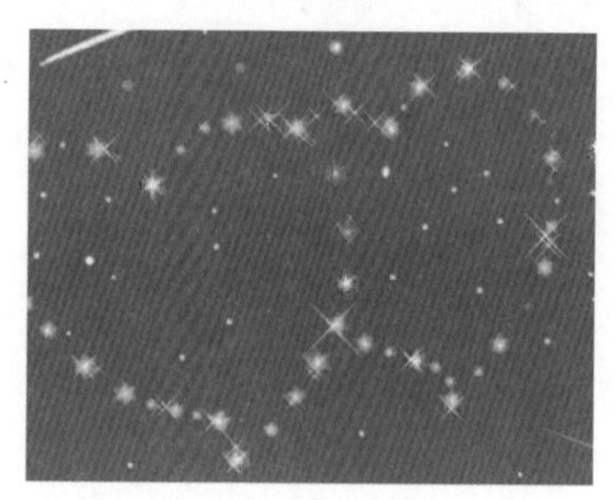

图4-53 002.jpg图片

图4-54 调整后的位置

㉓ 保存文件，命名为“杯子.cdr”。

实例总结

在本例中运用了【椭圆工具】、【贝塞尔工具】和【多边形工具】，应重点掌握在绘制柠檬图形时所运用的旋转复制的操作方法。

Example 实例 44 刻刀工具——冬夜

实例目的

通过“冬夜”实例讲解“裁切”展开工具栏中【刻刀工具】的使用方法，冬夜效果如图4-55所示。

图4-55 冬夜效果

实例要点

- 绘制背景。
- 切割圆形。
- 绘制树和星星。
- 插入符号。

操作步骤

01 在CorelDRAW X5中新建文件。

02 运用工具箱中的 （椭圆工具），按住键盘上的Ctrl键，在绘图区中绘制一个圆形。

03 在工具箱中的 （裁剪工具）按钮上按住鼠标左键不放，弹出“裁切”展开工具栏，移动鼠标指针至 （刻刀工具）按钮上单击鼠标左键，切换为刻刀工具，如图4-56所示。

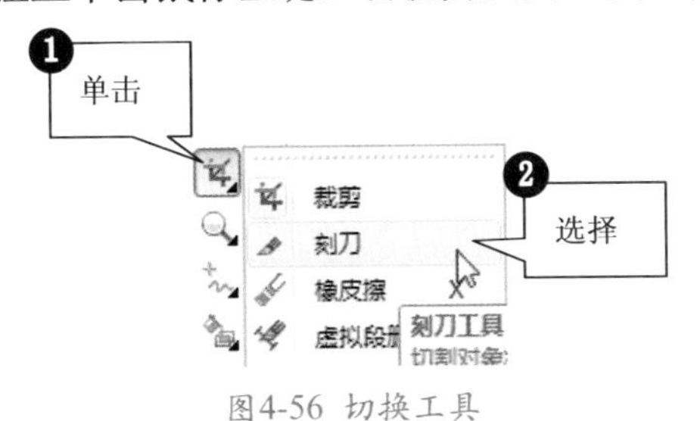

图4-56 切换工具

04 移动鼠标指针至椭圆形的边缘，鼠标指针变为 形状时，单击鼠标左键，指定一个刻点，移动鼠标指针至椭圆形的其他边缘上，鼠标指针指定变为 形状时，再单击鼠标左键，指定另一个刻点，裁切图形，如图4-57所示。

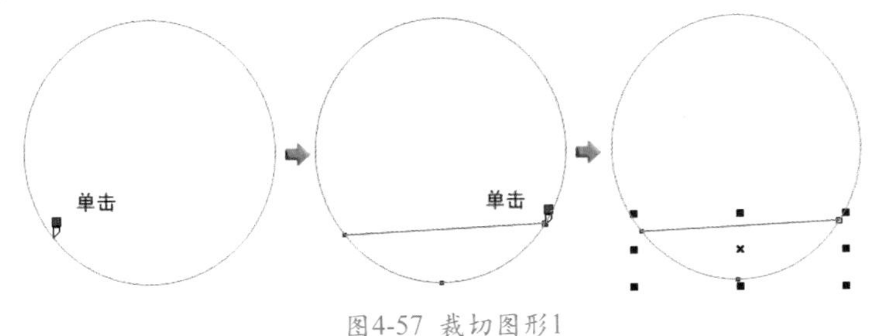

图4-57 裁切图形1

05 将鼠标指针移动到圆形的边缘上，按住鼠标左键拖动至椭圆形的其他边缘位置上，鼠标指针变边 形状时，松开鼠标左键，裁切图形，如图4-58所示。

06 运用同样的方法裁切出如图4-59所示的图形。

07 选择相应的图形，填充为黑色（CMYK：0、0、0、100），如图4-60所示。

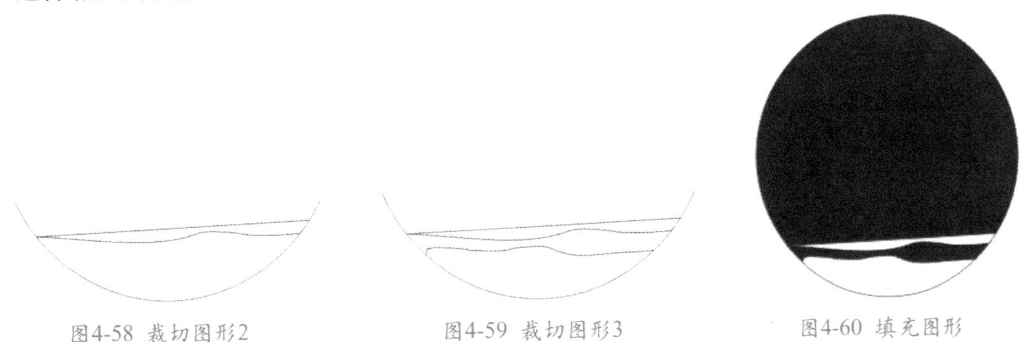

图4-58 裁切图形2　　图4-59 裁切图形3　　图4-60 填充图形

技巧

在对象的轮廓上指定一点后，再在对象轮廓的不同位置上单击鼠标，系统自动将鼠标单击的位置用直线连接起来，裁切对象。

移动鼠标指针至图形轮廓上，按住鼠标左键随意绘制至图形的不同位置的轮廓上，单击鼠标左键，手绘裁切对象。

08 运用工具箱中的 （手绘工具），绘制3条曲线，位置如图4-61所示。

09 再运用（手绘工具）绘制两条曲线，设置轮廓颜色为白色，如图4-62所示。

图4-61 绘制曲线　　图4-62 白色曲线的位置

绘制树

10 继续运用（手绘工具），按住键盘上的Ctrl键，由下至上绘制一条垂直直线（注意节点的位置）。

11 单击“曲线”展开工具栏中的（艺术笔工具）按钮，切换为艺术笔工具。

12 在属性栏中单击（预设）按钮，在【预设笔触】下拉列表中选择如图4-63所示的预设笔触，将直线转换为预设图形。

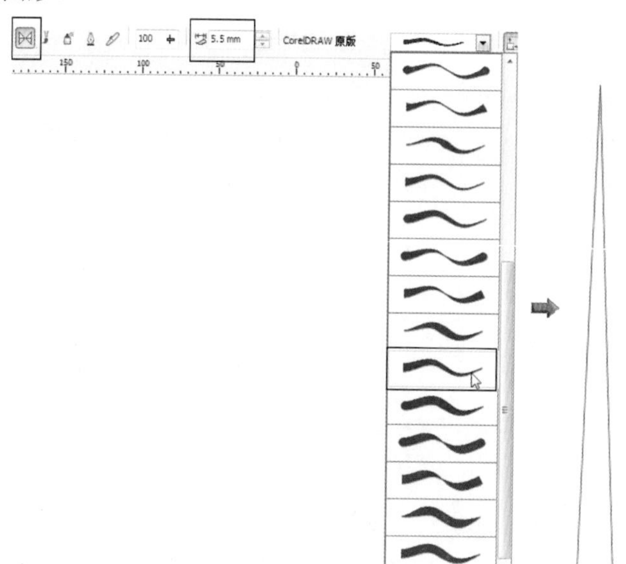

图4-63 预设工具属性栏

13 同样运用（手绘工具）和（艺术笔工具），适当调整笔触宽度，绘制出如图4-64所示的树的图形。

14 选择树图形，将其填充为白色，取消轮廓，然后调整其位置，如图4-65所示。

15 将树图形镜像复制一组，调整其大小及位置，如图4-66所示。

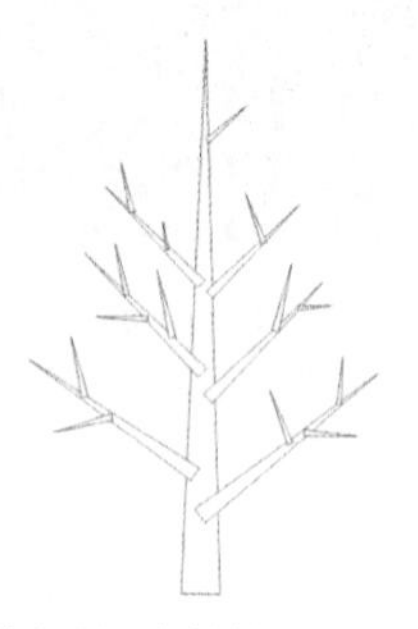

图4-64 绘制树图形

图4-65 调整后的位置

图4-66 复制后的位置

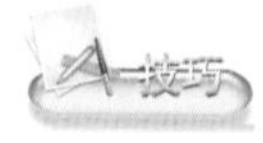

移动鼠标指针至需要复制的对象上，按住鼠标右键，移动对象至合适位置，松开鼠标右键，在弹出的快捷菜单中选择【复制】命令，即可复制对象。

⑯ 单击工具箱中的 (椭圆工具)，按住键盘上的Ctrl键，绘制一个圆形，并将其填充为白色，调整到如图4-67所示的位置。

⑰ 单击【文本】/【插入字符符号】命令，在窗口的右侧弹出【插入字符】泊坞窗，首先在【代码页】右侧的下拉列表中选择【所有字符】项，然后在【字体】右侧的下拉列表中选择【Wingdings】选项，最后在字符列表中选择星形，如图4-68所示。

⑱ 单击 插入(I) 按钮，星形字符插入绘图区中，然后将星形填充为白色，并将其复制3个，调整其大小位置，如图4-69所示。

图4-67 圆形的位置

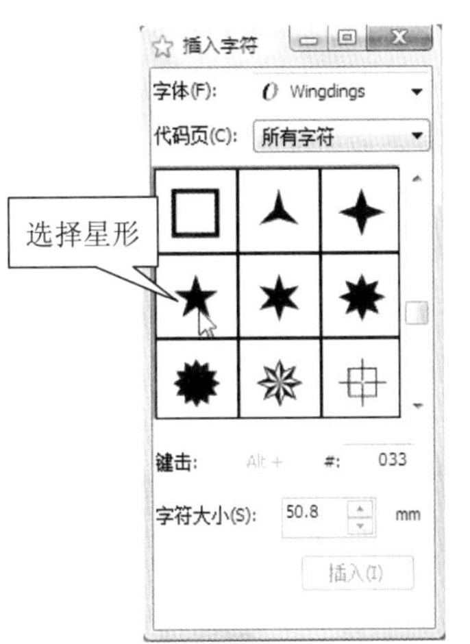

图4-68 【插入字符】泊坞窗

图4-69 星形的位置

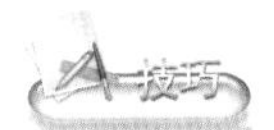

可以按键盘上的Ctrl+F11键，快速打开【插入字符】泊坞窗。

⑲ 在字符列表中选择雪花字符，按住鼠标左键将选择的雪花字符拖曳至绘图区中，将其填充为白色，如图4-70所示。

⑳ 将雪花字符复制多个，调整大小及位置，如图4-71所示。

图4-70 雪花字符

图4-71 复制后的位置

㉑ 保存文件，命名为“冬夜.cdr”。

实例总结

本例讲解了两种运用【裁切】工具裁切图形的方法。其一，在图形轮廓的不同位置上单击鼠标，系统自动将鼠标单击的位置用直线连接起来，裁切对象。其二，移动鼠标指针至图形轮廓上，按住鼠标左键随意绘制至图形的不同位置的轮廓上，单击鼠标左键，手绘裁切对象。

Example 实例 45 虚拟段删除——歌唱

实例目的

本例主要讲解“裁切”展开工具栏中【虚拟段删除】工具的使用方法，歌唱效果如图4-72所示。

图4-72 歌唱效果

实例要点

- ◆ 旋转再制图形。
- ◆ 运用【虚拟段删除】工具。
- ◆ 填充图形。
- ◆ 裁切图形。

操作步骤

01 在CorelDRAW X5中新建文件。

02 单击工具箱中的（矩形工具）按钮，在绘图区中绘制一个矩形，如图4-73所示。

03 选择工具箱中的（多边形工具），在属性栏中设置多边形的边数为3，在绘图区中绘制一个三角形，如图4-74所示。

04 单击【排列】/【变换】/【旋转】命令，在弹出的【转换】泊坞窗中设置参数，如图4-75所示。

图4-73 绘制矩形

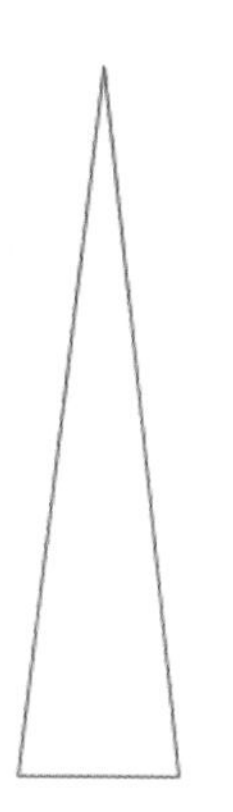

图4-74 绘制三角形

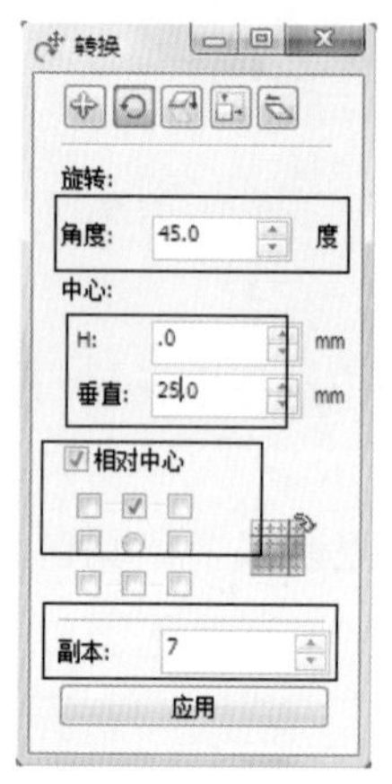

图4-75 参数设置

菜单栏中的【排列】/【变换】/【旋转】命令，可通过按键盘上的Alt+F8组合键，快速打开。

05 单击 应用 按钮，效果如图4-76所示。

06 选择绘制的三角形，按键盘上的Delete键，将其删除，如图4-77所示。

07 运用框选的方法，选择全部三角形，调整到如图4-78所示的位置。

08 单击工具箱中的（椭圆工具），按住键盘上的Ctrl键，在矩形中绘制一个圆形，如图4-79所示。

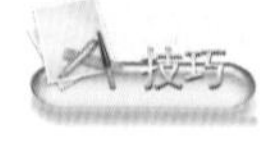

按键盘上的Ctrl+A键，先选择全部图形，然后按住键盘上的Shift键，分别在矩形和椭圆形上单击鼠标左键，即可取消矩形和椭圆形的选择状态，从而选择全部三角形。

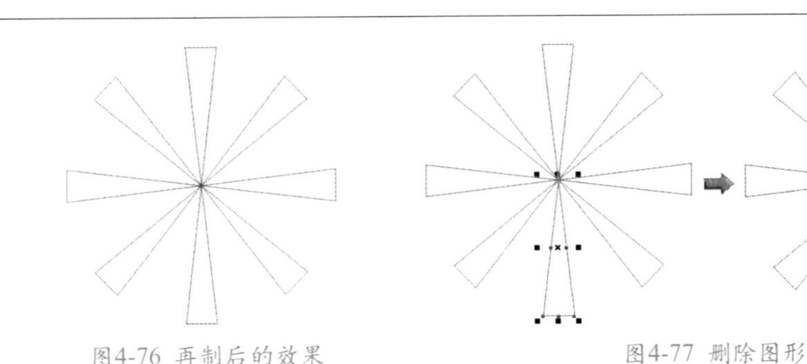

图4-76 再制后的效果

图4-77 删除图形

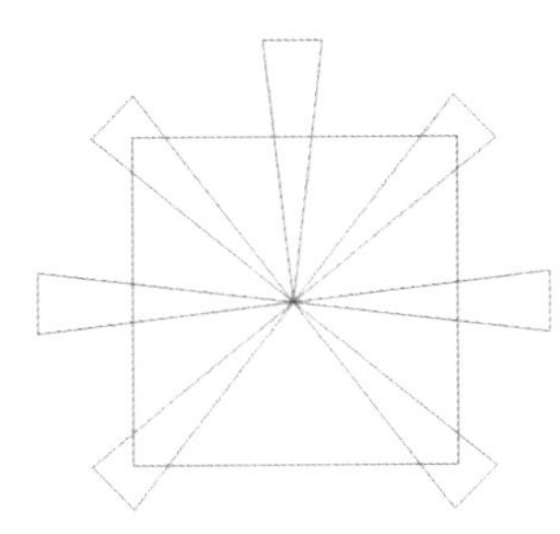

图4-78 调整后的位置

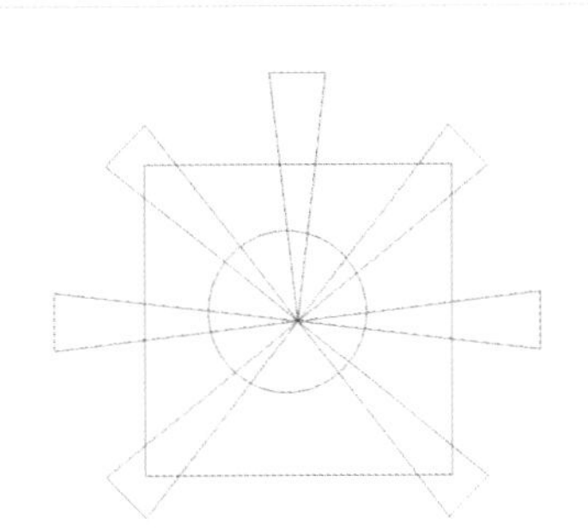

图4-79 圆形的位置

09 单击（裁剪工具）右下方的三角形，展开“裁切”展开工具栏，移动鼠标指针至（虚拟段删除）按钮上，单击鼠标左键，切换为【虚拟段删除工具】，如图4-80所示。

图4-80 切换为虚拟段删除工具

10 移动鼠标指针至如图4-81所示的位置。

11 此时，鼠标指针变为形状，单击鼠标左键，即可删除选择的直线，如图4-82所示。

12 在删除直线的位置上，按住鼠标左键拖曳，绘制出一个蓝色虚线矩形框，框选三角形与圆形相交的图形，如图4-83所示。

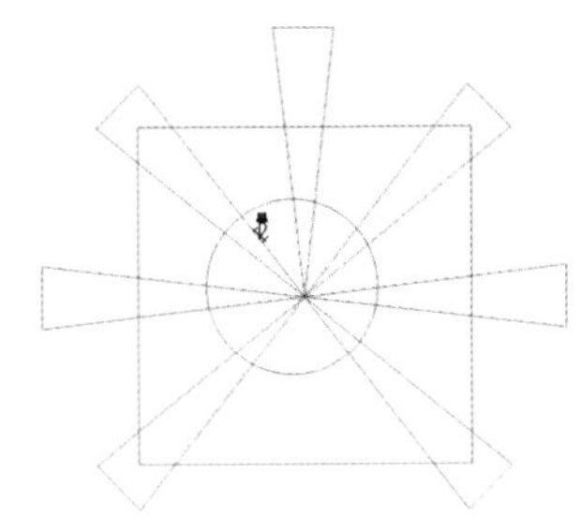

图4-81 鼠标指针的位置

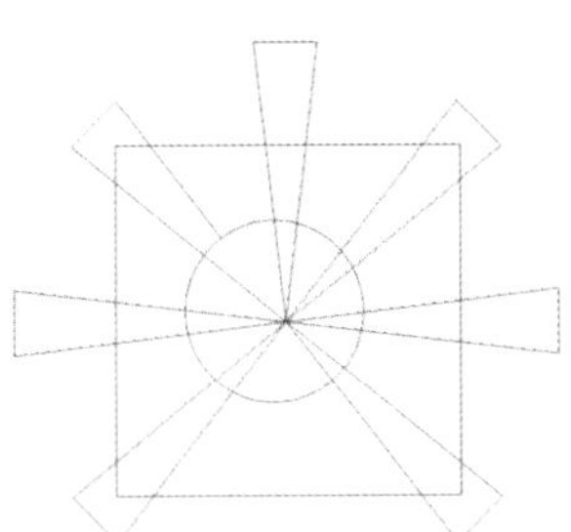

图4-82 删除直线

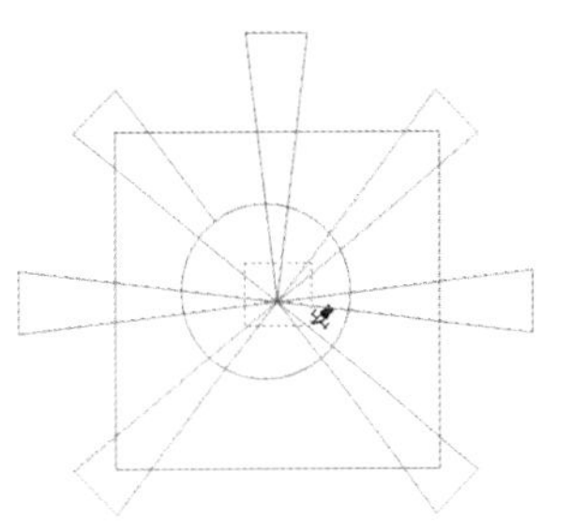

图4-83 框选图形

13 单击鼠标左键，即可删除三角形与圆形相交的图形，如图4-84所示。

14 运用同样的方法，删除矩形外侧的图形，效果如图4-85所示。

15 选择矩形，将其填充为蓝黑色（CMYK：82、68、29、1），删除轮廓；然后选择虚拟段删除的图形，设置轮廓颜色为橙色（CMYK：0、30、50、0），轮廓宽度为0.5mm，如图4-86所示。

运用【虚拟段删除工具】，可以删除相交对象中两个交叉点之间的线段，生成新的图形，此时的图形为开放式曲线。

图4-84 删除后的形态

图4-85 删除后的效果

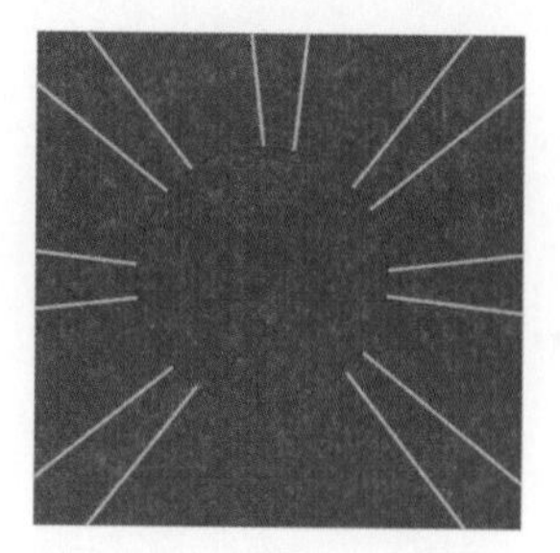

图4-86 填充后的效果

⑯ 单击工具箱中的（智能填充工具）按钮，填充如图4-87所示的图形。

图4-87 填充图形

⑰ 选择圆形，单击“填充”展开工具栏中的（渐变填充）按钮，在弹出的对话框中设置参数，如图4-88所示。

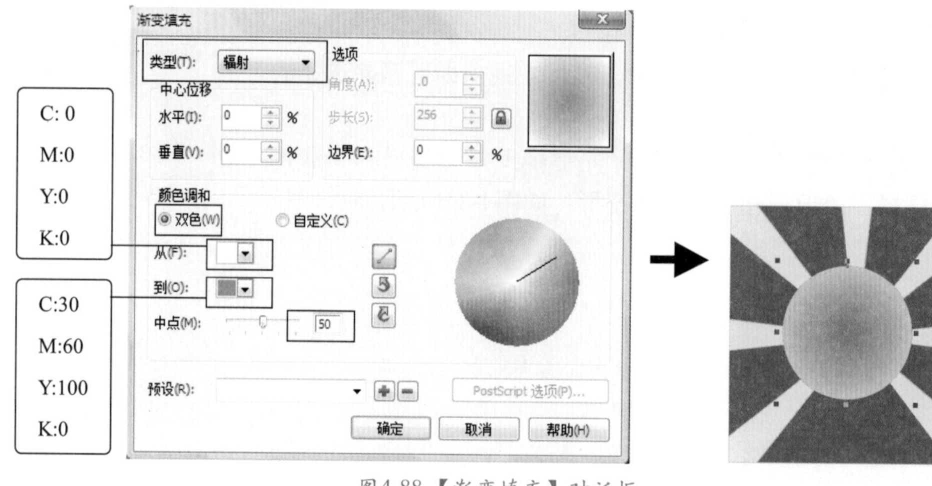

图4-88【渐变填充】对话框

⑱ 导入“歌手.cdr”文件（光盘\第4章\素材\），如图4-89所示。

⑲ 将“歌手”图形填充为黑色（CMYK：0、0、0、100），设置轮廓宽度为0.5mm，轮廓颜色为白色（CMYK：0、0、0、0），调整大小及位置，如图4-90所示。

⑳ 选择工具箱中的（裁剪工具），裁切图形，如图4-91所示。

㉑ 保存文件，命名为“歌唱.cdr”。

实例总结

“裁切”展开工具栏中的【虚拟段删除工具】可以删除相交对象中两个交叉点之间的线段，从而产生新的图形。本例中讲解了两种运用【虚拟段删除工具】删除线段的方法，一是移动鼠标指针到需要删除的线段处，此时图标会竖立起来，单击鼠标即可删除选定线段；二是移动鼠标指针至需要删除的线段处，按住鼠标左键框选选定的线段，删除线段。

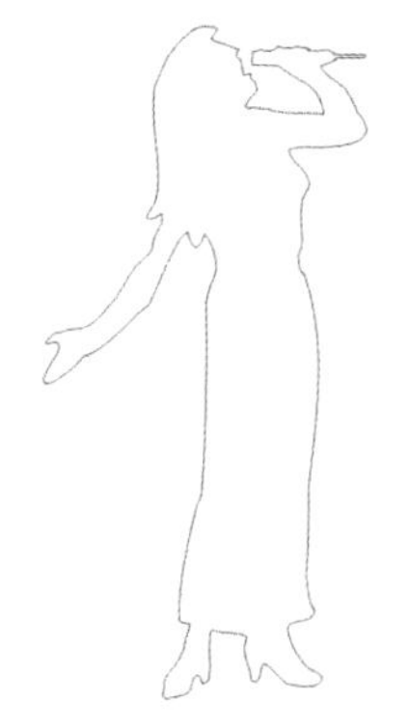
图4-89 “歌手”图形

图4-90 调整后的位置

图4-91 裁切图形

Example 实例 46 旋转——向日葵

实例目的

本例学习菜单栏中【排列】/【变换】/【旋转】命令的使用，向日葵效果如图4-92所示。

实例要点

◆ 绘制花盆。
◆ 填充图案。
◆ 运用【变换】/【旋转】命令。
◆ 制作向日葵花。
◆ 填充颜色。
◆ 绘制星形。

图4-92 向日葵效果

操作步骤

01 在CorelDRAW X5中新建文件。

绘制花盆

02 运用（贝塞尔工具），在绘图区中绘制如图4-93所示的图形。

03 单击“填充”展开工具栏中的（图样填充对话框）按钮，在弹出的【图样填充】对话框中设置参数，如图4-94所示。

04 设置完成后，单击确定按钮，填充效果如图4-95所示。

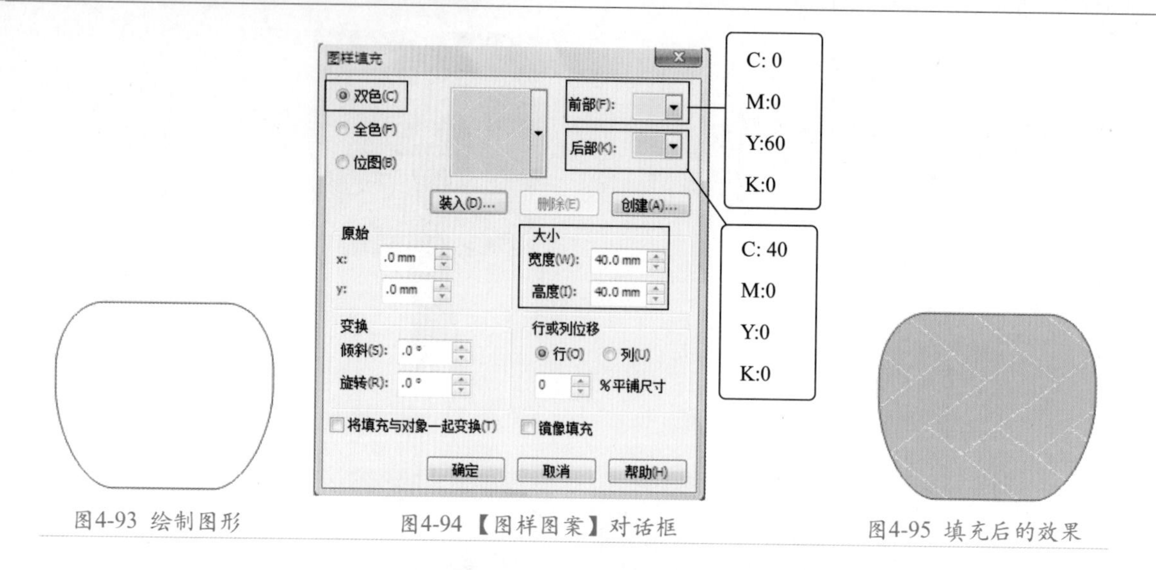

图4-93 绘制图形　　图4-94 【图样图案】对话框　　图4-95 填充后的效果

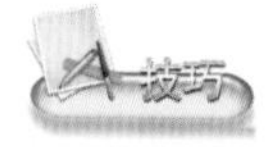

在空白位置单击鼠标右键，在弹出的菜单中选择【创建对象】/【贝塞尔】命令，即可切换为贝塞尔工具。

05 确认图形处于选择状态，设置轮廓颜色为松绿色（CMYK：60、0、20、0）。

06 继续运用（贝塞尔工具），绘制如图4-96所示的图形。

07 单击“填充”展开工具栏中的（图样填充对话框）按钮，在弹出的对话框中设置参数，如图4-97所示。

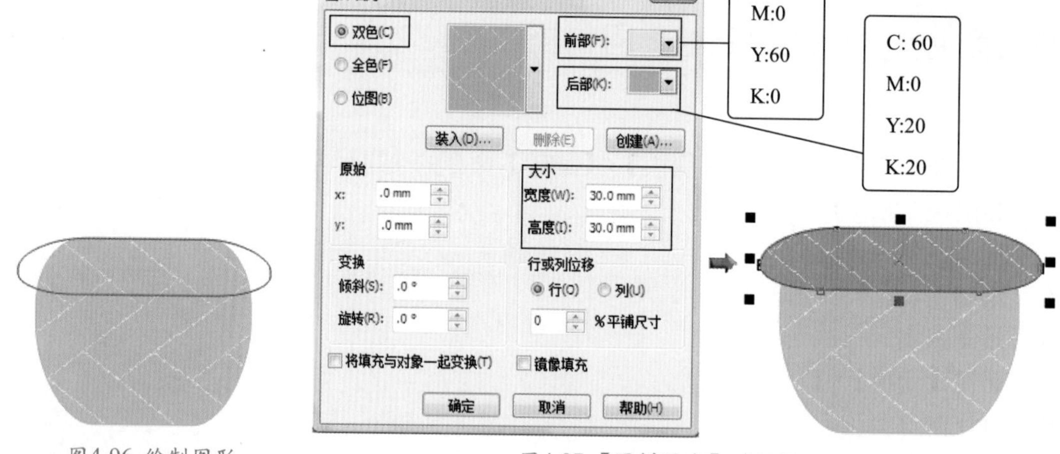

图4-96 绘制图形　　图4-97 【图样图案】对话框

绘制向日葵花

08 运用（椭圆工具），按住键盘上的Ctrl键，在花盆上方绘制一个圆形，如图4-98所示。

09 单击“填充”展开工具栏中的（渐变填充）按钮，打开【渐变填充】对话框，参数设置如图4-99所示。

10 运用工具箱中的（椭圆工具），在圆形的上方绘制一个椭圆形，如图4-100所示。

11 单击“填充”展开工具栏中的（渐变填充）按钮，打开【渐变填充方式】对话框，设置如图4-101所示。

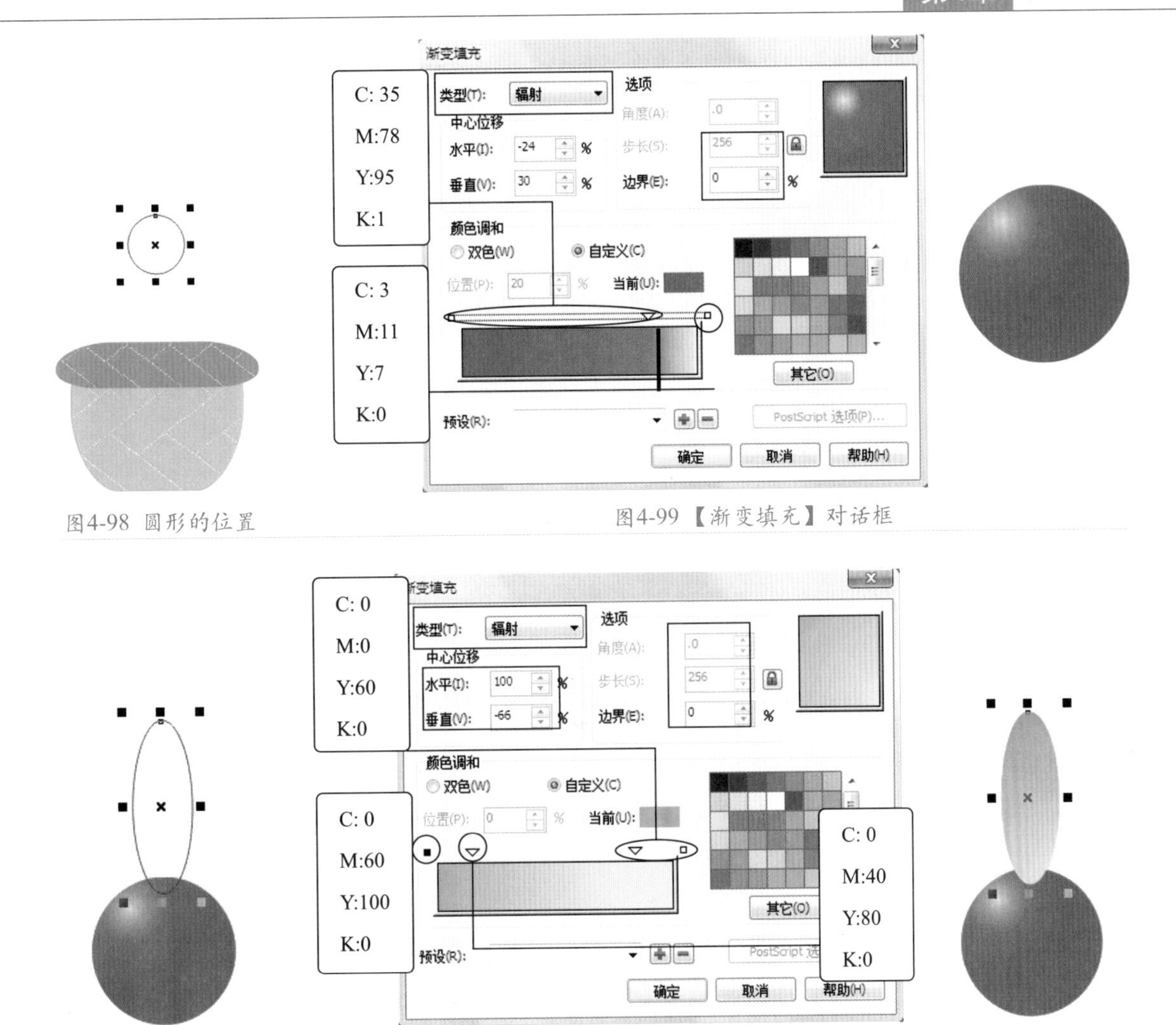

图4-98 圆形的位置

图4-99 【渐变填充】对话框

图4-100 绘制椭圆形

图4-101 【渐变填充】对话框

⑫ 单击菜单栏的【窗口】/【泊坞窗】/【变换】/【旋转】命令，打开【变换】泊坞窗，如图4-102所示。

⑬ 在对话框中勾选☐**相对中心**复选框，表示将对对象中心点执行相对位置旋转的操作，在【中心】项下V右侧的数值框中输入–20，即将对象旋转中心点的位置向下移动20mm，如图4-103所示。

图4-102 【转换】泊坞窗

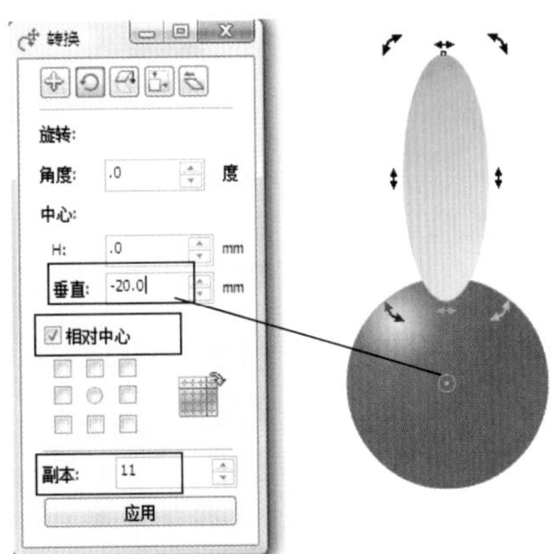

图4-103 旋转中心点的位置

单击菜单栏中的【查看】/【对齐对象】命令，使其处于勾选状态，运用其捕捉功能，移动鼠标指针至椭圆形的中心点上，按住鼠标左键不放，向下移动到圆形的中心位置，显示圆形的“中心”，此时，松开鼠标左键，将椭圆形的中心点调整到圆形的中心位置。

⑭ 在对话框【角度】右侧的数值框中输入30，设置对象的旋转角度，单击 应用 按钮多次，制作出一朵向日葵花，效果如图4-104所示。

⑮ 运用框选的方法，选择向日葵花图形，然后将其复制多个，调整大小及位置，如图4-105所示。

最后，运用“对象”展开工具栏中的☆（星形工具），在向日葵花的周围绘制多个五角形，填充上自己喜欢的渐变色，完成向日葵的制作，效果如图4-106所示。

图4-104 旋转再制后的效果　图4-105 复制后的效果　图4-106 最终效果

⑯ 保存文件，命名为“向日葵.cdr”。

实例总结

本例运用了【贝塞尔工具】、【图案填充对话框】，以及【贝塞尔工具】结合【排列】/【变换】/【旋转】命令制作出向日葵图形，重点掌握【排列】/【变换】/【旋转】命令的使用。

Example 实例 47 比例——脸谱

实例目的

通过实例学习菜单栏中【排列】/【变换】/【比例】命令的使用，脸谱效果如图4-107所示。

图4-107 脸谱效果

实例要点

- 调整脸谱轮廓。
- 绘制图形。
- 镜像复制图形。

操作步骤

01 在CorelDRAW X5中新建文件。

02 运用○（椭圆工具），在绘图区中绘制一个椭圆形。

03 单击菜单栏中的【排列】/【转换为曲线】命令，将圆形转换为曲线。

04 运用工具箱中的（形状工具），调整椭圆形的形态，如图4-108所示。

05 将调整后的椭圆形填充为松绿色（CMYK：94、6、60、0）。

06 选择“曲线”展开工具栏中的（贝塞尔工具），绘制如图4-109所示的图形，然后设置轮廓颜色为白色（CMYK：0、0、0、0），轮廓宽度为0.353mm。

图4-108 调整后的形态

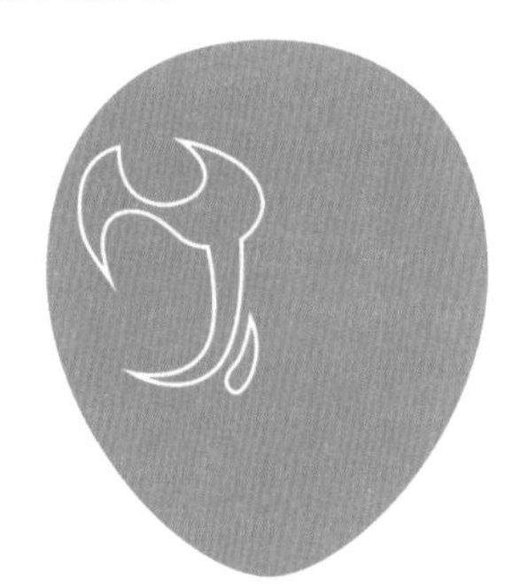

图4-109 绘制图形

快速设置均匀填充色。按键盘上的Shift+F11键，快速打开【均匀填充】对话框，在组件中的CMYK右侧的数值框中分别输入合适的参数值即可。

07 将所绘制的图形分别填充为黑色（CMYK：0、0、0、100）和红色（CMYK：0、100、100、0），如图4-110所示。

08 运用框选的方法，选择如图4-111所示的图形。

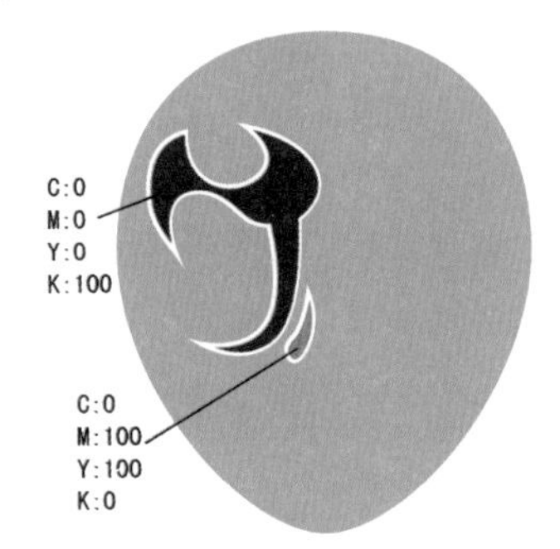

图4-110 填充颜色

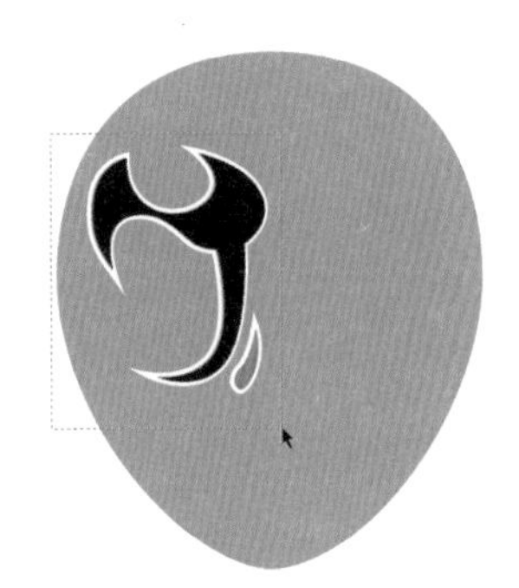

图4-111 选择图形

09 单击菜单栏中的【排列】/【变换】/【比例】命令，弹出【转换】泊坞窗，单击按钮，使其处于选择状态，选择□**相对中心**复选框及其下右侧中间的单选项，设置“副本”为1，如图4-112所示。

单击菜单栏中的【窗口】/【泊坞窗】/【变换】/【比例】命令，也可打开【转换】泊坞窗。

按键盘上的Alt+F9组合键，可快速打开【转换】泊坞窗。

10 单击 应用 按钮，选择的图形沿右侧中心位置水平镜像复制一组，如图4-113所示。

11 确认镜像复制的图形处于选择状态，按住键盘上的Ctrl键，向右调整图形的位置，如图4-114所示。

12 继续运用（贝塞尔工具）绘制图形，如图4-115所示，然后将其填充为黑色，设置轮廓颜色为白色，轮廓宽度为0.353mm。

13 在刚绘制的图形中绘制一条曲线，填充为红色（CMYK：0、100、100、0）（宽度同上），如图4-116所示。

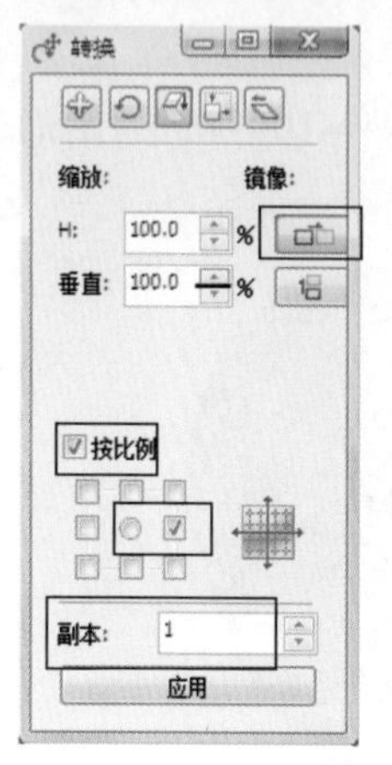

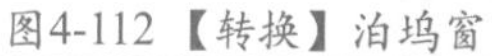

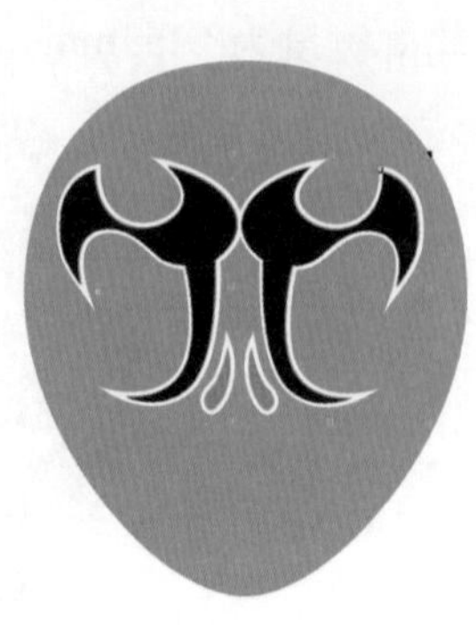

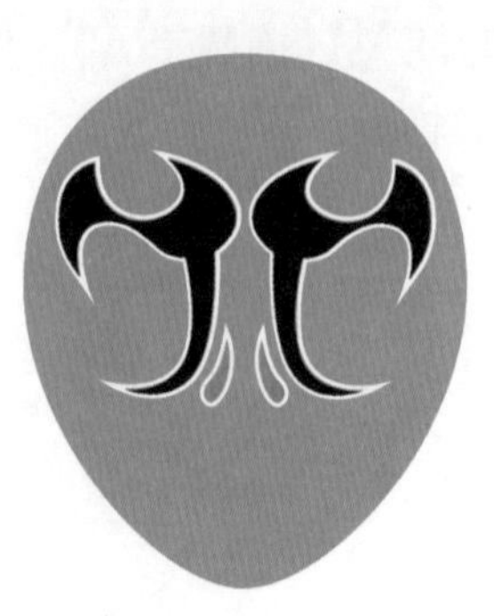

图4-112 【转换】泊坞窗　　图4-113 镜像再制图形　　图4-114 调整后的位置

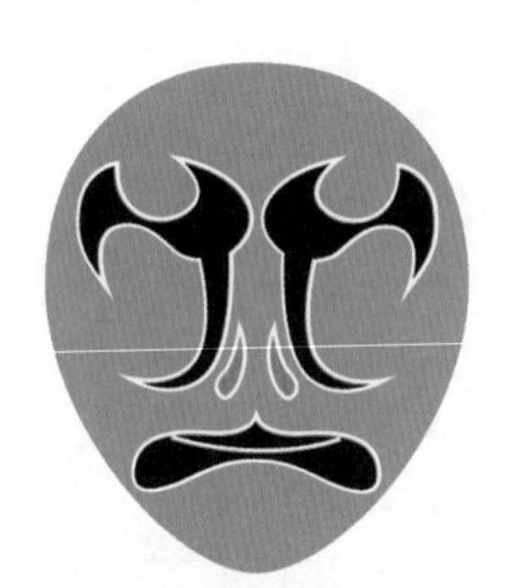

图4-115 绘制图形　　图4-116 绘制曲线

选择对象，按键盘上的Tab键，即可选择某个对象，不停地按键盘上的Tab键，则系统会自动依照创建对象的顺序，从最后绘制的对象开始，依次循环选择对象。

⑭ 单击【工具】/【选项】命令，打开【选项】对话框，参数设置如图4-117所示。

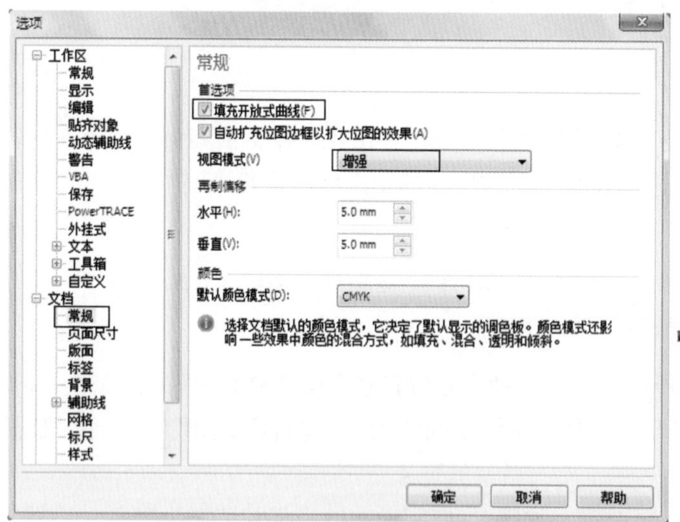

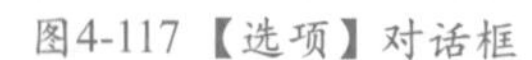

图4-117 【选项】对话框

打开【选项】对话框，选择【文档】/【常规】选项，在右侧勾选【填充开放式曲线】选项，曲线也可以填充上颜色了。

⑮ 单击工具箱中的（椭圆工具）按钮，按住键盘上的Ctrl键，绘制一个圆形，设置轮廓颜色为白色，轮廓宽度为0.353mm，填充为红色（CMYK：0、100、100、0），如图4-118所示。

⑯ 继续运用（椭圆工具），绘制一个椭圆形，设置填充颜色为冰绿色（CMYK：45、0、31、0），取消轮廓，然后将其复制一个并调整位置，如图4-119所示。

图4-118 圆形的位置

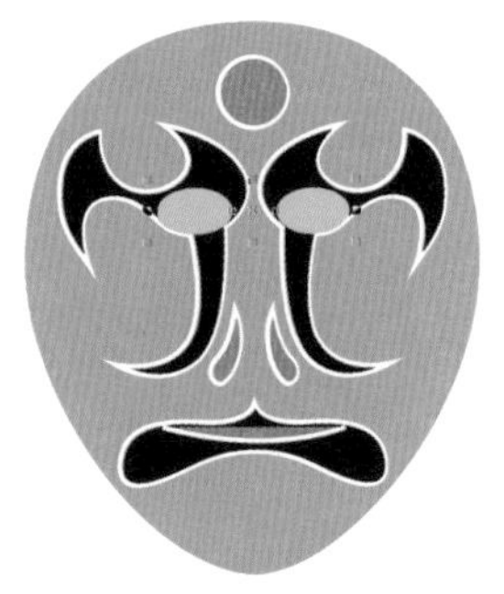
图4-119 椭圆形的位置

⑰ 保存文件，命名为“脸谱.cdr”。

实例总结

本例运用【贝塞尔工具】并结合【窗口】/【泊坞窗】/【变换】/【比例】命令绘制出脸谱图形，重点掌握【比例】命令的使用方法。

Example 实例 48 位置——闹钟

实例目的

本例综合运用【排列】/【变换】中的【位置】、【旋转】、【比例】、【大小】和【倾斜】命令，完成闹钟的制作，效果如图4-120所示。

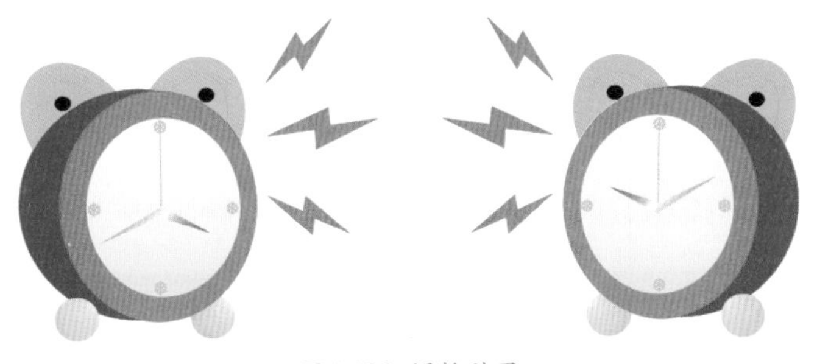
图4-120 闹钟效果

实例要点

- 运用【大小】命令缩小图形。
- 运用【位置】命令调整图形位置。
- 运用【倾斜】命令倾斜椭圆形。
- 插入字符。
- 绘制指针。
- 运用【比例】命令水平镜像再制图形。
- 运用【比例】命令垂直镜像调整图形。

操作步骤

01 在CorelDRAW X5中新建文件。

02 运用（椭圆工具），在绘图区中绘制一个长为79mm，高为75mm的椭圆形，如图4-121所示。

03 单击菜单栏中的【排列】/【变换】/【大小】命令，弹出【大小】泊坞窗，在【H】和【垂直】右侧的数值框中显示处于选择状态的椭圆形的大小，如图4-122所示。

图4-121 绘制椭圆形

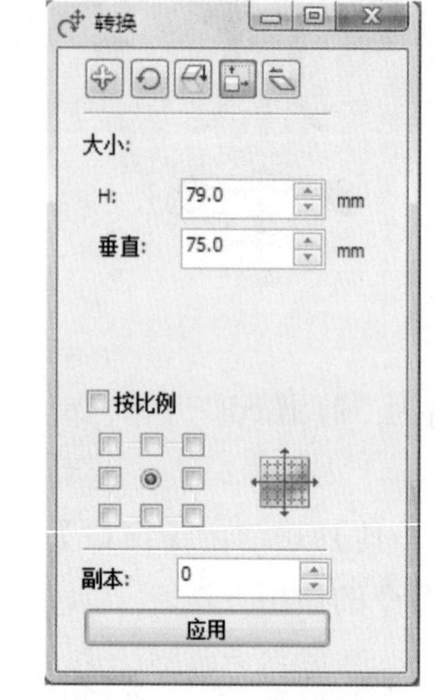

图4-122 【大小】泊坞窗

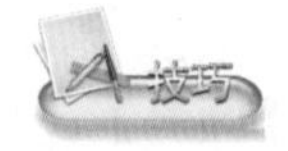

单击菜单栏中的【窗口】/【泊坞窗】/【变换】/【大小】命令，也可打开【大小】泊坞窗。

按键盘上的Alt+F10键，可快速打开【大小】泊坞窗。

04 在【大小】选项中的【H】右侧的数值框中输入 65，选择“按比例”复选框及其下方右侧中间的单选项，设置“副本”为1，再单击 应用 按钮，效果如图4-123所示。

05 选择椭圆形，将其填充为蓝色（CMYK：100、100、0、0），删除轮廓；选择再制后的椭圆形，填充为红色（CMYK：0、100、100、0），如图4-124所示。

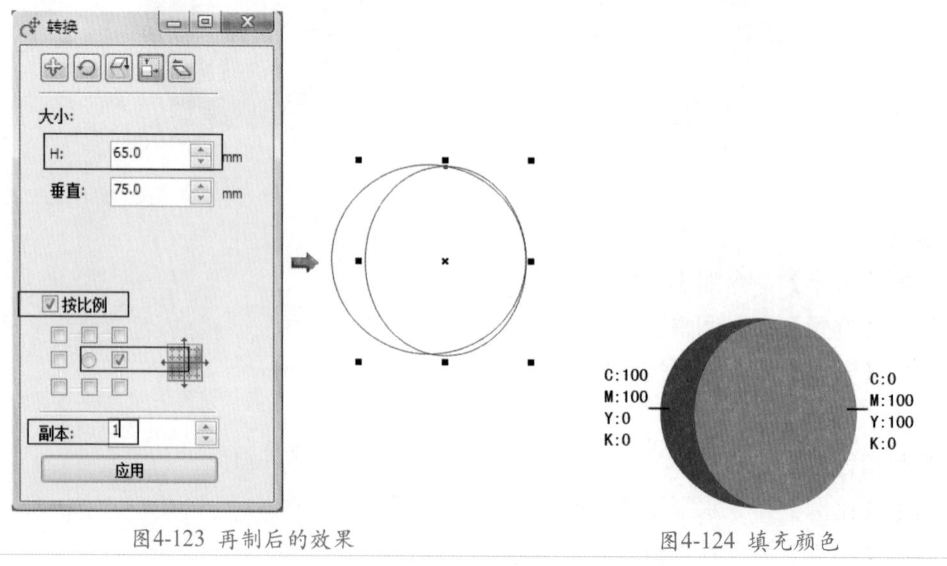

图4-123 再制后的效果

图4-124 填充颜色

06 选择再制后的椭圆形，在【大小】泊坞窗中设置参数，如图4-125所示。

07 单击菜单栏中的【排列】/【变换】/【位置】命令，切换为【位置】泊坞窗，参数设置如图4-126所示。

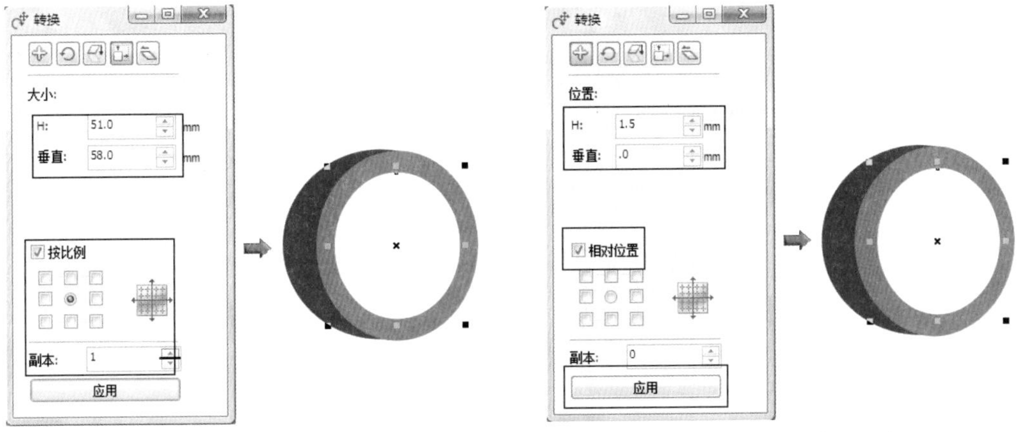

图4-125 参数设置

图4-126 【位置】泊坞窗

单击菜单栏中的【窗口】/【泊坞窗】/【变换】/【位置】命令，也可打开【位置】泊坞窗。

按键盘上的Alt+F7组合键，可快速打开【位置】泊坞窗。

08 确认调整位置后的椭圆形处于选择状态，打开【渐变填充】对话框，参数设置如图4-127所示。

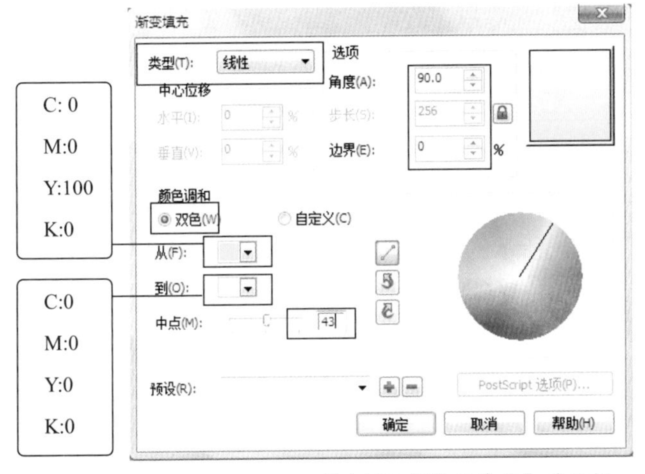

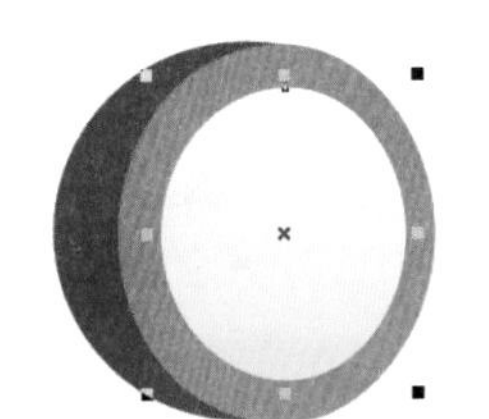

图4-127 【渐变填充】对话框

09 运用 （椭圆工具）绘制一个椭圆形，如图4-128所示。

10 在【变换】泊坞窗中单击 （倾斜）按钮，切换为【倾斜】泊坞窗，如图4-129所示。

11 在【倾斜】泊坞窗【H】右侧的数值框中输入-11，单击 应用 按钮，效果如图4-130所示。

12 将倾斜后的椭圆形填充为酒绿色（CMYK：40、0、100、0）。

13 在“轮廓”展开工具栏中单击 （轮廓笔对话框）按钮，在弹出的【轮廓笔】对话框中设置参数，如图4-131所示。

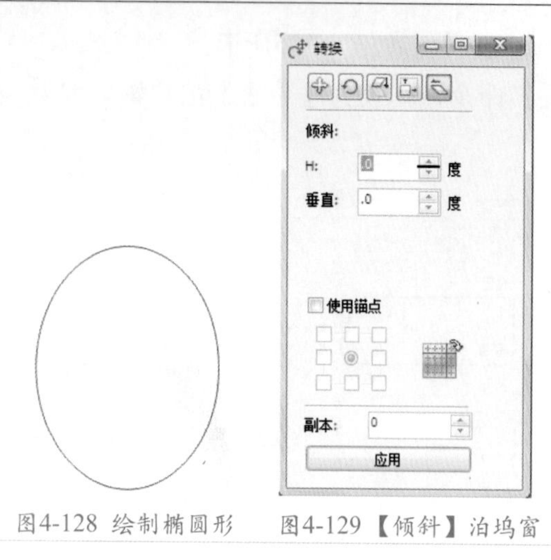

图4-128 绘制椭圆形　图4-129【倾斜】泊坞窗　图4-130 倾斜后的效果

图4-131【轮廓笔】对话框

⑭ 调整椭圆形的位置，如图4-132所示。

⑮ 运用同样的方法，绘制出如图4-133所示的图形。

⑯ 继续绘制一个椭圆形，并填充为黑色（CMYK：0、0、0、100），然后将其复制一个并调整位置，如图4-134所示。

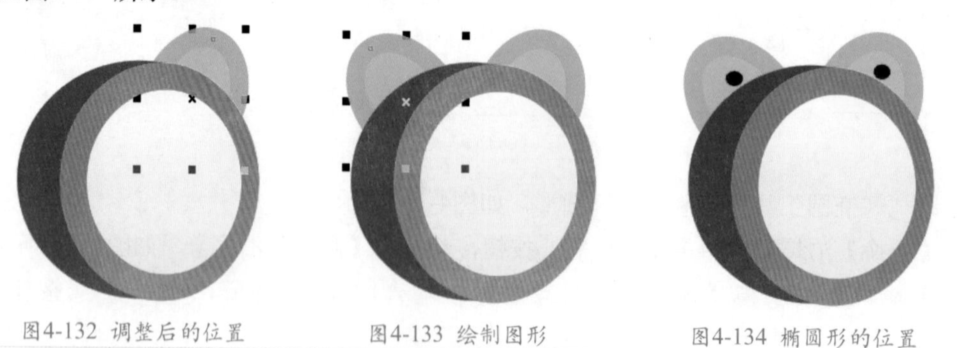

图4-132 调整后的位置　图4-133 绘制图形　图4-134 椭圆形的位置

⑰ 单击（椭圆工具）按钮，绘制一个椭圆形，位置如图4-135所示。

⑱ 在“填充”展开工具栏中单击（渐变填充）按钮，在弹出的【渐变填充】对话框中设置参数，如图4-136所示。

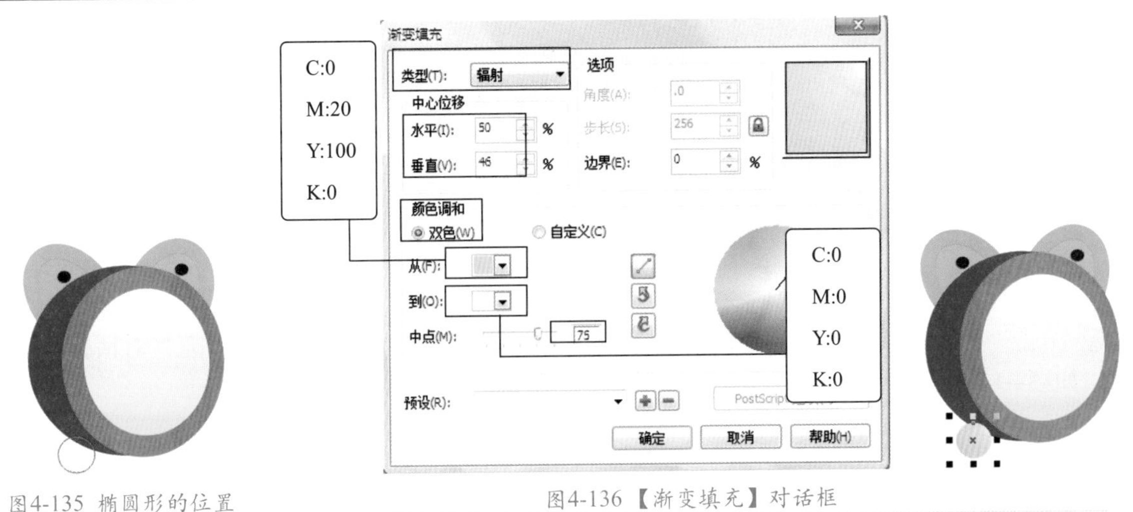

图4-135 椭圆形的位置　　图4-136 【渐变填充】对话框

⑲ 按键盘上的+键，将其复制一个，调整到如图4-137所示的位置。

⑳ 单击【文本】/【插入字符】命令，在窗口的右侧弹出【插入字符】泊坞窗，首先在【代码页】右侧的下拉列表中选择【所有字符】项，然后在【字体】右侧的下拉列表中选择【Wingdings】选项，在字符列表中选择雪花图案，在【字符大小】右侧的数值框中输入6，如图4-138所示。

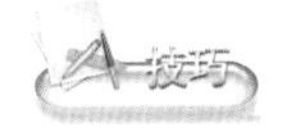

单击【文本】/【插入字符】命令，或按键盘上的Ctrl+F11组合键，均可打开【插入字符】泊坞窗。

㉑ 单击 插入(I) 按钮，雪花字符插入绘图区中，将其填充为酒绿色（CMYK：40、0、100、0），设置轮廓颜色为酒绿色（同填充色），调整位置，如图4-139所示。

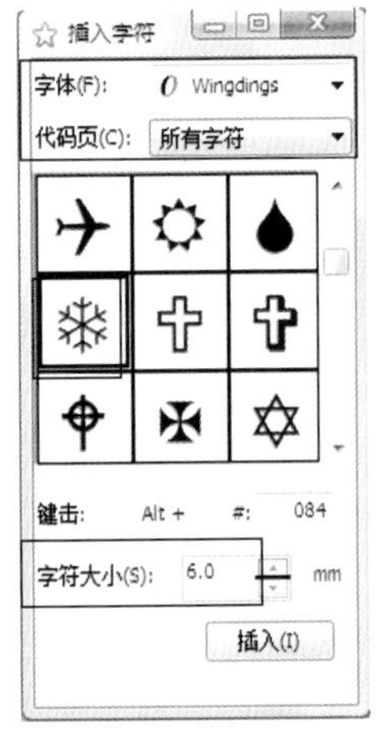

图4-137 复制后的位置　　图4-138 【插入字符】泊坞窗　　图4-139 调整后的位置

㉒ 将雪花字符复制3个，调整位置，如图4-140所示。

㉓ 运用 （手绘工具），按住键盘上的Ctrl键，绘制一条垂直的直线，调整位置，如图4-141所示。

㉔ 设置直线的轮廓颜色为浅绿色（CMYK：40、0、40、0）。

㉕ 选择“曲线”展开工具栏中的 （贝塞尔工具），绘制如图4-142所示的图形。

图4-140 复制后的位置

图4-141 绘制直线

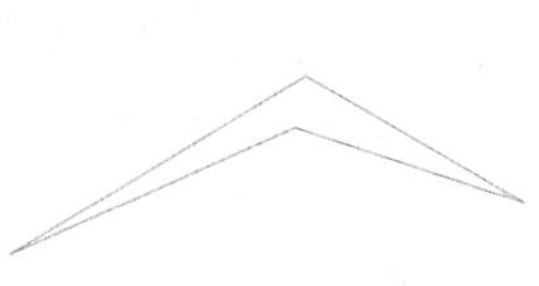
图4-142 绘制图形

㉖ 单击“填充”展开工具栏中的（渐变填充）按钮，在弹出的【渐变填充】对话框中设置参数，如图4-143所示。

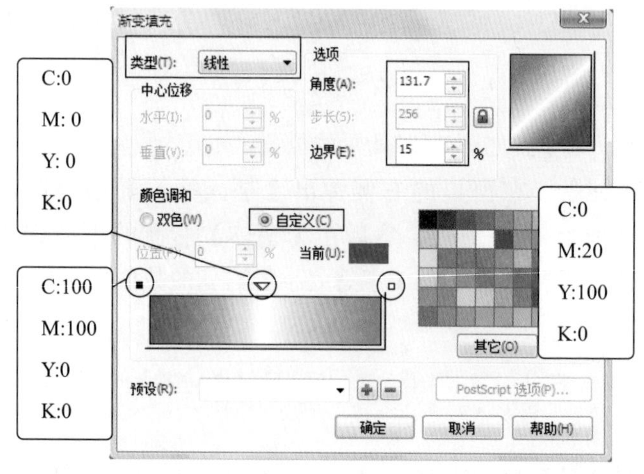

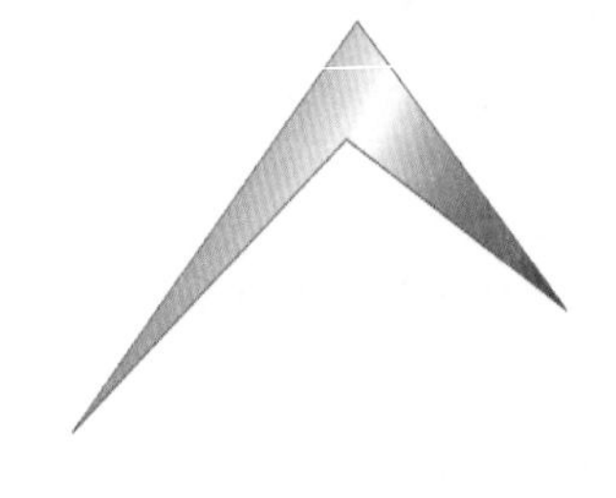
图4-143 【渐变填充】对话框

㉗ 确认绘制的图形处于选择状态，删除轮廓，调整到如图4-144所示的位置。

㉘ 单击（贝塞尔工具）按钮，在闹钟的右上方绘制如图4-145所示的图形。

㉙ 将所绘制的图形填充为红色，删除轮廓，并将其复制两个，调整形态及位置，如图4-146所示。

图4-144 调整后的位置

图4-145 绘制图形

图4-146 复制后的位置

㉚ 运用框选的方法，选择绘图区中的全部图形。

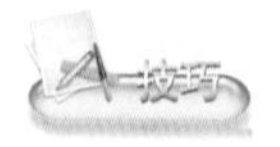

选择全部图形，按键盘上的Ctrl+A键，即可选择工作区中的全部对象。

㉛ 在【变换】泊坞窗中单击（比例）按钮，切换为【比例】泊坞窗，单击按钮，使其处于选择状态，选择□相对中心复选框及其下方右侧中间的单选项，设置“副本”为1。

㉜ 单击[应用]按钮，选择的图形沿右侧中心位置水平镜像复制一组，如图4-147所示。

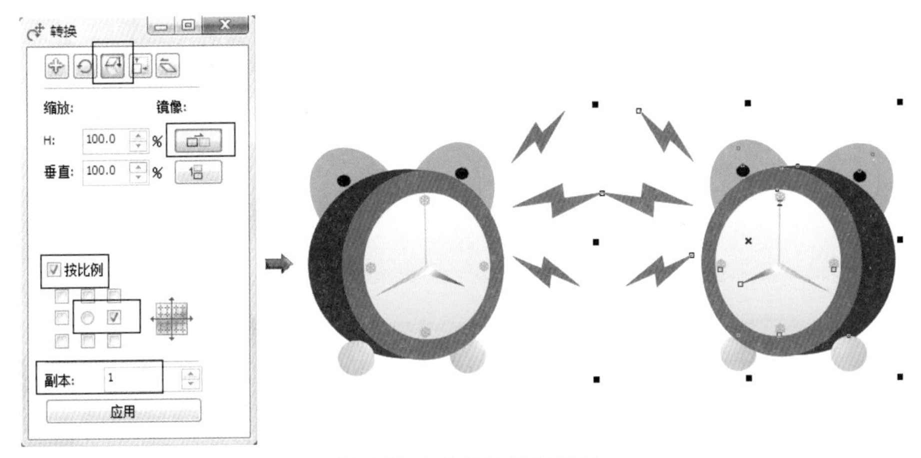

图4-147 水平镜像复制图形

㉝ 单击【变换】泊坞窗中的（位置）按钮，切换为【位置】泊坞窗，在【位置】泊坞窗中设置参数，如图4-148所示。

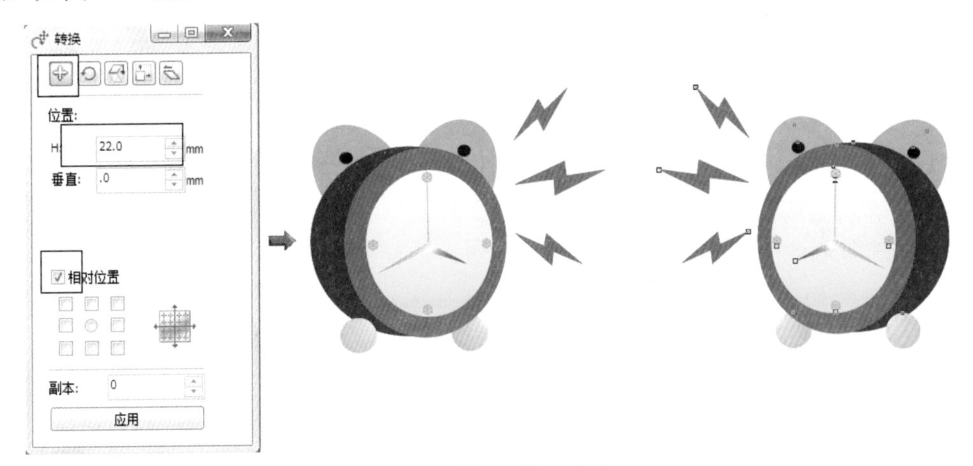

图4-148 【位置】泊坞窗

按住键盘上的Ctrl键的同时移动对象，可沿水平或垂直方向调整对象的位置。也可按键盘上的方向键，移动对象。

㉞ 选择右侧闹钟中间的指针，单击【变换】泊坞窗中的（比例）按钮，然后单击按钮，使其处于选择状态，最后单击[应用]按钮，镜像选择的图形，调整位置，如图4-149所示。

㉟ 保存文件，命名为"闹钟.cdr"。

实例总结

本例运用工具箱中的【椭圆工具】和【贝塞尔工具】并配合【排列】/【变换】菜单中的【位置】、【旋转】、【比例】、【大小】、【倾斜】命令，制作出闹钟图形。

图4-149 调整后的位置

Example 实例 49 裁剪工具——风景

实例目的

本例学习运用工具箱中的【裁剪工具】绘制裁切区域、编辑裁切区域，以及裁切图形的方法，风景效果如图4-150所示。

实例要点

- 绘制背景及填充颜色。
- 运用【椭圆工具】绘制山峰和云。
- 运用旋转复制的方法绘制太阳。
- 绘制人物及海鸥。
- 裁切图形。

图4-150 风景效果

操作步骤

01 在CorelDRAW X5中新建文件。

02 单击属性栏中的□（横向）按钮，设置绘图区为横向。

03 在工具箱中的□（矩形工具）按钮上双击鼠标，沿绘图区的边缘创建一个矩形，如图4-151所示。

绘制山

04 运用工具箱中的○（椭圆工具），绘制多个大小不等的椭圆形，并焊接所绘制的椭圆形，形态如图4-152所示。

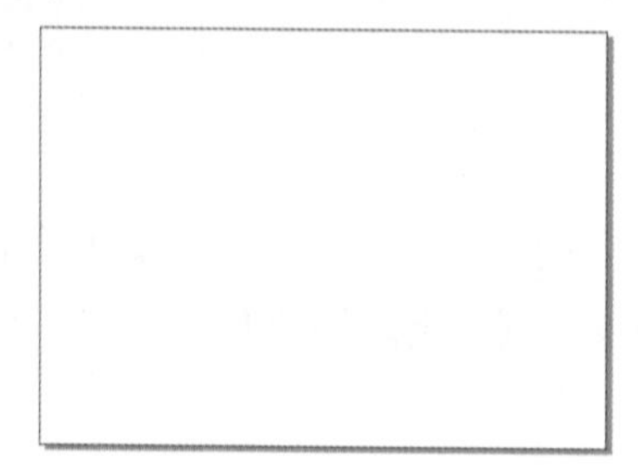

图4-151 横向页面

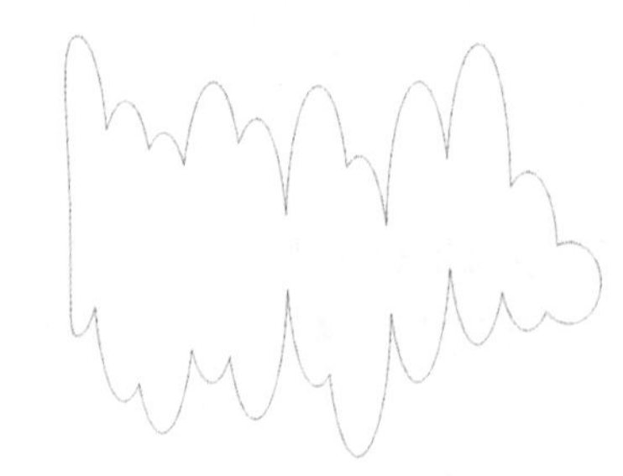

图4-152 编辑后的形态

05 将焊接后的椭圆形轮廓复制一个，填充为深褐色（CMYK：0、20、20、60），然后运用（形状工具）调整图形，效果如图4-153所示。

06 运用工具箱中的（椭圆工具），再绘制两个椭圆形，并焊接椭圆形，填充为白色，调整位置后的效果如图4-154所示。

图4-153 调整后的形态

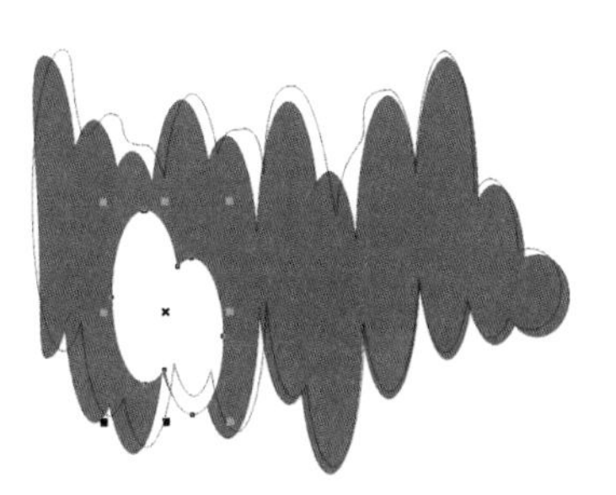

图4-154 椭圆形的位置

07 将白色焊接图形复制一个，填充为深褐色（同前面的设置），调整位置，如图4-155所示。

08 选择前两步绘制的图形，将其复制一组，调整到如图4-156所示的位置。

图4-155 调整图形的位置

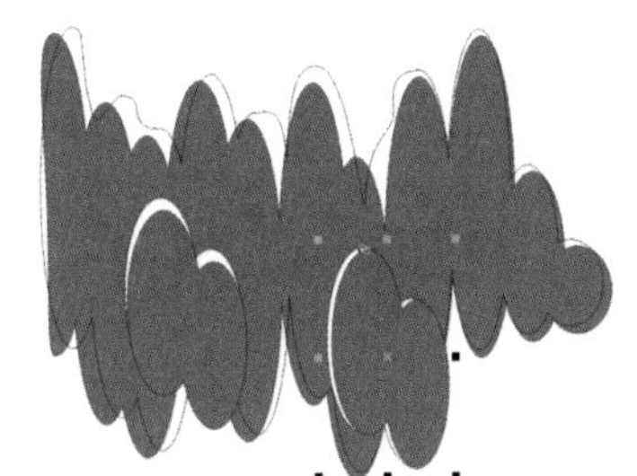

图4-156 复制后的位置

选择对象时，按住键盘上的Alt+Shift键的同时点选对象，可加选对象。

09 运用工具箱中的（矩形工具），绘制一个矩形，按键盘上的F11键，在弹出的【渐变填充】对话框中设置参数，如图4-157所示。

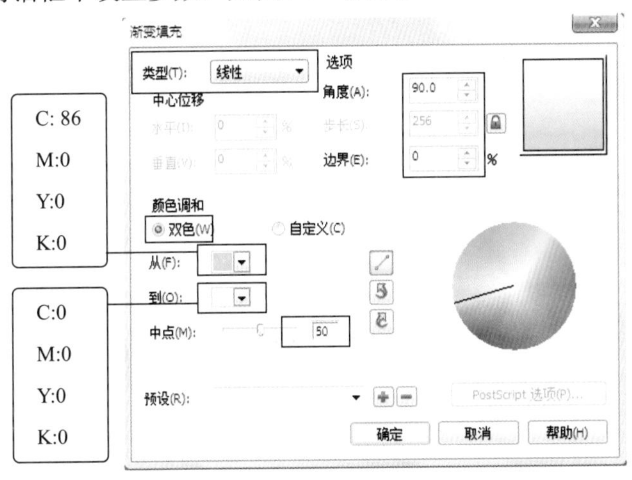

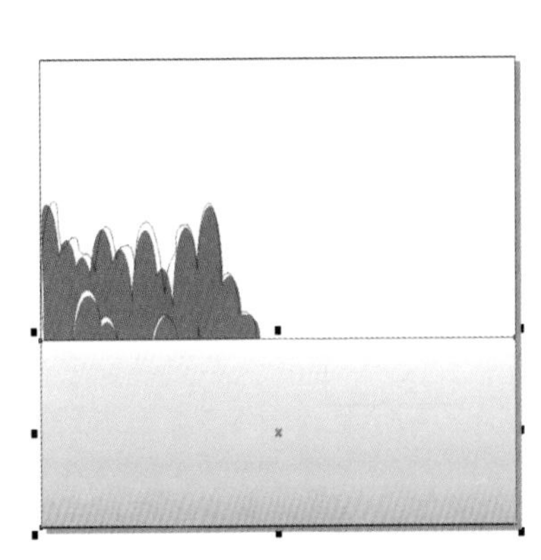

图4-157 【渐变填充】对话框

10 单击“曲线”展开工具栏中的（贝塞尔工具），绘制一条曲线，设置曲线的轮廓颜色为

白色，调整到如图4-158所示的位置。

图4-158 曲线的位置

⑪ 将曲线复制多条，调整曲线的大小及位置，如图4-159所示。

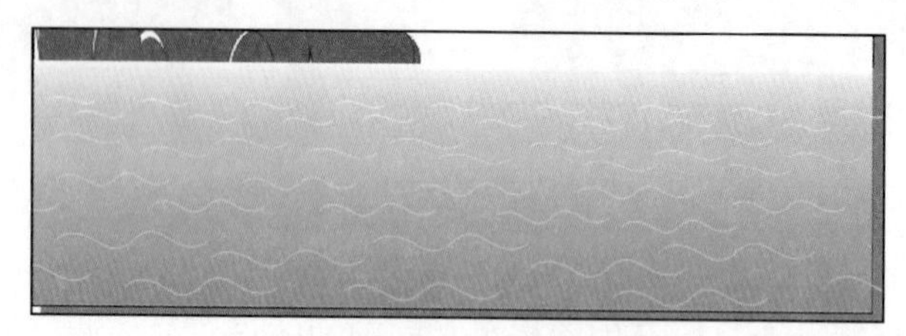

图4-159 复制后曲线的位置

绘制渔船

⑫ 运用（贝塞尔工具）绘制一个封闭的梯形，形态如图4-160所示。

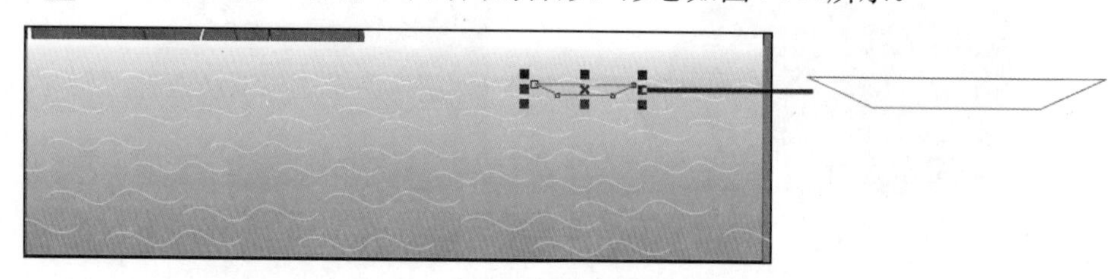

图4-160 绘制梯形

⑬ 将梯形复制一个并调整到合适的位置，按键盘上的F11键，打开【渐变填充】对话框，设置参数，如图4-161所示。

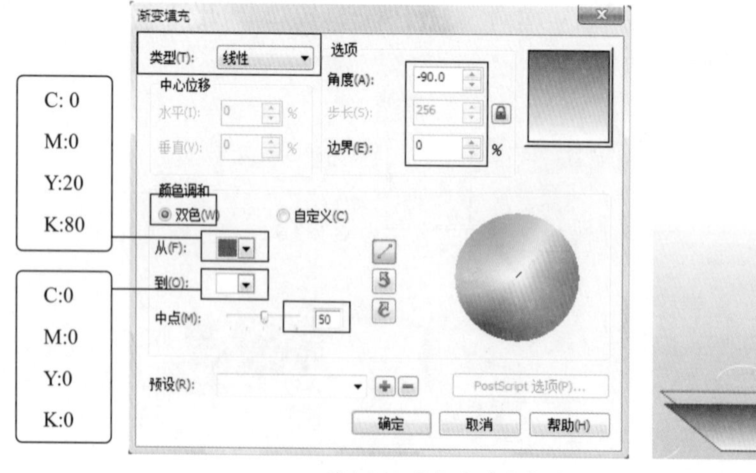

图4-161 【渐变填充】对话框

绘制渔翁

⑭ 继续运用（贝塞尔工具）绘制出如图4-162所示的图形，将其填充为黑色。

图4-162 绘制渔翁

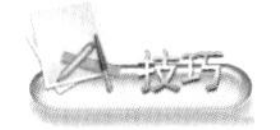

在绘制图形时，按键盘上的Z键，切换为缩放工具。灵活掌握快捷键的使用，可提高绘图速度。

绘制天空

⑮ 运用工具箱中的 （矩形工具）绘制一个矩形，按键盘上的F11键，在弹出的【渐变填充】对话框中设置参数，如图4-163所示。

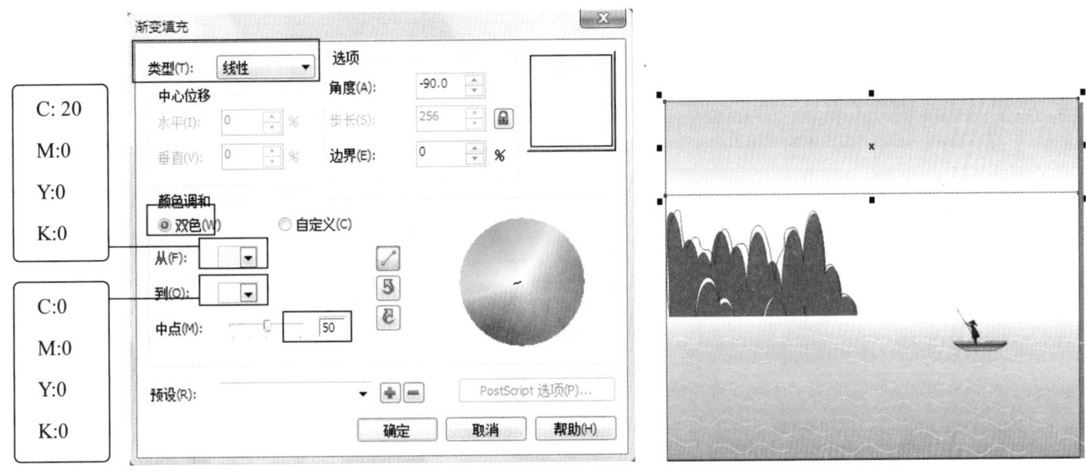

图4-163 【渐变填充】对话框

绘制白云

⑯ 运用工具箱中的 （椭圆工具）绘制多个圆形，并焊接椭圆形，制作出白云图形，填充为白色，调整大小及位置，如图4-164所示。

图4-164 白云图形的形态

⑰ 运用同样的方法制作多个白云图形，调整大小及位置，如图4-165所示。

制作太阳

⑱ 单击工具箱中的 （椭圆工具）按钮，按住键盘上的Ctrl键，在如图4-166所示的位置绘制一个圆形，并填充为红色（CMYK：0、100、100、0）。

图4-165 白云图形的位置

图4-166 圆形的位置

⑲ 运用工具箱中的（手绘工具），在圆形的上方绘制一条直线，按键盘上F12键，在弹出的【轮廓笔】对话框中设置参数，如图4-167所示。

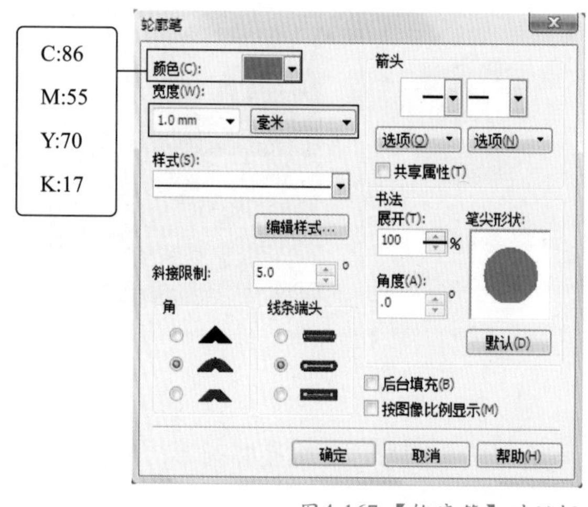

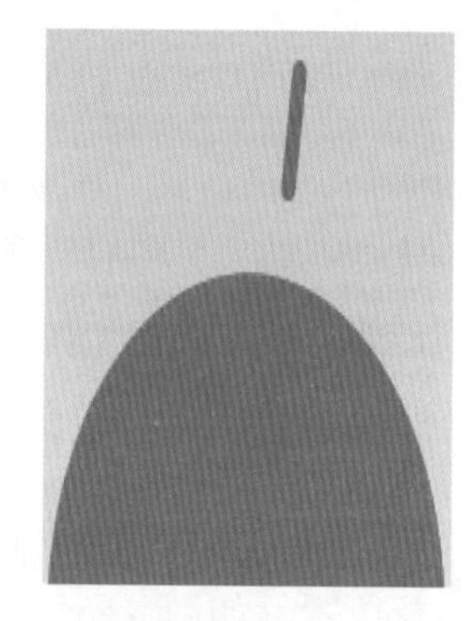

图4-167 【轮廓笔】对话框

⑳ 调整直线的中心点到圆形的中心位置，运用旋转复制的方法，将直线复制出多条，制作出太阳的光芒，效果如图4-168所示。

图4-168 复制的效果

绘制海鸥

㉑ 运用工具箱中的（贝塞尔工具）绘制如图4-169所示的图形。

㉒ 将所绘制的图形填充为黑色，然后将图形复制出多个，调整合适的角度、大小及位置，如

图4-170所示。

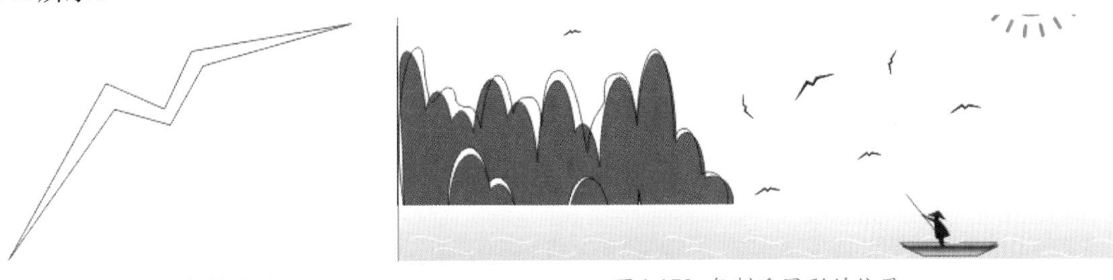

图4-169 绘制图形　　　　图4-170 复制后图形的位置

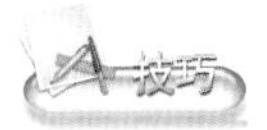

技巧

在绘制图形时，不需要将每一部分都绘制得很细，在不影响视觉效果的情况下，仅绘制需要的部分即可。

完成整个图形的绘制，效果如图4-171所示。

图4-171 完成效果

㉓ 单击工具箱中的 （裁剪工具）按钮，移动鼠标指针至图形左上角的合适位置，按住鼠标左键向图形的右下角拖曳，生成一个裁切框，如图4-172所示。

此时，裁切框中的区域保持原来的颜色，而裁切框以外的区域变暗，裁切框以外的区域即为裁切区域。

㉔ 移动鼠标指针至裁切框上边中间的控制点上，当鼠标指针变为+形状时，按住鼠标左键向上移动，可调整裁切的区域。

㉕ 运用同样的方法，调整裁切框上的其他控制点，编辑裁切区域，如图4-173所示。

图4-172 裁切框的位置

图4-173 编辑裁切区域

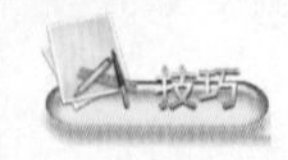

运用【裁剪工具】裁切图形时，如果操作错误，按 Ctrl+Z 键不能取消操作，可单击属性栏中的【清除裁剪选取框】按钮或按键盘上的Esc键，取消此操作。

㉖ 移动鼠标指针至裁切框中，双击鼠标左键裁切图形，效果如图4-174所示。

图4-174 修剪后的效果

㉗ 保存文件，命名为“风景.cdr”。

实例总结

本例运用了【矩形工具】、【椭圆工具】、【形状工具】、【贝塞尔工具】、【手绘工具】、【裁剪工具】等绘制图形，应重点掌握【裁剪工具】的使用方法。

Example 实例 50 形状工具——竹

实例目的

通过前面的学习，现在读者自己动手运用旋转复制的操作方法绘制出“竹”图形，效果如图4-175所示。

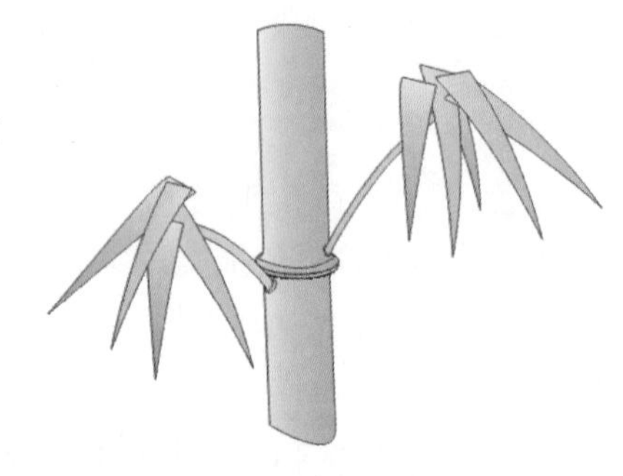

图4-175 竹效果

实例要点

◆ 运用“曲线”展开工具栏中的【贝塞尔工具】绘制轮廓。

◆ 运用【形状工具】调整竹叶的形态。

◆ 选择竹杆，填充为从翠绿色（CMYK：40、0、100、0）到淡黄色（CMYK：0、0、20、0）的线性渐变色。

◆ 将竹叶填充为从（CMYK：71、0、96、0）到白黄色（CMYK：0、0、40、0）的线性渐变色。

Example 实例 51 贝塞尔工具——蝴蝶

实例目的

在学习了前面的范例后，现在读者自己动手制作一个“蝴蝶”图形，效果如图4-176所示。

实例要点

◆ 运用【贝塞尔工具】绘制三个菱形，设置轮廓宽度为0.3mm，依照从内到外的顺序，分别设置轮廓颜色为（CMYK：2、28、63、0）、（CMYK：84、18、0、0）和（CMYK：0、100、100、0）。

◆ 选择3个菱形，向下复制一组，调整其形态，制作出蝴蝶左侧的翅膀。

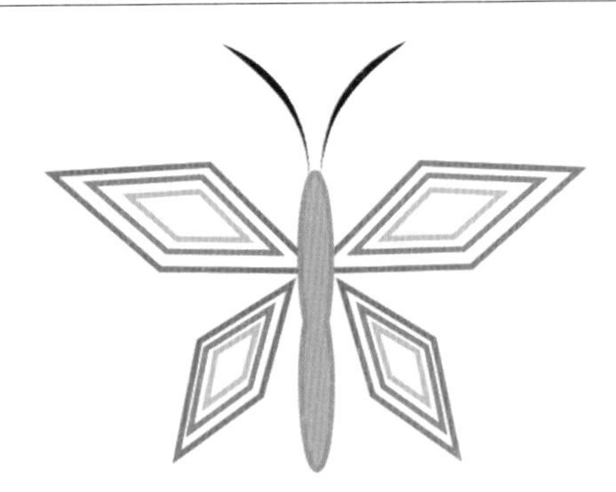

图4-176 蝴蝶效果

◆ 选择全部图形，水平镜像复制一组，制作出蝴蝶右侧的翅膀。

◆ 运用【贝塞尔工具】绘制出蝴蝶的腹部，填充为（CMYK：12、23、94、2），设置轮廓宽度为0.3mm，轮廓颜色为（CMYK：27、29、21、5）。

◆ 最后绘制出蝴蝶的触角，填充为黑色，完成蝴蝶的制作。

Example 实例 52 椭圆工具——卡通熊

实例目的

学习了前面的范例后，现在读者自己动手绘制出一个“卡通熊”图形，效果如图4-177所示。

图4-177 卡通熊效果

实例要点

◆ 先绘制出小熊的头和身体。

◆ 然后绘制出小熊左侧的耳朵、眼睛、胳膊、腿和爪，并将其水平镜像复制一个，稍稍调整位置。

◆ 最后绘制小熊的鼻子、领结，将小熊身体的各部分填充适合的颜色，完成小熊的制作。

Example 实例 53 矩形工具——薯条

实例目的

读者自己动手运用【贝塞尔工具】、【矩形工具】和【图案填充工具】，制作出“薯条”图形，效果如图4-178所示。

图4-178 薯条效果

实例要点

◆ 运用【矩形工具】绘制3个矩形，倾斜矩形，分别制作出薯条的正面、侧面和顶部图形。

◆ 将薯条正面填充为（CMYK：5、13、77、0），侧面填充为（CMYK：10、39、87、0），顶部填充为（CMYK：7、3、86、0）。

◆ 将薯条图形复制出多个，调整其形态。

◆ 将薯条袋正面填充为（CMYK：18、100、100、0），侧面填充为（CMYK：39、100、100、5）。

◆ 运用椭圆工具，在薯条袋上绘制多个椭圆形，将薯条袋正面的椭圆形填充为白色，侧面的椭圆形填充为（CMYK：19、23、23、0）。

第5章　文本的输入与应用

本章将通过“宝宝日记本”、“滑雪比赛标志”、“提词”、“光盘”、“小企鹅”、“名片”、“排版”、“海报”、“遨游数界”、“草坪字”、“亮点”和“黑板”9个实例，分别讲解输入文本、设置文本字体和文本大小、文本排列方向、段落格式化、字符格式化、栏设置、首字下沉、使文本适合路径，以及运用形状工具快速调整字符间距及行距等内容。

Example 实例 54　文本工具——宝宝日记本

实例目的

本例学习运用工具箱中的【文本工具】输入美术字，以及设置美术字的字体及大小，宝宝日记本效果如图5-1所示。

实例要点

- ◆ 绘制日记本。
- ◆ 输入美术字。
- ◆ 设置美术字的字体及大小。

图5-1 宝宝日记本效果

操作步骤

01 在菜单栏中单击【文件】/【打开】命令，弹出【打开绘图】对话框，选择素材第5章中的“标志.cdr”，如图5-2所示。

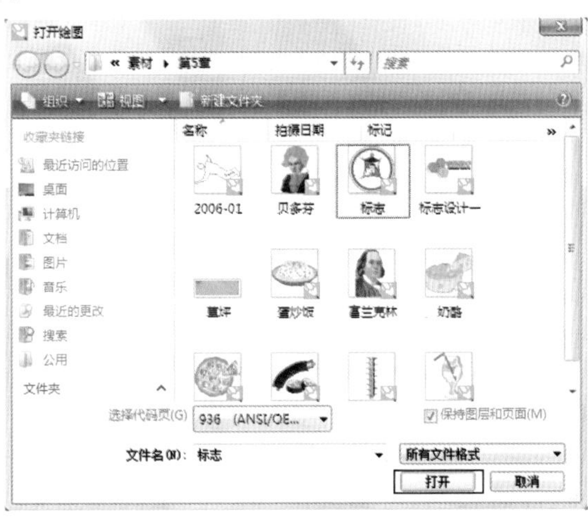

图5-2 【打开绘图】对话框

02 单击打开(O)按钮，从模板新建一个文件，如图5-3所示。

03 运用工具箱中的（矩形工具），在绘图区中绘制一个矩形，位置如图5-4所示。

04 选择“填充”展开工具栏中的（渐变填充）工具，在弹出的对话框中设置参数，如图5-5所示。

05 继续运用（矩形工具）绘制一个矩形，并将其填充为黑色，位置如图5-6所示。

06 将矩形复制一个，填充为红色（CMYK：0、100、100、0），调整其大小及位置，如图5-7所示。

图5-3 从模板新建文件

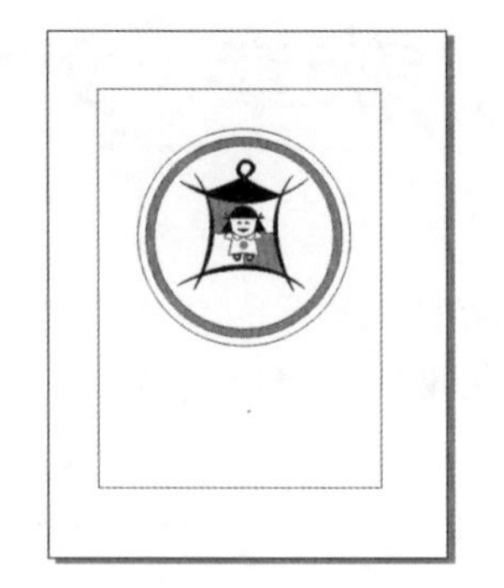
图5-4 矩形的位置

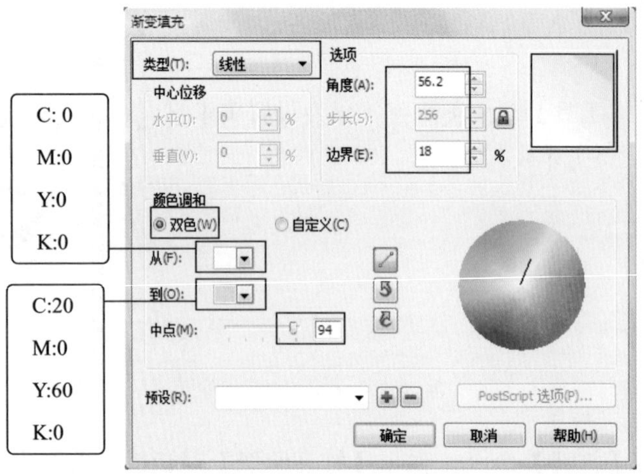

图5-5【渐变填充】对话框

图5-6 矩形的位置

图5-7 复制后矩形的位置

07 单击工具栏中的字（文本工具），切换为文本工具。在矩形的底部单击鼠标左键，出现插入光标，输入“宝宝日记本”。

08 输入完成后，单击工具箱中的（选择工具）按钮，切换为选择工具，如图5-8所示（凡是在页面上单击后再输入的文本，都称作美术字。美术字与段落文本的最大区别就在于它可以应用更多的特殊效果）。

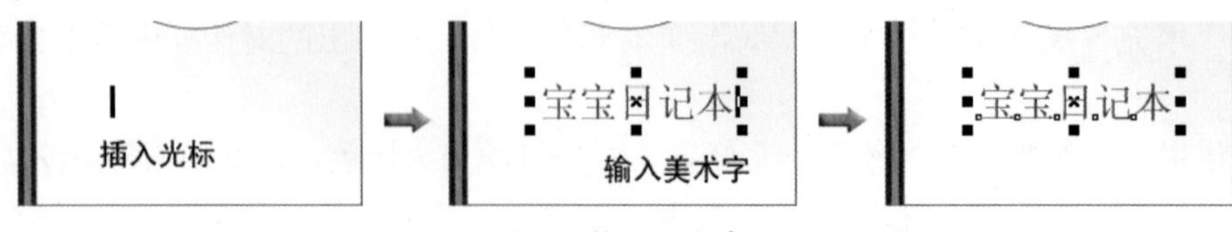

图5-8 输入美术字

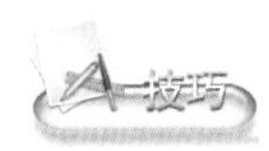

在绘图区（或工作区）中的空白位置单击鼠标右键，在弹出的菜单中选择【创建对象】/【文本】命令，可切换为字（文本工具）。

09 在属性栏的字体下拉列表中选择自己喜欢的文字字体，设置字体大小为65pt，如图5-9所示。

10 设置完成后，效果如图5-10所示。

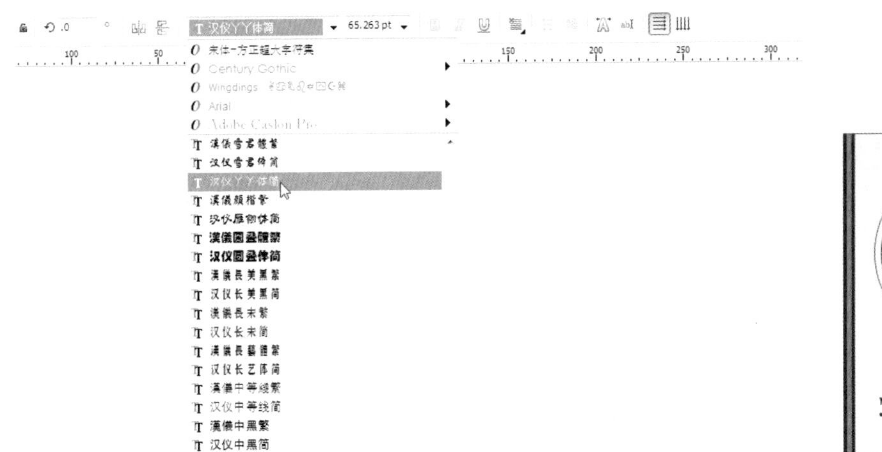

图5-9 属性栏

图5-10 设置后的效果

11 保存文件，命名为“宝宝日记本.cdr”。

实例总结

本例运用【矩形工具】绘制出日记本的外轮廓，并填充合适的颜色，然后运用【文本工具】输入美术字，设置美术字的字体及大小。

Example 实例 55 直排文字——滑雪比赛标志

实例目的

通过“滑雪比赛标志”实例的制作，学习纵向排列美术字的方法，“滑雪比赛标志”效果如图5-11所示。

图5-11 滑雪比赛标志效果

实例要点

- 插入字符。
- 调整字符形态。
- 填充图形。
- 输入文字。
- 设置美术字的排列方向。

操作步骤

01 在CorelDRAW X5中新建文件。

02 单击工具箱中的（矩形工具），在属性栏中设置矩形的边角圆滑度为10，在绘图区中绘制一个圆角矩形，如图5-12所示。

03 运用工具箱中的（手绘工具），在如图5-13所示的位置绘制一条直线。

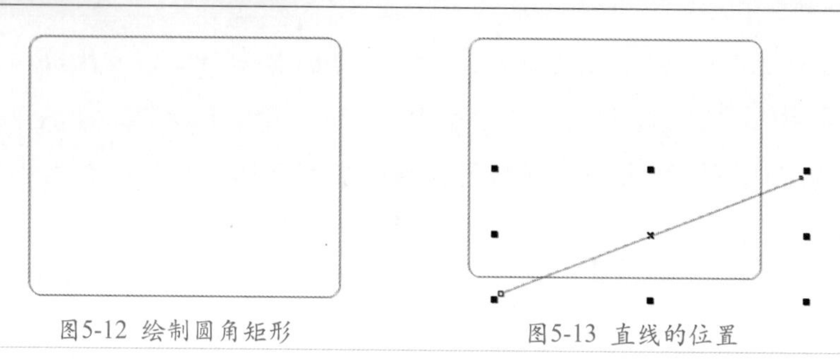

图5-12 绘制圆角矩形　　图5-13 直线的位置

04 选择工具箱中的 （智能填充工具），在属性栏中，设置填充颜色为黑色，无轮廓，填充如图5-14所示的图形。

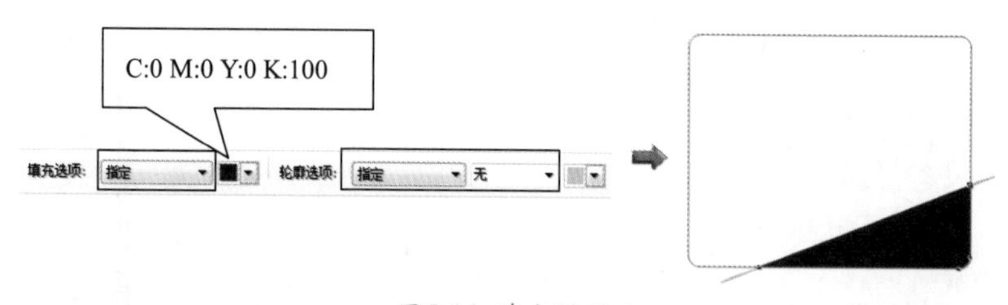

图5-14 填充图形

05 单击【文本】/【插入字符】命令，在弹出的【插入字符】泊坞窗中设置参数，如图5-15所示。

06 选择插入的字符，单击属性栏中的 （镜像）按钮，水平镜像字符，填充为黑色（CMYK：0、0、0、100），调整大小及位置，如图5-16所示。

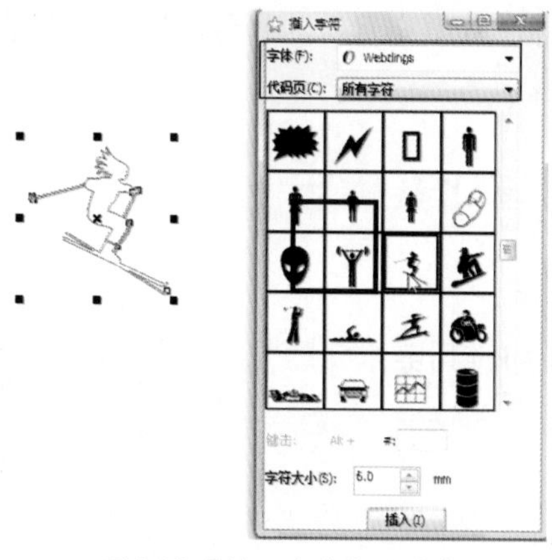

图5-15【插入字符】泊坞窗　　图5-16 调整后的位置

07 单击工具箱中的 （文本工具），在绘图区中输入“滑雪比赛”，如图5-17所示。

08 在属性栏中，设置字体为“华文行楷”，字体大小为41.56pt，效果如图5-18所示。

图5-17 输入美术字　　图5-18 设置后的效果

09 单击【文本】/【段落格式化】命令，弹出【段落格式化】对话框，在【文本方向】组【方向】右侧的下拉列表中选择“垂直”选项，如图5-19所示。

当文本处于选择状态时，按键盘上的Ctrl +.键，可以使文本的排列方向变为纵向，与在【文本方向】组【方向】右侧的下拉列表中选择“垂直”选项的操作一致。相反，如果将纵排文本转换为横排文本，则可按键盘上的Ctrl+,键。

⑩ 文字纵向排列，将文字调整到如图5-20所示的位置。

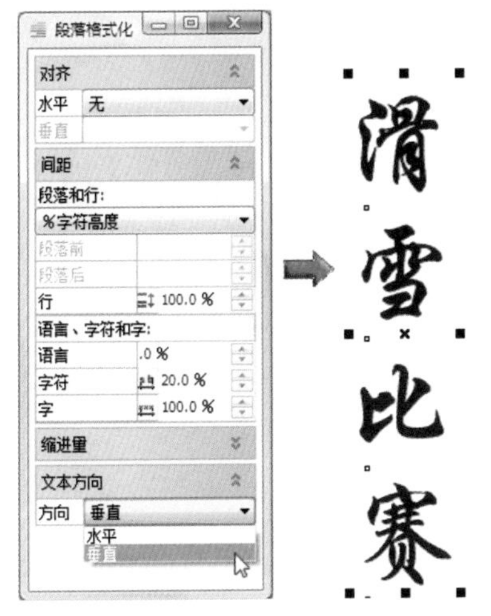

图5-19 【段落格式化】对话框

图5-20 调整后的位置

⑪ 保存文件，命名为“滑雪比赛标志.cdr”。

实例总结

在默认情况下，输入的文本都是呈水平方向排列的，要将文本的排列方向设置为垂直排列，在选择文本对象后，在【段落格式化】对话框中，将【文本方向】组中的【方向】设置为【垂直】，即可将文本对象改为垂直排列。

Example 实例 56 段落格式化——提词

实例目的

通过“提词”实例的制作，学习调整文本框的宽度，在【段落格式化】对话框中调整行距的方法，提词效果如图5-21所示。

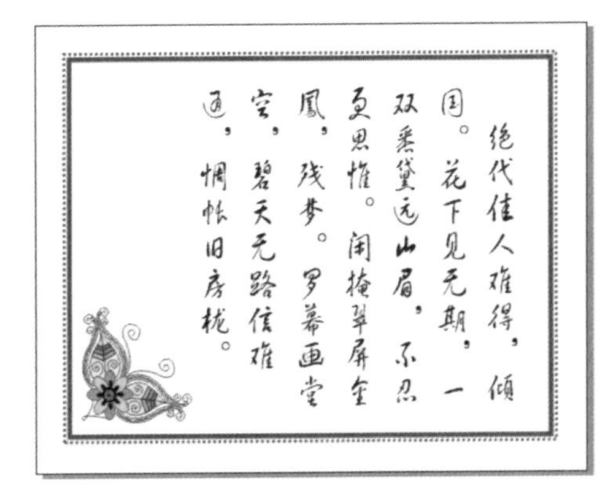

图5-21 提词效果

实例要点

- 从模板新建文件。
- 复制文本。
- 纵排文本。
- 设置字体及大小。
- 调整行距。

操作步骤

01 在菜单栏中单击【文件】/【打开】命令，弹出【打开绘图】对话框，选择配套光盘中的“素材\第5章\背景.cdr”文件，如图5-22所示。

图5-22 【打开绘图】对话框

02 单击 打开(O) 按钮，从模板新建一个文件，如图5-23所示。

03 选择底色的矩形，将其填充为白色，如图5-24所示。

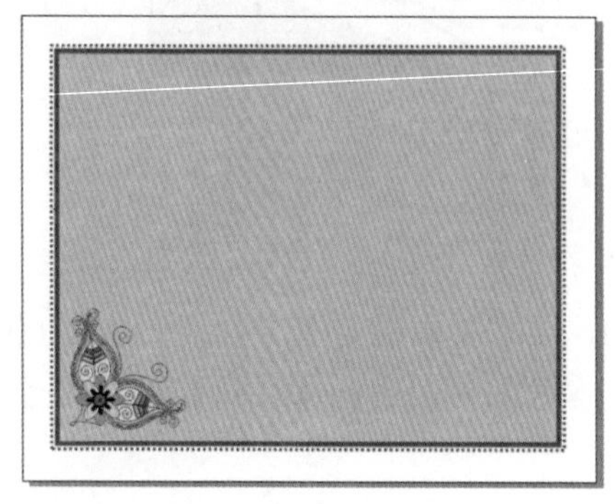

图5-23 新建文件

图5-24 调整后的效果

04 打开“荷叶杯-韦庄.txt”文件（光盘\素材\第5章\文本\），复制全部内容。

05 移动鼠标指针至模板中心位置，单击鼠标左键，现出一个文本框，如图5-25所示。

06 单击工具箱中的字（文本工具），在文本框的左上角出现插入光标，将复制的内容粘贴到文本框中，效果如图5-26所示。

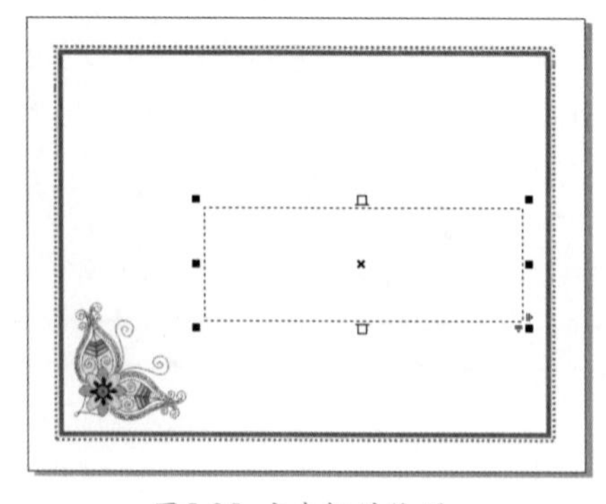

图5-25 文本框的位置

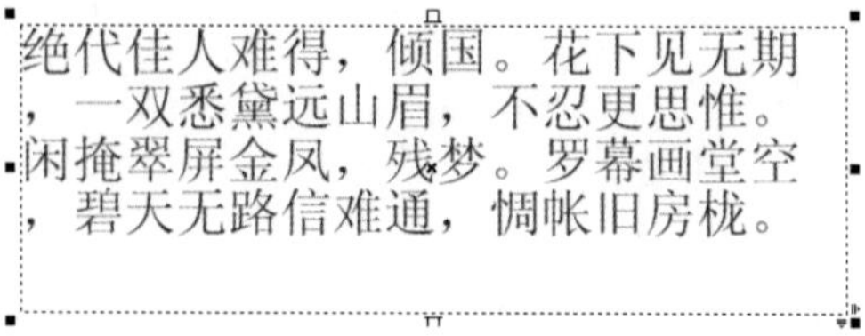

绝代佳人难得，倾国。花下见无期，一双愁黛远山眉，不忍更思惟。闲掩翠屏金凤，残梦。罗幕画堂空，碧天无路信难通，惆怅旧房栊。

图5-26 复制内容

07 单击属性栏中的 （将文字转换为垂直方向）按钮，文本框呈纵向排列，如图5-27所示。

08 移动鼠标指针至文本框上，鼠标指针变为✥形状时，调整文本框的位置，如图5-28所示。

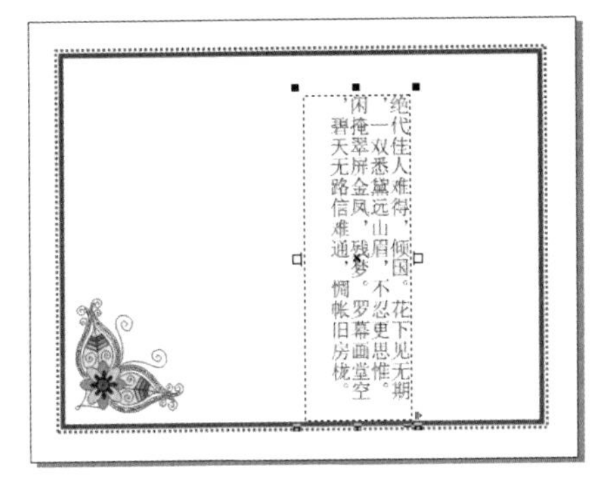

图5-27 纵向排列

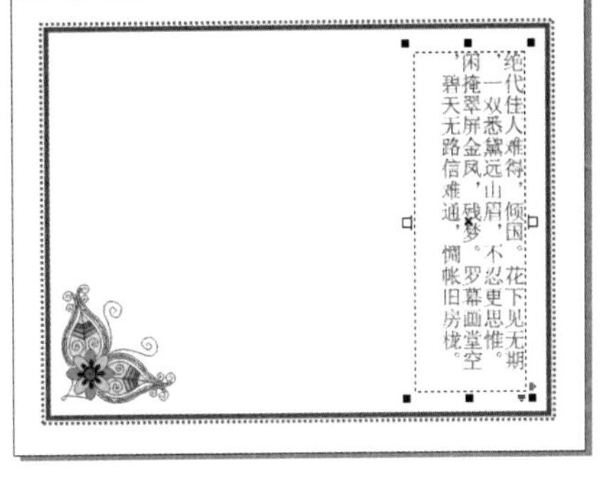

图5-28 调整文本框的位置

09 在属性栏的字体列表中选择自己喜欢的文字字体，设置字体大小为26pt，如图5-29所示。

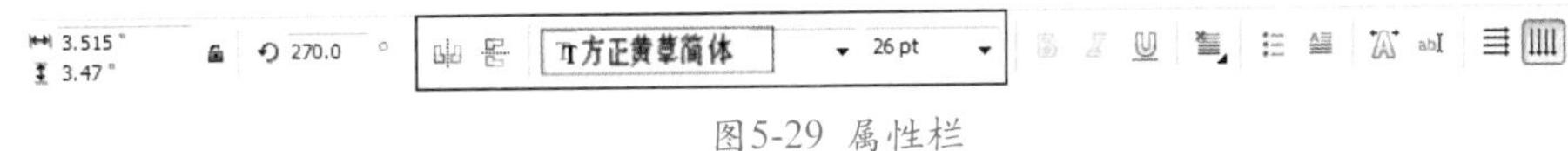

图5-29 属性栏

10 设置完成后的效果如图5-30所示。

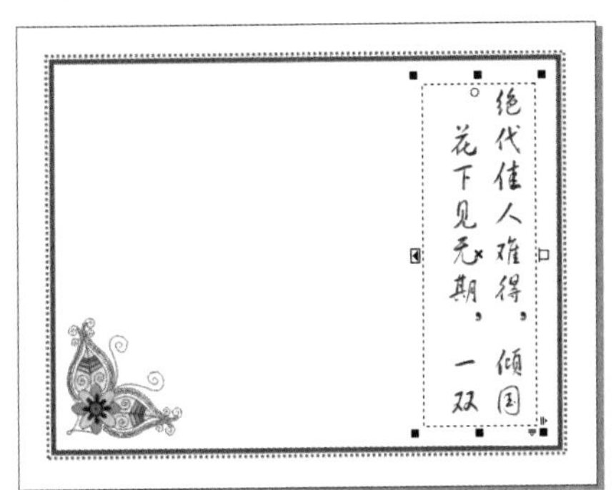

图5-30 设置后的效果

11 移动鼠标指针至文本框左侧的◀符号处，鼠标指针变为⟷形状时，按住鼠标左键，向左拖动至合适位置，松开鼠标左键，调整文本框的宽度，如图5-31所示。

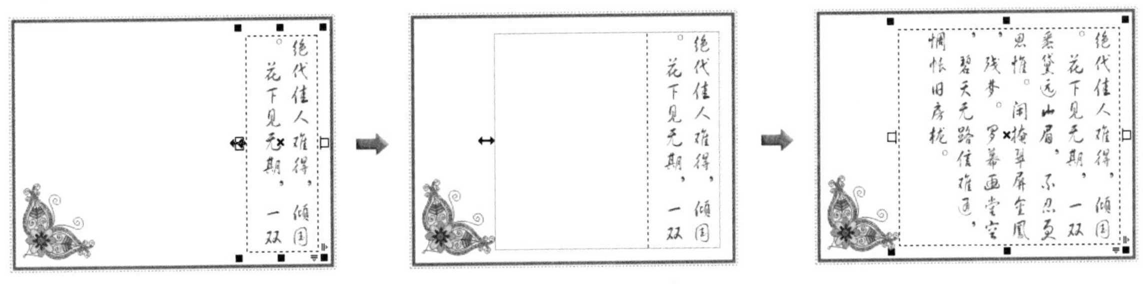

图5-31 调整后的形态

此操作步骤中，文本框右侧的□变为◀形状时，表示文本框中有显示的内容，解决的方法是，移动鼠标指针至◀符号处，鼠标指针变为⟷形状时，按住鼠标左键拖曳，调整文本框的宽度，从而显示出文本框中未显示的内容。

12 单击【文本】/【段落格式化】命令，弹出【段落格式化】对话框，如图5-32所示。

13 在【段落和行】组【段落前】和【行】右侧的数值框中均输入113.5，调整效果如图5-33所示。

图5-32 【段落格式化】对话框

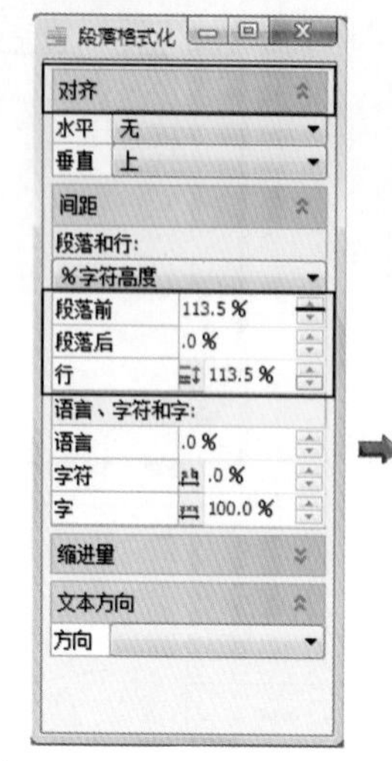

图5-33 调整后的效果

最后，选择字（文本工具），在文本框中单击鼠标左键，出现插入光标，移动插入光标至段落文本开始的位置，按4次空格键，即空出4个字符的位置，完成整幅作品，最终效果如图5-34所示。

图5-34 最终效果

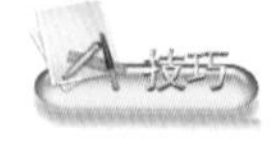

当文本框中有插入光标时，按键盘上的Ctrl + PageUp键或Ctrl + Home键，文本插入光标将移动到文本开始位置；相反，按键盘上的Ctrl + PageDown或Ctrl + End键，文本插入光标将移动到文本框结尾。

⑭ 保存文件，命名为"提词.cdr"。

实例总结

通过【段落格式化】对话框可以精确设置文字的行距，单击【文本】/【段落格式化】命令，弹出【段落格式化】对话框，在【段落和行】组中可以设置文字的行距。

Example 实例 57 字符格式化——光盘

实例目的

本例学习在【字符格式化】和【段落格式化】对话框中设置美术字字符下划线及行距，光盘效果如图5-35所示。

实例要点

- ◆ 绘制光盘轮廓。
- ◆ 填充颜色。
- ◆ 调整图形的图层。
- ◆ 导入图形。
- ◆ 设置下划线。
- ◆ 调整行距。

图5-35 光盘效果

操作步骤

01 在CorelDRAW X5中新建文件。

02 选择工具箱中的（椭圆工具），在绘图区中按住键盘上的Ctrl键，绘制3个圆形，位置如图5-36所示。

03 按键盘上的空格键，切换为选择工具，选择大圆，设置其轮廓宽度为5pt，轮廓颜色为浅灰色（CMYK：0、0、0、20），如图5-37所示。

04 单击工具箱中的（智能填充）工具，在属性栏中，设置填充颜色为黑色（CMYK：0、0、0、100），无轮廓，填充如图5-38所示的环形。

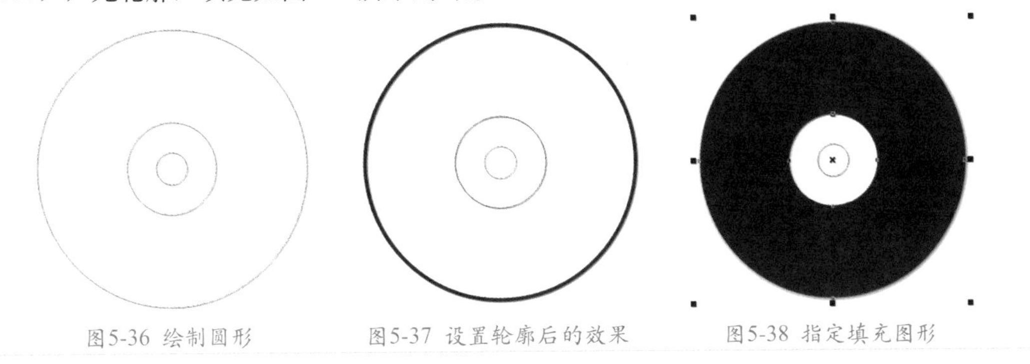

图5-36 绘制圆形　　图5-37 设置轮廓后的效果　　图5-38 指定填充图形

05 单击【排列】/【顺序】/【到图层后面】命令，将填充的图形调整到图层后面。

06 继续运用（智能填充）工具，在属性栏中设置参数，如图5-39所示。

图5-39 属性栏

07 移动鼠标指针，选取如图5-40所示的图形。

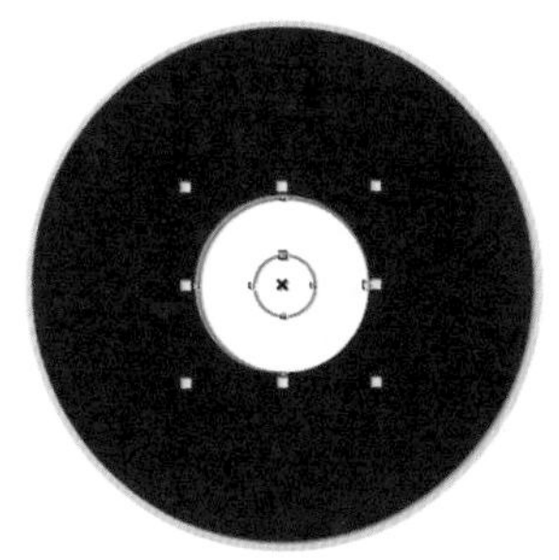

图5-40 选取图形

08 单击“填充”展开工具栏中的■（渐变填充）按钮，在弹出的对话框中设置参数，如图5-41所示。

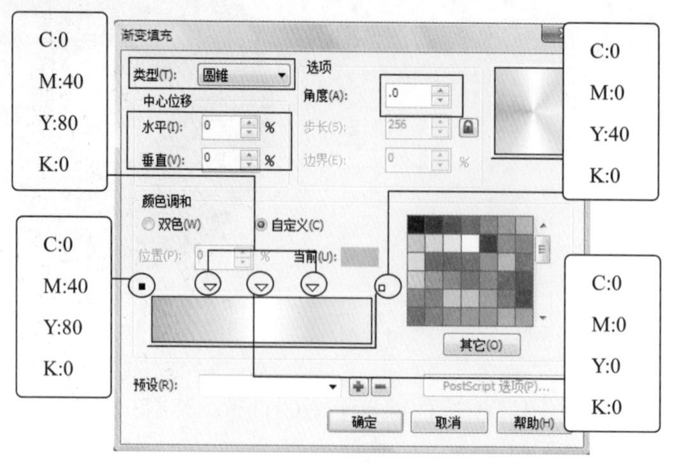

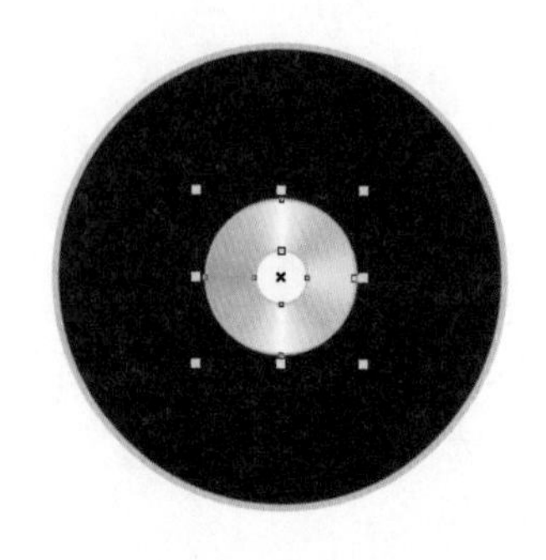

图5-41 【渐变填充】对话框

09 导入“贝多芬.cdr”文件（光盘\第5章\素材\），如图5-42所示。

10 调整导入图形的大小及位置，如图5-43所示。

图5-42 贝多芬图形

图5-43 调整后的位置

11 单击工具箱中的字（文本工具），在绘图区中输入如图5-44所示的内容。

12 单击【文本】/【字符格式化】命令，弹出【字符格式化】对话框，在【字体列表】中选择“黑体”，如图5-45所示。

第五交响曲“命运”
第六交响曲“田运”
第三交响曲“英雄”

图5-44 输入美术字

图5-45 【字符格式化】对话框

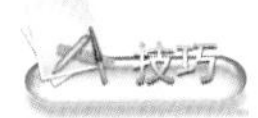

输入一行美术字后，按键盘上的Enter键，切换到下一行，再继续输入。

⑬ 在字体大小数值框中输入9，单击【字符效果】组【下划线】右侧的按钮，在弹出的下拉列表中选择“单细”选项，效果如图5-46所示。

图5-46 设置后的效果

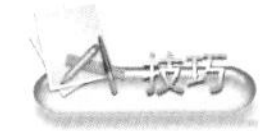

快速添加下划线，当美术字或段落文本处于选择状态时，按键盘上的Ctrl + U键，将文本样式更改为下划线。

⑭ 单击【文本】/【段落格式化】命令，弹出【段落格式化】对话框，在【段落和行】组【行】右侧的数值框中输入200，调整后的效果如图5-47所示。

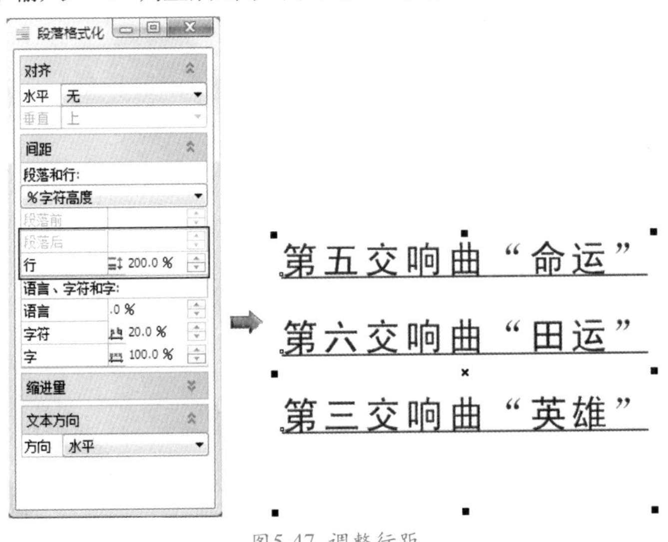

图5-47 调整行距

⑮ 移动鼠标指针至调色板的白色色块上并单击鼠标左键，将输入的美术字填充为白色，调整到如图5-48所示的位置。

⑯ 继续运用字（文本工具），在绘图区中输入“贝多芬「命运交响乐」”，在属性栏的【字体列表】中选择“黑体”，设置字体大小为13pt，字体颜色为浅10%黑（CMYK：0、0、0、10），调整到如图5-49所示的位置。

图5-48 调整后的位置1

图5-49 调整后的位置2

在文本工具状态下不能按键盘上的空格键切换为选择工具，只能移动鼠标指针到工具箱的选择工具上，通过单击鼠标左键切换为选择工具。

⑰ 单击工具箱中的（手绘工具），按住键盘上的Ctrl键，在文字下方绘制一条水平直线，设置轮廓宽度为1pt，轮廓颜色为红色（CMYK：0、100、100、0），调整其位置，如图5-50所示。

图5-50 直线的位置

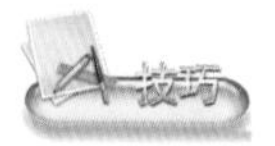

文本工具中的下划线的颜色与字体颜色一致，不能单独设置。解决的方法有两种，一是将编辑有下划线的美术字转换为曲线，然后拆分美术字，选择下划线图形，填充合适的颜色；另一种方法是在美术字的下方绘制一条直线，然后设置轮廓颜色即可。

⑱ 保存文件，命名为“光盘.cdr”。

实例总结

运用【椭圆工具】配合【智能填充工具】绘制出光盘的外形，然后运用【文本工具】输入需要的文字内容，通过设置【段落格式】中的行距、下划线等操作编辑美术字，完成光盘的制作。

Example 实例 58 编辑文本——小企鹅

实例目的

本例学习运用菜单栏中的【文本】/【编辑文本】命令，编辑美术字的方法，小企鹅效果如图5-51所示。

图5-51 小企鹅效果

实例要点

- ◆ 绘制小企鹅的轮廓。
- ◆ 将绘制的图形转换为艺术笔图形。
- ◆ 调整图形的图层顺序。
- ◆ 输入美术字。
- ◆ 编辑文本。

操作步骤

01 在CorelDRAW X5中新建文件。

02 运用（贝塞尔工具）绘制如图5-52所示的图形。

03 确认图形处于选择状态，填充为白色，按键盘上的+键，将其复制一个，然后绘制如图5-53所示的曲线。

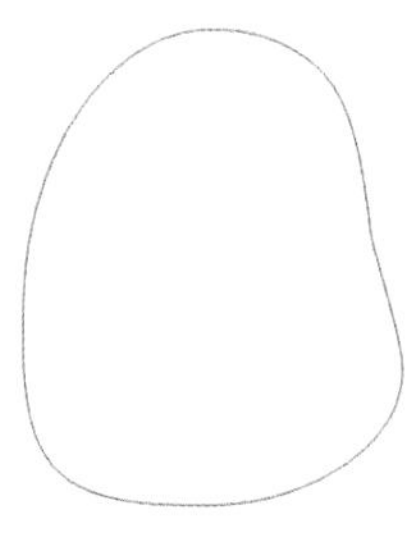

图5-52 绘制图形

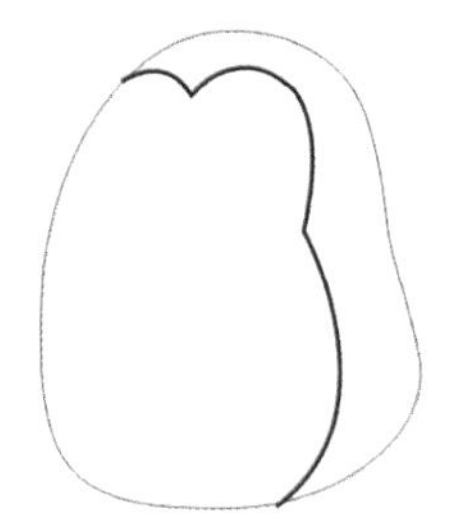

图5-53 绘制曲线

04 选择复制后的图形及曲线，单击（艺术笔工具）中的（画笔）按钮，切换为画笔工具，然后在属性栏中的【笔触列表】中选择如图5-54所示的笔触。

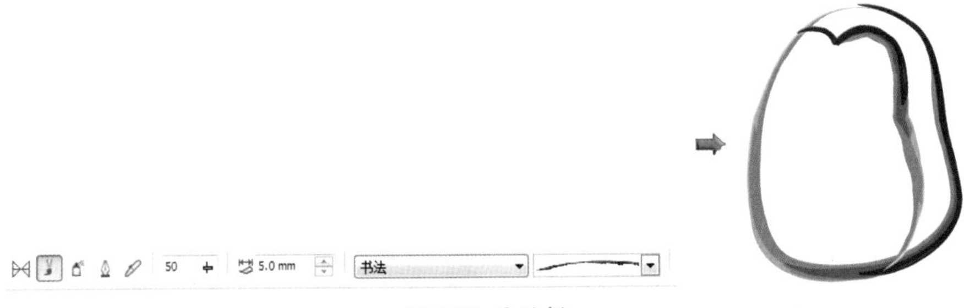

图5-54 属性栏

05 运用（贝塞尔工具）和（椭圆工具），绘制如图5-55所示的图形。

06 选择如图5-56所示的图形，填充为白色，按键盘上的+键，将其复制一组，然后按住键盘上的Shift键，加选未转换笔触的图形。

图5-55 绘制图形

图5-56 填充白色

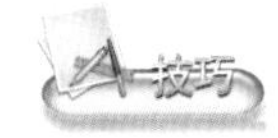

当封闭的图形对象转换为艺术笔图形时，对象的填充颜色自动转换为艺术笔图形默认的颜色。解决的方法：如果欲保留图形原有的填充颜色，可将其在原位复制一个，再转换为艺术笔图形。

07 重复第4步的操作，将选择的图形转换为艺术笔图形，如图5-57所示。

08 运用（椭圆工具）绘制两个大小一致的圆形，并填充为黑色，如图5-58所示。

09 在属性栏的【笔触列表】中选择如图5-59所示的笔触。

10 移动鼠标指针至小企鹅的下方，按住鼠标左键向右拖曳，效果如图5-60所示。

11 单击【排列】/【顺序】/【到图层后面】命令，将选择的图形调整到图层后面，效果如图5-61所示。

图5-57 转换后的效果

图5-58 绘制圆形

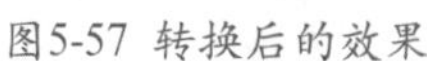
图5-59 属性栏

图5-60 绘制后的效果

图5-61 调整后的效果

⑫ 单击字（文本工具）按钮，输入“小企鹅”，然后单击【文本】/【编辑文本】命令，弹出【编辑文本】对话框，如图5-62所示。

⑬ 在【编辑文本】对话框中选择输入的文字，在字体列表中选择“文鼎舒同体”，设置字体大小为85，如图5-63所示。

图5-62 【编辑文本】对话框1

图5-63 【编辑文本】对话框2

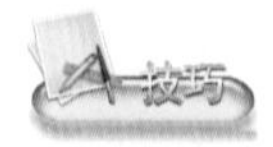

在【编辑文本】对话框中选择文字，移动鼠标指针至文字上，双击鼠标左键，即可选择文字。

文字处于编辑状态，单击鼠标右键，选择【编辑文本】命令，即可打开【编辑文本】对话框，在这里需要注意一点，右键的快捷方式只适用于中文文本。

可单击属性栏中的ab|（编辑文本）按钮，或按键盘上的Ctrl + Shift + T键，快速打开【编辑文本】对话框。

⑭ 单击确定(O)按钮，编辑的效果如图5-64所示。

⑮ 单击属性栏中的▥（将文字转换为垂直方向）按钮，文本框纵向排列，调整到如图5-65所示的位置。

图5-64 编辑后的效果

图5-65 调整后的位置

⑯ 保存文件，命名为“小企鹅.cdr”。

实例总结

综合运用【贝塞尔工具】和【艺术笔工具】中的【画笔】、【椭圆工具】，以及【文本工具】，制作出“小企鹅”图形，重点掌握【文本工具】的应用。

Example 实例 59 文本工具——名片

实例目的

本例学习运用【文本工具】快速绘制文本框，以及运用【形状工具】快速调整文本间距的方法，名片效果如图5-66所示。

实例要点

- 输入文字。
- 设置字体及大小。
- 编辑文本。
- 运用【段落格式化】命令。
- 绘制折线。

青岛图形图像制作公司
吴微微
13900000000
地址：青岛市市北区逍遥路9号 邮编：266000
E-mail：139123#126.com

图5-66 名片效果

操作步骤

01 在CorelDRAW X5中新建文件。

02 运用□（矩形工具），在绘图区中绘制一个长为90mm，宽为50mm的矩形，如图5-67所示。

03 单击工具箱中的字（文本工具）按钮，移动鼠标指针至矩形的左上角位置，单击鼠标左键，出现插入光标，切换至相应的输入法后输入文字“青岛图形图像制作公司”，完成后按键盘上的空格键，切换为↖（选择工具），如图5-68所示。

图5-67 绘图矩形

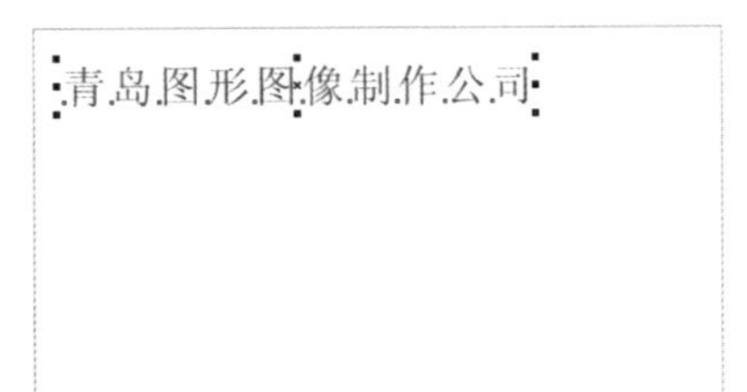

图5-68 输入美术字

04 在属性栏中的字体下拉列表中选择“楷体”，设置字体大小为12pt，效果如图5-69所示。

图5-69 属性栏

美术字处于选择状态时，拖动其四角的控制点可以快速改变字体的大小。

05 确认工具箱中的字（文本工具）处于选择状态，移动鼠标指针至矩形的右下角位置，按住鼠标左键拖曳至合适位置，松开鼠标左键，绘制出一个文本框，在文本框的右上角出现插入光标，如图5-70所示。

06 切换至相应的输入法，在文本框中输入“地址:青岛市市北区逍遥路9号”、“邮编:266000”和“E-mail:139123@126.com”，由于系统默认的字体大小为12pt，所绘制的文本框较小，输入的文字内容未显示完整，此时文本框下方的□变为▣，表示此文本框的下方有未显示的内容，如图5-71所示。

图5-70 绘制文本框

图5-71 输入文字

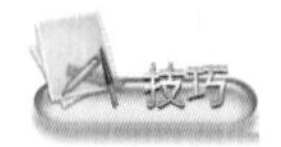

选择工具箱中的【文本工具】，在合适的位置按住鼠标左键拖曳，可快速绘制出一个文本框。

07 按键盘上的空格键，切换为（选择工具），在属性栏中，设置字体为黑体，字体大小为6.5 pt，设置完成后的效果如图5-72所示。

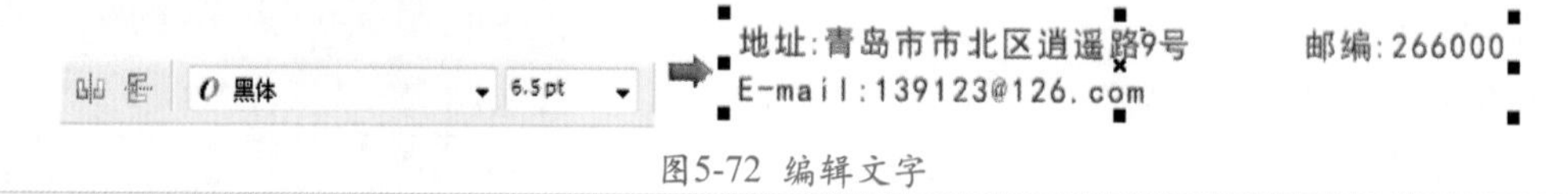

图5-72 编辑文字

08 单击菜单栏中的【文本】/【段落格式化】命令，弹出【段落格式化】对话框，参数设置如图5-73所示。

图5-73 编辑段落文本

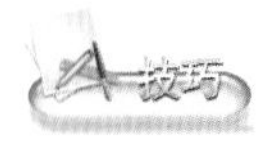

将美术字转换为段落文本。当文本处于选择状态时，单击鼠标右键，在弹出的菜单中选择【转换到段落文本】命令。

按键盘上的Ctrl + F8键，可将美术字转换为段落文本，或将段落文本转换为美术字。

09 运用字（文本工具），在矩形中心位置输入“吴微微”3个字，设置字体为“黑体”，字体大小为11pt，然后在其下方输入13900000000，设置字体为Arial，字体大小为6.5pt，如图5-74所示。

10 选择工具箱中的（贝塞尔工具），在矩形中绘制如图5-75所示的折线。

图5-74 输入美术字

图5-75 绘制折线

11 确认折线处于选择状态，设置其轮廓宽度为0.35mm，轮廓颜色为银色（CMYK：10、0、0、30），如图5-76所示。

12 将折线复制一个，在属性栏中设置旋转角度为180，调整其位置，如图5-77所示。

图5-76 设置折线

图5-77 复制后的位置

13 选择矩形左上方的美术字，单击工具箱中的（形状工具）按钮，在美术字右下方出现符号，左下方出现符号，移动鼠标指针至右下方符号处，鼠标指针变为+形状，按住鼠标左键并向右拖动鼠标，可快速调整文字的间距，如图5-78所示。

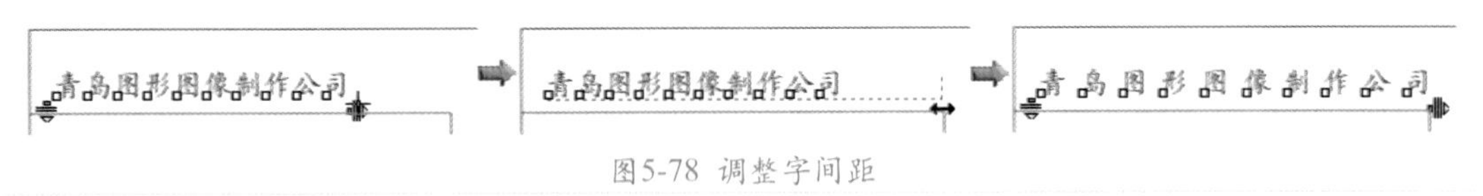

图5-78 调整字间距

编辑美术字。在段落文本框或美术字上双击鼠标左键，即可切换为文字工具，在双击处会出现插入字符。

14 选择矩形，将其填充为深蓝色（CMYK：100、50、20、50），删除轮廓，选择矩形中的全部文本，将其填充为白色（CMYK：0、0、0、0），完成名片的制作，效果如图5-79所示。

图5-79 最终效果

⑮ 保存文件，命名为“名片.cdr”。

实例总结

当对间距的要求不高时，可以使用【形状工具】来快速设置文本的间距，在选择美术字后，选择工具箱中的【形状工具】，美术字的右下方和左下方出现调节符，移动鼠标指针至调节符上，拖动鼠标即可调整美术字的间距。

Example 实例 60 栏——排版

实例目的

通过“排版”实例的制作，讲解菜单栏中【文本】/【栏】命令的使用方法，排版效果如图5-80所示。

实例要点

- 输入文本。
- 粘贴文本。
- 复制文本。
- 栏设置。

图5-80 排版效果

操作步骤

01 在CorelDRAW X5中新建文件。

02 单击属性栏中的□（横向）按钮，将页面设置为横向。

03 选择字（文字工具），输入A。

04 在属性栏中，设置字体为Arial Black，字体大小300pt，然后调整其位置，如图5-81所示。

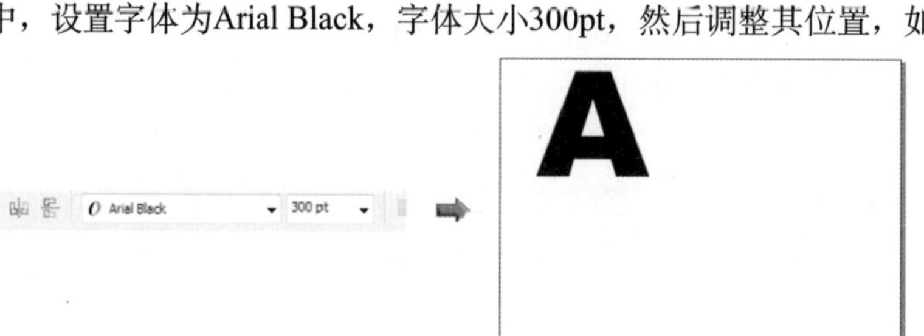

图5-81 调整后的位置

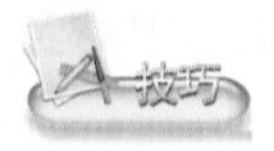
技巧：移动鼠标指针至导航器中的“页面1”上，单击鼠标右键，在弹出的菜单中选择【切换页面方向】命令，即可将竖向页面切换为横向页面。

05 再运用字（文字工具），在字母A的右下方输入“天中陨落的巨星”，位置如图5-82所示。

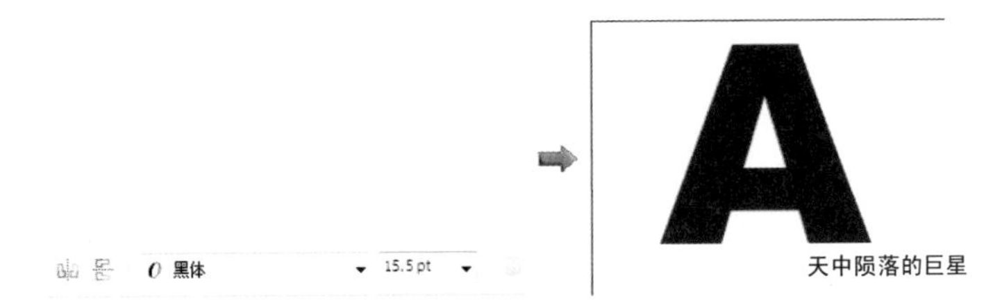

图5-82 调整后的位置

06 打开“拉斐尔.txt”文件（光盘\第5章\文本\），复制全部内容。

07 继续运用字（文字工具），在绘图区中绘制一个文本框，位置如图5-83所示。

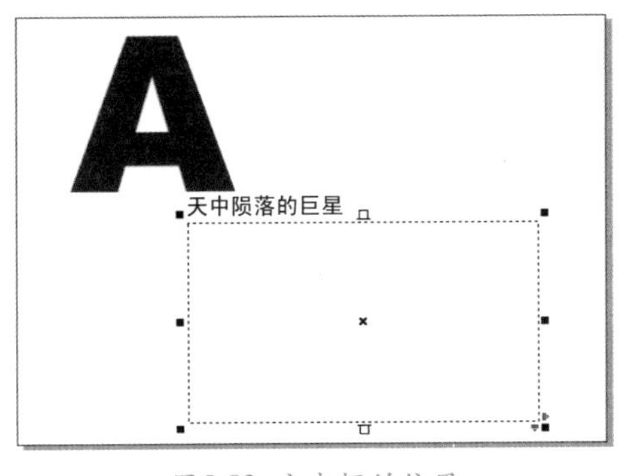

图5-83 文本框的位置

08 将复制的文本内容粘贴到文本框中，在属性栏中设置字体为“黑体”，字体大小为12.5pt，效果如图5-84所示。

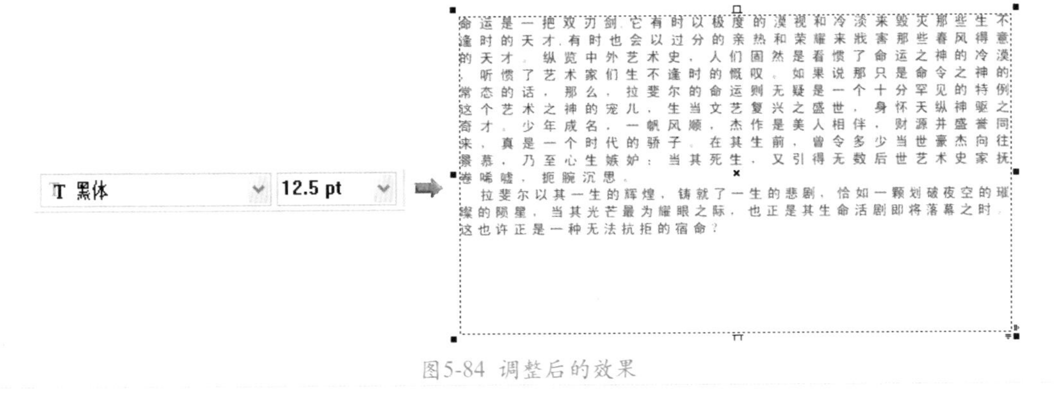

图5-84 调整后的效果

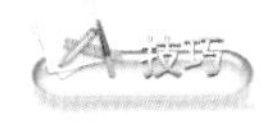

对文字排版时，有时需要更改文字，选择文本工具，在需要更改的文本或文本框中单击鼠标左键，出现插入光标，按键盘上的Alt + F3键，弹出【查找文本】对话框，输入需要查找的相关文字，即可查找到对应的内容，更正相关文字。

09 单击【文本】/【栏】命令，弹出【栏设置】对话框，如图5-85所示。

10 在【栏数】右侧的数值框中输入3，单击【宽度】下数值框，输入50.749，勾选【栏宽相等】复选项，在【帧设置】选项组中选择【保持当前图文框宽度】选项，如图5-86所示。

11 单击 确定 按钮，文本框中的内容分为3栏，效果如图5-87所示。

12 移动鼠标指针至段落文本的第二段处，按键盘上的Enter键多次，将第二段文本调整到第三栏中，如图5-88所示。

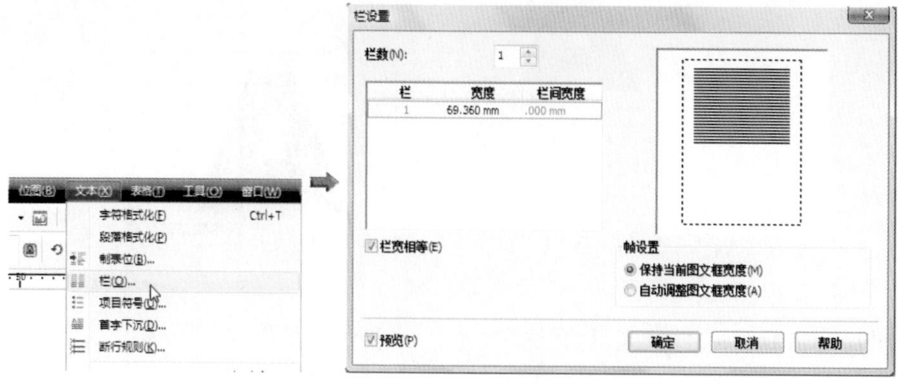

图5-85 【栏设置】对话框

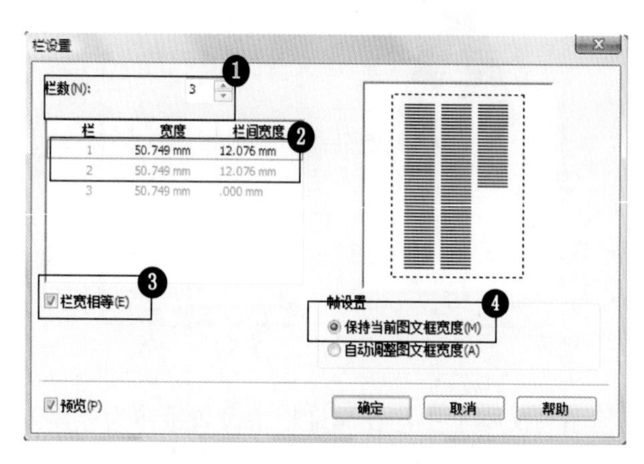

图5-86 参数设置

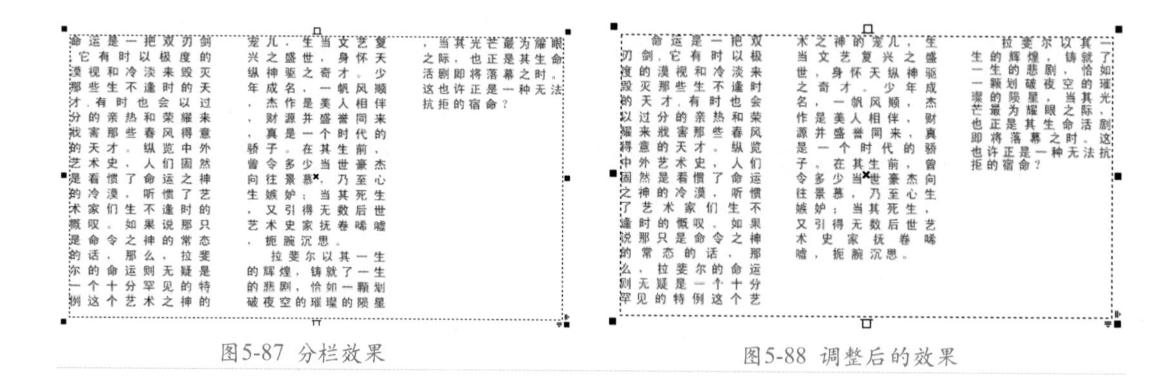

图5-87 分栏效果　　图5-88 调整后的效果

在段落文本中，移动鼠标指针至合适的位置，单击鼠标左键，出现插入光标，按键盘上的Ctrl + Enter键，可将插入光标后的文本置于下一栏中，即断开栏或文本框。

至些，排版实例制作完成，最终效果如图5-89所示。

⑬ 保存文件，命名为“排版.cdr”。

实例总结

通过简单的版面设计，讲解【栏设置】对话框中栏数、栏宽、栏宽相等、保持当前图文框宽度的设置。

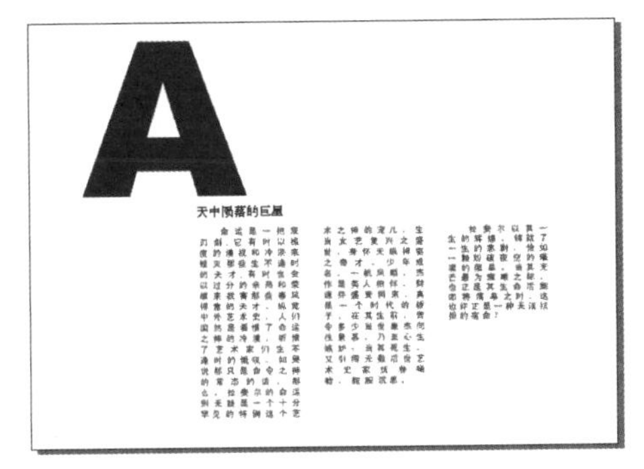

图5-89 最终效果

Example 实例 61 首字下沉——海报

实例目的

本例学习【文本】/【首字下沉】命令的使用方法和内置文本的操作方法，海报效果如图5-90所示。

实例要点

- ◆ 导入图形。
- ◆ 复制文本。
- ◆ 置入文本。
- ◆ 设置首字下沉。

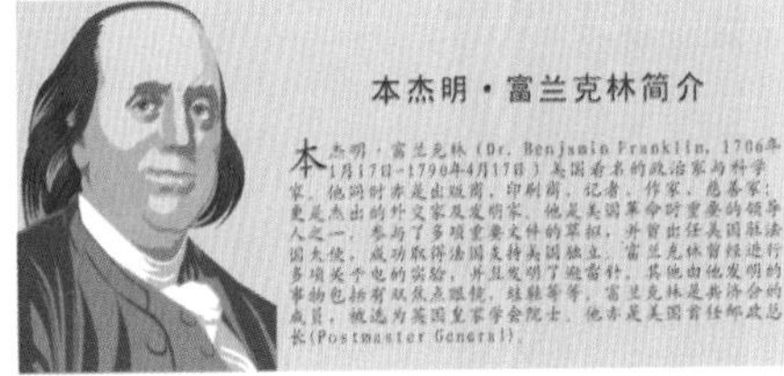

图5-90 海报效果

操作步骤

01 在CorelDRAW X5中新建文件。

02 运用工具箱中的（矩形工具），在绘图区中绘制一个矩形，如图5-91所示。

03 将矩形复制一个，调整其大小及位置，如图5-92所示。

图5-91 绘制矩形

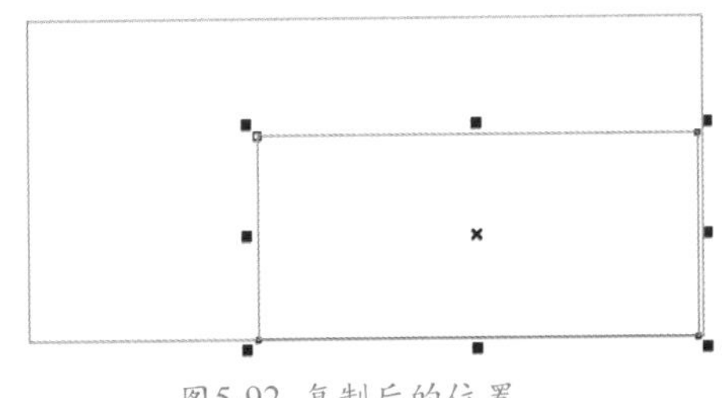

图5-92 复制后的位置

04 导入“富兰克林.cdr”文件（光盘\第5章\素材\），如图5-93所示。

05 调整导入图形的大小及位置，如图5-94所示。

图5-93 导入的图形

图5-94 调整后的位置

06 单击工具箱中的字（文本工具），在绘图区中输入“本杰明·富兰克林简介”，然后在属性栏中设置字体为“黑体”，字体大小为18pt，调整到如图5-95所示的位置。

07 打开“富兰克林.txt”文件（光盘\第5章\文本\），复制全部内容。

08 单击工具箱中的字（文本工具），在绘图区中的任意位置，按住鼠标左键拖曳，绘制一个文本框，将复制的内容粘贴到文本框中，如图5-96所示。

图5-95 调整后的位置

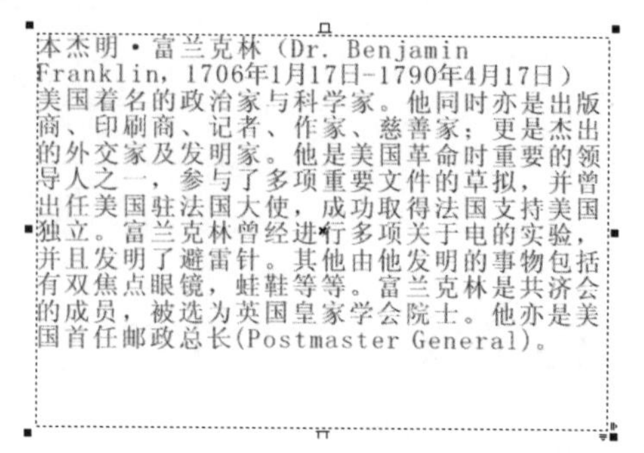

图5-96 粘贴内容

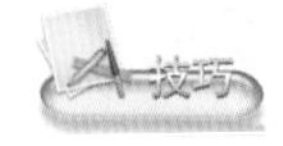

按键盘上的Home键，可将文本的插入光标移至行首；按键盘上的End键，则可将文本插入光标移动到行尾。

内置文本。移动鼠标指针至段落文本上，按住鼠标右键不放，拖动鼠标指针到内置对象中，松开鼠标右键，在弹出的菜单中选择【内置文本】命令即可。

09 移动鼠标指针至文本框中，鼠标指针变为✥形状时，按住鼠标右键拖动至小矩形上，鼠标指针变为⊕形状时，如图5-97所示，松开鼠标右键，弹出右键菜单，移动鼠标指针至【内置文本】命令上，如图5-98所示，单击鼠标左键，即可将文本框中的文本置入矩形对象中，如图5-99所示。

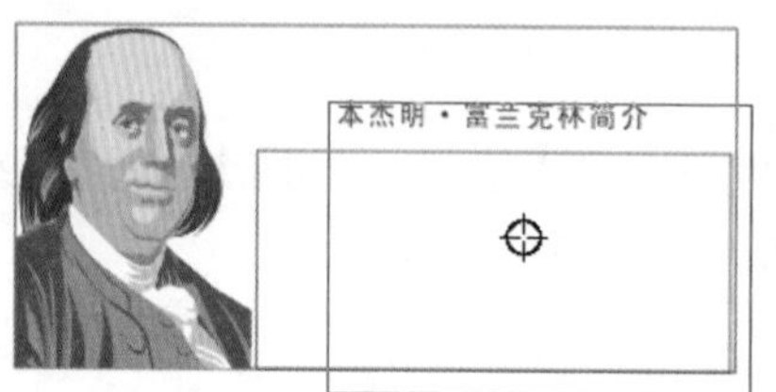

图5-97 鼠标指针的位置

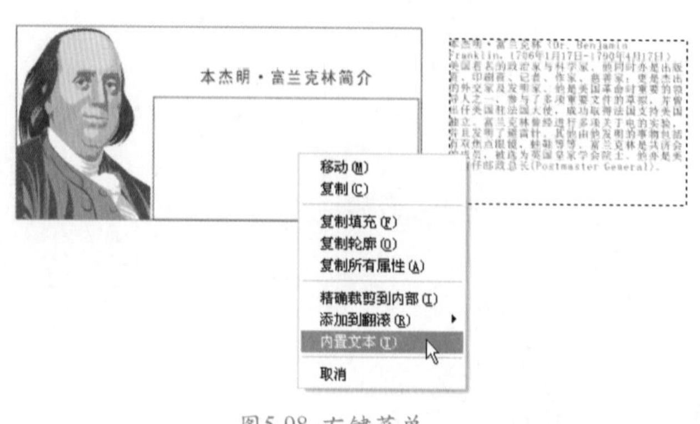

图5-98 右键菜单

图5-99 置入文本

10 单击【文本】/【字符格式化】命令，在弹出的【字符格式化】对话框中设置参数，如图5-100所示。

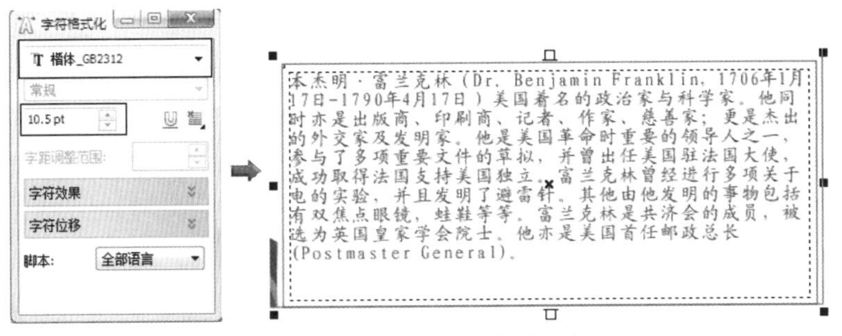

图5-100 【字符格式化】对话框

⑪ 再单击【文本】/【段落格式化】命令，在弹出的对话框中设置参数，如图5-101所示。

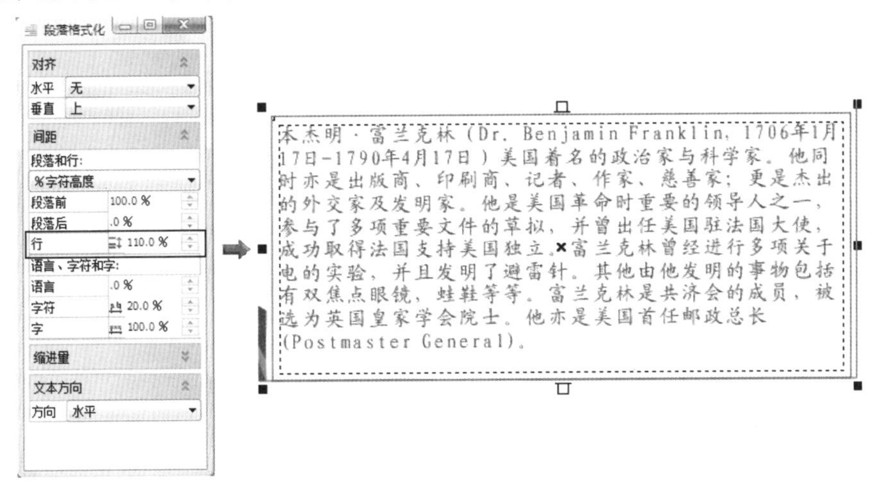

图5-101 【段落格式化】对话框

⑫ 继续单击【文本】/【首字下沉】命令，弹出【首字下沉】对话框，如图5-102所示。

⑬ 在【首字下沉】对话框中勾选【使用首字下沉】复选项，然后在【下沉字数】右侧的数值框中输入2，即首字下沉将占用2行的空间，如图5-103所示。

图5-102 【首字下沉】对话框

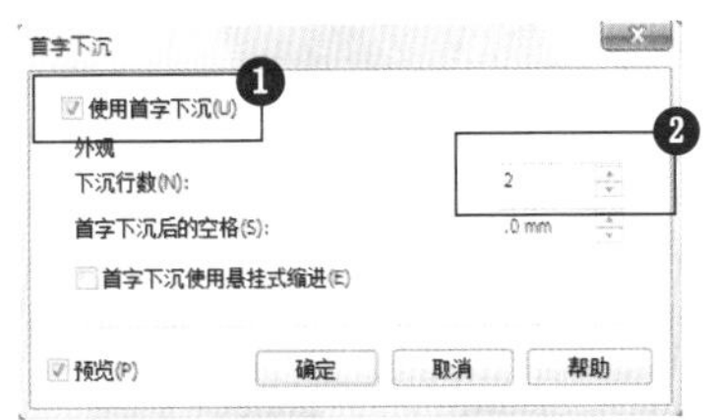

图5-103 参数设置

⑭ 单击 确定 按钮，编辑后的效果如图5-104所示。

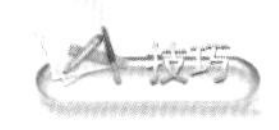

显示/隐藏首字下沉。按键盘上的Ctrl + Shift + D键，可设置/重置文本对象的首字下沉。

进入文字编辑状态，在段落文本框中三击鼠标左键，可选择整篇文本。

⑮ 单击工具箱中的 （选择工具）按钮，选择小矩形，删除其轮廓，然后选择大矩形，设置填充颜色为素色（CMYK：10、10、30、0），删除轮廓，效果如图5-105所示。

⑯ 保存文件，命名为“海报.cdr”。

实例总结

内置文字是指将段落文本置入矢量图形中，段落文本中的文字将随图形对象的外形自动调节段落文字的多少。首字下沉是指将段落的第一个字变大，以突出段首所在的位置。

本杰明·富兰克林（Dr. Benjamin Franklin, 1706年1月17日-1790年4月17日）美国著名的政治家与科学家。他同时亦是出版商、印刷商、记者、作家、慈善家；更是杰出的外交家及发明家。他是美国革命时重要的领导人之一，参与了多项重要文件的草拟，并曾出任美国驻法国大使，成功取得法国支持美国独立。富兰克林曾经进行多项关于电的实验，并且发明了避雷针。其他由他发明的事物包括有双焦点眼镜，蛙鞋等等。富兰克林是共济会的成员，被选为英国皇家学会院士。他亦是美国首任邮政总长（Postmaster General）。

图5-104 编辑后的效果

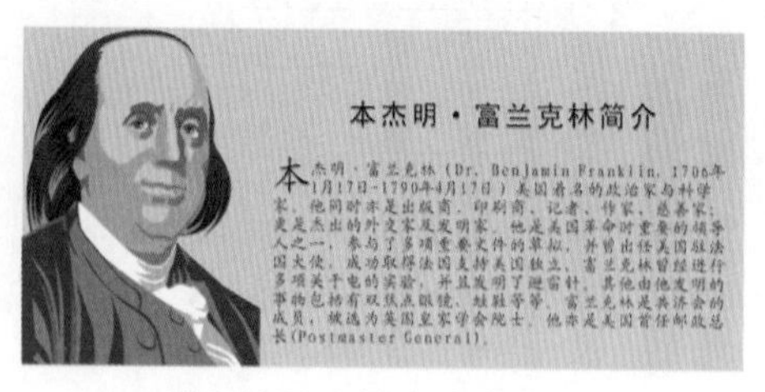

图5-105 编辑后的效果

Example 实例 62 使文本适合路径——遨游数字世界

实例目的

本例主要学习菜单栏中【文本】/【使文本适合路径】命令的使用，遨游数界效果如图5-106所示。

实例要点

- ◆ 填充纹理和底纹。
- ◆ 输入美术字。
- ◆ 使文本适合路径。
- ◆ 缩小复制数字。
- ◆ 重复再制。
- ◆ 导入图形。

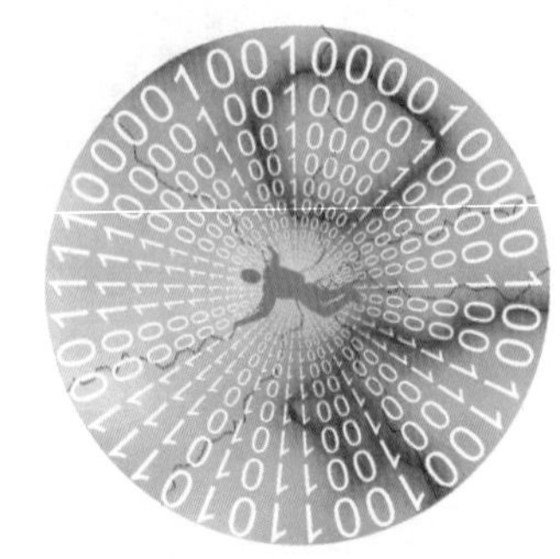

图5-106 遨游数界

操作步骤

01 在CorelDRAW X5中新建文件。

02 单击（椭圆工具）按钮，按住键盘上的Ctrl键，在绘图区中绘制一个圆形，然后将所绘制的椭圆形复制两个备用。

03 在“填充”展开工具栏中单击（底纹填充对话框）按钮，在弹出的对话框中，选择【样本7】中的【极地表面】，如图5-107所示。

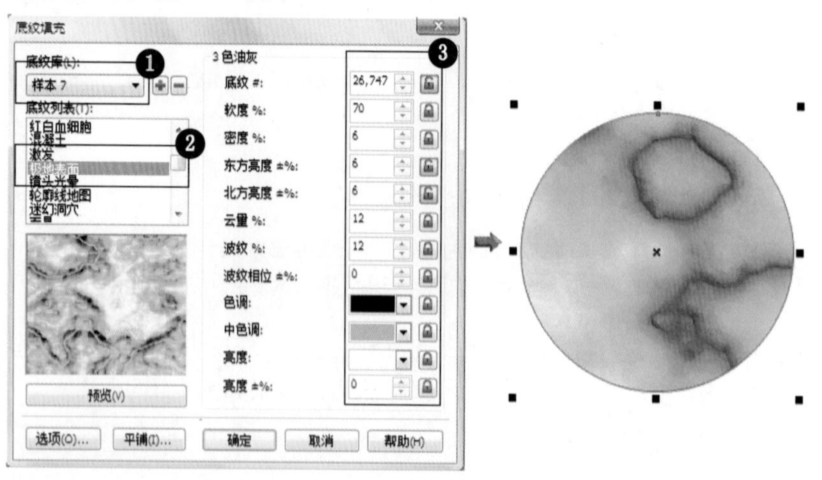

图5-107 【底纹填充】对话框

04 删除轮廓，填充效果如图5-108所示。

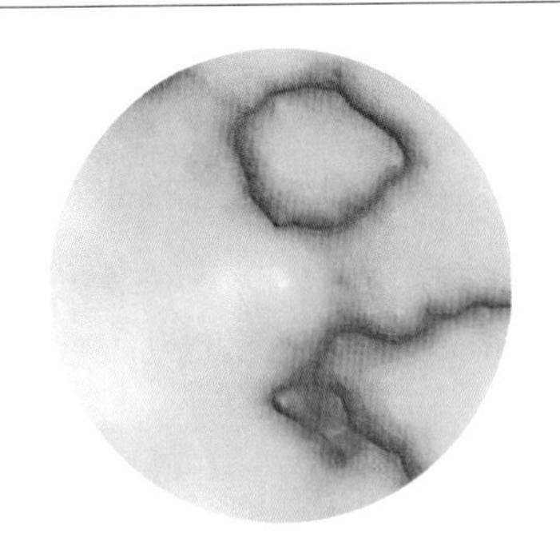

图5-108 填充效果

05 选择备用的一个圆形，单击“填充”展开工具栏中的 （PostScript填充对话框）按钮，弹出【PostScript底纹】对话框，参数设置如图5-109所示。

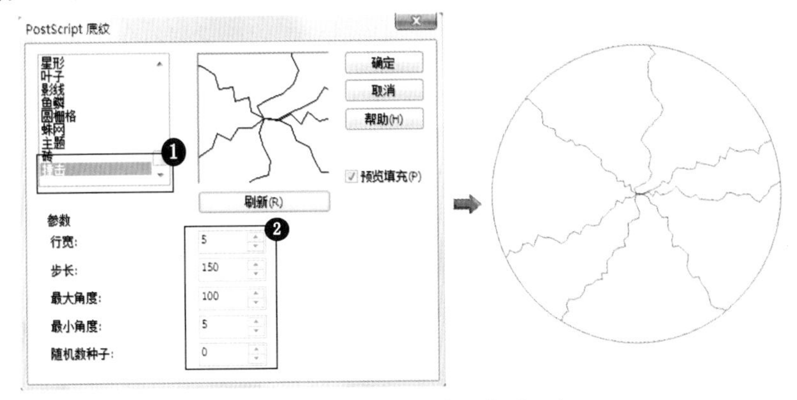

图5-109 【PostScript底纹】对话框

06 删除备份圆形的轮廓，按键盘上的Shift键，选择前面已填充的圆形，单击属性栏中的 （对齐与分布）按钮，设置中心、中心对齐，两个图形完全重叠在一起，效果如图5-110所示。

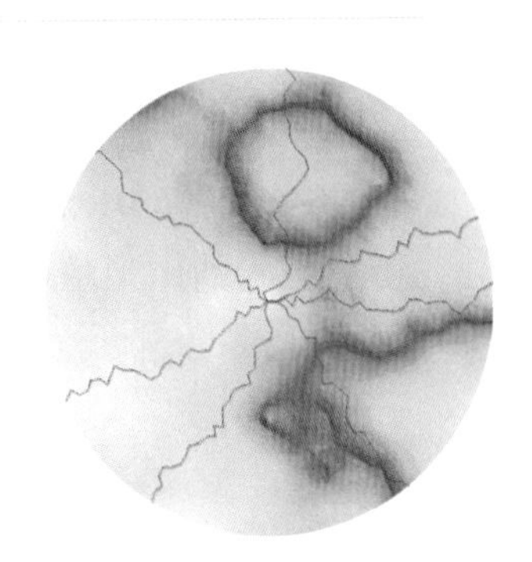

图5-110 调整后的效果

07 单击 （文本工具）按钮，输入1010111001111000010010000100000100110010 01，设置字体为Arial，字体大小为53.5pt。

08 单击菜单栏中的【文本】/【使文本适合路径】命令，鼠标指针变为形状，移动鼠标指针至另一个备份圆形中，文字呈蓝色空心显示，调整至合适的位置，单击鼠标左键，确定数字当前的形态，效果如图5-111所示。

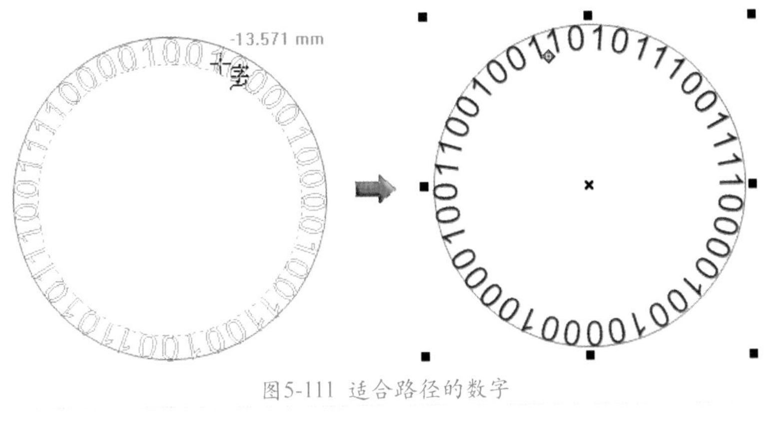

图5-111 适合路径的数字

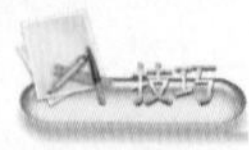

文本适合路径。移动鼠标指针至美术字上，按住鼠标右键移动至圆形上，松开鼠标右键，在弹出的快捷菜单中选择【使文本适合路径】选项，使文本适合路径。

快速调整文本与路径的距离、水平编移。移动鼠标指针至已经适合路径的文本上，按住鼠标左键不放，可直接调整文本与路径的距离，以及文本水平偏移距离。

调整水平偏移的距离。移动鼠标指针至已适合路径的文本上，按住键盘上Shift键的同时，按住鼠标左键，移动文本，仅可调整水平偏移的距离。

微调文本与路径的距离及水平偏移的距离。在调整文本的同时，按住键盘上的Alt键即可。

09 在调色板中的☒按钮上单击鼠标右键，取消轮廓。

10 按键盘上的空格键，切换为选择工具，调整数字的位置，如图5-112所示。

11 设置数字的颜色为白色。

12 按键盘上的Shift键，向中心收缩数字至合适位置，单击鼠标右键，将缩小后的数字复制，如图5-113所示。

13 按键盘上的Ctrl＋R键，重复再制数字，反复执行命令多次，编辑效果如图5-114所示。

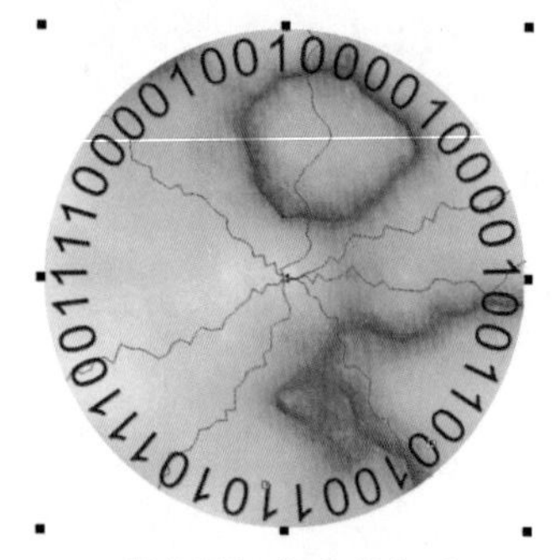

图5-112 数字的位置

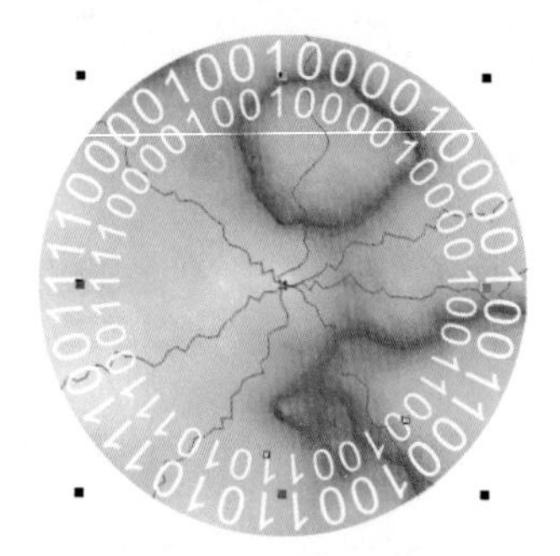

图5-113 缩小数字

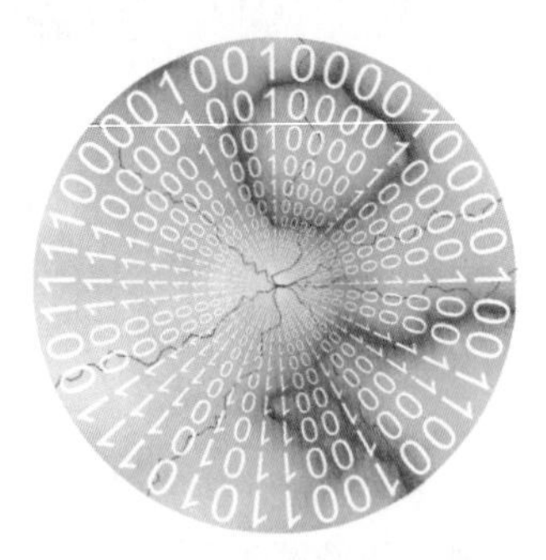

图5-114 编辑后的效果

14 导入“2006-01.cdr”文件（光盘\第5章\素材\），如图5-115所示。

15 将导入的图形填充为蓝色（CMYK：100、0、0、0），删除轮廓，调整大小及位置，如图5-116所示。

图5-115 导入的图形

图5-116 导入图形的位置

16 保存文件，命名为“遨游数界.cdr”。

实例总结

在选取美术字对象后，单击【文本】/【使文本适合路径】命令，然后在图形对象上单击鼠标，即可使美术字中的文字适合于路径。

Example 实例 63 艺术笔工具——草坪字

实例目的

本例学习将文字转为曲线，配合【形状工具】和【艺术笔工具】制作出草坪字效果，如图5-117所示。

图5-117 草坪字效果

实例要点

- ◆ 输入美术字。
- ◆ 设置字体及字体大小。
- ◆ 将美术字转换为曲线。
- ◆ 修改美术字的形态。

操作步骤

01 在CorelDRAW X5中新建文件。

02 单击工具箱中的字（文本工具）按钮，在绘图区中输入LAWN。

03 在属性栏中设置字体为Arial，字体大小为156pt，效果如图5-118所示。

图5-118 编辑字体

按键盘上的F8键，切换为文本工具，单击页面，添加美术字文本，单击并拖动鼠标可添加段落文本。

04 单击【排列】/【转换为曲线】命令，将美术字转换为曲线。

05 取消填充色，设置轮廓颜色为黑色，如图5-119所示。

06 单击工具栏中的（形状工具）按钮，选择字母L上的节点，如图5-120所示。

图5-119 编辑美术字

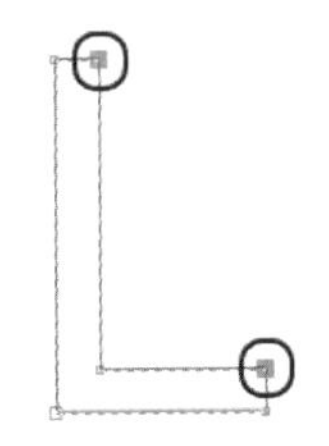

图5-120 选择节点

07 单击属性栏中的（断开曲线）按钮，分割曲线。

08 选择如图5-121所示的节点，按键盘上的Delete键，删除节点。

09 运用同样的方法，删除其余3个字母中的曲线，如图5-122所示。

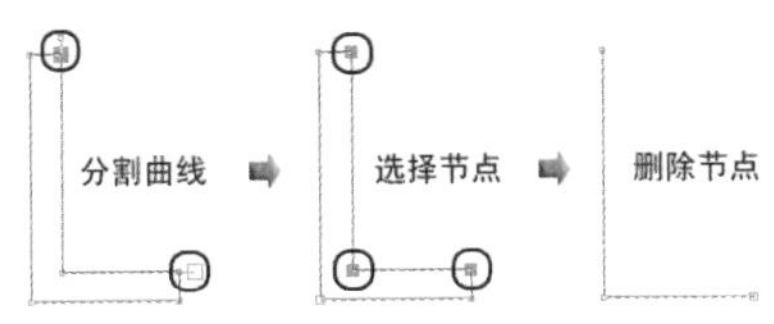

图5-121 删除节点

图5-122 编辑后的形态

10 单击菜单栏中的【排列】/【拆分】命令，拆分字母。

⑪ 选择字母L，单击“手绘”展开工具栏中的（艺术笔工具）按钮，在属性栏中单击（喷涂）按钮，参数设置如图5-123所示。

图5-123 属性栏

⑫ 单击属性栏中的（偏移）按钮，在弹出的对话框中设置【偏移】为2mm，效果如图5-124所示。

⑬ 运用同样的方法，设置其余3个字母，编辑后的效果如图5-125所示。

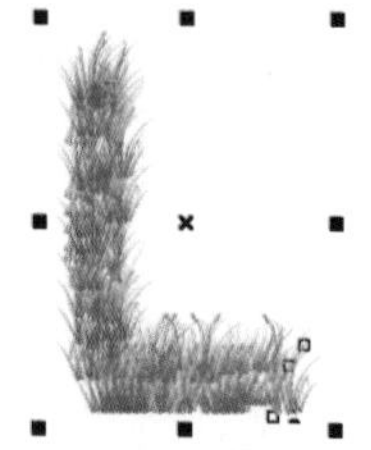

图5-124 设置后的效果

图5-125 编辑后的效果

⑭ 按键盘上的Ctrl + A键，选择全部图形，在属性栏中设置对象的高度为34.6mm，如图5-126所示。

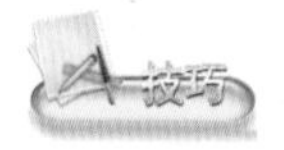

将文字转换为曲线，调整成单线型，作为艺术笔触的路径，再配合艺术笔工具中的草图案笔触，与路径附合，这种操作技巧需灵活掌握。

⑮ 运用选择工具，按住键盘上的Ctrl键，调整字母的位置，如图5-127所示。

图5-126 调整高度后的效果

图5-127 调整后的位置

⑯ 导入“草坪.jpg”文件（光盘\第5章\素材\），如图5-128所示。

⑰ 调整草坪图片的大小及位置，如图5-129所示。

图5-128 草坪图片

图5-129 调整后的位置

⑱ 选择字母，单击“交互式”展开工具栏中的（交互式阴影工具）按钮（交互式阴影工具我们将在第7章中详细讲解），设置阴影。

⑲ 在属性栏中，在【透明度操作】下拉列表中选择【正常】，设置阴影颜色为白色，效果如图5-130所示。

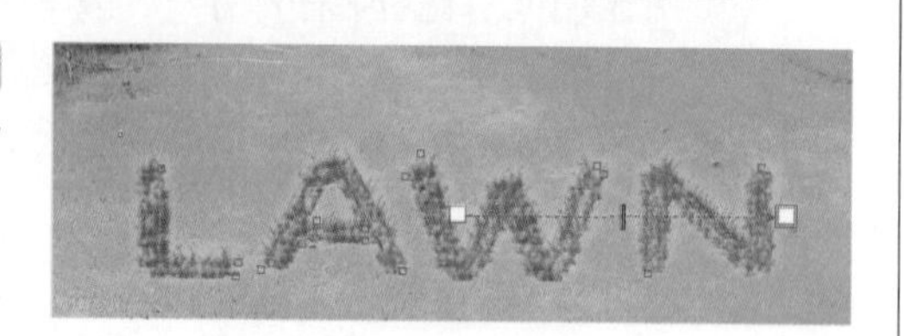

图5-130 调整后的效果

⑳ 保存文件，命名为“草坪字.cdr”。

实例总结

本例制作的草坪字效果主要运用了【文本工具】和【艺术笔工具】，读者在制作时应重点掌握文本转换为曲线后的调整部分。

Example 实例 64 文字转换为曲线——亮点

实例目的

通过“亮点”实例的制作，学习快速打开字体列表的操作方法，“亮点”效果如图5-131所示。

图5-131 亮点效果

实例要点

- 输入文字。
- 将文字转换为曲线。
- 运用形状工具，调整文字的形态。
- 绘制圆形并填充颜色。

操作步骤

01 在CorelDRAW X5中新建文件。

02 单击工具箱中的字（文本工具），在绘图区中单击鼠标左键，按键盘上的Ctrl + Shift + F键，弹出字体列表，如图5-132所示。

03 选择“文鼎中特广告体”，设置字体大小为195pt，然后输入“亮点”，如图5-133所示。

插入光标

T 宋体

图5-132 字体列表

图5-133 编辑后的效果

运用文本工具，在合适的位置单击，出现插入光标，按键盘上的Ctrl + Shift + F键，会显示一包含所有可用/活动字体的列表，即字体列表。

04 单击属性栏中的（转换为曲线）按钮，将文字转换为曲线。

05 运用（形状工具），调整文字的形态，如图5-134所示。

06 选择工具箱中的（椭圆工具），按住键盘上的Ctrl键，绘制一个圆形，位置如图5-135所示。

图5-134 调整后的形态　　图5-135 绘制圆形

07 按键盘上的F11键，在弹出的对话框中设置参数，如图5-136所示。

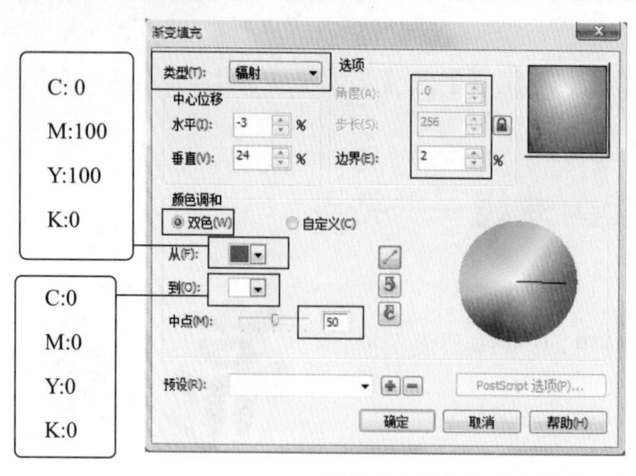

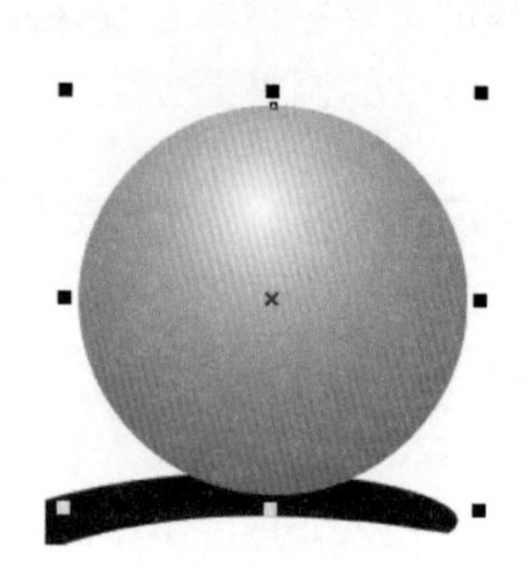

图5-136 【渐变填充】对话框

标志制作完成，最终效果如图5-137所示。

08 保存文件，命名为“标志二.cdr”。

实例总结

本例综合运用【文字工具】、【形态工具】和【椭圆工具】制作出“亮点”图形，重点掌握文本工具的使用。

图5-137 最终效果

Example 实例 65 字符格式化——黑板

实例目的

本例学习在【字符格式化】对话框中设置文字的位置，以及将文本样式更改为粗体和斜体，黑板效果如图5-138所示。

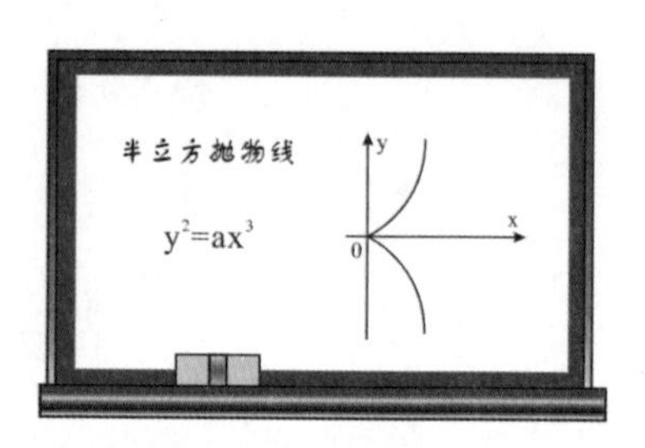

图5-138 黑板效果

实例要点

- ◆ 绘制黑板。
- ◆ 绘制黑板刷。
- ◆ 输入美术字。
- ◆ 编辑文本位置。

操作步骤

01 在CorelDRAW X5中新建文件。

02 运用工具箱中的（矩形工具）工具，绘制两个矩形，位置如图5-139所示。

03 选择（智能填充工具）按钮，在属性栏中设置参数，如图5-140所示。

图5-139 绘制矩形　　图5-140 属性栏

04 创建新的图形，如图5-141所示。

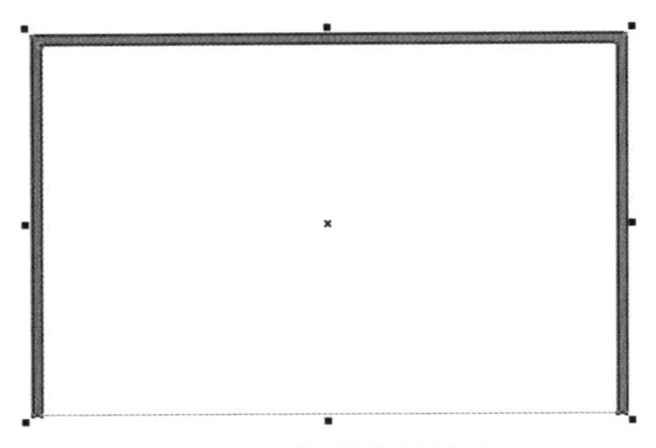

图5-141 新创建的图形

05 在“填充”展开工具栏中单击（渐变填充）按钮，在弹出的对话框中设置参数，如图5-142所示。

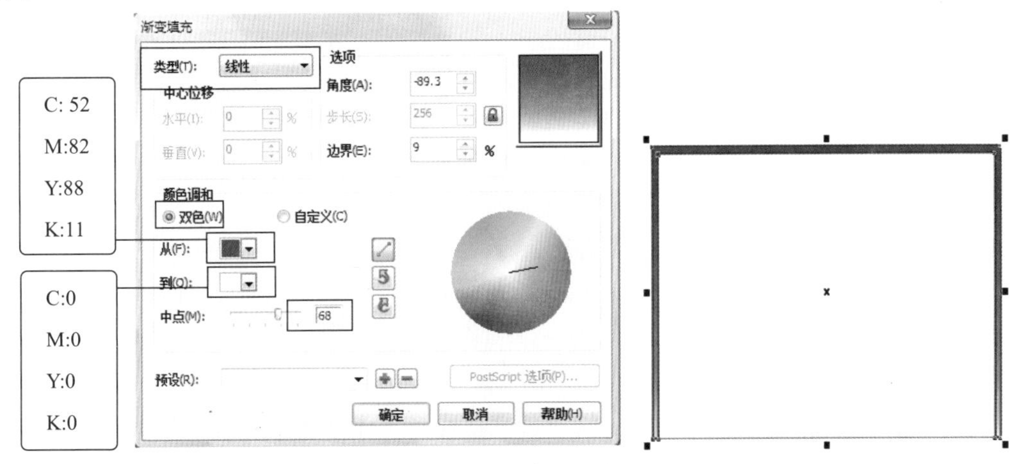

图5-142 【渐变填充】对话框

06 选择内侧的矩形，填充为深绿色（CMYK：100、65、100、0），删除轮廓，将矩形缩小复制一个，填充为白色，位置如图5-143所示。

07 再运用（矩形工具），在黑板的底部绘制一个矩形，位置如图5-144所示。

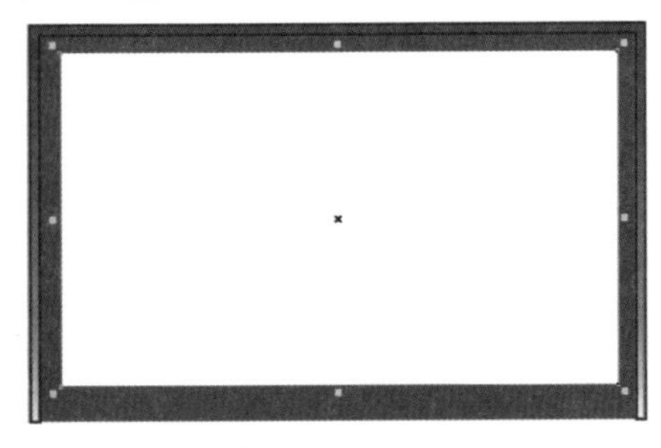

图5-143 复制图形的位置

图5-144 绘制矩形

08 按键盘上的F11键，在弹出的【渐变填充】对话框中设置参数，如图5-145所示。

制作黑板刷

09 继续运用（矩形工具）工具，绘制两个矩形，矩形位置如图5-146所示。

10 选择外侧的矩形，填充为淡蓝色（CMYK：36、0、0、0），设置轮廓宽度为0.35mm，如图5-147所示。

11 选择小矩形，设置其轮廓宽度为 0.5mm，按键盘上的F11键，在【渐变填充】对话框中设置参数，如图5-148所示。

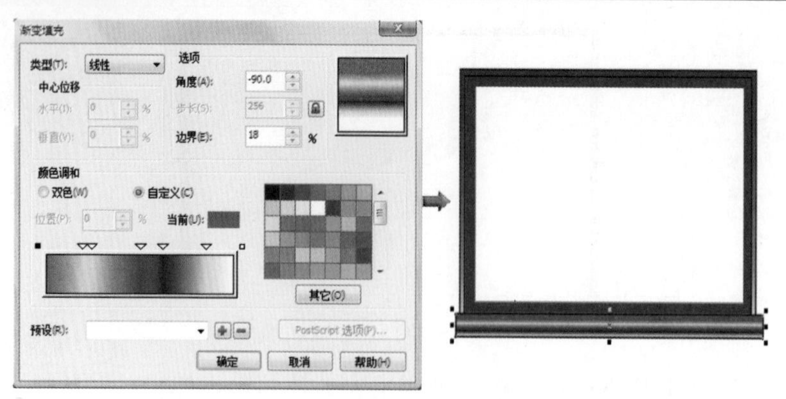

图5-145 【渐变填充】对话框

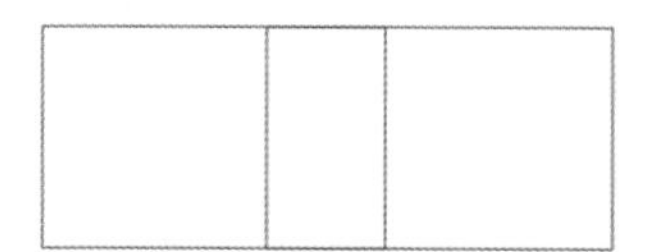

图5-146 绘制矩形

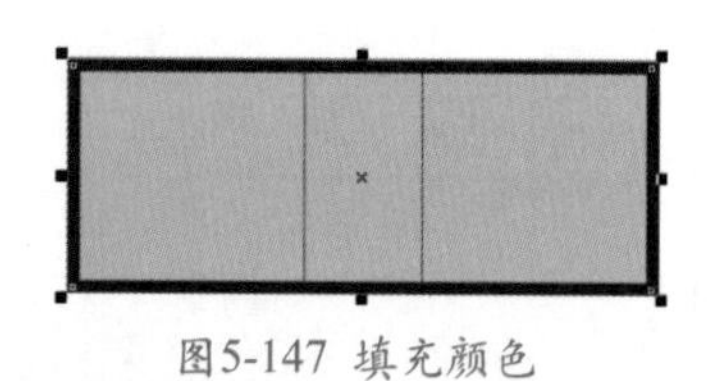

图5-147 填充颜色

图5-148 【渐变填充】对话框

⑫ 选择黑板刷图形，调整其位置，如图5-149所示。

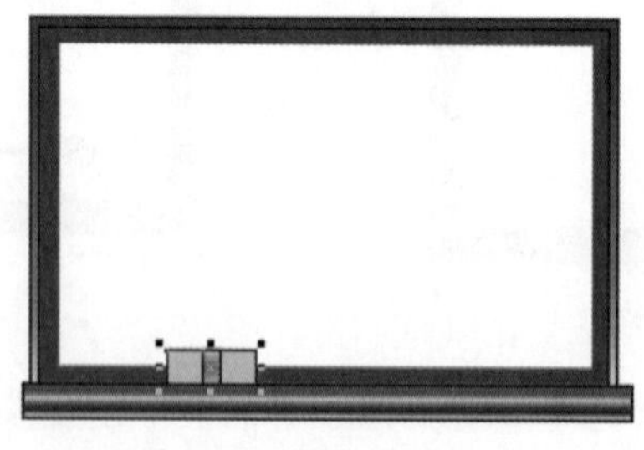

图5-149 调整后的位置

⑬ 运用（手绘工具），按住键盘上的Ctrl键，绘制一条直线，在属性栏中，设置轮廓宽度为0.35mm，在【终止箭头选择器】中选择如图5-150所示的箭头。

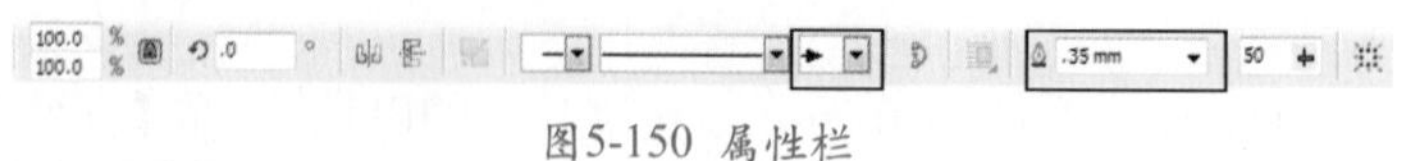

图5-150 属性栏

⑭ 将直线复制一条，设置旋转角度为90，然后运用（贝塞尔工具）绘制如图5-151所示的曲

线，轮廓宽度与直线宽度相同。

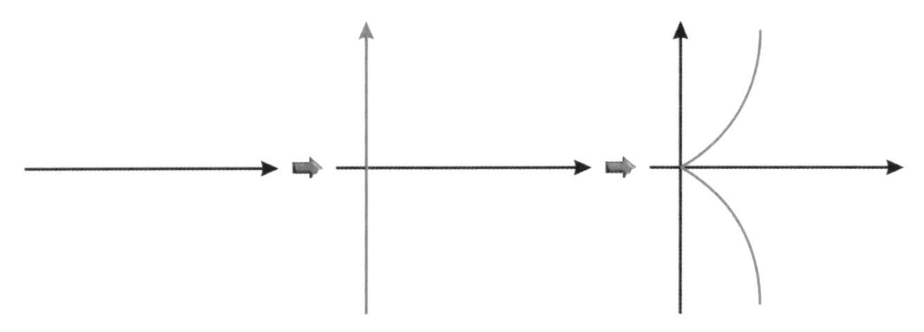

图5-151 绘制图形

⑮ 选择字（文本工具），分别输入y、x、0。调整大小及位置，如图5-152所示。

⑯ 单击菜单栏中的【编辑】/【全选】/【文本】命令，选择文本，然后单击属性栏中的B（粗体）按钮，将文本样式更改为粗体，效果如图5-153所示。

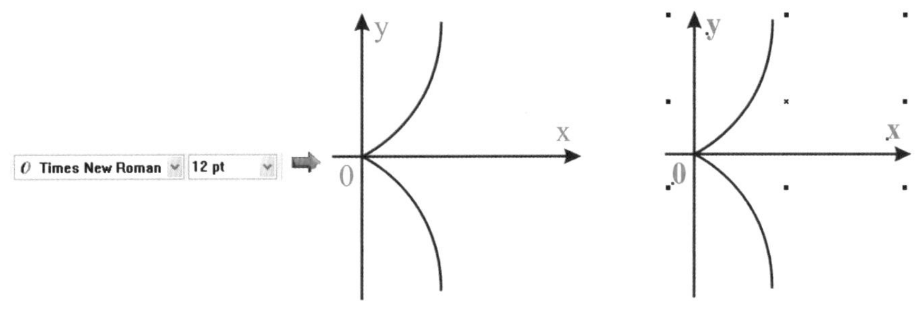

图5-152 输入美术字　　图5-153 加粗文本后的效果

可以按键盘上的Ctrl + Shift + A键，快速选择绘图中的所有文本。

按键盘上的Ctrl + B键，可将文本样式更改为粗体。

⑰ 再运用字（文本工具）输入“半立方抛物线”，位置如图5-154所示。

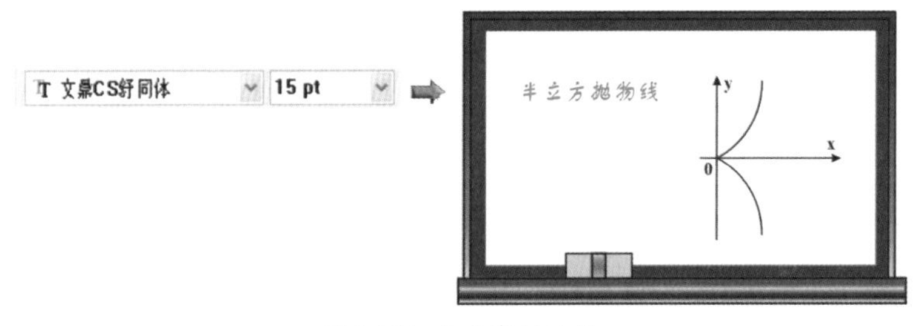

图5-154 美术字的位置

⑱ 继续运用字（文本工具），输入y2 = ax3，然后设置字体为Times New Roman，字体大小为18pt，如图5-155所示。

Times New Roman　18 pt　➡ y2=ax3

图5-155 输入美术字

⑲ 移动鼠标指针至2前，按住鼠标左键拖曳至2后选择2，使2处于可编辑状态，如图5-156所示。

y2=ax3

图5-156 选取2

移动鼠标指针至2前，按住键盘上的Shfit键的同时，按键盘上的右方向键，也可选取2。

⑳ 单击属性栏中的（字符格式化）按钮，弹出【字符格式化】对话框，在【位置】右侧的下拉列表中选择【上标】选项，如图5-157所示。

㉑ 运用同样的方法，选取3，编辑为上标，效果如图5-158所示。

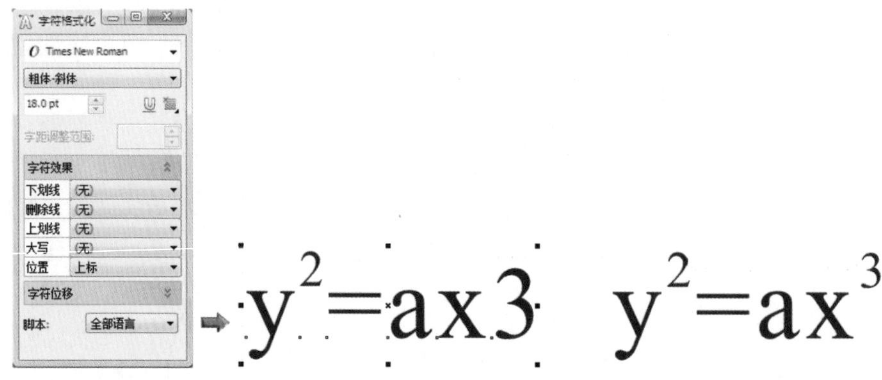

图5-157 编辑后的效果1　　图5-158 编辑后的效果2

㉒ 单击属性栏中的（粗体）按钮，将美术字加粗，然后再单击（斜体）按钮，倾斜文本，效果如图5-159所示。

图5-159 编辑后的效果3

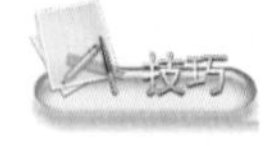

编辑文字。移动鼠标指针至选取的文字上，单击鼠标右键，可弹出【字符格式化】对话框，编辑文字。

按键盘上的Ctrl + I键，可将文本样式更改为斜体。

㉓ 调整美术字的位置，如图5-160所示。

㉔ 保存文件，命名为“黑板.cdr”。

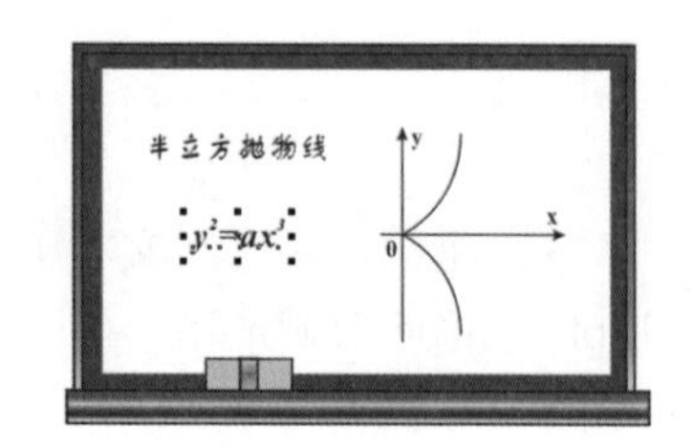

图5-160 调整后的位置

实例总结

通过在【字符格式化】对话框中设置文字的位置，可以很方便地设置上标或下标。在文本工具状态下选择文字后，在【字符格式化】对话框中【位置】右侧的下拉列表中选择【上标】选项，即可将选择的文字设置为上标。

Example 实例 66 文本工具——便签

实例目的

学习了前面的范例，现在读者自己动手绘制一张“便签”图形，效果如图5-161所示。

实例要点

◆ 运用【贝塞尔工具】绘制纸轮廓，填充为（CMYK：2、0、7、0）。

◆ 将纸图形复制一个，调整到图层后面，填充为20%黑（CMYK：0、0、0、20）。

◆ 绘制圆形，填充为从红色（CMYK：0、100、100、0）到白色的射线渐变色。

◆ 运用【文本工具】输入“星期一：英语考试”、“星期五：数学测验”内容，设置字体为华文行楷，字体大小为24pt。

图5-161 便签效果

Example 实例 67 贝塞尔工具——卡通温度计

实例目的

通过前面的学习，读者自己动手绘制一个“卡通温度计”图形，“卡通温度计”的效果如图5-162所示。

实例要点

◆ 打开“绵羊.cdr”文件（光盘\第3章）。

◆ 选择全部图形，单击属性栏中的【创建一个选择对象的边界】按钮，创建一个对象边界，设置轮廓宽度为3mm。

◆ 将绵羊头部的完美图形填充为绿色（CMYK：100、0、100、0），然后在其上方绘制一个圆形，并填充为白色。

◆ 将绵羊角填充为玉米色（CMYK：0、25、90、0）。

◆ 运用【贝塞尔工具】和【智能填充工具】制作出绵羊的衣服，填充为霓虹粉（CMYK：0、100、60、0）。

◆ 运用【椭圆工具】和【矩形工具】绘制出温度计中间的柱。

◆ 运用【贝塞尔工具】绘制温度表上的刻度。

◆ 选择【文本工具】制作出刻度文字。

图5-162 卡通温度计效果

Example 实例 68 艺术笔工具——卡通菜单

实例目的

学习了前面的范例，现在读者自己动手绘制出一幅“卡通菜单”图形，效果如图5-163所示。

实例要点

◆ 运用【艺术笔工具】，单击属性栏中的【画笔工具】，在属性栏的笔触列表中选择合适的艺术笔触，在绘图区中随意绘制。

◆ 运用【文本工具】输入“卡通菜单”，设置字体为文鼎中特广告体，字体大小66pt，排列方向为竖排。

◆ 分别导入“蛋炒饭.cdr”、“皮萨.cdr”、“寿司.cdr”、“奶酪.cdr”、“饮料.cdr”文件（光盘\第5章\素材），调整到相应位置，输入对应的美术字，字体为文鼎中特广告体，字体大小35pt。

图5-163 卡通菜单效果

Example 实例 69 智能填充工具——标识牌

实例目的

学习了前面的范例，现在读者自己动手绘制出一个“标识牌”图形，效果如图5-164所示。

图5-164 标识牌效果

实例要点

◆ 设置页面的长度为500mm，高度为150mm。

◆ 在绘图区的上方绘制一个与页面长度相同的矩形，运用【贝塞尔工具】和【智能填充工具】绘制出背景，左侧填充为10%黑（CMYK：0、0、0、10），右侧填充为（CMYK：25、13、8、1）。

◆ 导入“标志设计一.cdr”文件（光盘\第5章\素材），调整导入图形的位置到页面的左上方。

◆ 运用【文本工具】输入Corporate Planning Dept.、企划部，完成制作。

第6章　对象的排列与组合

本章主要结合前面的实例，使读者熟悉对象的对齐、分布、排列、群组，以及结合对象、拆分对象和锁定、解锁、接合、相交、修剪、简化等操作技法。

Example 实例 70　对齐与分布——书签

实例目的

本例讲解运用【对齐与分布】对话框设置两个或多个对象按指定方式对齐对象的操作方法。书签效果如图6-1所示。

实例要点

- 绘制矩形。
- 导入枫叶图形。
- 绘制曲线。
- 制作艺术笔触效果。
- 输入文字。

图6-1 书签效果

操作步骤

01 在CorelDRAW X5中新建文件。

02 运用（矩形工具）绘制两个矩形，位置如图6-2所示。

03 选择外侧的矩形，填充为淡蓝色（CMYK：18、1、2、0）；将内侧的矩形填充为白色；设置两个矩形的轮廓颜色均为青色（CMYK：100、0、0、0），效果如图6-3所示。

04 导入“枫叶.cdr”文件（光盘\第6章\练习），如图6-4所示。

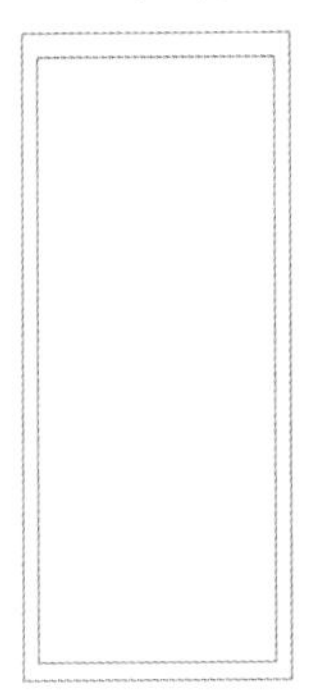

图6-2 绘制矩形

图6-3 填充颜色

图6-4 导入图形

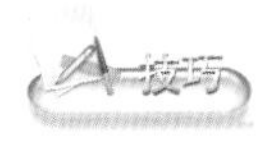

除了通过选择【文件】/【导入】命令和单击标准工具栏中的（导入）按钮导入对象外，还可按键盘上的Ctrl + I键，快速打开【导入】对话框，导入文本或对象。

05 调整导入图形的大小及位置，如图6-5所示。

06 将导入的图形复制多个，调整形态及位置，如图6-6所示。

07 选择工具箱中的（椭圆工具），按住键盘上的Ctrl键，在书签上部绘制一个圆形，如图6-7所示。

图6-5 调整后的位置　　图6-6 复制后的位置　　图6-7 绘制圆形

08 确认圆形处于选择状态，按住键盘上的Shift键，选择白色矩形，圆形和白色矩形同时处于选择状态，如图6-8所示。

09 单击属性栏中的（对齐与分布）按钮，弹出【对齐与分布】对话框，勾选中(C)复选框，单击应用按钮，使选择的图形水平居中对齐，效果如图6-9所示。

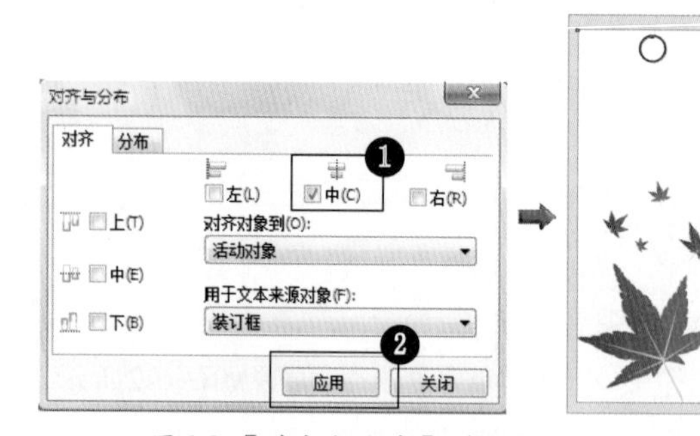

图6-8 选择图形　　图6-9【对齐与分布】对话框

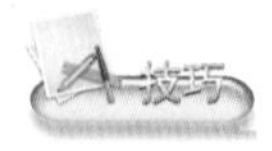

水平居中对齐。选择要对齐的对象，按住键盘上的Shift键选择欲对齐的对象，按键盘上的C键，所选择的对象水平居中对齐。

10 单击关闭按钮，关闭【对齐与分布】对话框。

11 选择圆形，将轮廓颜色设置为30%黑（CMYK：0、0、0、30）。

12 运用（贝塞尔工具）绘制如图6-10所示的曲线。

13 确认曲线处于选择状态，在“曲线”展开工具栏中单击（艺术笔工具）按钮，在属性栏中单击（预设）按钮，参数设置如图6-11所示。

14 将曲线转换为艺术笔触效果，然后将其填充为红色（CMYK：0、100、100、0），效果如图6-12所示。

图6-10 绘制曲线　　图6-11 属性栏　　图6-12 调整后的效果

⑮ 运用字（文本工具），在书签的中上方输入“枫叶”，如图6-13所示。

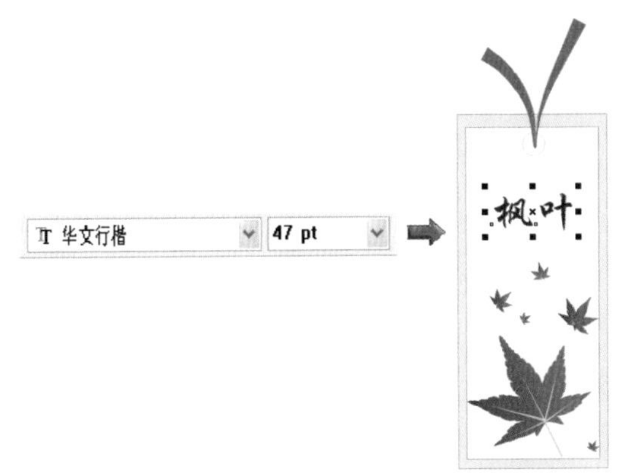

图6-13 输入文字

⑯ 按键盘上的Ctrl+A键，选择全部图形，单击属性栏中的（群组）按钮，将图形群组。

⑰ 单击【排列】/【对齐和分布】/【在页面居中】命令，使群组对象与页面中心对齐，效果如图6-14所示。

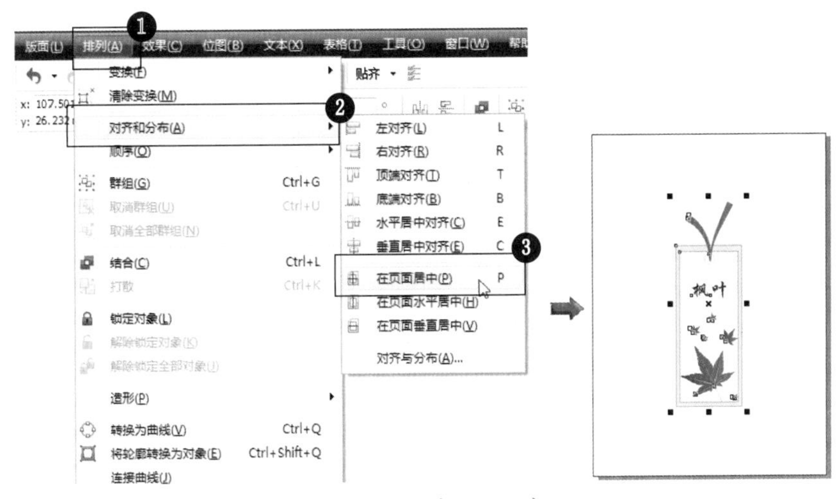

图6-14 对象在页面居中

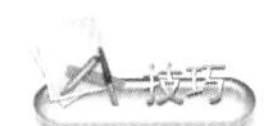

按键盘上的P键，即可使选择的对象与页面中心对齐。

⑱ 保存文件，命名为“书签.cdr”。

实例总结

运用【矩形工具】、【贝塞尔工具】、【艺术笔工具】绘制出书签图形，重点掌握【对齐与分布】对话框的设置方法。

Example 实例 71 对齐与分布——益智园

实例目的

学习【排列】/【对齐和分布】菜单中分布对象命令的操作，益智园效果如图6-15所示。

实例要点

- 导入图形。
- 水平均匀分布对象。
- 绘制圆角矩形。
- 输入美术字。
- 绘制艺术图形。

图6-15 益智园效果

操作步骤

01 在CorelDRAW X5中新建文件。

02 导入“太阳花.cdr”（即向日葵）文件（光盘\第6章\素材\），如图6-16所示。

03 调整导入图形的大小及位置，如图6-17所示。

图6-16 导入图形

图6-17 导入图形的位置

04 确认导入的图形处于选择状态，按键盘上的+键6次，按键盘上的向右方向键，向右调整最后一次复制图形的位置，如图6-18所示。

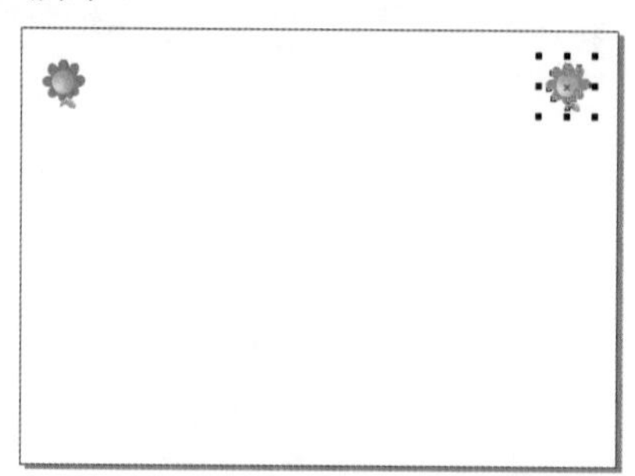

图6-18 调整后的位置

调整图形的位置。选择需要调整位置的图形，按住键盘上Shift键的同时，按向右方向键，对象以单独按方向键10倍的增量移动，即如果按键盘上的方向键，对象将按0.1英寸的增量移动，那么按住键盘上Shift键的同时，按键盘上的方向键，对象将以1英寸的增量移动。

05 选择全部图形，单击【排列】/【对齐和分布】/【对齐与分布】命令，在弹出的【对齐与分布】对话框中，单击【分布】选项卡，勾选☑间距(P)复选框，然后单击应用(A)按钮，向日葵对象水平居中对齐且在水平方向上均匀分布，如图6-19所示。

按键盘上的Shift + P键，将在选定的对象间水平分散排列间距。

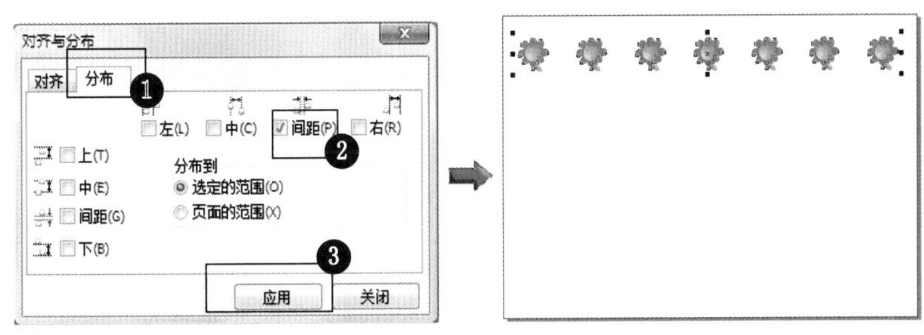

图6-19 均匀分布对象

06 按键盘上的Ctrl + A键，选择全部图形，按键盘上的+键，将其复制一组，调整到如图6-20所示的位置。

07 导入“宝宝.cdr”文件（光盘\第6章\素材\），如图6-21所示。

08 调整宝宝图形的大小及位置，如图6-22所示。

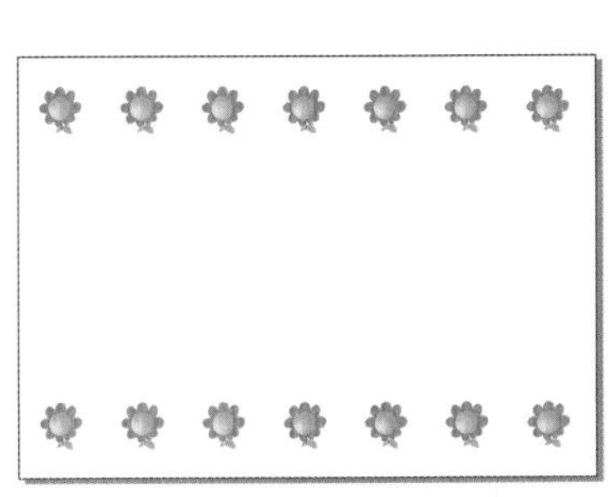

图6-20 复制后的位置

图6-21 导入图形

图6-22 调整后的位置

09 选择（矩形工具），在属性栏中设置参数，如图6-23所示。

10 设置完成后，绘制一个圆角矩形，如图6-24所示。

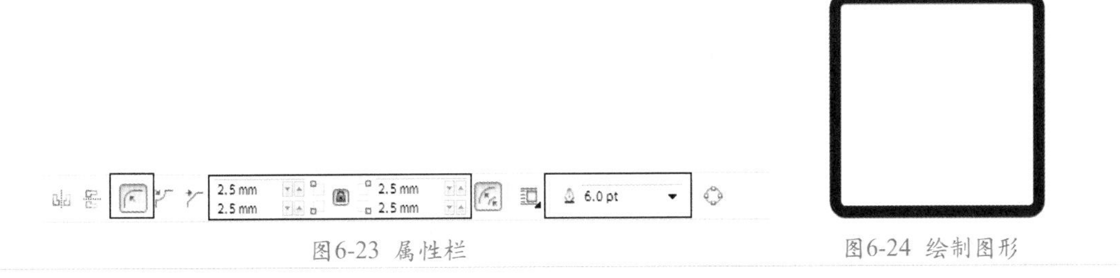

图6-23 属性栏

图6-24 绘制图形

11 确认圆角矩形处于选择状态，设置其轮廓颜色为青色（CMYK：100、0、0、0）。

12 单击字（文本工具），在矩形框中输入“益”字，填充为红色；在属性栏中设置参数，如图6-25所示。

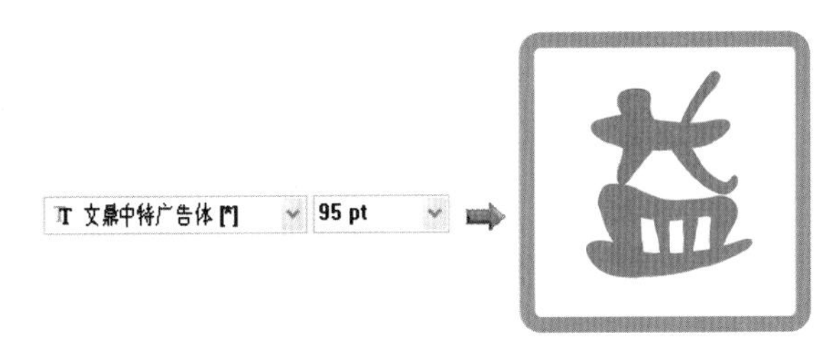

图6-25 输入美术字

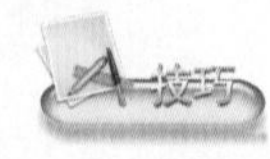

在“颜色”展开工具栏中单击【颜色泊坞窗】按钮，打开颜色泊坞窗。设置颜色后，既可将颜色填充给选择的对象，又可设置对象的轮廓颜色。

⑬ 选择圆角矩形和文字，旋转合适的角度，调整位置，如图6-26所示。

⑭ 将图形复制两个，旋转合适的角度，修改文字分别为“智”和“园”，将“智”字填充为深粉红（CMYK：0、65、80、0），其外侧圆角矩形的轮廓颜色设置为绿色（CMYK：100、0、100、0）；将“园”字填充为青色（同“益”字外侧的圆角矩形的颜色），其外侧圆角矩形的轮廓颜色设置为红色（同“益”字的颜色），效果如图6-27所示。

图6-26 调整后的位置

图6-27 编辑后的效果

⑮ 按键盘上的I键，切换为艺术笔工具，单击属性栏中的（画笔）按钮，参数设置如图6-28所示。

图6-28 属性栏

⑯ 设置完成后，按住鼠标拖曳，绘制出如图6-29所示的图形。

⑰ 单击【排列】/【顺序】/【到图层后面】命令，将艺术图形调整到后面，效果如图6-30所示。

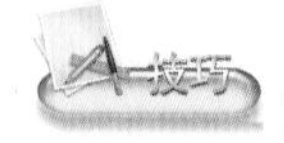

在确认图形处于选择状态的情况下，按键盘上的Shift + PageDown组合键，即【到图层后部】命令的快捷键，可快速将图形调整到后部。

⑱ 最后导入“小蝴蝶.cdr”文件（光盘\第6章\素材），如图6-31所示。

图6-29 绘制图形

图6-30 调整后的效果

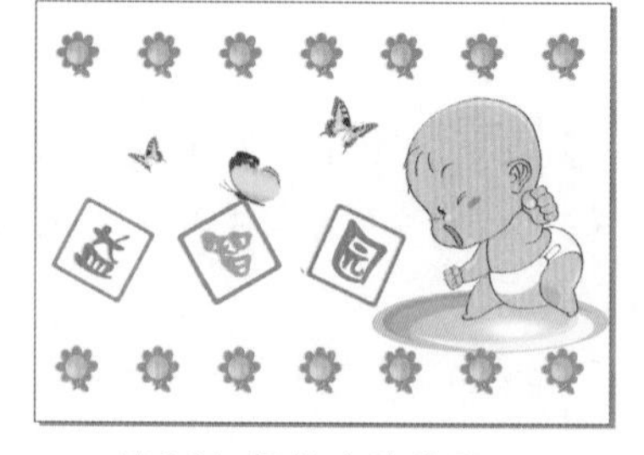

图6-31 调整后的效果

⑲ 保存文件，命名为“益智园.cdr”。

实例总结

本例主要讲解分布对象的操作方法，可以将两个或多个对象按指定的条件均匀分布。

Example 实例 72 结合——陀螺

实例目的

当结合的对象有重叠，且重叠处的对象为偶数时，在对象结合后，重叠的部分将变为空白。本例以陀螺为例，介绍【排列】/【结合】命令的操作方法，陀螺效果如图6-32所示。

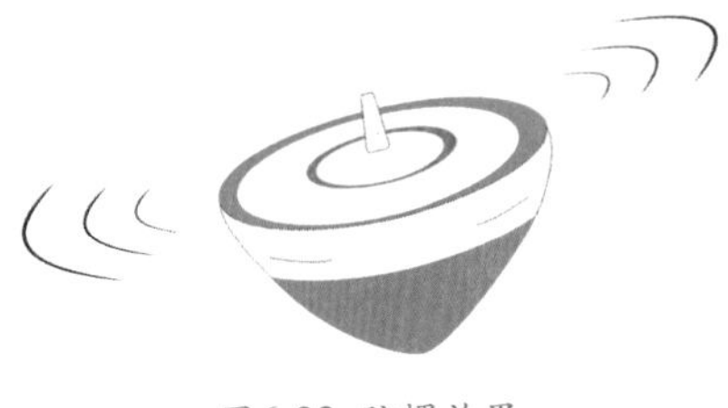

图6-32 陀螺效果

实例要点

- ◆ 绘制陀螺轮廓。
- ◆ 结合对象。
- ◆ 缩小复制对象。
- ◆ 镜像复制对象。

操作步骤

01 在CorelDRAW X5中新建文件。

02 运用（贝塞尔工具），绘制如图6-33所示的图形。

03 选择（椭圆工具），绘制一个椭圆形，调整其位置，陀螺的轮廓绘制完成，如图6-34所示。

04 再选择（贝塞尔工具)，绘制一条曲线，位置如图6-35所示。

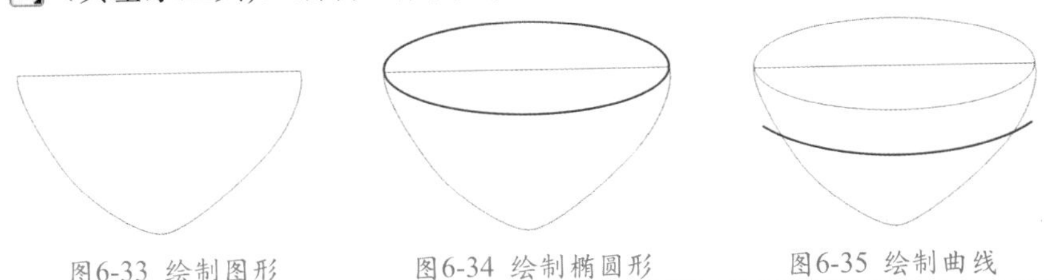

图6-33 绘制图形　　图6-34 绘制椭圆形　　图6-35 绘制曲线

05 单击（智能填充工具），填充如图6-36所示的图形。

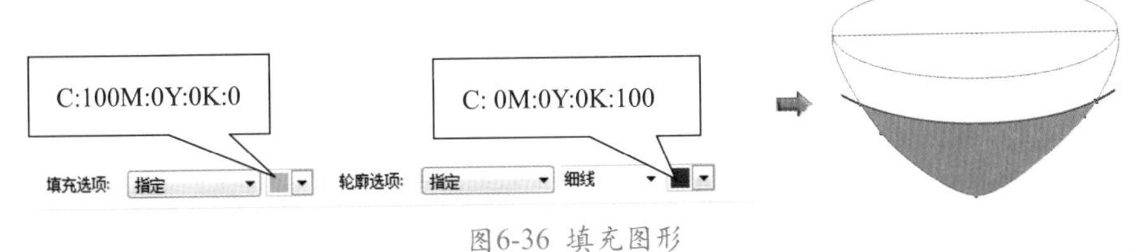

图6-36 填充图形

06 在属性栏中，在填充选项右侧的下拉列表中选择【无填充】选项，其他设置如图6-37所示。

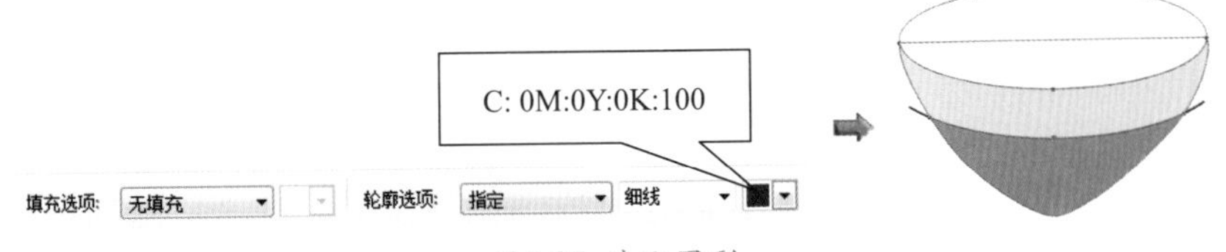

图6-37 选取图形

07 选择前面第2步和第4步操作中绘制的图形，按键盘上的Delete键，将其删除。

08 再运用（贝塞尔工具），绘制两条曲线，如图6-38所示。

09 选择椭圆形，将其填充为绿色（CMYK：100、0、100、0）。

10 运用缩小复制的方法，将椭圆形复制一个，位置如图6-39所示。

⑪ 选择两个椭圆形，单击【排列】/【结合】命令，结合对象，效果如图6-40所示。

图6-38 绘制曲线

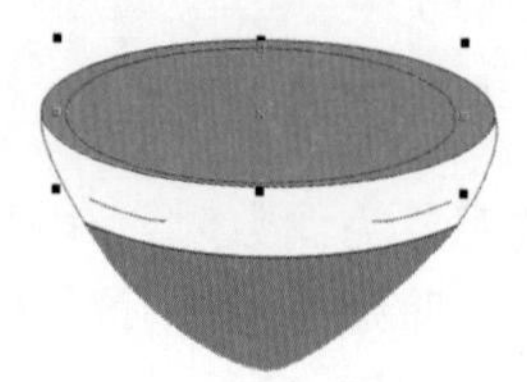
图6-39 复制后的位置

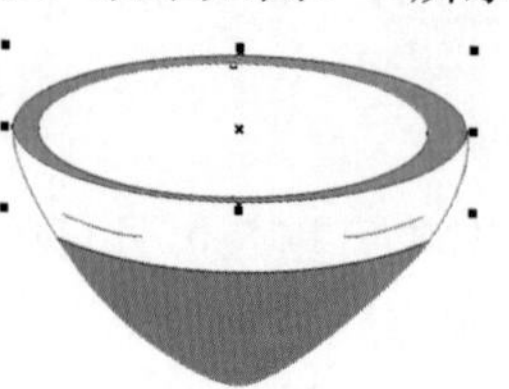
图6-40 结合对象

选择需要结合的对象，单击鼠标右键，在弹出的菜单中选择【结合】命令，即可结合对象。

⑫ 运用缩小复制的方法，将结合的对象复制一组，位置如图6-41所示。

⑬ 单击工具箱中的（贝塞尔工具），绘制如图6-42所示的图形，然后将其填充为白色。

⑭ 按键盘上的Ctrl + A键，选择全部图形，在属性栏中设置旋转角度为11.8，效果如图6-43所示。

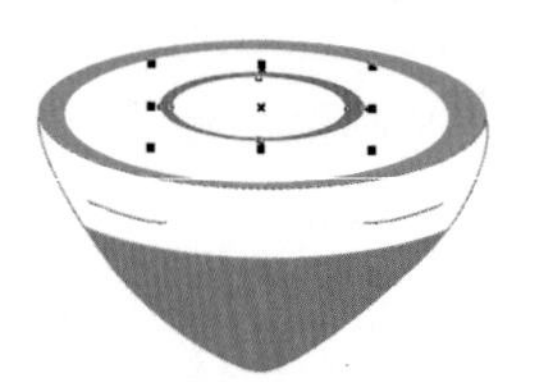
图6-41 复制后的位置

图6-42 绘制图形并填充颜色

图6-43 旋转后的效果

⑮ 继续运用（贝塞尔工具），绘制如图6-44所示的图形，并填充为黑色。

⑯ 将绘制的图形镜像复制一组，调整形态及位置，如图6-45所示。

图6-44 绘制图形

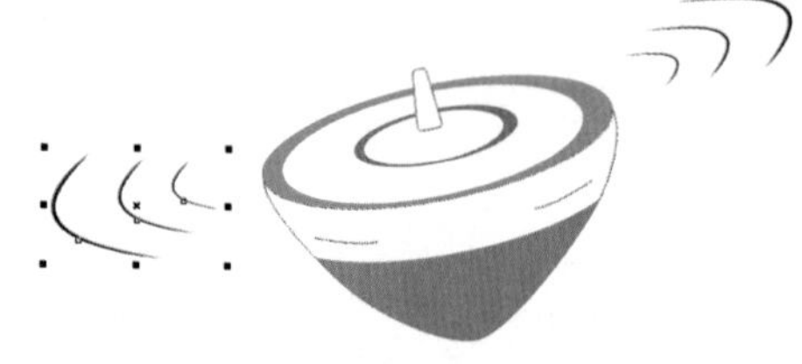
图6-45 复制后的位置

⑰ 保存文件，命名为“陀螺.cdr”。

实例总结

结合对象操作可以将多个对象结合为一个单独的对象，与群组对象不同的是，群组对象内每个对象依然相对独立，保留着原有的属性，如颜色、形状等，而结合的对象将成为一个整体，不再具有原有的属性。

Example 实例 73 接合——小熊憨憨

实例目的

对象的接合就是将两个对象接合为一个对象，本例通过“小熊憨憨”实例的制作，讲解菜单栏【排列】/【造型】/【接合】命令的使用方法，小熊憨憨效果如图6-46所示。

实例要点

- ◆ 接合图形。
- ◆ 渐变填充。
- ◆ 智能指定填充。
- ◆ 运用【艺术笔工具】工具绘制草。

图6-46 小熊憨憨效果

操作步骤

01 在CorelDRAW X5中新建文件。

绘制小熊的头部

02 在绘图区中，分别绘制两个圆形和两个椭圆形，调整其位置，如图6-47所示。

03 选择（基本形状）工具，在属性栏中单击（完美形状）按钮，选择形状，在绘图区中绘制一个梯形，然后运用（形状工具）调整其形态，如图6-48所示。

04 按键盘上的Ctrl + A键，选择图形，单击属性栏中的（接合）按钮，接合图形，效果如图6-49所示。

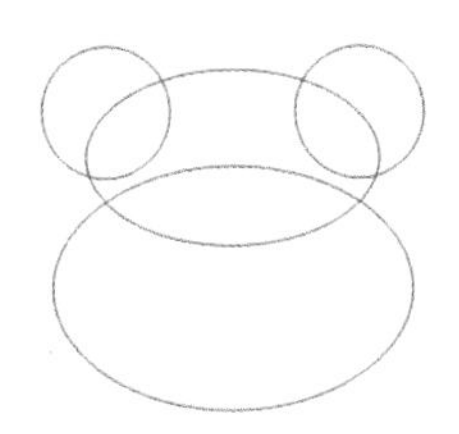
图6-47 绘制椭圆形

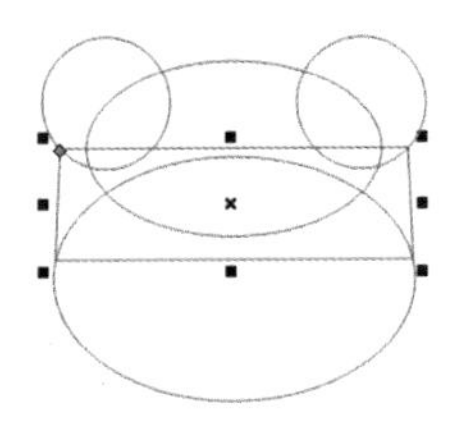
图6-48 绘制梯形

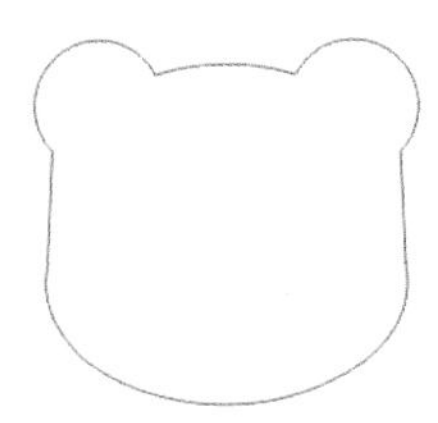
图6-49 接合后的效果

选择需要接合的对象，单击鼠标右键，在弹出的菜单中选择【接合】命令即可。

05 运用（椭圆工具）绘制一个椭圆形，位置如图6-50所示。

06 单击属性栏中的（弧）按钮，设置起始和结束角度分别为0、180，效果如图6-51所示。

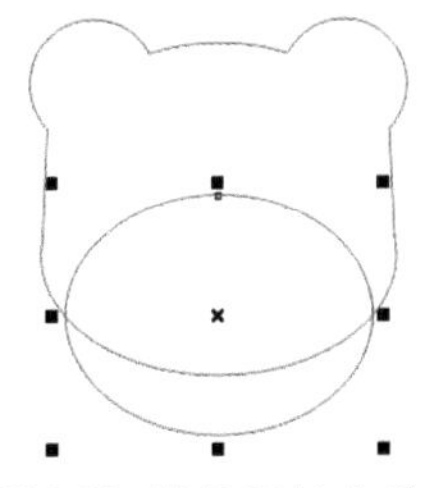
图6-50 椭圆形的位置

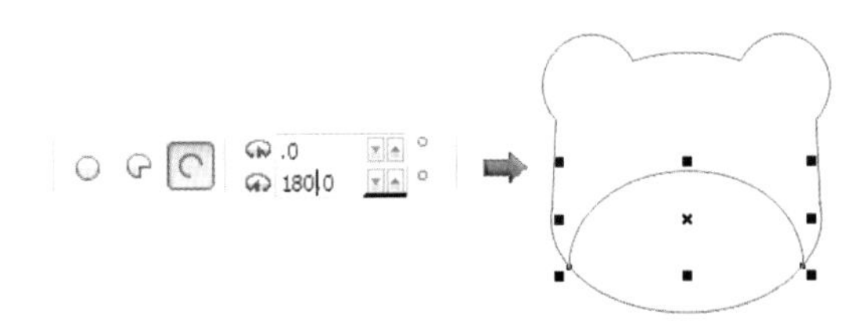

图6-51 弧形形态

绘制身体

07 继续在如图6-52所示的位置绘制一个椭圆形。

08 在属性栏中单击（弧）按钮，设置起始和结束角度分别为137、242，形态如图6-53所示。

09 将弧形水平镜像复制一个，调整至如图6-54所示的位置。

选择（形状工具），移动鼠标指针至椭圆形的节点上，按住鼠标左键向外移动，可将圆形调整成弧形。

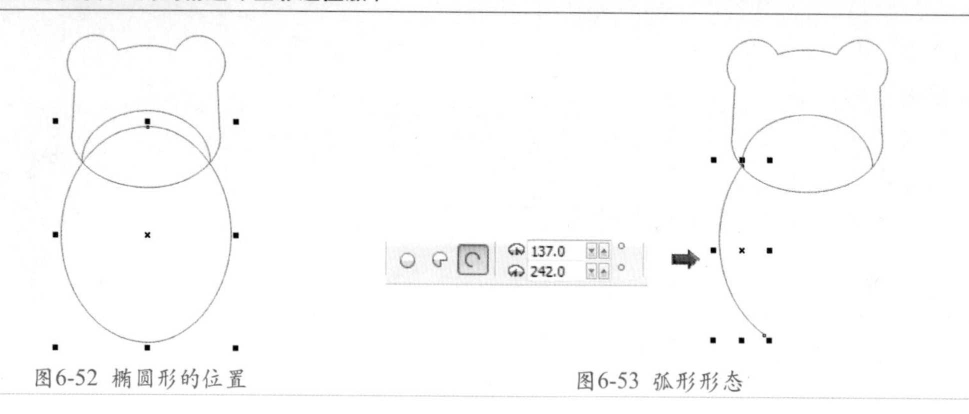

图6-52 椭圆形的位置　　图6-53 弧形形态

绘制脚

⑩ 运用“手绘”展开工具栏中的（贝塞尔工具），绘制出小熊的脚，形态如图6-55所示。

图6-54 复制后的位置　　图6-55 脚的形态

⑪ 按住键盘上的Ctrl键，在如图6-56所示的位置绘制一个圆形。

绘制耳朵

⑫ 在属性栏中单击（饼形）按钮，设置【起始/结束角度】分别为325、145，制作出小熊的耳朵，形态如图6-57所示。

图6-56 圆形位置　　图6-57 耳朵形态

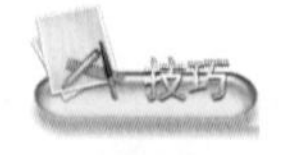

移动鼠标指针至（椭圆工具）上，双击鼠标左键，在弹出的对话框中选择【饼形】选项，可切换为（饼形工具）。

⑬ 将小熊的耳朵水平镜像复制一个，调整到如图6-58所示的位置。

⑭ 选择小熊的两只耳朵图形，填充颜色为米黄色（CMYK：0、30、100、0）。

绘制眼睛、鼻子和嘴

⑮ 运用工具箱中的（椭圆工具）和（贝塞尔工具），绘制出小熊的眼睛、鼻子和嘴，如图6-59所示。

⑯ 选择小熊的鼻子图形，按键盘上的F11键，在弹出的【渐变填充】对话框中，参数设置如图6-60所示。

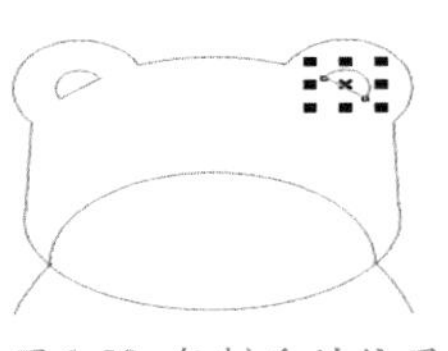

图6-58 复制后的位置

图6-59 绘制眼睛、鼻子和嘴

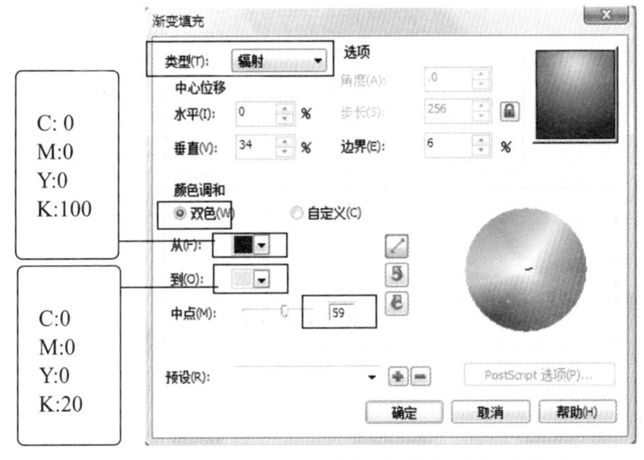

图6-60 【渐变填充】对话框

⑰ 单击工具箱中的（智能填充工具）按钮，在如图6-61所示的位置单击鼠标左键，填充为黑色。

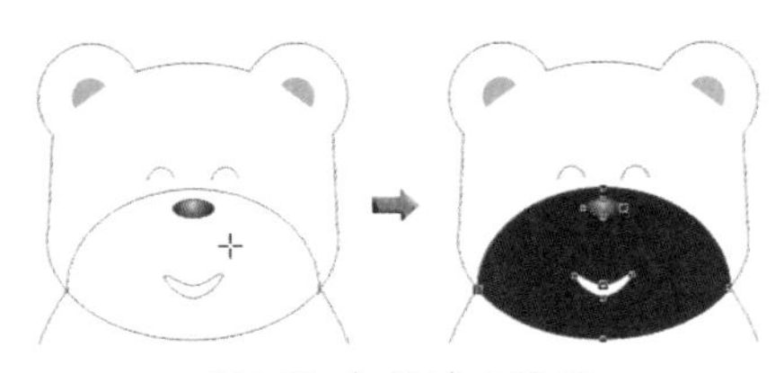

图6-61 智能填充图形

⑱ 按键盘上的F11键，在弹出的【渐变填充】对话框中设置参数，如图6-62所示。

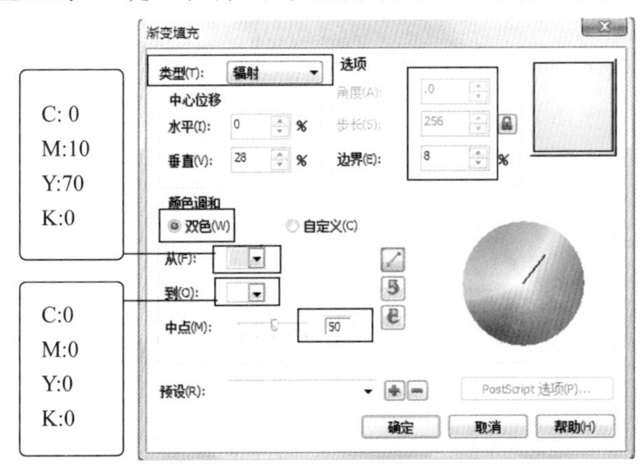

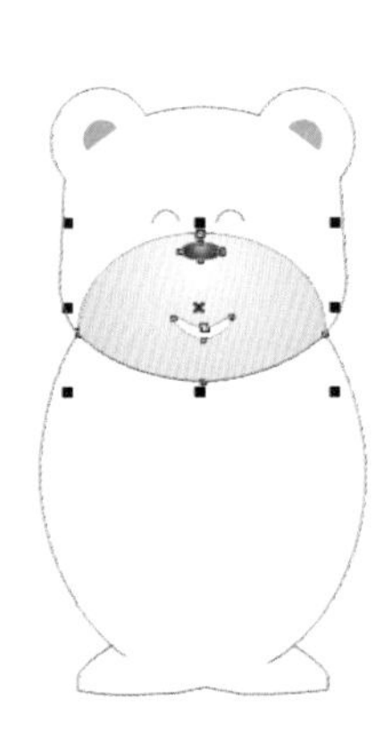

图6-62 【渐变填充】对话框

⑲ 运用（智能填充工具），在属性栏中，设置填充颜色为棕褐色（CMYK：30、60、100、0），在小熊的身体上单击鼠标左键，填充为棕褐色，效果如图6-63所示。

⑳ 运用（贝塞尔工具），绘制如图6-64所示的曲线。

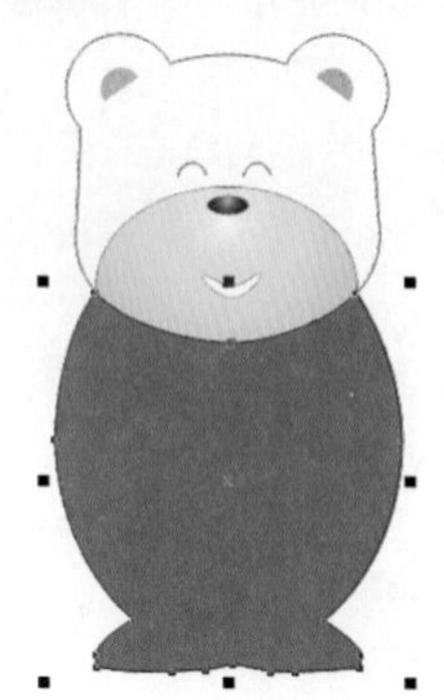

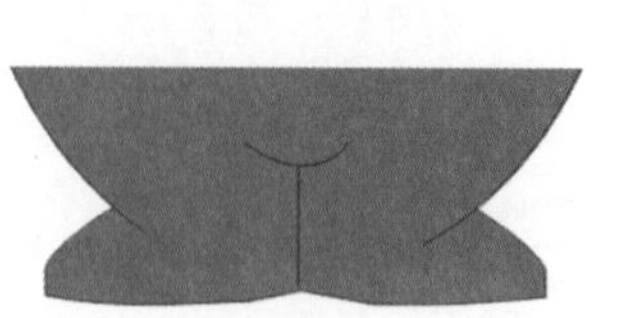

图6-63 填充后的效果　　图6-64 绘制曲线

制作纽扣

㉑ 运用（椭圆工具）绘制两个圆形，并分别填充为黑色和白色，制作出一枚纽扣，纽扣的大小及位置如图6-65所示。

㉒ 将纽扣图形复制4组，调整位置，如图6-66所示。

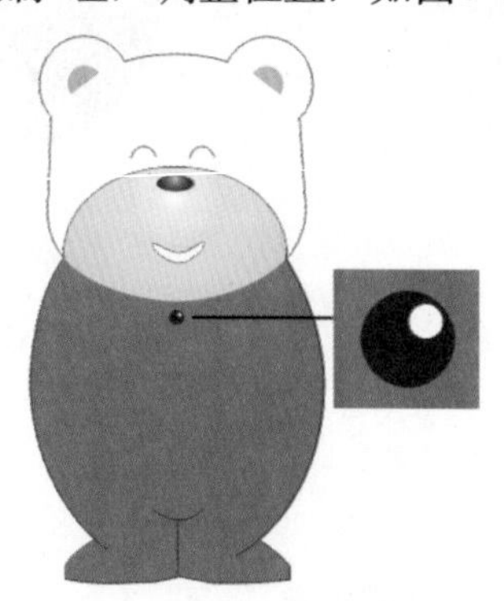

图6-65 纽扣的位置

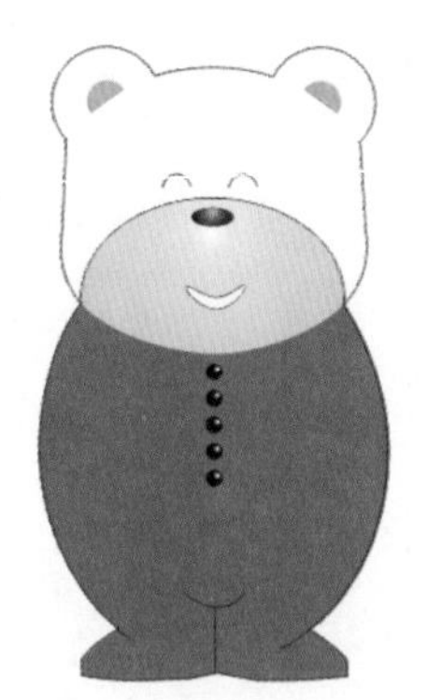

图6-66 复制后的位置

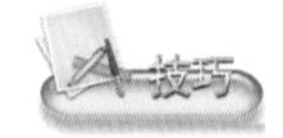

按键盘上的Z键，切换为缩放工具，方便查看对象局部。

按键盘上的F3键，缩小对象。

制作腰带

㉓ 运用（贝塞尔工具），在如图6-67所示的位置绘制一条曲线。

㉔ 将曲线复制一条，调整位置，如图6-68所示。

㉕ 运用（智能填充工具），在两条曲线的中间位置单击鼠标，填充为黑色（CMYK：0、0、0、100），如图6-69所示。

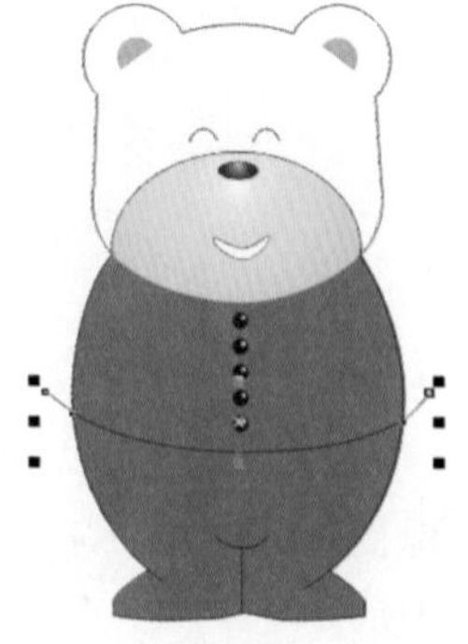

图6-67 曲线的位置

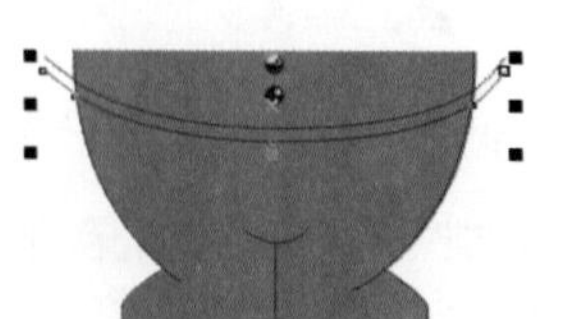

图6-68 复制曲线的位置

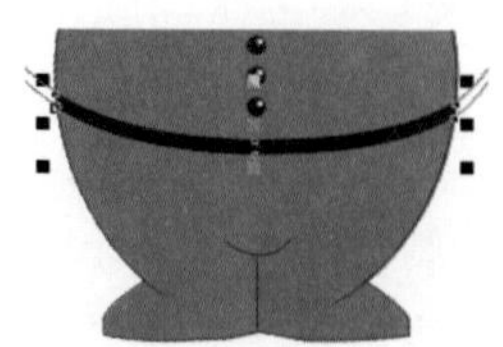

图6-69 智能填充图形

㉖ 选择制作腰带时的两条曲线，按键盘上的Delete键，删除曲线。

㉗ 单击□（矩形工具）按钮，在腰带的中心位置绘制一个矩形，按键盘上的F11键，打开【渐变填充】对话框，设置渐变色为灰色、白色、灰色和白色，其他参数设置如图6-70所示。

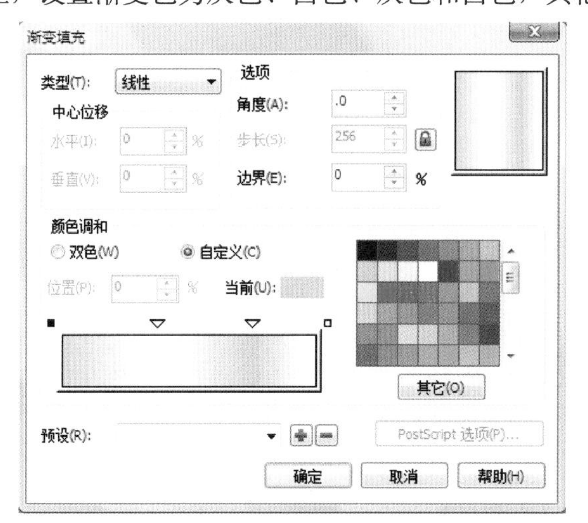

图6-70 【渐变填充】对话框

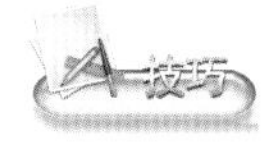

按选定对象显示。选择需要缩放的对象，按键盘上的Shift + F2键，将选定的对象按最大化显示。

绘制手臂

㉘ 运用（贝塞尔工具），绘制出小熊的手臂，并填充为白色，形态如图6-71所示。

㉙ 将小熊的手臂水平镜像复制一个，调整至如图6-72所示的位置。

绘制小草

㉚ 选择"手绘"展开工具栏中的（艺术笔工具），单击属性栏上的（喷涂）按钮，在【喷涂文件列表】中选择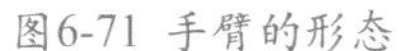图形，在小熊的底部绘制一些小草，如图6-73所示。

图6-71 手臂的形态

图6-72 复制后手臂的位置

图6-73 绘制小草

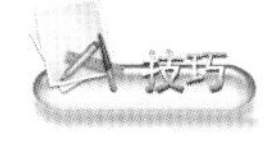

在绘图区（或工作区）中的空白位置单击鼠标右键，在弹出的菜单中选择【创建对象】/【艺术笔】/【喷罐】命令，可切换为（艺术笔工具）。

输入文字

㉛ 按键盘上的F8键，切换为文字工具，在小熊的右侧输入"小熊憨憨"，在属性栏中设置字体为"隶书"，【字体大小】为35.978pt，单击（将文本更改为垂直方向）按钮，如图6-74所示。

图6-74 属性栏

㉜ 输入文字后的效果如图6-75所示。

图6-75 输入文字

按键盘上的Ctrl+，键，将美术字的排列方向，调整为纵向。

㉝ 保存文件，命名为“小熊憨憨.cdr”。

实例总结

综合运用【椭圆工具】、【基本形状工具】、【贝塞尔工具】、【矩形工具】、【智能填充工具】、【艺术笔工具】、【渐变填充工具】、【文字工具】工具绘制出小熊图形，应重点掌握【接合】工具的使用方法。

Example 实例 74 相交——海中字

实例目的

通过实例学习菜单栏中【排列】/【造型】/【相交】命令的使用方法，海中字效果如图6-76所示。

实例要点

- 绘制矩形和曲线。
- 指定填充图形。
- 输入文字。
- 相交图形。
- 填充图形。

图6-76 海中字效果

操作步骤

01 在CorelDRAW X5中新建文件。

02 选择工具箱中的（矩形工具），在绘图区中绘制一个矩形。

03 运用（手绘工具），在矩形上绘制一条曲线，如图6-77所示。

04 运用（智能填充工具），在矩形的曲线下方单击鼠标，填充图形，如图6-78所示。

05 选择曲线，按键盘上的Delete键，将其删除。

06 单击字（文本工具），在矩形的中心位置输入OCEAN，在属性栏中设置字体为Arial Black，如图6-79所示。

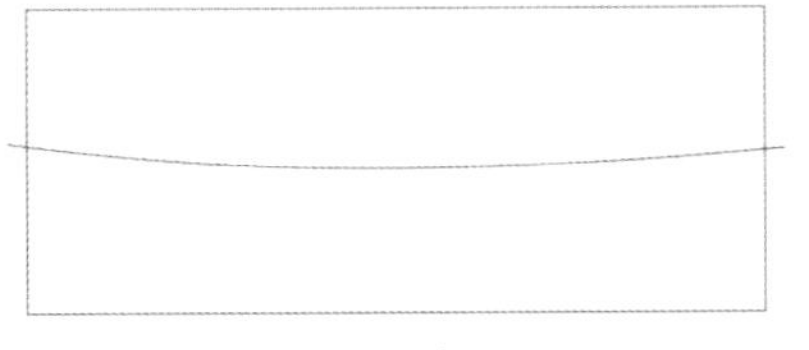

图6-77 绘制曲线

图6-78 填充图形

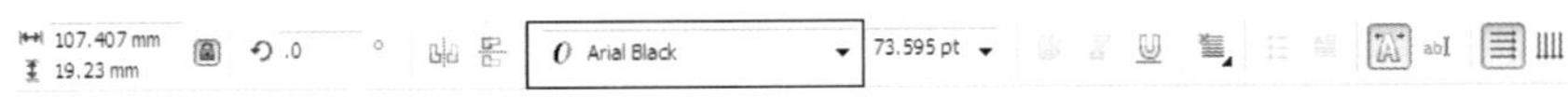

图6-79 属性栏

07 设置完成后，字母的位置如图6-80所示。

08 选择字母和填充图形，单击【排列】/【造型】/【相交】命令，或单击属性栏中的 （相交）按钮，字母与填充图形的相交部分即生成新的图形。

09 确认新生成的对象处于选择状态，单击菜单栏中的【排列】/【顺序】/【向前一位】命令，将选择对象调整到前面，效果如图6-81所示。（注意：为了显示清楚，将相交图形暂时填充为浅灰色）。

图6-80 输入文字

图6-81 相交图形

向前一位调整对象的图层顺序。选择需要调整的对象，单击鼠标右键，在弹出的菜单中选择【顺序】/【向前一位】命令即可。

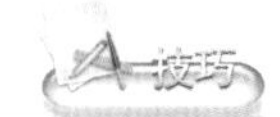

按键盘上的Ctrl + PageUp键，将对象上移一层。

10 确认相交的图形处于选择状态，单击“填充”展开工具框中的 （底纹填充对话框）按钮，在弹出的【底纹填充】对话框中设置参数，如图6-82所示。

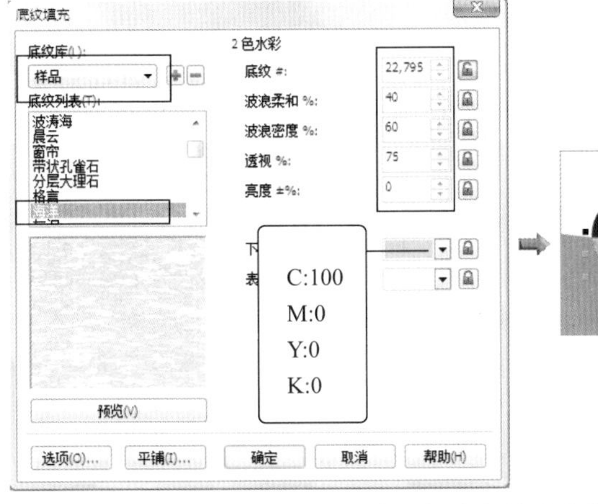

图6-82 参数设置及其效果

11 删除指定填充的图形，选择矩形，单击“填充”展开工具栏中的 （底纹填充对话框）按钮，打开【底纹填充】对话框，参数设置同上，修改【底部】颜色为淡蓝色（CMYK：48、3、4、0），效果如图6-83所示。

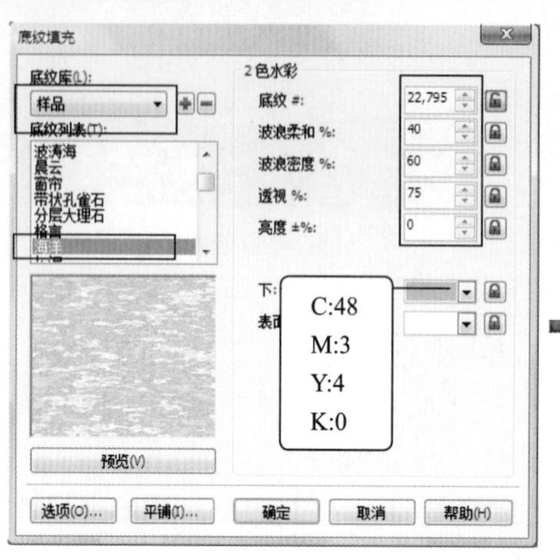

图6-83 填充后的效果

⑫ 选择字母，将其填充为白色（CMYK：0、0、0、0），完成海中字的制作，效果如图6-84所示。

⑬ 保存文件，命名为“海中字.cdr”。

图6-84 最终效果

实例总结

图形对象的相交就是使两个或多个对象中重叠的部分生成新的对象。在选取对象后选择【相交】命令即可在对象重叠区域生成新的对象。

Example 实例 75 简化——真棒

实例目的

本例学习【排列】/【造型】/【简化】命令的使用方法，真棒效果如图6-85所示。

实例要点

◆ 绘制图形轮廓。

◆ 简化图形。

◆ 修剪图形。

图6-85 真棒效果

操作步骤

01 在CorelDRAW X5中新建文件。

02 运用“曲线”展开工具栏中的（贝塞尔工具），绘制如图6-86所示的封闭图形。

03 再运用（贝塞尔工具），绘制如图6-87所示的封闭图形。

图6-86 绘制图形1

图6-87 绘制图形2

04 按键盘上的Ctrl + A键，选择所绘制的全部图形，单击【排列】/【造型】/【移除前面的对象】命令，进行后减前的操作，效果如图6-88所示。

05 运用（矩形工具）和（多边形工具），在绘图区中绘制一个矩形和一个三角形，调整角度和位置，如图6-89所示。

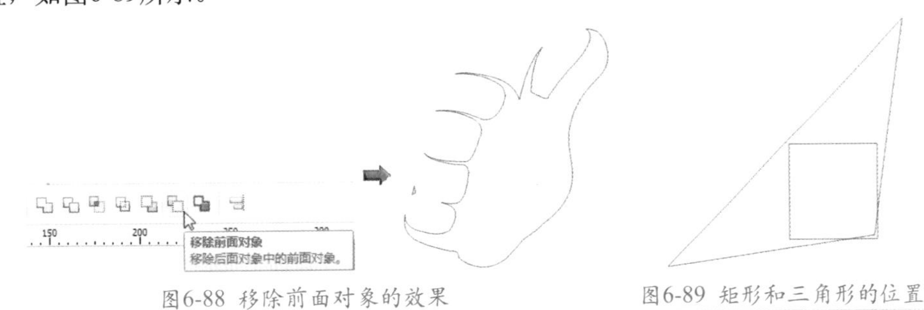

图6-88 移除前面对象的效果　　图6-89 矩形和三角形的位置

06 选择三角形和矩形，单击属性栏中的（移除前面的对象）按钮，进行后减前的操作，形态如图6-90所示。

07 将上一步操作中修剪的图形复制两个，并运用（形状工具）调整其形态，然后调整图形的形态及位置，如图6-91所示。

08 运用（贝塞尔工具），绘制出如图6-92所示的封闭图形。

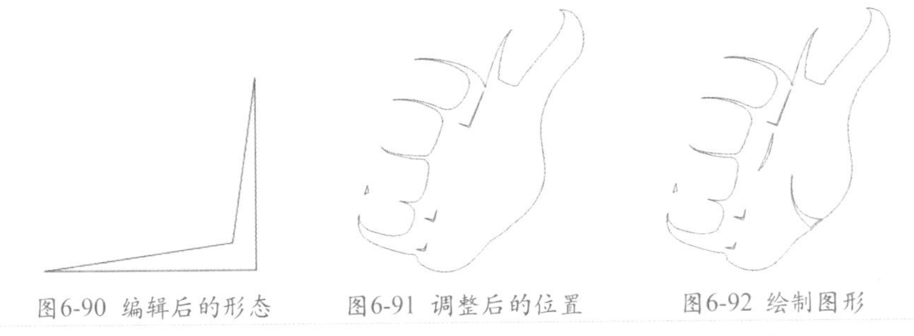

图6-90 编辑后的形态　　图6-91 调整后的位置　　图6-92 绘制图形

09 按键盘上的Ctrl + A键，选择全部图形，单击【排列】/【造型】/【修剪】命令，或单击属性栏中的（修剪）按钮，修剪图形，运用框选的方法，选取前面绘制的图形，并将其移开，如图6-93所示。

选择需要修剪的对象，单击鼠标右键，在弹出的菜单中选择【修剪】命令。

10 按键盘上的Delete键，删除选择的图形。

11 单击工具箱中的（椭圆工具），在绘图区中绘制一个椭圆形，按键盘上的 + 键，将其复制一个，向下调整位置，如图6-94所示。

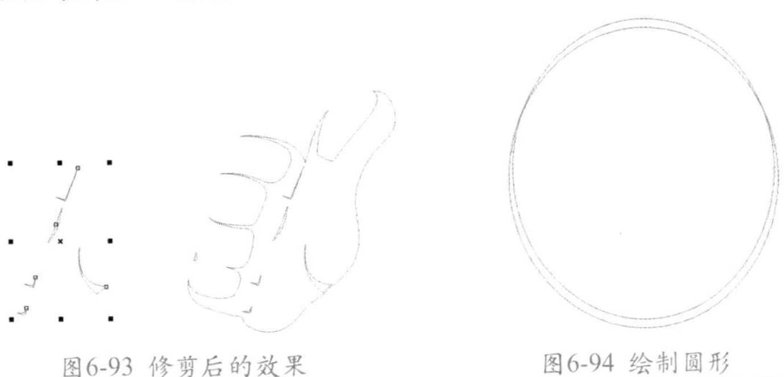

图6-93 修剪后的效果　　图6-94 绘制圆形

⑫ 选择两个椭圆形，单击【排列】/【造型】/【简化】命令，或单击属性栏中的（简化）按钮，简化对象，效果如图6-95所示。

⑬ 将复制的圆形删除，调整简化图形的形态及位置，如图6-96所示。

⑭ 将简化图形再复制两个，调整大小及位置，如图6-97所示。

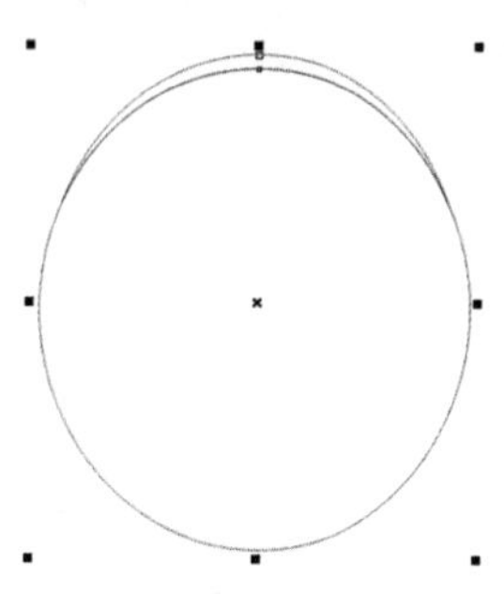

图6-95 简化后的效果

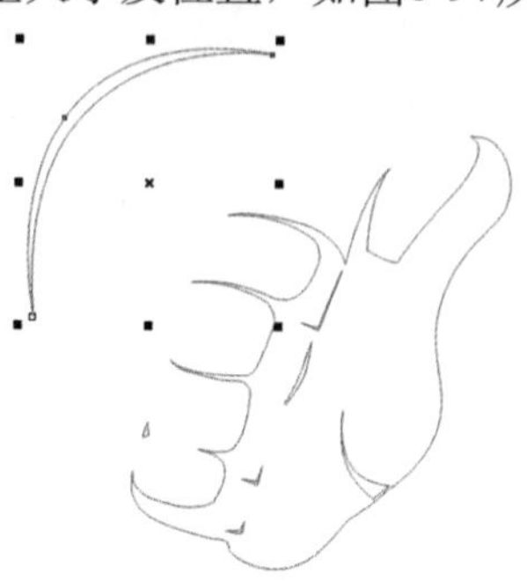

图6-96 调整后的位置

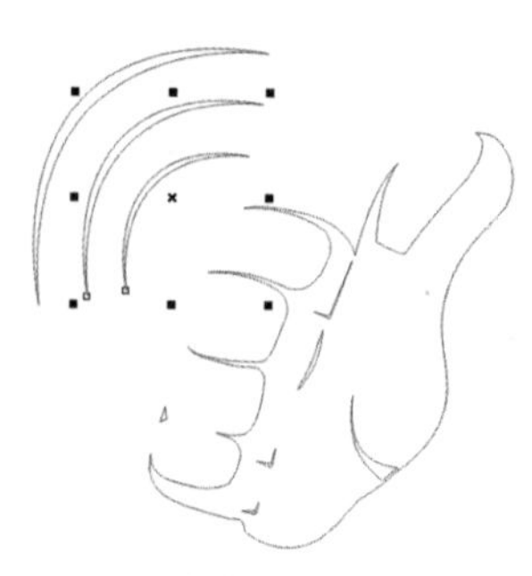

图6-97 复制后图形的位置

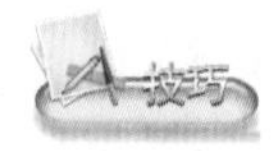

按键盘上的H键，可切换为手形工具，平移查看对象。

⑮ 选择绘图区中的全部图形，将其填充为黑色（CMYK：0、0、0、100），效果如图6-98所示。

⑯ 保存文件，命名为“真棒.cdr”。

实例总结

图形对象的修剪就是用一个对象修剪另一个对象的重叠区域，从而生成新的对象，被修剪的对象将自动删除。由于存着修剪与被修剪的关系，因此在修剪对象前应了解CorelDRAW中两者之间的关系。图形对象的简化与修剪功能相似，但无论采用哪种方法编辑对象，都是上一层的对象修剪下一层对象的重叠区域，下一层中的对象又修剪其下几层对象的重叠区域。

图6-98 填充后的效果

Example 实例 76 修剪——新视点

实例目的

顶层对象被其下层对象修剪的操作就是本例需要学习的内容，下面通过“新视点”实例，讲解具体的操作方法。“新视点”效果如图6-99所示。

新 视 点

图6-99 新视点效果

实例要点

- 绘制四边形。
- 修剪图形。
- 插入字符。
- 输入文字。

操作步骤

01 在CorelDRAW X5中新建文件。

02 运用（多边形工具），在属性栏中设置多边形边数为4，在绘图区中绘制一个四边形，如图6-100所示。

03 将四边形复制一个，调整形态及位置，如图6-101所示。

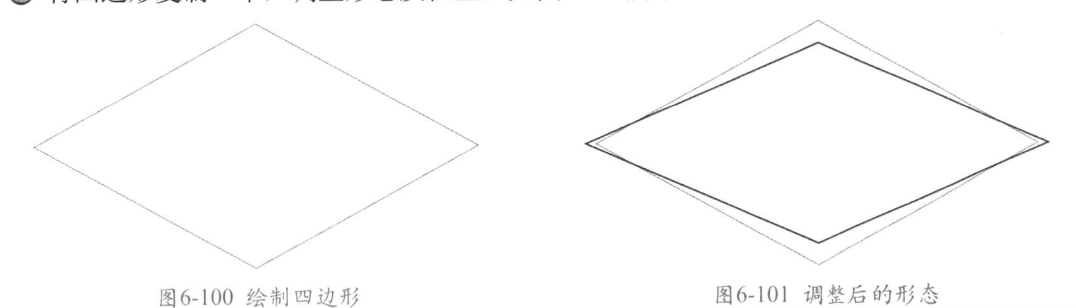

图6-100 绘制四边形　　　　图6-101 调整后的形态

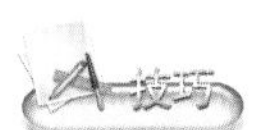

与绘制正方形和圆形一样，按住Ctrl键可绘制正多边形，按住Shift+Ctrl键，可从绘制图形的起点处绘制正多边形。

04 选择两个四边形，单击属性栏中的（移除后面的对象）按钮，修剪图形，效果如图6-102所示。

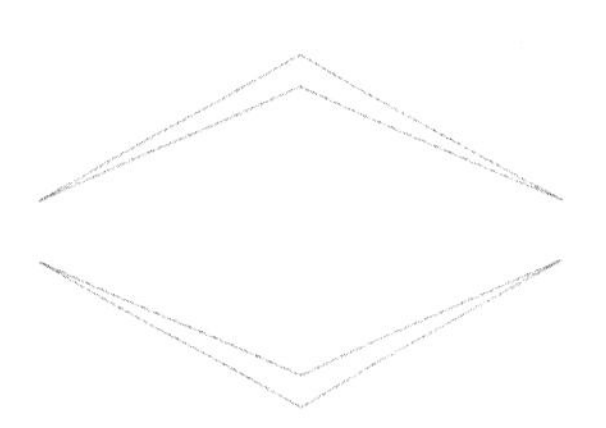

图6-102 修剪后的效果

05 将修剪后的图形填充为黑色（CMYK：0、0、0、100）。

06 单击【文本】/【插入字符】命令，打开【插入字符】泊坞窗，选择眼睛图形，插入绘图区中，如图6-103所示。

07 将插入的图形填充为黑色，然后调整其大小及位置，如图6-104所示。

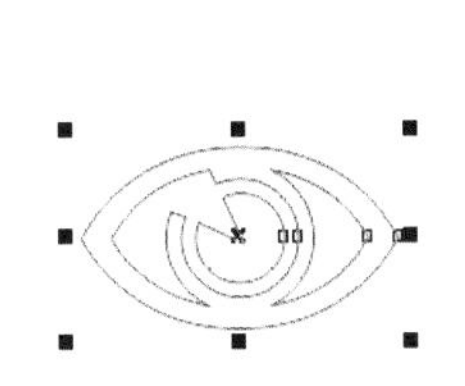

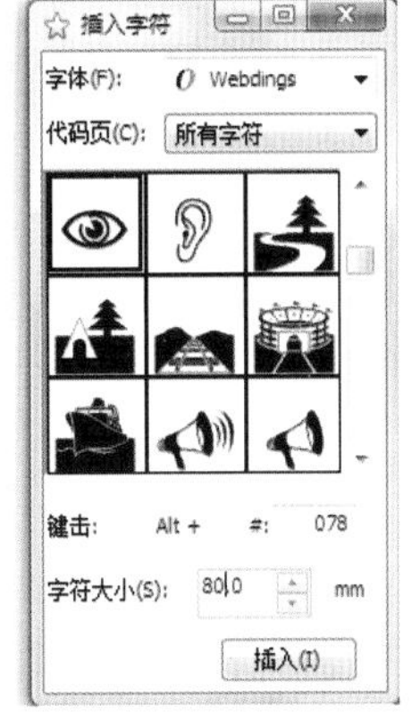

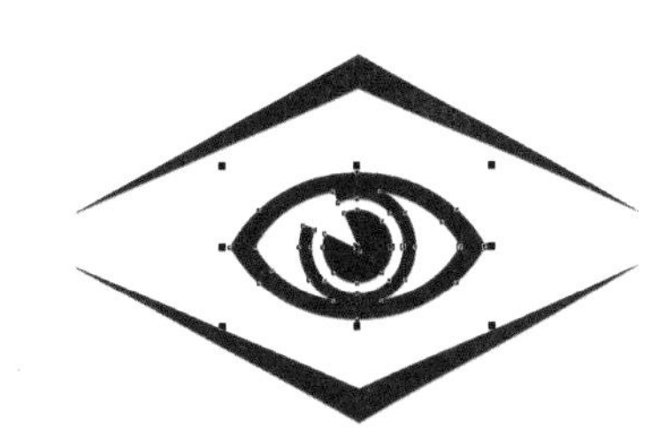

图6-103 【插入字符】泊坞窗　　　　图6-104 图形位置

08 运用（文本工具），在图形下方输入“新视点”，如图6-105所示。

图6-105 输入文字

移动鼠标指针至美术字的控制点上，按住鼠标左键，可调整美术字的长度、高度，以及等比例缩美术字等。

09 保存文件，命名为“新视点.cdr”。

实例总结

前减后的功能与对象的简化功能相似，不同是执行前减后操作后，最顶层的对象被下几层的对象修剪，在修剪后只保留修剪生成的对象。

Example 实例 77 艺术笔工具——青蛙

实例目的

本例综合运用【椭圆工具】、【贝塞尔工具】和【艺术笔工具】工具，并结合【接合】命令制作出青蛙图形，效果如图6-106所示。

实例要点

- 绘制青蛙的头和身体。
- 绘制青蛙左侧的眼睛、前腿和后腿。
- 绘制左爪。
- 接合图形。
- 镜像复制图形。

图6-106 青蛙效果

操作步骤

01 在CorelDRAW X5中新建文件。

02 运用（椭圆工具），在绘图区中绘制如图6-107所示的两个椭圆形，作为青蛙的头部和身体。

03 将头部填充为白色，身体填充为绿色（CMYK：100、0、100、0）。

04 继续运用（椭圆工具），绘制出青蛙左侧的眼睛、前腿和后腿，形态如图6-108所示。

05 选择（贝塞尔工具），在眼睛中心位置绘制如图6-109所示的曲线。

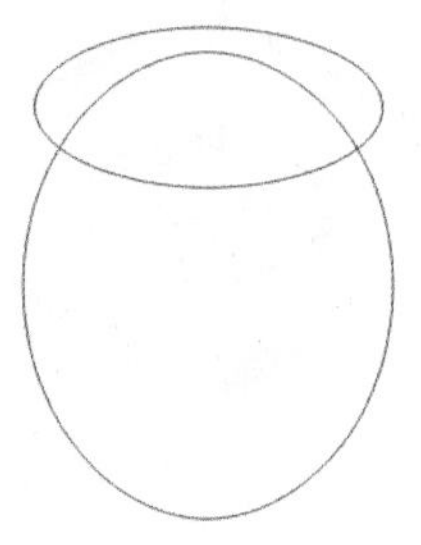

图6-107 绘制椭圆

图6-108 绘制椭圆

图6-109 绘制曲线

06 将青蛙前腿和后腿的椭圆形转换为曲线，运用（形状工具），修改形态，如图6-110所示。

07 运用（椭圆工具），按住键盘上的Ctrl键，在青蛙的前腿及后腿位置绘制圆形，并将其复制6个，调整大小及位置，如图6-111所示。

08 选择绘图区中除青蛙头部和身体的所有图形，将其水平镜像复制一组，调整位置，如图6-112所示。

09 选择青蛙的前腿、后腿及身体图形，单击属性栏中的（接合）按钮，接合图形，效果如图

6-113所示。

⑩ 运用◯（椭圆工具），在青蛙的身体中心位置再绘制一个椭圆形，并填充为白色，如图6-114所示。

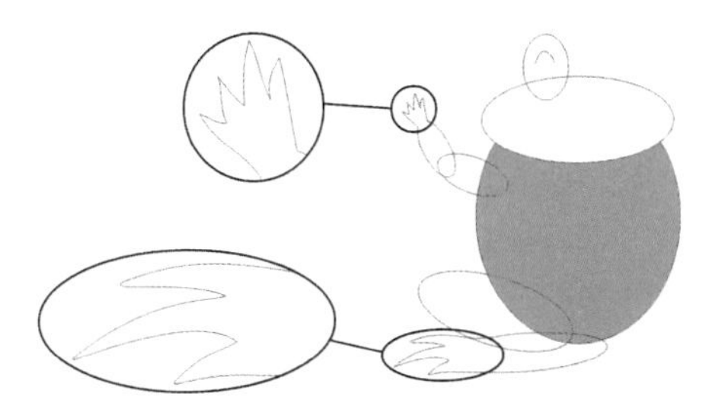
图6-110 修改形态

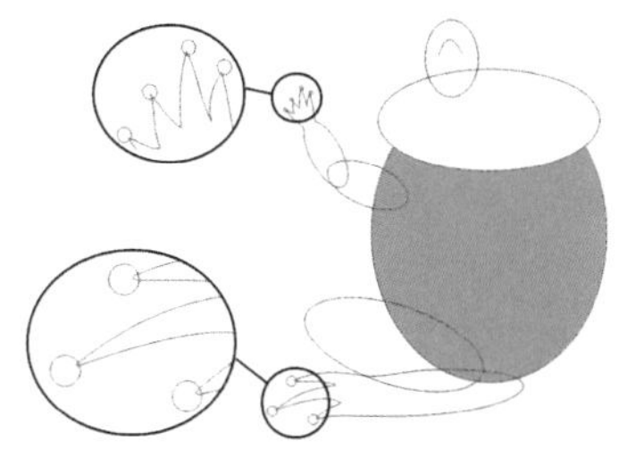
图6-111 圆形的位置

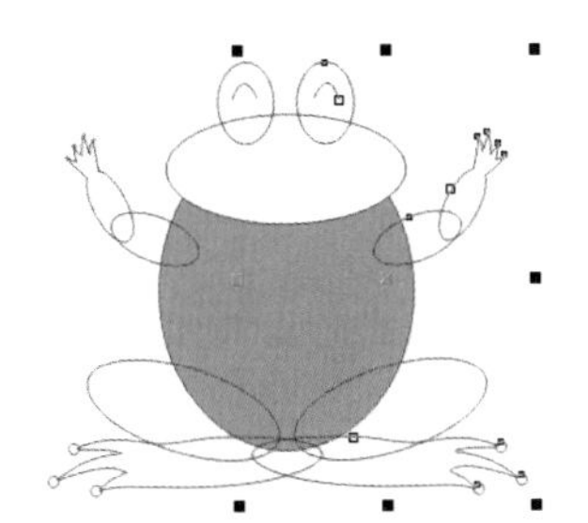
图6-112 复制后的位置

图6-113 接合后的形态

图6-114 椭圆形的位置

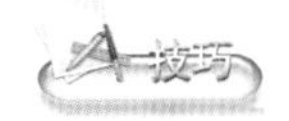

确认图形处于选择状态的情况，按键盘上的Ctrl + PageDown组合键，即【向后一层】命令的快捷键，可快速将图形置于下一层中。

⑪ 选择青蛙的眼睛，填充颜色为白色，单击【排列】/【顺序】/【向后一层】命令，将选择的图形置于下一层中，执行此命令多次，效果如图6-115所示。

⑫ 运用（贝塞尔工具），在如图6-116所示的位置绘制一条水平直线。

图6-115 编辑后的效果

图6-116 绘制水平直线

⑬ 按键盘上的I键，切换为（艺术笔工具），在属性栏中单击（预设）按钮，设置【艺术媒体工具的宽度】为30，在【预设笔触列表】中，选择如图6-117所示的笔触。

⑭ 编辑后的直线效果如图6-118所示。

在绘图区（或工作区）中的空白位置，单击鼠标右键，在弹出的菜单中选择【创建对象】/【艺术笔】/【预设笔触】命令，可直接切换为（预设）工具。

⑮ 单击调色板中的红色色块，编辑后的艺术笔触效果如图6-119所示。

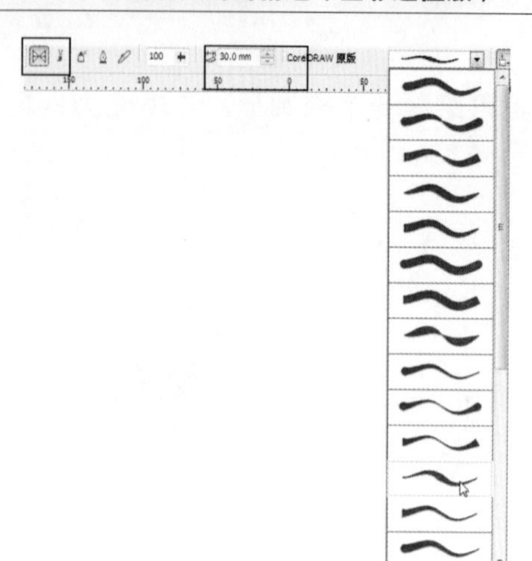

图6-117 属性栏

图6-118 编辑后的直线

图6-119 编辑后的效果

⑯ 保存文件，命名为“青蛙.cdr”。

实例总结

本例制作的青蛙图形，主要运用了【椭圆工具】和【艺术笔工具】，读者应重点掌握接合命令的使用。

Example 实例 78 矩形工具——方蝶

实例目的

通过前面的学习，现在读者自己动手，运用【矩形工具】、【椭圆形工具】、【贝塞尔工具】等制作出“方蝶”图形，效果如图6-120所示。

图6-120 方蝶效果

实例要点

◆ 绘制一个圆形，转换为饼形，在属性栏中，设置起始和结束角度分别为290、110。

◆ 绘制一个三角形，旋转合适的角度，调整位置到饼形上，单击【排列】/【造型】/【简化】命令，然后将三角形删除，编辑出方蝶左侧的翅膀。

◆ 将饼形水平镜像复制一个，调整位置。

◆ 选择全部图形，将其接合。

◆ 绘制一个四边形，调整到图形底部，修剪图形，完成蝴蝶翅膀的制作。

◆ 在蝴蝶底部绘制一个椭圆形，作为蝴蝶的身体，将其与翅膀接合，填充为深蓝光紫色（CMYK：0、60、0、40）。

◆ 运用【贝塞尔工具】绘制出蝴蝶的触角，填充为黑色。

◆ 在蝴蝶外侧绘制一个圆角矩形，设置轮廓宽度为1.4mm，轮廓颜色同蝴蝶身体的颜色。

Example 实例 79 喷涂——晚上

实例目的

学习了前面的范例，现在读者自己动手绘制出一幅“晚上”图形，晚上效果如图6-121所示。

实例要点

◆ 将页面设置为横向。

◆ 绘制两个矩形，将上面的矩形填充为钴蓝色（CMYK：100、30、0、0），另一个矩形填充为90%黑（CMYK：0、0、0、90）。

◆ 运用贝塞尔工具绘制一棵树图形，填充为黑色。

◆ 将树图形复制一个，编辑成树的阴影。

◆ 运用【艺术笔工具】中的【喷涂工具】，在属性栏的喷涂下拉列表中选择月亮与星星图形；绘制一个月亮图形，将其拆分，取消群组后，将月亮图形填充为黄色，调整到页面的左上方。

图6-121 晚上效果

◆ 导入“女孩A.cdr”文件（光盘\第6章\素材），选择一个女孩图形，调整到页面左侧，并将女孩图形复制一个，填充为黑色，调整形态，制作成女孩子的阴影，完成制作。

Example 实例 80 排列——茶

实例目的

学习了前面的范例，现在读者自己动手绘制出一个“茶”图形，效果如图6-122所示。

实例要点

◆ 绘制一个正方形，旋转45°，填充为深褐色（CMYK：50、85、100、0）。

◆ 绘制一个矩形，填充为金黄色（CMYK：0、25、80、0），然后将矩形复制多个，调整形态，排列成一个“茶”字，将排列好的图形进行接合，完成制作。

图6-122 茶效果

Example 实例 81 智能填充工具——生日蛋糕

实例目的

学习了前面的范例后，现在读者自己动手绘制出一个“生日蛋糕”图形，效果如图6-123所示。

实例要点

◆ 绘制一个矩形，再绘制一个与矩形宽度相等的椭圆形，调整到矩形的下方。将椭圆形复制一个，调整到矩形的上方。

◆ 选择矩形及其下方的椭圆形，并将其接合，填充为（CMYK：2、33、92、0）。

◆ 选择上方的椭圆形，填充为（CMYK：36、87、95、2）。在椭圆形的下方绘制波浪形，运用【智能填充工具】，在椭圆形与曲线间创建新图形，填充为（CMYK：54、95、96、13），制作出巧克力溢出的效果。

图6-123 生日蛋糕效果

◆ 选择绘制的波浪线，选择【艺术笔工具】，在属性栏中单击【预设】按钮，在预设笔触列表中选择合适的艺术笔触，将曲线转换为预设笔触，并填充为白色。

◆ 绘制一个圆形，打开【渐变填充】对话框，设置渐变类型为射线，调和颜色为双色，从深黄色（CMYK：0、20、100、0）到白色渐变。

◆ 将圆形复制一个，运用【交互式调和工具】调整两个圆形，在蛋糕底部位置绘制一条曲线，作为调和路径。

◆ 选择调和图形，指定曲线为新建路径。在属性栏中设置步数为10。

◆ 运用【手绘工具】，在椭圆形上绘制一个封闭的图形，填充为（CMYK：2、96、93、0），制作出蛋糕上的奶油。

◆ 最后，导入“草梅.cdr”、“蜡烛.cdr”文件（光盘\第6章\素材）。将导入的图形复制多个，并调整到合适位置，完成生日蛋糕图形的制作。

第7章　矢量图的交互式效果

本章主要针对矢量图交互式效果的制作技法进行讲解，包括交互式调和效果（调和效果的设置、沿路径调和、复合调和、修改调和的起始点）、交互式轮廓图创建和参数设置，以及交互式变形推拉、交互式拉链变形、交互式扭曲变形、交互式阴影效果、交互式封套效果、交互式立体化和交互式透明等内容。

Example 实例 82　交互式调和工具——豆虫

实例目的

通过实例学习【交互式调和工具】的使用方法，其中包括“简单的调和”、“沿路径调和”、“步数”等内容，豆虫效果如图7-1所示。

实例要点

◆　将两个椭圆形对象简单调和。

◆　指定路径调和。

◆　设置调和步数。

图7-1　豆虫效果

操作步骤

01 在CorelDRAW X5中新建文件。

02 运用工具箱中的（椭圆工具），在绘图区中绘制一个椭圆形。

03 按键盘上的F11键，打开【渐变填充】对话框，参数设置如图7-2所示。

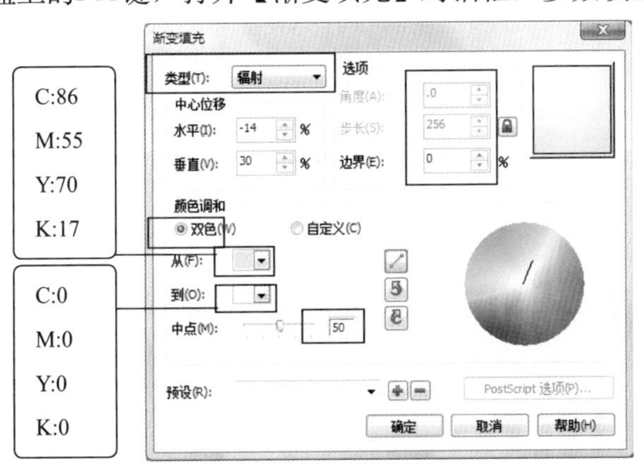

图7-2　【渐变填充】对话框

04 确认椭圆形处于选择状态，设置其轮廓颜色为浅灰色（CMYK：0、0、0、20）。

05 按键盘上的 + 键，将椭圆形再复制一个，调整其位置，如图7-3所示。

图7-3　调整后的位置

06 单击工具箱中的（交互式调和工具）按钮，在绘图区（或工作区）中，鼠标指针变为形状，移动鼠标指针至任意一个椭圆形的中心位置，鼠标指针变为形状时，按住鼠标左键拖曳至另一个椭圆形上，释放鼠标左键，将两个椭圆形对象简单调和，如图7-4所示。

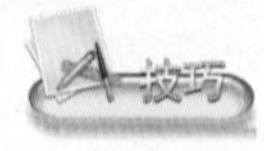

简单调和。单击（交互式调和工具）按钮，移动鼠标指针至任意一个椭圆形的中心位置，鼠标指针变为形状时，按住鼠标左键拖曳至另一个椭圆形上，释放鼠标左键，将两个椭圆形对象简单调和，如图7-4所示。

07 选择（手绘工具），在绘图区中的任意位置绘制一条曲线，形态如图7-5所示。

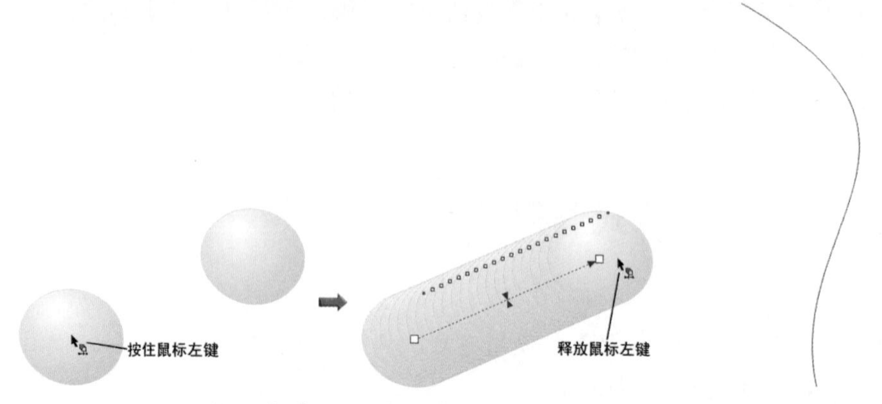

图7-4 简单调和两个椭圆形

图7-5 绘制曲线

08 选择调和图形，然后单击属性栏中的（路径属性）按钮，在弹出的列表中选择【新建路径】选项，移动鼠标指针至绘图区中，鼠标指针变为形状，在曲线上单击鼠标，效果如图7-6所示。

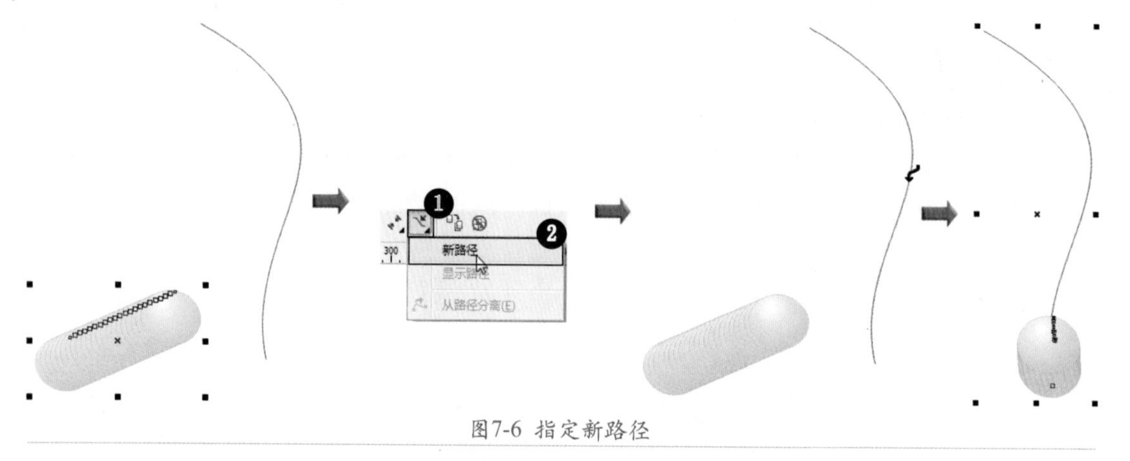

图7-6 指定新路径

09 选择底端的椭圆形，按住鼠标左键拖曳至曲线的顶端，效果如图7-7所示。

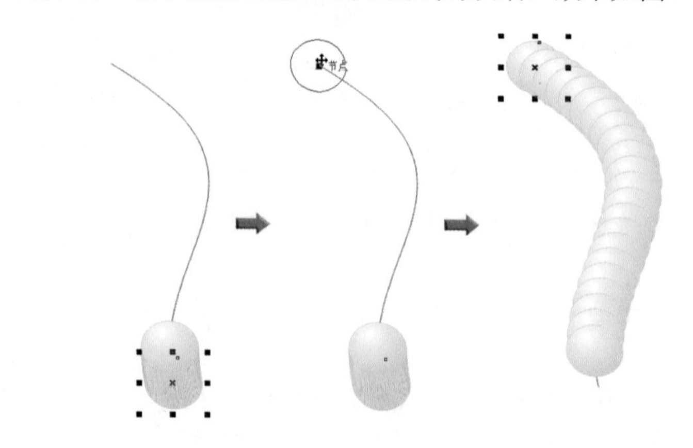

图7-7 调整椭圆形的位置

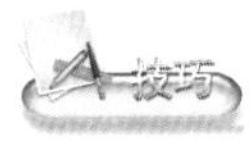

调和对象指定新路径后，需要调整起点对象和终点对象的位置。分别将起始对象和终点对象置于新路径的起始节点和结束节点位置即可。

在CorelDRAW中有节点捕捉的功能，即移动鼠标指针至对象的节点、交点、中点、象限、相切等位置，显示对应的捕捉标记。单击【查看】/【对象对齐】命令，可打开或关闭捕捉功能。

单击【工具】/【选项】命令，在【选项】对话框中选择【工作空间】/【捕捉对象】选项，在其右侧的【捕捉模式】中编辑捕捉模式。

⑩ 运用同样的方法，选择另一端的椭圆形，调整至曲线末端，如图7-8所示。

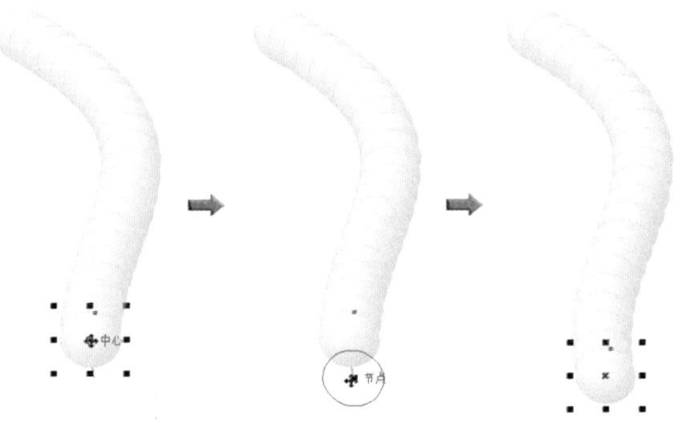

图7-8 调整椭圆形的位置

⑪ 选择沿路径调和的图形，在属性栏中设置参数，如图7-9所示。

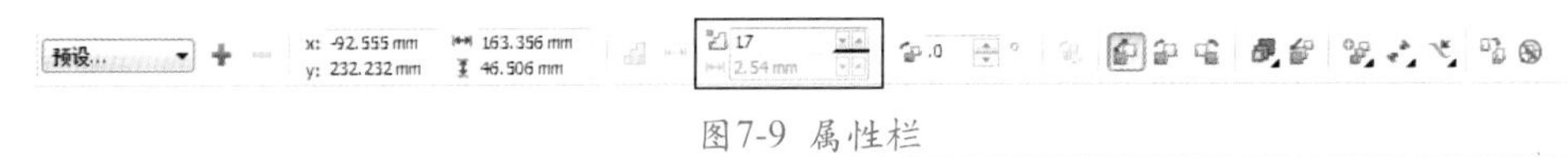

图7-9 属性栏

⑫ 调整后的形态如图7-10所示。

⑬ 运用（椭圆工具）绘制两个椭圆，并将其填充为黑色，作为豆虫的眼睛，位置如图7-11所示。

⑭ 选择（手绘工具），在眼睛的上方绘制多条曲线，形态及位置如图7-12所示。

图7-10 调整后的形态　图7-11 椭圆形的位置　图7-12 绘制曲线

⑮ 选择（贝塞尔工具），绘制如图7-13所示的图形，然后将其填充为红色（CMYK：0、100、100、0）。

至此，一个豆虫图形绘制完成，如图7-14所示。

好，我们先讲到这里。后面的操作是“按键盘上的Ctrl+A键，选择全部图形，将其复制两个，然后运用（形状工具）调整调和路径的形态，并将豆虫身体调整成自己喜欢的颜色，最后绘制一个梯形，取消其轮廓，制作出线性透明效果”，读者可根据后面的讲解自己完成豆虫图形的最终效果，如图7-15所示。读者也可参考本书配套光盘“第7章”/“示例”目录下的“豆虫E.cdr”文件。

图7-13 绘制图形

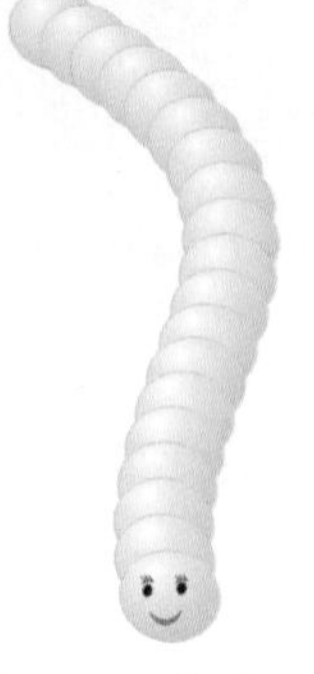

图7-14 豆虫图形

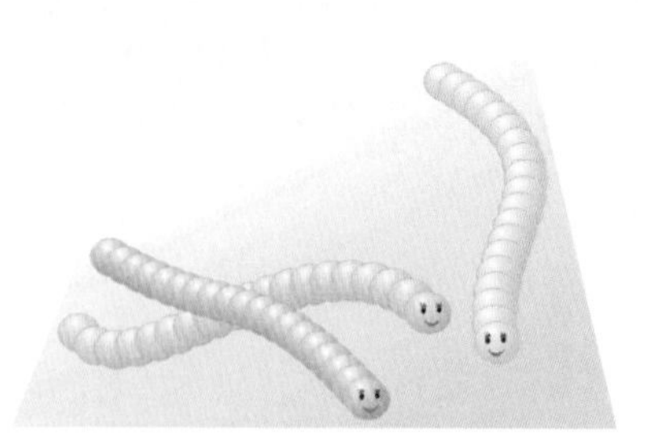

图7-15 最终效果

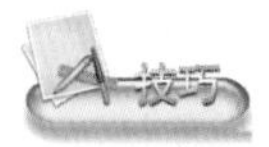

修改对象颜色。按键盘上的Tab键，切换对象，选择合适的对象后，移动鼠标指针至工作界面右下方右侧的矩形上，双击鼠标，打开相应的填充颜色对话框，设置对象颜色。

⑯ 保存文件，命名为“豆虫.cdr”。

实例总结

简单调和两个图形时，两个图形中间会自动添加多个图形，这些图形是由两个图形和颜色过渡产生的。调和步数是调和图形之间自动添加图形对象的个数，步长值越大，中间的图形就越多。

Example 实例 83 交互式调和工具——平面设计

实例目的

通过“平面设计”实例，讲解运用【交互式调和工具】调和图形的效果。平面设计效果如图7-16所示。

实例要点

- 交互式调和。
- 水平镜像再制。
- 垂直镜像复制。
- 旋转再制。

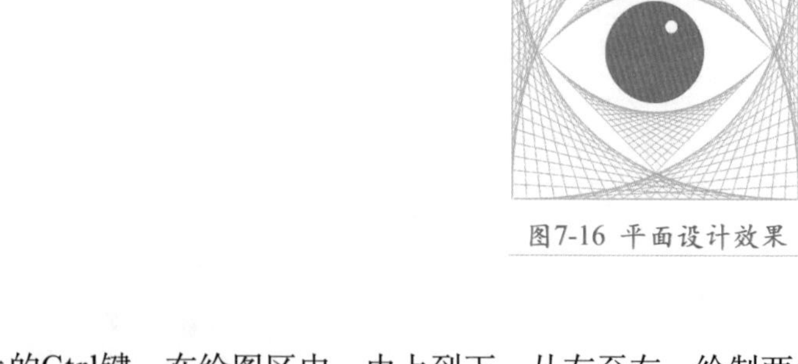

图7-16 平面设计效果

操作步骤

01 在CorelDRAW X5中新建文件。

02 运用（手绘工具），按住键盘上的Ctrl键，在绘图区中，由上到下，从左至右，绘制两条直线，使垂直直线的结束点在下方，水平直线的结束点在右侧，调整直线的位置，如图7-17所示。

图7-17 直线的位置

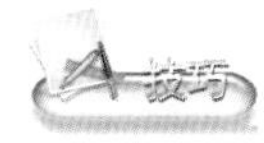

调整节点位置。运用 (形状工具)，选择需要调整位置的节点，按键盘上的方向键，可直接调整节点的位置。

03 单击 (交互式调和工具) 按钮，移动鼠标指针至垂直直线的中心位置，鼠标变为形状时，按住鼠标左键拖动鼠标指针至水平直线的中心位置，调和直线，效果如图7-18所示。

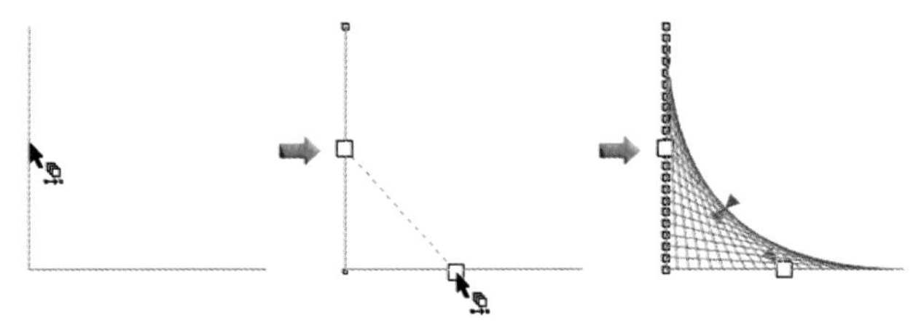

图7-18 调和直线

04 确认调和图形处于选择状态，单击【窗口】/【泊坞窗】/【变换】/【比例】命令，在弹出的【转换】泊坞窗中单击 按钮，设置【副本】为1，再单击 应用 按钮，选择的图形水平镜像复制，如图7-19所示。

05 按键盘上的Ctrl + A键，选择全部图形，单击窗口右侧【镜像】下的 按钮，再单击 应用 按钮，选择的图形垂直镜像复制，如图7-20所示。

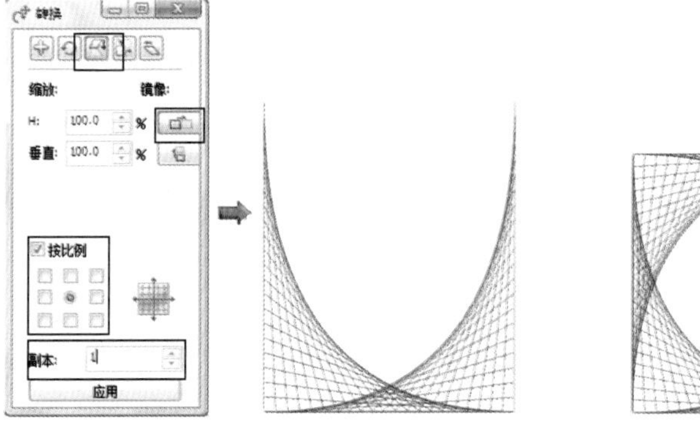

图7-19 水平镜像再制

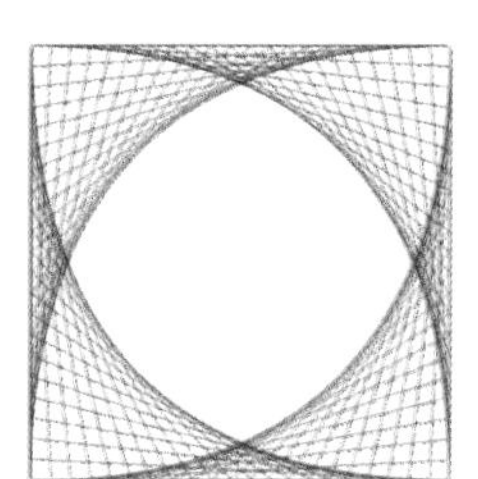

图7-20 垂直镜像再制

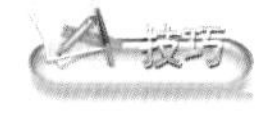

选择全部图形。移动鼠标指针至工具箱中的 (选择工具) 上，双击鼠标左键可选择全部图形。

06 选择右上角和左下角两组调和图形，单击右侧【转换】泊坞窗中的 (旋转) 按钮，切换为旋转泊坞窗，参数设置如图7-21所示。

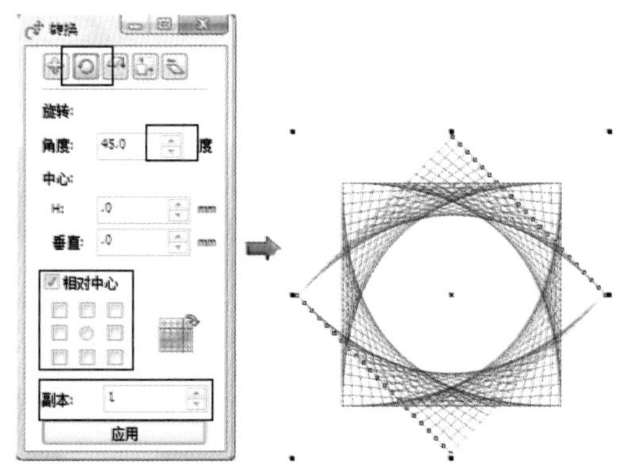

图7-21 旋转再制

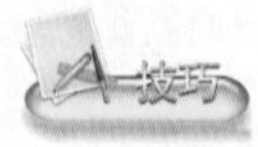
双击对象，按住Ctrl + Shift键的同时，拖拉对象的旋转手柄，就可以同时完成对象的旋转与中心缩放。

07 调整旋转后图形的大小及位置，如图7-22所示。

08 按键盘上的Ctrl + A键，选择绘图区中的全部图形，设置轮廓颜色为（CMYK：40、0、0、0）。

09 在图形的中心位置绘制两个圆形，分别添充为红色（CMYK：0、100、100、0）和白色（CMYK：0、0、0、0），圆形的位置如图7-23所示。

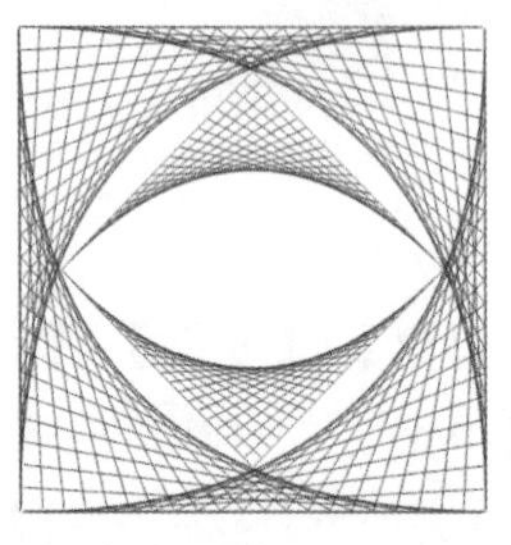
图7-22 旋转后的效果

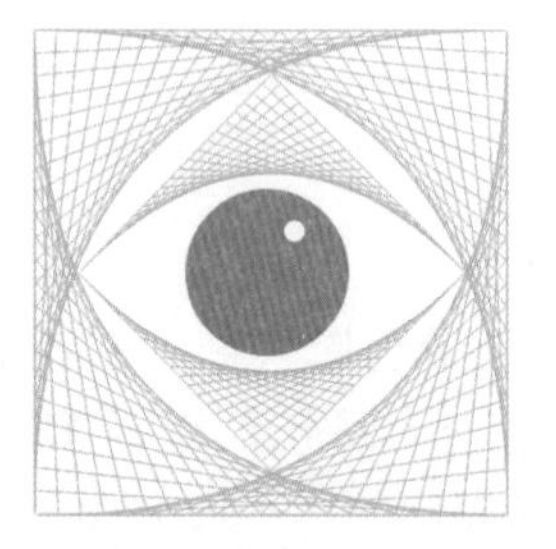
图7-23 圆形的位置

10 保存文件，命名为“平面设计.cdr”。

实例总结

本例在制作过程中，运用了【手绘工具】、【交互式调和工具】、【镜像】、【旋转】、【椭圆工具】等，应重点掌握【交互式调和工具】的使用方法。

Example 实例 84 新建路径——环形字

实例目的

本例进一步讲解工具箱中【交互式调和工具】的使用方法，包括【路径属性】、【新建路径】和【步数或调和形状之间的偏移量】内容。环形字效果如图7-24所示。

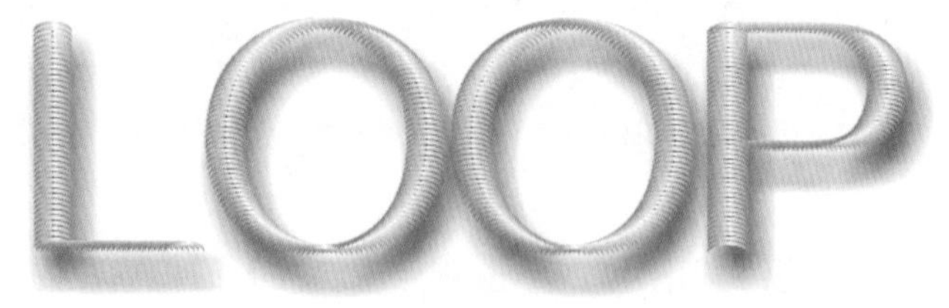

图7-24 环形字效果

实例要点

- 编辑美术字。
- 填充图形。
- 新建路径。
- 指定路径。
- 设置步数或调和形状之间的偏移量。

操作步骤

01 在CorelDRAW X5中新建文件。

02 运用字（文本工具），在绘图区中输入字母LOOP。

03 在属性栏的【字体列表】中选择Arial字体，在【字体大小列表】右侧的数值框中输入226，编辑后的形态如图7-25所示。

04 设置轮廓颜色为黑色，取消填充色，效果如图7-26所示。

图7-25 输入美术字　　图7-26 编辑美术字

05 单击属性栏中的（转换为曲线）按钮，将字线转换为曲线。

06 运用（形状工具）选择一个节点，按住键盘上的Shift键，选择如图7-27所示的多个节点。

07 单击属性栏中的（断开曲线）按钮，分割节点。

08 单击【编辑】/【打散曲线】命令，拆分图形，删除多余的部分，保留如图7-28所示的曲线。

图7-27 选择节点　　图7-28 保留曲线

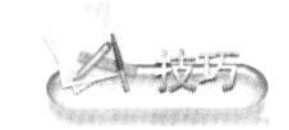

将文字转换为曲线。在文字上单击鼠标右键，在弹出的菜单中选择【转换为曲线】命令，即可将文字转换为曲线。

按键盘上的Ctrl + Q键，可将选定的对象快速转换为曲线，方便进行更灵活的编辑。

菜单栏中【编辑】/【打散曲线】命令的快捷键是Ctrl + K键，可快速拆分图形。

09 选择字母P，运用形状工具调整如图7-29所示的节点。

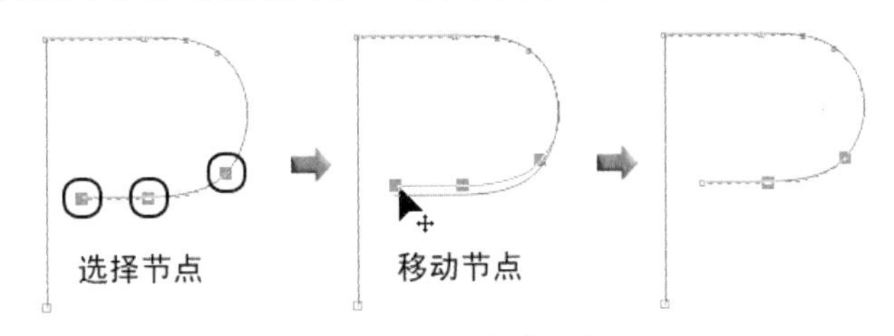

图7-29 调整后的形态

10 在工作区中的任意位置绘制一个椭圆，按键盘上的+键，将椭圆形再制一个，调整位置，如图7-30所示。

11 运用工具箱中的（智能填充工具），填充如图7-31所示的图形。

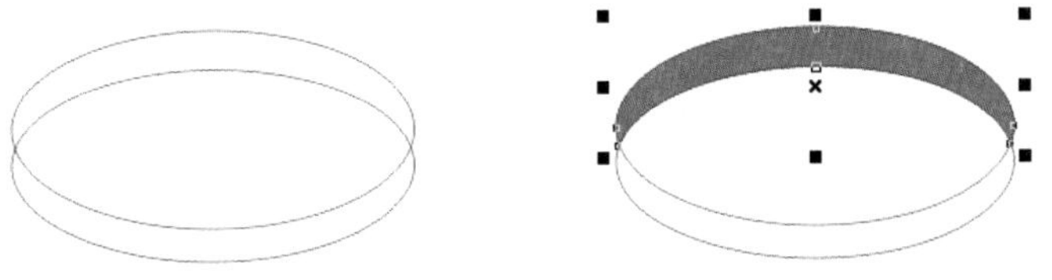

图7-30 绘制椭圆　　图7-31 智能填充图形

12 删除椭圆形。选择智能填充图形，单击“填充”展开工具栏中的（渐变填充）按钮，在弹出的对话框中设置参数，如图7-32所示。

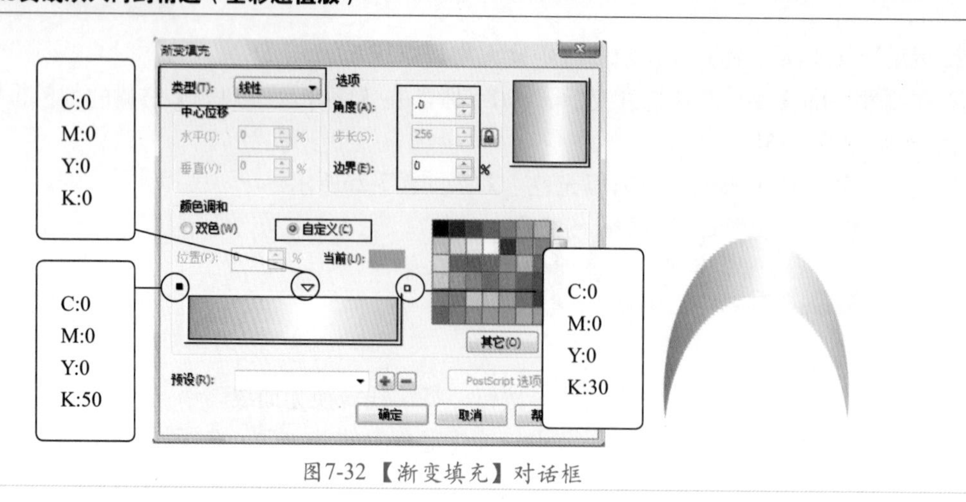

图7-32 【渐变填充】对话框

⑬ 将渐变图形复制一个，调整到其他位置。

⑭ 运用（交互式调和工具），在两个渐变图形之间进行调和，如图7-33所示。

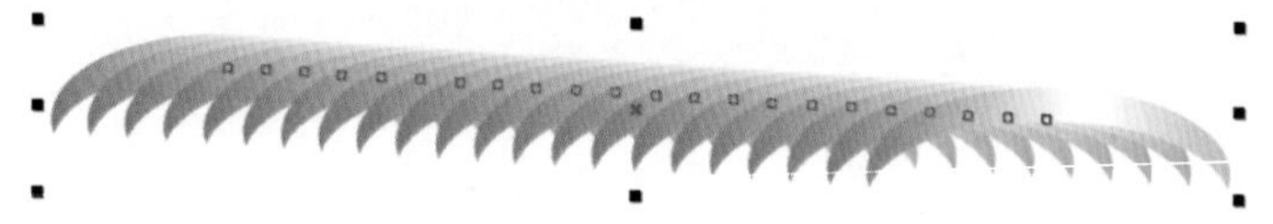

图7-33 调和图形

⑮ 单击属性栏中的（路径属性）按钮，在弹出的列表中选择【新建路径】选项，在绘图区中鼠标指针变为形状，在L图形上单击鼠标。

⑯ 选择渐变图形，向上移动至字母L的顶部节点处，松开鼠标左键。

⑰ 选择字母L上末端的渐变图形，向下移动图形至拐角节点处，再移动图形至右侧的节点处，沿路径指定图形。

⑱ 在属性栏【步数或调和形状之间的偏移量】右侧的数值框中输入65，字母L的环形效果如图7-34所示。

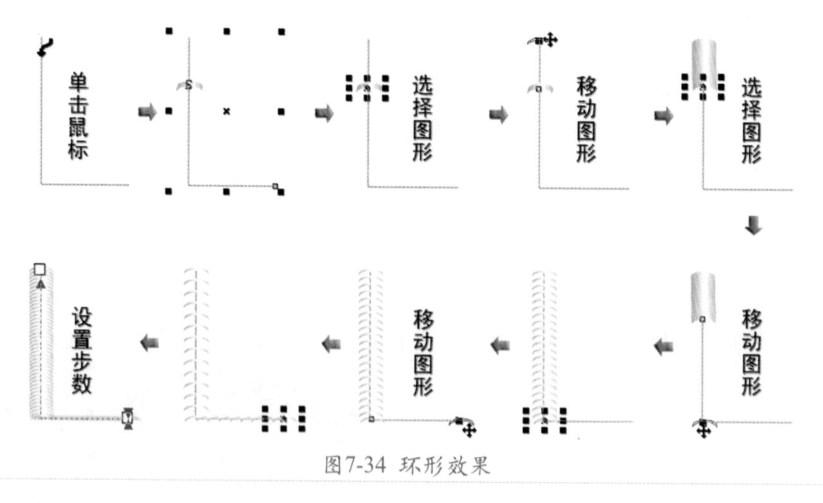

图7-34 环形效果

⑲ 运用同样的方法，以字母O为新建路径，编辑调和效果，然后在属性栏【步数或调和形状之间的偏移量】右侧的数值框中输入130。

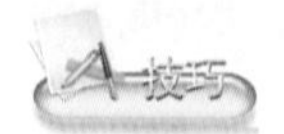

在制作字母O的环形效果时，可以将字母O中的任意一个节点断开，再指定为新建路径。

⑳ 同样地，指定字母P为新建路径，编辑调和效果，设置【步数或调和形状之间的偏移量】为120，效果如图7-35所示。

㉑ 按键盘上的Ctrl + A键，选择全部图形，单击属性栏中的（群组）按钮，将字母群组。

本例的制作到此还缺少一步，即“运用【交互式阴影工具】制作出阴影效果”，这里只作提示。交互式阴影工具将在后面的实例中讲解，读者可根据后面实例的制作自行完成或参考“环形字E.cdr”文件（光盘\第7章\示例\），最终效果如图7-36所示。

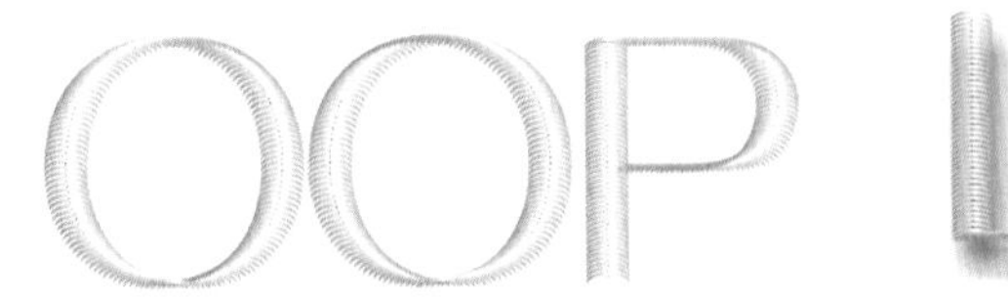

图7-35 编辑后的效果

图7-36 最终效果

㉒ 保存文件，命名为“环形字.cdr”。

实例总结

沿路径调和与使文本适合路径的效果一样，只是一个是文本适合于路径，另一个则是调和后的效果适合于路径。

Example 实例 85 逆时针调和——网蝶

实例目的

本例继续学习【交互式调和工具】中颜色调和的操作方法，并运用此方法制作出“网蝶”图形，效果如图7-37所示。

图7-37 网蝶效果

实例要点

- 绘制半个蝴蝶轮廓。
- 水平镜像复制图形。
- 接合图形并闭合节点。
- 分割节点。
- 拆分图形。
- 调和图形。
- 设置调和步数及调和颜色。

操作步骤

01 在CorelDRAW X5中新建文件。

02 运用（贝塞尔工具），绘制出如图7-38所示的图形。

03 运用镜像复制的方法，将所绘制的图形水平镜像复制一个，位置如图7-39所示。

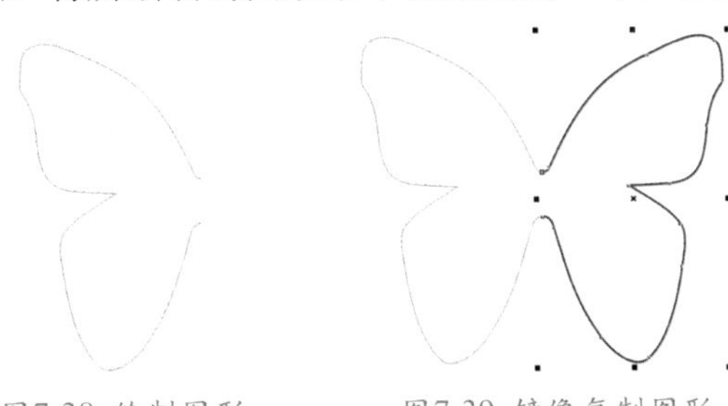

图7-38 绘制图形　图7-39 镜像复制图形

04 选择全部图形，单击属性栏中的（接合）按钮，接合图形。

05 选择（形状工具），运用框选的方法选择结合位置的节点，如图7-40所示。

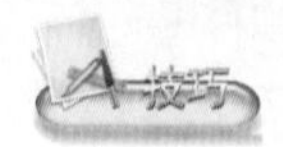

移动鼠标指针至结合处的节点上，单击鼠标左键，选择节点，按住鼠标左键，将选择的节点移开，然后再返回到结合位置上的另一个节点上，节点自动闭合。

06 单击属性栏中的（延长曲线使之闭合）按钮，闭合节点，运用同样的方法，闭合结合位置上另一侧的节点。

07 选择如图7-41所示的两个节点，然后单击属性栏中的（断开曲线）按钮，断开节点。

08 单击【排列】/【拆分】命令，拆分图形。

09 继续运用（形状工具），选择上方拆分图形上的起始和结束节点，单击属性栏中的（反转方向）按钮，调整曲线上起始和结束节点的位置，然后设置其轮廓颜色为青色（CMYK：100、0、0、0）。

10 选择另一条曲线，设置轮廓颜色为红色（CMYK：0、100、100、0）。

11 选择（交互式调和工具），在两条曲线之间简单调和，如图7-42所示。

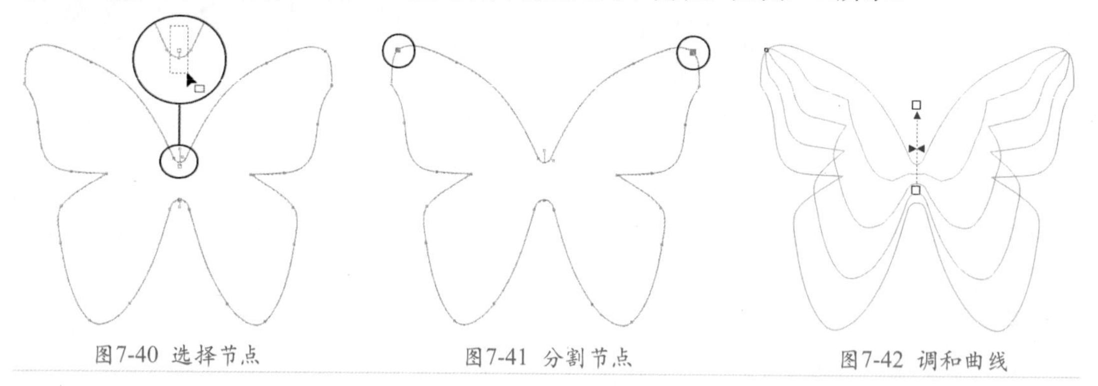

图7-40 选择节点　　图7-41 分割节点　　图7-42 调和曲线

12 在属性栏中设置调和步数为50，单击（逆时针调和）按钮，如图7-43所示。

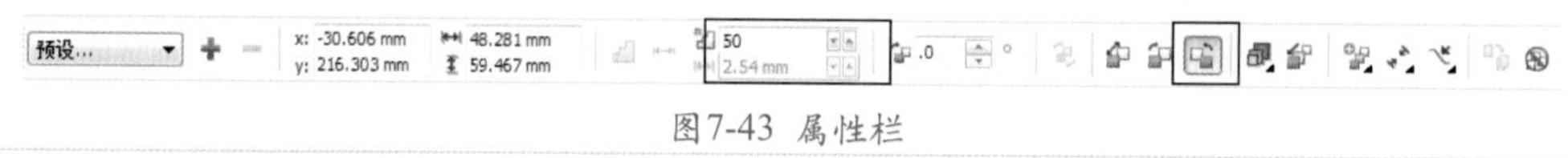

图7-43 属性栏

13 设置完成后，效果如图7-44所示。

14 运用（椭圆工具）绘制一个椭圆形，填充为青色（CMYK：100、0、0、0），位置如图7-45所示。

15 选择（贝塞尔工具），绘制两条曲线，制作出网蝶的触角，效果如图7-46所示。

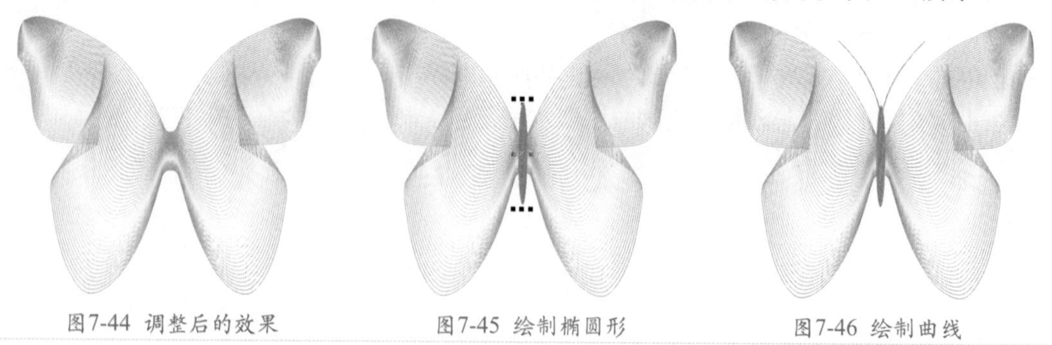

图7-44 调整后的效果　　图7-45 绘制椭圆形　　图7-46 绘制曲线

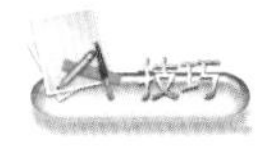

系统默认情况下，属性栏中的【直接调和】按钮处于选择状态，当设置一个对象的外形、轮廓和填充颜色过渡为另一个对象时，对象间的颜色过渡，可单击属性栏中的（顺时针调和）或（逆时针调和）按钮，按经过色谱的一条顺时针或逆时针路径调和起始和结束对象的颜色。

实例总结

本例主要运用【贝塞尔工具】、【椭圆工具】和【交互式调和工具】工具，制作出网蝶图形，重点掌握【交互式调和工具】的使用方法。

Example 实例 86 推拉变形——花精灵

实例目的

讲解工具箱“交互式”展开工具栏中的【交互式变形工具】/【推拉变形】工具的使用，花精灵效果如图7-47所示。

实例要点

- 绘制三角形。
- 运用【推拉变形】制作轮廓。
- 填充图形。
- 绘制曲线、眼睛和嘴。

图7-47 花精灵效果

操作步骤

01 在CorelDRAW X5中新建文件。

02 单击（多边形工具）按钮，在属性栏中设置边数为3，然后在绘图区中绘制一个三角形，如图7-48所示。

03 选择“交互式”展开工具栏中的（交互式变形工具），移动鼠标指针至三角形的中心位置，鼠标指针变为形状时，按住鼠标左键向左拖曳，调整形态，如图7-49所示。

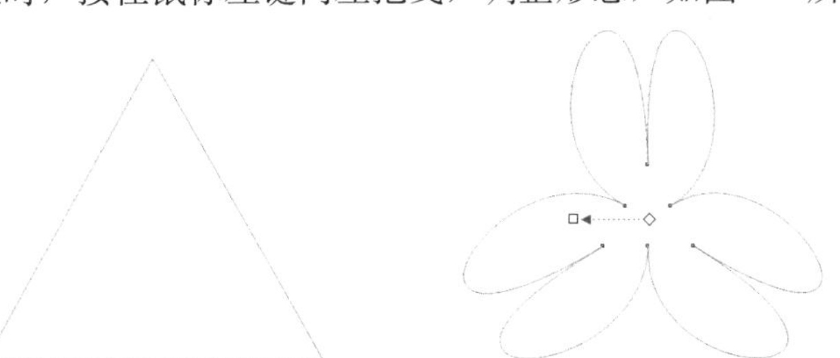

图7-48 绘制三角形　　图7-49 调整后的形态

推操作。变形对象上有两个控制柄，一个方形，另一个菱形，方形柄用来左右拖动对象，菱形柄用来旋转扭曲变形对象。移动鼠标指针至三角形的中心位置，鼠标指针变为形状时，按住鼠标左键向左拖曳，多边形各节点向变形中心靠紧，表示这是推操作。

拉操作。选择方形柄，按住鼠标左键向右移动，将变形对象节点移出对象中心，表示这是拉操作。

精确设置推拉失真振幅。在属性栏的数值框中可以精确地调整变形的幅度，其中的“正值”表示“推”变形，负值表示“拉”变形。

调整节点的位置。运用（形状工具），选择合适的节点，按住键盘上的Shift键的同时，按键盘上的方向键，调整节点的位置。

04 确认变形后的图形处于选择状态，按键盘上的Ctrl + Q键，将变形后的图形转换为曲线，单击（形状工具）按钮，选择如图7-50所示的节点，向下调整节点的位置。

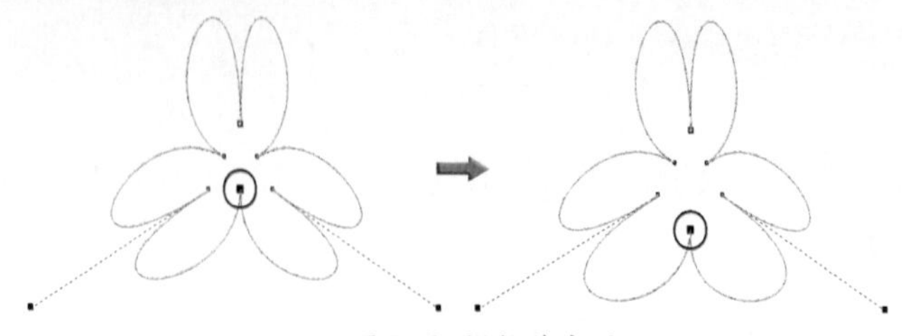

图7-50 调整节点的位置

05 按键盘上的F11键，打开【渐变填充】对话框，参数设置如图7-51所示。

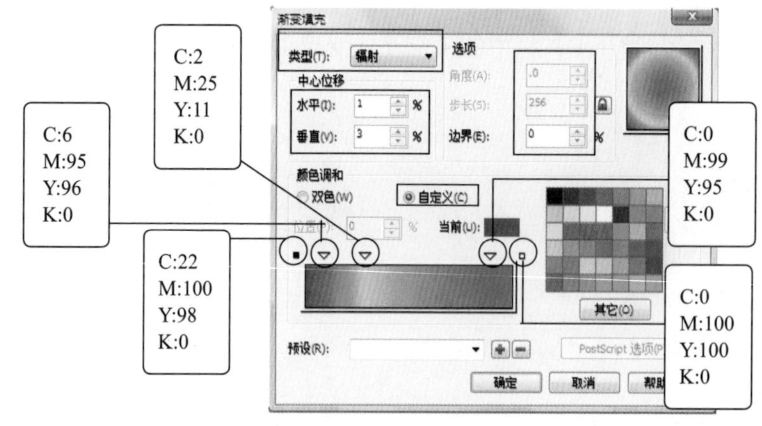

图7-51 【渐变填充】对话框

06 单击确定按钮，填充后的效果如图7-52所示。

07 运用（手绘工具），绘制出如图7-53所示的曲线。

08 运用（多边形工具）和（椭圆工具），绘制出花精灵的眼睛和嘴巴，形态如图7-54所示。

图7-52 填充后的效果　图7-53 绘制曲线　图7-54 眼睛和嘴巴的位置

09 保存文件，命名为“花精灵.cdr”。

实例总结

交互式变形工具中的推拉变形实际上包括了推和拉两种变形效果，在实例中主要运用了推拉变形中的推效果，推就是将图形的节点推离图形的中心。

Example 实例 87 拉链变形——漩涡

实例目的

本例讲解“交互式”展开工具栏中【交互式变形工具】/【拉链变形】和【扭曲变形】两种工具

的使用方法，漩涡效果如图7-55所示。

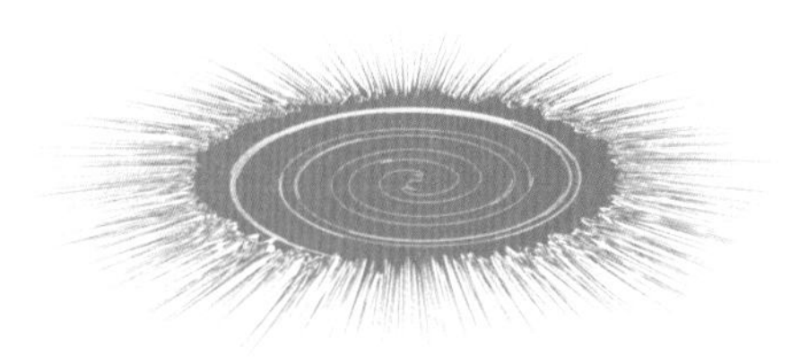
图7-55 漩涡效果

实例要点

- ◆ 绘制多边形。
- ◆ 制作拉链变形效果。
- ◆ 随机变形。
- ◆ 推拉变形。
- ◆ 绘制星形。
- ◆ 扭曲变形。

操作步骤

01 在CorelDRAW X5中新建文件。

02 单击（多边形工具）按钮，在属性栏中设置边数为16，在绘图区中绘制出如图7-56所示的图形。

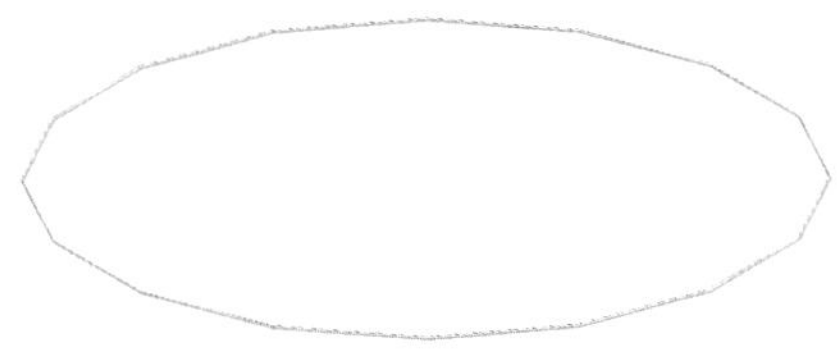
图7-56 绘制多边形

03 将绘制的多边形填充为青色（CMYK：100、0、0、0），删除轮廓。

04 选择“交互式”展开工具栏中的（交互式变形工具）工具，在属性栏中单击（拉链变形）按钮，切换为拉链变形工具。

05 在多边形上按住鼠标向右拖曳，在属性栏中设置【拉链失真振幅】为32，【拉链失真频率】为20，如图7-57所示。

图7-57 属性栏

06 设置完成后，拉链变形效果如图7-58所示。

07 在属性栏中单击（随机变形）按钮，变形效果如图7-59所示。

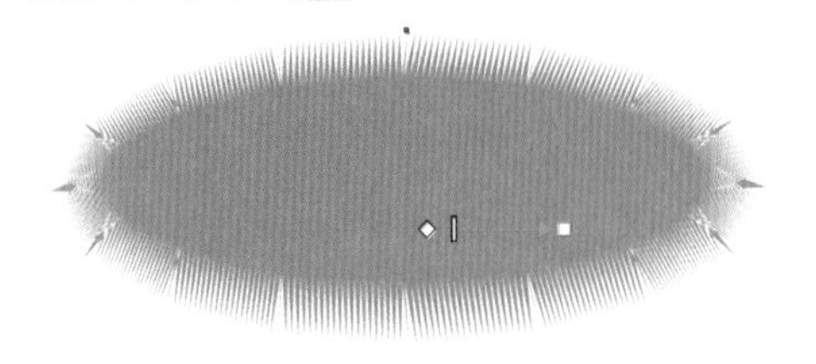
图7-58 拉链变形效果

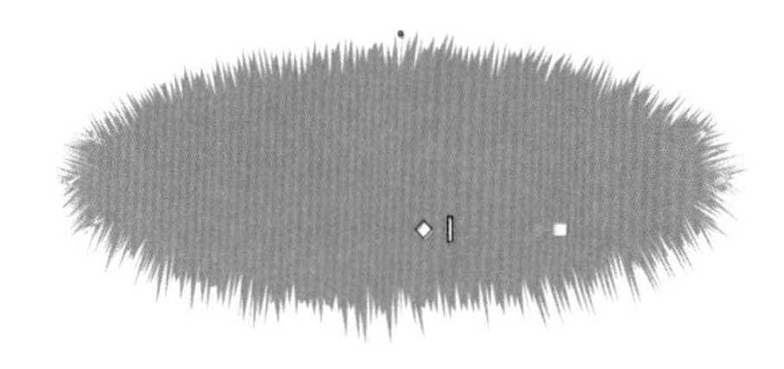
图7-59 随机变形效果

08 单击属性栏中的（推拉变形）按钮，切换为推拉变形工具，在图形对象上按住鼠标左键向右拖曳，效果如图7-60所示。

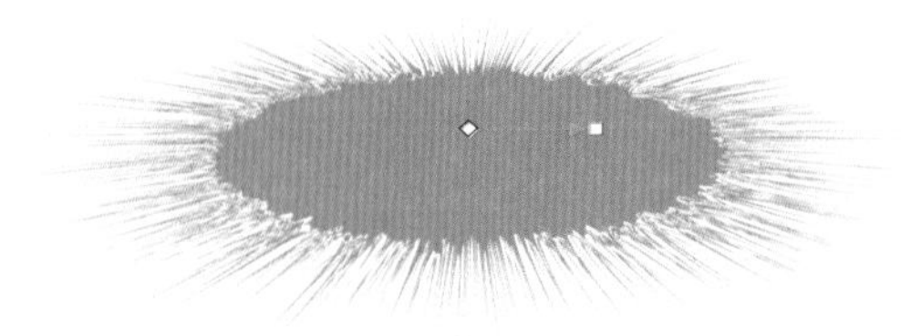
图7-60 推拉变形效果

09 运用“对象”展开工具栏中的（星形工具），在属性栏中设置参数，如图7-61所示。

⑩ 设置完成后，在绘图区中绘制一个星形，形态如图7-62所示。

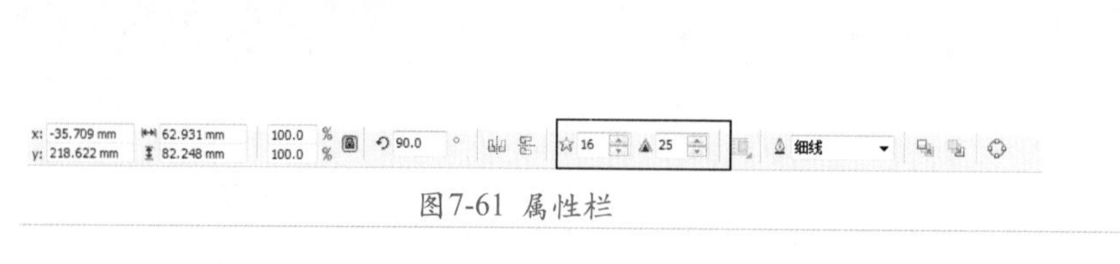

图7-61 属性栏

图7-62 绘制星形

选择 （形状工具），移动鼠标指针至星形的任意节点上，按住鼠标左键，移动鼠标，可调整星形的尖角（属性栏中【星形及复杂星形的尖角】右侧的数值框中的数值也会改变）。

⑪ 选择 （交互式变形工具），在属性栏中单击 （扭曲变形）按钮，切换为扭曲变形工具，在星形上的任意位置按住鼠标左键旋转后，松开鼠标左键。

⑫ 在属性栏中，设置【完全旋转】为3，【附加角度】为246，如图7-63所示。

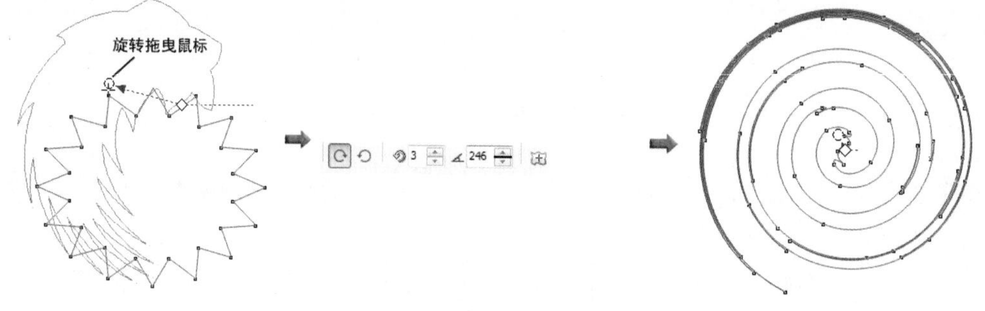

图7-63 扭曲变形效果

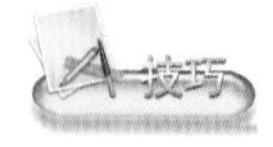

改变旋转方向。按住鼠标左键旋转后，松开鼠标左键，如果按顺时针旋转，属性栏中的 按钮则处于选择状态，单击属性栏中的 按钮，即可改变旋转方向。

精确设置完全旋转和附加角度。在属性栏的 数值框中，可以精确调整旋转的数量。设置 值，可调整变形的幅度。

⑬ 调整扭曲变形后图形的形态、大小及位置，效果如图7-64所示。

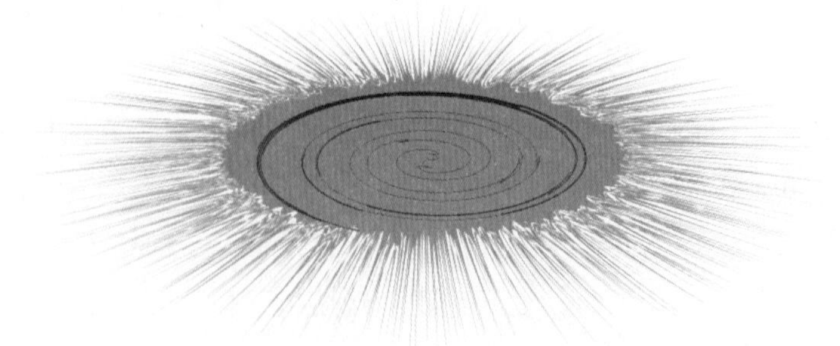

图7-64 调整后的位置

⑭ 确认扭曲变形后的图形处于选择状态，设置其轮廓颜色为白色（CMYK：0、0、0、0），完成漩涡图形的制作，效果如图7-65所示。

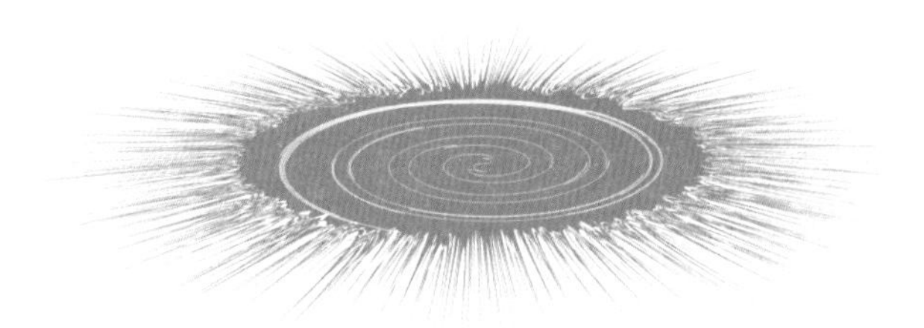

图7-65 编辑后的效果

⑮ 保存文件，命名为“漩涡.cdr”。

实例总结

拉链变形可使图形产生类似齿轮的外形轮廓，扭曲变形则可使图形产生围绕旋转点旋转的漩涡效果。

Example 实例 88 交互式阴影工具——上网卡

实例目的

本例学习运用“交互式”展开工具栏中的【交互式阴影工具】制作阴影效果，掌握属性栏中【阴影的不透明度】、【阴影羽化】和【阴影羽化方向】的设置，上网卡效果如图7-66所示。

图7-66 上网卡效果

实例要点

- 绘制圆角矩形。
- 导入图片。
- 输入文字。
- 制作阴影效果。

操作步骤

01 在CorelDRAW X5中新建文件。

02 在绘图区中绘制一个圆角矩形，设置边角圆滑度为15，如图7-67所示。

图7-67 绘制圆角矩形

03 导入“car.jpg”文件（光盘\第7章\素材\），如图7-68所示。

04 调整导入图片的大小及位置，如图7-69所示。

图7-68 导入“car.jpg”图形

图7-69 图片的位置

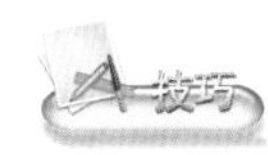

技巧

在绘图区（或工作区）中的空白位置，单击鼠标右键，在弹出的菜单中选择【导入】命令，打开【导入】对话框，选择合适的文件导入绘图区中。

05 运用字（文本工具），在圆角矩形的左上方输入“上网卡”，设置字体为魏碑；在右下方输入“2006-05-06”，设置字体为Arial，如图7-70所示。

06 单击“交互式”展开工具栏中的（交互式阴影工具）按钮，选择圆角矩形，移动鼠标指针至圆角矩形的中心位置，按住鼠标左键不放，向右下角拖曳出阴影，如图7-71所示。

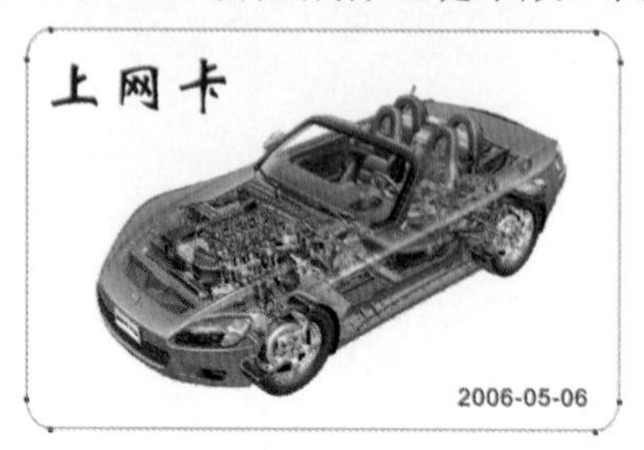

图7-70 输入文字

图7-71 阴影效果

07 在属性栏中设置【阴影的不透明度】为98，【阴影羽化】为12，单击（阴影羽化方向）按钮，在弹出的列表中选择【向内】选项，将羽化方向设为向内，如图7-72所示。

图7-72 属性栏

08 设置后的效果如图7-73所示。

图7-73 设置后的效果

09 保存文件，命名为“上网卡.cdr”。

实例总结

本例中所讲解的【交互式阴影工具】是“交互式”展开工具栏中的一种，使用【交互式阴影工具】可以为图形对象添加阴影效果，然后通过在属性栏中设置阴影的位置、颜色和羽化程度，制作出不同的阴影效果。

Example 实例 89 交互式轮廓图工具——隧道

实例目的

轮廓效果与调和效果相似，也是通过过渡对象来创建轮廓渐变的效果，但轮廓效果只能作用于单个的对象，而不能应用于两个或多个对象。封套是通过操纵边界框，来改变对象的形状，其效果有点类似于印在橡皮上的图案，扯动橡皮则图案会随之变形。下面，通过实例学习“交互式”展开工具栏中【交互式轮廓图工具】和【封套】工具的使用，绘制出“遂道”效果，如图7-74所示。

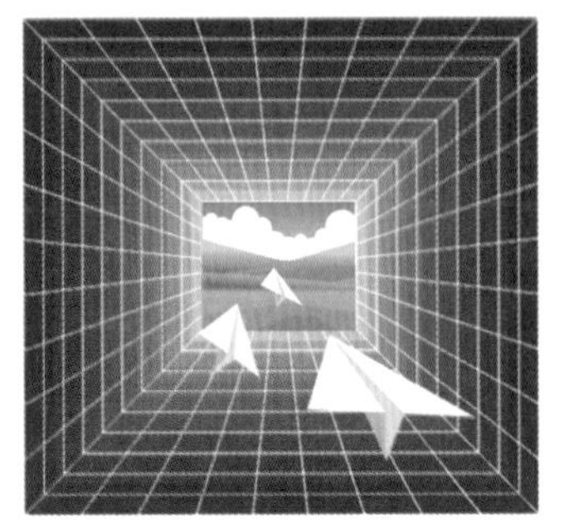

图7-74 遂道效果

实例要点

- 运用【交互式轮廓图工具】制作出矩形的轮廓效果。
- 使用【对象和颜色加速】。
- 绘制网格图形。
- 运用【封套的直线模式】。

操作步骤

01 在CorelDRAW X5中新建文件。

02 在绘图区中，绘制一个长约90mm，高为70mm的矩形。

03 单击“交互式”展开工具栏中的（交互式轮廓图工具）按钮，移动鼠标指针至矩形中，鼠标指针变为形状时，按住鼠标左键向内拖动至合适位置，松开鼠标左键，效果如图7-75所示。

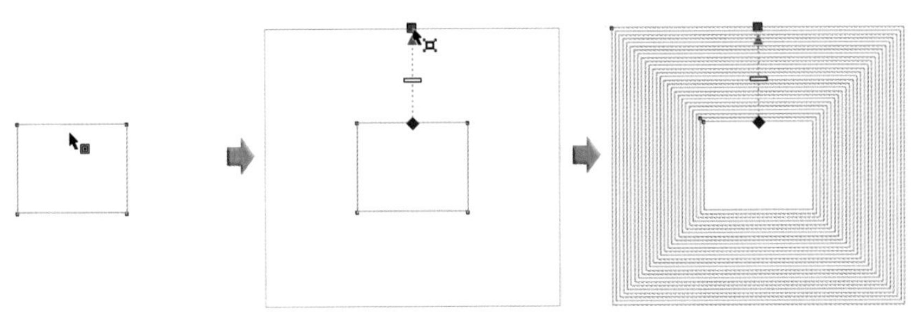

图7-75 绘制轮廓

04 在属性栏（轮廓图步数）右侧的数值框中输入10，设置图形轮廓产生的轮廓层数，效果如图7-76所示。

05 在属性栏中（轮廓图偏移）右侧的数值框中输入10，调整轮廓与轮廓之间的距离，效果如图7-77所示。

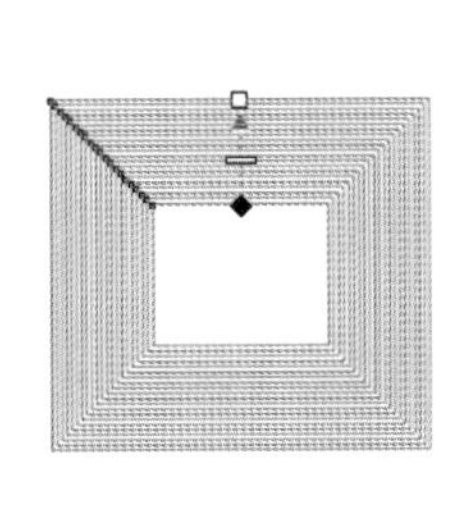

图7-76 编辑后的效果1

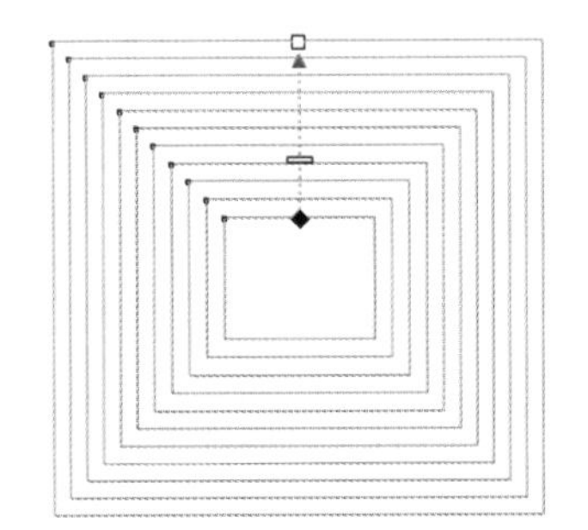

图7-77 编辑后的效果2

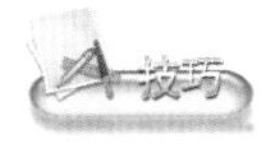

选择（交互式轮廓图工具），移动鼠标指针到欲添加效果的对象上，按住鼠标左键向内、向外或向中间，拖动对象的轮廓线，在拖动的过程中会出现提示的虚线框，当虚线框达到满意的大小时，释放鼠标即可完成轮廓效果的制作。

⑥ 单击属性栏中的（对象和颜色加速）按钮，在弹出的面板中，将【对象】和【颜色】右侧的滑块向左移动，效果如图7-78所示。

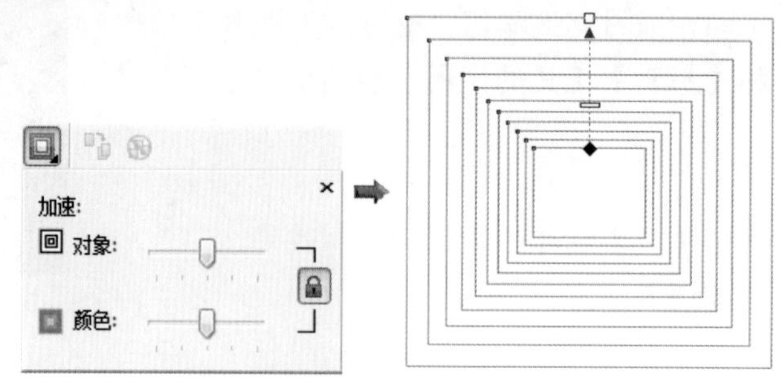

图7-78 调整后的形态

⑦ 选择轮廓图中间的矩形，填充为白色，取消轮廓。

⑧ 选择轮廓图形，取消轮廓。

⑨ 在属性栏中，单击（填充颜色）右侧的下拉列表框，在弹出的列表中单击其它(O)按钮，弹出【选择颜色】对话框，设置颜色为墨绿色（CMYK：20、0、0、80），单击确定(O)按钮，完成填充色的设置，效果如图7-79所示。

⑩ 运用“对象”展开工具栏中的（图纸工具），绘制一个9 × 9的网格图形。

⑪ 将网格图形调整到如图7-80所示的位置，然后设置其轮廓颜色为白色。

⑫ 确认网格图形处于选择状态，单击“交互式”展开工具栏中的（封套）按钮，在网格图形外加入了蓝色封套。

⑬ 单击属性栏中的（封套的直线模式）按钮，将封套修改为直线模式。分别调整右上角的节点和右下角的节点位置，如图7-81所示。

图7-79 设置颜色

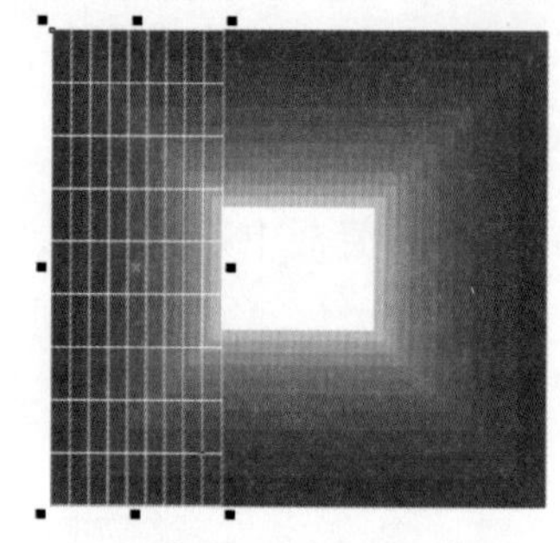

图7-80 网格图形的位置

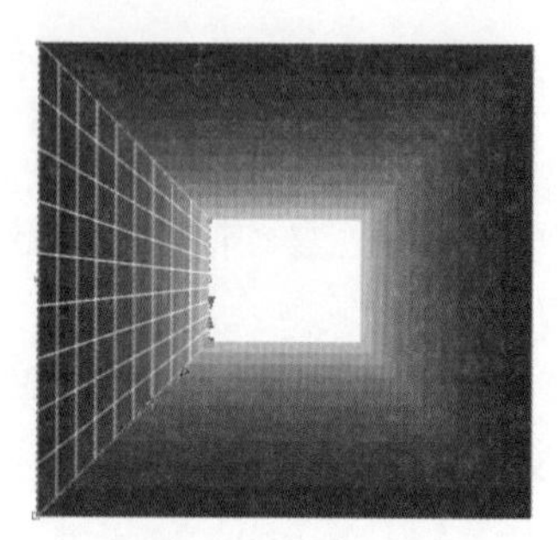

图7-81 调整的形态

对象添加封套后，可以选择封套控制框上的节点，将其转换为直线，再调整节点的位置。这种方法比运用封套的直线模式更灵活一些。

⑭ 运用旋转复制的方法，将网格图形复制3个，调整大小及位置，如图7-82所示。

绘制风景

⑮ 导入“风景.cdr”文件（光盘\第7章\素材\），如图7-83所示。

⑯ 调整导入图形的大小及位置，如图7-84所示。

绘制飞机

⑰ 运用（贝塞尔工具）绘制如图7-85所示的封闭图形，分别填充为白色（CMYK：0、0、0、0）、浅灰（CMYK：1、1、1、10）和灰色（CMYK：1、1、1、25）。

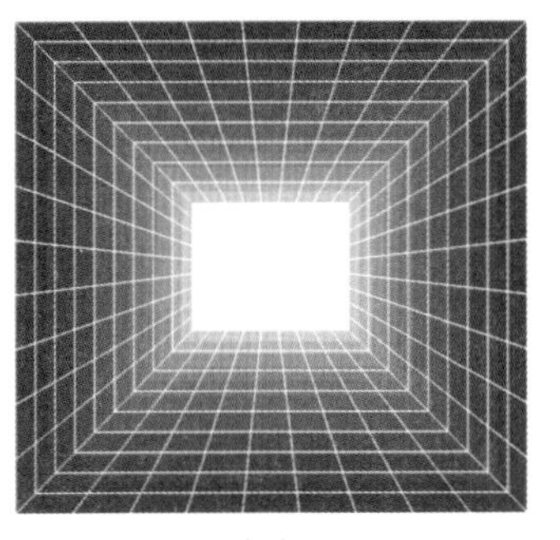
图7-82 复制后的位置

图7-83 导入图形

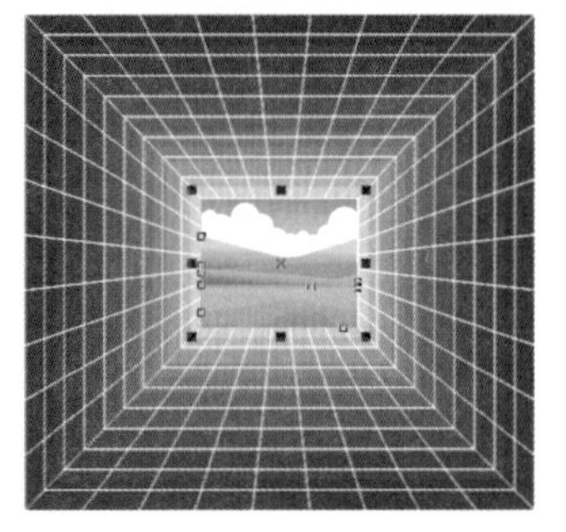
图7-84 导入图形的位置

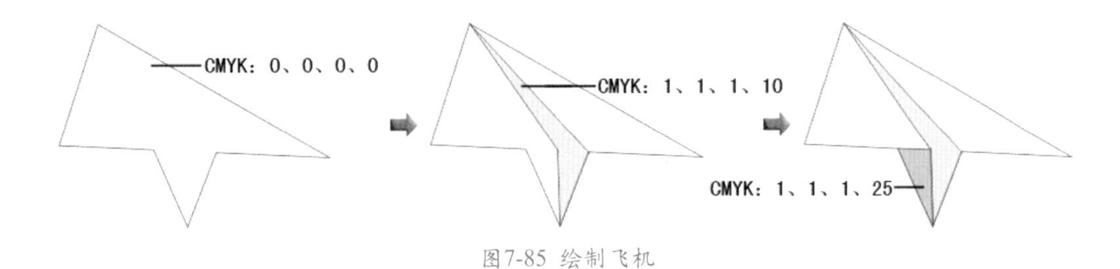

图7-85 绘制飞机

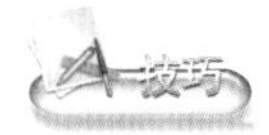

运用【贝塞尔工具】，在飞机轮廓中的尾部和中间位置添加两条辅助线，然后运用【智能填充工具】填充对应的图形，最后删除辅助线，可快速制作出飞机图形。

⑱ 将飞机图形调到如图7-86所示的位置，取消轮廓。

⑲ 将飞机图形复制两个，调整大小及位置，如图7-87所示。

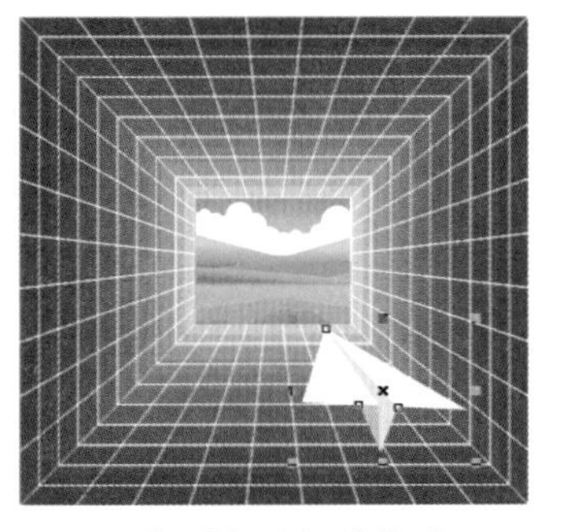
图7-86 飞机的位置

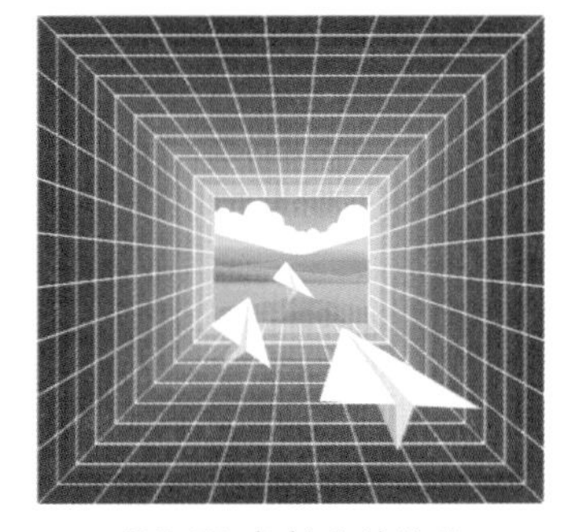
图7-87 复制后的位置

⑳ 保存文件，命名为“遂道.cdr”。

实例总结

运用【交互式轮廓图工具】制作出的轮廓图效果是指由一系列对称的同心轮廓线圈组合在一起，所形成的具有深度感的效果。而使用交互式封套工具可以在对象轮廓外加入封套，通过调整封套外形来影响对象的外形。

Example 实例 90 交互式立体化工具——小床

实例目的

本例学习“交互式”展开工具栏中第6种工具【交互式立体化工具】的设置，小床效果如图7-88所示。

实例要点

- 垂直镜像再制。
- 选择连接节点。
- 填充图案。
- 图形立体化。
- 绘制枕头。

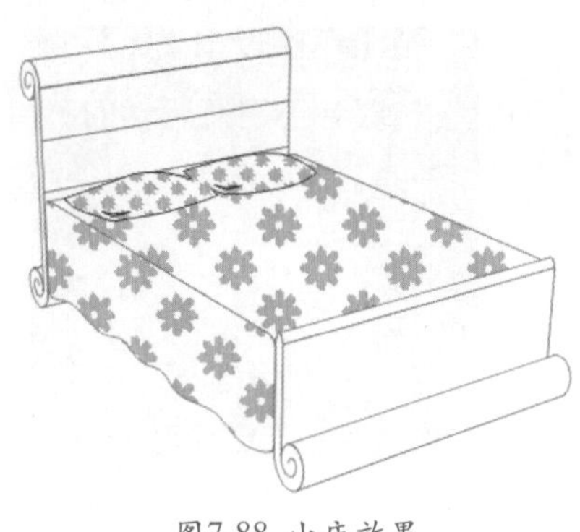

图7-88 小床效果

操作步骤

01 在CorelDRAW X5中新建文件。

02 选择（螺纹工具），在属性栏中单击（对称式螺纹）按钮，在【螺纹回圈】右侧的数值框中输入2，在绘图区中绘制一个对称式螺纹图形，形态如图7-89所示。

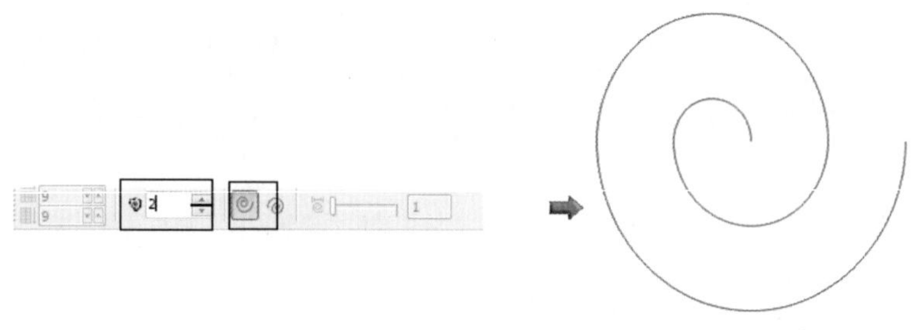

图7-89 绘制对称式螺纹图形

在“对象”展开工具栏中单击（螺纹工具）按钮，切换为（螺纹工具），然后在（螺纹工具）上双击鼠标左键，在弹出的对话框中选择【对称】选项，再单击确定按钮，即可切换为（对称式螺纹）工具。

03 单击【窗口】/【泊坞窗】/【变换】/【比例】命令，在弹出的【转换】对话框中设置参数，如图7-90所示。

04 单击应用按钮，螺纹图形垂直镜像复制一个，如图7-91所示。

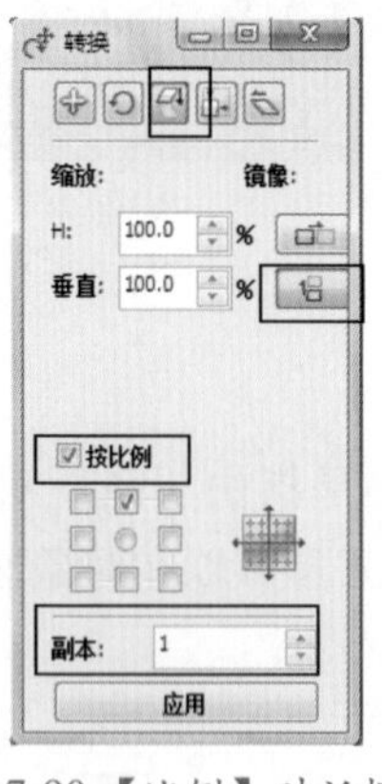

图7-90 【比例】对话框

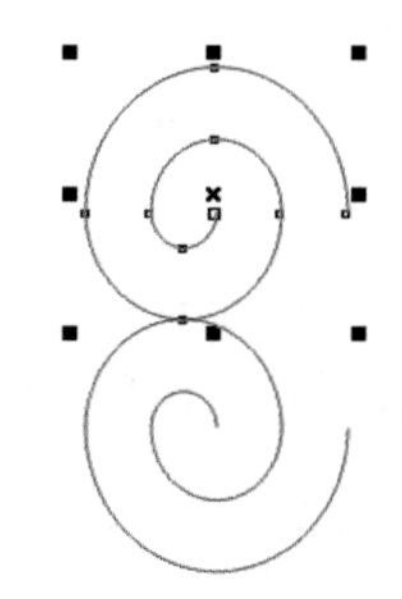

图7-91 再制后的位置

05 将复制的螺纹图形调整到如图7-92所示的位置。

06 按键盘上的Ctrl + A键，选择全部图形；单击属性栏中的（接合）按钮，将两个图形结合为一体。

07 运用（形状工具），按住键盘上的Shift键，分别选择螺纹图形外端的两个节点，如图7-93所示。

⑧ 单击属性栏中的 （延长曲线使之闭合）按钮，连接两个节点，如图7-94所示。

⑨ 选择如图7-95所示的节点，单击属性栏中的 （断开曲线）按钮，将节点断开，分割曲线。

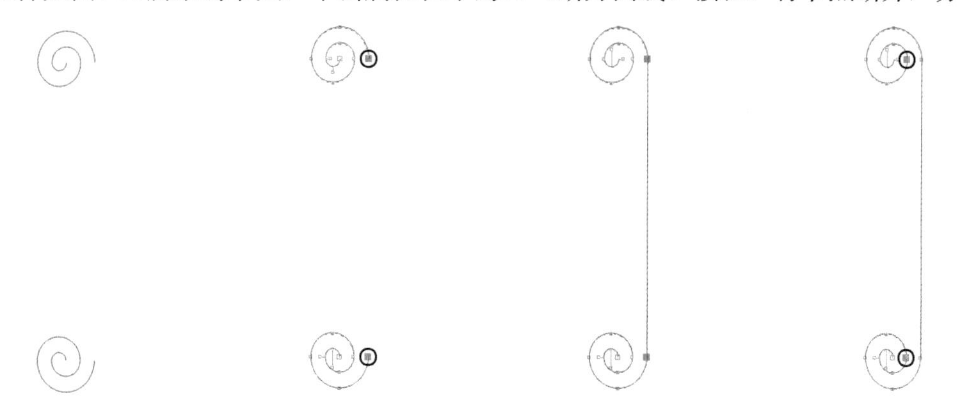

图7-92 调整后的位置　图7-93 选择节点　图7-94 连接节点　图7-95 断开节点

⑩ 单击【排列】/【拆分】命令，将分割的曲线从图形中分离，使其成为独立的图形，调整图形的位置，如图7-96所示。

⑪ 运用前面介绍的方法，再单击工具箱中的 （形状工具）按钮，选择如图7-97所示的节点，然后单击属性栏中的 （延长曲线使之闭合）按钮，连接节点，形成一个封闭的图形。

⑫ 将封闭的图形填充为白色，然后调整分离出的图形到原来的位置，如图7-98所示。

⑬ 按键盘上的Ctrl + A键，选择全部图形，将其水平镜像复制一组，然后运用 （形状工具），修改其形态，如图7-99所示。

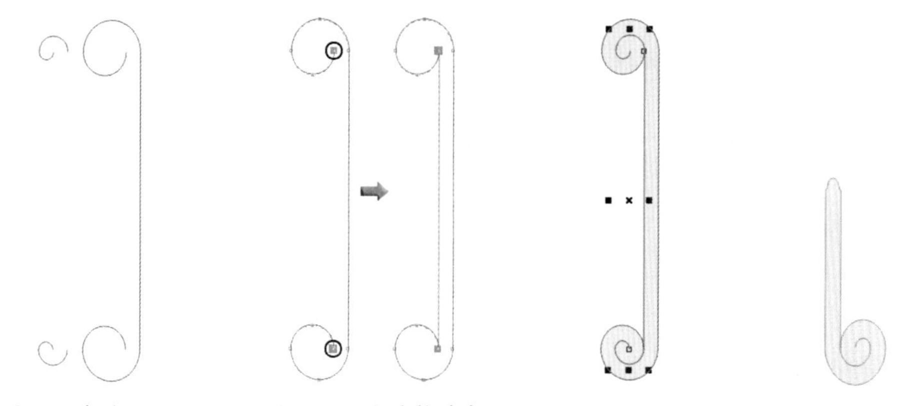

图7-96 拆分图形　图7-97 延长连接节点　图7-98 调整后的位置　图7-99 修改后的形态

分割节点操作可以将一个节点分割成两个节点，使一条完整的线条成为两条断开的线条，但它们仍然是一个整体。单击【排列】/【拆分】命令，可将两条断开的线条变成两个独立的个体。

⑭ 选择工具箱中的 （矩形工具），在属性栏中，设置左边和右边的边角圆滑度为24，在绘图区中绘制一个圆角矩形，位置如图7-100所示。

图7-100 绘制圆角矩形

⑮ 单击属性栏中的（转换曲线）按钮，将圆角矩形转换为曲线。

⑯ 运用工具箱中的（形状工具），编辑圆角矩形底边的形状，如图7-101所示。

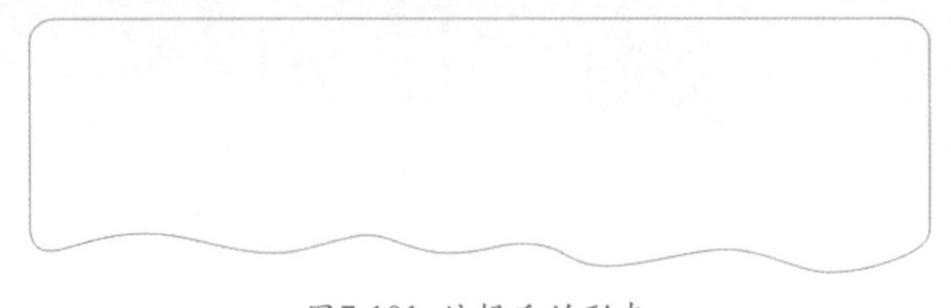

图7-101 编辑后的形态

⑰ 在“填充”展开工具栏中单击（图样填充对话框）按钮，在弹出的对话框中设置参数，如图7-102所示。

⑱ 单击确定按钮，填充效果如图7-103所示。

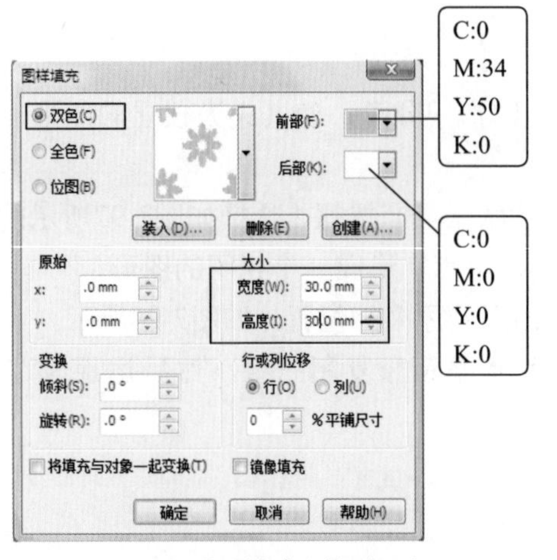

图7-102 【图样填充】对话框

图7-103 填充后的效果

⑲ 按键盘上的Ctrl + A键，选择全部图形，单击属性栏中的（群组）按钮，将图形群组。

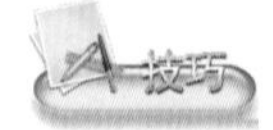

按键盘上的Ctrl + G键，可快速群组选定的对象。

⑳ 选择“交互式”展开工具栏中的（交互式立体化工具）按钮，移动鼠标指针至图形中心位置，鼠标指针变为形状时，按住鼠标左键并向右移动至合适位置，松开鼠标左键，效果如图7-104所示。

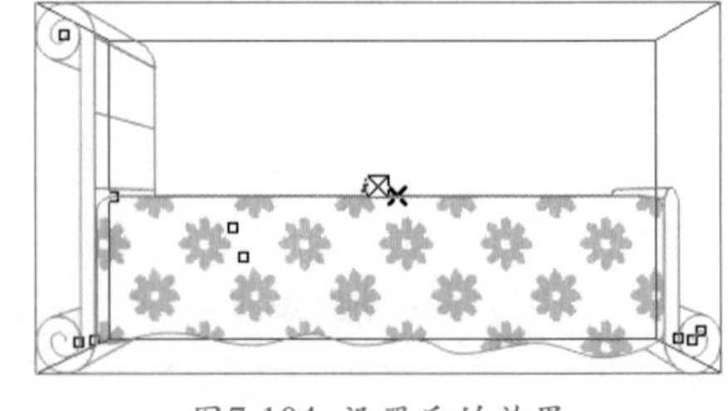

图7-104 设置后的效果

㉑ 在属性栏中单击（立体的方向）按钮，在弹出的面板中单击按钮，弹出“旋转值”设置面板，参数设置如图7-105所示（注意：本例中的“旋转值”仅作为参考，设置的角度不同，最终调整的效果也不同）。

㉒ 调整图形后的效果如图7-106所示。

绘制枕头

㉓ 运用“手绘”展开工具栏中的（贝塞尔工具），在绘图区中绘制如图7-107所示的图形。

㉔ 在“填充”展开工具栏中单击（图样填充对话框）按钮，在弹出的对话框中设置参数，如图7-108所示。

㉕ 单击确定按钮，填充效果如图7-109所示。

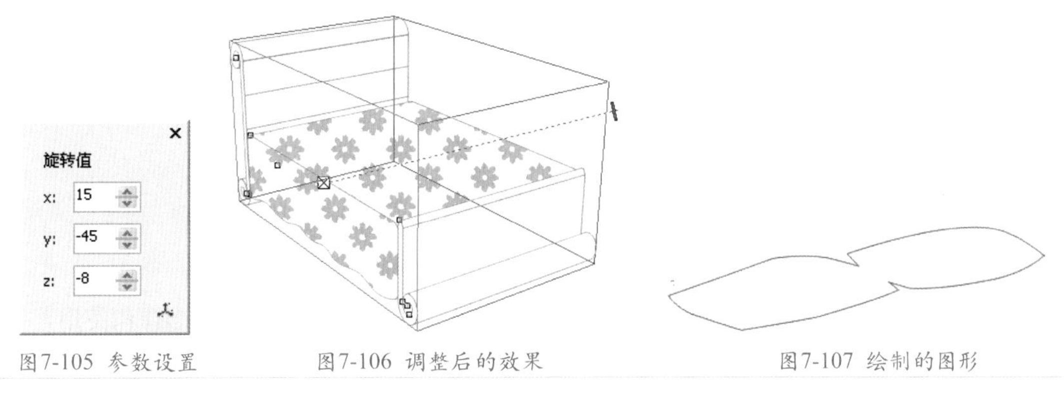

图7-105 参数设置　图7-106 调整后的效果　图7-107 绘制的图形

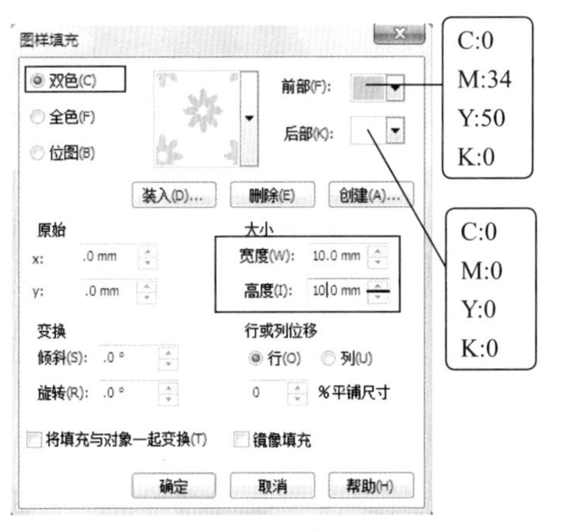

图7-108【图样填充】对话框

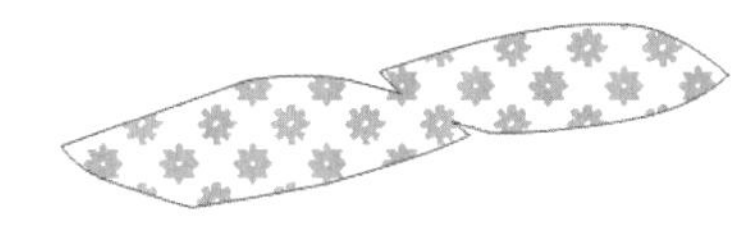

图7-109 填充后的效果

㉖ 运用（贝塞尔工具），在已绘制的图形中绘制如图7-110所示的图形，并填充为白色。

㉗ 将刚绘制的图形再复制一个，调整到如图7-111所示的位置。

图7-110 绘制的图形

图7-111 复制后的位置

㉘ 选择绘制的图形，调整其大小，位置如图7-112所示。

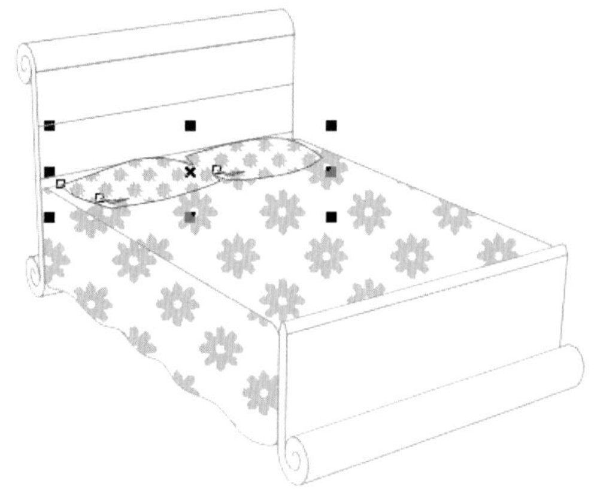

图7-112 调整后的位置

㉙ 保存文件，命名为“小床.cdr”。

实例总结

交互式立体化工具可以将图形对象制作为立体效果，可以是单独的图形对象，也可以是群组对象，但图像对象除外。

Example 实例 91 交互式立体化工具——钥匙

实例目的

通过“钥匙”实例，带领读者学习【交互式立体化工具】中立体化类型的选择和使用，钥匙效果如图7-113所示。

实例要点

- 绘制钥匙图形。
- 设置颜色。
- 选择立体化类型。
- 绘制凹槽。

图7-113 钥匙效果

操作步骤

01 在CorelDRAW X5中新建文件。

02 运用（贝塞尔工具）和（椭圆工具），在绘图区中绘制出钥匙的轮廓，如图7-114所示。

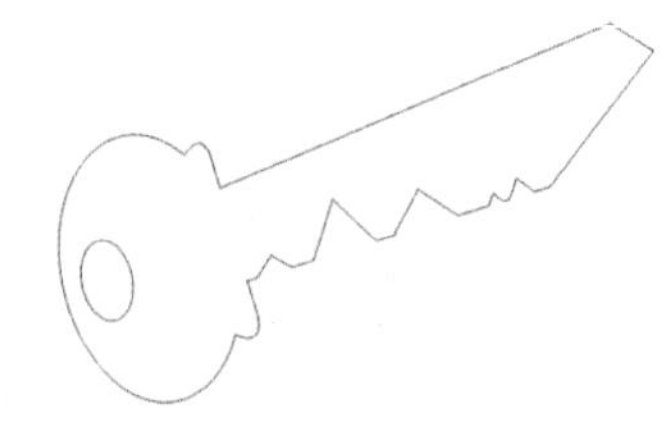

图7-114 绘制图形

03 在“填充”展开工具栏中单击（渐变填充）按钮，弹出【渐变填充】对话框，参数设置如图7-115所示。

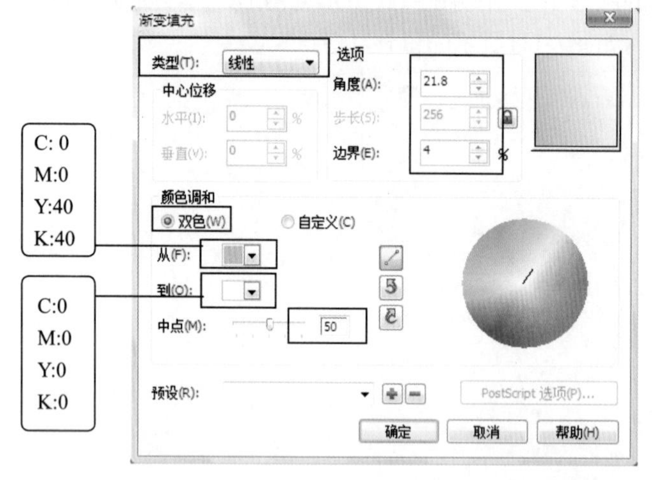

图7-115 【渐变填充】对话框

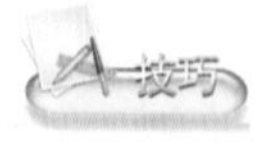

【渐变填充】对话框的按钮，用于设置颜色渐变方向，此按钮只有在【双色】编辑方式和【预设】编辑方式下才处于可选状态。单击按钮，可使选取的颜色进行直线渐变；单击按钮，可使颜色按照按钮右边色盘中的逆时针方向进行颜色渐变；单击按钮，可使颜色按照按钮右边色盘中的顺时针方向进行颜色渐变。

04 运用“交互式”展开工具栏中的（交互式立体化工具），立体化对象，在属性栏中设置参数，如图7-116所示。

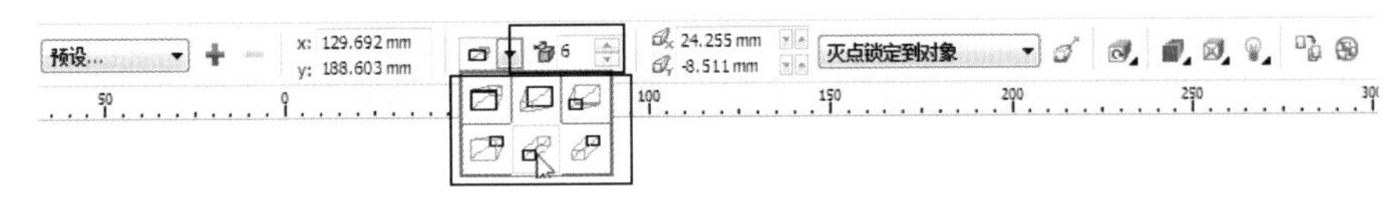

图7-116 属性栏

05 设置完成后，立体化效果如图7-117所示。

06 单击属性栏中的（立体化颜色）按钮，在弹出的【颜色】面板中设置参数，如图7-118所示。

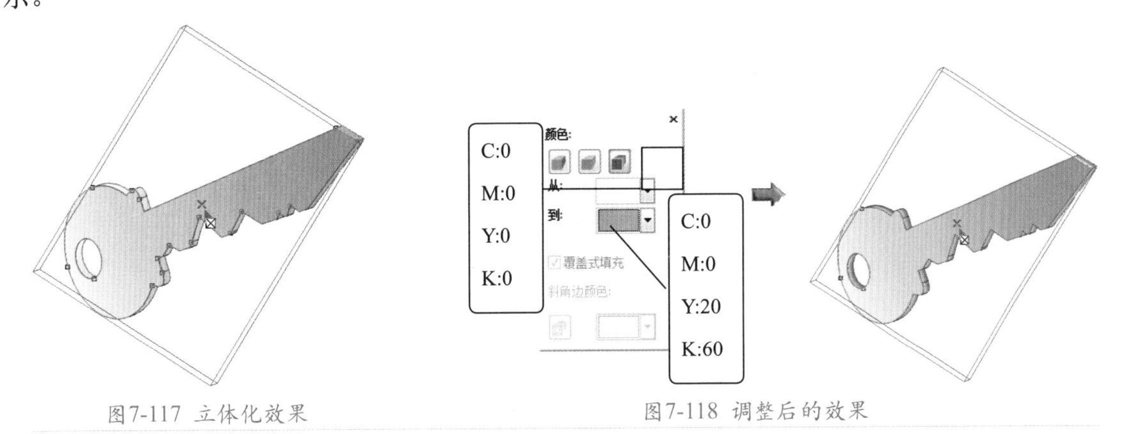

图7-117 立体化效果

图7-118 调整后的效果

制作钥匙上的凹槽

07 选择（贝塞尔工具），在钥匙上绘制如图7-119所示的图形。

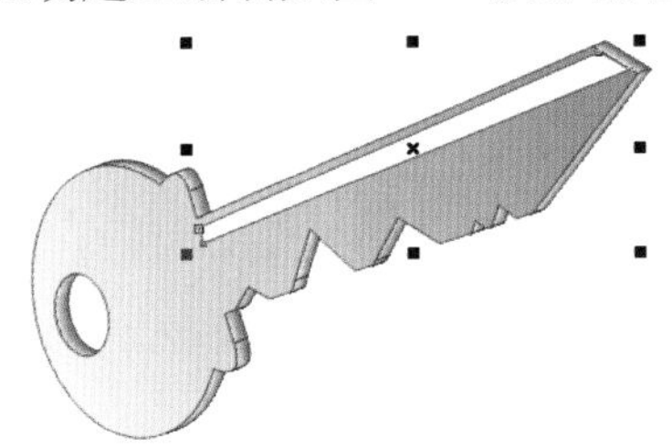

图7-119 绘制图形

08 按键盘上的F11键，在弹出的对话框中设置参数，如图7-120所示。

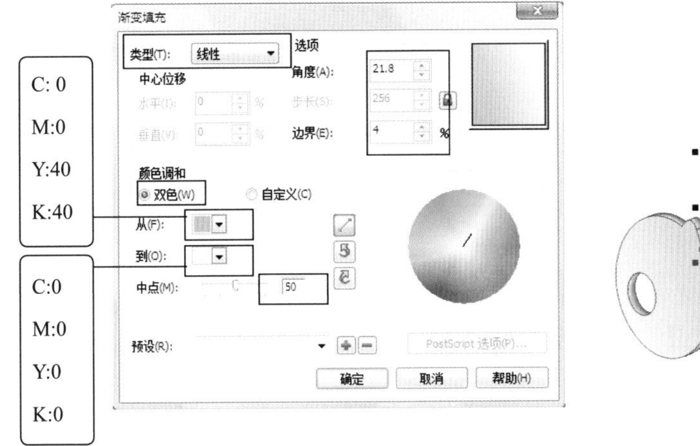

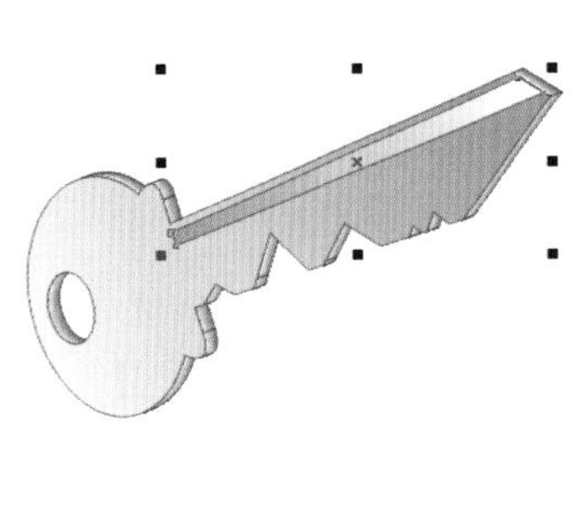

图7-120 【渐变填充】对话框

09 运用同样的方法，将图形立体化，效果如图7-121所示。

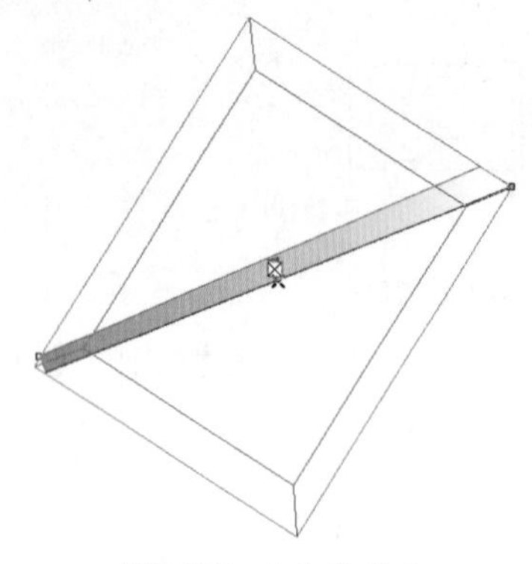

图7-121 立体化对象

⑩ 在属性栏中设置深度为20，在立体化类型中选择如图7-122所示的选项。

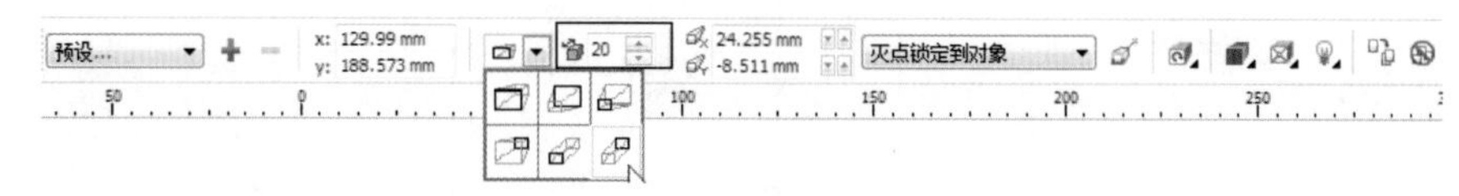

图7-122 属性栏

⑪ 设置完成后的效果如图7-123所示。

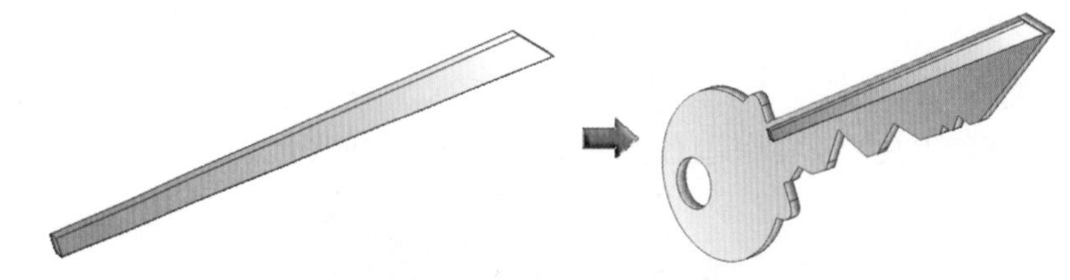

图7-123 完成后的效果

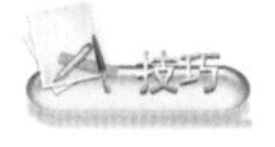

钥匙与凹槽同样都使用了交互式立体化工具，但在立体化类型中，却使用了两种不同的立体类型，增强钥匙的立体感。

⑫ 保存文件，命名为“钥匙.cdr”。

实例总结

本例在制作时运用了两种不同的立体化类型制作出钥匙效果。读者在制作时，应细心体会，灵活运用。

Example 实例 92 立体化倾斜——齿轮

实例目的

本例进一步讲解【交互式立体化工具】中【深度】、【立体的方向】、【颜色】、【立体化倾斜】、【照明】选项的使用方法，齿轮效果如图7-124所示。

图7-124 齿轮效果

实例要点

- 星形的设置。
- 在多边形中添加节点。
- 修剪。

- 调整立体的方向。
- 使用递减的颜色。
- 立体化倾斜。
- 设置照明。

操作步骤

01 在CorelDRAW X5中新建文件。

02 选择（多边形工具），在属性栏中设置【星形及复杂星形的多边形点或边数】为16，然后按住键盘上的Ctrl键，绘制一个多边形，如图7-125所示。

03 按键盘上的 + 键，将多边形复制一个，按住键盘上的Shift键，调整复制的多边形的大小，然后在属性栏中设置【旋转角度】为348°，形态如图7-126所示。

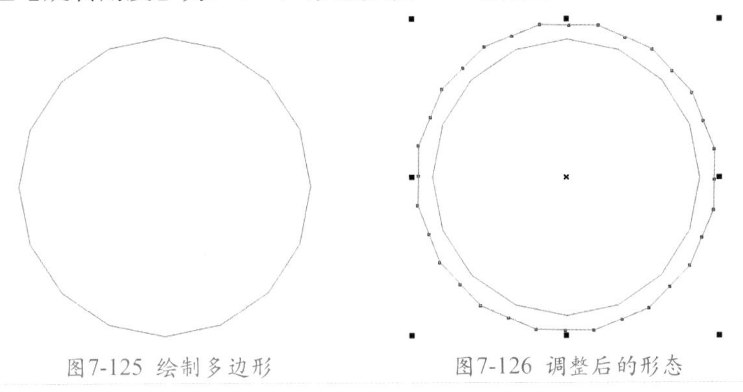

图7-125 绘制多边形　　图7-126 调整后的形态

04 选择（星形工具），在属性栏中设置【点数/边数】为16，【清晰度】为25的星形，然后按住键盘上的Ctrl键，在绘图区中绘制一个如图7-127所示的星形。

图7-127 属性栏

05 按键盘上的Ctrl + A键，选择全部图形，单击属性栏中的（对齐与分布）按钮，在弹出的【对齐与分布】对话框中设置参数，如图7-128所示。

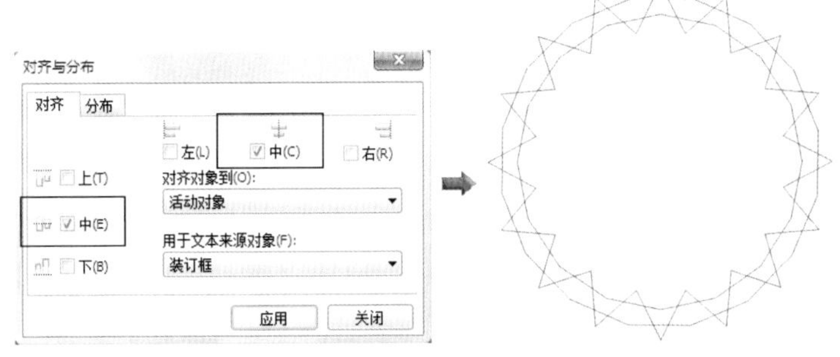

图7-128【对齐与分布】对话框

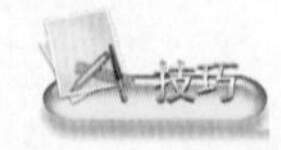

选择需要对齐的对象，按键盘上的D键，所选择的对象会中心对齐，即水平和垂直方向对齐。

06 选择所绘制的星形和小多边形，单击属性栏中的（接合）按钮，接合图形，效果如图7-129所示。

07 在星形的中心位置绘制一个圆形，如图7-130所示。

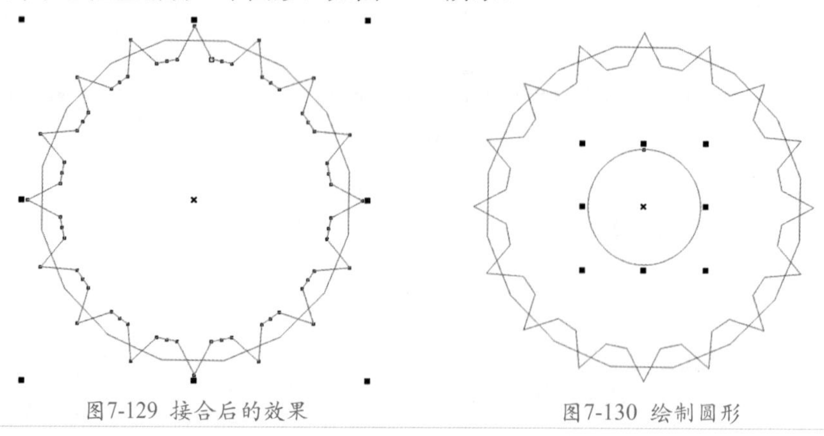

图7-129 接合后的效果　　图7-130 绘制圆形

08 运用（智能填充工具），在属性栏中设置填充颜色为灰色（CMYK：0、0、0、60），填充如图7-131所示的图形。

09 保留指定填充的图形，将剩余图形全部删除。

10 选择（交互式立体化工具），移动鼠标指针至图形的中心位置上，按住鼠标左键向右拖曳，出现立体化效果的控制虚线，拖动到合适位置并松开鼠标左键，图形出现立体化效果，如图7-132所示。

图7-131 指定填充的图形

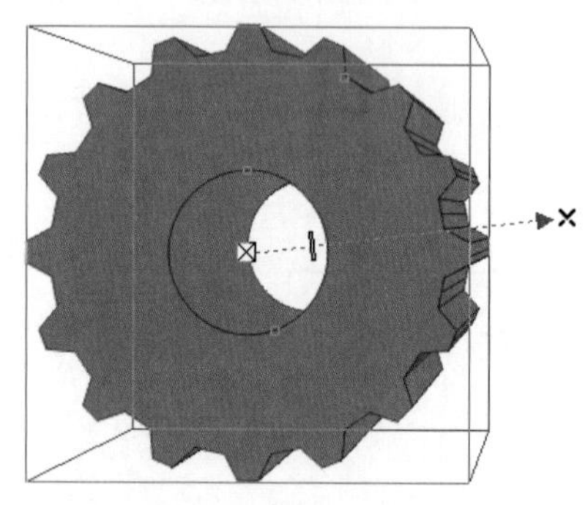

图7-132 图形立体化

11 在属性栏中设置【深度】为3，单击属性栏中的（立体的方向）按钮，在弹出的面板中，移动鼠标指针至圆形区域中，鼠标指针变为形状时，按住鼠标左键移动，调整圆形区域中数字3的立体方向，如图7-133所示。

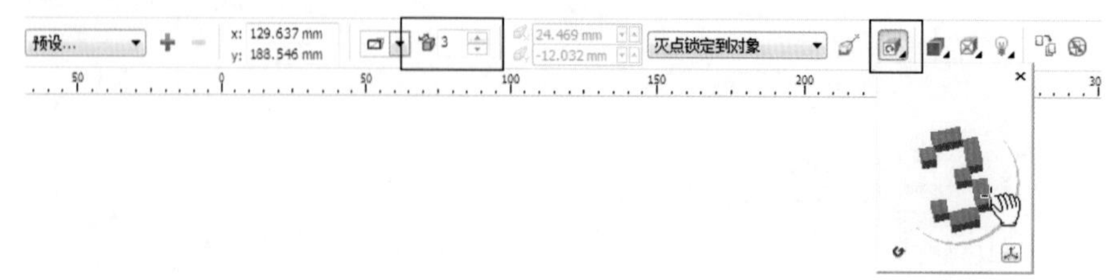

图7-133 属性栏

⑫ 调整完成后，绘图区中的图形效果如图7-134所示。

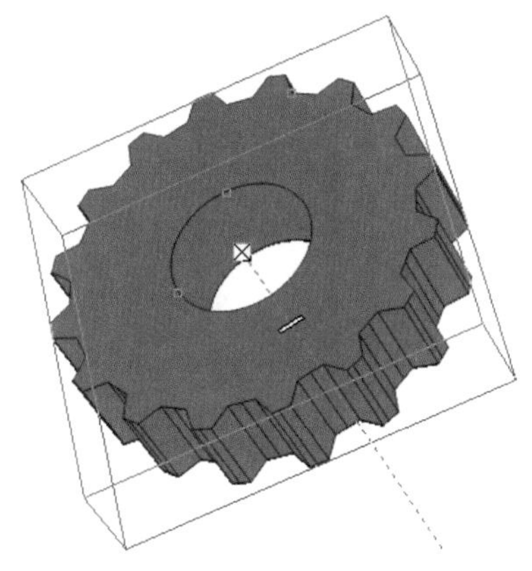

图7-134 调整后的效果

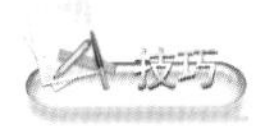

调整立体化对象上灭点的位置，直接可以调整对象立体的方向。

⑬ 单击属性栏中的（立体化颜色）按钮，在弹出的对话框中单击（使用递减的颜色）按钮，打开【到】颜色设置框，选择40%的黑，调整后的效果如图7-135所示。

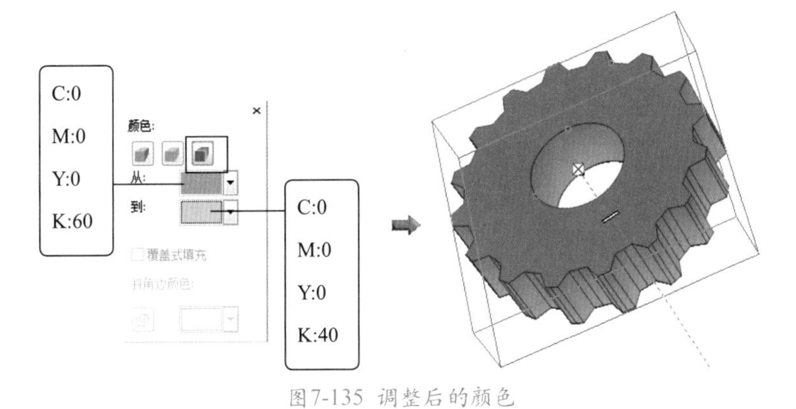

图7-135 调整后的颜色

⑭ 单击属性栏中的（立体化倾斜）按钮，在弹出的面板中勾选【使用斜角修饰边】选项，参数设置如图7-136所示。

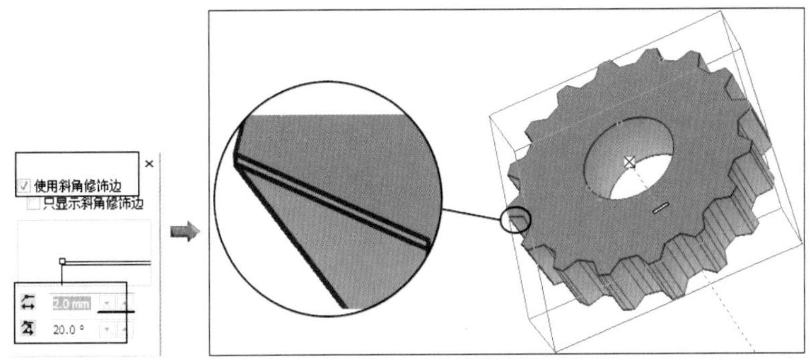

图7-136 参数设置

⑮ 单击属性栏中的（照明）按钮，在弹出的面板中设置照明，加强图形的立体化效果，如图7-137所示。

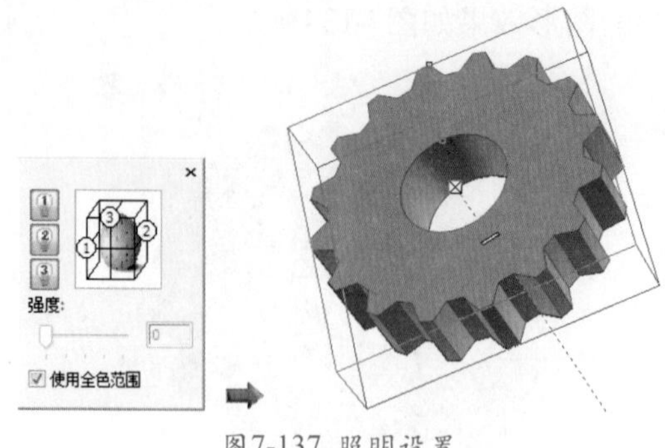

图7-137 照明设置

⑯ 确认齿轮图形处于选择状态，设置其轮廓颜色为灰色（与填充色相同），效果如图7-138所示。

⑰ 将图形复制两个，调整其大小及位置，如图7-139所示。

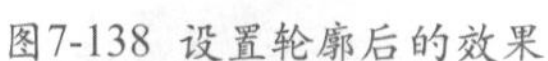

图7-138 设置轮廓后的效果　　图7-139 复制后图形的位置

⑱ 保存文件，命名为“齿轮.cdr”。

实例总结

本例的“齿轮”效果与上一例中的“小床”效果在制作过程中都运用了【交互式立体化】工具。在本例的制作过程中，更多地讲解了【交互式立体化】工具属性栏中【深度】、【立体的方向】、【颜色】、【立体化倾斜】和【照明】属性的使用方法。使读者更深一步地了解【交互式立体化】工具的使用方法。

Example 实例 93　交互式透明工具——按钮

实例目的

通过实例讲解“交互式”展开工具栏中（交互式透明工具）的使用方法，按钮效果如图7-140所示。

实例要点

- 绘制按钮的基本轮廓。
- 填充渐变色。
- 输入字母。
- 运用【交互式调和工具】调和图形。
- 运用【智能填充工具】选取图形。
- 运用【交互式透明工具】制作出按钮的高光部分。

图7-140 按钮效果

操作步骤

01 在CorelDRAW X5中新建文件。

02 选择（多边形工具），在属性栏中设置边数为3，按住键盘上的Ctrl键，在绘图区中绘制一个三角形。

03 单击属性栏中的（转换为曲线）按钮，将三角形转换为曲线。

04 运用（形状工具），编辑三角形的形态，如图7-141所示。

05 按键盘上的+键，复制图形，按住键盘上的Shift键，向中心收缩图形，编辑后的形态如图7-142所示。

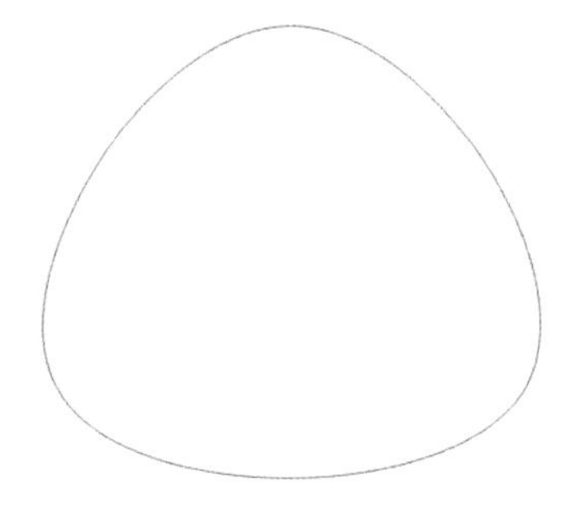

图7-141 编辑后的形态　　图7-142 复制后图形的形态

06 按键盘上的Ctrl + A键，选择绘图区中的全部图形，并将其复制出一组，调整到工作区中备用。

选择复制出的对象，移动鼠标指针至复制的对象上，按住鼠标右键，移动到合适的位置，松开鼠标右键，在弹出的快捷菜单中选择【移动】命令，即可移动对象。

07 选择绘图区中的大三角形，将其填充为（CMYK：100、20、0、0）。

08 选择绘图区中的小三角形，按键盘上的F11键，在弹出的【渐变填充】对话框中，设置冰蓝色（CMYK：40、0、0、0）到浅蓝色（CMYK：20、0、0、0）的渐变色，其他参数设置如图7-143所示。

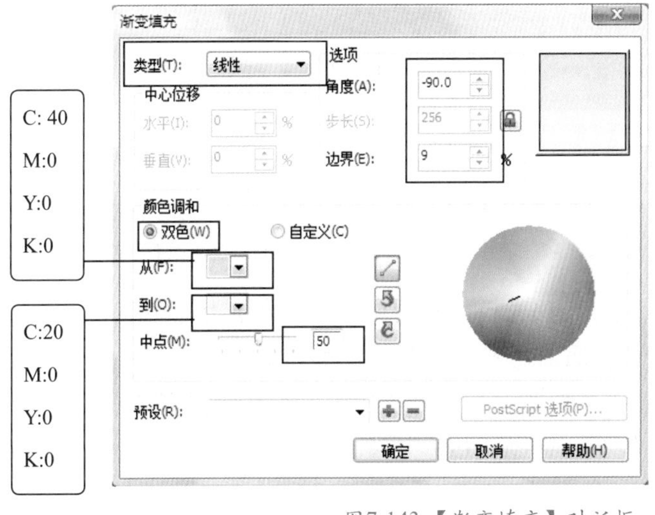

图7-143 【渐变填充】对话框

09 运用（交互式调和工具），将鼠标指针移动至小三角形的中心位置，按住鼠标左键拖动至大三角形上，两个图形之间产生调和效果，在属性栏中设置步数为20，效果如图7-144所示。

10 单击（文本工具），在图形的中心位置输入Yes，然后在属性栏中设置字体为Arial，调整字母的大小及位置，如图7-145所示。

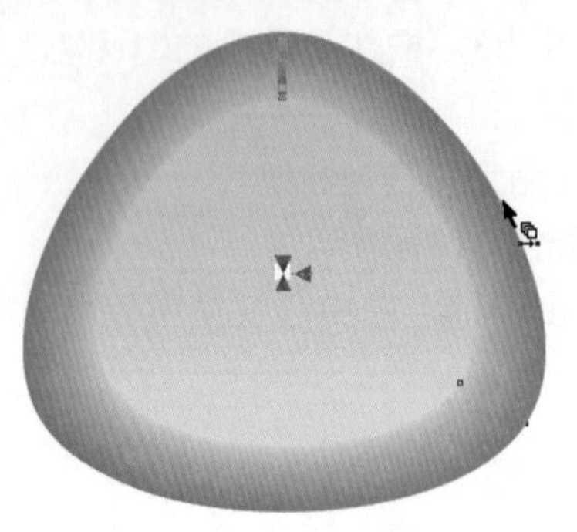

图7-144 调和的效果　　　　图7-145 文字位置

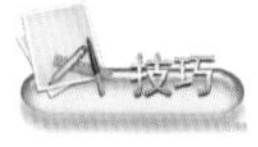

特殊选取对象。当有多个对象重叠时，若要选取一下层的对象，可在按住Alt键后，在对象上单击鼠标即可。若要选取下一层的对象，则再次单击鼠标。

⑪ 选择工作区中的大三角形，填充为冰蓝色（CMYK：40、0、0、0），按键盘上的Shift键，选择调和图形，单击属性栏中的（对齐与分布）按钮，在弹出的对话框中设置对齐方式为“水平居中”和“垂直居中”，如图7-146所示。

⑫ 使选择的图形完全重合。选择调和图形和文字，单击“对象”展开工具栏中的（交互式透明工具）按钮，从图形的左下方向右上方拖曳，效果如图7-147所示。

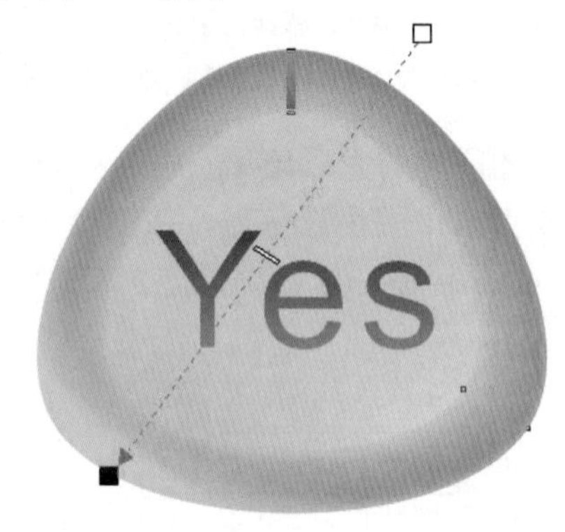

图7-146【对齐与分布】对话框　　　　图7-147 调整后的效果

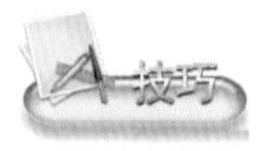

选择【交互式透明工具】，在属性栏的【透明度类型】下拉列表中选择【线性】选项，选择的对象将自动运用透明效果。也可移动鼠标指针到选择对象上，按住鼠标键拖曳，属性栏中的【透明度类型】将自动转换为【线性】。

在此读者需要了解一点，黑色、白色，黑白色之间的灰色与对象是否透明的密切联系。黑色表示对象完全透明，白色表示对象不透明，而灰色表示对象为半透明状。

⑬ 选择工作区中的小三角形，并将其复制一个，调整形态及位置，如图7-148所示。

⑭ 单击（智能填充工具）按钮，在属性栏中设置【填充选项】，指定颜色为白色（CMYK：0、0、0、0），填充如图7-149所示的图形。

⑮ 将指定填充的图形调整到如图7-150所示的位置。

⑯ 运用（交互式透明工具），在属性栏中设置【编辑透明度】为标准，【透明度】为50%，如图7-151所示。

⑰ 设置完成后，指定的图形呈半透明状，制作出按钮上的高光效果，如图7-152所示。

⑱ 运用前面介绍的方法，制作出按钮上对应的高光，如图7-153所示。

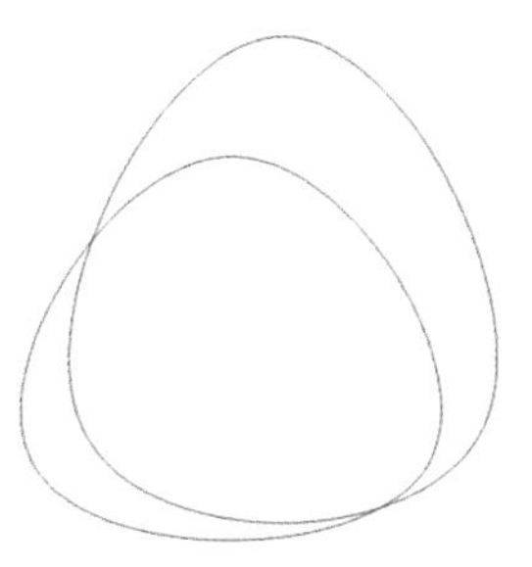
图7-148 复制后的形态

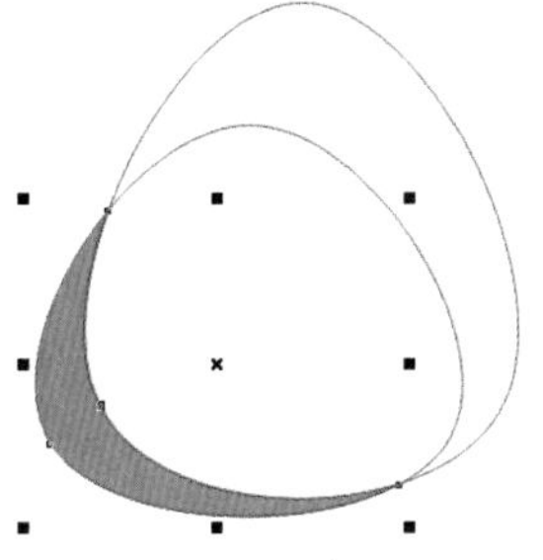
图7-149 指定填充的图形

图7-150 图形的位置

图7-151 属性栏

图7-152 编辑后的效果

图7-153 制作出的图形

⑲ 保存文件，命名为“按钮.cdr”。

实例总结

在绘制“按钮”图形的操作中，本例运用了【多边形工具】、【交互式调和工具】、【智能填充工具】、【交互式透明工具】等，应重点掌握【交互式透明工具】的使用方法。

Example 实例 94 交互式填充——相框

实例目的

本例学习【交互式填充工具】的使用，利用该工具可以快速调整渐变填充的位置和角度，相框效果如图7-154所示。

实例要点

- ◆ 绘制相框轮廓。
- ◆ 填充颜色和图案。
- ◆ 交互式渐变填充。
- ◆ 导入图形。

图7-154 相框效果

操作步骤

01 在CorelDRAW X5中新建文件。

绘制轮廓

02 运用（矩形工具），配合（形状工具），绘制出如图7-155所示的图形。（注意：下面两幅图完全一致，在后面的操作中，将以右图中的编号为准，为对应的图形填充相应的颜色。）

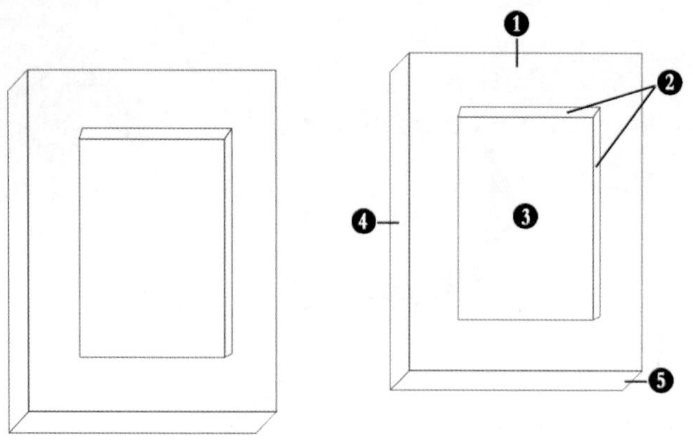

图7-155 绘制图形

03 按键盘上的Ctrl + A键，选择全部图形，然后单击属性栏中的（群组）按钮，将图形群组。

04 运用“交互式”展开工具栏中的（封套）工具，调整图形的形态，如图7-156所示。

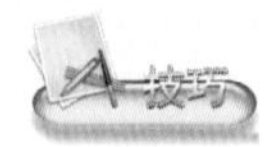

按键盘上的Ctrl + F7键，打开【封套】泊坞窗，选择对象，单击【封套】泊坞窗中的添加新封套按钮，选择的对象上出现封套控制框，即可进行编辑。

05 单击属性栏中的（取消群组）按钮，取消图形的群组。

06 运用（贝塞尔工具），绘制如图7-157所示的两个封闭图形。

07 选择工具箱中的（手绘工具），绘制如图7-158所示的直线。

图7-156 调整后图形的形态　　图7-157 绘制图形　　图7-158 绘制直线

填充颜色

08 选择图形1，填充为深黄色（CMYK：0、20、100、0），设置轮廓颜色为浅灰色（CMYK：0、0、0、10）；将图形2填充为（CMYK：0、40、60、20），取消轮廓。

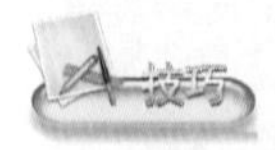

按键盘上的F10键，可以快速切换为（选择工具）。

09 选择图形3，然后将其轮廓颜色设置为浅灰色（CMYK：0、0、0、10）。

10 单击【填充】展开工具栏中的（图样填充对话框）按钮，弹出【图样填充】对话框，参数设置如图7-159所示。

11 选择前面绘制的所有直线，设置轮廓颜色为浅灰色（同图形3的轮廓颜色）。

12 选择图形4，取消图形轮廓。单击“填充”展开工具栏中的（渐变填充）按钮，在弹出的【渐变填充】对话框中设置参数，如图7-160所示。

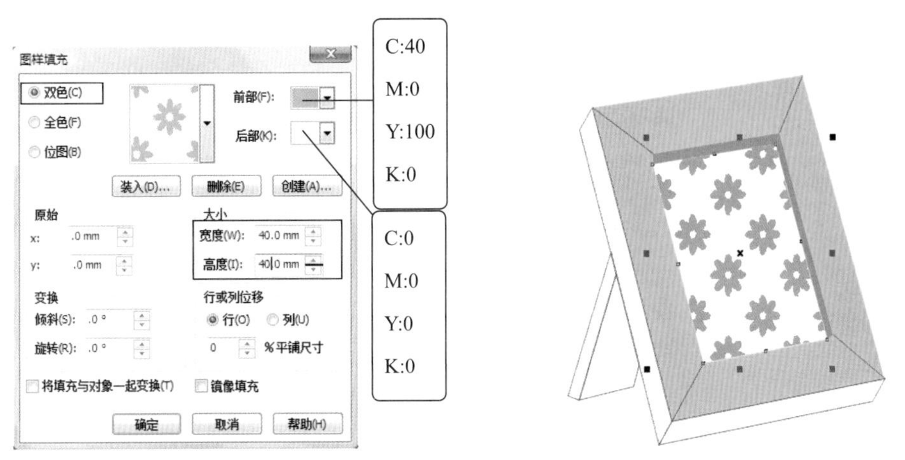

图7-159 【填充图案】对话框

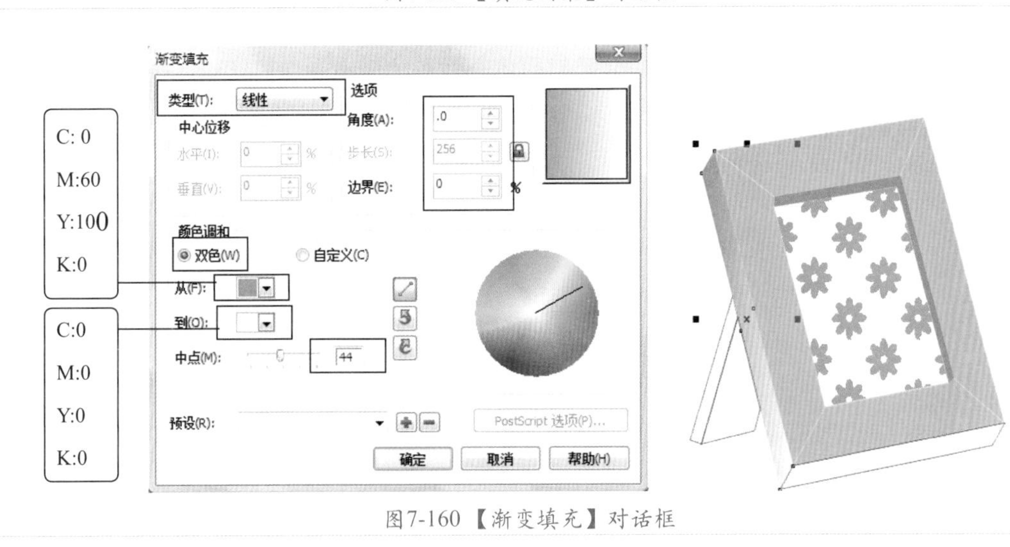

图7-160 【渐变填充】对话框

⑬ 移动鼠标指针至图形4中，按住鼠标右键，拖曳至图形5中，松开鼠标右键，在弹出的菜单中选择“复制全部属性”命令，将图形4所设置的全部属性复制到图形5中，如图7-161所示。

⑭ 选择图形5，单击（交互式填充工具），在图形5上出现填充控制线，如图7-162所示。

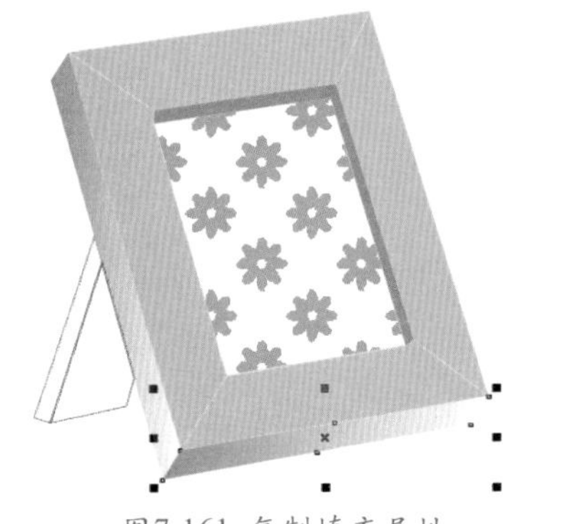

图7-161 复制填充属性

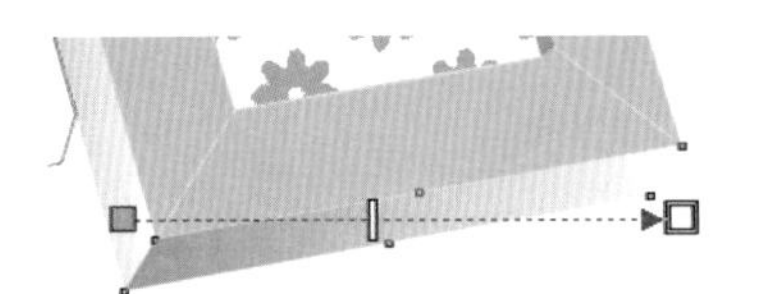

图7-162 填充控制线

⑮ 在属性栏中，设置【填充中心点】为30%，【填充角和边衬】分别为99.34、13，如图7-163所示。

⑯ 按键盘上的Enter键，调整后的效果如图7-164所示。

⑰ 选择图形6，运用（交互式填充工具），从图形6的上方中间位置向下拖动鼠标，图形6产

生从黑到白的线性渐变色，效果如图7-165所示。

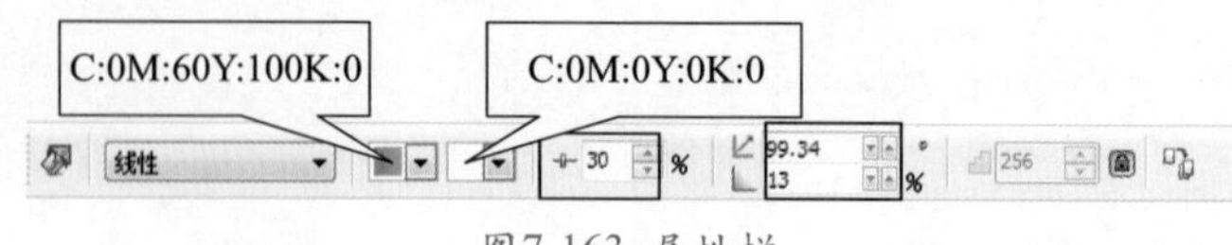

图7-163 属性栏

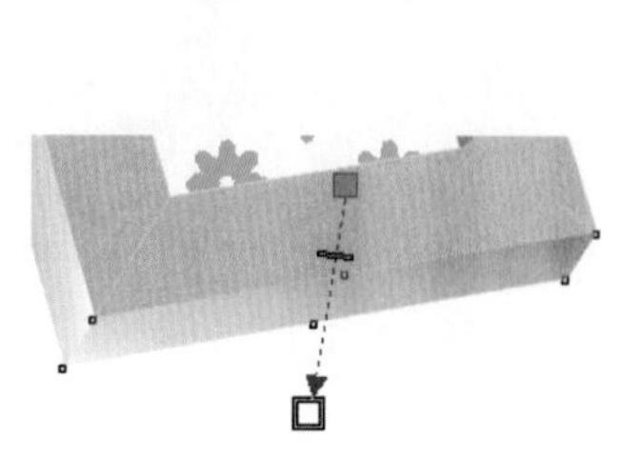

图7-164 调整后的效果

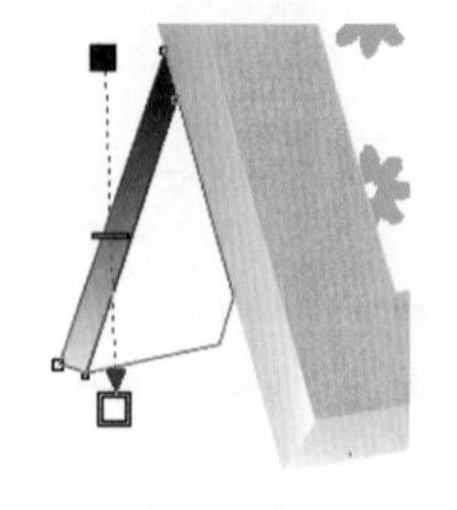

图7-165 渐变效果

⑱ 删除图形6的轮廓，在属性栏中，设置起始填充颜色为靛蓝色（CMYK：60、60、0、0），终点颜色为白色（CMYK：0、0、0、0），填充中心点为33，如图7-166所示。

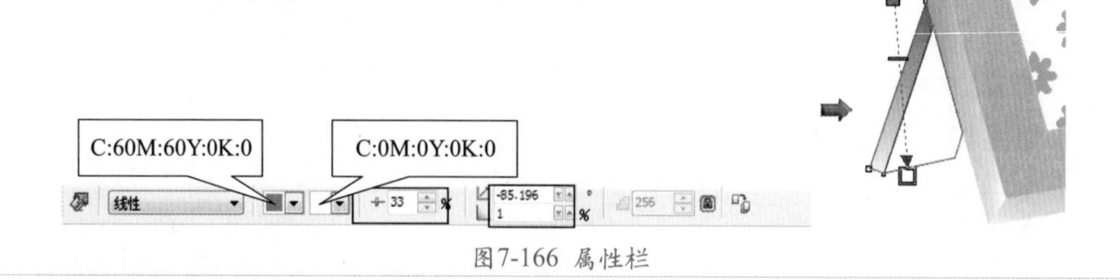

图7-166 属性栏

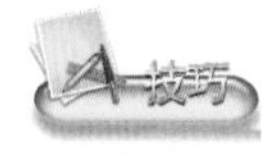

技巧：将图形6填充为靛蓝色，然后选择（交互式填充工具），移动鼠标指针至图形6的上方，再向下拖曳，即可调整出如图7-166所示的效果。

⑲ 选择图形7，将其填充为（CMYK：20、20、0、0），删除轮廓。

⑳ 导入“小熊.cdr”文件（光盘\第7章\素材\），如图7-167所示。

㉑ 选择导入的小熊图形，调整其大小及位置，如图7-168所示。

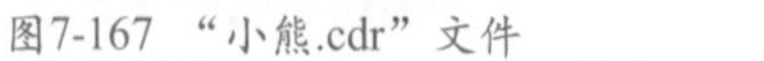

图7-167 “小熊.cdr”文件

图7-168 调整后的位置

㉒ 按键盘上的Ctrl + A键，选择全部图形，并将其复制两个，调整形态及位置，如图7-169所示。

㉓ 保存文件，命名为“相框.cdr”。

实例总结

选取渐变填充的图形对象后，单击工具箱中的【渐变填充工具】，然后拖动图形对象上的渐变填充控制柄即可。

图7-169 复制后的位置

Example 实例 95 交互式网状填充——晨叶

实例目的

本例主要学习运用“交互式”填充展开工具栏中的【交互式网状填充工具】填充图形的操作方法，晨叶效果如图7-170所示。

实例要点

◆ 绘制叶片。

◆ 制作水滴。

◆ 制作露水。

◆ 填充颜色。

图7-170 晨叶效果

操作步骤

01 在CorelDRAW X5中新建文件。

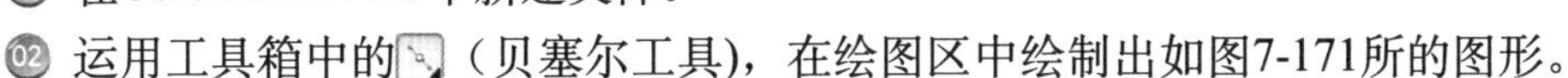

02 运用工具箱中的（贝塞尔工具），在绘图区中绘制出如图7-171所的图形。

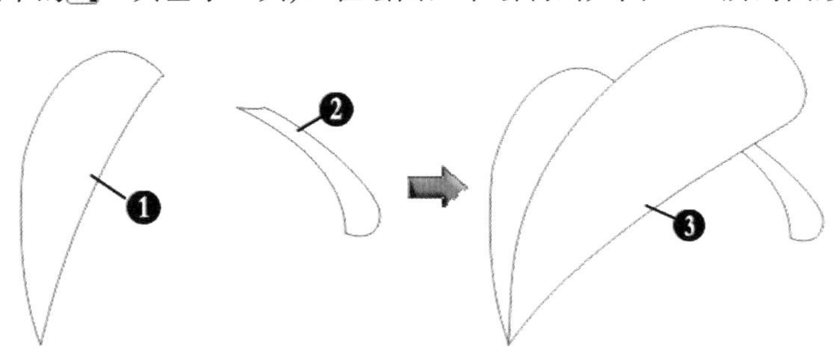

图7-171 绘制图形

03 按键盘上的空格键，切换为挑选工具，选择图形1，单击工具箱中的（交互式填充工具）按钮，快速填充图形，效果如图7-172所示。

技巧：按键盘上的G键，可以快速切换为【交互式填充工具】，在对象上单击并拖曳，应用渐变填充。

04 移动鼠标指针至图形3上，单击鼠标左键，图形3处于选择状态，按住鼠标左键拖曳，快速填充图形3，效果如图7-173所示。

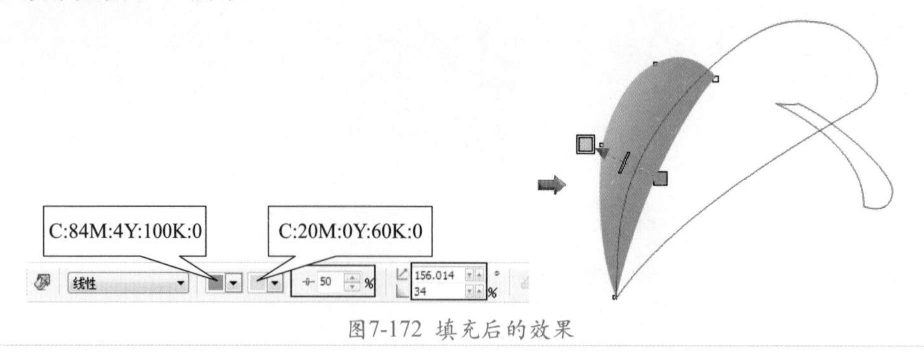

图7-172 填充后的效果

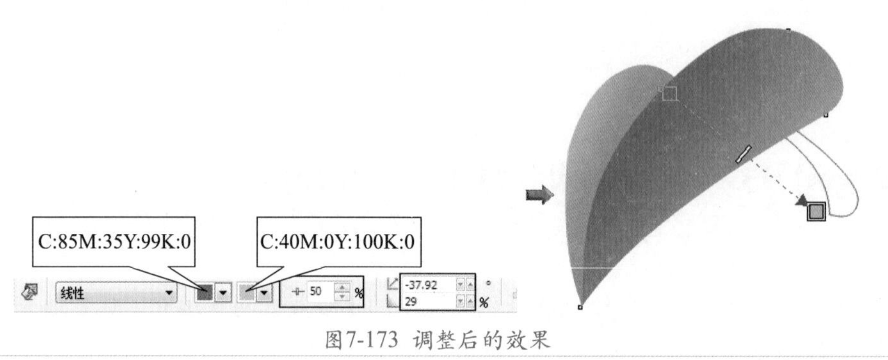

图7-173 调整后的效果

制作水滴

05 运用（贝塞尔工具），在叶片的尖部绘制一个水滴图形，如图7-174所示。

06 在“填充”展开工具栏中单击（渐变填充）按钮，弹出【渐变填充】对话框，参数设置如图7-175所示。

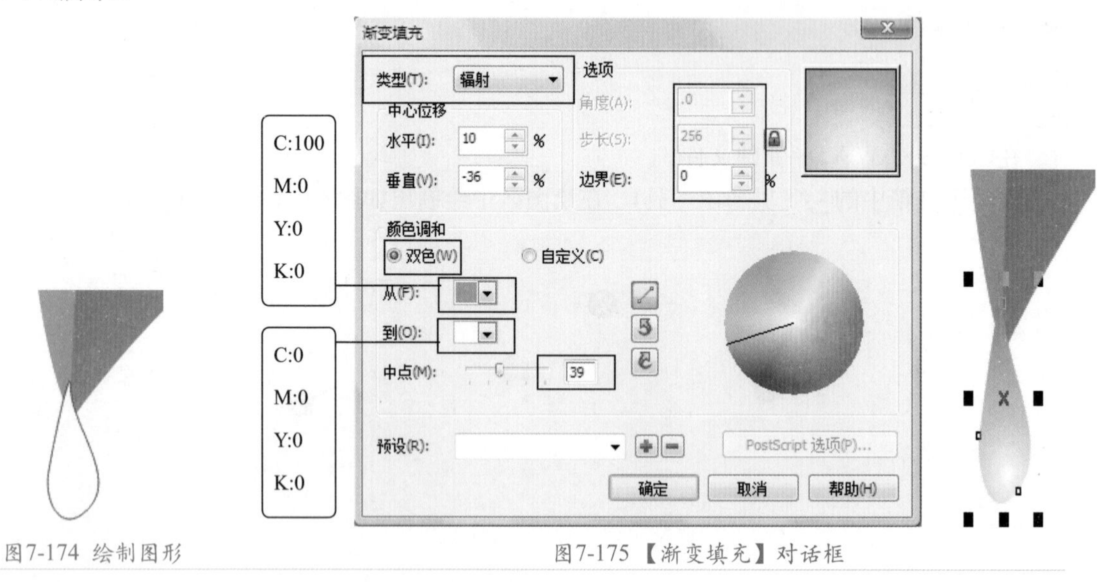

图7-174 绘制图形　　图7-175 【渐变填充】对话框

制作露水

07 继续运用（贝塞尔工具），绘制如图7-176所示的图形。

08 确认图形处于选择状态，将其填充为天蓝色（CMYK：70、0、0、0）。

09 单击（交互式填充工具）右下方的三角形，打开“交互式”展开工具栏，移动鼠标指针至（交互式网状填充）按钮上，单击鼠标左键，切换为交互式网状填充工具，如图7-177所示。

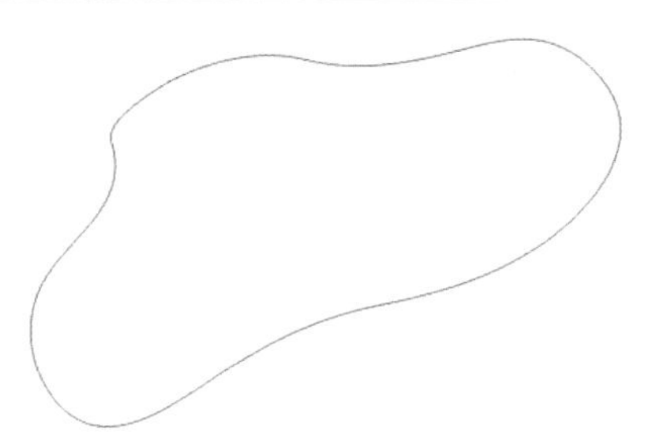

图7-176 绘制图形

图7-177 交互式填充展开工具栏

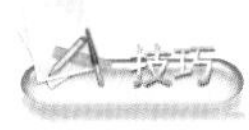

【交互式网状填充工具】的快捷键：按键盘上的M键，可转换对象为网格填充对象。

⑩ 处于选择状态的图形如图7-178所示。

⑪ 运用框选的方法，选择如图7-179所示的节点。

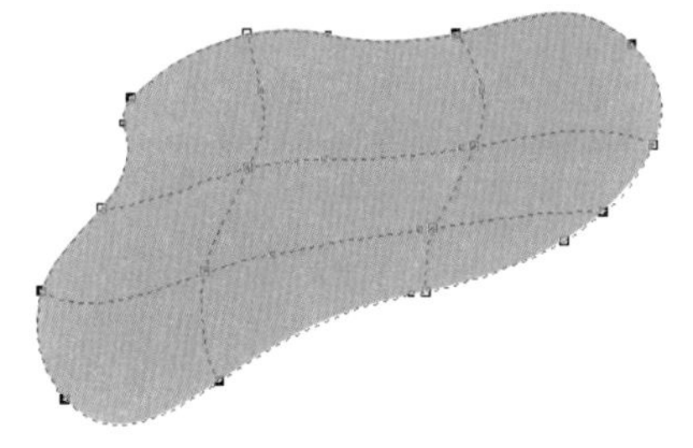

图7-178 显示状态

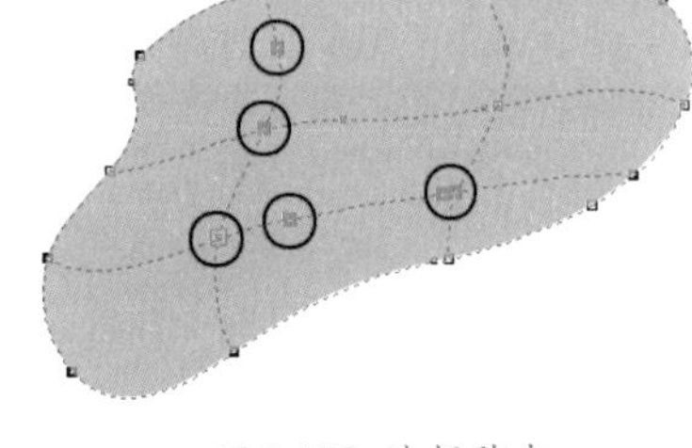

图7-179 选择节点

⑫ 移动鼠标指针至调色板的白色色块上并单击鼠标左键，填充颜色，效果如图7-180所示。

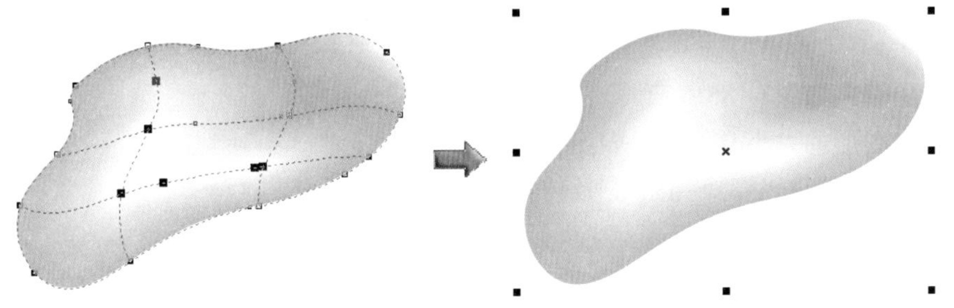

图7-180 填充颜色

⑬ 运用同样的方法，选择如图7-181所示的节点，填充为（CMYK：30、0、0、0）。

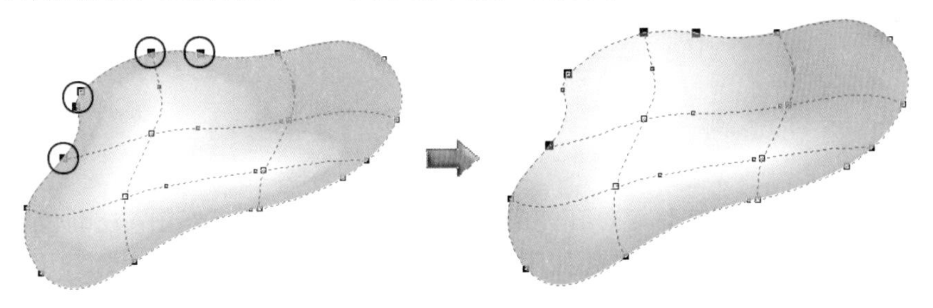

图7-181 选择节点并填充颜色

⑭ 选择如图7-182所示的节点，填充为冰蓝色（CMYK：40、0、0、0）。

⑮ 调整节点的位置，如图7-183所示。

⑯ 单击如图7-184所示的节点，出现节点控制杆，运用调整曲线的方法，调整控制杆的位置。

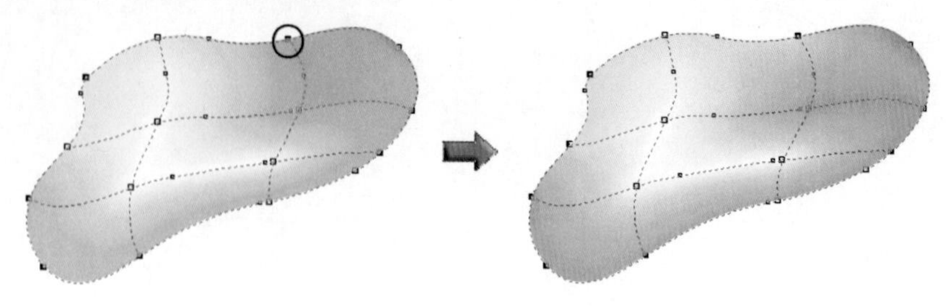

图7-182 选择节点并填充颜色

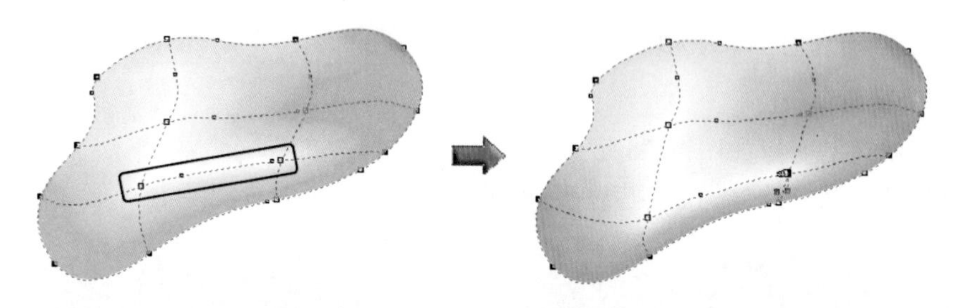

图7-183 调整节点的位置

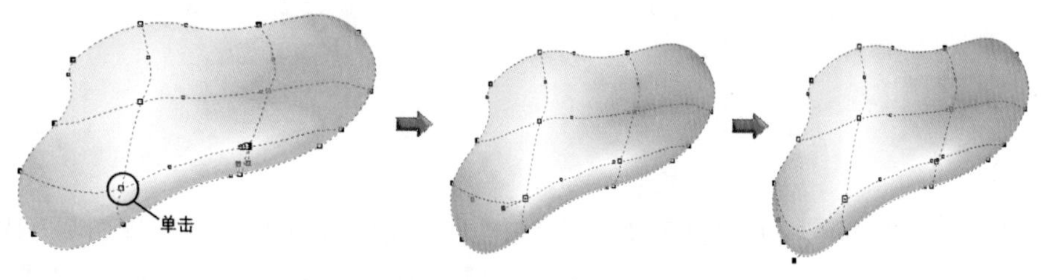

图7-184 调整控制杆的位置

⑰ 编辑后的效果如图7-185所示。

⑱ 调整露水图形的大小及位置，如图7-186所示。

⑲ 将露水图形复制一个，调整形态及位置，如图7-187所示。

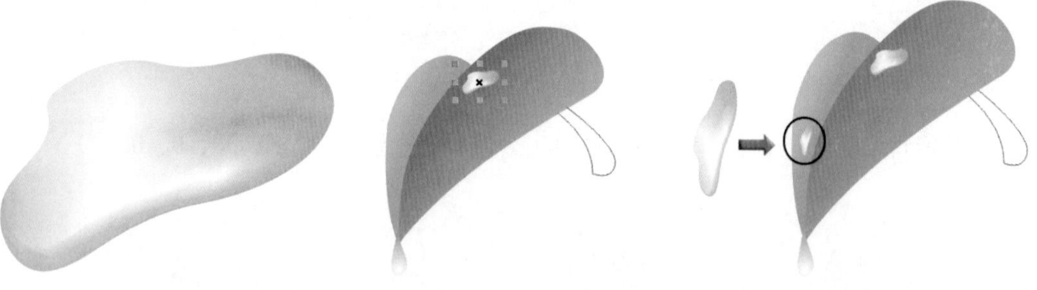

图7-185 编辑后的效果　　图7-186 调整后的位置　　图7-187 复制后的位置

⑳ 选择图形2，按键盘上的F11键，在弹出的对话框中设置参数，如图7-188所示。

至此，晨叶图形绘制完成，最终效果如图7-189所示。

㉑ 保存文件，命名为“晨叶.cdr”。

实例总结

在本例中运用了【贝塞尔工具】、【渐变填充】和【交互式网状填充】这3种工具，绘制出晨叶图形，应重点掌握【交互式网状填充工具】的操作方法。

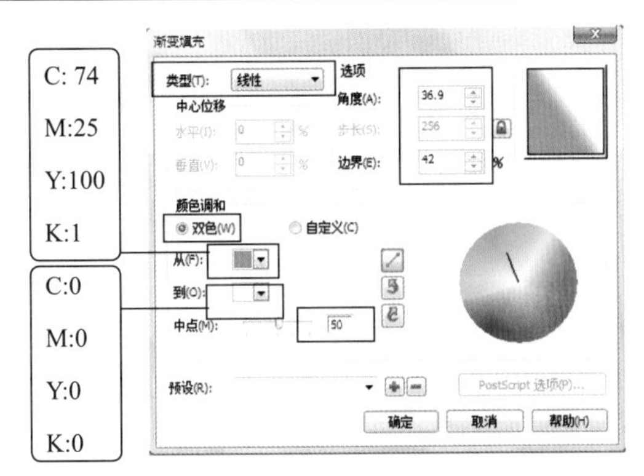

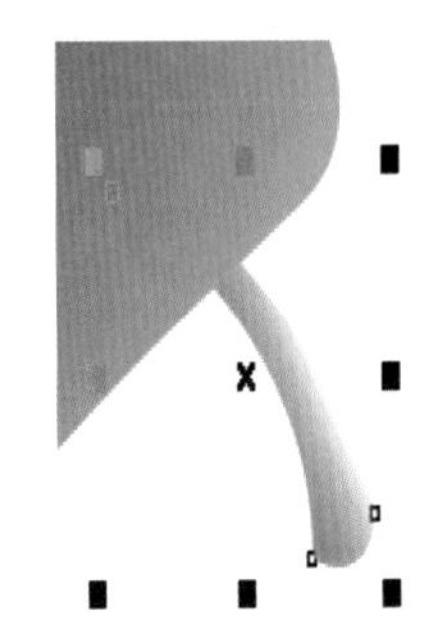

图7-188 【渐变填充】对话框

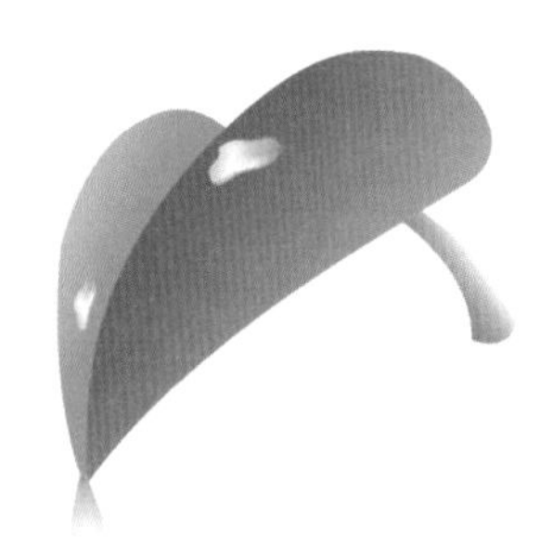

图7-189 最终效果

Example 实例 96 封套——海星

实例目的

本例综合运用【矩形工具】、【贝塞尔曲线】、【艺术笔工具】、【文本工具】、【交互式立体化】工具，制作出“海星”图形，效果如图7-190所示。

图7-190 海星效果

实例要点

◆ 绘制一个矩形并填充为冰蓝色（CMYK：40、0、0、0）。

◆ 绘制一条与矩形宽度相同的直线，设置轮廓颜色为白色，复制多条，制作出底纹效果。

◆ 运用【艺术笔工具】中的【画笔】工具，选择合适的笔触，绘制多个图形，填充为青色（CMYK：100、0、0、0）。

◆ 选择【文本工具】，在矩形左侧中间的位置输入STARFISH，设置字体为Arial Black。

◆ 运用【封套】工具变形文本。

◆ 选择【交互式立体化工具】，在文本上拖曳，制作出立休效果，然后在属性栏中的颜色面板中，选择【使用递减的颜色】，设置颜色从（CMYK：20、0、0、0）到（CMYK：40、0、0、0）。

◆ 导入“海星.cdr”文件（光盘\第7章\素材），完成制作。

Example 实例 97 交互式立体化工具——圆规

实例目的

学习了前面的范例，现在读者自己动手制作出“圆规”图形，“圆规”图形的效果如图7-191所示。

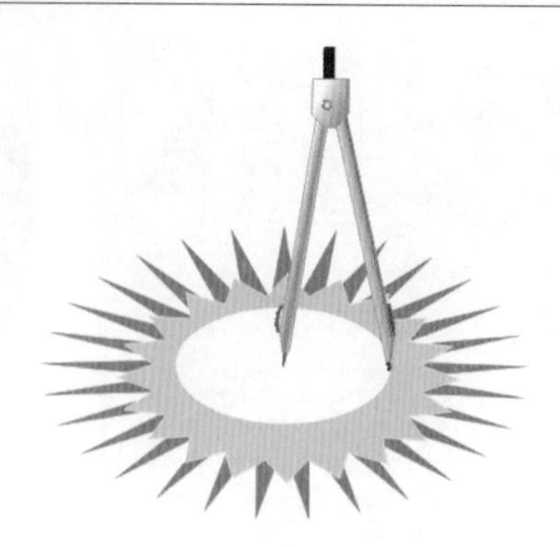

图7-191 圆规效果

实例要点

◆ 运用【贝塞尔工具】绘出圆规的外轮廓。

◆ 使用【交互式立体化工具】，将圆规的外轮廓立体化。

◆ 在圆规下方侧面的齿轮廓，绘制一个星形，将其立体化制作而成。

◆ 最后绘制两个装饰性的星形，分别填充为红色（CMYK：0、100、100、0）和玉米色（CMYK：0、25、90、0）。

Example 实例 98 交互式轮廓工具——轮廓字

实例目的

学习了前面的范例，现在读者自己动手绘制出一个“轮廓字”图形，效果如图7-192所示。

图7-192 轮廓字效果

实例要点

◆ 运用【文本工具】，在绘图区中输入“轮廓字”，然后在属性栏中设置字体为隶书，字体大小为200pt。

◆ 选择【交互式轮廓工具】，在文字上按住鼠标左键向外拖曳，在属性栏中单击【向外】按钮，设置轮廓图步数为2，轮廓图偏移为8mm，填充颜色为（CMYK：100、30、0、0）。

◆ 选择文字填充为白色，完成制作。

Example 实例 99 交互式阴影——模糊字

实例目的

学习了前面的范例，现在读者自己动手绘制出一个“模糊字”图形，效果如图7-193所示。

实例要点

◆ 输入文字PEARL，设置字体为Comic Sana MS，字体大小为200pt。

◆ 运用【交互式阴影工具】，在文本上按住鼠标左键向下拖曳，单击属性栏中的【阴影羽化方向】按钮，在弹出的面板中选择“向外”项。设置阴影的不透明度为100，羽化为18，在透明操作下拉列表中选择【正常】，设置阴影颜色为（CMYK：40、20、0、40）。

图7-193 模糊字效果

◆ 单击【排列】/【拆分】命令，拆分图形，删除文字，完成模糊字的制作。

Example 实例 100 渐变填充——螺钉

实例目的

本例综合运用【椭圆工具】、【渐变填充工具】、【贝塞尔工具】、【交互式立体化工具】，制作出“螺钉”图形，效果如图7-194所示。

图7-194 螺钉效果

实例要点

◆ 绘制一个椭圆形，打开【渐变填充】对话框，设置渐变类型为线性，调和颜色为双色，从20%黑（CMYK：0、0、0、20）到白色（CMYK：0、0、0、0）。

◆ 运用【交互式立体化工具】，制作出立体效果，在属性栏中设置深度为41。

◆ 在立体图形上绘制多条曲线，制作出螺钉的螺纹。

◆ 再绘制一个椭圆形，旋转至合适的角度，打开【渐变填充】对话框，设置渐变类型为线性，调和颜色为双色，从30%黑（CMYK：0、0、0、20）到白色（CMYK：0、0、0、0）。

◆ 在椭圆形上绘制一个十字图形，填充为黑色（CMYK：0、0、0、100），运用【交互式立体化工具】制作出十字的立体效果。

Example 实例 101 反转曲线——调和效果

实例目的

学习了前面的范例后，现在读者自己动手绘制出一个“调和效果”图形，如图7-195所示。

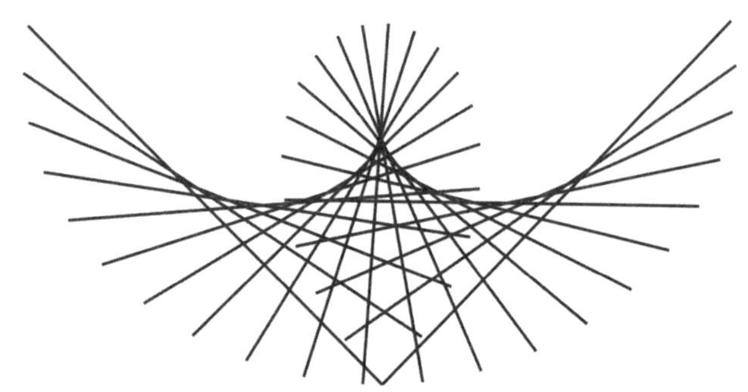

图7-195 调和效果

实例要点

◆ 运用【手绘工具】，按住键盘上的Ctrl键，从左至右绘制一条直线，然后设置轮廓宽度为0.706mm，轮廓颜色为蓝色（CMYK：100、100、0、0）。

◆ 在属性栏中设置旋转角度为315，将直线水平镜像复制一条，使底部节点对齐，即两条直线的夹角为90°。

◆ 选择右侧的直线，运用【形状工具】，选择直线上的两个节点，单击属性栏中的【反转曲线方向】按钮，调整直线上起点与结束点的位置。

◆ 运用【交互式调和工具】，调和两条直线，设置调和步数为20，调和方向为180，完成制作。

第8章　矢量图的特殊效果

本章通过13个实例，讲解矢量图的特殊效果，涉及内容包括矢量图的角效果、斜角效果、透镜效果，透视效果、图框精确剪裁等。

Example 实例 102　斜角——巧克力

实例目的

菜单栏中的【效果】/【斜角】命令是CorelDRAW X5新增的功能，本例通过“巧克力”效果的制作来学习【斜角】中【柔和边缘】样式的制作方法。巧克力效果如图8-1所示。

实例要点

- ◆ 运用【效果】/【斜角】命令。
- ◆ 运用【编辑】/【多重复制】命令。
- ◆ 快速调整文字间距。

图8-1 巧克力效果

操作步骤

01 在CorelDRAW X5中新建文件。

02 运用工具箱中的（矩形工具），按住键盘上的Ctrl键，在绘图区中绘制一个正方形，填充为白色（CMYK：0、0、0、0）。

03 单击菜单栏中的【效果】/【斜角】命令，弹出【斜角】对话框，在【样式】下拉列表中选择【柔和边缘】选项，设置斜角偏移距离为4mm，斜角强度为80，方向为60，高度为50，如图8-2所示。

04 单击 应用 按钮，一块白色巧克力制作完成，效果如图8-3所示。

05 单击【排列】/【变换】/【比例】命令，弹出【比例】面板，参数设置如图8-4所示。

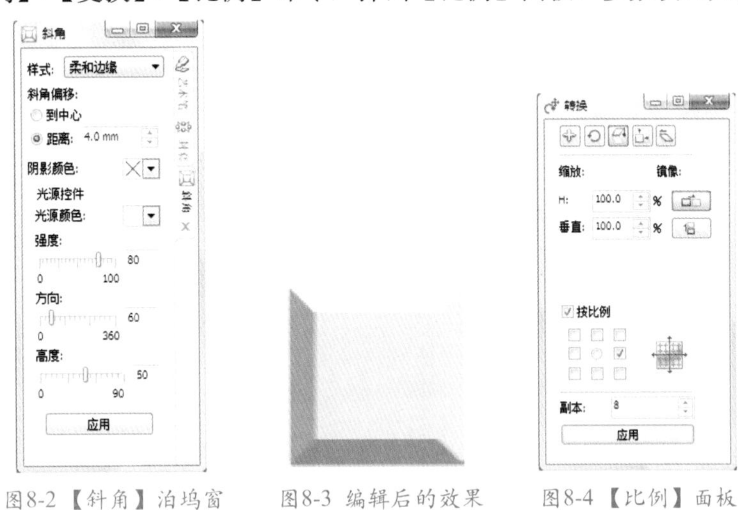

图8-2 【斜角】泊坞窗　图8-3 编辑后的效果　图8-4 【比例】面板

06 单击 应用 按钮，效果如图8-5所示。

图8-5 复制后的效果

07 运用字（文本工具），输入CHOCOLATE，设置字体为Arial Black，调整字体的大小，如图8-6所示。

CHOCOLATE

图8-6 输入文字

08 调整字母的位置，将文字填充为褐色（CMYK：45、64、79、2）。

09 运用（形状工具），调整文字的间距，效果如图8-7所示。

图8-7 调整后的效果

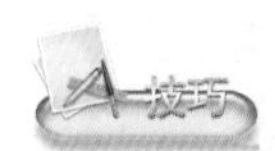

按键盘上的F键，快速打开【颜色】泊坞窗，设置颜色后，可分别指定为填充颜色和轮廓颜色。

10 运用（形状工具），单击字母左下角的小方块，小方块变为黑色，处于选择状态，调整处于选择状态的字母左下角小方块的位置，即可调整对应字母的位置；按住键盘上的Ctrl键，可沿直线调整字母的位置，使每个字母对应每块巧克力的中心位置，调整后的效果如图8-8所示。

图8-8 编辑后的效果

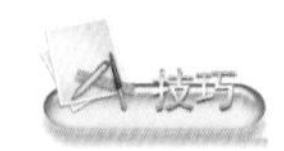

运用（形状工具），移动鼠动指针至文字左下角的节点处，按住鼠标左键移动节点的位置，可调整单个文字的位置。

11 单击【效果】/【斜角】命令，在弹出的对话框中设置参数，如图8-9所示。

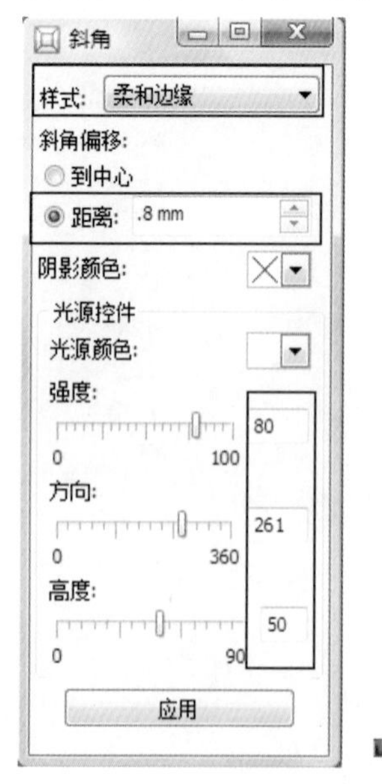

图8-9 【斜角】泊坞窗

⑫ 单击 应用 按钮，效果如图8-10所示。

图8-10 编辑后的效果

⑬ 按键盘上的Ctrl+A键，单击【排列】/【变换】/【比例】命令，弹出【比例】面板，参数设置如图8-11所示。

⑭ 单击 应用 按钮，效果如图8-12所示。

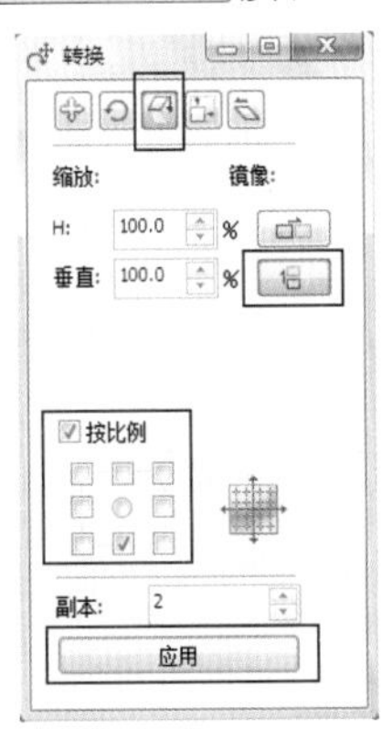

图8-11 【比例】对话框

图8-12 编辑后的效果

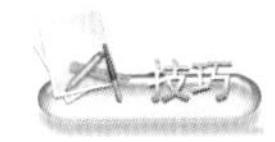

菜单栏中【编辑】/【步长和重复】命令的快捷方式是，按键盘上的Ctrl+Shift+D键。

⑮ 保存文件，命名为“巧克力.cdr”。

实例总结

在本例中运用了【矩形工具】、【文本工具】，以及【斜角】和【多重复制】命令制作出“巧克力”图形，应重点掌握【斜角】中【柔和边缘】样式的制作方法。

Example 实例 103 斜角——金属字

实例目的

本例主要学习【浮雕】样式的制作方法，金属字效果如图8-13所示。

图8-13 金属字效果

实例要点

◆ 绘制矩形并填充颜色。

◆ 输入文本。

◆ 制作浮雕效果。

操作步骤

01 在CorelDRAW X5中新建文件。

02 运用工具箱中的□（矩形工具），绘制长度为270mm，高度为106mm的矩形。

03 打开【渐变填充】对话框，设置渐变类型为线性，颜色调和方式为自定义，按从左到右的顺序，设置第一种颜色为70%黑（CMYK：0、0、0、70），第三种、第五种、第七种颜色为50%黑（CMYK：0、0、0、50），第九种颜色为40%黑（CMYK：0、0、0、40），其余颜色均为白色。其他参数设置如图8-14所示。

04 设置完成后，效果如图8-15所示。

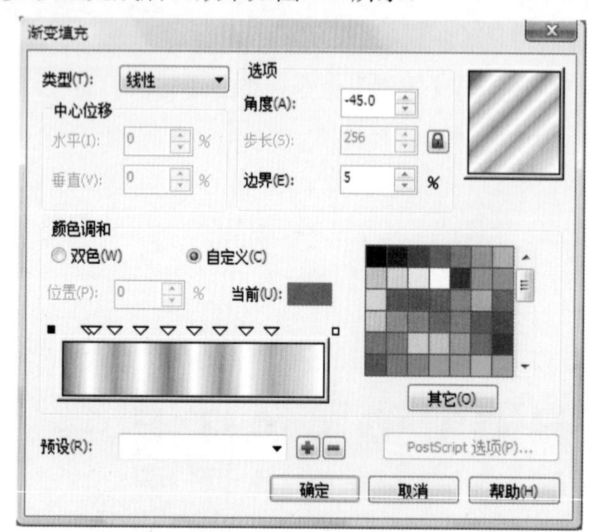

图8-14 【渐变填充】对话框

图8-15 编辑后的效果

05 单击字（文本工具）按钮，在绘图区中输入Metal，设置字体为Franklin Gothic Medium，字体大小为200，调整矩形至中心位置，如图8-16所示。

06 将矩形的填充色复制到文字上，打开【渐变填充】对话框，修改角度为57.1，边界为8，效果如图8-17所示。

07 单击【效果】/【斜角】命令，弹出【斜角】泊坞窗，参数设置如图8-18所示。

图8-16 文字位置

图8-17 调整后的效果

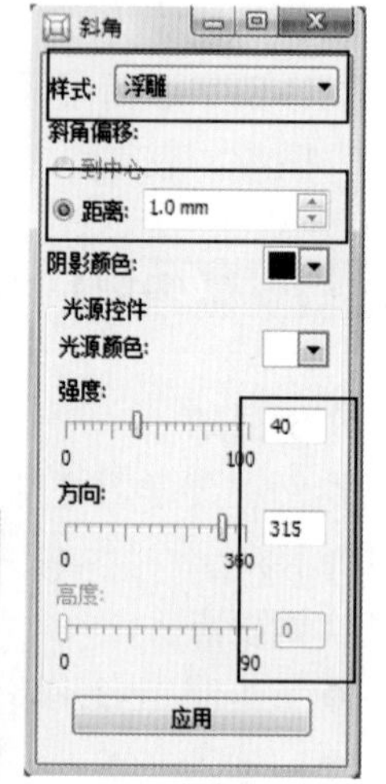

图8-18 【斜角】泊坞窗

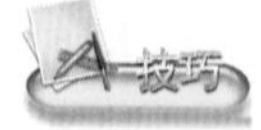

菜单栏中的【效果】/【斜角】命令与【窗口】/【泊坞窗】/【斜角】命令都可以打开【斜角】泊坞窗。

08 单击 应用 按钮，效果如图8-19所示。

09 保存文件，命名为“金属字.cdr”。

图8-19 编辑后的效果

实例总结

本例主要让大家重点掌握【斜角】命令的使用方法。

Example 实例 104 透镜——楼梯一角

实例目的

学习利用【效果】/【透镜】命令制作【放大】透镜效果的方法，楼梯一角效果如图8-20所示。

实例要点

- ◆ 绘制楼梯。
- ◆ 选取珠子图形。
- ◆ 导入甲壳虫图形。
- ◆ 制作放大镜。

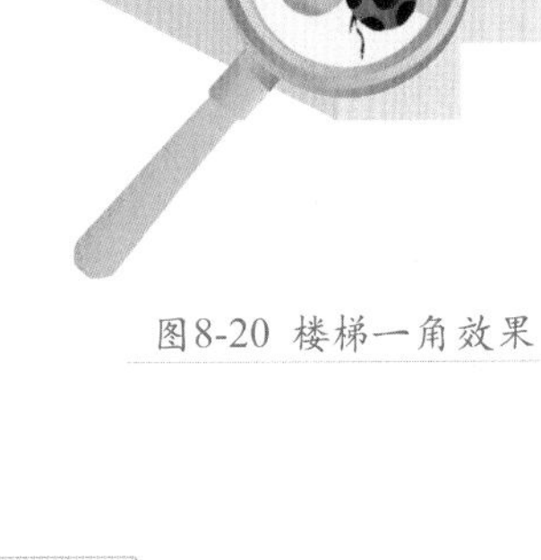

图8-20 楼梯一角效果

操作步骤

01 在CorelDRAW X5中新建文件。

绘制楼梯

02 运用（矩形工具）绘制一个矩形，如图8-21所示。

03 将矩形复制两个，位置如图8-22所示。

图8-21 绘制矩形

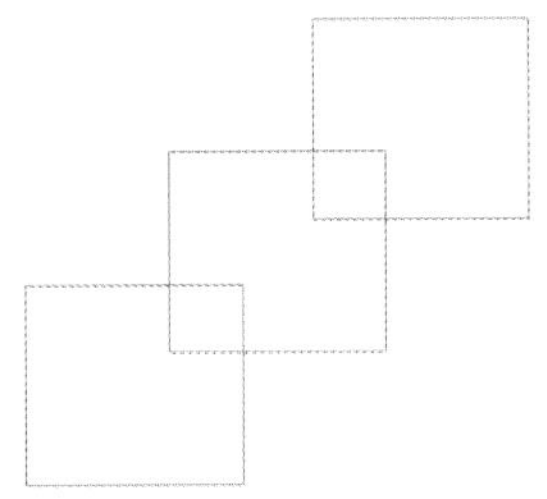

图8-22 复制矩形

04 选择全部矩形，将它们填充为10%黑（CMYK：0、0、0、10），删除轮廓，然后将其复制一组，位置如图8-23所示。

05 单击（手绘工具），在图形之间绘制7条辅助直线，如图8-24所示。

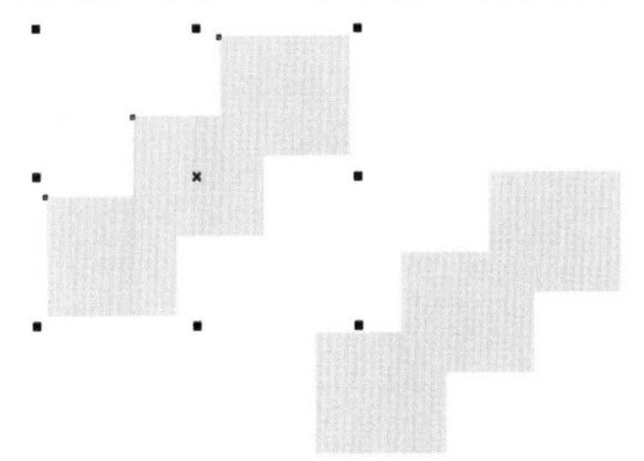

图8-23 填充颜色并复制图形

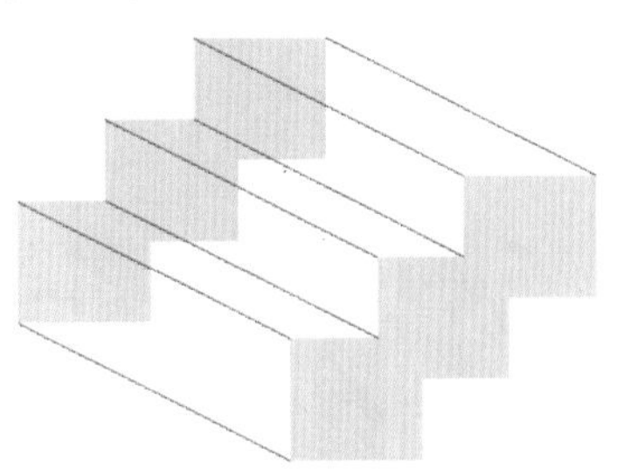

图8-24 绘制直线

06 选择（智能填充工具），在属性栏中设置参数，如图8-25所示。

图8-25 属性栏

07 设置完成后，创建如图8-26所示的图形。

08 在属性栏中，将填充颜色修改为（CMYK：0、0、0、15），创建如图8-27所示的图形。

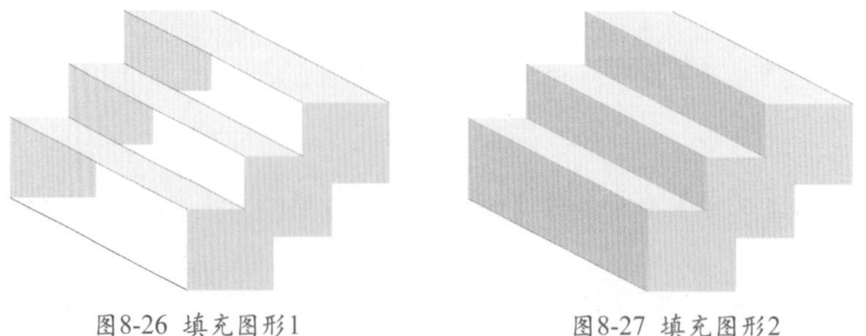

图8-26 填充图形1　　图8-27 填充图形2

09 删除辅助直线。

10 选择（艺术笔工具），单击属性栏中的（喷涂）按钮，在【喷涂文件】列表中选择如图8-28所示的图案。

图8-28 属性栏

11 设置完成后，按住鼠标左键，在绘图区中拖曳，绘制出一串珠子，拆分图形后选取一颗珠子，如图8-29所示。

12 调整珠子图形的大小及位置，如图8-30所示。

图8-29 选择图形

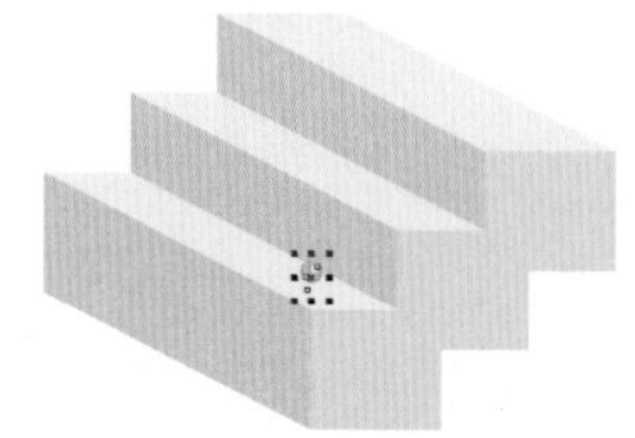

图8-30 调整后的位置

13 导入“甲壳虫.cdr”文件（光盘\第8章\素材\），删除豆虫图形，保留甲壳虫图形，如图8-31所示。

14 将甲壳虫图形旋转至合适角度，调整大小及位置，如图8-32所示。

图8-31 甲壳虫图形

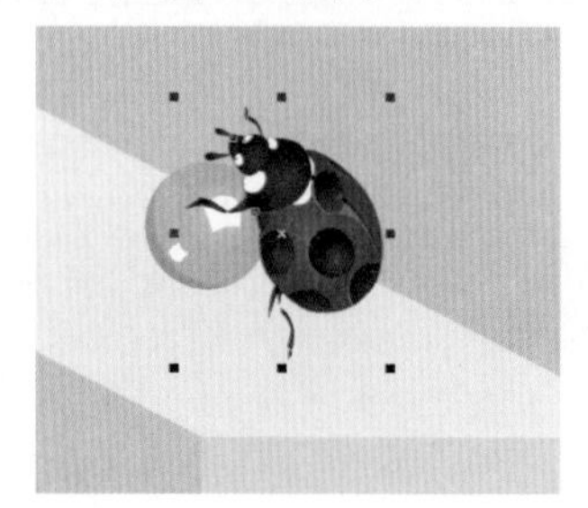

图8-32 调整后的位置

制作放大镜

⑮ 运用（椭圆工具），绘制4个圆形，位置如图8-33所示。

⑯ 选择（智能填充工具），填充如图8-34所示的图形。

⑰ 按键盘上的F11键，打开【渐变填充】对话框，设置类型为线性，角度为–51.1%，边界24%，将颜色调和为双色，从（CMYK：24、0、0、0）到（CMYK：85、3、0、0），效果如图8-35所示。

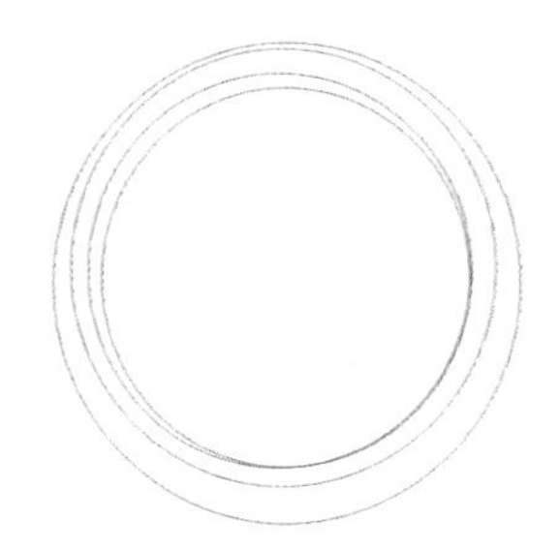

图8-33 绘制圆形

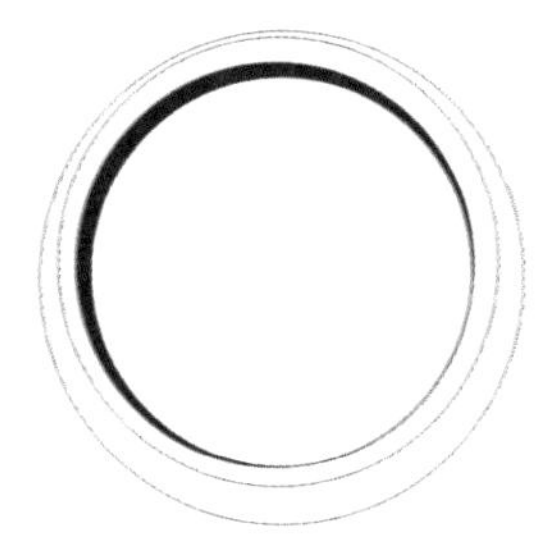

图8-34 填充图形

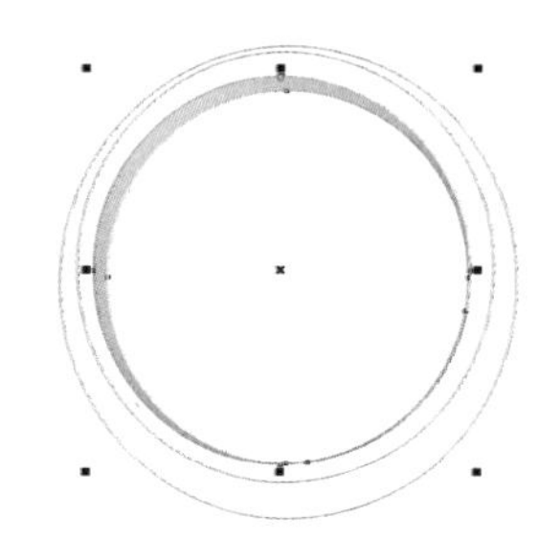

图8-35 填充颜色后的效果

⑱ 运用（智能填充工具）创建如图8-36所示的图形。

⑲ 打开【渐变填充】对话框，设置角度为–0.2，边界为4%（其他设置同第17步），效果如图8-37所示。

⑳ 选择（椭圆工具），绘制一个圆形，位置如图8-38所示。

图8-36 填充图形

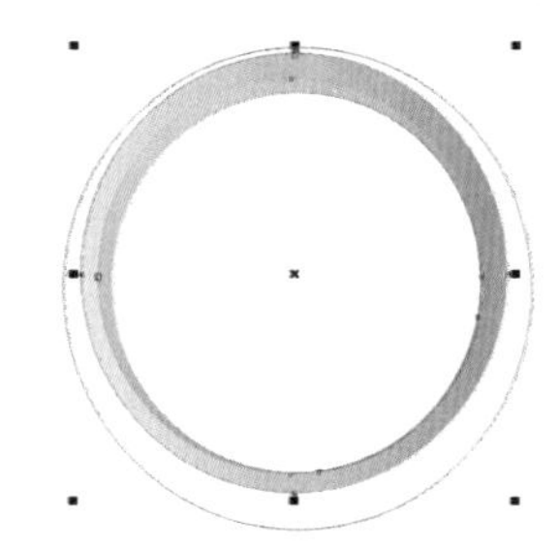

图8-37 填充效果

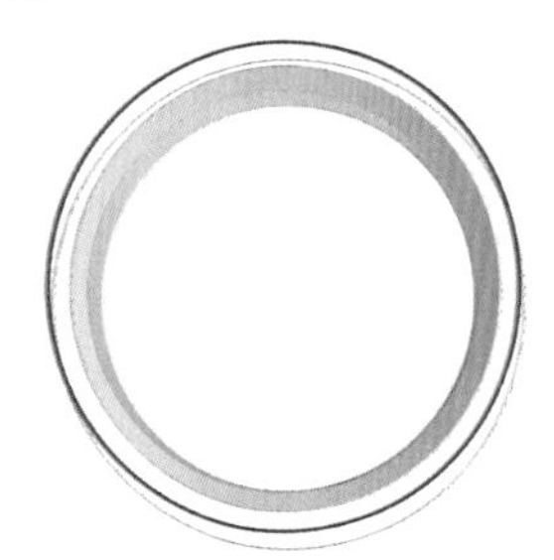

图8-38 圆形的位置

㉑ 运用（智能填充工具），创建如图8-39所示的图形。

㉒ 打开【渐变填充】对话框，设置角度为180，边界为14%（其他设置同第17步），效果如图8-40所示。

㉓ 继续运用（智能填充工具），创建如图8-41所示的图形。

图8-39 创建图形

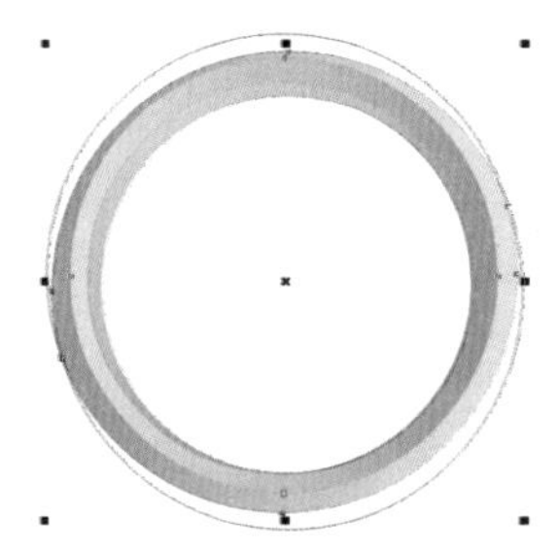

图8-40 填充颜色后的效果

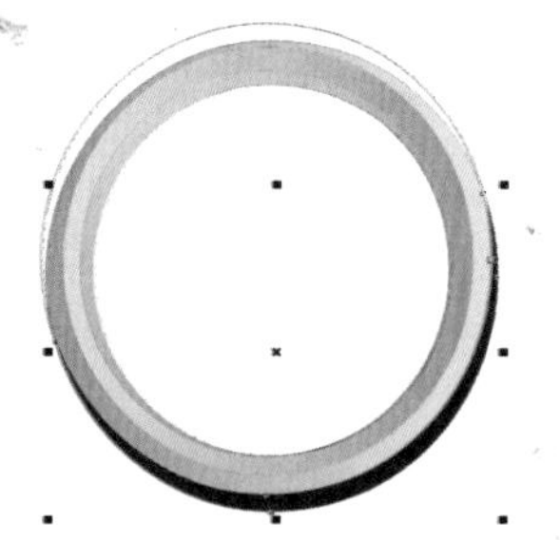

图8-41 创建图形

㉔ 按键盘上的F11键，打开【渐变填充】对话框，参数设置如图8-42所示。

㉕ 保留最小的圆形，删除其余圆形。

㉖ 运用（贝塞尔工具），绘制放大镜的手柄，如图8-43所示。

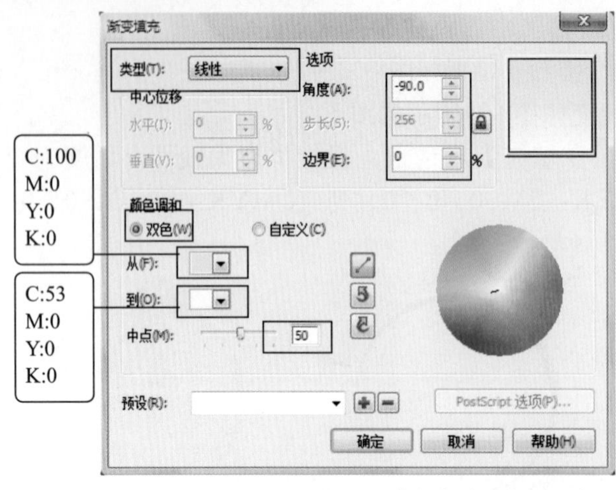

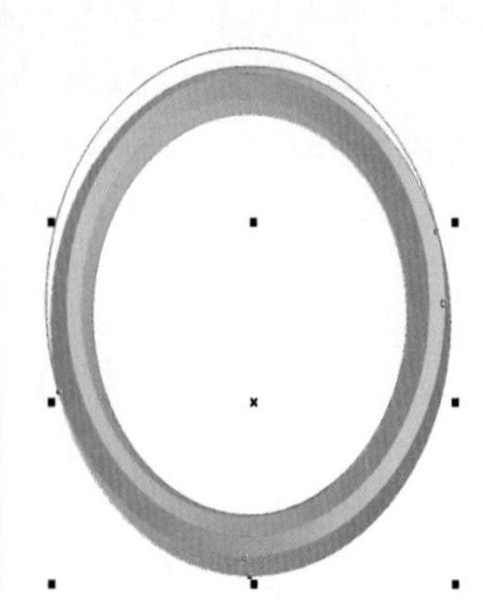

图8-42 【渐变填充】对话框

㉗ 选择图形1，打开【渐变填充】对话框，设置角度为35.9，边界为10%（其他设置同第17步），效果如图8-44所示。

㉘ 选择图形2和3，打开【渐变填充】对话框，设置角度为145.9，边界为14%（其他设置同第17步），效果如图8-45所示。

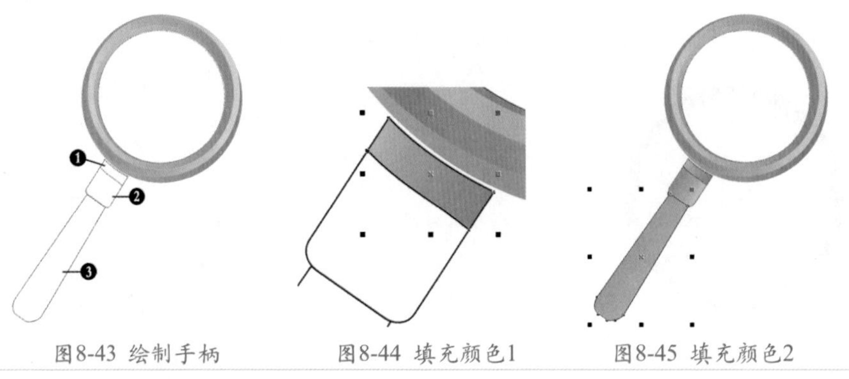

图8-43 绘制手柄　　图8-44 填充颜色1　　图8-45 填充颜色2

㉙ 选择手柄图形，删除其轮廓。

㉚ 移动放大镜图形到如图8-46所示的位置。

㉛ 选择放大镜中心的圆形，单击【效果】/【透镜】命令，打开【透镜】泊坞窗，如图8-47所示。

图8-46 调整后的位置

图8-47 【透镜】泊坞窗

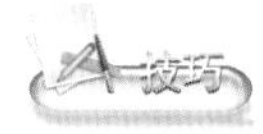

单击菜单栏中的【窗口】/【泊坞窗】/【透镜】命令，或按键盘上的Alt+F3键，均可以打开【透镜】泊坞窗。

㉜ 在透镜效果下拉列表中选择【放大】选项，效果如图8-48所示。

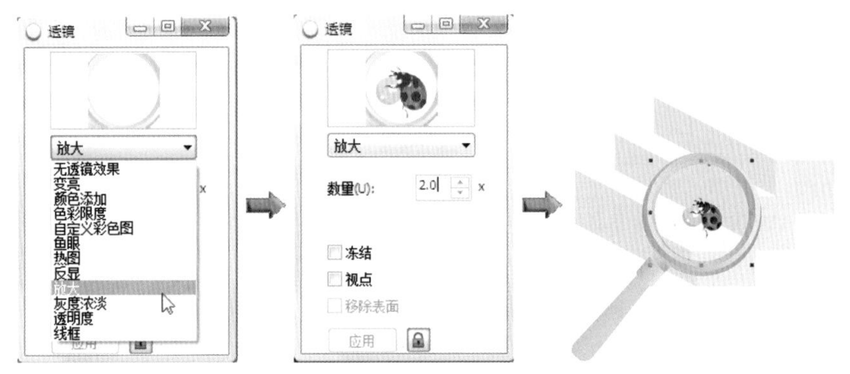

图8-48 放大透镜效果

㉝ 在【透镜】泊坞窗中，设置“数量”为3.5，效果如图8-49所示。

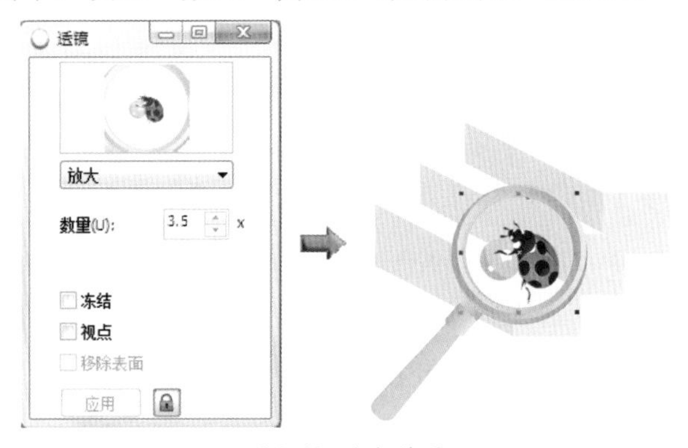

图8-49 放大效果

该透镜可以产生放大镜一样的效果。在“数量”右侧的数值框中设置放大倍数，数量在1～100之间为放大，在0～1之间为缩小。

㉞ 保存文件，命名为“楼梯一角.cdr”。

实例总结

单击【效果】/【透镜】命令，打开【透镜】泊坞窗。使用挑选工具选取需要添加透镜效果的对象后，在【透镜】泊坞窗的“透镜类型”下拉列表中选择“放大”透镜类型，即可为对象添加放大镜效果。

Example 实例 105 步长和重复——胶片

实例目的

本例学习【编辑】/【步长和重复】和【效果】/【透镜】命令的使用方法，胶片效果如图8-50所示。

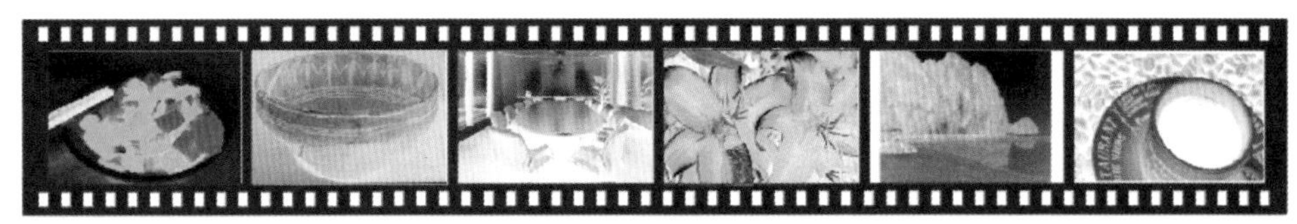

图8-50 胶片效果

实例要点

- 绘制矩形。
- 利用【步长和重复】命令制作胶片。
- 运用【智能填充工具】填充图形。
- 导入图片。
- 添加反显效果。

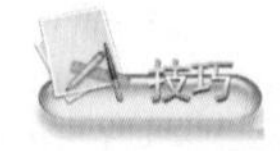

01 在CorelDRAW X5中新建文件。

02 运用（矩形工具），在绘图区中分别绘制高为35mm、宽为233mm和宽为36mm、高为24mm的两个矩形，位置如图8-51所示。

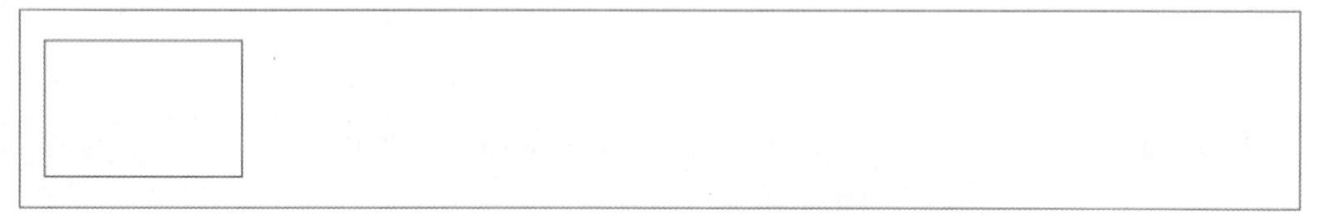

图8-51 矩形的位置

03 选择小矩形，单击【编辑】/【步长和重复】命令，在弹出的【步长和重复】面板中，设置【复制份数】为5，水平偏移【距离】为37.7mm，垂直偏移【距离】为0，如图8-52所示。

技巧：单击菜单栏中的【窗口】/【泊坞窗】/【斜角】命令，也可以打开【斜角】泊坞窗。

04 单击 应用 按钮，小矩形向右沿水平方向以37.7mm的距离复制5个，如图8-53所示。

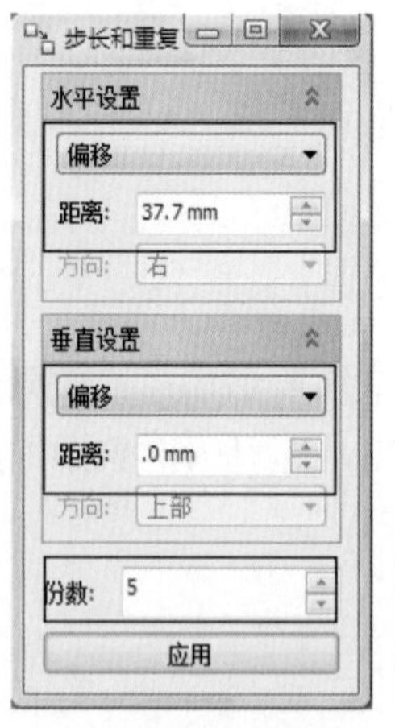

图8-52【步长和重复】面板

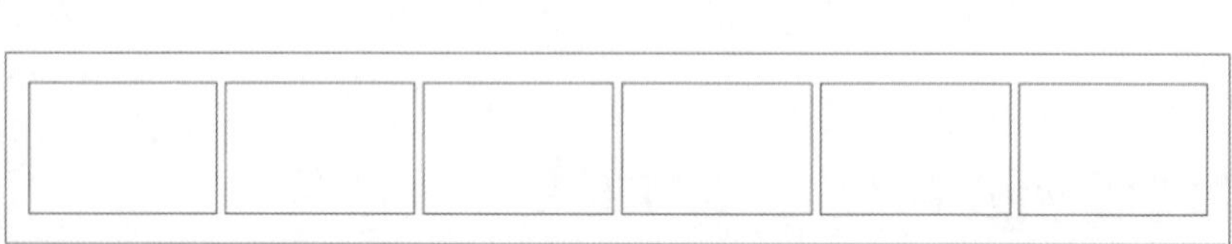

图8-53 复制后的矩形位置

05 运用（矩形工具），再绘制一个长为2mm，高为2.8mm，边角圆滑度为15的圆角矩形，如图8-54所示。

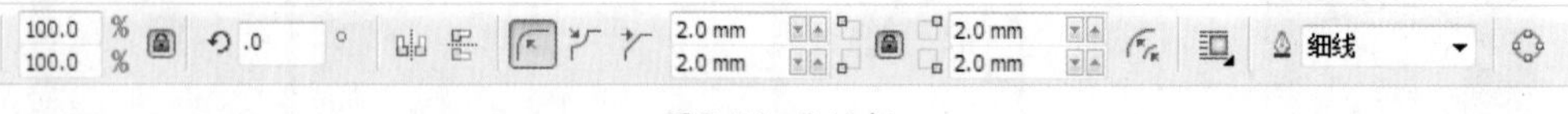

图8-54 属性栏

06 调整圆角矩形的位置，如图8-55所示。

07 确认圆角矩形处于选择状态。单击【编辑】/【步长和重复】命令，在弹出的【步长和重复】面板中，设置【复制份数】为54，水平对象间距【距离】为2.188mm，垂直对象间距【距离】为0，如图8-56所示。

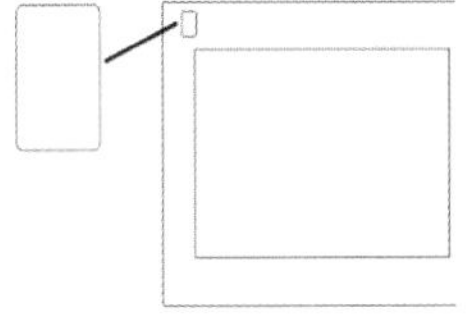

图8-55 矩形的位置

图8-56 【步长和重复】面板

08 单击 应用 按钮，圆角矩形沿水平方向以2.188mm的间距，复制出54个，效果如图8-57所示。

图8-57 复制后的效果

09 运用框选的方法，选择全部的圆角矩形，按键盘上的+键，将其再制一组，向下调整到如图8-58所示的位置。

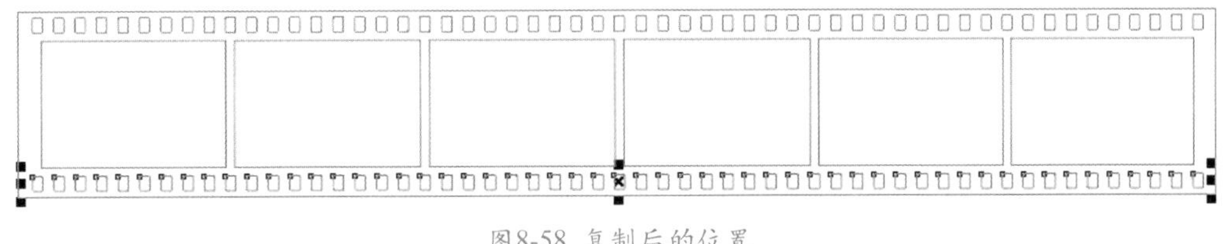

图8-58 复制后的位置

10 运用（智能填充工具），在属性栏中设置【填充选项】，指定颜色为黑色，然后在胶片的边缘位置单击鼠标左键，指定填充色为黑色，效果如图8-59所示。

图8-59 填充后的效果

11 导入“1119448359.jpg”文件（光盘\第8章\素材\），如图8-60所示。

12 设置导入图片的长度和高度与小矩形的一致，然后调整位置，如图8-61所示。

图8-60 导入图片

图8-61 导入图片的位置

⑬ 按键盘上的Shift+PageDown键，将导入的图片调整到图层后面。

⑭ 选择图片位置上的小矩形，单击【效果】/【透镜】命令，弹出【透镜】面板，在【透镜效果】下拉列表中选择【反显】选项，如图8-62所示。

⑮ 图片的显示效果如图8-63所示。

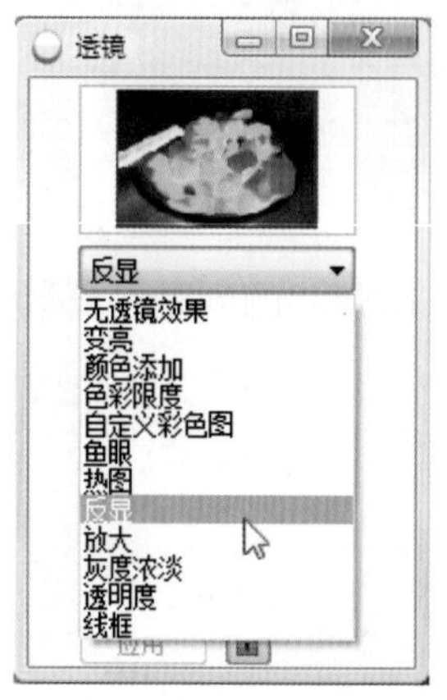

图8-62【透镜】面板

图8-63 反显效果

⑯ 运用同样的方法，分别导入wudaowen.jpg、background.tif、flower.tif、Imag.jpg和mug.tif文件（光盘\第8章\素材\），调整导入图形的大小及位置后，制作反显透镜效果，如图8-64所示。

图8-64 编辑后的效果

⑰ 保存文件，命名为“胶片.cdr”。

实例总结

本例主要运用【步长和重复】与【透镜】命令并结合【矩形工具】制作出胶片效果，应重点掌握【步长和重复】与【透镜】命令的使用方法。

Example 实例 106 添加透视点——儿童床

实例目的

使用【效果】/【添加透视点】命令的透视功能创建立体对象，并结合【交互式立体化工具】制作出“儿童床”图形，效果如图8-65所示。

实例要点

- 绘制矩形。
- 添加透视点并编辑出透视对象。
- 将对象立体化。
- 制作床头和床尾。
- 制作床单和枕头。
- 导入图形。

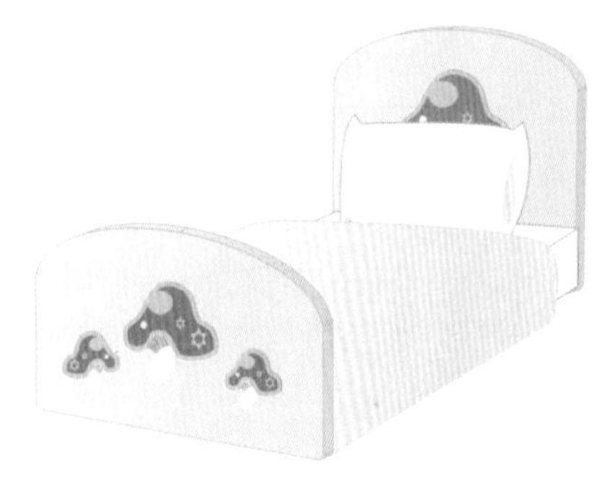

图8-65 儿童床效果

操作步骤

01 在CorelDRAW X5中新建文件。

02 运用 （矩形工具），在绘图区中绘制一个矩形。

03 单击【效果】/【添加透视点】命令，矩形上显示红色的网格。

04 移动鼠标指针至右下角的控制点处，按住鼠标向右下方拖动，制作透视正方形，如图8-66所示。

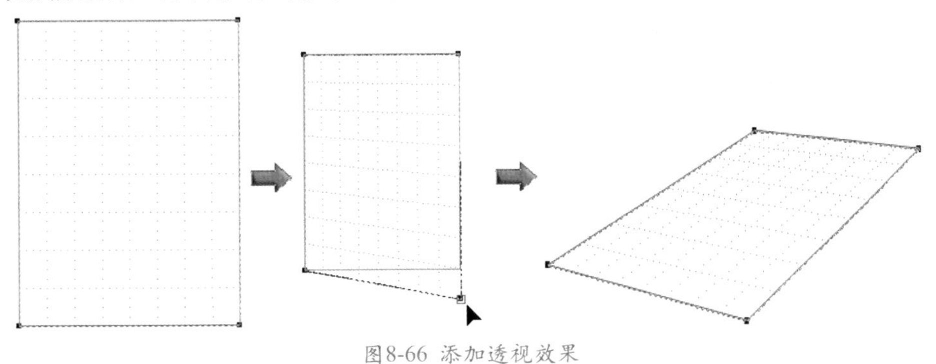

图8-66 添加透视效果

透视效果可作用于单独或群组的矢量图中，导入的位图图像不能创建透视效果，当群组对象中含有位图图像时也不能创建透视效果。

05 运用 （交互式立体化工具），移动鼠标指针至图形上，从上至下拖曳鼠标，在属性栏中设置参数，如图8-67所示。

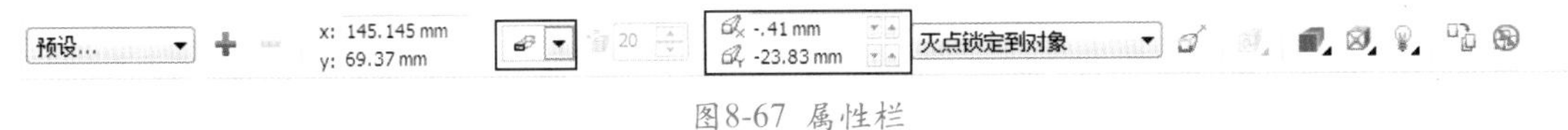

图8-67 属性栏

06 设置完成后，效果如图8-68所示。

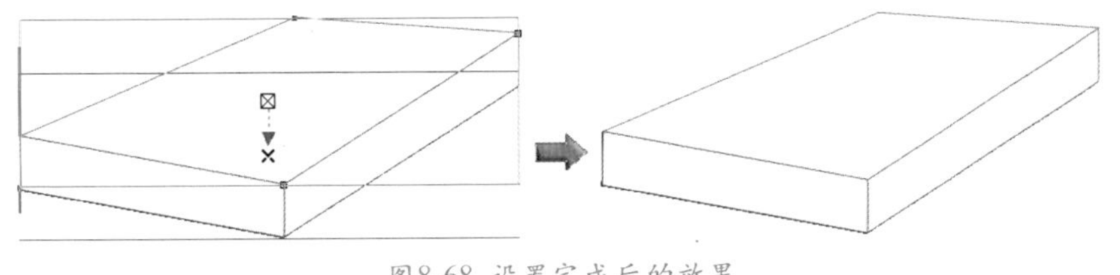

图8-68 设置完成后的效果

07 将所绘制的图形填充为白色，设置轮廓颜色为40%黑（CMYK：0、0、0、40）。

08 运用 （贝塞尔工具），绘制床头和床尾图形，如图8-69所示。

09 选择床头和床尾图形，设置轮廓颜色为天蓝色（CMYK：50、0、0、0）。按键盘上的F11键，打开【渐变填充】对话框，设置类型为线性，角度为156.3，颜色调和为双色，从（CMYK：

40、0、0、0）到白色，效果如图8-70所示。

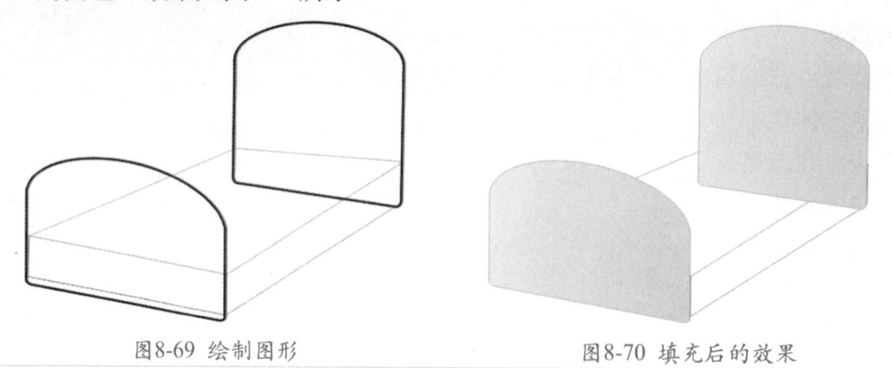

图8-69 绘制图形　　图8-70 填充后的效果

⑩ 运用（交互式立体化工具），移动鼠标指针至床头图形上，按住鼠标拖曳，将床头立体化，在属性栏中设置参数，如图8-71所示。

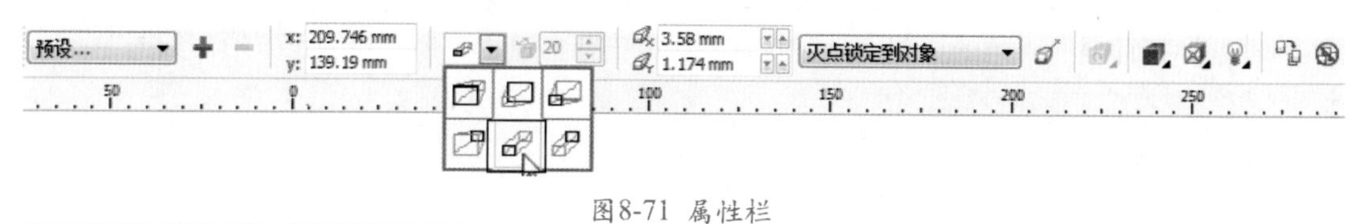

图8-71 属性栏

⑪ 设置完成后，效果如图8-72所示。

⑫ 运用同样的方法，将床尾图形立体化，效果如图8-73所示。

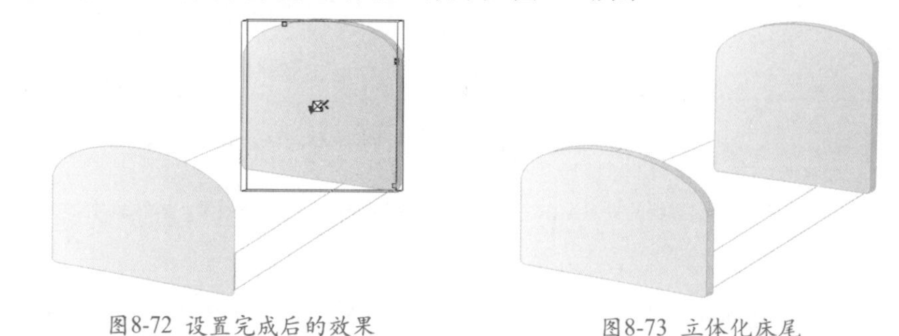

图8-72 设置完成后的效果　　图8-73 立体化床尾

⑬ 选择（贝塞尔工具），绘制床单图形，然后打开【渐变填充】对话框，参数设置如图8-74所示。

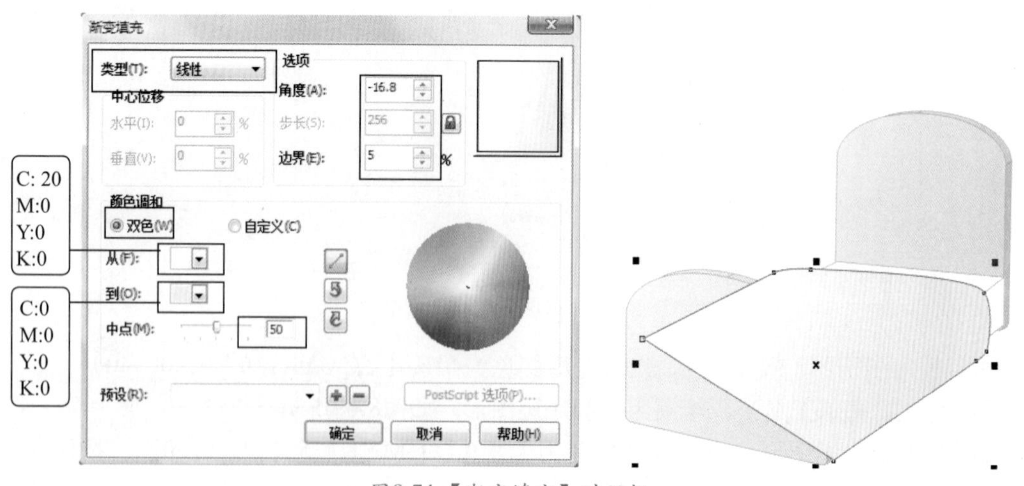

图8-74【渐变填充】对话框

⑭ 将床单图形轮廓颜色设置为20%黑（CMYK：0、0、0、20），按键盘上的Ctrl+PageDown键，向后调整床单图形的图层顺序，效果如图8-75所示。

⑮ 单击（贝塞尔工具），绘制枕头图形，如图8-76所示。

⑯ 将枕头图形填充为白色，设置轮廓颜色为40%黑（CMYK：0、0、0、40），效果如图8-77所示。

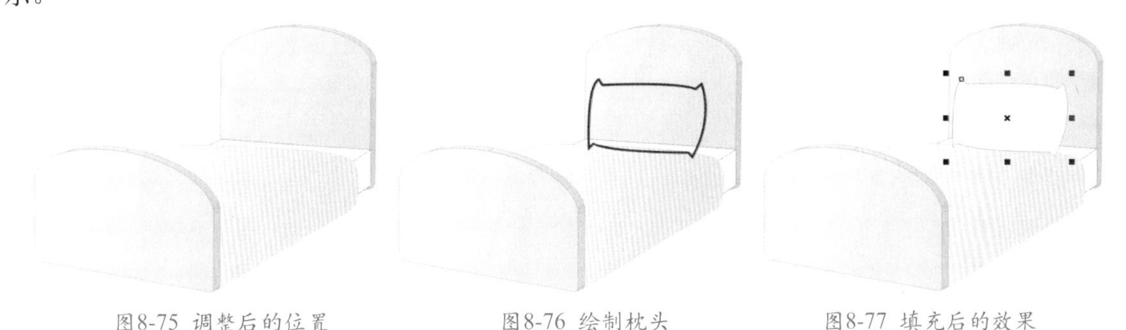

图8-75 调整后的位置　　图8-76 绘制枕头　　图8-77 填充后的效果

⑰ 在枕头的右侧绘制如图8-78所示的图形。

⑱ 选择枕头侧面的图形，填充为白色到淡紫色（CMYK：1、14、0、0）的线性渐变（同床单的颜色），效果如图8-79所示。

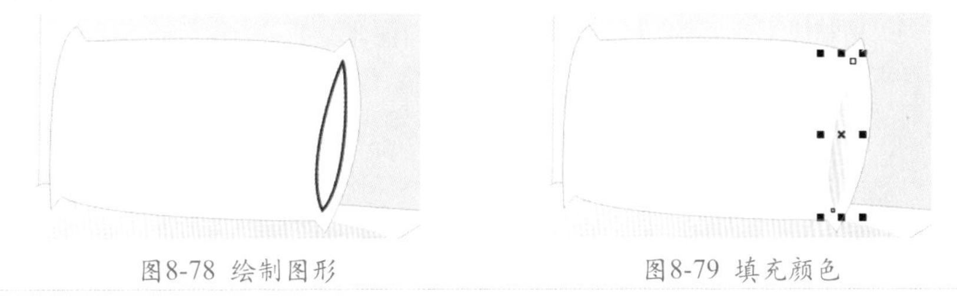

图8-78 绘制图形　　图8-79 填充颜色

⑲ 导入“蘑菇.cdr”文件（光盘\第8章\素材\），如图8-80所示。

⑳ 将导入的图形复制3个，调整形态及位置，如图8-81所示。

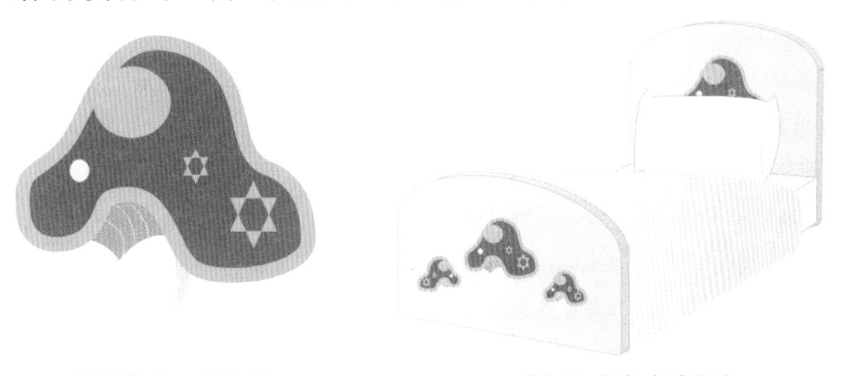

图8-80 导入的图形　　图8-81 调整后的位置

㉑ 保存文件，命名为“儿童床.cdr”。

实例总结

本例主要运用【矩形工具】并配合【效果】/【添加透视点】命令，制作出透视对象，然后运用【交互式立体化工具】，将对象立体化，再运用【贝塞尔工具】绘制图形轮廓，并将其立体化，制作出儿童床；继续绘制出床单和枕头，最后导入图形，并调整图形的位置，完成“儿童床”的制作。读者需重点掌握【添加透视点】命令的使用方法。

Example 实例 107 圆角/扇形切角/倒角——路牌

实例目的

本例主要学习【圆角/扇形切角/倒角】命令的使用方法，路牌效果如图8-82所示。

实例要点

- ◆ 绘制支架。
- ◆ 填充颜色。
- ◆ 制作牌子。
- ◆ 制作加固钉。

图8-82 路牌效果

操作步骤

01 在CorelDRAW X5中新建文件。

绘制支架

02 运用（贝塞尔工具），在绘图区中绘制如图8-83所示的图形。

03 打开【渐变填充】对话框，设置【类型】为线性，角度为80.1，边界为4%，颜色调和为双色，从（CMYK：34、13、16、2）到白色，效果如图8-84所示。

04 再运用（贝塞尔工具），绘制如图8-85所示的图形。

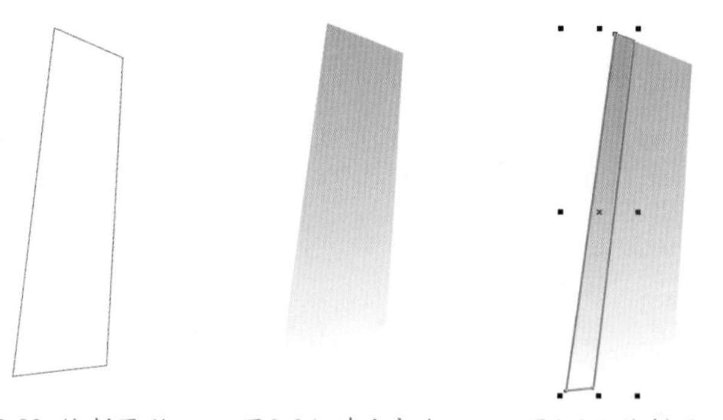

图8-83 绘制图形　　图8-84 填充颜色　　图8-85 绘制图形

05 按键盘上的F11键，打开【渐变填充】对话框，设置【类型】为线性，角度为–97.1，边界为10%，颜色调和为双色，从（CMYK：39、15、19、2）到白色，效果如图8-86所示。

06 继续运用（贝塞尔工具），绘制如图8-87所示的图形。

07 按键盘上的F11键，在弹出的对话中，设置【类型】为线性，角度为–94.5，边界为2%，颜色调和为双色，从（CMYK：36、14、18、2）到白色，效果如图8-88所示。

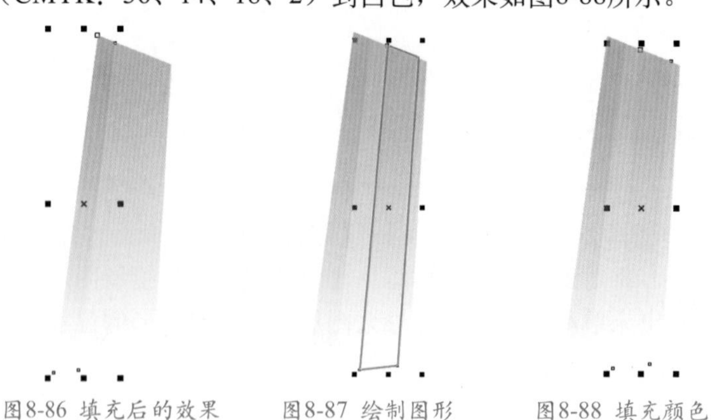

图8-86 填充后的效果　　图8-87 绘制图形　　图8-88 填充颜色

08 单击 （椭圆工具），绘制一个椭圆形，旋转至合适的角度，将其填充为蓝灰色（CMYK：61、47、47、44），如图8-89所示。

09 将椭圆形复制多个，位置如图8-90所示。

10 运用 （多边形工具），在属性栏中，设置边数为3，绘制一个三角形，如图8-91所示。

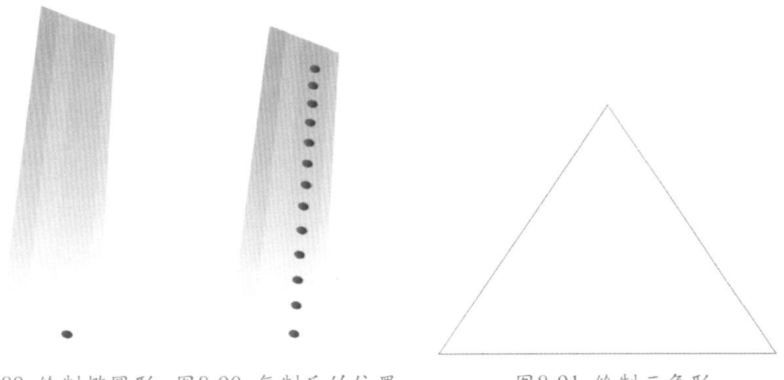

图8-89 绘制椭圆形　图8-90 复制后的位置　图8-91 绘制三角形

11 确认三角形处于选择状态，单击【窗口】/【泊坞窗】/【圆角/扇形切角/倒角】命令，弹出【圆角/扇形切角/倒角】泊坞窗，如图8-92所示。

在【圆角/扇形切角/倒角】泊坞窗中，单击【效果】右侧的下拉按钮，可以选择扇形切角和倒角。

12 在【半径】右侧的数值框中输入7，如图8-93所示。

图8-92 【圆角/扇形切角/倒角】泊坞窗

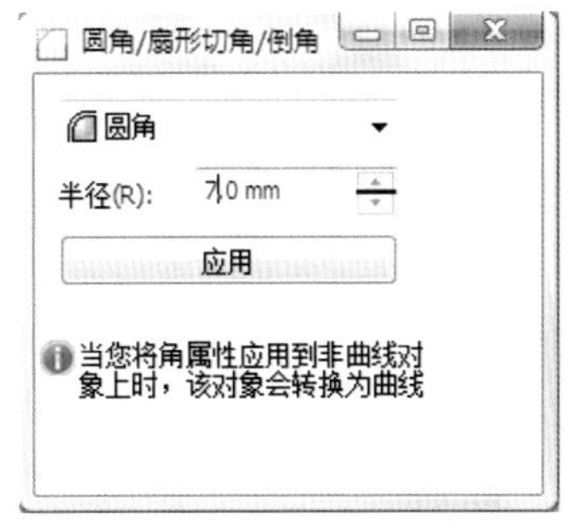

图8-93 参数设置

13 单击 应用 按钮，三角形的尖角编辑成圆角，效果如图8-94所示。

14 单击【效果】/【添加透视点】命令，编辑三角形上控制点的位置，即可调整三角形的形态，如图8-95所示。

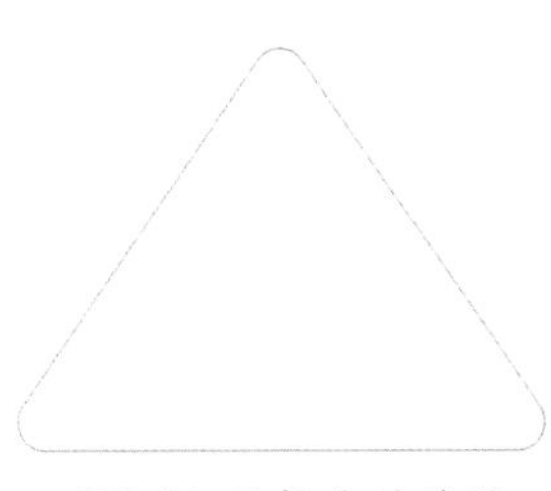

图8-94 编辑后的效果

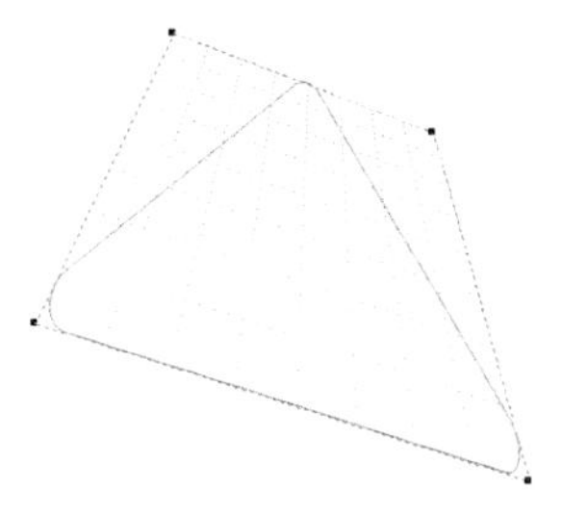

图8-95 控制点的位置

对对象进行变形操作时，如果操作错误，按Ctrl+Z键取消操作，也可单击【排列】/【清除变换】命令，取消变换操作。

应用范围及注意事项：【角效果】命令对于一般手绘的贝塞尔曲线、矩形、椭圆、多边形和星形等基本图形，是可以直接执行的；如果所选对象还没有转换成曲线，在进行角效果制作时，会出现一个对话框，提供一个自动转成曲线的选项。

文本对象不能直接编辑角效果，需要先转换为曲线后，再进行编辑。

默认情况下，角效果会应用给图形对象上的所有角点，也可以单独选择某个角点；角效果不能作用于直线，光滑曲线或对称曲线，对象角点需由两个以上的直线段或曲线段生成，并且其夹角小于180°。当倒角数值太大时，将无法生成角效果，是因为倒角数值超过了曲线本身长度或距离，所以设定倒角数值时应先从较小的开始尝试。

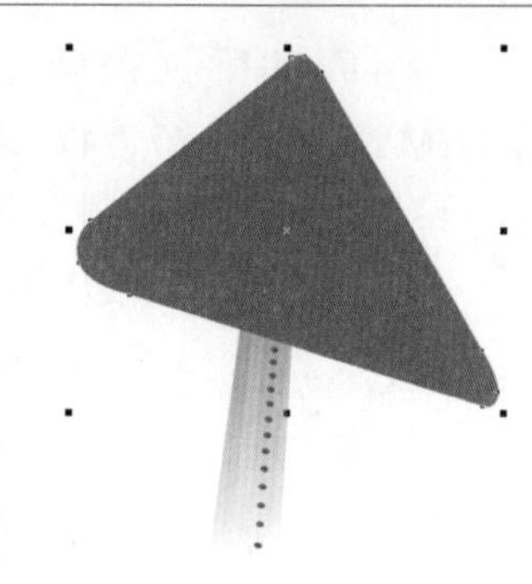

图8-96 绘制图形

⑮ 将三角形填充为褐色（CMYK：34、46、93、23），删除轮廓，制作出牌子图形，效果如图8-96所示。

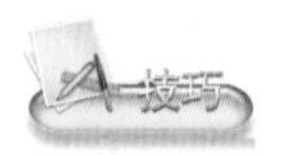

调整颜色。要与其他颜色混合来调整颜色的浓淡，而又不想用渐变式填充，此时可以在按住键盘上的Ctrl键的同时，单击调色板上的不同颜色的色块，这种色块所代表的颜色会以10%/1次单击的比例与原先填充颜色混合。

⑯ 将牌子图形复制一个，填充为黄色（CMYK：3、31、86、0），调整位置，如图8-97所示。

⑰ 运用（贝塞尔工具），绘制出牌子上的指示箭头，并填充为黑色，如图8-98所示。

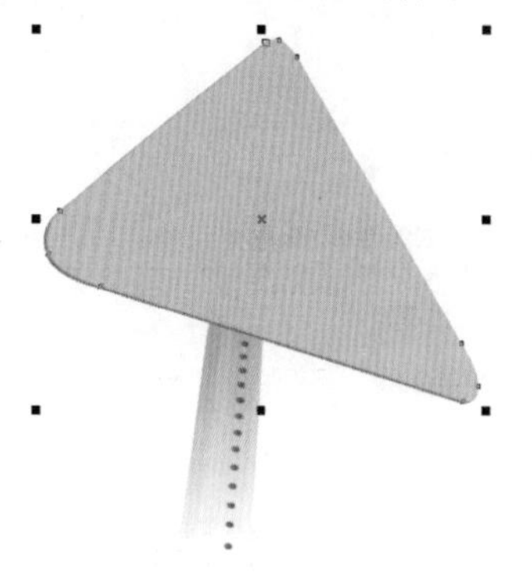

图8-97 复制后的位置

图8-98 绘制图形

制作加固钉

⑱ 运用（椭圆工具），绘制两个椭圆形，旋转至合适的角度，选择外侧的椭圆形，打开【渐变填充】对话框，设置类型为射线，水平为–14%，垂直为20%，颜色调和为双色，从（CMYK：22、15、12、2）到白色，效果如图8-99所示。

⑲ 选择内侧的椭圆形，按键盘上的F11键，在弹出的对话框中，设置类型为射线，水平为–19%，垂直为22%，颜色调和为双色，从（CMYK：54、41、40、30）到白色，效果如图8-100所示。

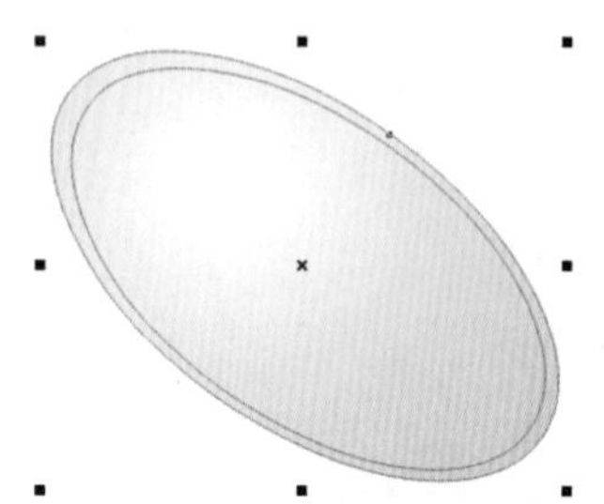

图8-99 填充颜色

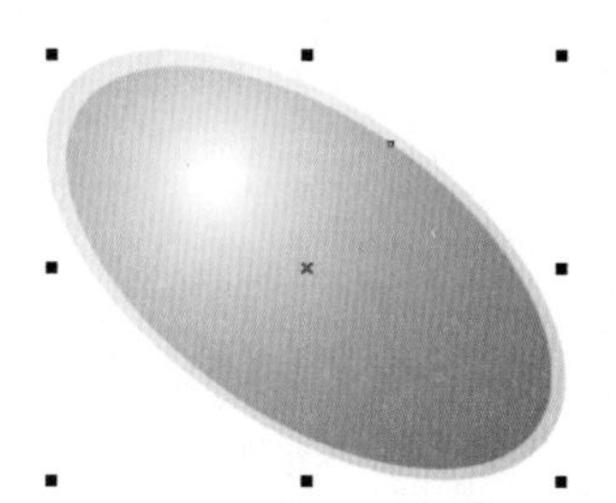

图8-100 填充后的效果

⑳ 运用缩小复制的方法，将上一步显示的椭圆图形复制一组，调整位置，如图8-101所示，完成固定钉的制作。

㉑ 将固定钉图形调整到牌子顶部的位置，如图8-102所示。

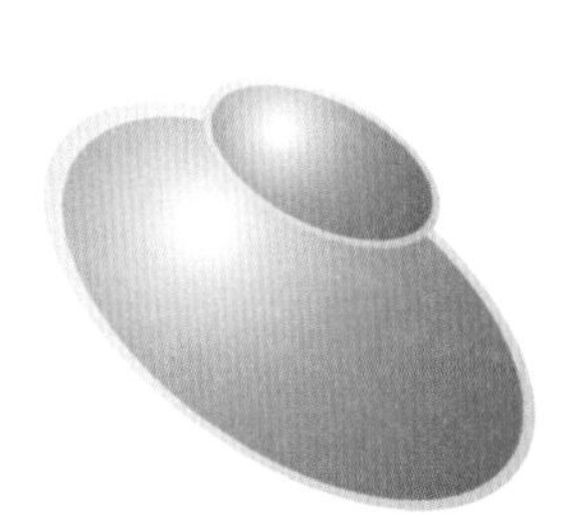

图8-101 复制后的位置

图8-102 调整后的位置

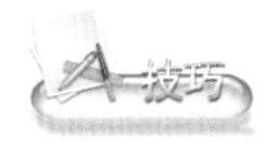

精确微调对象位置。指定微调或精确微调的距离，单击【工具】/【选项】命令，在类别列表中单击【文档】/【辅助线】/【标尺】。在其右侧的【微调】和【精密微调】数值框中输入合适的数值即可，如果需要的话，还可在【单位】下拉列表中选择合适的测量单位。

㉒ 将固定钉图片复制一组，调整到牌子底部的位置，如图8-103所示。

㉓ 绘制支架上的阴影轮廓，如图8-104所示。

图8-103 复制后的位置

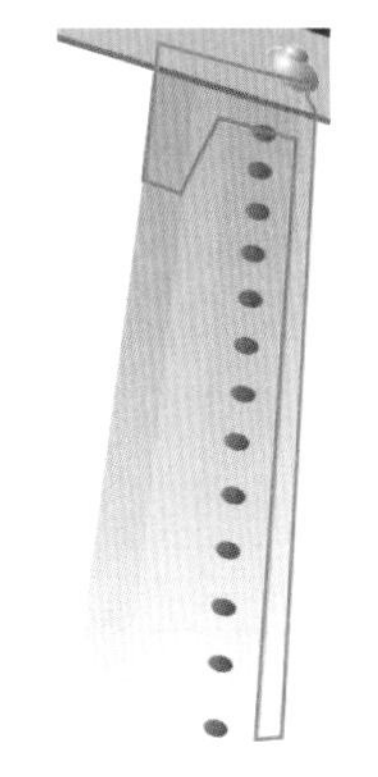

图8-104 绘制图形

㉔ 按键盘上的F11键，在弹出的对话框中设置参数，如图8-105所示。

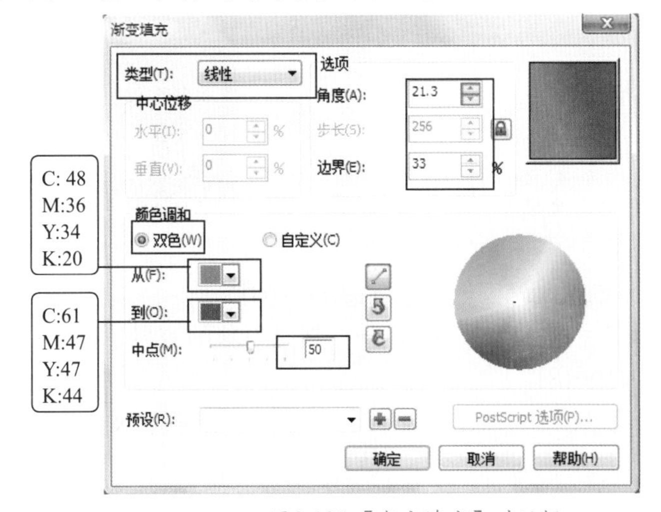

图8-105 【渐变填充】对话框

㉕ 按键盘上的Ctrl+PageDown键，调整阴影图形的图层顺序，如图8-106所示。

㉖ 保存文件，命名为“路牌.cdr”。

实例总结

在本例的绘制过程中，运用了【贝塞尔工具】、【多边形工具】、【椭圆工具】、【渐变填充】工具和【添加透视点】、【角效果】命令，应重点掌握【角效果】命令的使用方法。

图8-106 调整后的效果

Example 实例 108 创建边界——雪人

实例目的

通过绘制“雪人”图形，学习【创建边界】命令的使用方法，雪人效果如图8-107所示。

实例要点

- ◆ 沿选择图形边界创建新的图形。
- ◆ 制作雪人的眼睛、扣子、嘴和围巾。
- ◆ 制作雪人的鼻子。
- ◆ 拆分图形。
- ◆ 制作雪花。

图8-107 雪人效果

操作步骤

01 在CorelDRAW X5中新建文件。

02 运用（矩形工具），在绘图区中绘制一个矩形。

03 按键盘上的F11键，在弹出的【渐变填充】对话框中设置参数，如图8-108所示。

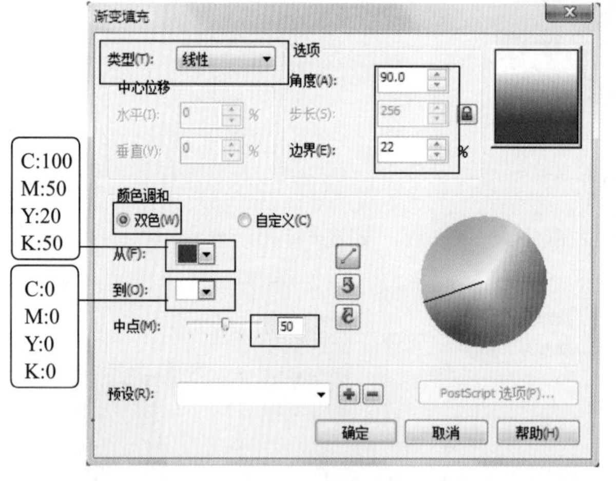

图8-108 【渐变填充】对话框

04 运用（椭圆工具），绘制两个椭圆形，位置如图8-109所示。

05 选择两个椭圆形，单击属性栏中的（创建一个选择对象的边界）按钮，沿椭圆形的边界生成一个新的图形对象，如图8-110所示。

06 将新图形填充为白色，设置轮廓颜色为浅灰色（CMYK：0、0、0、30），轮廓宽度为0.7mm，效果如图8-111所示。

07 将前面绘制的椭圆形调整大小后，再复制两个，全部填充为黑色，制作出雪人的眼睛和扣子，位置如图8-112所示。

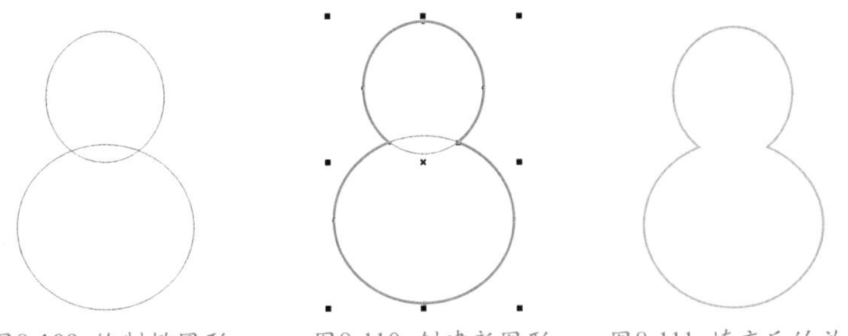

图8-109 绘制椭圆形　　图8-110 创建新图形　　图8-111 填充后的效果

08 运用（贝塞尔工具），绘制出雪人的嘴，设置轮廓宽度为0.7mm，效果如图8-113所示。

09 再运用（贝塞尔工具），绘制出雪人的围巾，如图8-114所示。

图8-112 椭圆形的位置　　图8-113 绘制嘴　　图8-114 绘制围巾

10 单击【文本】/【插入字符】命令，从【插入字符】对话框中选择辣椒图形插入到绘图区中，如图8-115所示。

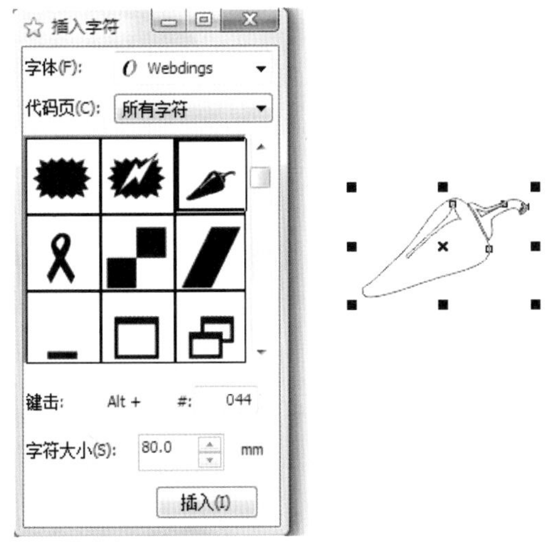

图8-115 插入图形

11 运用（智能填充工具），在属性栏中，设置填充颜色为红色（CMYK：0、100、100、0），填充新的图形，如图8-116所示。

图8-116 选取新图形

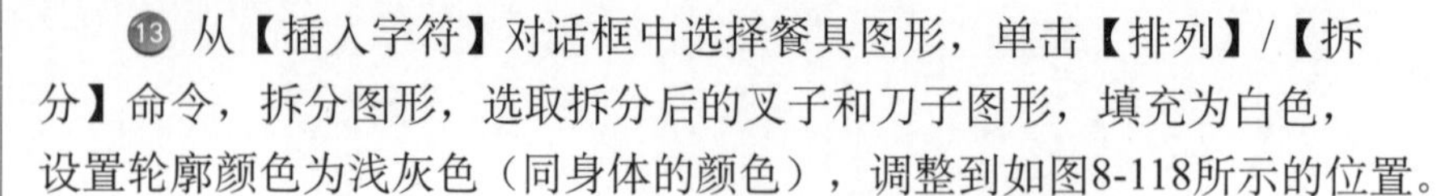

⑫ 将新创建的图形旋转至合适的角度，调整大小及位置，如图8-117所示。

图8-117 调整后的位置

⑬ 从【插入字符】对话框中选择餐具图形，单击【排列】/【拆分】命令，拆分图形，选取拆分后的叉子和刀子图形，填充为白色，设置轮廓颜色为浅灰色（同身体的颜色），调整到如图8-118所示的位置。

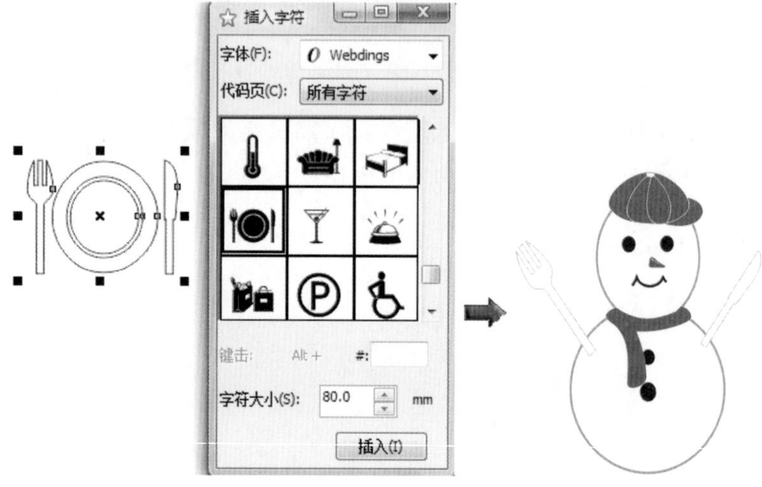

图8-118 调整后的位置

⑭ 选择（形状工具），将叉子和刀子图形的底部调整成弧形，如图8-119所示。

⑮ 导入“帽子E.cdr”文件（光盘\第8章\示例\），如图8-120所示。

图8-119 调整后的形态　　图8-120 导入图形

⑯ 将帽子图形的颜色修改成红色（同围巾的颜色），调整帽子的大小及位置，如图8-121所示。

⑰ 选择雪人图形，调整大小及位置，如图8-122所示。

图8-121 帽子的位置

图8-122 调整后的位置

⑱ 继续从【插入字符】对话框中选择如图8-123所示的雪花图形，插入绘图区中。

⑲ 将雪花图形填充为白色，然后再将不同的雪花图形分别复制多个，调整大小及位置，如图8-124所示。

图8-123 选择的图形

图8-124 复制后的位置

⑳ 保存文件，命名为“雪人.cdr”。

实例总结

本例运用了【椭圆工具】、【贝塞尔工具】，以及【插入字符】、【拆分】、【创建边界】命令制作出“雪人”图形，应重点掌握【创建边界】命令的使用方法。

Example 实例 109 图框精确剪裁——图景文字

实例目的

本例主要讲解【放置在容器中】命令的使用方法，图景文字效果如图8-125所示。

图8-125 文字效果

实例要点

- ◆ 输入美术字。
- ◆ 指定容器。
- ◆ 文字立体化。
- ◆ 编辑立体化颜色。
- ◆ 设置立体化照明。

操作步骤

01 在CorelDRAW X5中新建文件。

02 运用字（文本工具），在绘图区中输入“国际”，然后在属性栏中设置字体为华文行楷，字体大小为206pt，形态如图8-126所示。

03 导入“夜景.jpg”文件（光盘\第8章\素材\），如图8-127所示。

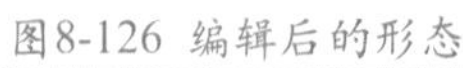

图8-126 编辑后的形态

图8-127 导入图片

04 确认导入的图片处于选择状态，单击【效果】/【图框精确剪裁】/【放置在容器中】命令，在绘图区中，鼠标指针变为➡形状，移动鼠标指针至文字上，指定容器，如图8-128所示。

图8-128 指定容器

05 单击鼠标左键，将图片置于文字中，置入后的效果如图8-129所示。

06 运用（交互式立体化工具），从“国”字中心位置向右移动，创建文字的立体效果，如图8-130所示。

图8-129 置入后的效果

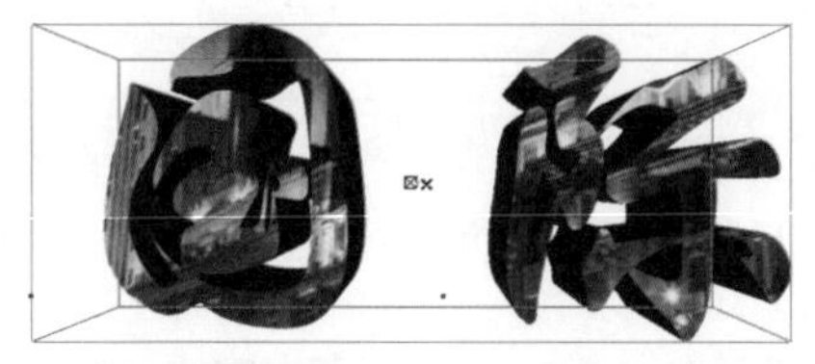

图8-130 创建立体文字

07 在属性栏中，单击（立体化类型）按钮，选择选项，文字效果如图8-131所示。

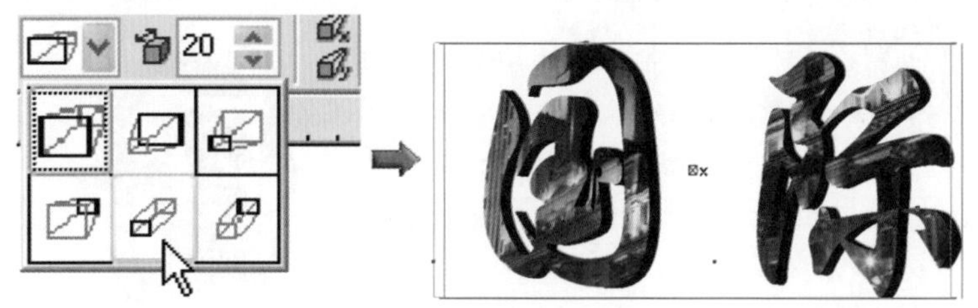

图8-131 调整后的效果

08 单击属性栏中的（立体化颜色）按钮，在弹出的对话框中单击（使用递减的颜色）按钮，打开【到】颜色设置框，选择50%的黑，效果如图8-132所示。

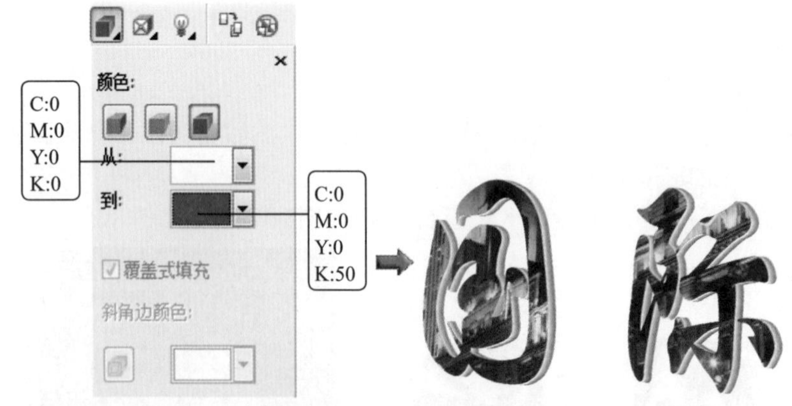

图8-132 设置颜色后的效果

09 单击属性栏中的（立体化照明）按钮，在弹出的面板中设置照明，如图8-133所示。

10 保存文件，命名为“图景文字.cdr”。

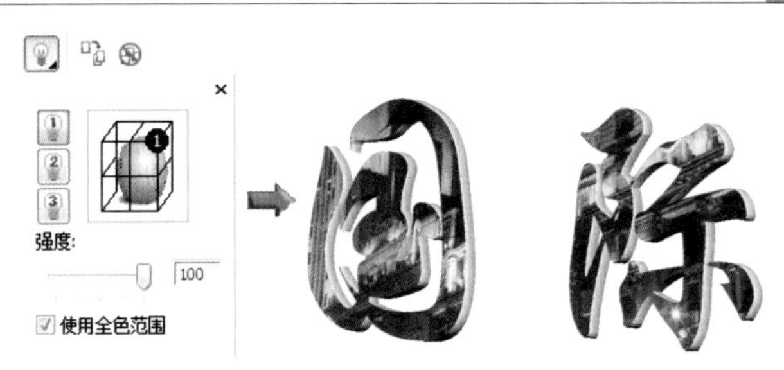

图8-133 设置照明后的效果

实例总结

图框精确剪裁功能可以将位图图像或矢量图置入指定的对象中，指定的对象中将显示位图或矢量图。

Example 实例 110 图框精确剪裁——邮票

实例目的

图框精确剪裁后的对象，有时还需要对剪裁的效果进行编辑，以达到最佳效果。下面我们通过邮票实例来学习编辑图框精确剪裁的方法，邮票效果如图8-134所示。

实例要点

- 绘制心形。
- 将轮廓转换为对象。
- 编辑图框精确剪裁内容。
- 制作简单调和效果。
- 输入美术字。

图8-134 邮票效果

操作步骤

01 在CorelDRAW X5中新建文件。

02 运用（基本形状工具），在属性栏中单击（完美形状）按钮，在弹出的列表中选择心形图形，如图8-135所示。

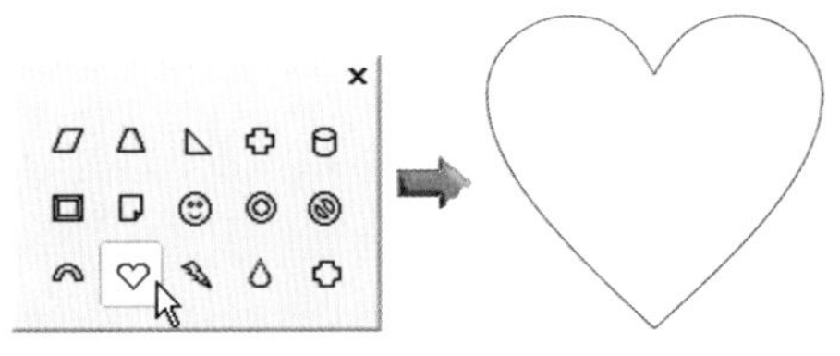
图8-135 绘制心形

03 确认心形处于选择状态，设置其轮廓宽度为2.6mm，如图8-136所示。

04 单击【排列】/【将轮廓转换为对象】命令，将轮廓转换为对象，按键盘上的Ctrl+A键，选择全部图形，取消填充色，设置轮廓为黑色（CMYK：0、0、0、100），如图8-137所示。

图8-136 设置心形的宽度

图8-137 设置后的效果

05 按键盘上的Ctrl+K键，拆分图形。

06 导入“0310.jpg”文件（光盘\第8章\素材\），如图8-138所示。

07 确认导入图片处于选择状态，单击【效果】/【图框精确剪裁】/【放置在容器中】命令，移动鼠标指针至内侧的心形图形中，单击鼠标左键，将图片置于内侧的心形中，效果如图8-139所示。

图8-138 导入图片

图8-139 将图形置于心形图形中

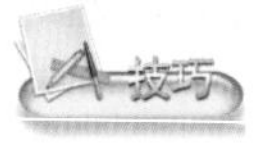

快速将对象放置在容器中。移动鼠标指针至欲放在容器中的对象上，按住鼠标右键移动对象至容器中，松开鼠标右键，在弹出的快捷菜单中选择【放置在容器中】选项，即可将对象放置在容器中。

08 单击【效果】/【图框精确剪裁】/【编辑内容】命令，调整图片的位置，如图8-140所示。

09 单击【效果】/【图框精确剪裁】/【完成编辑这一级】命令，调整图片的位置，如图8-141所示。

图8-140 调整图片位置

图8-141 完成编辑

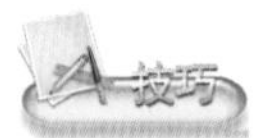

快速编辑容器中的内容。在容器上单击鼠标右键，在弹出的菜单中选择【编辑内容】选项，即可编辑对象，完成编辑后，再单击鼠标右键，在弹出的菜单中选择【完成编辑这一级】选项，完成容器中对象的编辑。

10 单击（智能填充工具）按钮，在属性栏中设置参数，如图8-142所示。

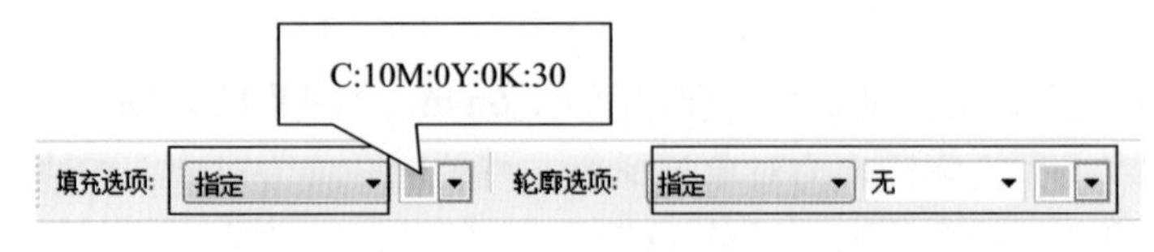

图8-142 属性栏

11 移动鼠标指针至中间与外侧心形图形之间的位置，单击鼠标左键，创建图形，如图8-143所示。

12 选择中间的心形图形，将其转换为曲线，运用（形状工具），将图形中间位置断开一点，如图8-144所示。

图8-143 填充颜色

图8-144 断开曲线

⑬ 删除外侧的心形图形。

⑭ 在绘图区中绘制两个同等大小的圆形，并将其填充为黑色，然后运用（交互式调和工具）调和两个圆形。

⑮ 单击属性栏中的 （起始和结束属性）按钮，选择【新建路径】选项，将中间的心形指定为新路径。

将轮廓转换为对象后，中间对象需要先转换为曲线，再指定为新路径。

⑯ 将调和图形中的起始和结束圆形，分别调整到中间心形断开的节点处，然后在属性栏中设置调和步数为88，效果如图8-145所示。

⑰ 将调和图形填充为银色（CMYK：10、0、0、30），删除路径轮廓，效果如图8-146所示。

图8-145 调整后的效果

图8-146 填充颜色后的效果

⑱ 运用字（文本工具），在图形下方输入"创意邮票"，填充为白色（CMYK：0、0、0、0），效果如图8-147所示。

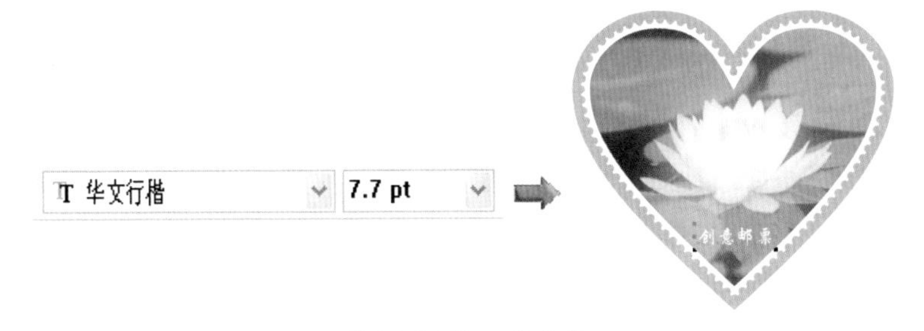

图8-147 输入美术字

⑲ 保存文件，命名为"邮票.cdr"。

实例总结

通过【效果】/【图框精确剪裁】/【编辑内容】命令可以提取图框精确剪裁的对象，即可以对提取的对象进行编辑，编辑完成后再单击【效果】/【图框精确剪裁】/【完成编辑这一级】命令，完成提取对象的编辑。

Example 实例 111 添加透视点——笔记本电脑

实例目的

学习了前面的范例，现在读者自己动手绘制出一个“笔记本电脑”图形，笔记本电脑效果如图8-148所示。

图8-148 笔记本电脑效果

实例要点

◆ 绘制一个矩形，单击【效果】/【添加透视点】命令，调整透视点的位置，改变矩形的形态。

◆ 运用【交互式立体化工具】，制作出矩形的立体效果，在属性栏中单击【斜角修饰边】按钮，在弹出的面板中勾选【使用斜角修饰边】选项，设置斜角修饰边深度为1mm，斜角修饰边角度为45°。

◆ 运用同样的方法，制作出笔记本的翻盖和显示屏。

◆ 选择【图纸工具】，在属性栏中设置行和列数分别为15、5，按住鼠标左键拖曳，绘制出图纸图形。单击【效果】/【添加透视点】命令，调整透视点的位置，制作出笔记本的键盘，然后打开【渐变填充】对话框，设置渐变类型为线性，调和颜色为双色，从20%黑（CMYK：0、0、0、20）到白色。

◆ 运用同样的方法，绘制一个圆角矩形，打开【渐变填充】对话框，设置渐变类型为线性，调和颜色为双色，从30%黑（CMYK：0、0、0、30）到白色，添加透视点，制作出笔记本上的触摸板。

◆ 在左侧绘制两个矩形，填充为（CMYK：60、40、0、0），然后调整形态，制作出笔记本侧面的开关，在下侧再绘制一个矩形，调整形态后，打开【渐变填充】对话框，设置渐变类型为线性，调和颜色为双色，从60%黑（CMYK：0、0、0、60）到白色。

◆ 绘制一个椭圆形，将其立体化，在属性栏中设置步数为38，单击【颜色】按钮，在弹出的面板中单击【使用递减色】按钮，从白色到20%黑（CMYK：0、0、0、20）。

Example 实例 112 交互式立体化工具——数码相机

实例目的

学习了前面的范例，现在读者自己动手绘制出一个“数码相机”图形，数码相机效果如图8-149所示。

图8-149 数码相机效果

实例要点

◆ 绘制一个圆角矩形，设置矩形的边角圆滑度为5。

◆ 单击【效果】/【添加透视点】命令，调整矩形的形态。

◆ 运用【交互式立体化工具】，制作出立体效果，在属性栏中单击【颜色】按钮，在弹出的【颜色】面板中选择【使用递减的颜色】，设置颜色从（CMYK：61、47、47、44）到（CMYK：48、36、34、20）。单击【照明】按钮，在弹出的面板中选择【光源1】，在其右侧的光源强度预览窗口中，调整光源1的位置到左上方。单击【斜角修饰边】按钮，勾选【使用斜角修饰边】选项，设置斜角修饰边的深度为2，角度为45°，制作出相机的机身。

◆ 在相机机身的左上角绘制一个椭圆形，打开【渐变填充】对话框，设置渐变类型为射线，调和颜色为双色，从30%黑（CMYK：0、0、0、30）到白色。

◆ 在相机机身的右侧绘制两个矩形，使两个矩形在右上方对齐。选择大矩形，填充为（CMYK：54、40、39、29），轮廓颜色为50%黑（CMYK：0、0、0、50），选择小矩形，打开【渐变填充】对话框，设置渐变类型为线性，调和颜色为双色，从黑色到白色渐变。

◆ 在机身的左下方绘制一个椭圆形，打开【渐变填充】对话框，设置渐变类型为线性，调和颜色为自定义（五色），设置第一种、第三种、第五种颜色均为白色，第二种、第四种颜色均为黑色。

◆ 运用【交互式立体化工具】，在圆形上按住鼠标左键拖曳，在属性栏中单击【照明】按钮，在弹出的面板中选择【光源1】，在其右侧的光源强度预览窗口中，调整光源1的位置到左上方。

◆ 再绘制一个椭圆形，运用【交互式立体化工具】，在圆形上按住鼠标左键拖曳，在属性栏中单击【颜色】按钮，选择【使用递减的颜色】，从（CMYK：0、0、0、90）到（CMYK：54、40、39、29）；单击【斜角修饰边】按钮，勾选【使用斜角修饰边】选项，设置斜角修饰边的深度为1，角度为45°；单击【照明】按钮，在弹出的面板中选择【光源1】，在其右侧的光源强度预览窗口中，调整光源1的位置到左侧中间的位置，制作出相机的焦距。

◆ 运用缩小复制的方法，将相机的焦距复制一个，在属性栏中，单击【颜色】按钮，修改【使用递减的颜色】中的颜色为（CMYK：47、35、33、20）；单击【照明】按钮，在光源强度预览窗口中，将光源1调整到左上方，添加光源2，调整到左后方中间位置。

◆ 再绘制一个椭圆形，打开【渐变填充】对话框，设置渐变类型为射线，调和颜色为双色，从70%黑（CMYK：0、0、0、70）到白色；然后运用【交互式立体化工具】；制作出立体效果，在属性栏中单击【照明】按钮，在弹出的面板中选择【光源1】，采用默认光源位置。

Example 实例 113　透镜——插页

实例目的

学习了前面的范例后，现在读者自己动手绘制出一个“插页”，效果如图8-150所示。

图8-150 插页效果

实例要点

◆ 打开“冰面上的企鹅.cdr”文件（光盘\第8章\素材）。

◆ 在企鹅的左手上绘制两个椭圆形，调整其形态，制作出放大镜。选择放大镜上的大椭圆形，单击【效果】/【透镜】命令，在弹出的泊坞窗中的透镜下拉列表中选择【自定义彩颜色图】选项，设置颜色为从红色（CMYK：0、100、100、0）到嫩苗色的（CMYK：10、0、80、0）渐变色。

◆ 在标注类型中选择一种图形，按住鼠标左键拖曳，绘制图形，调整到企鹅上方。

◆ 运用【文本工具】，输入“这颜色？？”，设置字体为“楷体”。

Example 实例 114　图框精确剪裁——项坠

实例目的

学习了前面的范例后，现在读者自己动手绘制出一个“项坠”图形，效果如图8-151所示。

图8-151 项坠效果

实例要点

◆ 打开“太阳花A.cdr”文件（光盘\第8章\素材）。

◆ 导入“头像.cdr”文件（光盘\第8章\素材）。

◆ 选择导入的图形，单击【效果】/【图框精确剪裁】/【放置在容器中】命令，将导入的图形置入太阳花的花芯中，然后调整图形的位置。

◆ 绘制一个椭圆形，填充为白色，制作出项坠上的孔。

◆ 再绘制一个椭圆形，单击属性栏中的【弧形】按钮，设置起始和结束角度为270、180，然后设置轮廓宽度为0.5mm，轮廓颜色为30%黑（CMYK：0、0、0、30），完成制作。

◆ 重命名并保存文件。

第9章　位图的编辑

本章主要针对位图图像进行编辑，包括裁剪位图、重取样位图、色彩模式的转换、颜色遮罩的运用，位图与矢量图的转换、位图的特殊效果等内容。

Example 实例 115　转换为位图——黄昏

实例目的

学习将矢量图转换为位图的方法，以及运用位图的高斯模糊功能使对象生成模糊效果，黄昏效果如图9-1所示。

实例要点

- ◆ 绘制背景。
- ◆ 将背景转换为位图。
- ◆ 编辑位图。
- ◆ 绘制地、树和鸟。

图9-1 黄昏效果

操作步骤

01 在CorelDRAW X5中新建文件。

02 单击（矩形工具）按钮，在绘图区中绘制一个矩形，然后运用（贝塞尔工具），绘制一条曲线，位置如图9-2所示。

03 单击（智能填充工具）按钮，在属性栏中设置【填充选项】，指定颜色为黑色。

04 在矩形中曲线下端，单击鼠标左键，填充为黑色，效果如图9-3所示。

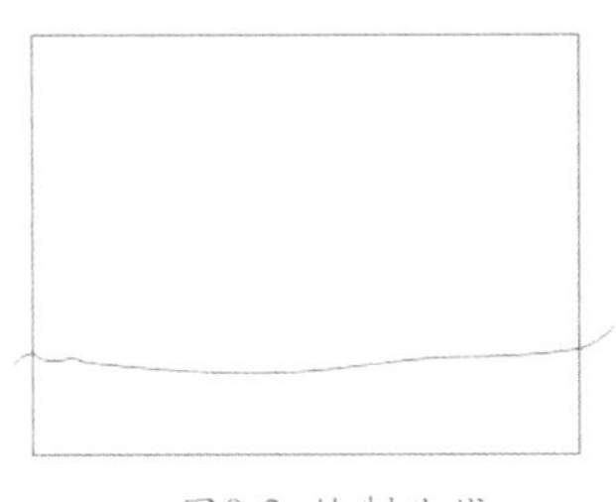

图9-2 绘制曲线

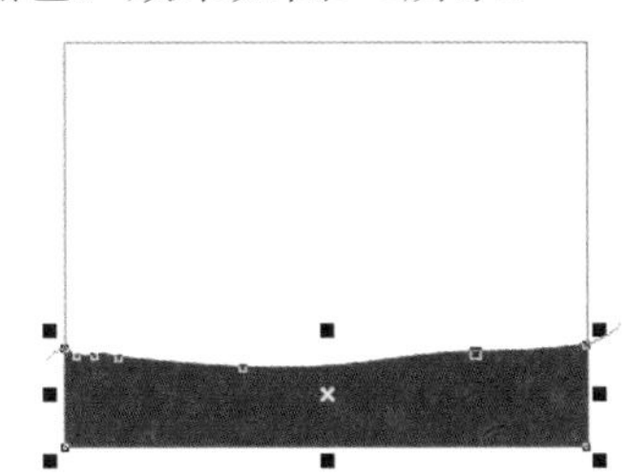

图9-3 智能填充图形

05 删除曲线，再单击（贝塞尔工具），绘制如图9-4所示的曲线。

06 运用（智能填充工具），填充颜色为深蓝色（CMYK：100、100、0、50），如图9-5所示。

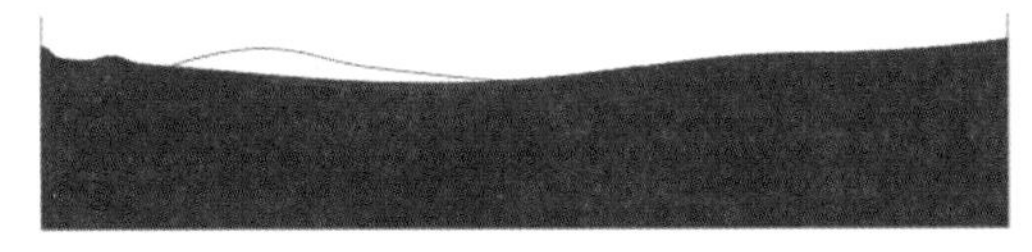

图9-4 绘制曲线

图9-5 智能填充图形

制作背景

07 运用（椭圆工具），绘制如图9-6所示的3个椭圆形，由内向外，分别填充为白色（CMYK：0、0、0、0）、淡紫色（CMYK：39、55、25、0）和淡蓝色（CMYK：100、80、0、0）。

08 选择淡紫色的椭圆，按键盘上的+键，将淡紫色的椭圆原位再制一个。

⑨ 单击工具箱中的（交互式调和工具）按钮，分别将白色椭圆和淡紫色椭圆调和，将复制的淡紫色椭圆与淡蓝色椭圆进行调和，效果如图9-7所示。

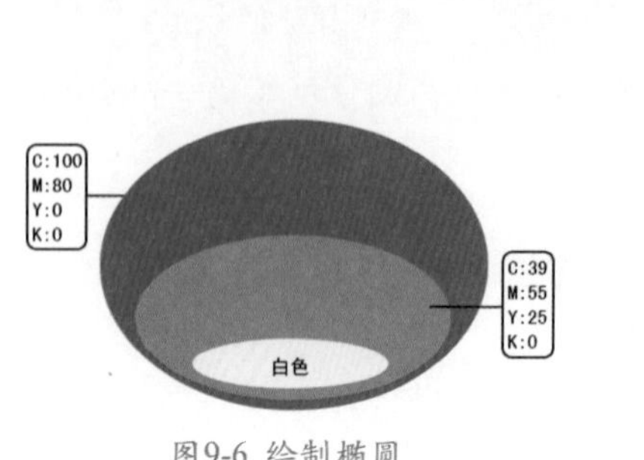

图9-6 绘制椭圆

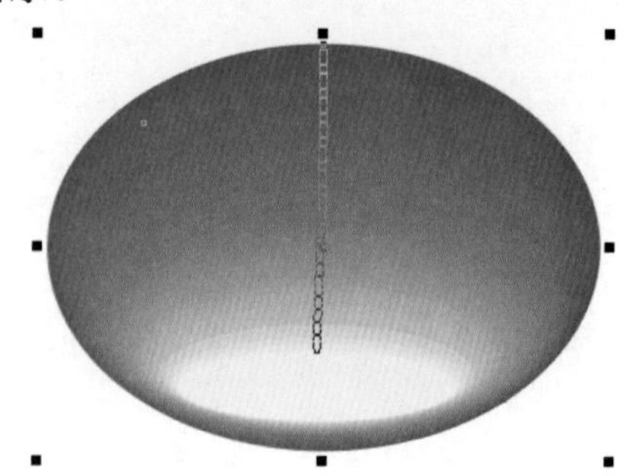

图9-7 调和效果

选择对象，按键盘上的Shift+Tab键，系统会自动按对象的绘制顺序，循环选择对象。

⑩ 按键盘上的Ctrl+A键，选择全部图形，单击【位图】/【转换为位图】命令，弹出【转换为位图】对话框，在【分辨率】右侧的下拉列表中指定分辨率的大小（也可直接输入），在【颜色模式】右侧的下拉列表中指定色彩模式。完成设置后，单击确定按钮，如图9-8所示。

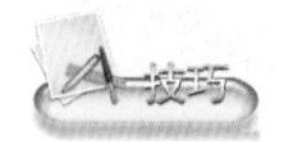

在此对话框中，可以直接转换位图的分辨率和颜色模式。

⑪ 单击【位图】/【模糊】/【高斯式模糊】命令，在弹出的【高斯式模糊】对话框中设置参数，如图9-9所示。

图9-8 【转换为位图】对话框

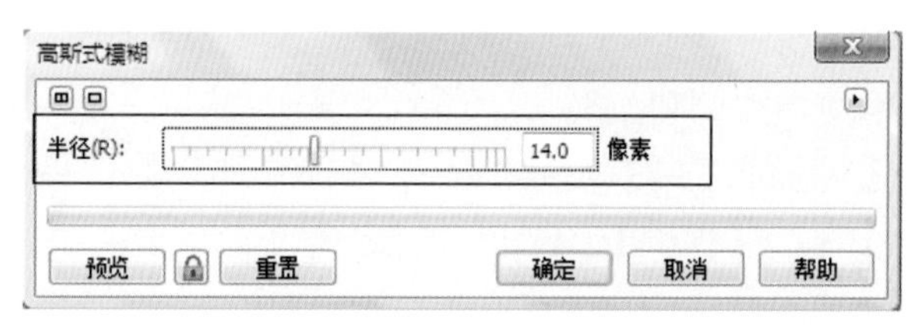

图9-9 【高斯式模糊】对话框

⑫ 单击确定按钮，编辑后的效果如图9-10所示。

⑬ 将位图调整到如图9-11所示的位置。

⑭ 运用（裁切工具），裁切背景，如图9-12所示。

⑮ 运用“手绘”展开工具栏中的（艺术笔工具），单击属性栏中的（喷涂）按钮，在【喷涂】下拉列表中选择图案。

⑯ 在绘图区中的空白位置，按住鼠标左键，绘制树图案，然后单击【排列】/【拆分】命令，将树图案与绘制路径分离。

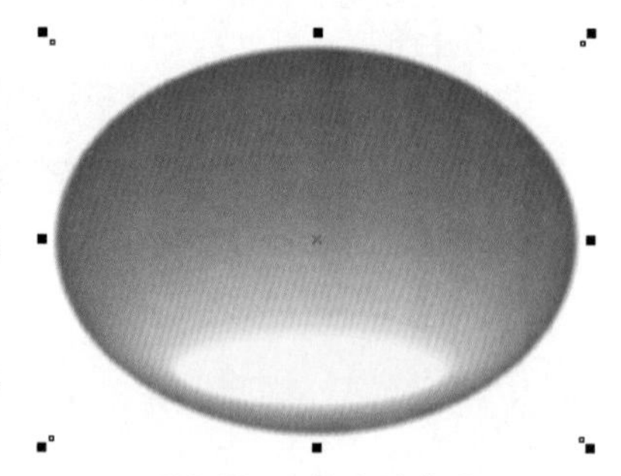

图9-10 编辑后的效果

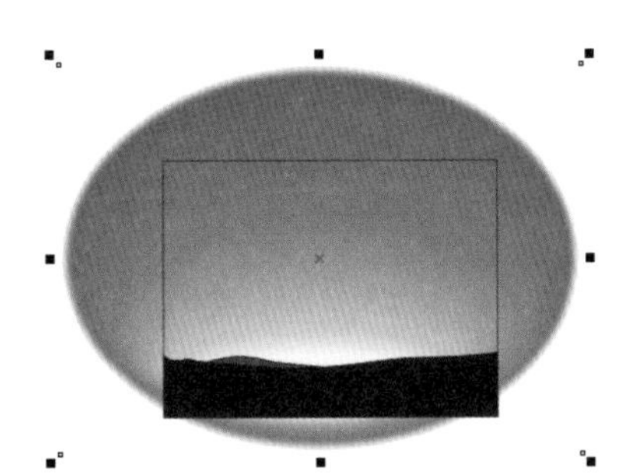

图9-11 位图位置

图9-12 裁切后的效果

⑰ 删除路径，选择树图案，按键盘上的Ctrl+U键，取消群组，形成独立的图形。

⑱ 选取合适的树图形，填充为黑色，调整到如图9-13所示的位置。

⑲ 运用同样的方法，运用（艺术笔工具）中的（喷涂）工具，在【喷涂】下拉列表中选择图案，并将分离出独立的图形，选择合适的鸟图形，填充为黑色，调整到如图9-14所示的位置。

图9-13 树的位置

图9-14 鸟的位置

制作完成后，单击【查看】/【全屏预览】命令，显示绘图的全部预览，或按键盘上的F9键，全屏预览。

⑳ 保存文件，命名为"黄昏.cdr"。

实例总结

运用交互式调和工具简单调和对象，然后将调和对象转换为位图，添加模糊效果，制作背景，再运用【贝塞尔工具】绘制出相应图形，完成整幅作品的制作。本例需要重点掌握矢量图转换为位图和【位图】/【模糊】/【高斯式模糊】命令的操作方法。

Example 实例 116 天气滤镜——脚印

实例目的

将矢量图转换为位图后，本例学习利用【位图】/【创造性】/【天气】命令编辑位图的效果，如图9-15所示。

图9-15 脚印效果

实例要点

- 绘制图形并填充颜色。
- 绘制艺术图形。
- 将矢量图转换为位图。
- 编辑雪效果。
- 绘制艺术图形。

操作步骤

01 在CorelDRAW X5中新建文件。

02 双击工具箱中的□（矩形工具）按钮，创建页面大小的矩形。

03 按键盘上的F11键，打开【渐变填充】对话框，参数设置如图9-16所示。

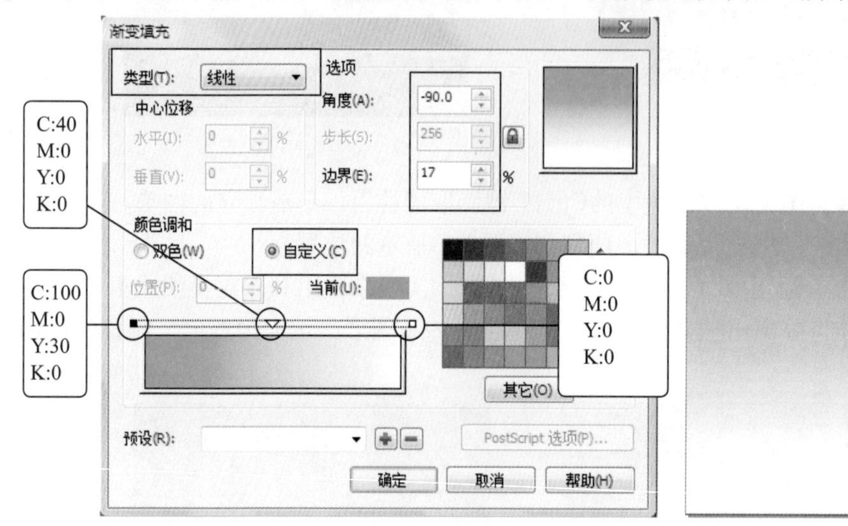

图9-16 【渐变填充】对话框

04 在矩形的下方绘制一个椭圆形，位置如图9-17所示。

05 运用（智能填充工具），在矩形与椭圆形相交的位置单击鼠标，创建图形，填充为白色，然后删除椭圆形。

06 按键盘上的I键，切换为（艺术笔工具），单击属性栏中的（喷涂）按钮，在【喷涂】下拉列表中选择艺术笔触，在矩形中绘制出如图9-18所示的图形。

07 选择全部图形，单击【位图】/【转换为位图】命令，在弹出的对话框中设置分辨率为300dpi，如图9-19所示。

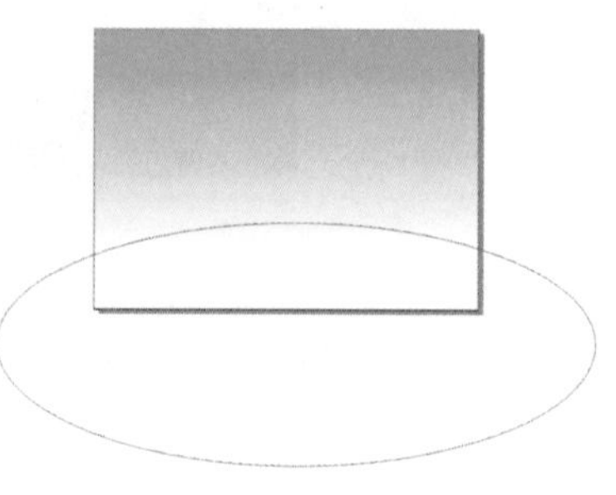

图9-17 椭圆形的位置

图9-18 绘制图形

图9-19 转换为位图后的效果

08 单击【位图】/【创造性】/【天气】命令，弹出【天气】对话框，参数设置如图9-20所示。

09 单击确定按钮，效果如图9-21所示。

10 运用（贝塞尔工具）绘制一条曲线，位置如图9-22所示。

11 按键盘上的I键，切换为（艺术笔工具），单击属性栏中的（喷涂）按钮，在【喷涂】下拉列表中选择如图9-23所示的图形。

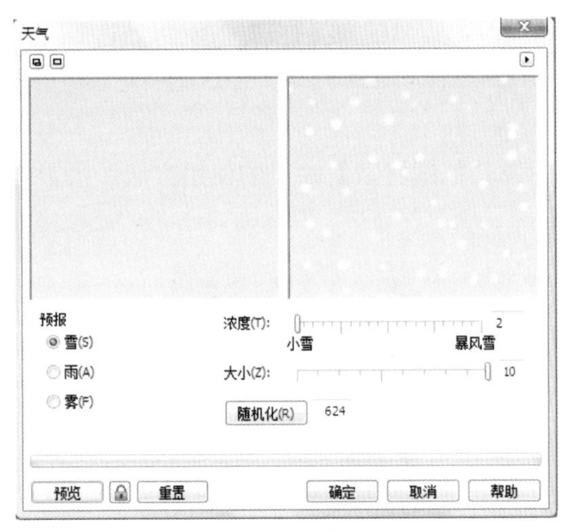

图9-20 【天气】对话框

图9-21 编辑后的效果

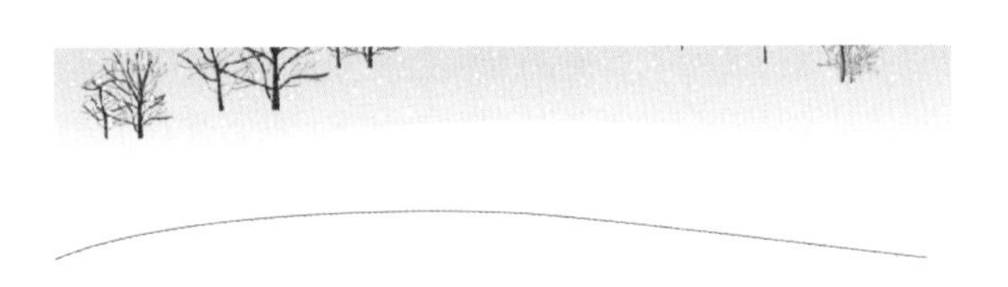

图9-22 绘制曲线

图9-23 属性栏

⑫ 单击属性栏中的（旋转）按钮，在弹出的旋转面板中设置参数，如图9-24所示。

⑬ 再单击属性栏中的（偏移）按钮，在弹出的面板中设置参数，如图9-25所示。

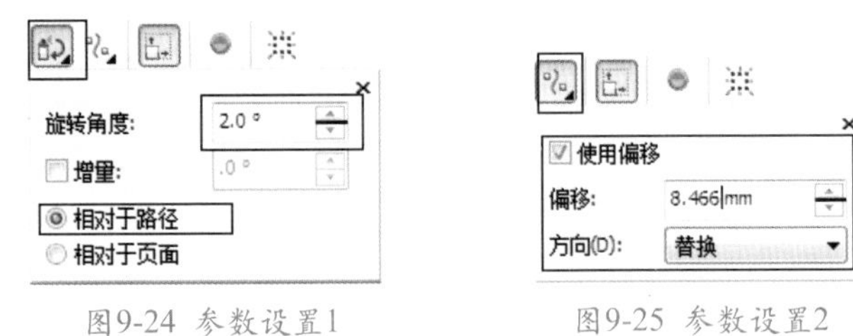

图9-24 参数设置1　　图9-25 参数设置2

⑭ 设置完成后，将图形填充为40%黑（CMYK：0、0、0、40），效果如图9-26所示。

图9-26 编辑后的效果

⑮ 保存文件，命名为“脚印.cdr”。

实例总结

本例主要运用【矩形工具】、【贝塞尔工具】和【艺术笔工具】，制作出“脚印”图形，重点掌握矢量图转换为位图后雪效果的制作方法。

Example 实例 117 图像调整试验室——摄影作品

实例目的

通过“摄影作品”实例，学习【位图】/【图像调整试验室】命令的使用方法，摄影作品效果如图9-27所示。

图9-27 摄影作品

实例要点

- ◆ 导入图片。
- ◆ 调整图片颜色。
- ◆ 绘制矩形。
- ◆ 添加阴影。

操作步骤

01 在CorelDRAW X5中新建文件。

02 导入“摄影图.jpg”文件（光盘\第9章\素材\），如图9-28所示。

图9-28 导入图片

03 单击【位图】/【图像调整试验室】命令，弹出【图像调整试验室】对话框，设置温度为5670，淡色为10，饱和度为21，亮度为3，对比度为27，高光为37，阴影为–26，中间色调为24，如图9-29所示。

04 单击 确定 按钮，完成图片的调整。

05 运用 （矩形工具），在图片外侧绘制一个矩形，设置轮廓宽度为0.5mm，填充为白色，调整到图层后面，效果如图9-30所示。

06 运用 （交互式阴影工具），添加图片阴影，效果如图9-31所示。

07 保存文件，命名为“摄影作品.cdr”。

图9-29 【图像调整试验室】对话框

图9-30 绘制矩形

图9-31 阴影效果

实例总结

本例在制作过程中运用了【矩形工具】和【交互式阴影工具】，结合【位图】/【图像调整试验室】命令，制作出“摄影作品”，应重点掌握【位图】/【图像调整试验室】命令的使用方法。

Example 实例 118 球面——多彩的星球

实例目的

通过“多彩的星球”实例，学习运用【位图】/【三维效果】/【球面】命令，制作球面效果，如图9-32所示。

图9-32 多彩的星球效果

实例要点

- 绘制矩形并填充颜色。
- 转换为位图。
- 制作球面阴影。
- 制作出不同颜色的球面。

操作步骤

01 在CorelDRAW X5中新建文件。

02 在绘图区中绘制一个矩形，然后将其填充为深蓝色（CMYK：100、50、20、50），效果如图9-33所示。

03 选择（椭圆工具），按住键盘上的Ctrl键，绘制一个圆形，然后单击“填充”展开工具栏中的（底纹填充对话框）按钮，在弹出的【底纹填充】对话框中设置参数，如图9-34所示。

图9-33 绘制矩形并填充颜色

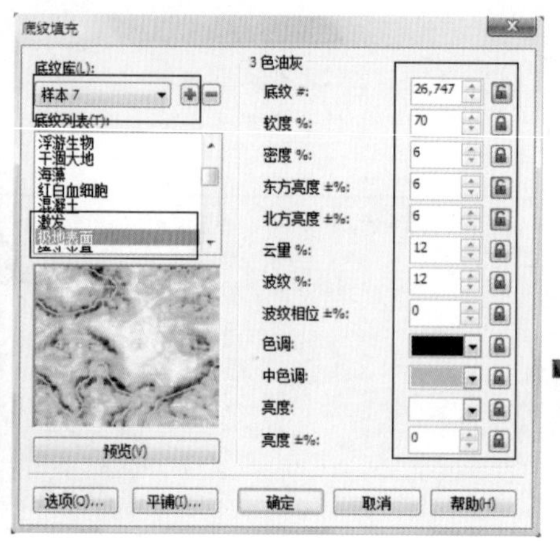

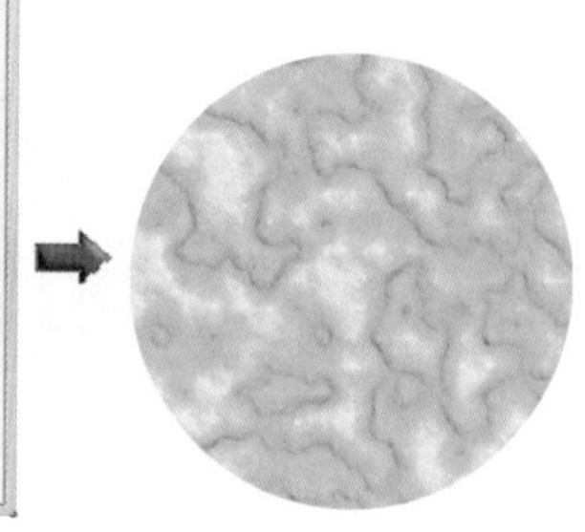

图9-34 【底纹填充】对话框

04 单击【位图】/【转换为位图】命令，将圆形转换为位图，设置分辨率为150dpi。

05 单击【位图】/【三维效果】/【球面】命令，弹出【球面】对话框，参数设置如图9-35所示。

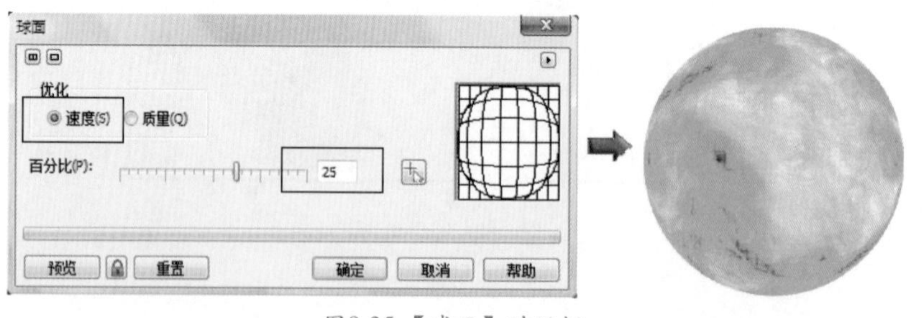

图9-35 【球面】对话框

06 运用（交互式阴影工具），移动鼠标指针到位图上，按住鼠标左键拖曳，在属性栏中设置参数，如图9-36所示。

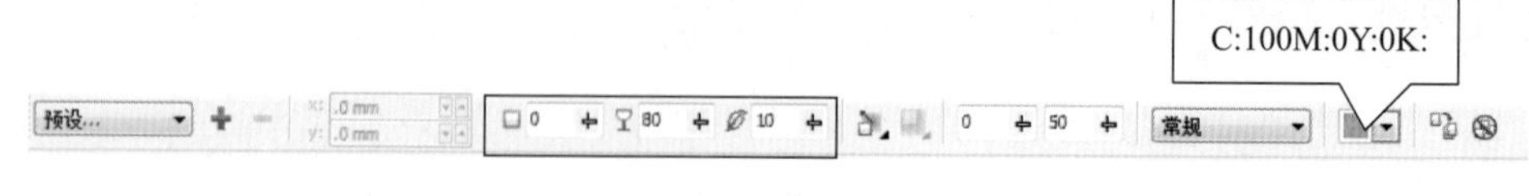

图9-36 属性栏

07 设置完成后的效果如图9-37所示。

08 调整位图的位置，如图9-38所示。

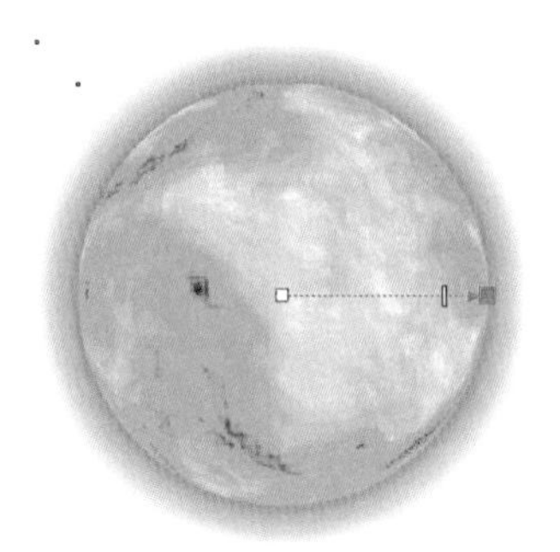

图9-37 添加阴影后的效果

图9-38 调整后的位置

09 再运用（椭圆工具）绘制一个圆形，然后打开【底纹填充】对话框，参数设置如图9-39所示。

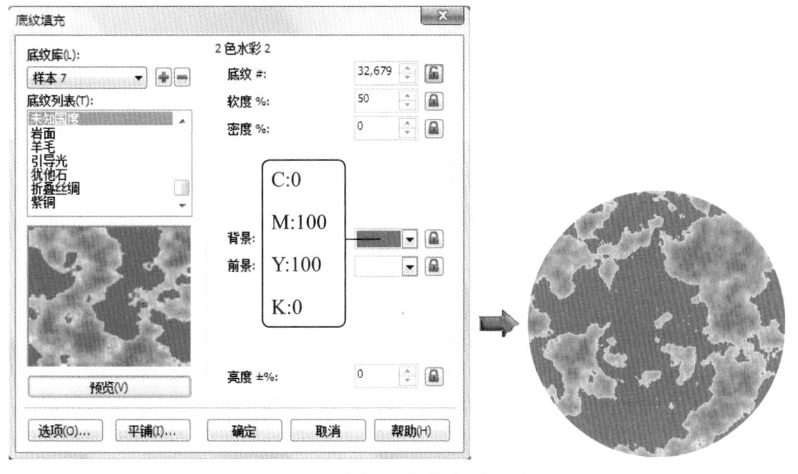

图9-39 【底纹填充】对话框

10 重复第4～6步的操作，设置阴影为红色（CMYK：0、100、100、0），制作出球体的阴影，如图9-40所示。

11 选择（贝塞尔工具），绘制出如图9-41所示的图形，并填充为红色。

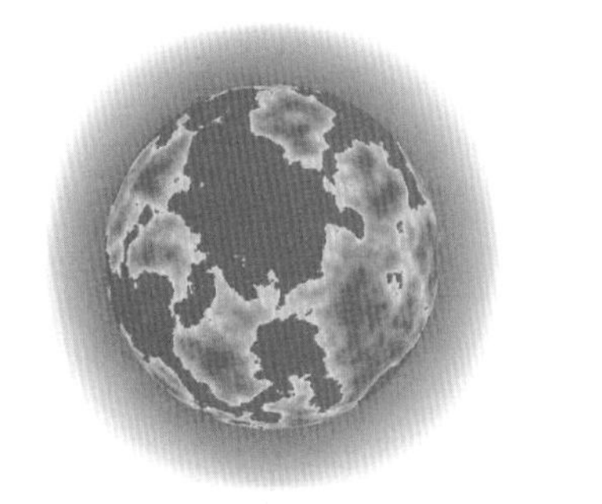

图9-40 制作阴影

图9-41 绘制图形

12 确认绘制的图形处于选择状态，选择（交互式透明工具），移动鼠标指针至绘制的图形上，按住鼠标左键拖曳，然后在属性栏中设置参数，如图9-42所示。

图9-42 属性栏

⑬ 设置完成后的效果如图9-43所示。

⑭ 将所绘的图形旋转至适合的角度，效果如图9-44所示。

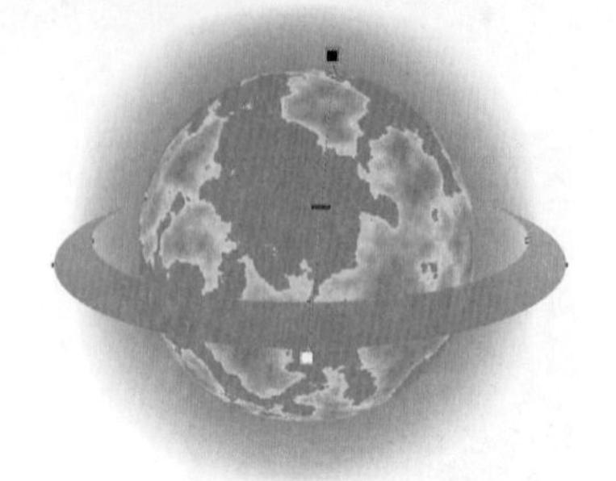

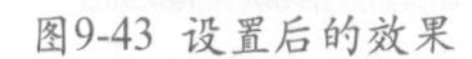

图9-43 设置后的效果

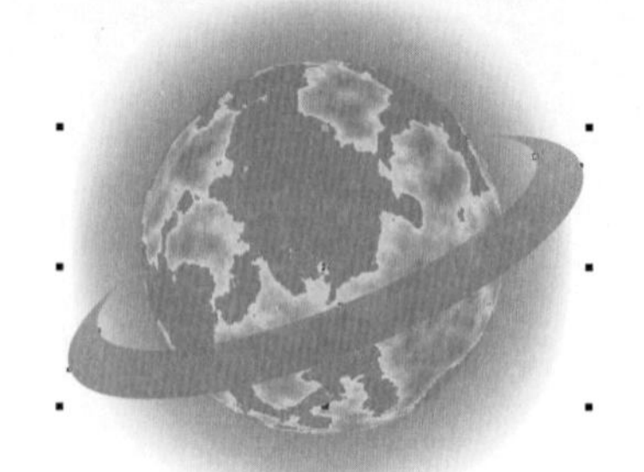

图9-44 旋转后的效果

⑮ 将红色球体调整到如图9-45所示的位置。

⑯ 运用同样的方法，制作出黄色球体，然后将绘制的球体复制多个，调整到如图9-46所示的位置。

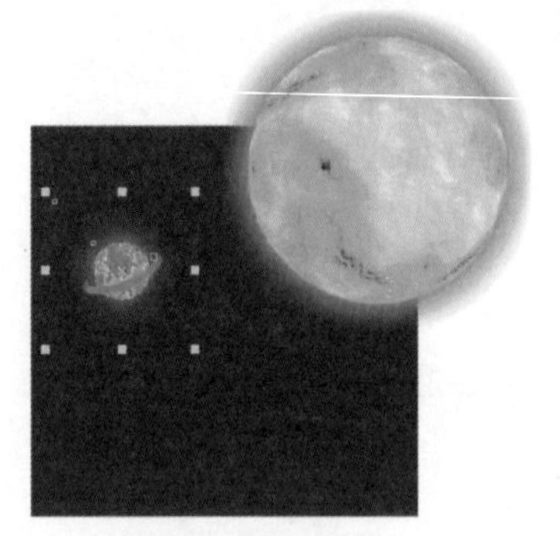

图9-45 调整后的位置

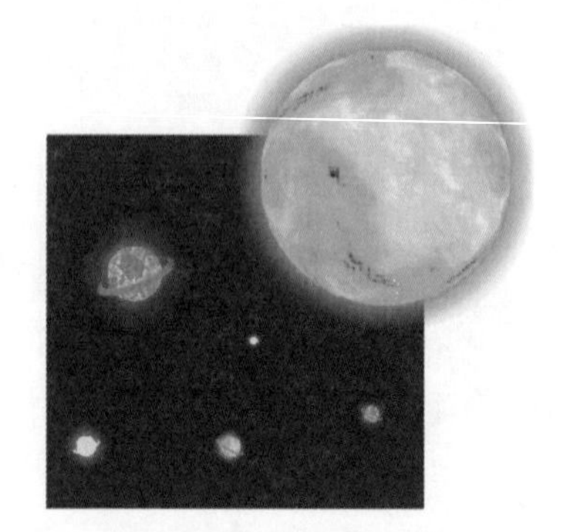

图9-46 复制后的位置1

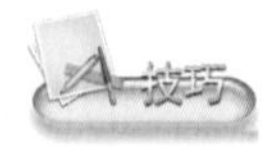

如果球面阴影达不到理想的效果，可单击【排列】/【拆分】命令，将阴影与球面分开，单独编辑阴影。

⑰ 再运用（椭圆工具）绘制一个圆形，然后将其填充为白色。

⑱ 重复第6步的操作，制作出白色圆形的阴影，然后将其复制多个，调整大小及位置，如图9-47所示。

⑲ 单击（裁切工具），裁切图形，效果如图9-48所示。

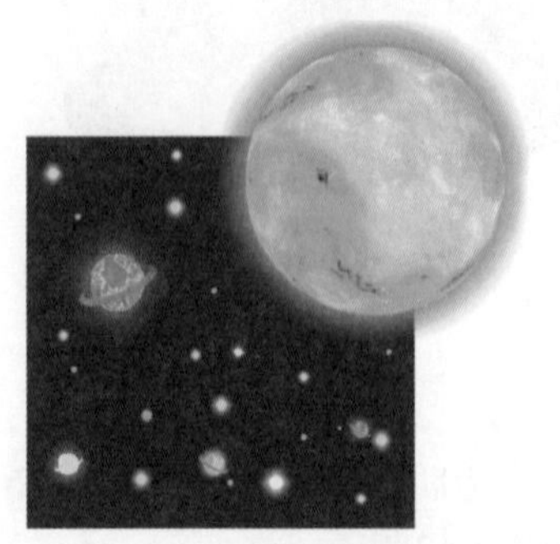

图9-47 复制后的位置2

图9-48 裁切后的效果

⑳ 保存文件，命名为“多彩的星球.cdr”。

实例总结

本例运用【矩形工具】、【椭圆工具】、【交互式阴影工具】和【交互式透明工具】，并配合【位图】/【三维效果】/【球面】命令，制作出“多彩的星球”，应重点掌握【球面】命令的编辑方法。

Example 实例 119 湿笔画——下雪啦

实例目的

本例运用【位图】/【创造性】/【天气】和【扭曲】/【湿笔画】命令制作出“下雪啦”图形，效果如图9-49所示。

图9-49 下雪啦效果

实例要点

- ◆ 绘制矩形并填充颜色。
- ◆ 将矩形转换为位图。
- ◆ 添加【位图】/【创造性】/【天气】效果。
- ◆ 输入文字。
- ◆ 添加【湿笔画】效果。

操作步骤

01 在CorelDRAW X5中新建文件。

02 在绘图区中绘制一个矩形，如图9-50所示。

图9-50 绘制矩形

03 按键盘上的F11键，在弹出的【渐变填充】对话框中设置参数，如图9-51所示。

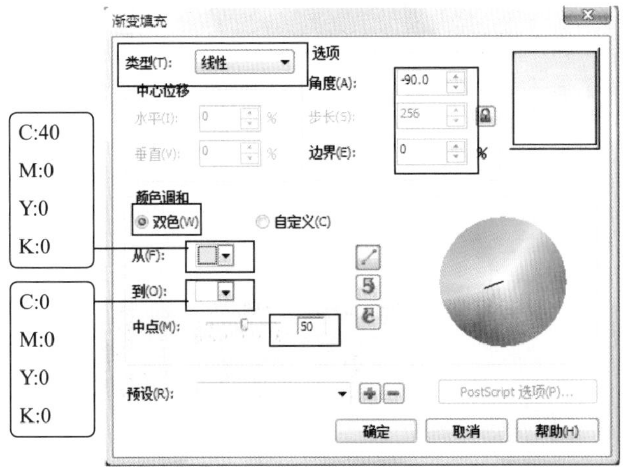

图9-51 【渐变填充】对话框

04 单击【位图】/【转换为位图】命令，在弹出的【转换为位图】对话框中，设置分辨率为150dpi，如图9-52所示。

05 单击[确定]按钮，将矩形转换为位图。

06 单击【位图】/【创造性】/【天气】命令，弹出【天气】对话框，参数设置如图9-53所示。

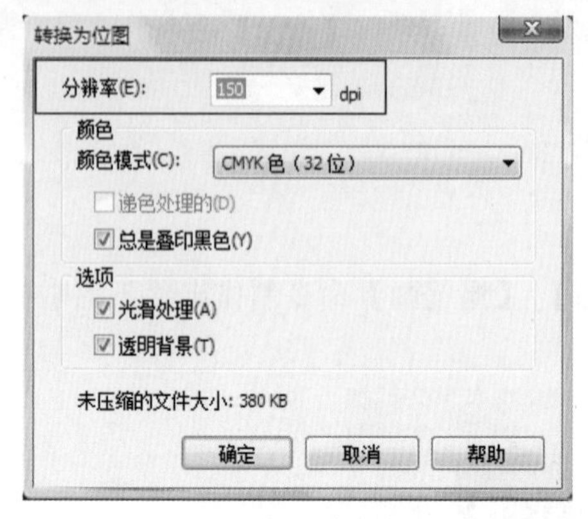

图9-52 转换为位图

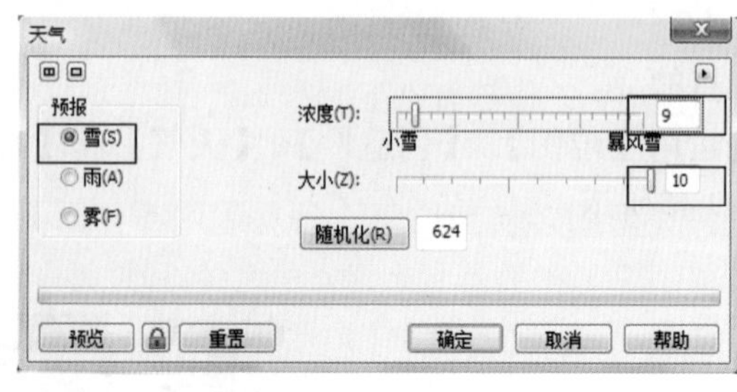

图9-53 【天气】对话框

07 单击[确定]按钮，调整后的效果如图9-54所示。

图9-54 调整后的效果

08 运用字（文本工具），输入“下雪啦”，然后在属性栏中设置字体为“文鼎特粗黑简”，如图9-55所示。

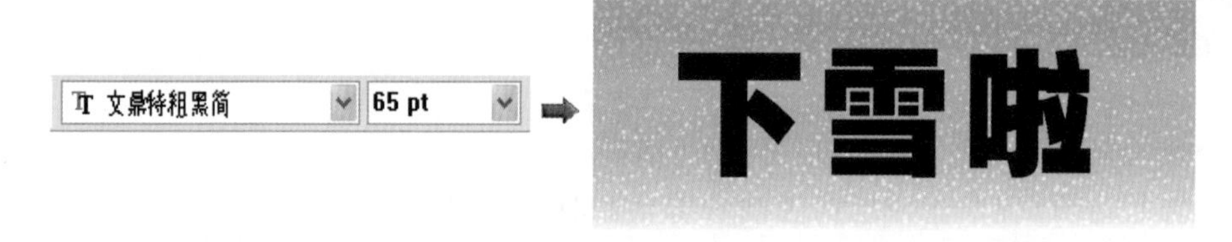

图9-55 输入文字

09 运用前面讲解的方法，将文字转换为位图，设置分辨率为300dpi。

10 单击【位图】/【创造性】/【玻璃砖】命令，弹出【玻璃砖】对话框，参数设置如图9-56所示。

11 单击[确定]按钮，编辑后的效果如图9-57所示。

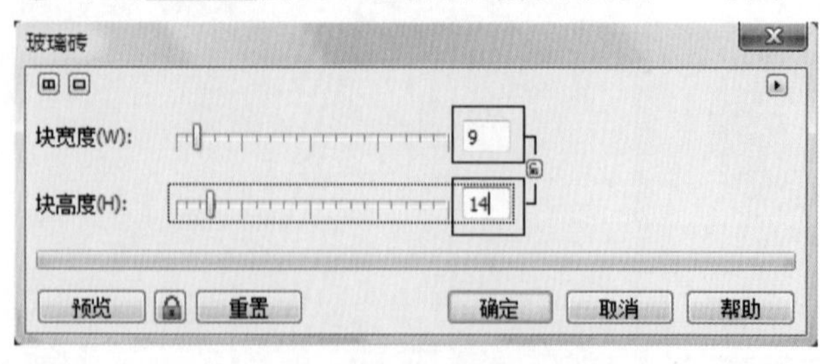

图9-56 【玻璃砖】对话框

图9-57 编辑后的效果

12 单击【位图】/【扭曲】/【湿笔画】命令，弹出【湿笔画】对话框，如图9-58所示。

13 单击[确定]按钮，编辑效果如图9-59所示。

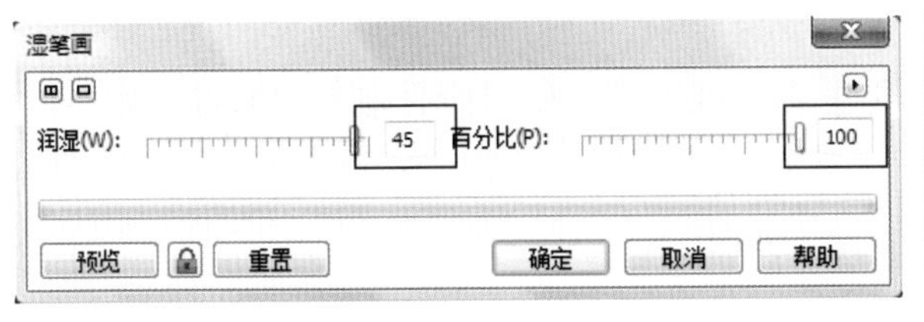

图9-58【湿笔画】对话框

图9-59 编辑后的效果

⑭ 保存文件，命名为“下雪啦.cdr”。

实例总结

首先将矢量图转换为位图，然后运用【位图】/【创造性】/【天气】和【扭曲】/【湿笔画】命令，分别制作出下雪的背景和湿笔画的文字效果，完成“下雪啦”效果的制作。

Example 实例 120 蜡笔画——彩沙字

实例目的

本例运用【位图】/【创造性】/【粒子】和【艺术笔触】/【蜡笔画】命令，制作出“彩沙字”效果，如图9-60所示。

实例要点

- 输入美术字。
- 编辑字体及字体大小。
- 转换为位图。
- 添加【粒子】和【蜡笔画】效果。

图9-60 彩沙字效果

操作步骤

① 在CorelDRAW X5中新建文件。

② 运用字（文本工具），在绘图区中输入“彩沙字”，如图9-61所示。

图9-61 输入美术字

③ 将美术字填充为白色。

④ 运用前面讲解的方法，将文字转换为位图，设置分辨率为150dpi。

⑤ 单击【位图】/【创造性】/【粒子】命令，在弹出的【粒子】对话框中设置参数，如图9-62所示。

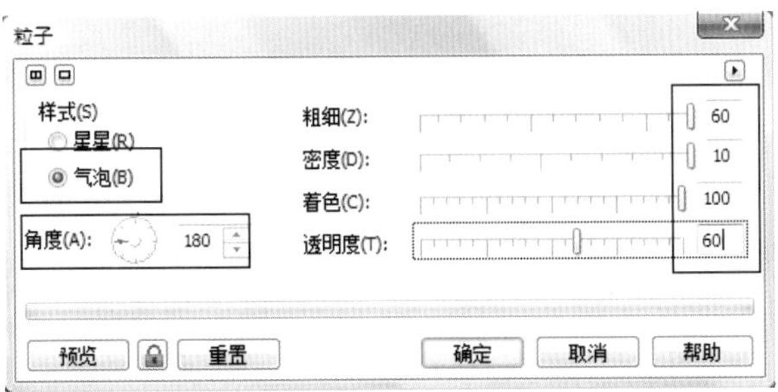

图9-62【粒子】对话框

06 单击[确定]按钮，效果如图9-63所示。

07 再重复单击【位图】/【创造性】/【粒子】命令两次，编辑后的效果如图9-64所示。

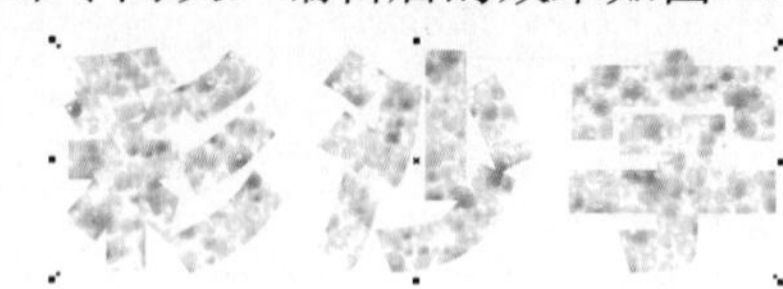

图9-63 粒子效果　　图9-64 编辑后的效果

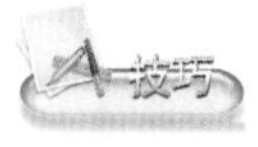

将【位图】/【创造性】/【粒子】命令执行多次，以增强美术字的粒子效果，这种操作方法，也适用于其他【位图】中的其他命令。

08 单击【位图】/【艺术笔触】/【蜡笔画】命令，在弹出的【蜡笔画】对话框中设置参数，如图9-65所示。

09 单击[确定]按钮，编辑后的效果如图9-66所示。

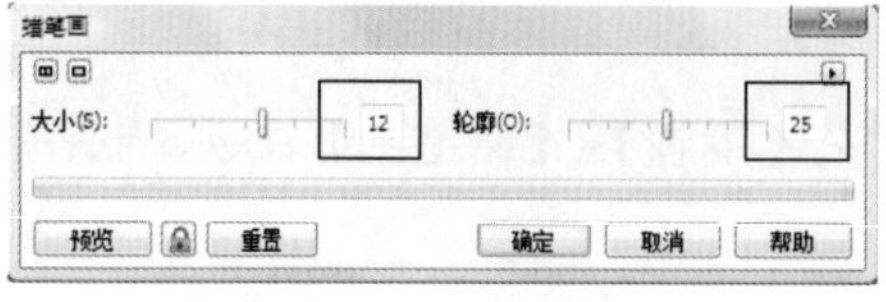

图9-65【蜡笔画】对话框　　图9-66 编辑后的效果

10 保存文件，命名为“彩沙字.cdr”。

实例总结

本例的“彩沙字”字体与上例的“下雪啦”字体一样，在字体一致的情况下，应重点掌字效果的制作，将美术字转换为位图后，运用了【粒子】和【蜡笔画】命令制作出彩沙效果。

Example 实例 121 粒子——气泡字

实例目的

本例学习运用【位图】/【创造性】/【散开】和【粒子】命令，制作出“气泡字”效果，如图9-67所示。

实例要点

- 输入美术字。
- 转换为位图。
- 制作散开效果。
- 制作气泡效果。
- 绘制背景。

图9-67 气泡字效果

操作步骤

01 在CorelDRAW X5中新建文件。

02 运用字（文本工具），在绘图区中输入“气泡字”，如图9-68所示。

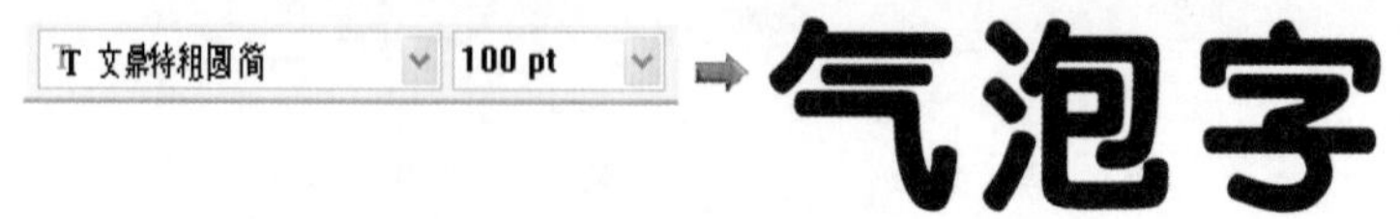

图9-68 输入美术字

03 运用前面讲解的方法，将文字转换为位图，设置分辨率为300dpi。

04 单击【位图】/【创造性】/【散开】命令，弹出【散开】对话框，参数设置如图9-69所示。

05 单击 确定 按钮，散开效果如图9-70所示。

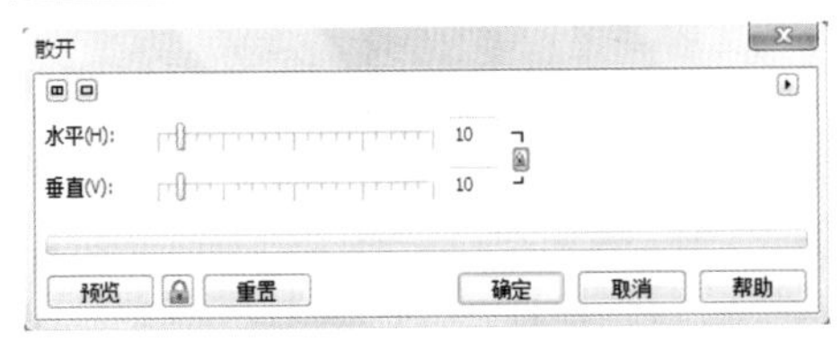

图9-69 【散开】对话框

图9-70 散开效果

06 单击【位图】/【创造性】/【粒子】命令，在弹出的【粒子】对话框中设置参数，如图9-71所示。

07 单击 确定 按钮，粒子效果如图9-72所示。

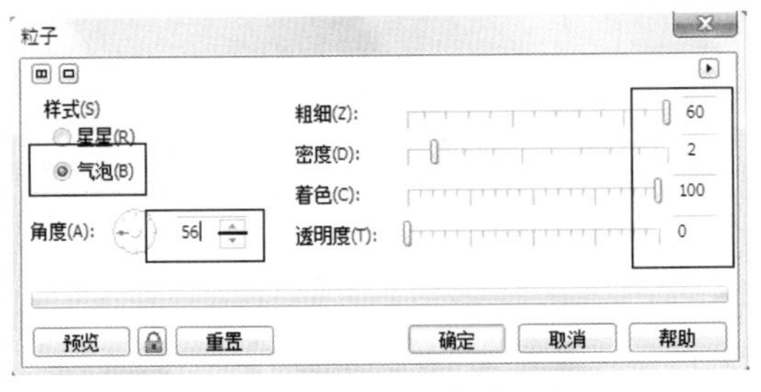

图9-71 【粒子】对话框

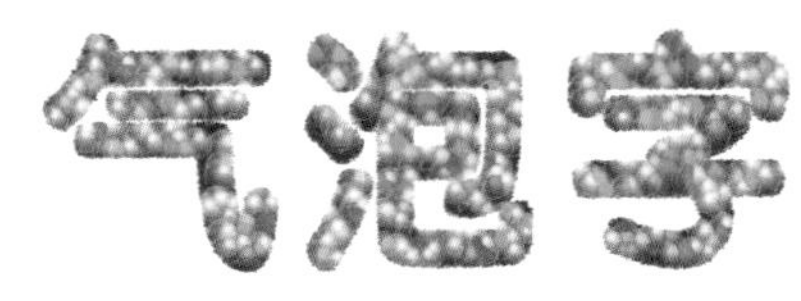
图9-72 编辑后的效果

08 绘制一个矩形，填充为奶黄色（CMYK：5、6、10、0），效果如图9-73所示。

09 保存文件，命名为“气泡字.cdr”。

实例总结

本例将美术字转换为位图后，单击【位图】/【创造性】/【散开】和【粒子】命令，添加散开和粒子效果，制作出“气泡字”。

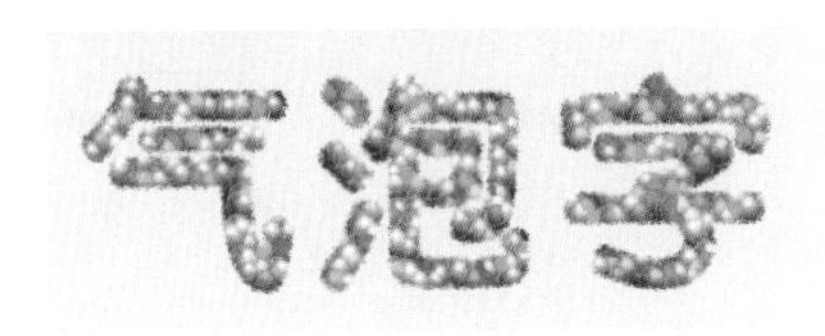
图9-73 绘制矩形

Example 实例 122 彩色玻璃——石头字

实例目的

本例学习运用【位图】/【创造性】/【彩色玻璃】，以及【艺术笔触】/【炭笔画】和【模糊】/【动态模糊】命令，制作出“石头字”，效果如图9-74所示。

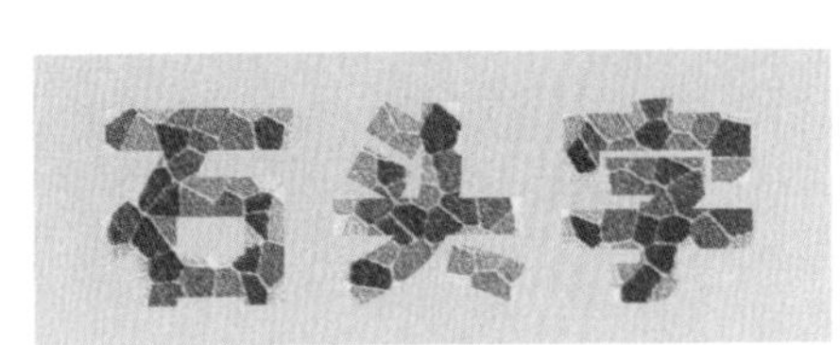
图9-74 石头字效果

实例要点

- 输入美术字。
- 转换为位图。
- 添加彩色玻璃和炭笔画效果。
- 转换为位图。
- 添加动态模糊效果。

操作步骤

01 在CorelDRAW X5中新建文件。

02 运用字（文本工具），输入“石头字”，如图9-75所示。

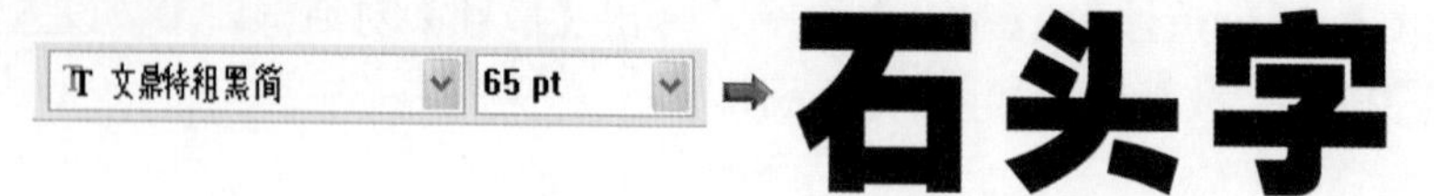

图9-75 输入文字

03 运用前面介绍的方法，将文字转换为位图，设置分辨率为300dpi。

04 单击【位图】/【创造性】/【彩色玻璃】命令，打开【彩色玻璃】对话框，参数设置如图9-76所示。

05 单击确定按钮，彩色玻璃效果如图9-77所示。

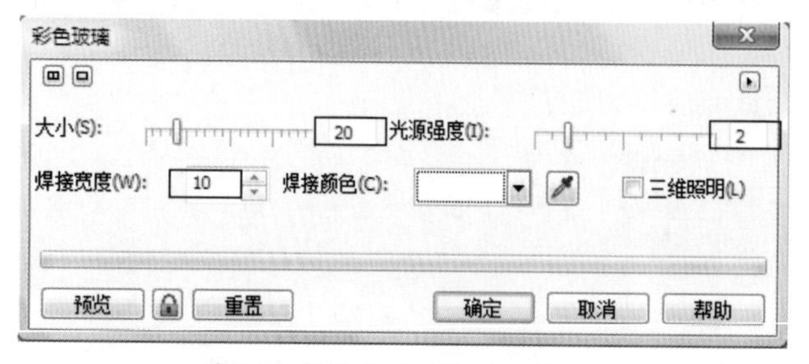

图9-76【彩色玻璃】对话框

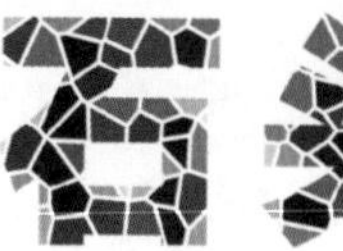

图9-77 彩色玻璃效果

06 单击【位图】/【艺术笔触】/【炭笔画】命令，在弹出的【炭笔画】对话框中设置参数，如图9-78所示。

07 单击确定按钮，炭笔画效果如图9-79所示。

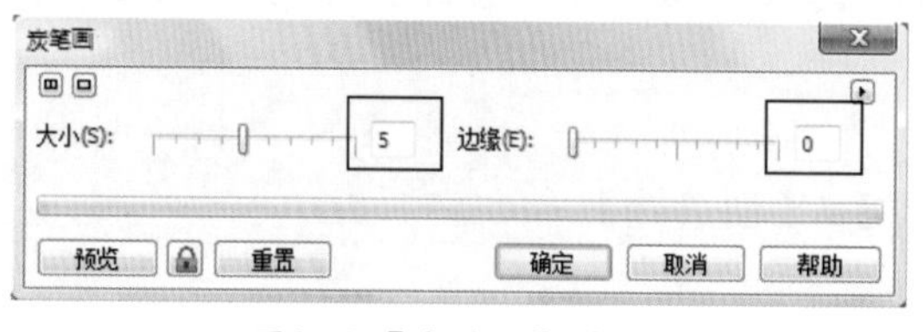

图9-78【炭笔画】对话框

图9-79 炭笔画效果

08 运用（矩形工具），绘制一个矩形，填充为30%黑（CMYK：0、0、0、30），然后按键盘上的Ctrl+PageDown键，将矩形置于文字的后面，效果如图9-80所示。

09 确认矩形处于选择状态，将矩形转换为位图，设置分辨率为300dpi。

10 单击【位图】/【艺术笔触】/【炭笔画】命令，在弹出的【炭笔画】对话框中设置参数，如图9-81所示。

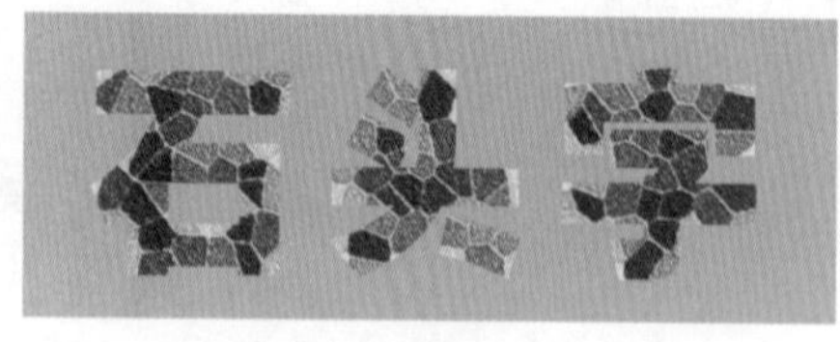

图9-80 绘制矩形

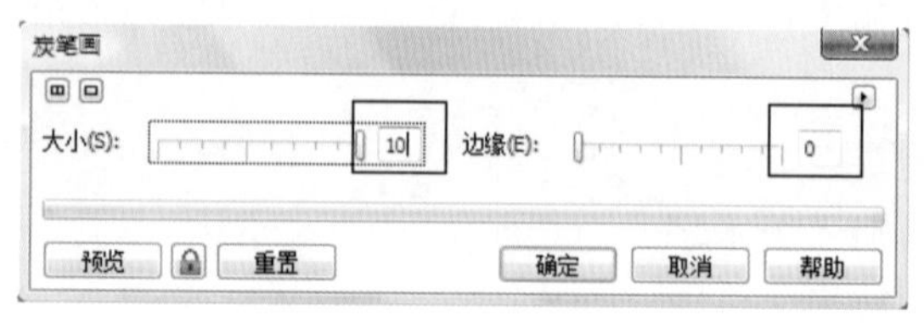

图9-81【炭笔画】对话框

11 单击确定按钮，效果如图9-82所示。

12 单击菜单栏中的【位图】/【模糊】/【动态模糊】命令，在弹出的【动态模糊】对话框中设置参数，如图9-83所示。

13 单击确定按钮，效果如图9-84所示。

14 保存文件，命名为“石头字效果.cdr”。

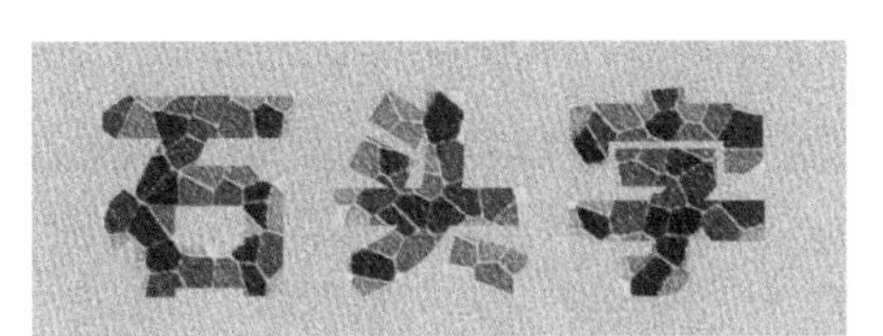

图9-82 编辑后的效果

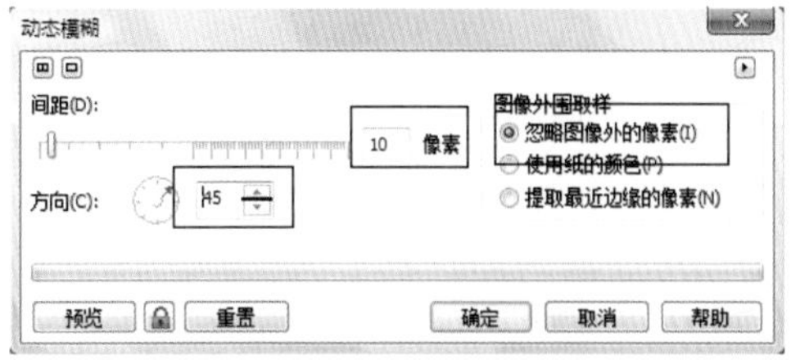

图9-83 【动态模糊】对话框

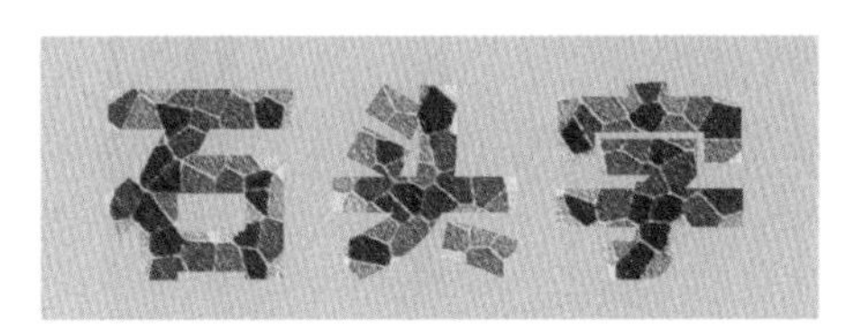

图9-84 编辑后的效果

实例总结

本例分别运用【彩色玻璃】、【炭笔画】和【动态模糊】命令，制作出“石头字”，重点掌握彩色玻璃和炭笔画效果的制作。

Example 实例 123 平铺——钢管字

实例目的

本例先将美术字转换为位图，再单击【位图】/【艺术笔触】/【立体派】，以及【扭曲】/【平铺】命令，制作出“钢管字”，效果如图9-85所示。

实例要点

- 输入美术字。
- 将美术字转换为位图。
- 添加立体派和平铺效果。
- 绘制矩形。
- 填充双色图样。

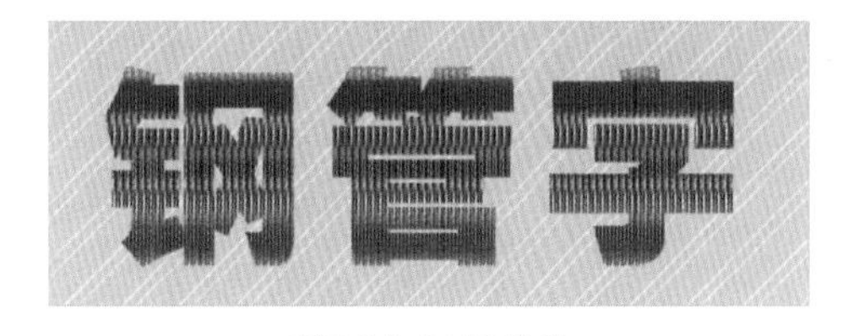

图9-85 钢管效果

操作步骤

01 在CorelDRAW X5中新建文件。

02 运用字（文本工具），输入“钢管字”，如图9-86所示。

图9-86 输入文字

03 将文字转换为位图，设置分辨率为300dpi。

04 单击【位图】/【艺术笔触】/【立体派】命令，在弹出的【立体派】对话框中设置参数，如图9-87所示。

05 单击确定按钮，立体派效果如图9-88所示。

06 单击菜单栏中的【位图】/【扭曲】/【平铺】命令，在弹出的【平铺】对话框中设置参数，如图9-89所示。

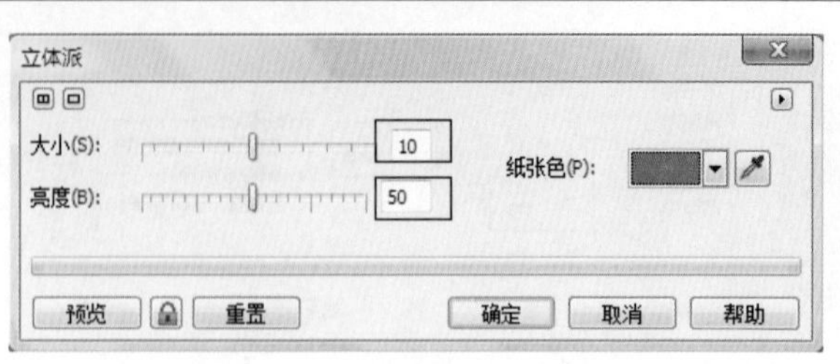

图9-87 【立体派】对话框

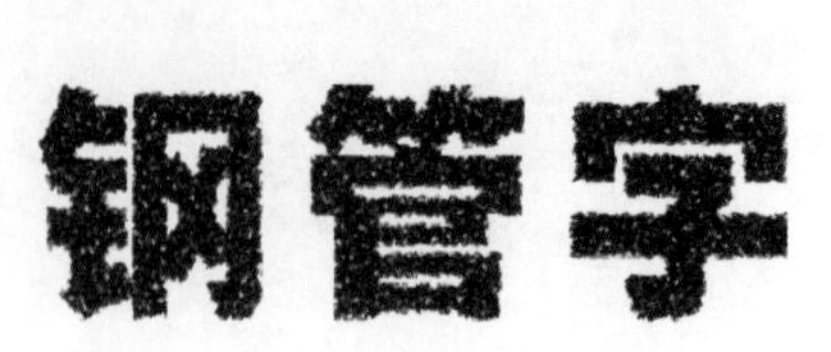

图9-88 立体派效果

07 单击确定按钮，平铺效果如图9-90所示。

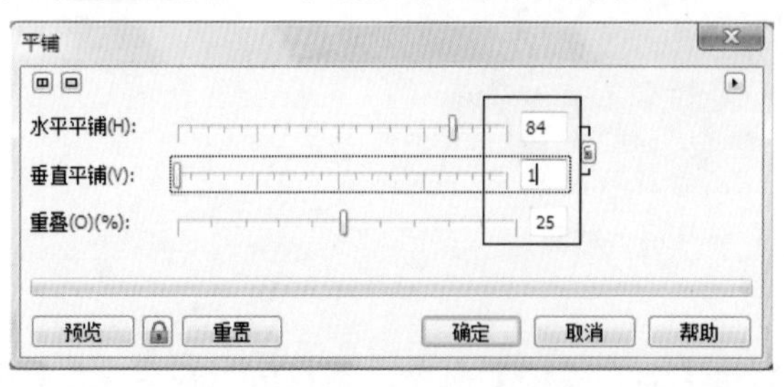

图9-89 【平铺】对话框

图9-90 平铺效果

08 在文字外侧绘制一个矩形，如图9-91所示。

09 单击“填充”展开工具栏中的（图样填充对话框）工具，打开【填充图案】对话框，参数设置如图9-92所示。

10 单击确定按钮，效果如图9-93所示。

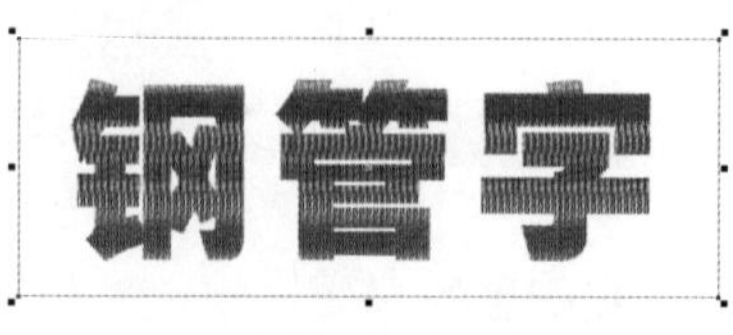

图9-91 绘制矩形

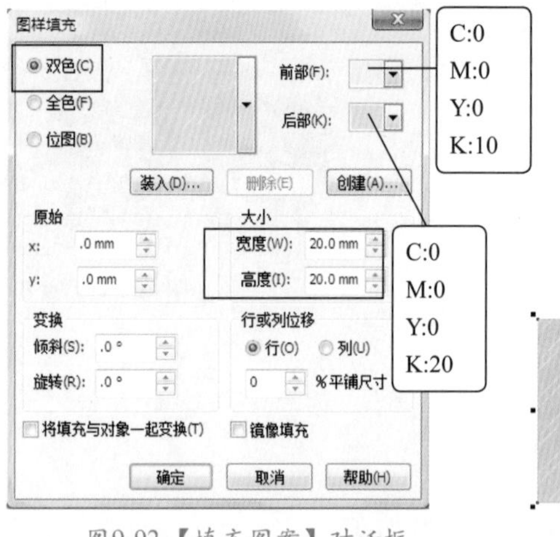

图9-92 【填充图案】对话框

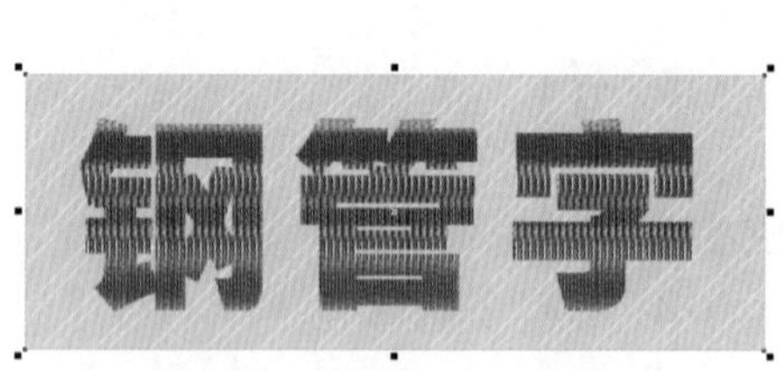

图9-93 编辑后的效果

11 保存文件，命名为“钢管字.cdr”。

实例总结

本例主要运用【立体派】和【平铺】命令，为转换为位图的美术字添加立体派和平铺效果，制作出“钢管字”，然后绘制一个矩形，填充双色图样，制作出背景。

Example 实例 124 儿童游戏——吸引

实例目的

学习了前面的范例，现在读者自己动手绘制出一个“吸引”图形，效果如图9-94所示。

图9-94 吸引效果

实例要点

◆ 绘制一个矩形，打开【渐变填充】对话框，设置渐变类型为射线，调和颜色为双色，从（CMYK：91、89、49、16）到白色。

◆ 将矩形转换为位图，设置分辨率为300dpi。

◆ 单击【创造性】/【儿童游戏】命令，弹出【儿童游戏】对话框，在游戏右侧的下拉列表中选择【手指绘图】项，单击【确定】按钮，完成背景编辑。

◆ 绘制一个六边形，填充为黄色（CMYK：0、0、100、0）。

◆ 运用【交互式变形工具】，移动鼠标指针至六边形的中心位置，按住鼠标左键向外拖曳，在属性栏中设置【推拉失真振幅】为–60，制作出花瓣。

◆ 在花瓣的中心位置绘制一个圆形，填充为（CMYK：0、0、20、60），制作出花图形。

◆ 选择花图形，单击艺术笔工具中的喷罐工具，在属性栏中，将其保存到喷涂列表中。

第10章　卡通人物绘制

本章主要学习运用CorelDRAW软件绘制一些人物（包括女教师、两个女孩、工作狂等），通过对这一部分内容的学习，读者将真正感受到CorelDRAW软件强大的绘图功能，我们能看到的景、物都可以用CorelDRAW表现出来。

Example 实例 125　贝塞尔工具——女教师

实例目的

通过“女教师”实例，学习“女教师”实例中女老师人物的绘制方法，女教师效果如图10-1所示。

实例要点

- ◆ 导入黑板图形。
- ◆ 绘制人物轮廓。
- ◆ 绘制人物细节轮廓。
- ◆ 填充颜色。

图10-1 女教师效果

操 作 步 骤

01 在CorelDRAW X5中新建文件。

02 导入“黑板.cdr”文件（光盘\第10章\），如图10-2所示。

03 选择黑板中的内容并将其删除，效果如图10-3所示。

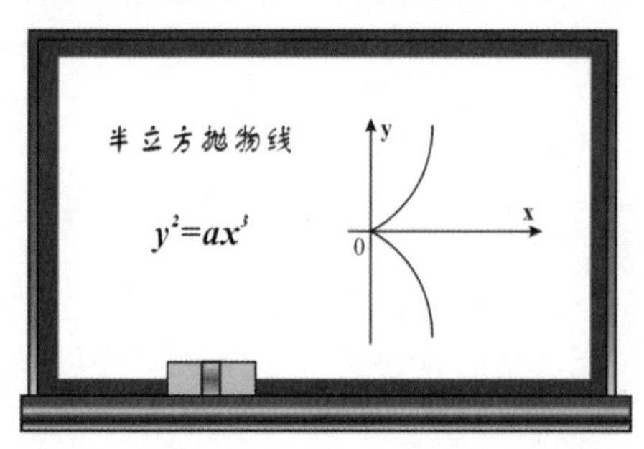

图10-2 导入图形

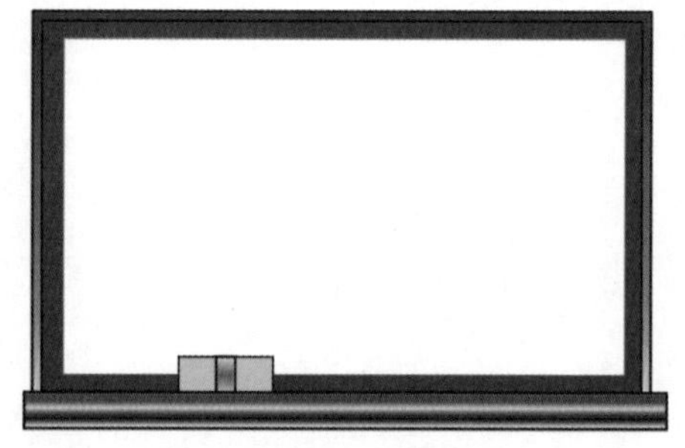
图10-3 删除内容后的效果

绘制人物轮廓

04 运用工具箱中的（贝塞尔工具），绘制人物的脸、脖子、身体、胳膊和腿，如图10-4所示。

05 再绘制人物的头发和手，如图10-5所示。

06 继续绘制出人物的领带、教棒和书，如图10-6所示。

07 绘制出人物的鞋，如图10-7所示。

08 运用（贝塞尔工具）和（椭圆工具），绘制出人物的眉毛、眼睛、鼻子、嘴和眼镜，如图10-8所示。

09 选择上一步操作中绘制的图形，按键盘上的F12键，在弹出的【轮廓笔】对话框中设置参数，如图10-9所示。

图10-4 绘制图形　　图10-5 绘制手图形

图10-6 绘制领带、教棒和书

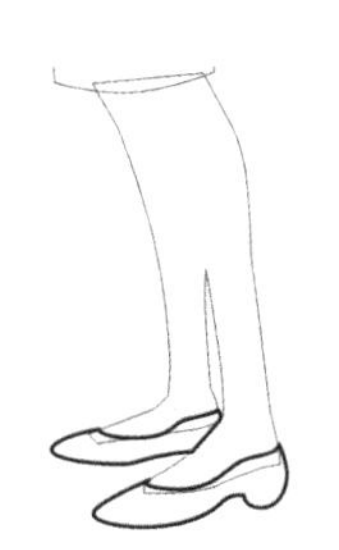

图10-7 绘制鞋

图10-8 绘制图形

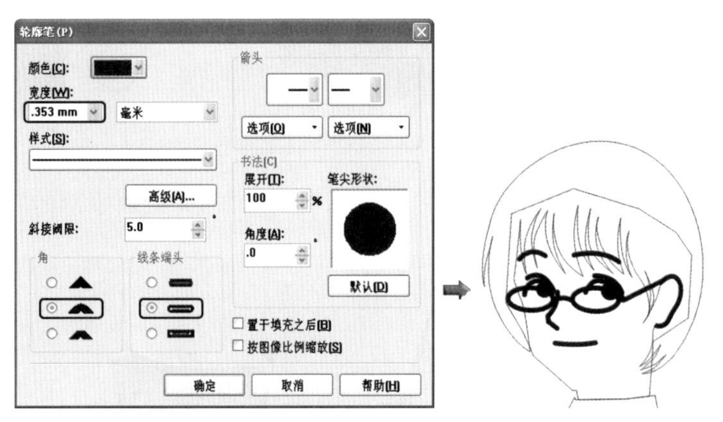

图10-9【轮廓笔】对话框

绘制细部轮廓并填充颜色

⑩ 选择头发图形，填充为黑色；将脸图形填充为（CMYK：3、10、11、0），再运用（贝塞尔工具）绘制出脸部和脖子的轮廓，设置轮廓宽度为0.353mm，效果如图10-10所示。

图10-10 编辑后的效果

⑪ 选择胳膊、脖子图形，填充为粉蓝色（CMYK：10、10、5、0）；将身体和领带填充为黑色（CMYK：0、0、0、100）；将书图形填充为（CMYK：28、43、94、15），效果如图10-11所示。

图10-11 填充效果

⑫ 运用（贝塞尔工具），绘制出胳膊及书上的轮廓（轮廓宽度同前面的设置），然后将手图形填充为米粉色（同脸的颜色），如图10-12所示。

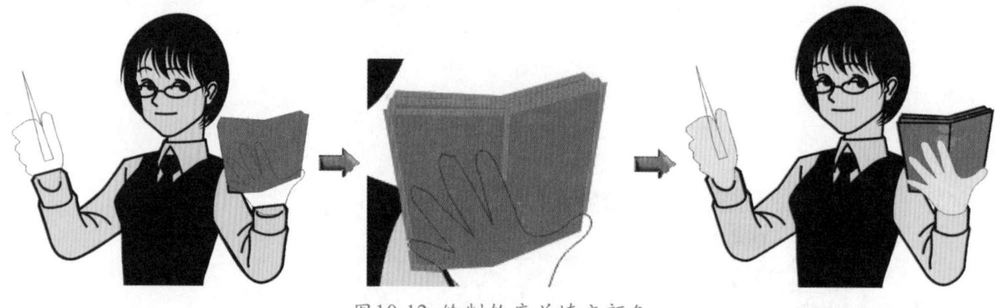

图10-12 绘制轮廓并填充颜色

⑬ 将人物右手的教棒填充为（CMYK：36、0、0、0），并绘制手部的轮廓，效果如图10-13所示。

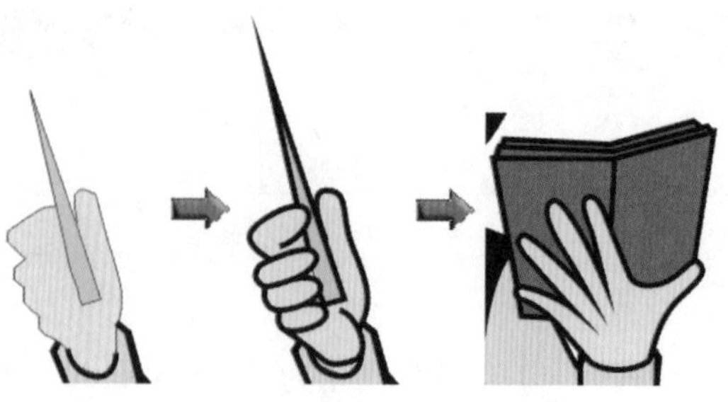

图10-13 编辑后的效果

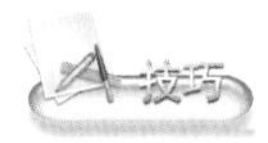

运用简单的线条，勾画出人物身体的各个部分，增强视觉效果，这种绘图方法在绘制卡通画时用得较多。

⑭ 绘制身体部位的轮廓，设置轮廓颜色为白色（轮廓宽度同前），如图10-14所示。

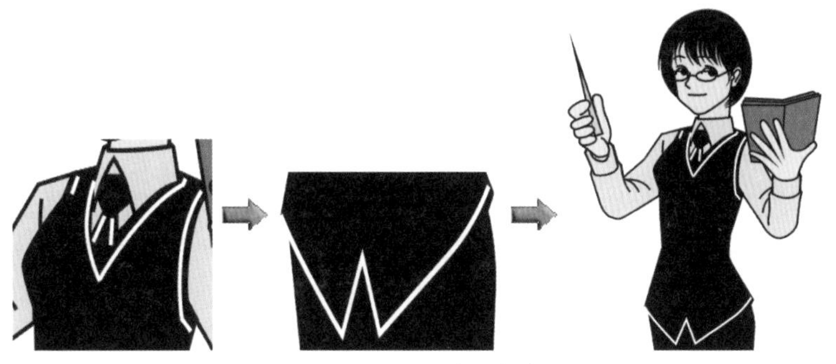

图10-14 绘制身体轮廓

⑮ 选择腿图形，将其填充为褐色（CMYK：0、20、40、40），然后绘制腿部轮廓（轮廓宽度同前），最后将鞋填充为黑色（CMYK：0、0、0、100），效果如图10-15所示。

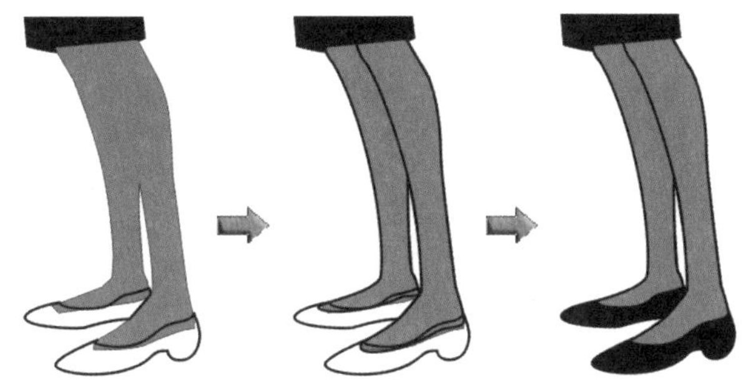

图10-15 填充后的效果

⑯ 将人物图形群组，调整到如图10-16所示的位置。

图10-16 调整后的位置

⑰ 保存文件，命名为“女教师.cdr”。

实例总结

本例在制作过程中运用了【贝塞尔工具】、【矩形工具】、【智能填充工具】和【椭圆工具】，应重点掌握人物的绘制过程。

Example 实例 126 智能填充——两个女孩

实例目的

本例采用从整体到局部的绘制方法，然后将局部细化，绘制出“两个女孩”图形，效果如图10-17所示。

图10-17 两个女孩效果

实例要点

- 绘制人物曲线。
- 绘制眼睛。
- 绘制头发。
- 绘制鞋、包。

操作步骤

01 在CorelDRAW X5中新建文件。

绘制左侧女孩

02 运用（贝塞尔工具），绘制出女孩的脸、眉毛和眼睛，如图10-18所示。

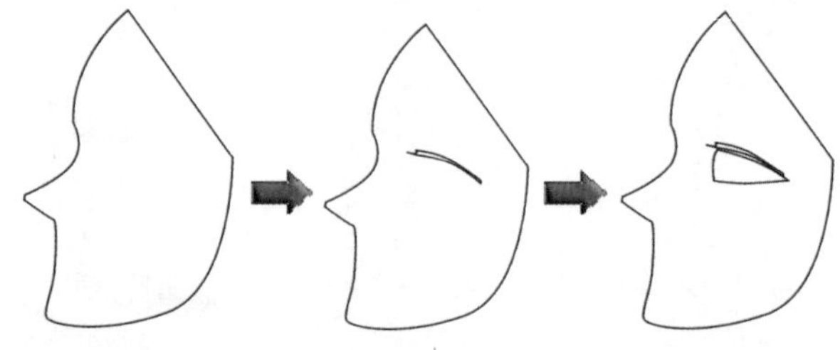

图10-18 绘制脸、眉毛和眼睛

03 将脸填充为（CMYK：3、13、20、0），眉毛和眼睛填充为（CMYK：44、96、86、64），如图10-19所示。

04 再绘制出人物的身体，并填充颜色为（CMYK：1、64、84、0），如图10-20所示。

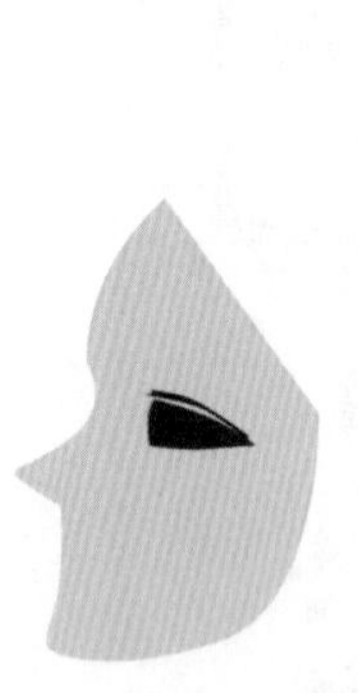

图10-19 填充后的效果

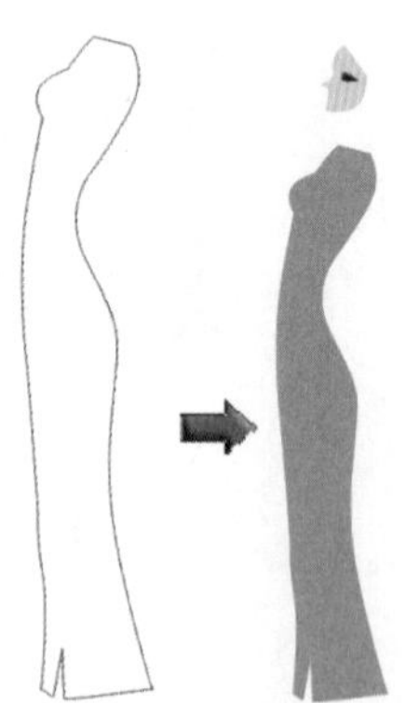

图10-20 绘制身体并填充颜色

05 绘制人物的衣服，然后按键盘上的 F11 键，打开【渐变填充】对话框，参数设置如图 10-21所示。

06 绘制右胳膊，然后将其填充为米黄色（同脸的颜色），再绘制一个黑色的手机，如图 10-22所示。

07 绘制右手，填充颜色（同脸的颜色），然后将右胳膊、手机，以及右手调整到图层后面，效果如图10-23所示。

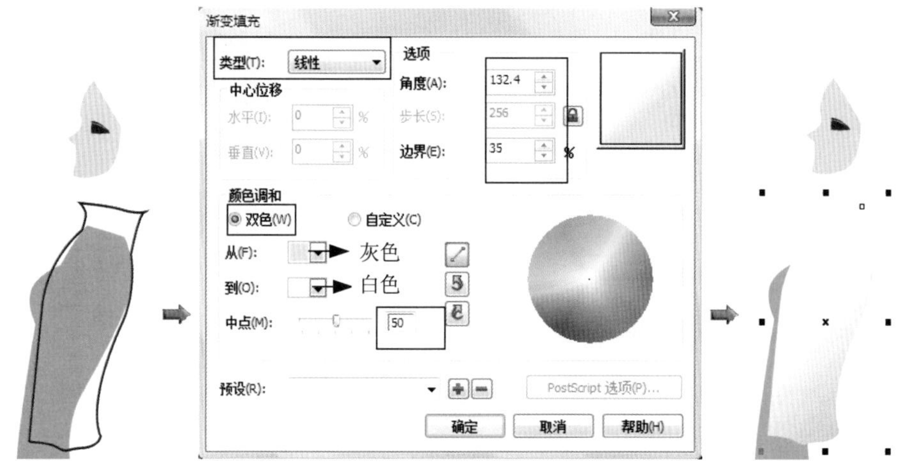

图10-21 绘制衣服并填充颜色

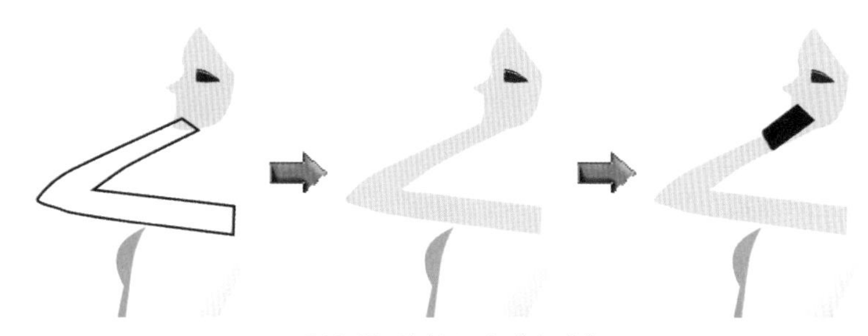

图10-22 绘制右胳膊和手机

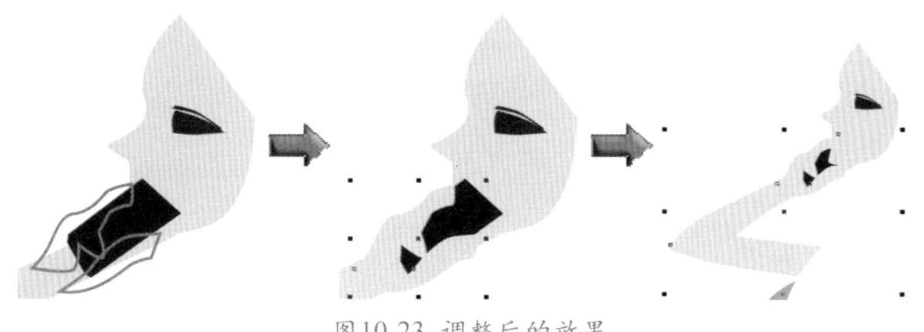

图10-23 调整后的效果

08 绘制左手，并填充颜色（同右手的颜色），效果如图10-24所示。

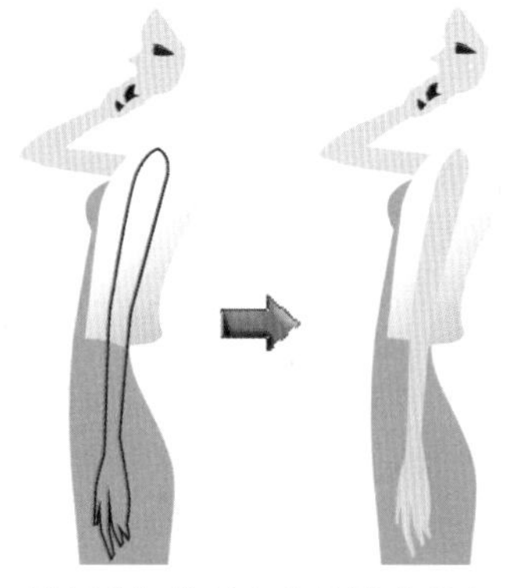

图10-24 绘制左手并填充颜色

09 绘制头发，填充颜色（同眉毛颜色），如图10-25所示。

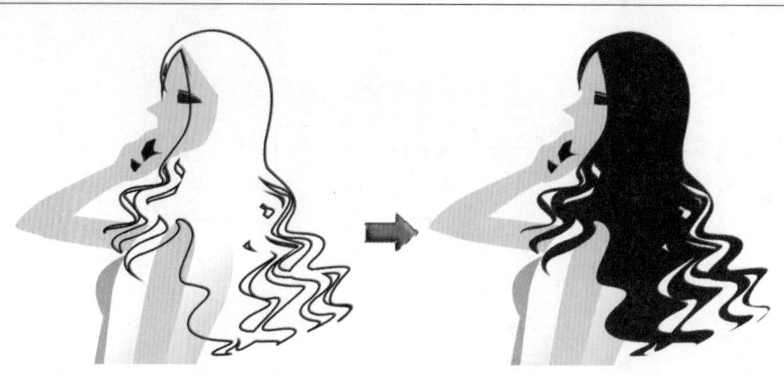

图10-25 绘制头发

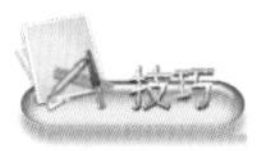

女孩的头发可以运用【艺术笔工具】/【预设】工具，在【预设笔触】下拉列表中选择合适的笔触进行绘制，也可运用【书法】工具，设置合适的艺术媒体工具宽度进行绘制。

⑩ 绘制腿，填充颜色（同脸的颜色），然后选择腿图形，调整图形的图层顺序，效果如图10-26所示。

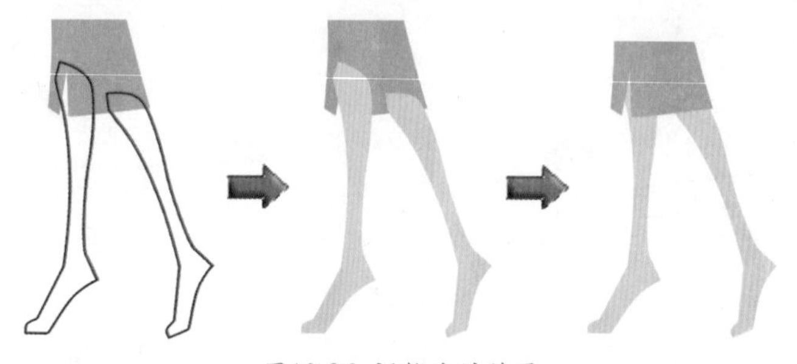

图10-26 调整后的效果

⑪ 绘制鞋，填充为（CMYK：39、92、94、43），运用同样的方法，绘制出另一只脚上的鞋，如图10-27所示。

至此，一个女孩绘制完成，效果如图10-28所示。

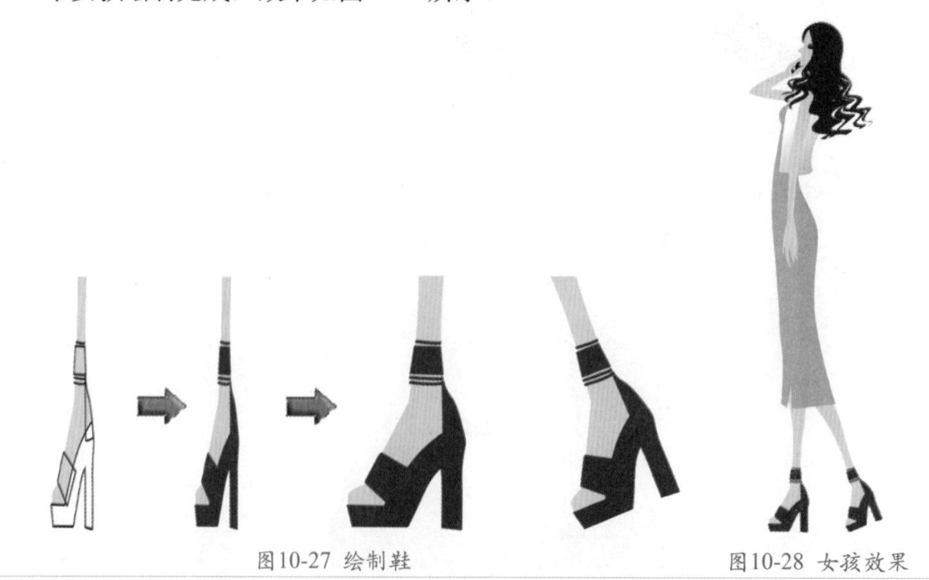

图10-27 绘制鞋　　图10-28 女孩效果

绘制右侧女孩

⑫ 运用（贝塞尔工具），绘制脸、脖子、上身、腰及裙子，如图10-29所示。

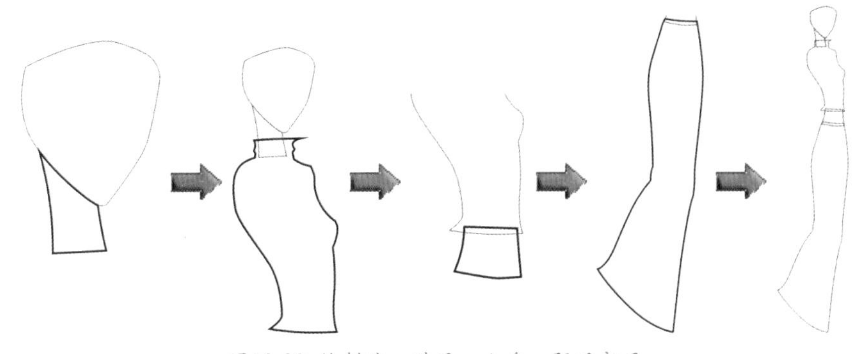

图10-29 绘制脸、脖子、上身、腰及裙子

⑬ 按键盘上的空格键，切换为挑选工具。将脸、脖子和腰填充为米黄色（CMYK：3、13、20、0），上身填充为粉紫色（CMYK：1、51、9、0），裙子填充为黑色（CMYK：0、0、0、100）。

⑭ 绘制头发和眼睛，并填充上黑色和白色，如图10-30所示。

图10-30 绘制头发和眼睛

⑮ 绘制左胳膊，然后将其填充为粉紫色（同上身的颜色），并调整图形位置，效果如图10-31所示。

图10-31 填充后的效果

⑯ 绘制左手及手机壳，为手图形填充颜色（同脸的颜色），将手机壳填充为（CMYK：17、94、94、5），如图10-32所示。

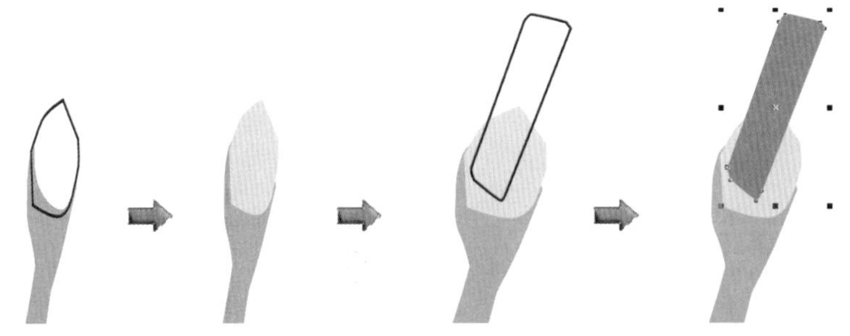

图10-32 绘制左手与手机壳

⑰ 绘制手机屏幕与手指，将手机屏幕填充为（CMYK：36、0、5、0），为手指填充颜色（同脸的颜色），如图10-33所示。

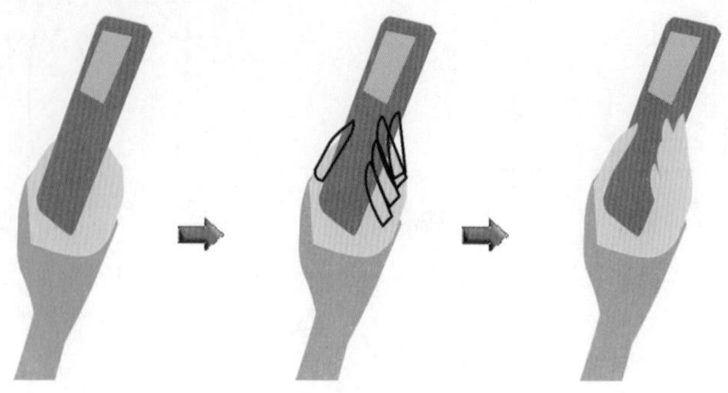

图10-33 绘制手机屏幕和手指

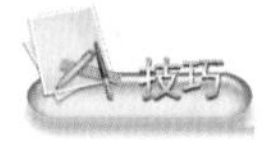

将手部轮廓分开绘制，这样能更好地体现手部轮廓，在绘制手指时，先绘制出一根手指，然后将手指复制多个，并调整到合适位置，运用【形状工具】稍加调整即可。

⑱ 绘制胸部曲线，并填充为（CMYK：23、52、5、0），如图10-34所示。

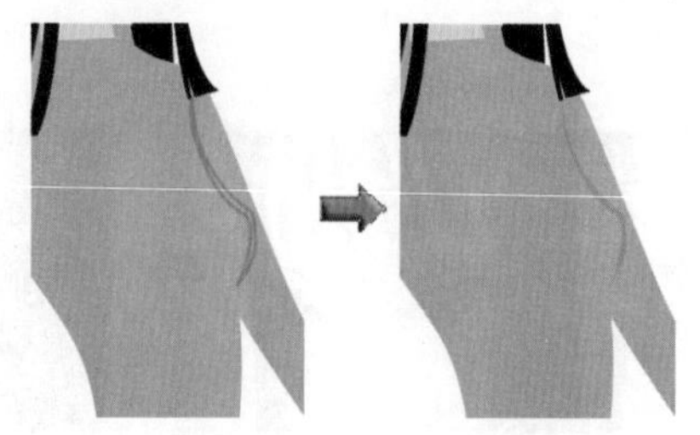

图10-34 绘制胸部曲线

⑲ 绘制右胳膊，并填充颜色（同上身的颜色），调整图层位置，效果如图10-35所示。

图10-35 绘制右胳膊

⑳ 绘制包，将其填充为（CMYK：24、21、11、2），设置轮廓颜色为白色，轮廓宽度为0.35，如图10-36所示。

㉑ 运用（椭圆工具），绘制两个圆形，位置如图10-37所示。

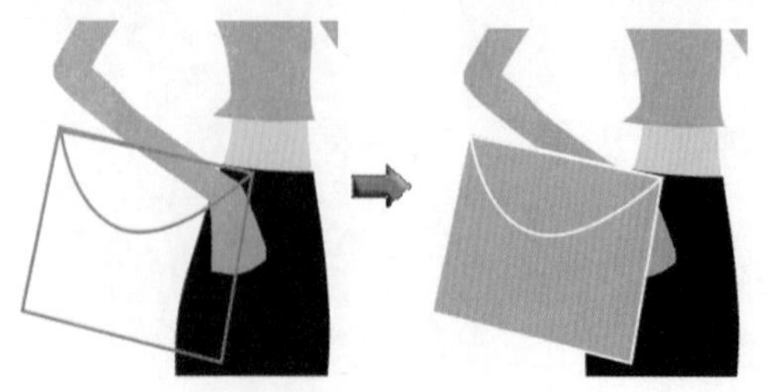

图10-36 绘制包

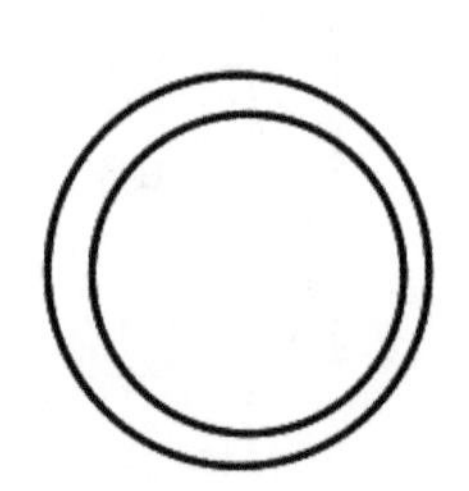

图10-37 绘制圆形

㉒ 选择（智能填充工具），创建新的图形，如图10-38所示。

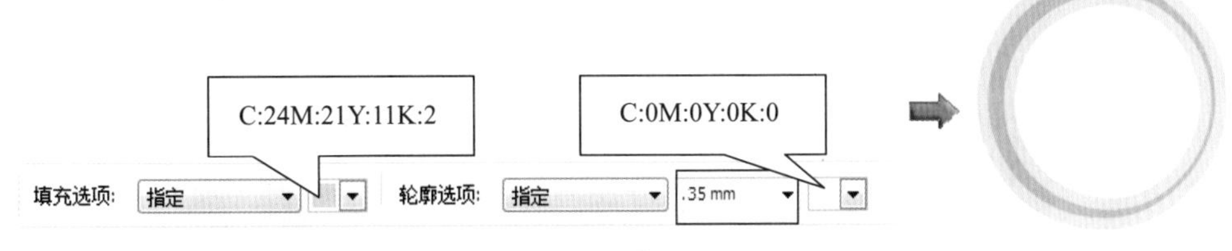

图10-38 创建新的图形

㉓ 将新创建的图形复制一个，调整位置，如图10-39所示。

㉔ 绘制包带，颜色为粉蓝色（同包的颜色），然后将包图形群组，调整图层位置，效果如图10-40所示。

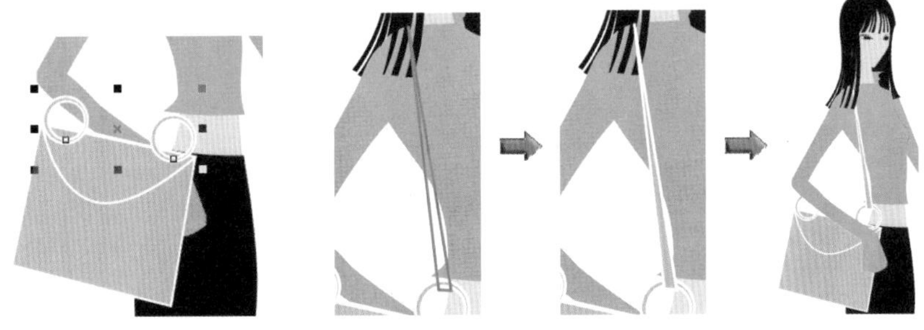

图10-39 调整后的位置　　图10-40 调整后的效果

㉕ 绘制右手手指，并填充颜色（同脸的颜色），如图10-41所示。

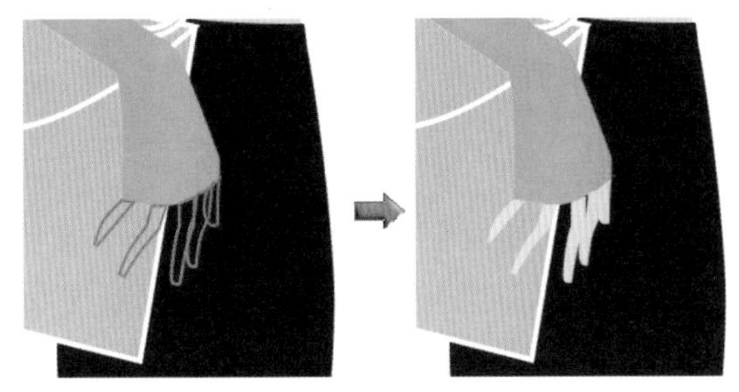

图10-41 绘制右手手指

㉖ 绘制脚，将其填充颜色（同脸的颜色），然后调整其图层位置，如图10-42所示。

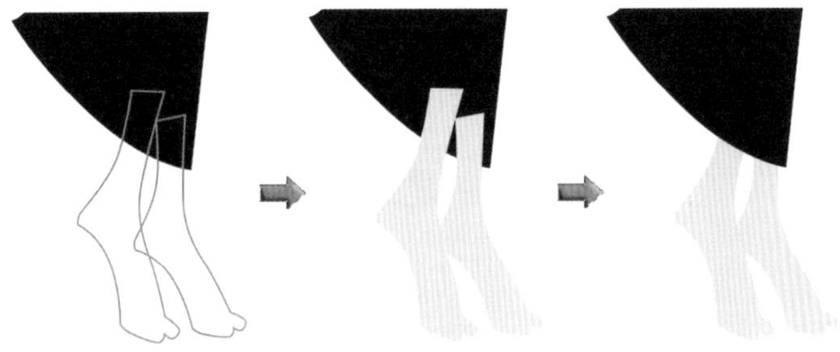

图10-42 绘制脚

㉗ 绘制鞋，然后将其填充为黑色，效果如图10-43所示。

在绘制较复杂的图形时，只绘制需要的部分。这样可以提高绘图速度，同时也能节约内存。

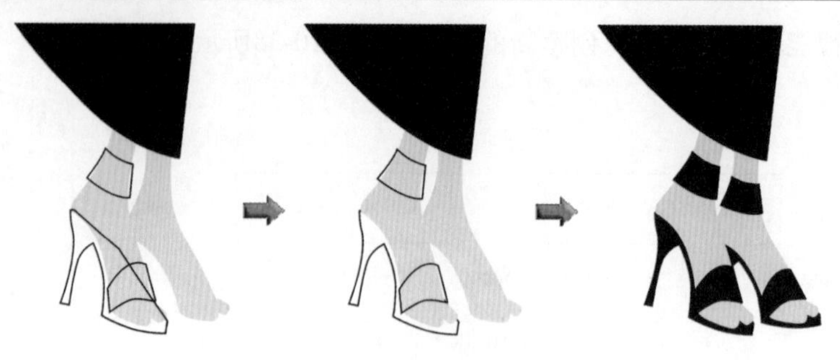

图10-43 绘制鞋

最后，将右侧的女孩群组，调整到如图10-44所示的位置。

图10-44 调整后的位置

㉘ 保存文件，命名为“两个女孩.cdr”。

实例总结

本例中的两个女孩，采用从整体到局部的绘制方法，即先绘制出女孩的大体轮廓，包括脸部轮廓、身体等，然后将局部细化，如绘制脸部的头发、眉毛、眼睛等。

Example 实例 127 图样填充——工作狂

实例目的

本例学习【填充】展开工具栏中【图样填充对话框】工具的使用方法，工作狂效果如图10-45所示。

图10-45 工作狂效果

实例要点

- ◆ 绘制人物。
- ◆ 绘制电脑。
- ◆ 绘制水杯。
- ◆ 绘制地板。

操作步骤

01 在CorelDRAW X5中新建文件。

绘制人物

02 运用工具箱中的（贝塞尔工具）或（钢笔工具），绘制出人物的头、脖子、身体和腿的轮廓，如图10-46所示。

03 将头部填充为（CMYK：3、12、11、0），脖子填充为（CMYK：11、23、21、1），身体填充为（CMYK：1、14、0、0），右腿填充为（CMYK：60、58、51、64），左腿填充为黑色（CMYK：0、0、0、100），效果如图10-47所示。

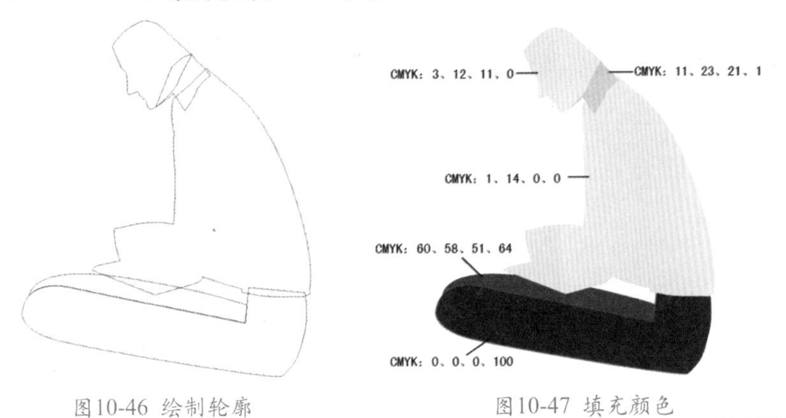

图10-46 绘制轮廓　　图10-47 填充颜色

04 绘制人物身体的轮廓，并填充为（CMYK：21、9、6、0），如图10-48所示。

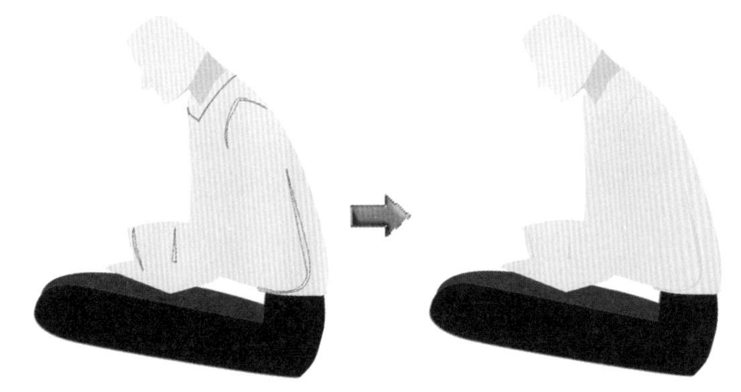

图10-48 绘制轮廓线

05 绘制出人物的鞋，填充为（CMYK：60、58、51、64），效果如图10-49所示。

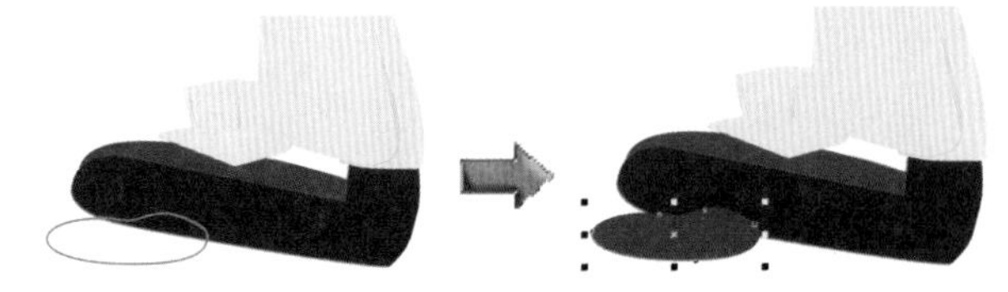

图10-49 绘制鞋

06 绘制人物的领带，分别填充为（CMYK：9、0、1、0）和（CMYK：16、9、6、0），如图10-50所示。

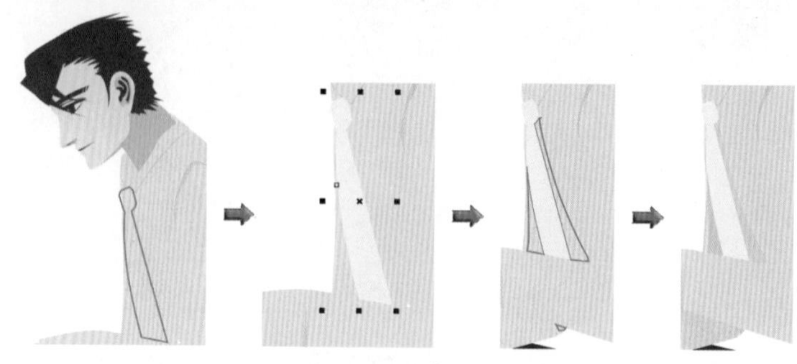

图10-50 绘制领带

07 绘制人物的右手和左手，并填充颜色（同脸部颜色），效果如图10-51所示。

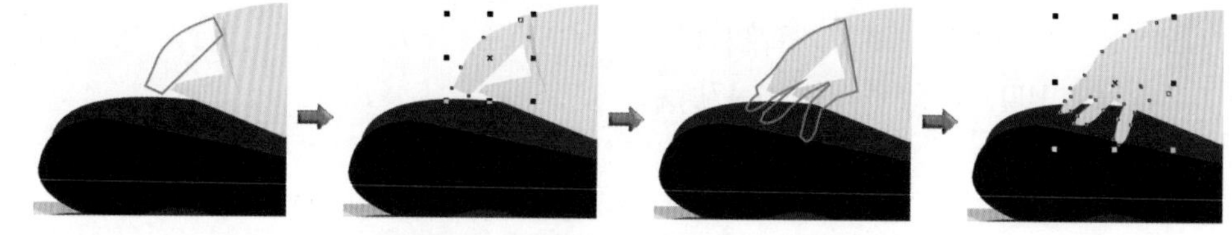

图10-51 绘制手

08 绘制左手的衣袖，填充为（CMYK：5、17、0、0），效果如图10-52所示。

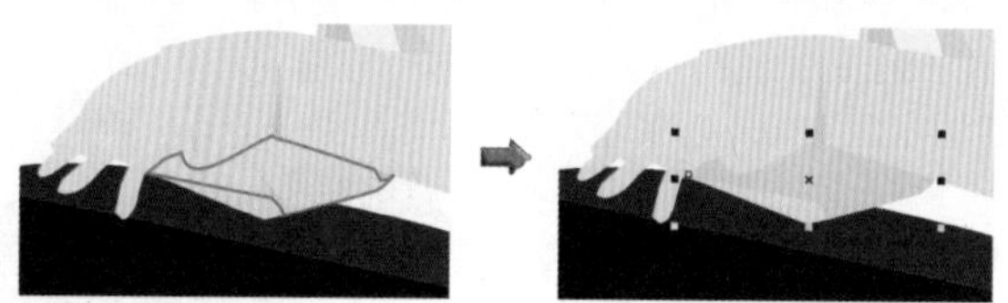

图10-52 绘制图形

09 绘制头发和耳朵轮廓，将头发填充为（CMYK：44、67、43、46），在耳内填充颜色（同脸的颜色），效果如图10-53所示。

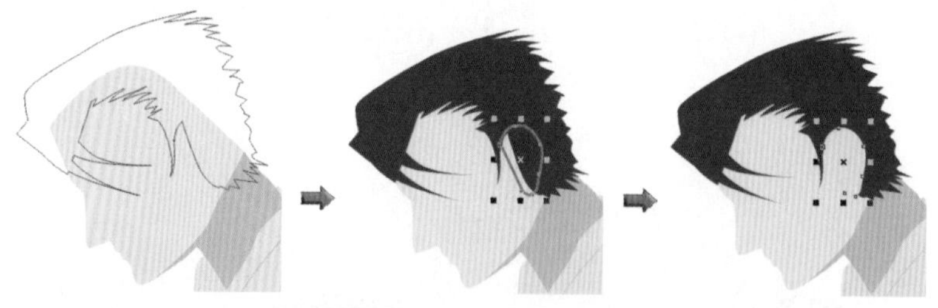

图10-53 绘制头发和耳朵

10 绘制耳朵内侧的轮廓，分别填充为（CMYK：11、21、22、1）、（CMYK：44、67、43、46），效果如图10-54所示。

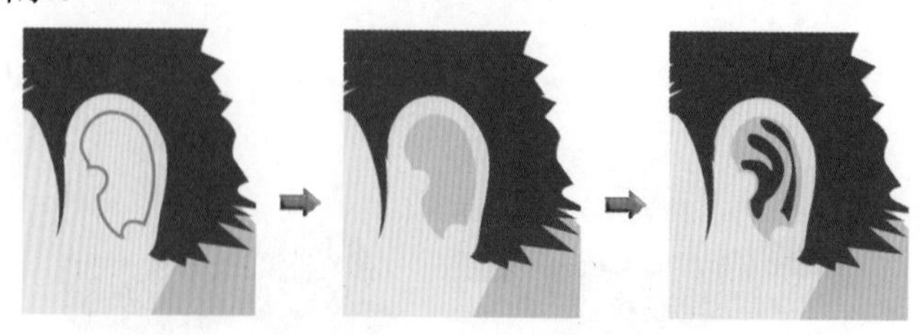

图10-54 绘制图形并填充颜色

⑪ 绘制眉毛和眼睛，并填充颜色（同头发颜色），效果如图10-55所示。

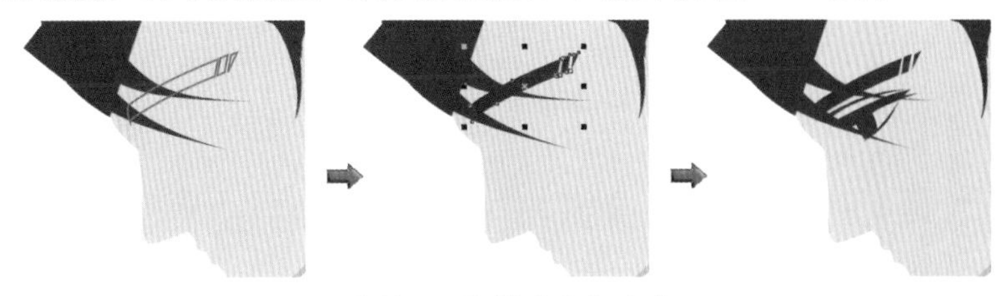

图10-55 绘制眉毛和眼睛

⑫ 绘制鼻子和嘴，将鼻子轮廓填充为（CMYK：11、21、22、1），对鼻孔和嘴填充颜色（同头发的颜色），如图10-56所示。

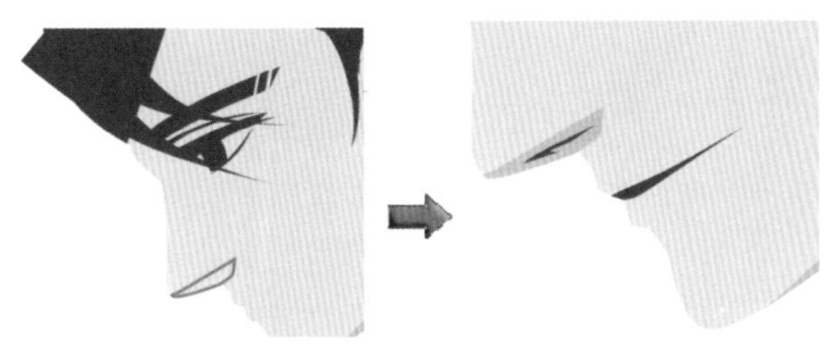

图10-56 绘制鼻子和嘴

⑬ 绘制皮带扣，并填充为白色，如图10-57所示。

绘制电脑

⑭ 绘制如图10-58所示的图形。

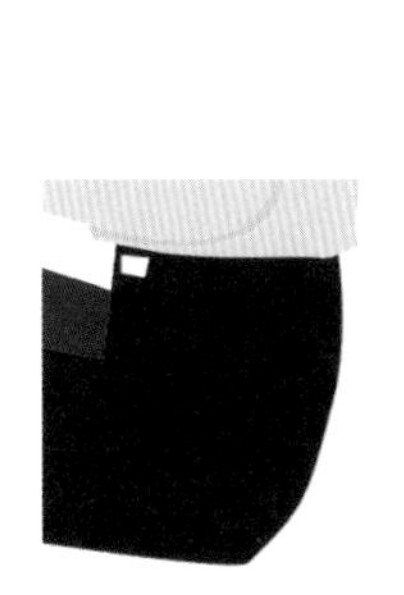

图10-57 绘制皮带扣

图10-58 绘制图形

⑮ 打开【渐变填充】对话框，设置类型为线性，角度为–57.7，边界为10%，颜色调和为双色，从（CMYK：29、20、17、4）到（CMYK：58、45、44、38），效果如图10-59所示。

⑯ 绘制电脑翻盖上的外壳，如图10-60所示。

⑰ 打开【渐变填充】对话框，设置类型为线性，角度为–56.5，边界为34%，颜色调和为双色，从（CMYK：29、20、17、4）到（CMYK：18、12、9、1），效果如图10-61所示。

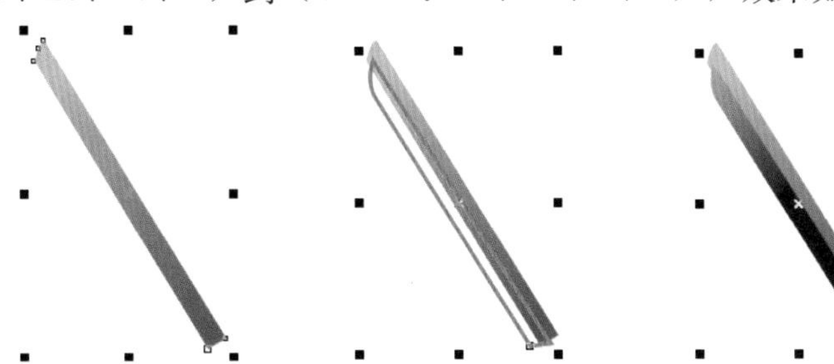

图10-59 填充颜色　　图10-60 绘制图形　　图10-61 填充后的效果

运用深浅不一的色差变化，绘制出笔记本电脑图形，虽然我们在讲解时比较繁琐，都是为了能更清楚地表现出笔记本电脑每一部分的渐变，读者在制作时，注意体会笔记本电脑每一部分的渐变颜色的变化。

⑱ 调整图形的图层顺序，效果如图10-62所示。

⑲ 绘制笔记本电脑的机壳，如图10-63所示。

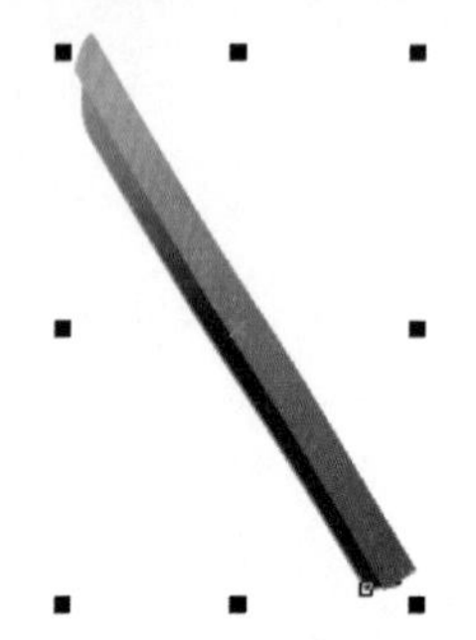

图10-62 调整后的效果

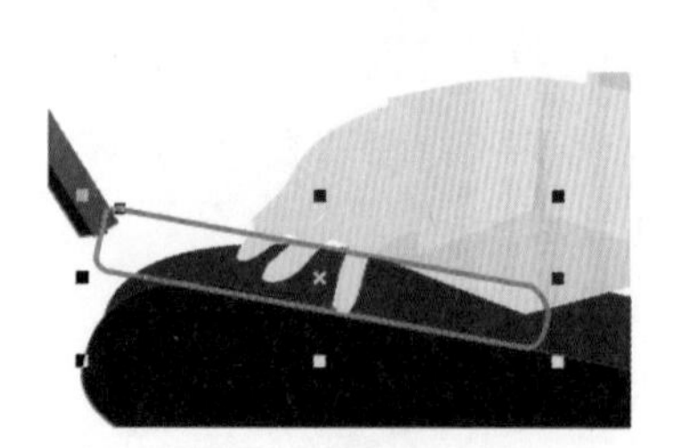

图10-63 绘制图形

⑳ 按键盘上的F11键，打开【渐变填充】对话框，设置类型为线性，角度为80.5，边界为31%，颜色调和为双色，从（CMYK：57、43、43、36）到（CMYK：18、12、9、1），效果如图10-64所示。

㉑ 绘制如图10-65所示的图形。

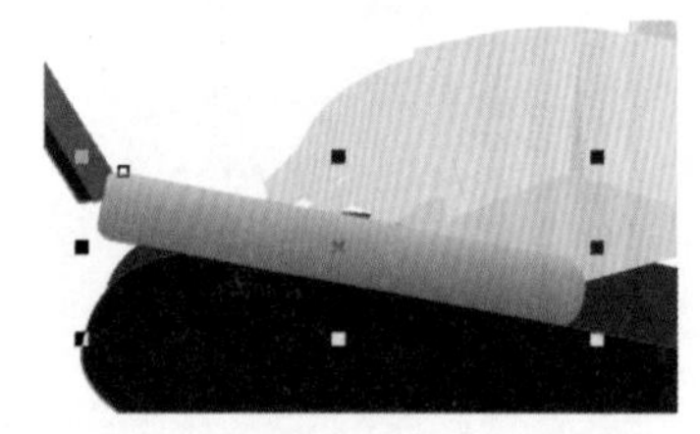

图10-64 填充后的效果

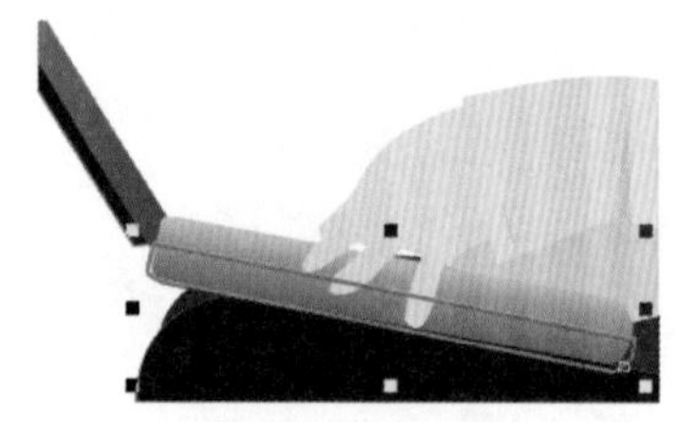

图10-65 绘制图形

㉒ 按键盘上的F11键，打开【渐变填充】对话框，设置类型为线性，角度为–102.2，边界为43%，颜色调和为双色，从（CMYK：29、20、17、4）到（CMYK：58、45、44、38），效果如图10-66所示。

㉓ 绘制一条直线，然后设置直线的轮廓颜色为浅灰色（CMYK：0、0、0、30），效果如图10-67所示。

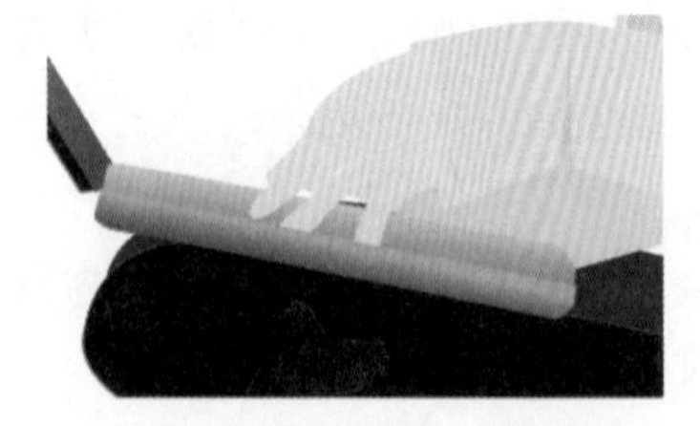

图10-66 填充后的效果

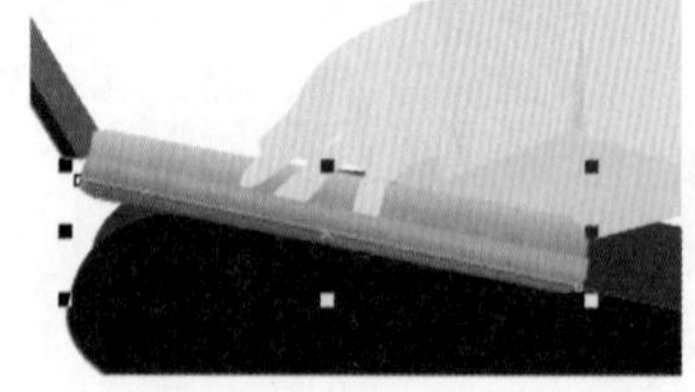

图10-67 绘制直线

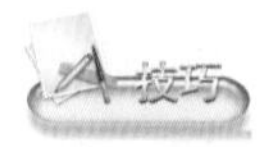

为了能更简约地表现出笔记本电脑的外壳效果，在机壳上绘制一条直线，设置直线的颜色与机壳上的颜色形成反差，划分笔记本电脑外壳的层次，增加视觉效果。

㉔ 调整图形的图层位置，如图10-68所示。

㉕ 在笔记本电脑机壳的连接处，绘制两个椭圆形，如图10-69所示。

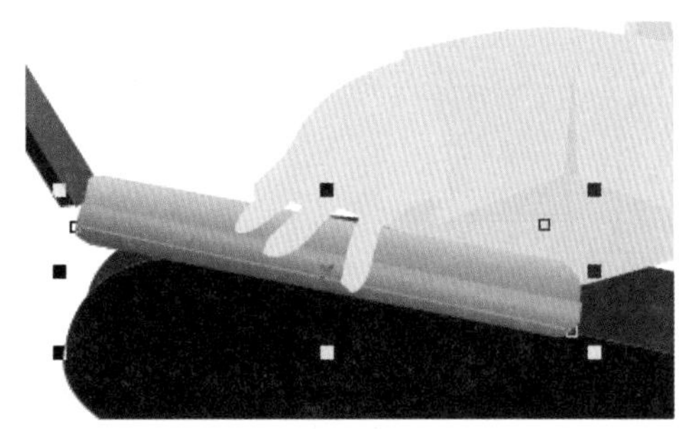

图10-68 调整后的效果

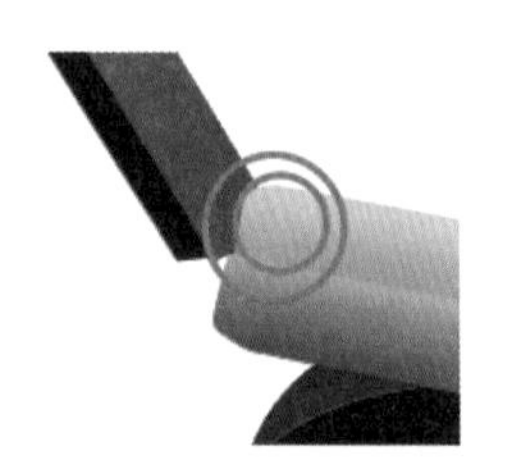

图10-69 绘制椭圆

㉖ 选择两个椭圆形，打开【渐变填充】对话框，设置类型为线性，角度为-122.3，边界为12%，颜色调和为双色，从（CMYK：18、12、9、1）到（CMYK：57、43、43、36），效果如图10-70所示。

㉗ 选择（矩形工具），绘制一个矩形，位置如图10-71所示。

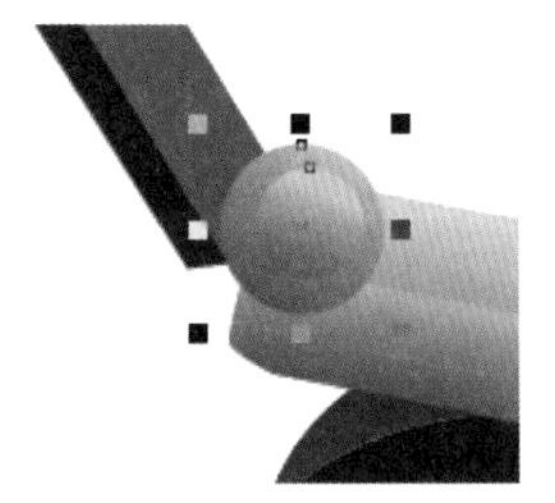

图10-70 填充后的效果

图10-71 绘制矩形

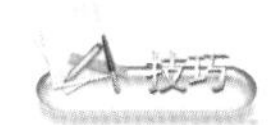

选择两个椭圆形，将两个椭圆形同时填充为渐变色，两个图形的渐变效果是一致的，但由于图形的大小不等，填充后会形成一定的视觉反差。

㉘ 打开【填充填充】对话框，设置类型为线性，角度为89.3，边界为4%，将颜色调和为双色，从（CMYK：25、13、8、1）到白色，效果如图10-72所示。

㉙ 按键盘上的Shift + PageDown键，将矩形调整到图层后面。

㉚ 单击（贝塞尔工具），绘制出如图10-73所示的图形。

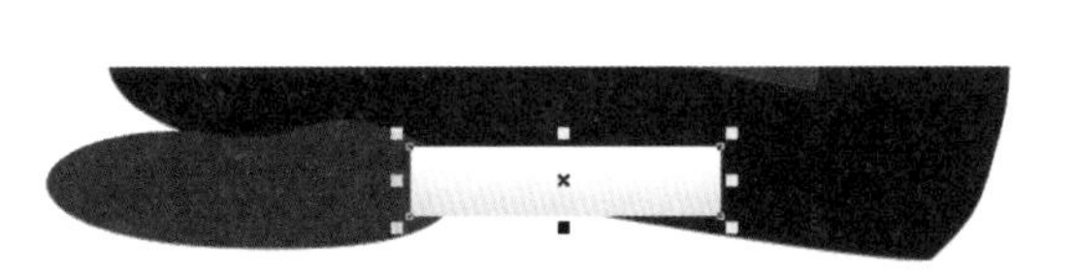

图10-72 填充后的效果

图10-73 绘制图形

㉛ 按键盘上的F11键，打开【渐变填充】对话框，参数设置如图10-74所示。

㉜ 按键盘上的Shift+PageDown键，将矩形调整到图层后面。

绘制杯子

㉝ 选择（矩形工具），在绘图区中绘制一个圆角矩形。

㉞ 将圆角矩形填充为粉蓝色（CMYK：16、7、0、0），并将其缩小复制一个，填充为白色（CMYK：0、0、0、0），制作出杯壳效果，如图10-75所示。

㉟ 使用（贝塞尔工具），绘制如图10-76所示的图形，然后将其填充为（CMYK：23、2、6、0）。

㊱ 运用（椭圆工具），绘制一个椭圆形，如图10-77所示。

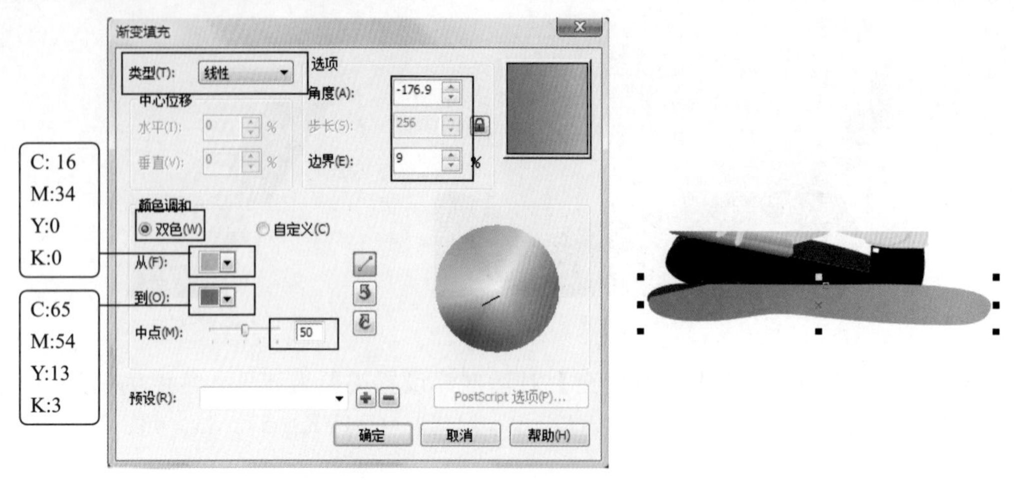

图10-74 【渐变填充】对话框

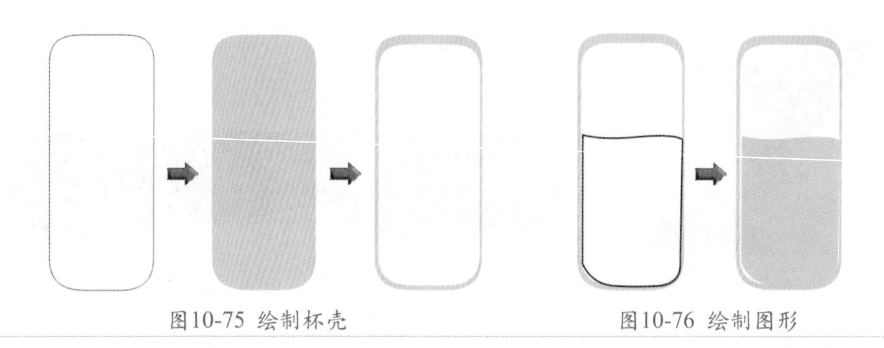

图10-75 绘制杯壳　　图10-76 绘制图形

㊲ 打开【渐变填充】对话框，设置类型为线性，角度为179.1，将颜色调和为双色，从（CMYK：71、1、3、0）到白色，效果如图10-78所示。

图10-77 绘制椭圆形　　图10-78 填充后的效果

㊳ 将椭圆形复制一个，向上调整其位置，打开【渐变填充】对话框，修改角度为163.7，边界为15%，将颜色调和为双色，从（CMYK：71、1、3、0）到（CMYK：18、1、2、0），效果如图10-79所示。

㊴ 选择前面制作的两个椭圆形，将其群组，然后运用缩小复制的方法，再复制一组，调整位置，如图10-80所示。

㊵ 调整椭圆形的位置，如图10-81所示。

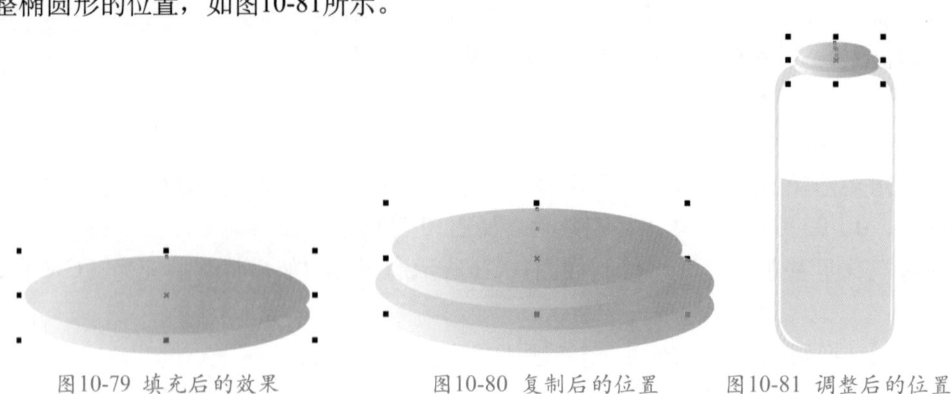

图10-79 填充后的效果　　图10-80 复制后的位置　　图10-81 调整后的位置

㊶ 继续在杯子的底部绘制一个椭圆形，然后将其填充为淡蓝色（CMYK：16、2、2、0），如图10-82所示。

㊷ 调整杯子的位置，如图10-83所示。

图10-82 绘制椭圆形　　图10-83 杯子的位置

制作地板

㊸ 在“填充”展开工具栏中单击▨（图样填充对话框）按钮，在弹出的对话框中设置参数，如图10-84所示。

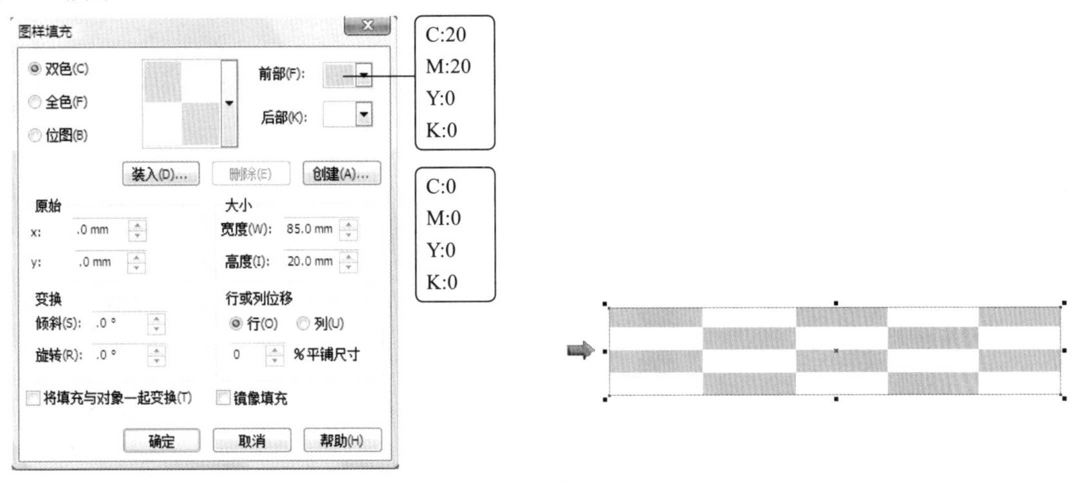

图10-84 【图样填充】对话框

㊹ 调整地板的位置，如图10-85所示。

图10-85 调整后的位置

㊺ 保存文件，命名为“工作狂.cdr”。

实例总结

本例主要运用了【贝塞尔工具】、【椭圆工具】和【矩形工具】，绘制出“工作狂”图形，本例中人物的绘制方式比女教师的绘制方式更简约。

Example 实例 128 贝塞尔工具——宝宝

实例目的

学习了前面的范例，现在读者自己动手绘制出“超级宝贝”图形，“超级宝贝”效果如图10-86所示。

实例要点

◆ 绘制宝贝的轮廓，将宝贝的身体填充为（CMYK:0、28、27、0）。

◆ 绘制宝贝的头发、眼睛、耳朵、嘴和手。

◆ 绘制纸尿裤，填充为白色和（CMYK：9、20、9、0）。

◆ 绘制膝盖图形，填充为（CMYK：0、43、18、0）。

图10-86 超级宝贝效果

Example 实例 129 填充工具——小工匠

实例目的

学习了前面的范例，现在读者自己动手绘制出一个“小工匠”图形，效果如图10-87所示。

实例要点

◆ 运用【贝塞尔工具】，绘制脸、帽子、脖子、衣服、手和裤子图形。

◆ 将脸、脖子和手填充为（CMYK：3、10、11、0），将帽子和衣服的颜色填充为（CMYK：80、46、0、0），裤子填充为黑色。

◆ 再绘制眉毛、眼睛、鼻子、嘴、左手，以及右手上的工具、衣服背带和工具带轮廓。

◆ 将左手和右手上的工具填充为（CMYK：35、22、12、3），衣服背带填充为黑色，工具袋的颜色与衣服颜色相同。

图10-87 小工匠效果

Example 实例 130 钢笔工具——头像

实例目的

学习了前面的范例，现在读者自己动手绘制出一幅“头像”图形，效果如图10-88所示。

图10-88 头像效果

实例要点

- ◆ 先绘制出脸部轮廓，头发、脖子。
- ◆ 再绘制眉毛、眼睛、鼻子和嘴。
- ◆ 最后细化头发和脖子上有阴影的部分。

第11章　其他卡通形象和场景绘制

本章主要学习运用CorelDRAW软件绘制一些卡通形象和场景（包括瓢虫与豆虫、小鸡合影、兴奋的青蛙、蘑菇一家等），通过这一部分内容的学习，读者将真正感受到CorelDRAW软件强大的绘图功能，我们所看到的景、物都可以运用CorelDRAW表现出来。

Example 实例 131　渐变填充——瓢虫与豆虫

实例目的

先绘制大体轮廓，然后再绘制局部轮廓，最后再进一步绘制细部，并在绘制的过程中将每一部分都填充上合适的颜色。瓢虫与豆虫效果如图11-1所示。

图11-1 瓢虫与豆虫效果

实例要点

- 绘制瓢虫轮廓。
- 填充颜色。
- 绘制眼睛。
- 导入图形。

操作步骤

01 在CorelDRAW X5中新建文件。

02 运用工具箱中的（贝塞尔工具），在绘图区中，绘制出如图11-2所示的图形。

03 继续绘制出如图11-3所示的图形，并填充为黑色，完成瓢虫轮廓的绘制。

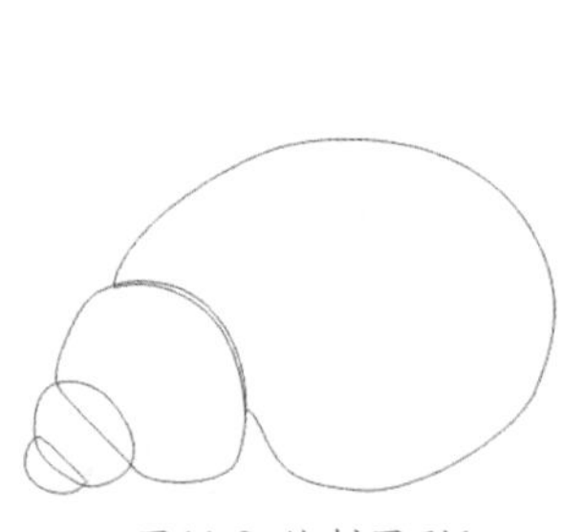
图11-2 绘制图形1

图11-3 绘制图形2

04 选择瓢虫的身体部分，打开【渐变填充】对话框，设置类型为射线，水平为6%，垂直为-2%，边界为6%，将颜色调和为双色，从（CMYK：48、99、97、8）到（CMYK：0、99、95、0），效果如图11-4所示。

05 将填充图形的轮廓颜色设置为蓝紫色（CMYK：0、60、0、40）。

06 选择瓢虫图形上未填充的图形，按键盘上的F11键，打开【渐变填充】对话框，设置类型为射线，水平为18%，垂直为10%，边界为23%，将颜色调和为双色，从黑色到80%黑（CMYK：0、0、0、80），效果如图11-5所示。

07 运用（贝塞尔工具），绘制出如图11-6所示的图形，然后将所绘制的图形填充为（CMYK：0、82、69、0），设置轮廓宽度为0.076mm，轮廓颜色为红色（CMYK：0、100、100、0）。

图11-4 填充颜色　　图11-5 填充后的效果

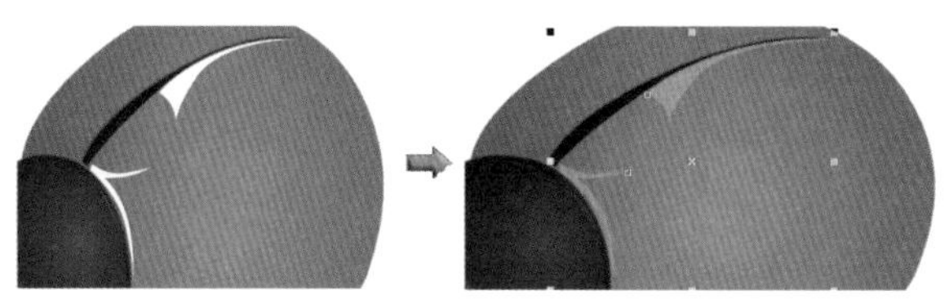

图11-6 图形形态

08 运用（椭圆工具）和（贝塞尔工具），绘制出瓢虫身体上的圆点，然后将所绘制的图形填充上渐变色（与瓢虫头部的填充颜色相同，注意调整渐变的角度），如图11-7所示。

09 选择图形，打开【渐变填充】对话框，设置类型为射线，水平为–33%，垂直为58%，边界为5%，将颜色调和为双色，从（CMYK：84、73、73、91）到（CMYK：54、53、56、4），效果如图11-8所示。

10 运用工具箱中的（椭圆工具）和（智能填充工具），绘制出如图11-9所示的图形，并将所绘制的图形填充为白色（CMYK：0、0、0、0）。

图11-7 填充后的效果

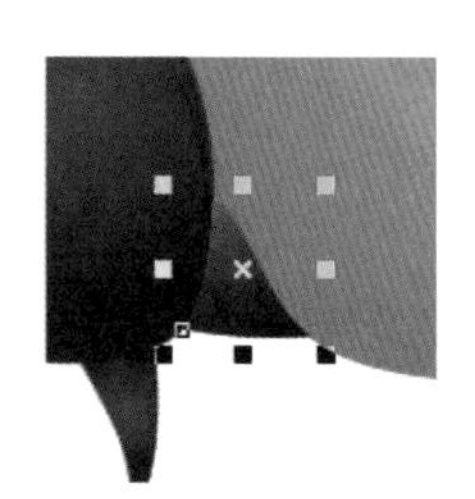

图11-8 填充后的效果

图11-9 绘制图形

11 单击工具箱中的（椭圆工具），绘制一个椭圆形，并将其填充为黑色（CMYK：0、0、0、100），然后将所绘制的椭圆形再复制一个，调整到合适的位置，制作出瓢虫的眼睛，如图11-10所示。

12 导入“豆虫.cdr”文件（光盘\第11章），如图11-11所示。

13 调整图形的大小及位置，如图11-12所示。

图11-10 椭圆形的位置

图11-11 导入图形

图11-12 调整后的位置

⑭ 保存文件，命名为“瓢虫与豆虫.cdr”。

实例总结

本例主要运用【贝塞尔工具】、【智能填充工具】和【椭圆工具】，绘制出“瓢虫与豆虫”图形。

Example 实例 132 智能填充——小鸡合影

实例目的

综合运用【矩形工具】、【智能填充工具】、【贝塞尔工具】和【椭圆工具】，绘制出“小鸡合影”，效果如图11-13所示。

实例要点

- 绘制轮廓并填充合适的颜色。
- 绘制小鸡的眼睛、嘴和翅膀。
- 复制所制的图形。
- 绘制小鸡的礼帽、脚和蝴蝶结。

图11-13 小鸡合影效果

操作步骤

01 在CorelDRAW X5中新建文件。

02 单击属性栏中的（横向）按钮，将页面设置为横向。

03 运用（贝塞尔工具），绘制出小鸡的身体轮廓，如图11-14所示。

04 将小鸡的身体填充为浅黄色（CMYK：0、5、50、0），设置轮廓颜色为深褐色（CMYK：50、85、100、0），轮廓宽度为1mm，效果如图11-15所示。

图11-14 绘制小鸡的身体

图11-15 编辑后的效果

05 运用（椭圆工具），绘制两个椭圆形，并填充为黑色，制作出小鸡的眼睛，效果如图11-16所示。

06 再选择（贝塞尔工具），绘制小鸡的嘴巴轮廓，如图11-17所示。

图11-16 绘制眼睛

图11-17 绘制小鸡的嘴巴

⑦ 将小鸡的嘴巴填充为烧赭石色（CMYK：40、75、100、0），轮廓颜色填充为深褐色（同小鸡身体的轮廓颜色）。

⑧ 运用 （椭圆工具），在小鸡的嘴巴中间绘制两个辅助的椭圆形，如图11-18所示。

⑨ 单击 （智能填充工具），在属性栏中设置如图11-19所示的参数。

图11-18 绘制椭圆形　　图11-19 属性栏

⑩ 创建如图11-20所示的两个图形。

⑪ 删除两个辅助椭圆形，选择创建的图形，按键盘上的F11键，在弹出的【渐变填充】对话框中设置参数，如图11-21所示。

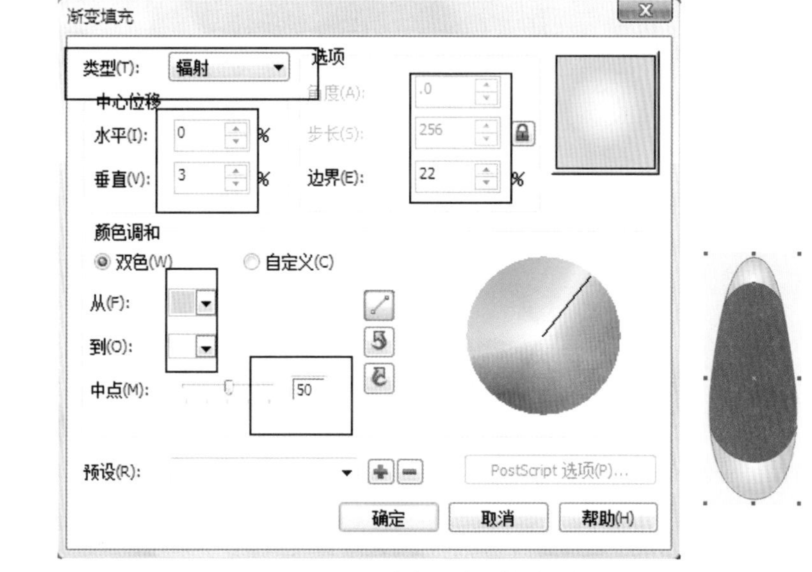

图11-20 创建图形　　图11-21 【渐变填充】对话框

⑫ 选择嘴巴底部创建的图形，单击【窗口】/【泊坞窗】/【属性管理器】命令，弹出【对象属性】泊坞窗，如图11-22所示。

⑬ 移动鼠标指针至预览框中，鼠标指针变为╬形状时，按住鼠标左键向下移动，调整渐变方向，效果如图11-23所示。

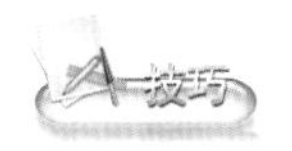

在【对象属性】泊坞窗中快速调整渐变角度和边界的方法。移动鼠标指针至预览框中，按住鼠标左键拖曳即可。

⑭ 继续运用 （贝塞尔工具），绘制出小鸡的翅膀，将其填充为黄色（CMYK：0、0、100、0），轮廓宽度及颜色同身体的轮廓设置，效果如图11-24所示。

⑮ 选择小鸡图形，将其缩小复制一个，调整到如图11-25所示的位置。

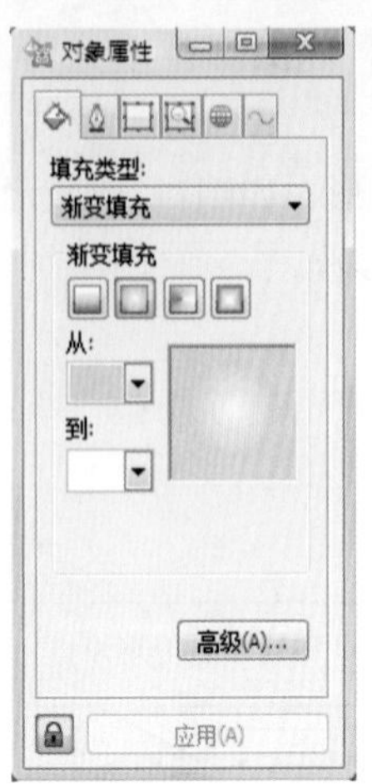

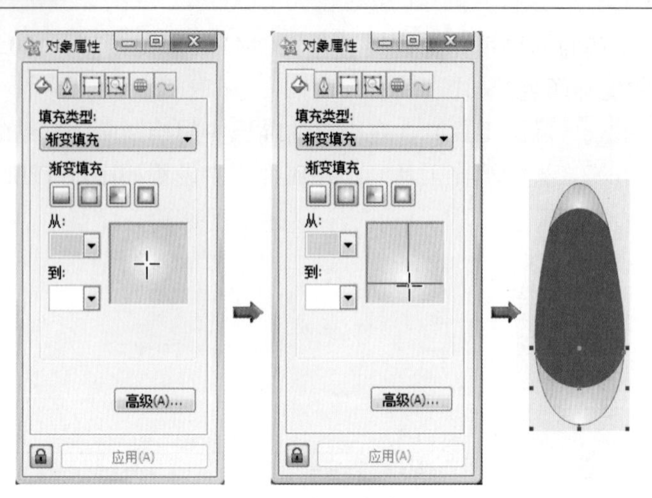

图11-22 【对象属性】泊坞窗　　　　图11-23 调整后的效果

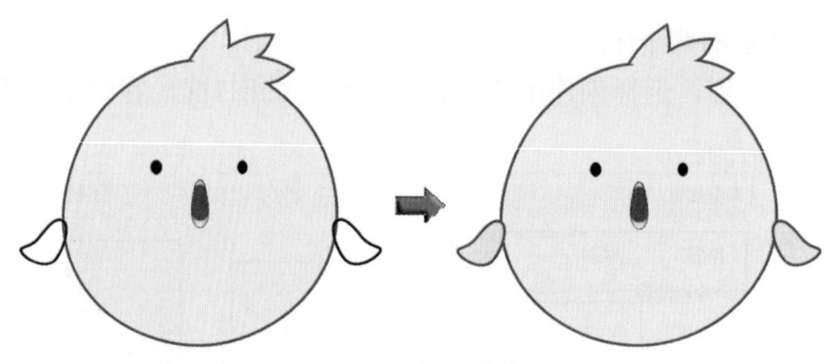

图11-24 编辑后的效果

图11-25 调整后的位置

制作礼帽

⑯ 运用（矩形工具）和（椭圆工具），分别绘制一个矩形和一个椭圆形，位置如图11-26所示。

⑰ 选择矩形和椭圆形，将其填充为黑色（CMYK：0、0、0、100），制作出礼帽，效果如图11-27所示。

⑱ 将礼帽旋转至合适的角度，调整到如图11-28所示的位置。

⑲ 绘制一个椭圆形，填充为中国红（CMYK：50、90、100、0），如图11-29所示。

图11-26 矩形和椭圆形的位置　　图11-27 礼帽图形　　图11-28 礼帽的位置

⑳ 单击（智能填充工具）按钮，在属性栏中设置参数，如图11-30所示。

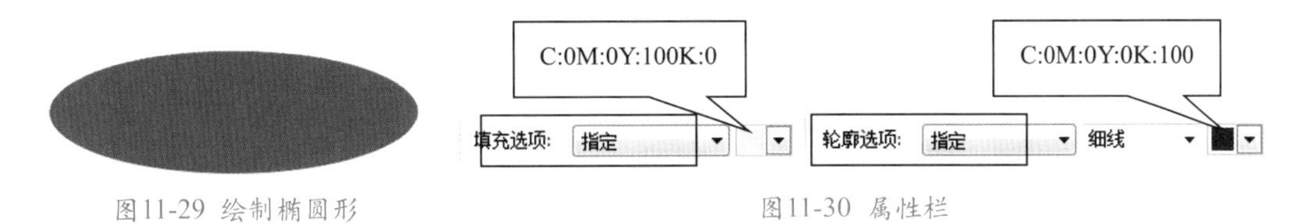

图11-29 绘制椭圆形　　图11-30 属性栏

㉑ 创建新图形，调整到如图11-31所示的位置。

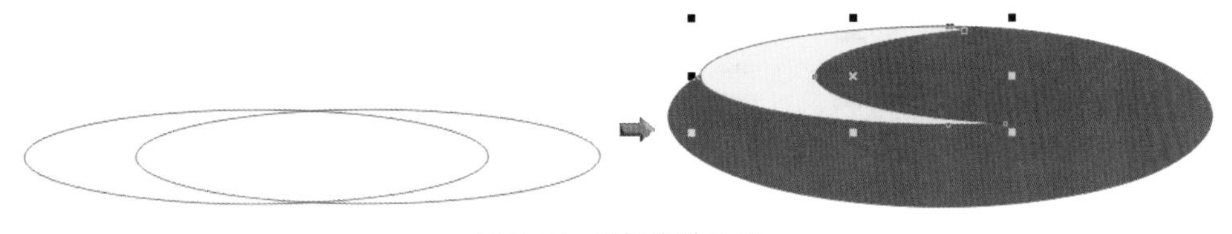

图11-31 调整后的位置

㉒ 选择椭圆形及新创建的图形，调整大小及位置，如图11-32所示。

㉓ 将小鸡的脚水平镜像复制一组，调整到如图11-33所示的位置。

图11-32 调整后的位置　　图11-33 复制后的位置

㉔ 继续运用（贝塞尔工具），绘制出如图11-34所示的图形，并将其填充为红色（CMYK：0、100、100、0）。

㉕ 将蝴蝶结复制一个，旋转至合适的角度，调整位置，如图11-35所示。

绘制右侧小鸡的脚

㉖ 运用（贝塞尔工具），绘制如图11-36所示的直线。

㉗ 按键盘上的F12键，在弹出的【轮廓笔】对话框中设置参数，如图11-37所示。

图11-34 绘制蝴蝶结　　图11-35 调整后的位置　　图11-36 绘制直线

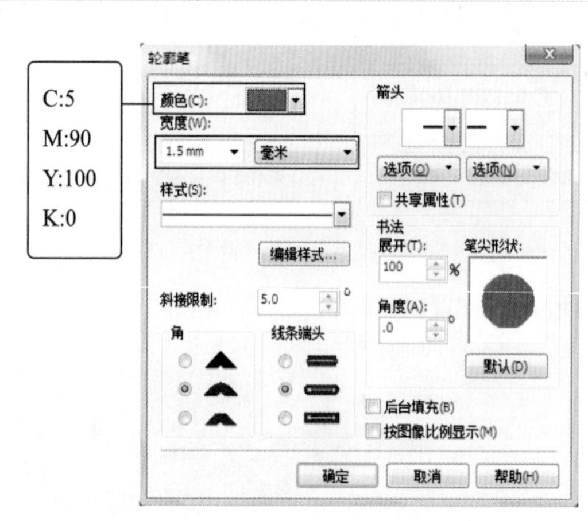

图11-37 【轮廓笔】对话框

㉘ 将小鸡的脚复制一个，调整位置，如图11-38所示。

㉙ 双击工具箱中的□（矩形工具）按钮，创建一个绘图区大小的矩形。

㉚ 在“填充”展开工具栏中，单击▩（图样填充对话框）按钮，弹出【图样填充】对话框，参数设置如图11-39所示。

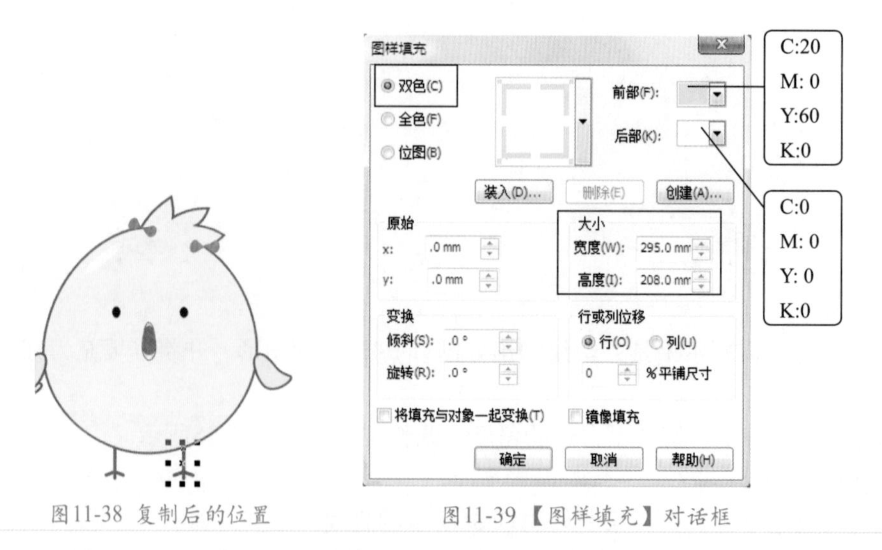

图11-38 复制后的位置　　图11-39 【图样填充】对话框

㉛ 在绘图区中绘制一个矩形，设置轮廓颜色为深粉红（CMYK：0、65、80、0），轮廓宽度为1.4mm，效果如图11-40所示。

图11-40 填充后的效果

㉜ 保存文件，命名为“小鸡合影.cdr”。

实例总结

本例首先绘制小鸡的大体轮廓，包括身体、眼睛、嘴、翅膀，并填充合适的颜色，然后将所绘制的图形复制一个，调整到右侧，分别进行编辑，最后添加背景，完成制作。

Example 实例 133 交互式透明——兴奋的青蛙

实例目的

本例综合运用【交互式透明工具】、【智能填充工具】、【艺术笔工具】、【交互式阴影工具】、【裁切工具】等制作出“兴奋的青蛙”图形，效果如图11-41所示。

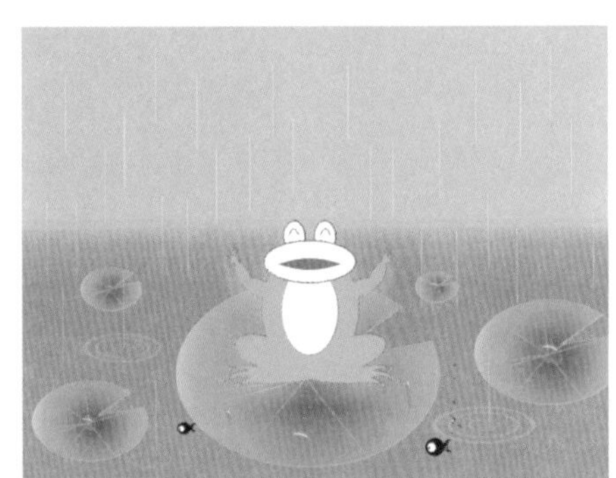

图11-41 兴奋的青蛙效果

实例要点

◆ 运用【矩形工具】绘制背景。

◆ 运用【椭圆工具】中的【饼形工具】制作荷叶。

◆ 运用【贝塞尔工具】和【交互式透明工具】制作水滴图形。

◆ 绘制多个椭圆形，执行【排列】/【结合】命令，添加透明效果，制作出水纹。

◆ 绘制多条直线，制作出雨效果。

◆ 运用【椭圆工具】和【智能填充工具】制作小鱼。

◆ 运用【艺术笔工具】中的【喷罐】工具绘制气泡。

◆ 导入青蛙图形，调整颜色并添加阴影效果。

◆ 裁切图形。

操作步骤

01 在CorelDRAW X5中新建文件。

02 运用 （矩形工具），在绘图区中绘制一个矩形，如图11-42所示。

图11-42 绘制矩形

03 在“填充”展开工具栏中单击 （渐变填充）按钮，弹出【渐变填充】对话框，参数设置如图11-43所示。

绘制荷叶

04 在绘图区中，绘制一个椭圆形，如图11-44所示。

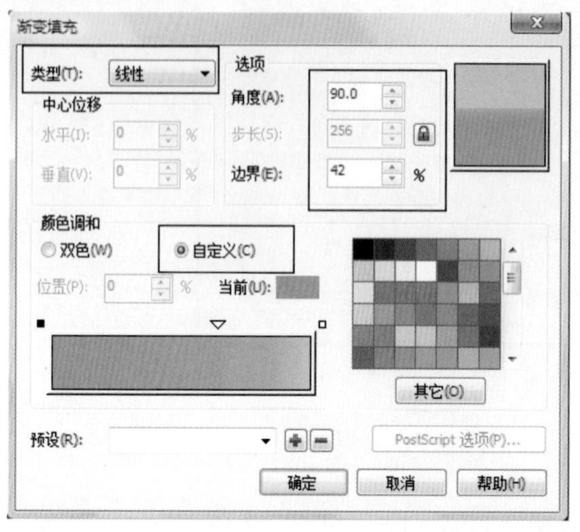

图11-43 【渐变填充】对话框

05 单击属性栏中的（饼形）按钮，切换为饼形工具，设置起始和结束角度分别为44、19，效果如图11-45所示。

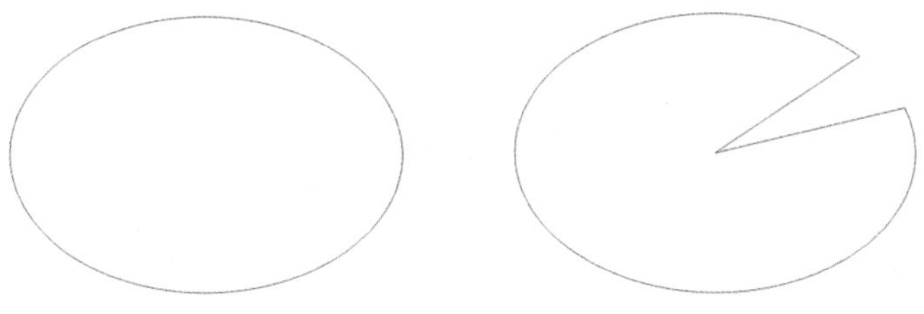

图11-44 绘制椭圆形　　图11-45 饼形图形

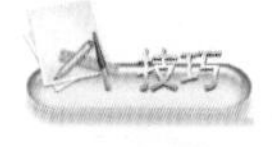

选择【椭圆工具】，在属性栏中单击（饼形）按钮，然后在【起始和结束角度】数值框中输入合适的数值，在绘图区中按住鼠标左键拖曳，可直接绘制出饼形。

06 单击属性栏中的按钮，将饼形转化为曲线。

07 运用（形状工具），选择饼形中心的节点，调整中心节点的位置，如图11-46所示。

08 运用工具箱中的（贝塞尔工具），在饼形对象中绘制多条直线，效果如图11-47所示。

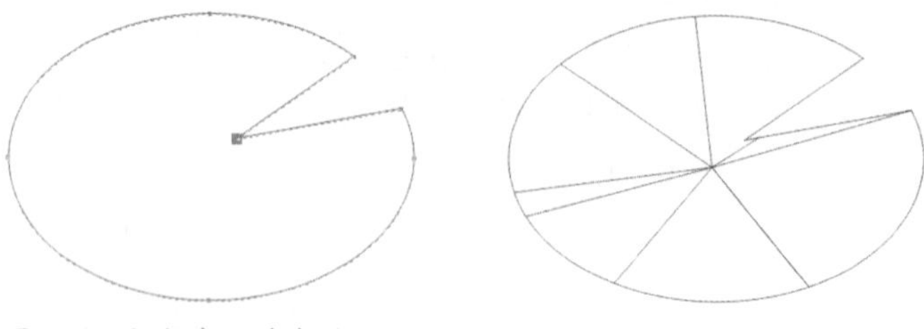

图11-46 调整中心节点的位置　　图11-47 编辑后的效果

09 选择调整后的饼形，按键盘上的F11键，在弹出的对话框中设置参数，如图11-48所示。

10 将饼形及直线的轮廓颜色设置为酒绿色（CMYK：40、0、100、0），轮廓宽度为0.5mm，完成荷叶的绘制，效果如图11-49所示。

11 调整荷叶的位置，如图11-50所示。

12 将荷叶图形复制多个，调整大小及位置，如图11-51所示。

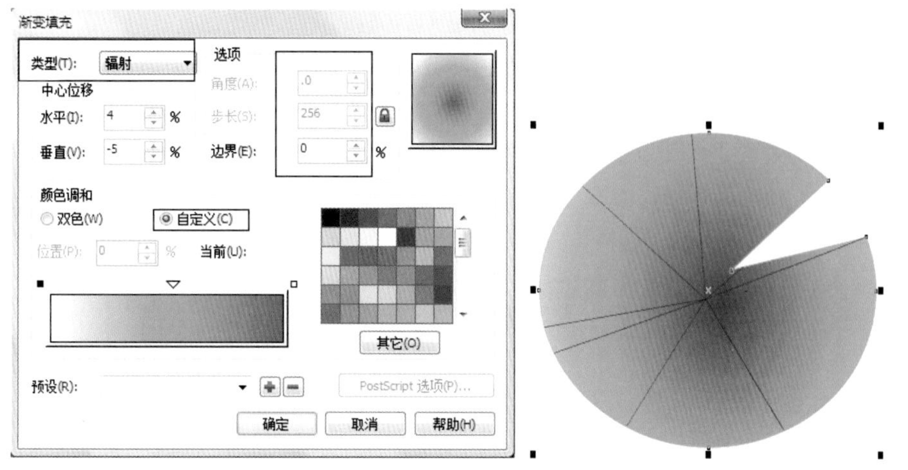

图11-48 【渐变填充】对话框

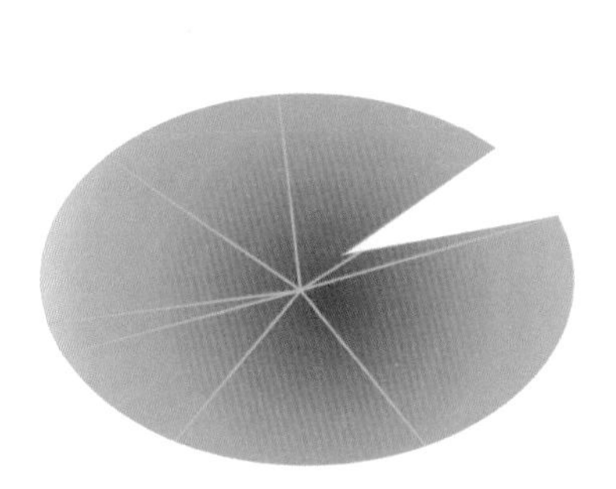

图11-49 设置轮廓后的效果

图11-50 调整后的位置

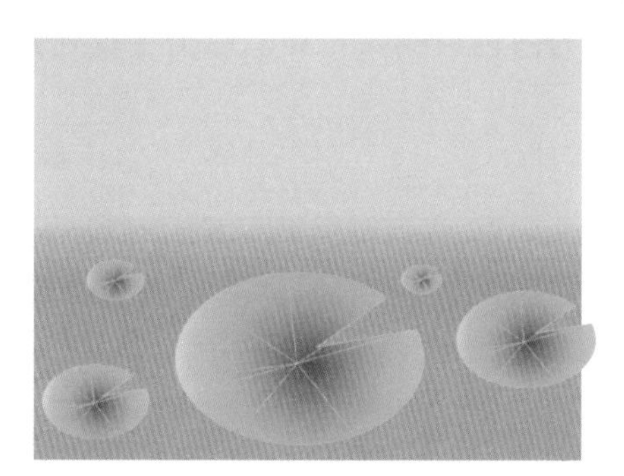

图11-51 调整后的效果

绘制水滴

⑬ 运用（贝塞尔工具），绘制一个水滴的轮廓，如图11-52所示。

⑭ 再绘制如图11-53所示的图形，填充颜色为深绿色（CMYK：93、19、100、5）。

⑮ 运用“交互式”展开工具栏中的（交互式透明工具），设置透明度为40，如图11-54所示。

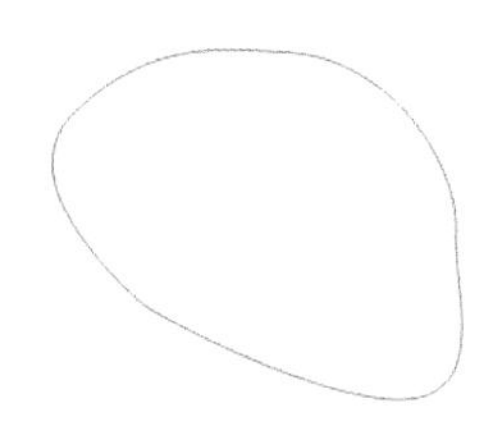

图11-52 绘制图形

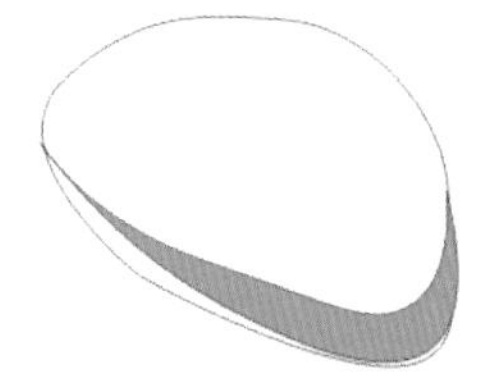

图11-53 填充颜色

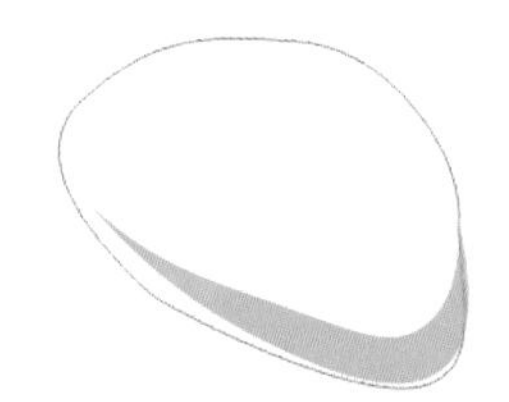

图11-54 编辑后的效果

⑯ 绘制水滴的高光轮廓，并填充为白色，如图11-55所示。

⑰ 选择水滴轮廓图形，运用（交互式透明工具），在属性栏中调整透明度为55，效果如图11-56所示。

⑱ 运用同样的方法，调整白色高光图形的透明度为29，效果如图11-57所示。

图11-55 绘制图形

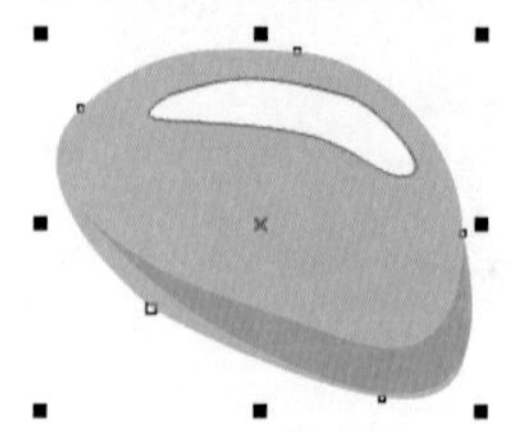

图11-56 透明效果

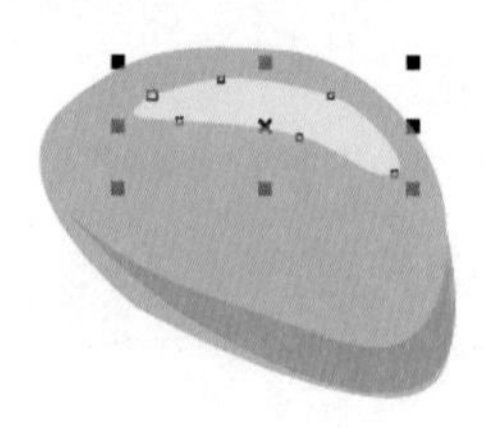

图11-57 调整后的效果

⑲ 将水滴图形复制多个，调整大小及位置，如图11-58所示。

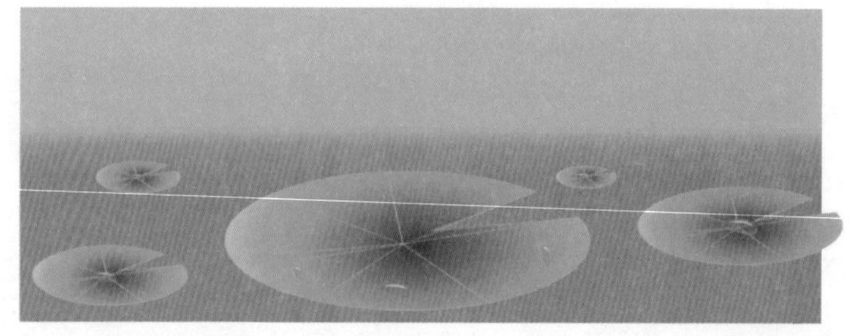

图11-58 调整后的位置

绘制水纹

⑳ 运用（椭圆工具），按住键盘上的Ctrl键，绘制6个圆形，如图11-59所示。

㉑ 选择所绘制的圆形，填充为白色，删除轮廓，单击【排列】/【结合】命令，制作出环形，效果如图11-60所示。

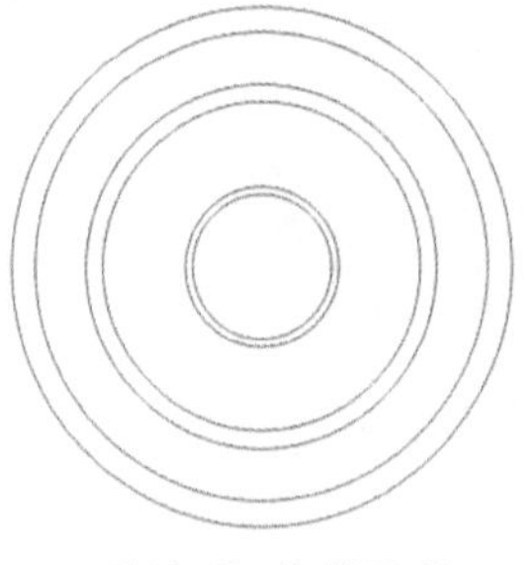

图11-59 绘制圆形

图11-60 制作圆环

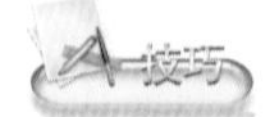

按键盘上的Ctrl+L键，可快速结合选定对象。

㉒ 调整圆形的形态，如图11-61所示。

㉓ 运用（交互式透明工具），调整环形的透明度为79，效果如图11-62所示。

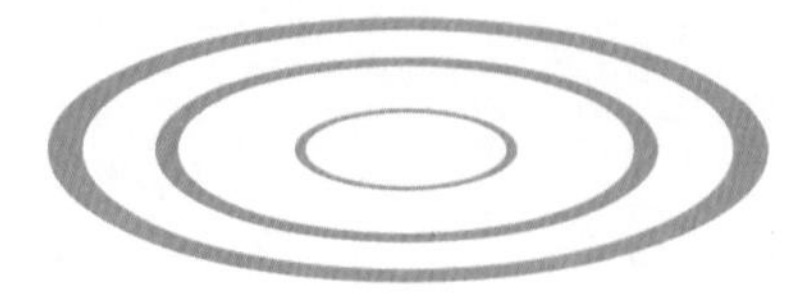

图11-61 调整后的形态

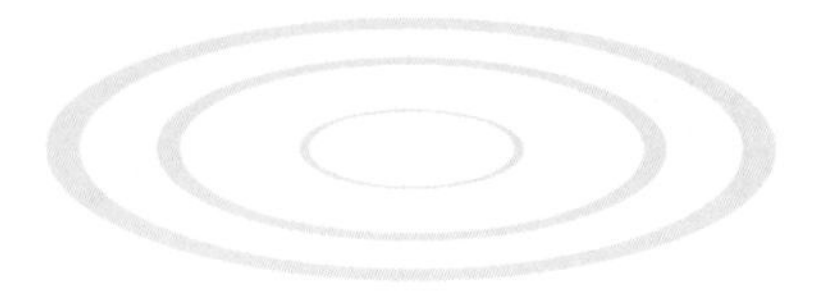

图11-62 调整后的效果

㉔ 将环形填充为白色，再复制3个，调整到如图11-63所示的位置。

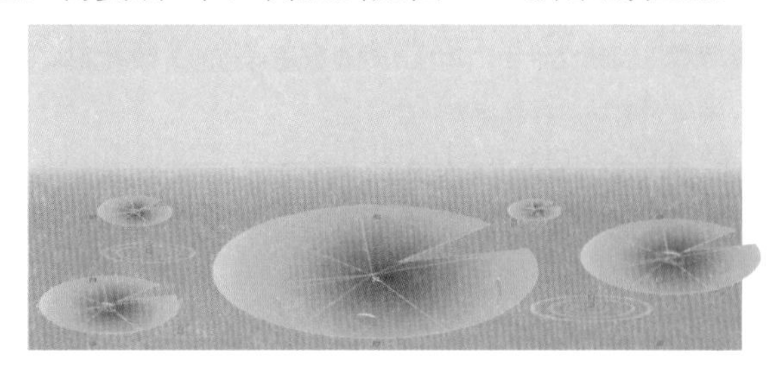

图11-63 调整后的位置

㉕ 运用（贝塞尔工具），绘制一条直线，然后设置直线轮廓为白色，并将其复制多个，制作出下雨的效果，如图11-64所示。

㉖ 运用（椭圆工具）和（智能填充工具），绘制出如图11-65所示的小鱼图形。

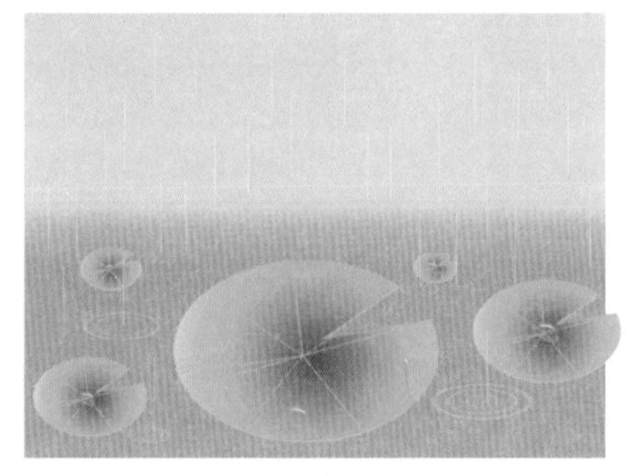

图11-64 制作下雨效果

图11-65 绘制图形

㉗ 将小鱼图形复制一个，调整大小及位置，如图11-66所示。

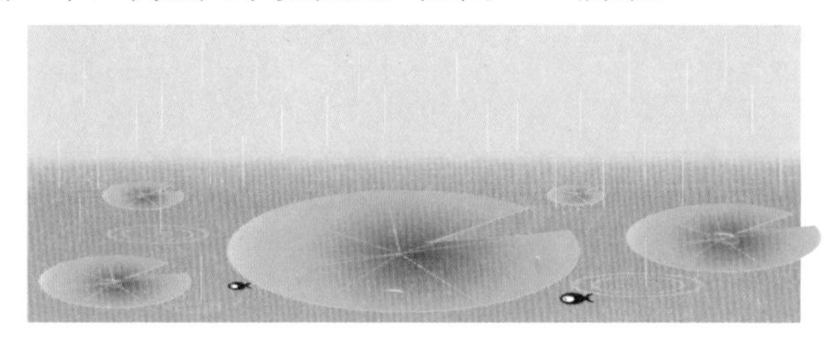

图11-66 调整后的位置

㉘ 运用（艺术笔工具）中的（喷涂）工具，在属性栏的【喷涂】下拉列表中选择金鱼图案，在工作区中的任意位置按住鼠标左键拖曳，绘制金鱼图案，拆分出金鱼图案中的水泡图形，如图11-67所示。

㉙ 将水泡图形调整到如图11-68所示的位置。

图11-67 水泡图形

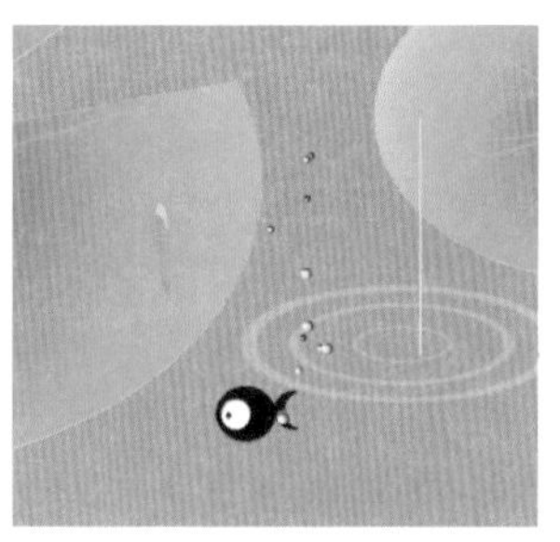

图11-68 调整水泡图形的位置

㉚ 导入“青蛙.cdr”文件（光盘\第11章），如图11-69所示。

㉛ 调整青蛙皮肤颜色为酒绿色（同荷叶的轮廓颜色），效果如图11-70所示。

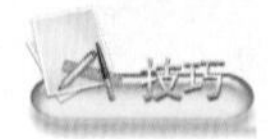

用导入的方式，将矢量图导入到新文件中，其导入的对象是群组的，如果要对导入的对象进行编辑，先按键盘上的Ctrl+U键，取消群组，编辑完成后，再重新将对象群组。

按住键盘上的Alt+Ctrl键，可从群组对象中选定单个对象。

㉜ 调整青蛙图形的位置，如图11-71所示。

图11-69 导入图形

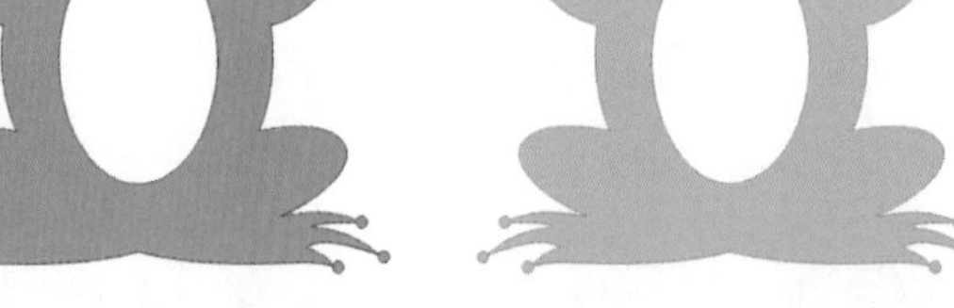

图11-70 调整图形颜色

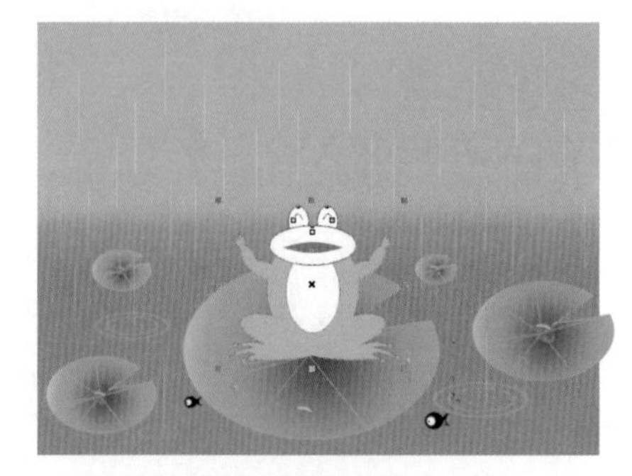

图11-71 调整后的位置

㉝ 运用“交互式”展开工具栏中的（交互式阴影工具），在属性栏中设置参数，如图11-72所示。

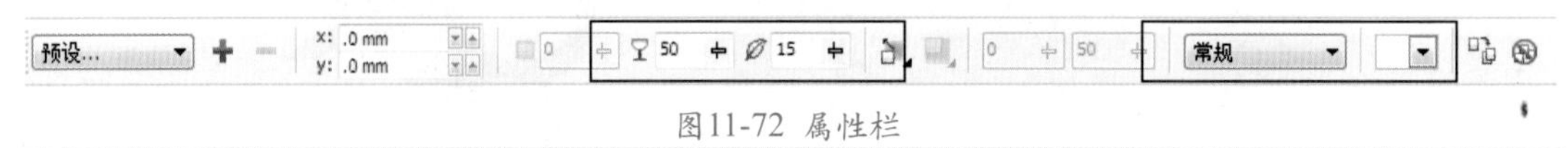

图11-72 属性栏

㉞ 制作出青蛙图形的阴影，效果如图11-73所示。

㉟ 选择工具箱中的（裁切工具），裁切图形，效果如图11-74所示。

图11-73 制作阴影

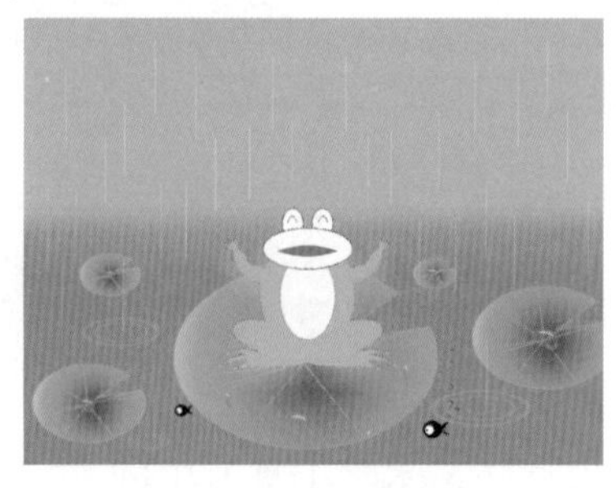

图11-74 裁切后的效果

㊱ 保存文件，命名为“兴奋的青蛙.cdr”。

实例总结

本例在制作过程中主要运用了【矩形工具】、【椭圆工具】、【贝塞尔工具】、【智能填充工具】、【交互式透明工具】等，应重点掌握交互式工具的使用。

Example 实例 134 交互式填充——蘑菇一家

实例目的

本例运用【贝塞尔工具】、【椭圆工具】、【星形工具】、【矩形工具】、【橡皮擦工具】、【交互式填充工具】、【交互式阴影工具】等，制作出“蘑菇一家”，效果如图11-75所示。

图11-75 蘑菇一家效果

实例要点

- 绘制蘑菇妈妈。
- 绘制蘑菇爸爸。
- 绘制蘑菇宝宝。
- 绘制背景。
- 添加蘑菇阴影。

操作步骤

01 在CorelDRAW X5中新建文件。

绘制蘑菇妈妈

02 运用（贝塞尔工具），绘制如图11-76所示的图形。

03 单击“填充”展开工具栏中的（图样填充对话框）按钮，弹出【图样填充】对话框，参数设置如图11-77所示。

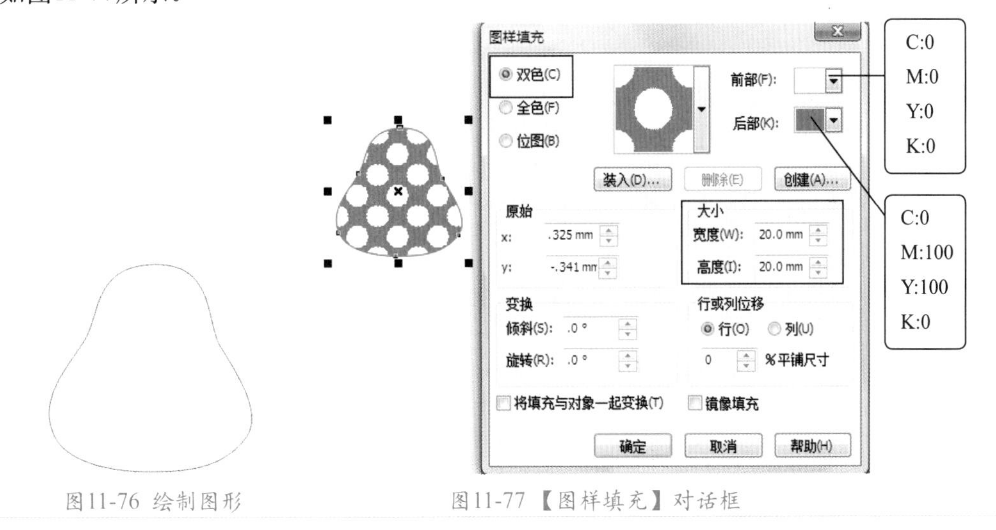

图11-76 绘制图形　　图11-77 【图样填充】对话框

04 将图形的轮廓颜色设置为红色（CMYK：0、100、100、0）。

05 绘制一个椭圆形，然后单击（交互式填充工具）按钮，快速填充图形，效果如图11-78所示。

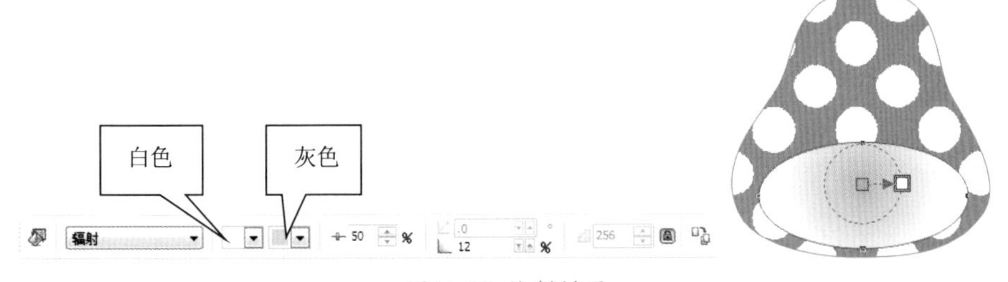

图11-78 绘制椭圆

06 设置椭圆形的轮廓颜色为红色（CMYK：0、100、100、0）。

07 单击“对象”展开工具栏中的（星形工具），在属性栏中设置参数，如图11-79所示。

图11-79 属性栏

08 绘制一个与椭圆形大小一致的星形，设置其轮廓颜色为灰色（CMYK：0、0、0、60），如图11-80所示。

09 运用工具箱中的（椭圆工具）、（贝塞尔工具）和（矩形工具），绘制出如图11-81所示的图形。

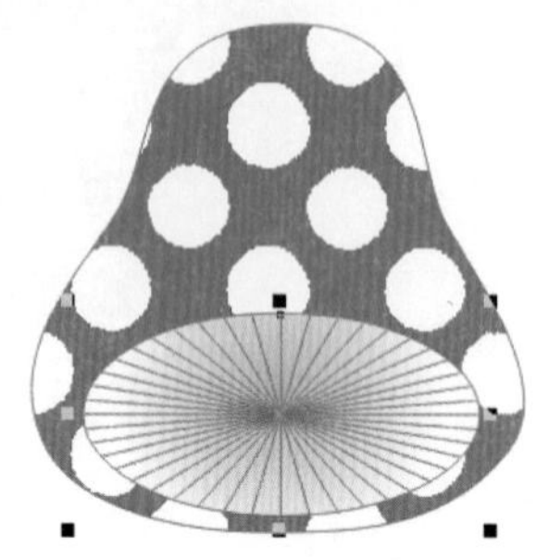

图11-80 绘制星形

图11-81 绘制图形

10 将图形1、4及嘴填充为白色（CMYK：0、0、0、0），设置图形1的轮廓颜色为30%黑色（CMYK：0、0、0、30）；图形2的填充为红色（CMYK：0、100、100、0）；图形3的填充色为玉米色（CMYK：0、25、90、0）；图形5及眼睛填充为黑色（CMYK：0、0、0、100），效果如图11-82所示。

图11-82 填充效果

11 选择图形6，按键盘上的F11键，弹出【渐变填充】对话框，参数设置如图11-83所示。

12 设置图形6的轮廓颜色为橘红色（CMYK：0、60、80、0），然后调整图形的位置，如图11-84所示。

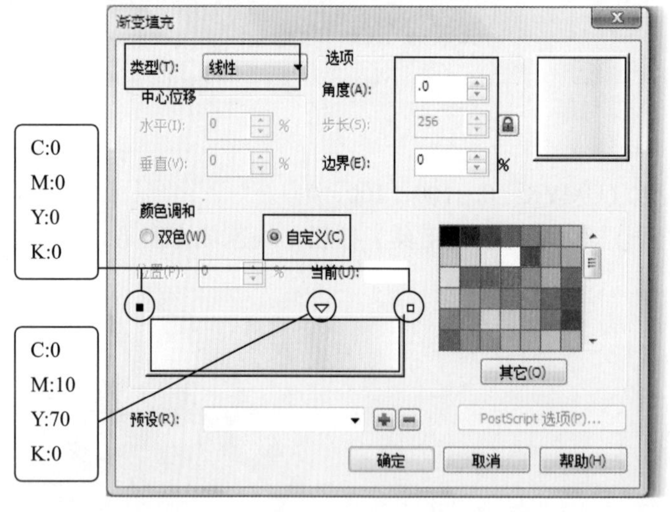

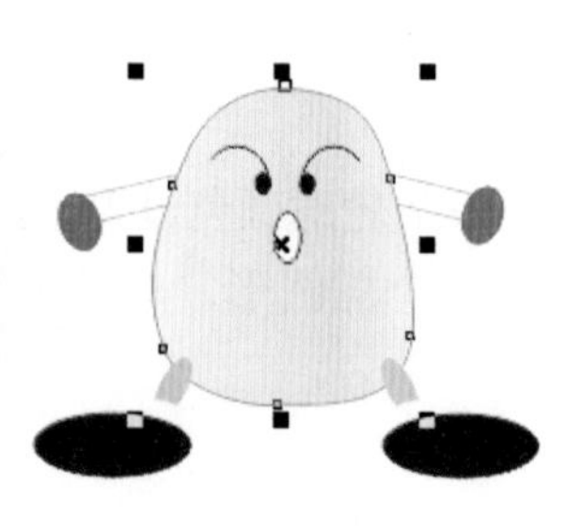

图11-83 【渐变填充】对话框

绘制蘑菇爸爸

13 运用工具箱中的（贝塞尔工具）、（椭圆工具）和（多边形工具），绘制出如图11-85所示的轮廓。

14 选择图形1，填充为红色（CMYK：0、100、100、0）；图形2填充为白色（CMYK：0、0、0、0）；图形3和图形4填充为黑色（CMYK：0、0、0、100）；设置图形5的轮廓颜色为30%黑（CMYK：0、0、0、30）。

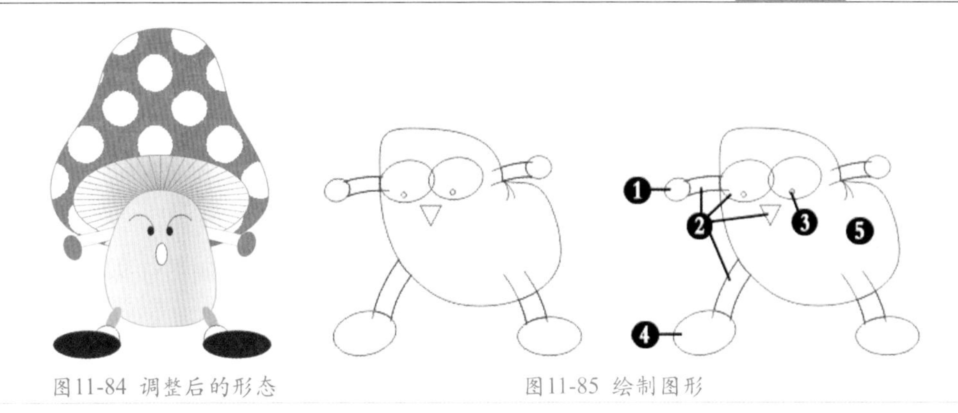

图11-84 调整后的形态　　图11-85 绘制图形

⑮ 选择图形5，单击工具箱中的（交互式填充工具）按钮，快速填充图形，效果如图11-86所示。

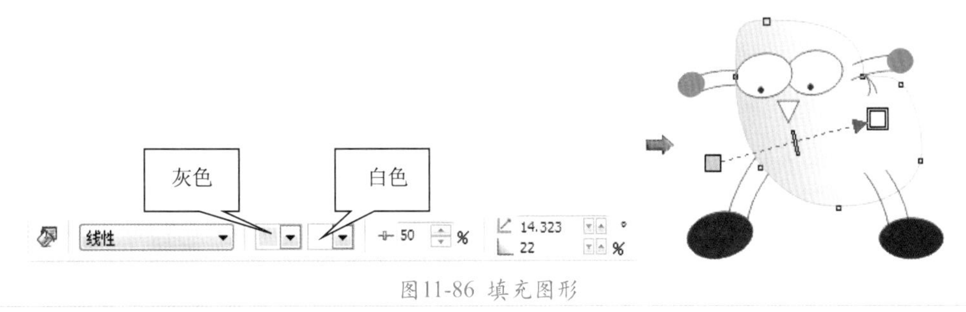

图11-86 填充图形

⑯ 再运用（贝塞尔工具），绘制如图11-87所示的图形。

⑰ 将图形颜色填充为浅灰色（CMYK：0、0、0、10）。

⑱ 复制所绘制的图形，调整至如图11-88所示的位置，将图形填充为蓝灰色（CMYK：40、10、0、70），并取消图形的轮廓。

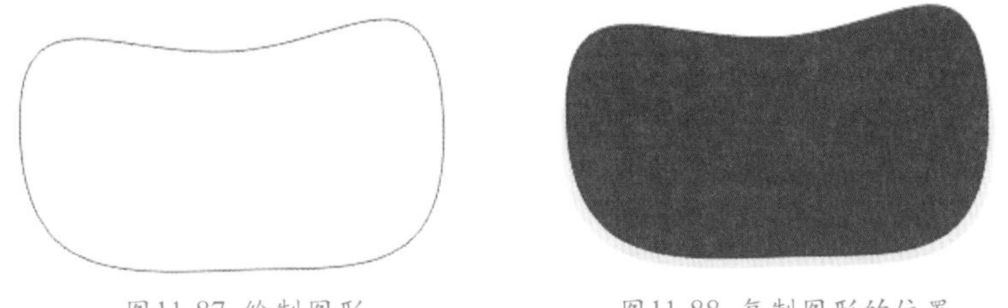

图11-87 绘制图形　　图11-88 复制图形的位置

⑲ 确认复制图形处于选择状态。单击“裁切”工具栏中的（橡皮擦工具），在属性栏中，设置【橡皮擦厚度】为1.2mm，如图11-89所示。

⑳ 移动鼠标指针至复制图形中的合适位置，按住鼠标左键拖曳，即可擦除对象，擦除后的效果如图11-90所示。

图11-89 属性栏　　图11-90 擦除后的效果

橡皮擦工具可以对图形进行全部或局部的擦除。在属性栏的【橡皮擦厚度】数值框中可以设置橡皮擦的大小，单击○（圆形/方形）按钮可切换橡皮擦的样式为矩形。

按键盘上的X键，可快速切换为【橡皮擦工具】，擦除曲线上部分内容，将其分成几段曲线或擦除不需要的部分。

㉑ 调整图形的位置，如图11-91所示。

绘制蘑菇宝宝

㉒ 运用（标题形状）、（贝塞尔工具）和（椭圆工具），绘制如图11-92所示的轮廓。

图11-91 调整后的位置　　图11-92 绘制轮廓

㉓ 选择图形1、2、4和5，将它们填充为白色（CMYK：0、0、0、0），将图形2及轮廓填充为（CMYK：73、0、0、0），图形3填充为红褐色（CMYK：30、75、100、0），图形6填充为黑色。

㉔ 选择图形7，打开【渐变填充】对话框，参数设置如图11-93所示。

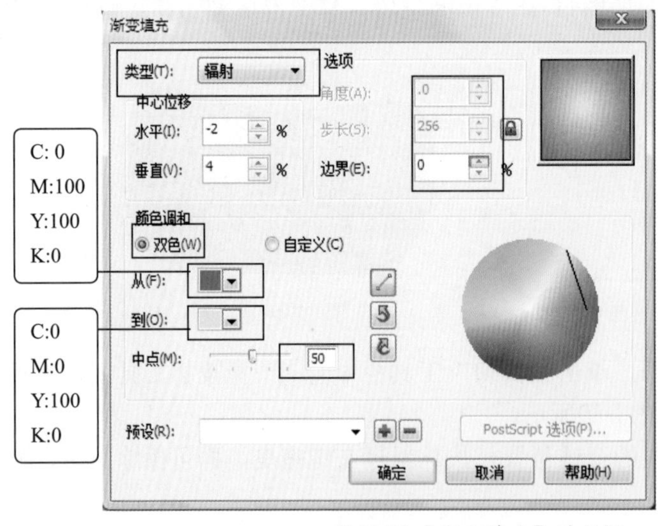

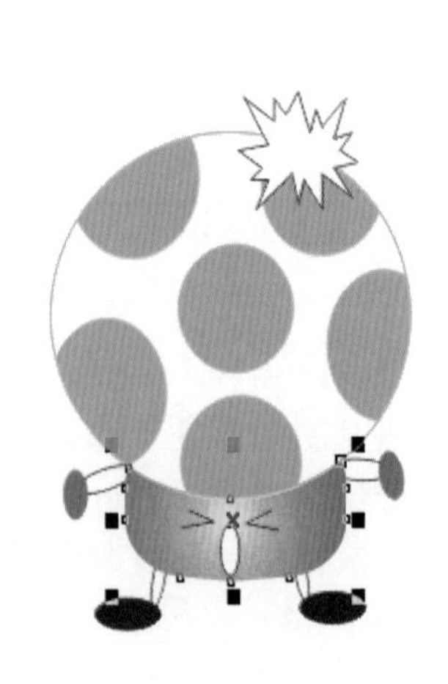

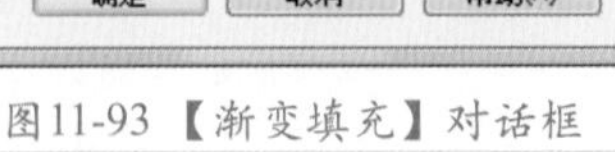

图11-93 【渐变填充】对话框

绘制背景

㉕ 运用（矩形工具）和（贝塞尔工具），绘制出如图11-94所示的图形。

㉖ 选择（交互式填充工具），快速填充图形，效果如图11-95所示。

㉗ 选择图形，再运用（交互式填充工具）填充图形，效果如图11-96所示。

㉘ 继续使用（交互式填充）工具，填充如图11-97所示的图形。

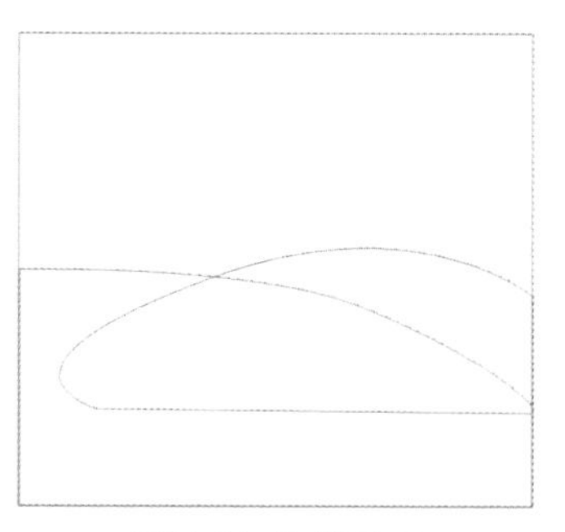

图11-94 绘制图形

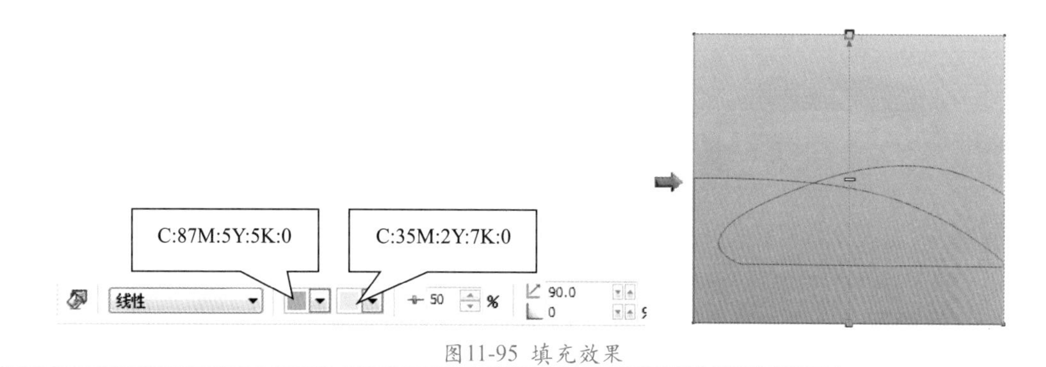

图11-95 填充效果

图11-96 填充图形

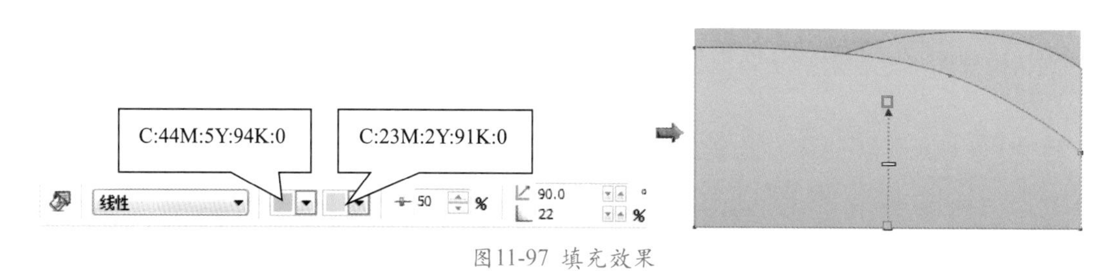

图11-97 填充效果

㉙ 运用（贝塞尔工具），绘制如图11-98所示的树枝图形。

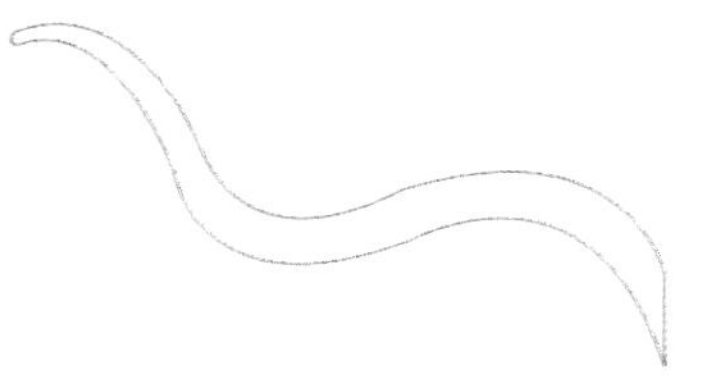

图11-98 绘制树枝图形

㉚ 单击（交互式填充工具）按钮，快速填充树枝图形，效果如图11-99所示。

㉛ 继续运用（贝塞尔工具），绘制出如图11-100所示的图形（注意：为了显示清楚，暂将所绘制的图形填充为白色）。

C:29M:54Y:90K:0
C:40M:52Y:94K:340
线性

图11-99 填充图形

32 选择上一步所绘制的图形，填充为灰绿色（CMYK：36、20、100、0）。

33 运用（贝塞尔工具），绘制出叶片的轮廓，然后在叶片上绘制一条辅助曲线，配合（智能填充工具），指定填充图形，制作出叶片效果，如图11-101所示。

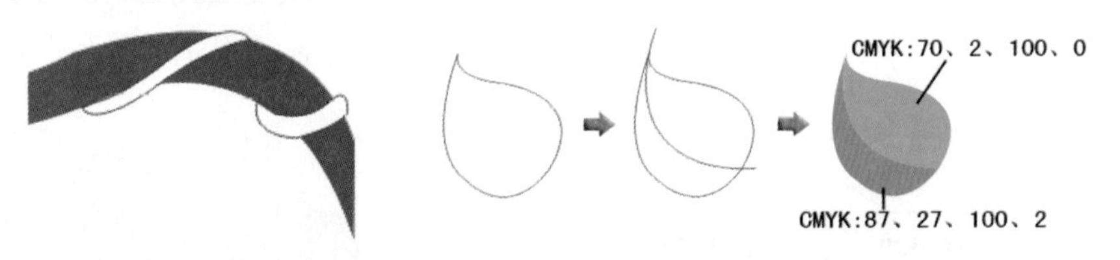

图11-100 绘制图形　　图11-101 绘制叶片

34 选择树叶图形，将其复制多个，调整形态及位置，如图11-102所示，树枝绘制完成。

35 选择树枝图形，调整其位置，如图11-103所示。

图11-102 复制后的形态

图11-103 树枝的位置

36 确认树枝图形处于选择状态，将其垂直镜像复制一组，调整合适的大小及位置，如图11-104所示。

37 运用（贝塞尔工具），绘制如图11-105所示的云图形，然后将云图形填充为白色（CMYK：0、0、0、0），取消图形轮廓。

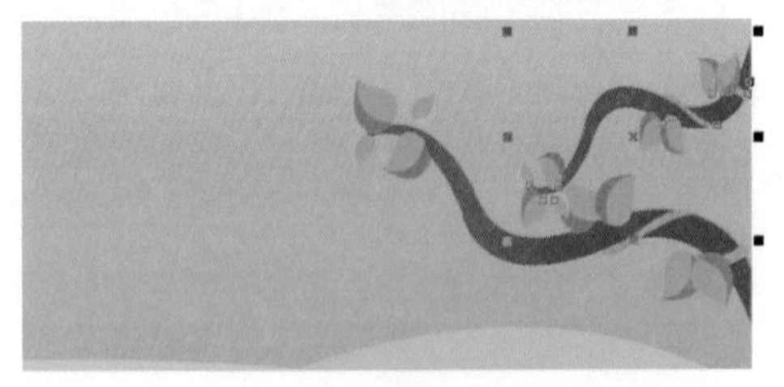

图11-104 复制后的位置

图11-105 绘制云

38 调整背景的位置，如图11-106所示。

39 运用（交互式阴影工具），分别制作出蘑菇图形的阴影，效果如图11-107所示。

40 选择（艺术笔工具），在属性栏的【喷涂】下拉列表中选择图形，先绘制出一排树图形，按键盘上的Ctrl+K键，拆分出树图片的路径；再单击属性栏中的（取消群组）按钮，将树图形分离成独立的图形，选择合适的树图形，调整其大小及位置，如图11-108所示。

图11-106 调整图形位置

图11-107 制作阴影

图11-108 树图形的位置

㊶ 保存文件，命名为“蘑菇一家.cdr”。

实例总结

本例先运用【贝塞尔工具】、【椭圆工具】、【星形工具】和【矩形工具】绘制出蘑菇妈妈，再运用【贝塞尔工具】、【椭圆工具】、【多边形工具】、【橡皮擦工具】、【完美形状】/【星形】绘制出蘑菇爸爸和蘑菇宝宝，然后运用【矩形工具】、【贝塞尔工具】绘制背景，最后运用【交互式阴影工具】分别制作出蘑菇阴影。

Example 实例 135 智能填充——下雨了

实例目的

学习了前面的范例后，现在读者自己动手绘制出一个“下雨了”图形，效果如图11-109所示。

图11-109 下雨了效果

实例要点

◆ 绘制一个矩形，填充为从冰蓝（CMYK：40、0、0、0）到白色的线性渐变色，制作出背景。

◆ 在背景的下方绘制一条曲线，运用【智能填充工具】创建曲线下方的图形，填充为（CMYK：63、2、84、0），然后运用【交互式阴影工具】，制作出阴影效果，在属性栏中，设置阴影颜色为绿色（CMYK：100、0、100、0），制作出草地效果。

◆ 绘制嫩芽，填充为绿色（同上）。

◆ 运用【贝塞尔工具】绘制出叶子的轮廓，设置叶茎的轮廓宽度为1.411mm，轮廓颜色为酒绿色（CMYK：40、0、100、0）。

◆ 选择叶子图形，打开【渐变填充】对话框，设置渐变类型为射线，调和颜色为自定义（三色），按照从左至右的顺序，设置第一种颜色为绿色（CMYK：100、0、100、0），第二种颜色为酒绿色（CMYK：40、0、100、0），第三种颜色为（CMYK：13、1、38、0）。

◆ 分别导入“蘑菇.cdr”、“蜗牛.cdr”和“树.cdr”文件（光盘\第11章\素材），将树调整到右侧，然后将蘑菇和蜗牛图形复制多个，调整大小及位置，放置在草地上的不同位置。

◆ 绘制多个椭圆形，将其焊接，制作出云图形，再运用【交互式阴影工具】添加阴影。

◆ 运用【艺术笔工具】中的【喷罐】工具，在属性栏的【喷涂】列表中选择金鱼图形，绘制气泡图形，然后将其复制多个，调整到不同位置。

Example 实例 136 喷涂——钓星星

实例目的

学习了前面的范例，现在读者自己动手绘制出一个“钓星星”图形，效果如图11-110所示。

图11-110 钓星星效果

实例要点

◆ 导入“小企鹅.cdr”文件（光盘\第11章）。

◆ 运用【智能填充工具】，选取小企鹅身体的侧图形，打开【渐变填充】对话框，设置渐变类型为线性，调和颜色为双色，从蓝色（CMYK：67、0、3、0）到白色。

◆ 选择【艺术笔工具】，在属性栏中单击【喷涂】工具，然后在【喷涂】列表中选择合适的艺术笔触，绘制钓竿。同样地，在【喷涂】列表中选择合适的笔触，绘制出星星、梯子和月亮图形。

Example 实例 137 辐射渐变色——节日礼物

实例目的

学习了前面的范例后，现在读者自己动手绘制出一个“节日礼物”图形，效果如图11-111所示。

图11-111 节日礼物效果

实例要点

- ◆ 运用【矩形工具】绘制多个矩形，编辑矩形的形态，制作出一个敞开的盒子图形。
- ◆ 对盒子不同位置的图形设置不同的颜色，制作出立体效果。
- ◆ 绘制多个圆形，填充为辐射渐变色，制作出盒子中的小球。
- ◆ 最后，导入“小熊.cdr” 文件（光盘\第11章\素材）。

第12章　卡通实物绘制

本章主要学习运用CorelDRAW软件绘制一些卡通实物（包括篮球、箭靶、灯笼、石英表、扇子、不锈钢茶具、叶子、太阳花、水仙花、荷花、小憩等），通过这一部分内容的学习，使读者进一步学习CorelDRAW软件强大的绘图功能。

Example 实例 138　拆分——篮球

实例目的

本例综合运用【椭圆工具】、【贝塞尔工具】、【交互式阴影工具】、【交互式透明工具】、【渐变填充工具】和【排列】/【将轮廓转换为对象】命令，绘制出“篮球”，效果如图12-1所示。

图12-1 篮球效果

实例要点

- 运用【椭圆工具】和【贝塞尔工具】绘制出篮球的轮廓。
- 运用【交互式透明工具】制作出球线上的高光。
- 运用【拆分】命令制作出篮球球体和底座上的高光。
- 运用【交互式透明工具】制作出篮球的投影。

操作步骤

01 在CorelDRAW X5中新建文件。

02 在绘图区中，绘制一个圆形和球的底座图形，如图12-2所示。

03 运用（贝塞尔工具），在圆形上绘制4条曲线，如图12-3所示。

图12-2 绘制图形　　图12-3 绘制曲线

04 选择绘制的4条曲线，按键盘上的F12键，打开【轮廓笔】对话框，参数设置如图12-4所示。

05 单击【排列】/【将轮廓转换为对象】命令，将轮廓转换为曲线，选择圆形上的任意一条曲线，按住键盘上的Shift键，选择圆形，修剪图形，然后将多余的曲线删除，效果如图12-5所示。

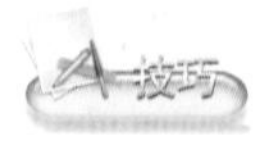

将曲线的直角变为圆角，可避免修剪图形时在交接处出现不完整的直角。

按键盘上的Ctrl + Shift + Q键，可快速将轮廓转换为对象。

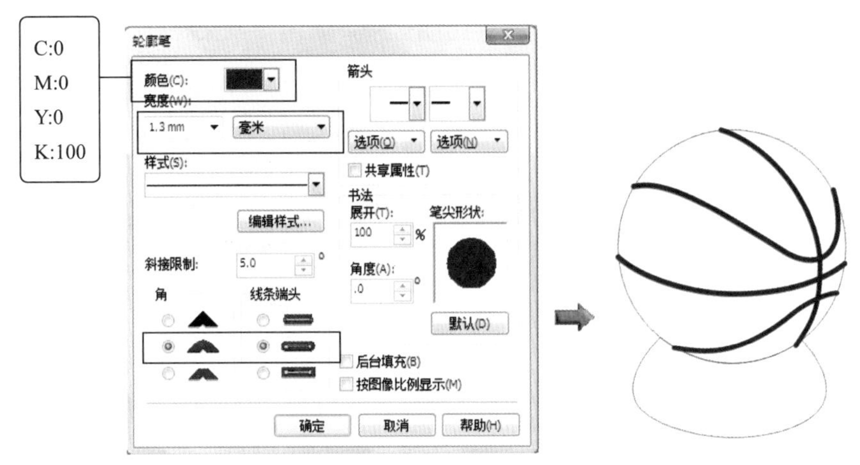

图12-4 【轮廓笔】对话框

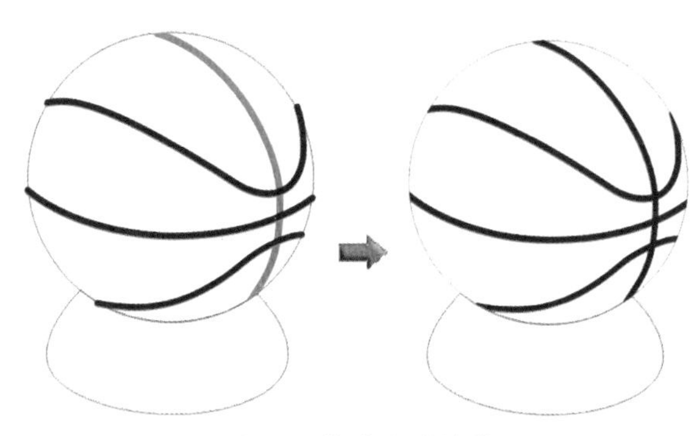

图12-5 修剪后的效果

06 选择圆形，填充为橘黄色（CMYK：0、35、100、0）。按键盘上的+键，原位复制一个圆形，按键盘上的F11键，在弹出的对话框中设置参数，如图12-6所示。

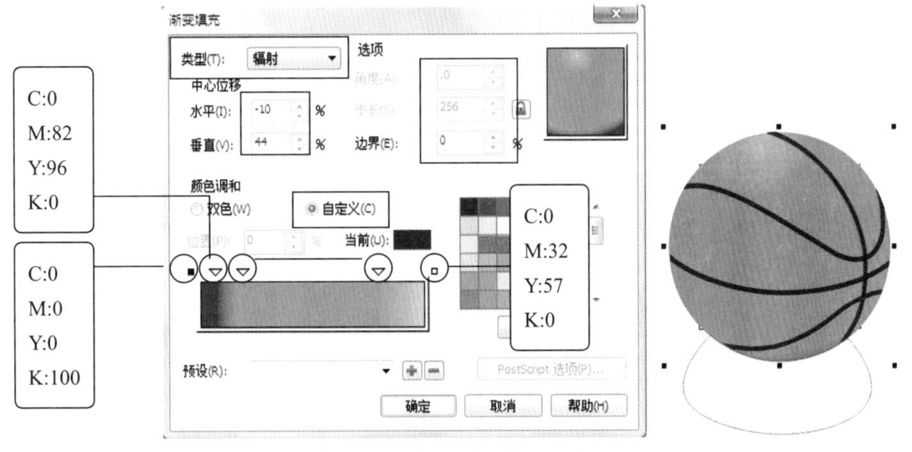

图12-6 【渐变填充】对话框

07 单击“交互式”展开工具栏中的（交互式透明工具）按钮，切换为交互式透明工具，在圆形的右侧按鼠标左键拖曳，在属性栏中设置参数，如图12-7所示。

图12-7 属性栏

08 设置完成后，效果如图12-8所示。

⑨ 运用同样的方法，在曲线上制作出线性透明效果，如图12-9所示。

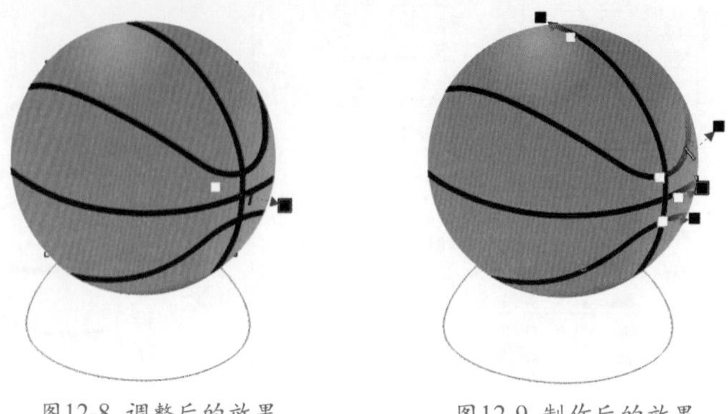

图12-8 调整后的效果　　图12-9 制作后的效果

⑩ 将篮球底座填充为黑色（CMYK：0、0、0、100），将其缩小复制一个，单击（交互式阴影工具），在缩小复制的底座图形上拖曳，在属性栏中设置参数，如图12-10所示。

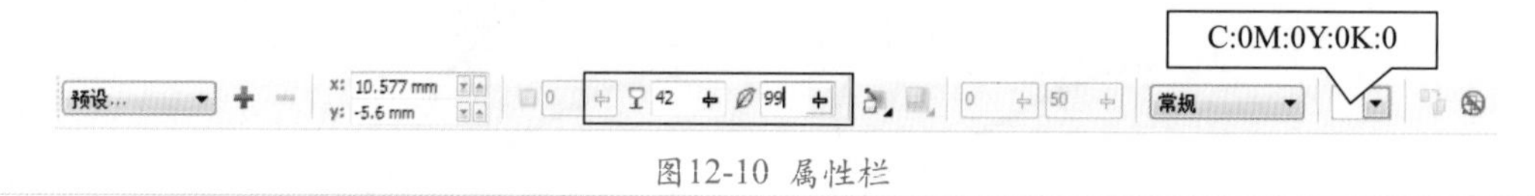

图12-10 属性栏

⑪ 设置完成后的效果如图12-11所示。

⑫ 单击工具栏中的【排列】/【拆分】命令，将图形及阴影拆分成两部分，如图12-12所示；删除缩小的底座图形，然后选择阴影，旋转至合适的角度，调整位置，如图12-13所示。

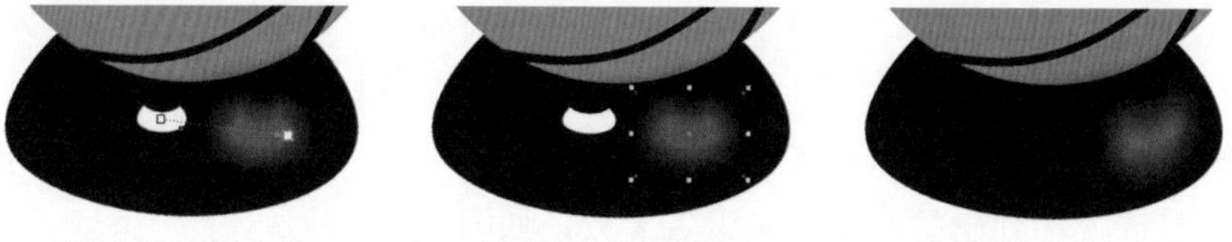

图12-11 制作阴影　　图12-12 拆分图形　　图12-13 阴影位置

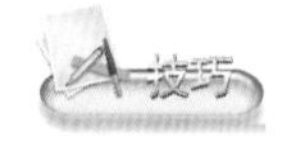

运用交互式阴影工具，先制作出图形的阴影，然后将图形与阴影拆分成两部分，将阴影填充为白色，制作出图形对象上的高光。

⑬ 运用同样的方法，制作出圆形上的高光部分，如图12-14所示。

⑭ 选择工具箱中的（矩形工具），在球体的下部绘制一个矩形，如图12-15所示。

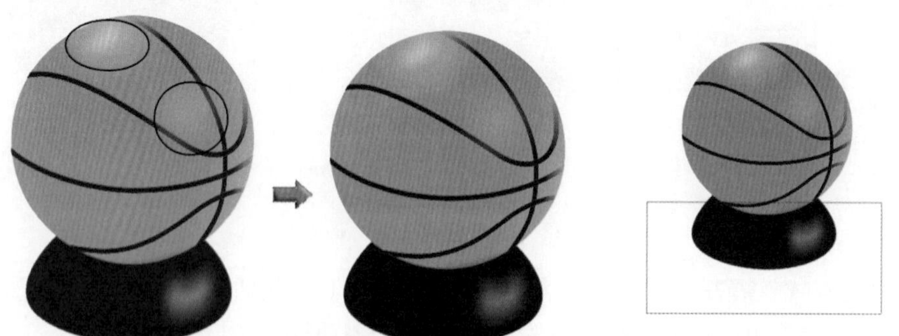

图12-14 制作球体上的高光　　图12-15 绘制矩形

⑮ 按键盘上的F11键，打开【渐变填充】对话框，参数设置如图12-16所示。

⑯ 将底座图形垂直镜像复制一个，位置如图12-17所示。

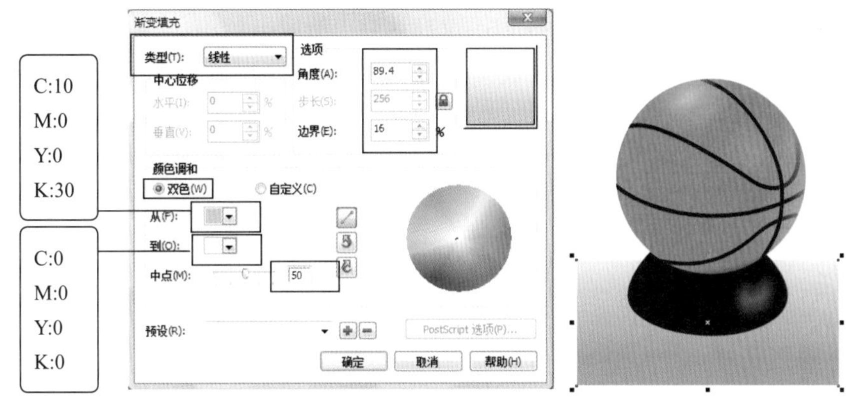

图12-16 【渐变填充】对话框

⑰ 运用（交互式透明工具），在镜像后的底座上拖曳，制作出底座的倒阴影效果，如图12-18所示。

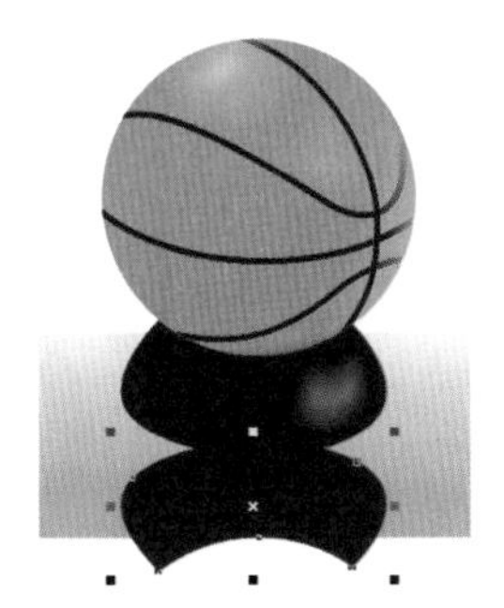

图12-17 复制后的位置

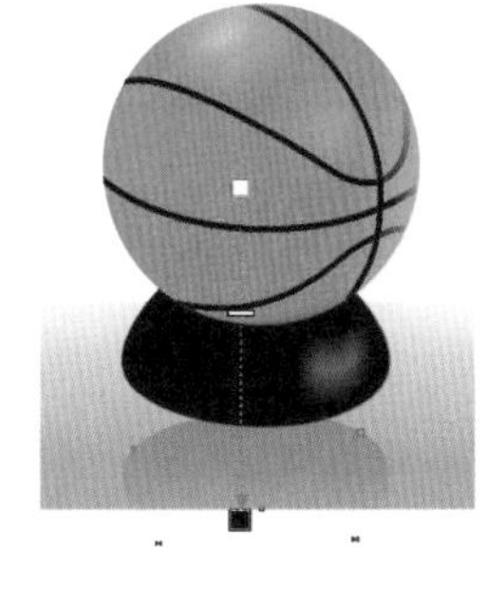

图12-18 调整后的效果

⑱ 保存文件，命名为“篮球.cdr”。

实例总结

本例的重点在于篮球球体上高光的制作，综合运用了【渐变填充工具】、【交互式透明工具】和【交互式阴影工具】，以及【排列】/【拆分】命令，读者在制作时应灵活掌握其使用方法。

Example 实例 139 轮廓工具——箭靶

实例目的

本例综合运用【椭圆工具】、【智能填充工具】、【交互式立体化工具】、【贝塞尔工具】，以及【群组】、【拆分】命令，绘制出“箭靶”，效果如图12-19所示。

实例要点

- 运用【椭圆工具】和【交互式调和工具】制作出圆环。
- 运用【智能填充工具】，选择圆环图形，然后将其群组。
- 运用【交互式立体化工具】将圆环立体化。
- 单击【排列】/【拆分】命令，拆分立体化图形。
- 运用【贝塞尔工具】和【轮廓工具】制作出箭。

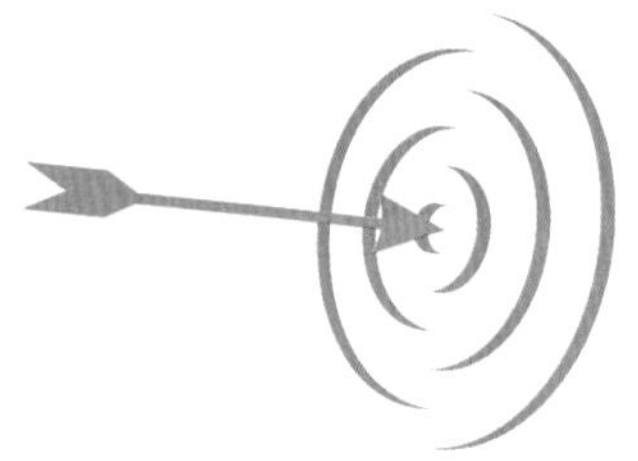

图12-19 箭靶效果

操作步骤

⑪ 在CorelDRAW X5中新建文件。

02 单击工具箱中的（椭圆工具）按钮，按住键盘上的Ctrl键，在绘图区中绘制一个圆形。

03 确认圆形处于选择状态，运用缩小复制的方法，将圆形缩小复制一个，效果如图12-20所示。

04 运用工具箱中的（交互式调和工具），调和两个圆形，然后在属性栏中设置调和步数为4，效果如图12-21所示。

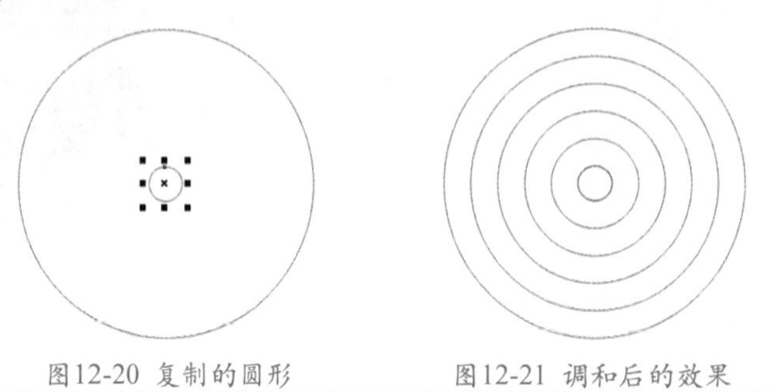

图12-20 复制的圆形　　图12-21 调和后的效果

05 选择工具箱中的（智能填充工具），在属性栏中指定填充颜色为黑色（CMYK：0、0、0、100），填充如图12-22所示的图形。

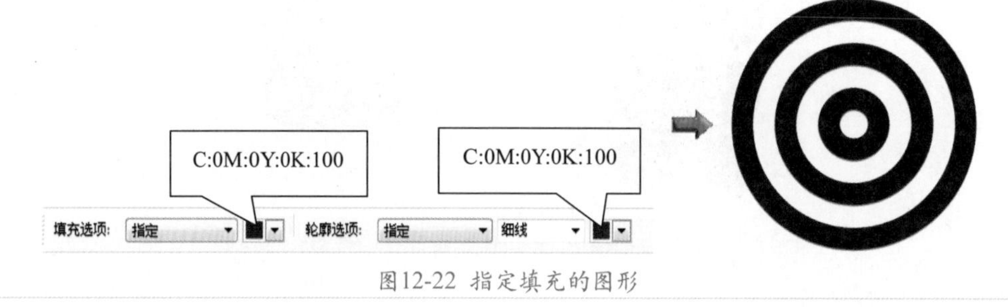

图12-22 指定填充的图形

06 删除调和图形，保留黑色圆环。

07 按键盘上的Ctrl + A键，选择全部图形，单击属性栏中的（群组）按钮，将选择的图形群组。

08 单击工具箱中的（交互式立体化工具），从圆环中心位置向外拖曳。

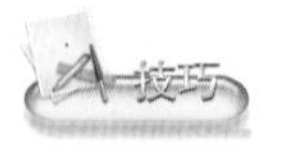

单击菜单栏中的【窗口】/【泊坞窗】/【立体化】命令，打开【立体化】泊坞窗，可在立体化相机、立体化旋转、立体化照明、立体化颜色和立体化斜角面板之间切换，设置立体化效果。

09 在属性栏中，设置【深度】为1，单击属性栏中的（立体的方向）按钮，调整圆环立体形态，如图12-23所示。

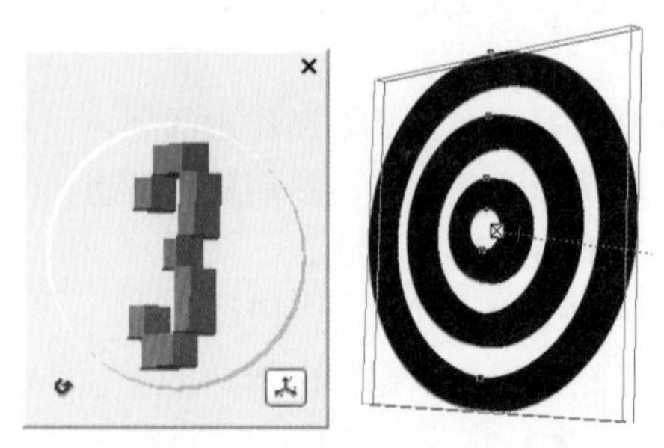

图12-23 调整后的形态

10 按键盘上的Ctrl + K键，拆分图形，删除变换后的圆环图形，保留立体轮廓图形，如图12-24所示。

⑪ 选择绘图区中的图形，填充为青色（CMYK：100、0、0、0）。

⑫ 运用（贝塞尔工具）绘制一条直线，位置如图12-25所示。

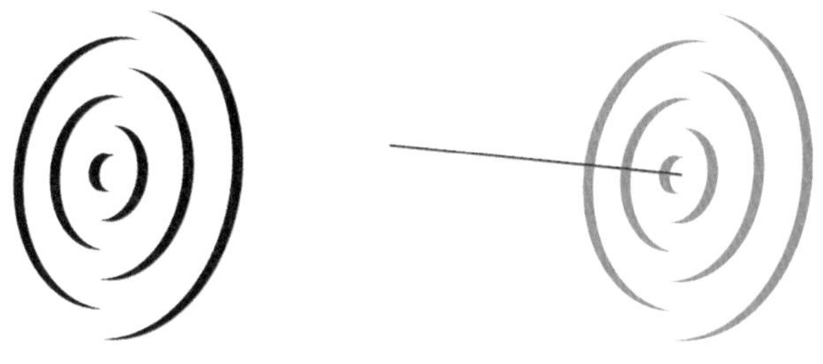

图12-24 保留的图形　　图12-25 绘制直线

⑬ 按键盘上的F12键，在弹出的【轮廓笔】对话框中，设置轮廓颜色为红色（CMYK：0、100、100、0），轮廓宽度为2.822mm，其他设置如图12-26所示。

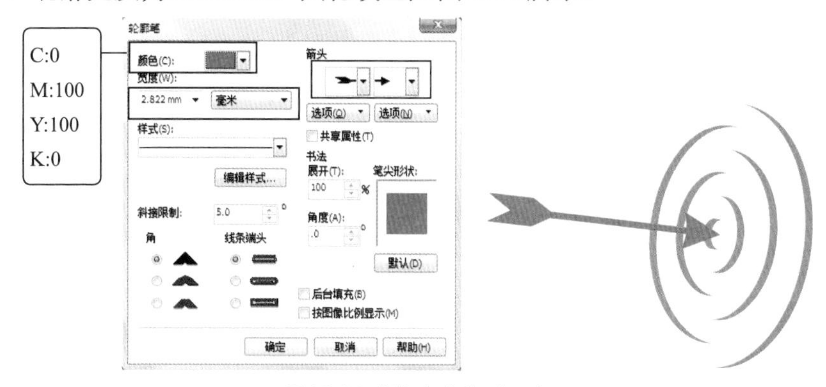

图12-26 【轮廓笔】对话框

移动鼠标指针至工作界面右下方 右侧的黑色矩形框中，双击鼠标左键，打开【轮廓笔】对话框。

⑭ 保存文件，命名为“箭靶.cdr”。

实例总结

本例首先将圆环立体化，然后拆分图形，保留立体轮廓，制作出箭靶，接着绘制一条直线，设置起始箭头和结合箭头的图形后，完成制作。

Example 实例 140　椭圆工具——灯笼

实例目的

本例综合运用【椭圆工具】、【渐变填充工具】、【贝塞尔工具】、【艺术笔工具】、【文字工具】、【交互式透明工具】等，绘制出“灯笼”图形，效果如图12-27所示。

图12-27 灯笼效果

实例要点

◆ 运用【椭圆工具】、【渐变填充工具】和【贝塞尔工具】绘制出灯笼。

◆ 运用【贝塞尔工具】和【交互式透明工具】制作出灯笼穗。

◆ 运用【文本工具】和【渐变填充工具】制作出灯笼上的“福”等。

操作步骤

01 在CorelDRAW X5中新建文件。

02 在绘图区中绘制一个椭圆形，形态如图12-28所示。

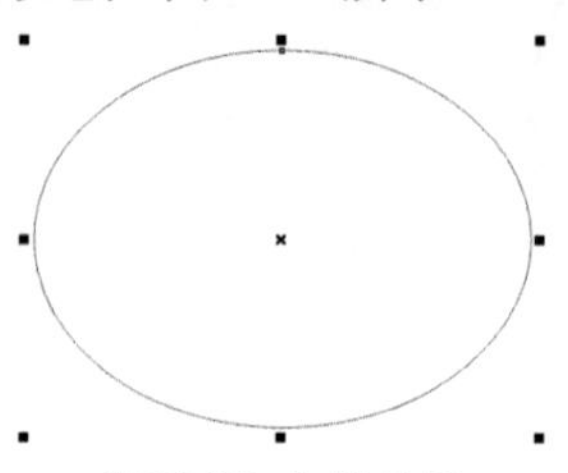

图12-28 绘制椭圆

03 按键盘上的F11键，在弹出的【渐变填充】对话框中设置参数，如图12-29所示。

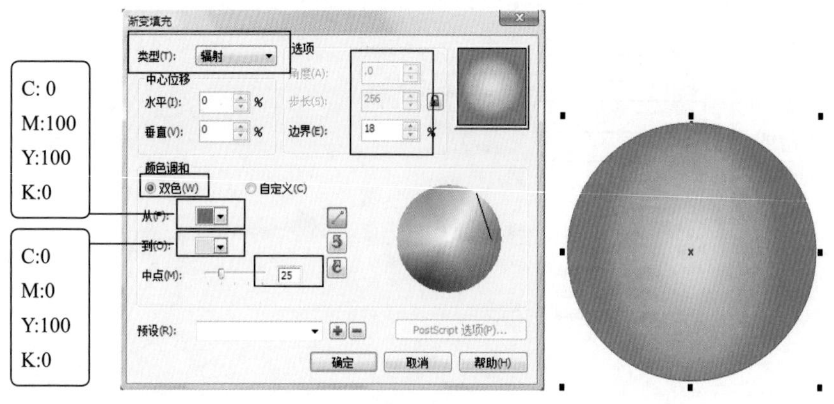

图12-29 【渐变填充】对话框

04 删除椭圆形的轮廓。

05 运用【椭圆工具】，再绘制4个椭圆形，大小及位置如图12-30所示。

06 选择上一步绘制的4个椭圆形，按键盘上的F12键，在弹出的【轮廓笔】对话框中，设置轮廓颜色为黄色（CMYK：100、0、0、0），轮廓宽度为1mm，如图12-31所示。

07 运用工具箱中的【贝塞尔工具】，绘制如图12-32所示的封闭曲线。

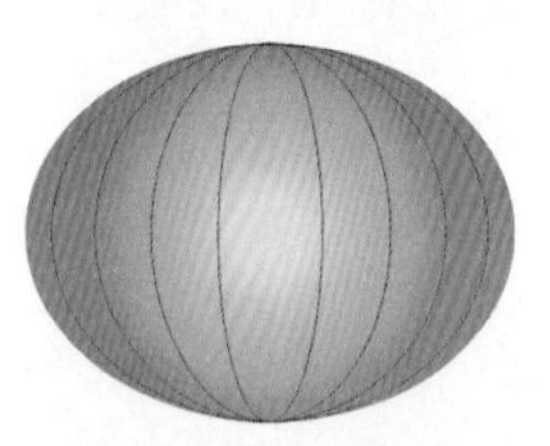

图12-30 绘制椭圆

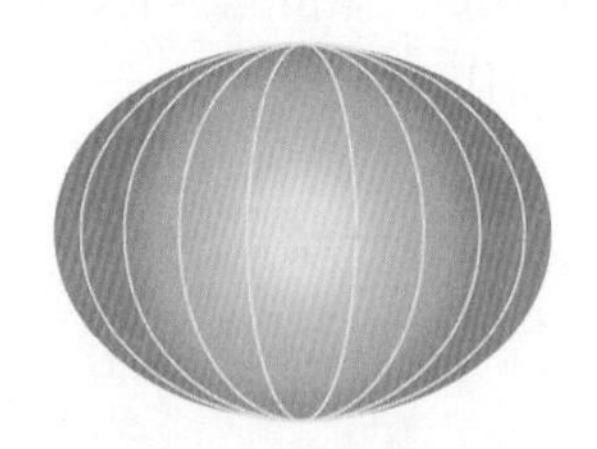

图12-31 编辑轮廓

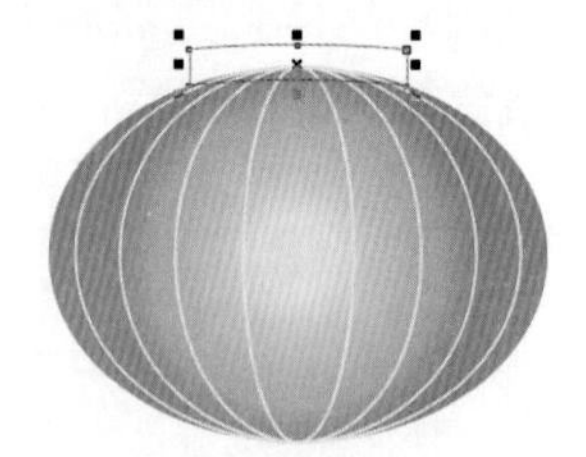

图12-32 绘制曲线

08 按键盘上的F11键，在弹出的对话框中设置参数，如图12-33所示。

09 删除曲线轮廓。将图形垂直镜像复制一个，调整到椭圆形的下方，如图12-34所示。

10 单击工具箱中的（贝塞尔工具）按钮，绘制如图12-35所示的两条曲线。

11 按键盘上的空格键，切换为（选择工具）；选择灯笼上方的曲线，设置轮廓颜色为红色，轮廓宽度为1.5mm。

12 选择灯笼下方的曲线，设置轮廓颜色为红色，轮廓宽度为0.7mm，然后将曲线复制多条，调整位置，如图12-36所示。

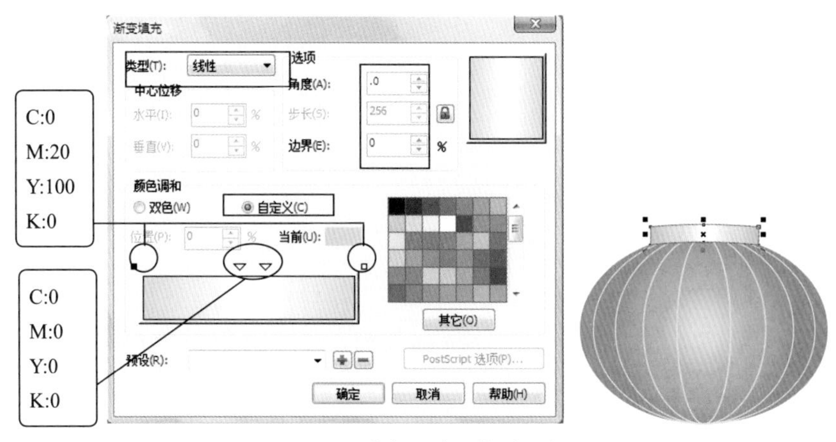

图12-33 【渐变填充】对话框

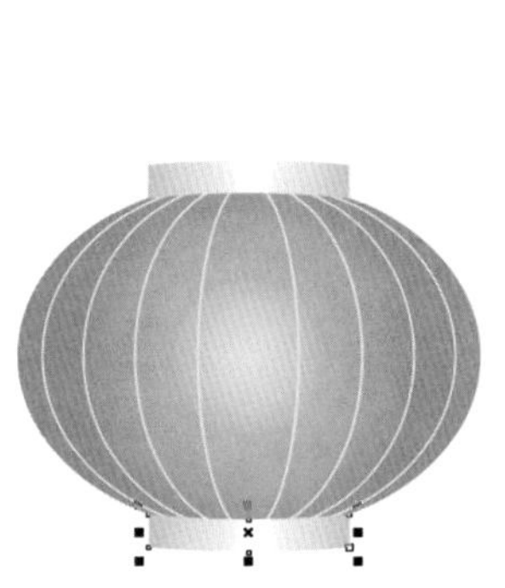

图12-34 复制后的位置

图12-35 绘制曲线

⑬ 将灯笼下方的红色曲线全部选择并群组，单击“交互式”展开工具栏中的（交互式透明工具）按钮，设置渐变透明效果，如图12-37所示。

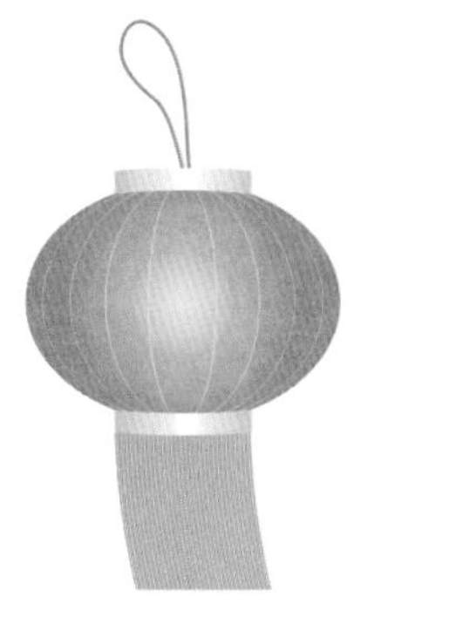

图12-36 复制曲线

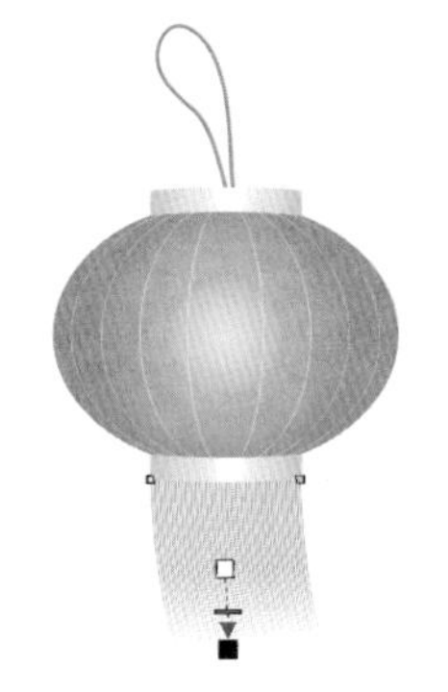

图12-37 编辑后的效果

⑭ 运用工具箱中的（文本工具），输入“福”字，在属性栏中设置字体为 华文行楷，调整位置，如图12-38所示。

⑮ 运用“曲线”展开工具栏中的（艺术笔工具），单击属性栏中的（喷涂）按钮，切换为【喷罐】工具，单击属性栏中的（添加到喷涂列表对话框）按钮，将“福”字添加到【喷涂】列表中。

⑯ 在【喷涂】列表中选择福图形，在如图12-39所示的位置绘制一条曲线。

⑰ 在属性栏中单击【旋转】按钮，设置【角度】为0；单击【偏移】按钮，在弹出的面板中，取消【使用偏移】选项的勾选，调整后的效果如图12-40所示。

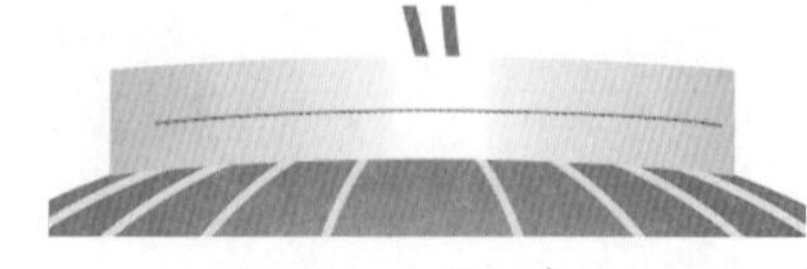

图12-38 文字位置　　　　图12-39 曲线形态

⑱ 在窗口右侧的调色板中，单击黄色按钮，将艺术效果填充为黄色（CMYK：100、0、0、0）。

⑲ 按键盘上的 + 键，将艺术图形复制一组，灯笼的下方，运用工具相中的（形状工具）按钮，编辑曲线的形态如图12-41所示。

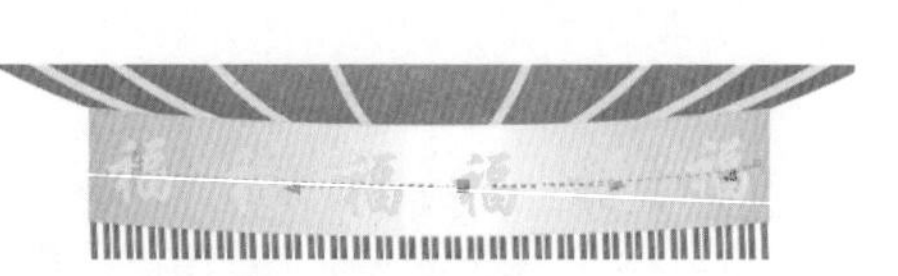

图12-40 调整后的效果　　　　图12-41 曲线的形态

⑳ 选择椭圆形中间的“福”字，按键盘上的F11键，在弹出的对话框中设置参数，如图12-42所示。

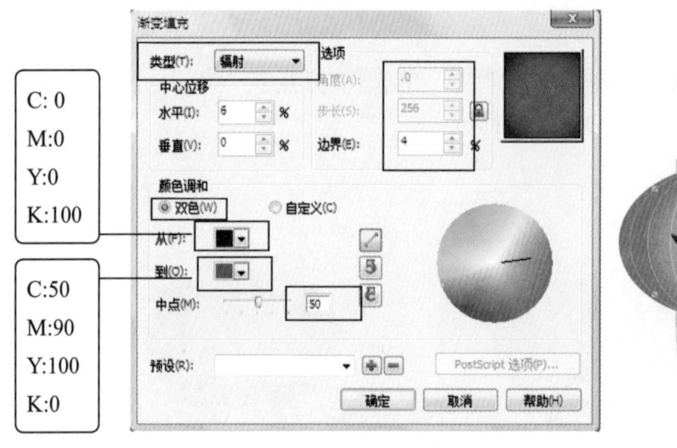

图12-42 【渐变填充】对话框

㉑ 保存文件，命名为“灯笼.cdr”。

实例总结

在本例的制作过程中，主要运用了【椭圆工具】、【渐变填充工具】、【贝塞尔工具】、【艺术笔工具】、【文字工具】、【交互式透明工具】等，应重点掌握艺术笔工具的使用方法。

Example 实例 141　星形工具——石英表

实例目的

本例综合运用【椭圆工具】、【渐变填充工具】、【贝塞尔工具】、【智能填充工具】、【星形工具】、【交互式透明工具】等，绘制出“石英表”图形，效果如图12-43所示。

图12-43 石英表效果

实例要点

- 运用【椭圆工具】、【智能填充工具】和【渐变填充工具】制作出表盘。
- 运用【星形工具】制作出石英表中的刻度。
- 运用【贝塞尔工具】和【交互式透明工具】制作出石英表上的高光。
- 运用【贝塞尔工具】绘制出指针。
- 运用【交互式阴影工具】制作出石英表的阴影。

操作步骤

01 在CorelDRAW X5中新建文件。

绘制轮廓

02 运用工具箱中的 （椭圆工具），按住键盘上的Ctrl键，在绘图区中绘制一个圆形。

03 在“填充”展开工具栏中单击 （渐变填充）按钮，在弹出的对话框中设置参数，如图12-44所示。

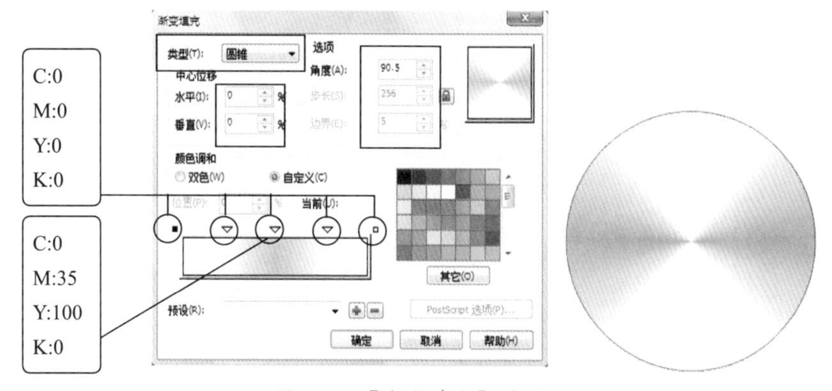

图12-44 【渐变填充】对话框

04 按住键盘上的Shift键，等比例缩小圆形，按键盘上的↑方向键，向上调整圆形的位置，如图12-45所示。

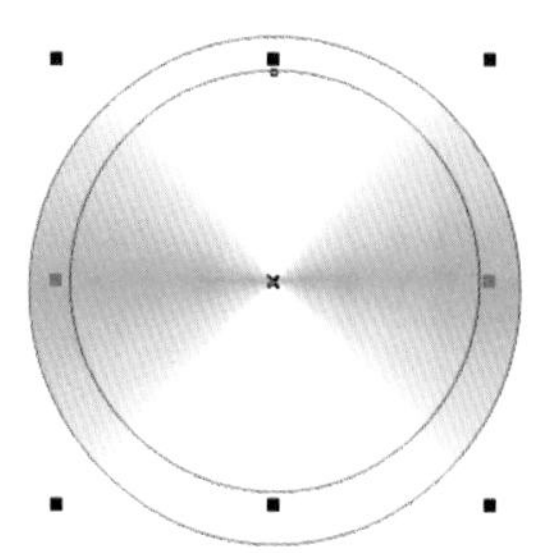

图12-45 调整后的位置

05 取消轮廓，在“填充”展开工具栏中单击（渐变填充）按钮，在弹出的【渐变填充】对话框中设置参数，如图12-46所示。

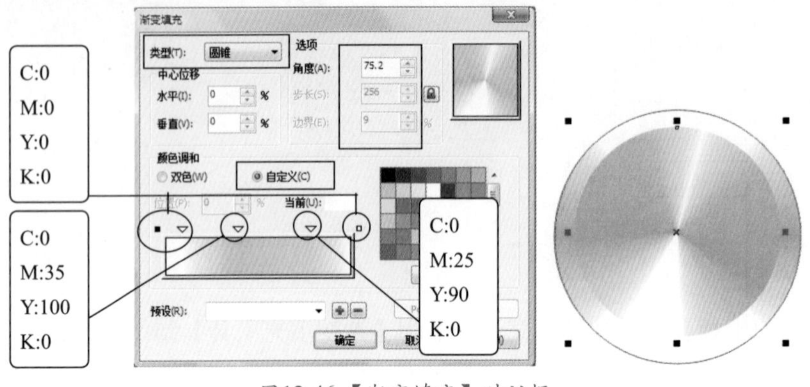

图12-46 【渐变填充】对话框

06 运用工具箱中的（手绘工具）和（贝塞尔工具），在如图12-47所示的位置绘制一条辅助曲线。

07 单击工具箱中的（智能填充工具）按钮，填充如图12-48所示的图形。

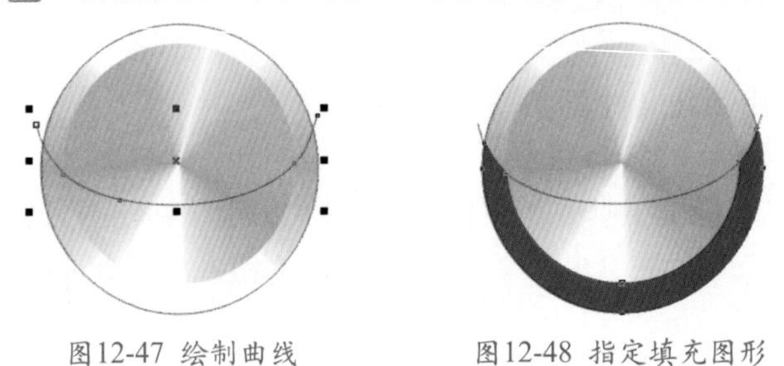

图12-47 绘制曲线　　图12-48 指定填充图形

08 删除绘制的曲线。

09 选择指定填充的图形，按键盘上的F11键，在弹出的对话框中设置参数，如图12-49所示。

10 运用工具箱中的（椭圆工具）绘制一个圆形，调整大小及位置，如图12-50所示。

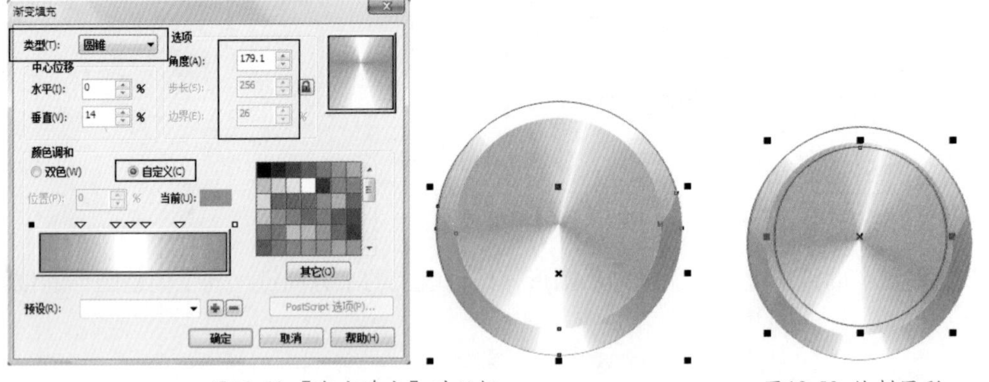

图12-49 【渐变填充】对话框　　图12-50 绘制圆形

11 按键盘上的F11键，打开【渐变填充】对话框，参数设置如图12-51所示。

12 删除圆形的轮廓。

绘制刻度

13 单击（多边形工具）按钮，按住盘上的Ctrl键，绘制一个五角星形，填充为蓝色（CMYK：100、100、0、0），取消轮廓，调整到如图12-52所示的位置。

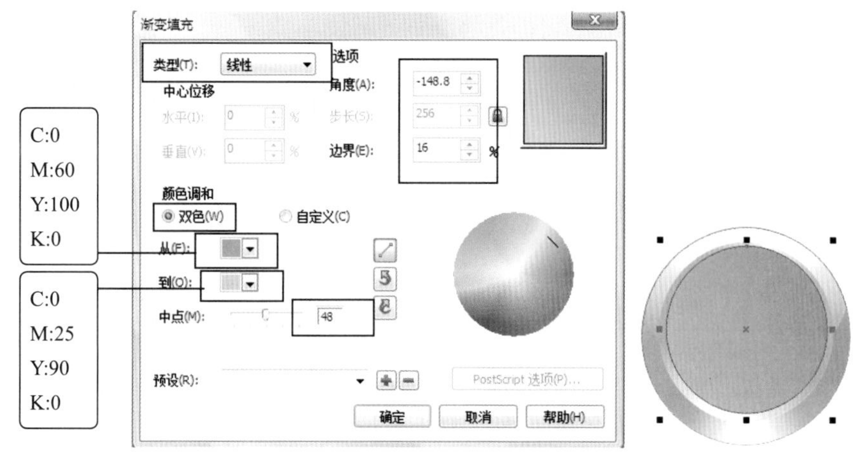

图12-51 【渐变填充】对话框

⑭ 将五角星形复制7个，调整位置，如图12-53所示。

⑮ 运用“手绘”展开工具栏中的（贝塞尔工具），绘制如图12-54所示的图形，填充为白色并取消轮廓。

图12-52 绘制星形　　图12-53 复制后的位置　　图12-54 绘制图形

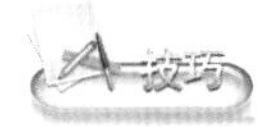

制作石英表中的刻度。绘制一个圆形，将圆形换转为曲线，选择圆形中的任意一个节点，将其断开，然后运用【交互式调和工具】调和星形，将圆形指定为新路径，设置起始和结束星形的位置在断开的节点处，设置调和步数为7，最后拆分调和图形，删除圆形和圆形断开节点处重合的一个星形。

⑯ 选择上方的白色图形，单击工具箱中的（交互式调和工具）和（交互式透明工具）按钮，从已选择图形的上方向下拖曳鼠标，效果如图12-55所示。

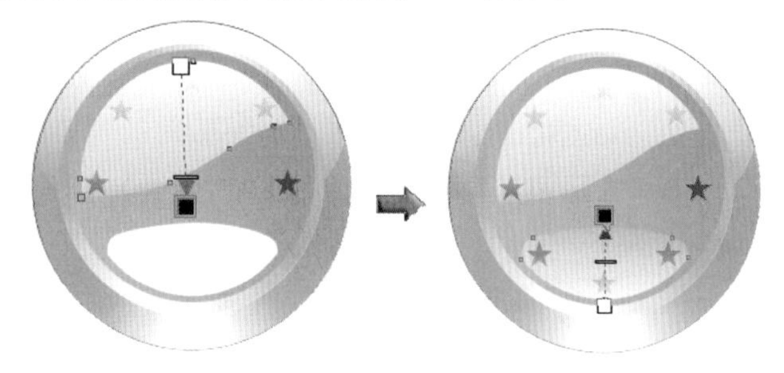

图12-55 线性透明效果

⑰ 单击【贝塞尔工具】按钮，绘制两条直线，位置如图12-56所示。

⑱ 选择所绘制的直线，设置轮廓颜色为白色（CMYK：0、0、0、0）。

⑲ 选择中间的直线（石英表的分针），设置轮廓宽度为0.7mm，设置另一条直线（石英表的秒针）的轮廓宽度为0.25mm，如图12-57所示。

⑳ 运用（贝塞尔工具），绘制如图12-58所示的封闭曲线。

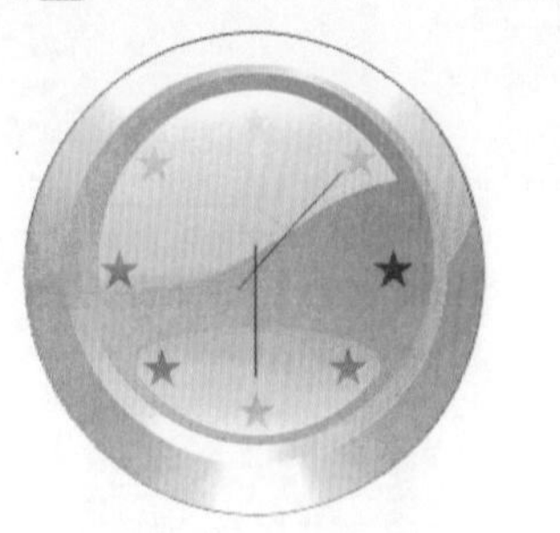

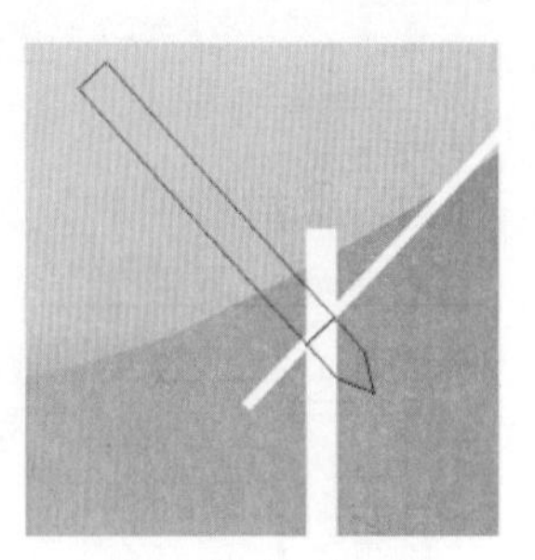
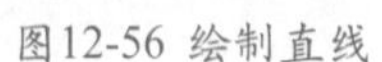

图12-56 绘制直线　　图12-57 设置直线的宽度　　图12-58 绘制曲线

㉑ 确认刚绘制的曲线处于选择状态，按键盘上的F11键，在弹出的【渐变填充】对话框中设置参数，如图12-59所示。

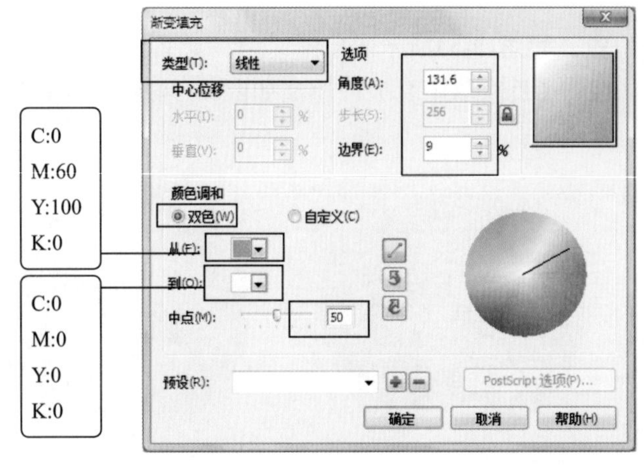

图12-59 【渐变填充】对话框

㉒ 在指针的中心位置绘制一个圆形，设置轮廓颜色为30%黑（CMYK：0、0、0、30），填充颜色为深灰色（CMYK：0、0、0、60），效果如图12-60所示。

㉓ 按键盘上的Ctrl + A键，选择全部图形，并将其群组。

㉔ 运用【交互式阴影工具】，制作出石英表的阴影效果，如图12-61所示。

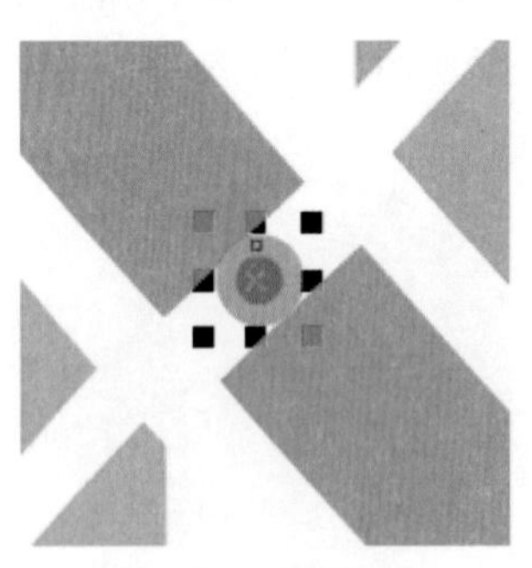
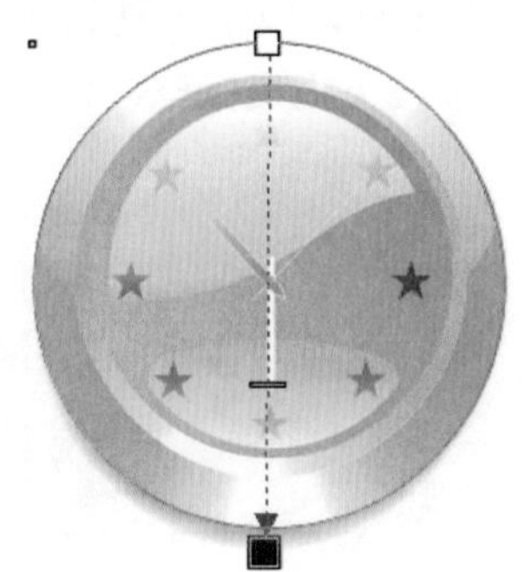

图12-60 绘制圆形　　图12-61 制作阴影效果

㉕ 保存文件，命名为“石英表.cdr”。

实例总结

在本例的制作过程中，运用了【椭圆工具】、【渐变填充工具】、【贝塞尔工具】、【智能填充工具】、【星形工具】、【交互式透明工具】等，应重点掌握渐变色的设置。

Example 实例 142 精确裁剪——扇子

实例目的

本例综合运用【星形工具】、【椭圆工具】、【智能填充工具】、【交互式透明工具】、【贝塞尔工具】、【交互式阴影工具】、【渐变填充工具】，以及【精确裁剪】、【接合】、【斜角】命令，制作出“扇子”，效果如图12-62所示。

实例要点

- 绘制扇面。
- 导入图形。
- 将导入图形置入扇面容器中。
- 绘制竹签。
- 制作阴影。

图12-62 扇子效果

操作步骤

01 在CorelDRAW X5中新建文件。

制作扇面

02 单击“对象”展开工具栏中的☆（星形工具）按钮，在属性栏中设置【星形及复杂星形的多边形点和边数】为62，【星形和复杂星形的尖角】为1，如图12-63所示。

图12-63 属性栏

03 在绘图区中，按住键盘上的Ctrl键，绘制一个多边形。

04 单击属性栏中的（转换为曲线）按钮，将多边形转换为曲线。

05 选择工具箱中的（形状工具），删除多边形上多余的节点，将多边形调整成一个有折边的扇形，如图12-64所示（注意，在下面的操作中，将编辑后的多边形简称为“扇形A”）。

06 运用工具箱中的（椭圆工具），按住键盘上的Ctrl键，在多边形的下端绘制一个圆形，位置如图12-65所示。

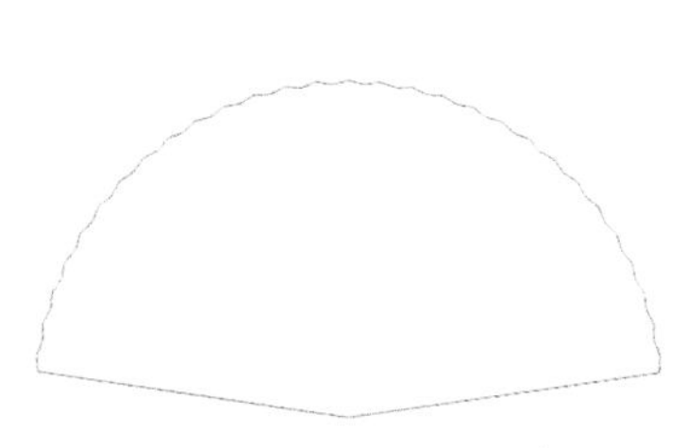

图12-64 调整后的形态

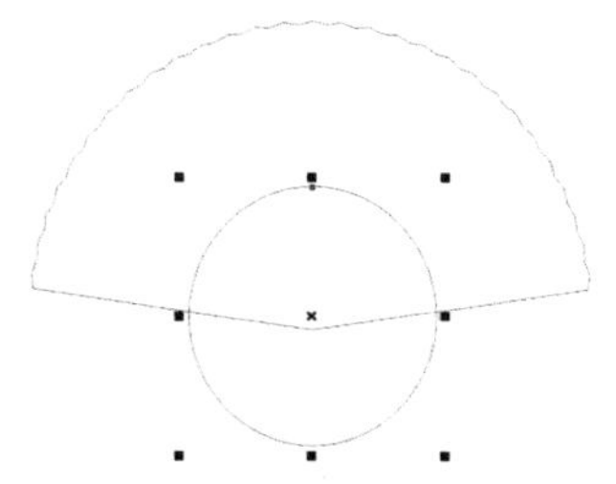

图12-65 圆形的位置

07 选择工具箱中的（智能填充工具），在属性栏中，设置填充颜色为黑色，填充如图12-66所示的图形。（注意，在下面的操作中，将填充的图形简称为“扇形B”）

08 删除扇形B的轮廓，将扇形B调整至其他位置，然后导入“竹子.jpg”文件（光盘\第12章\素材），如图12-67所示。

09 单击【效果】/【精确裁剪】/【放置在容器中】命令，将导入图片置于扇形B中，效果如图12-68所示。

10 单击【效果】/【精确裁剪】/【编辑内容】命令，调整图片的位置，如图12-69所示。

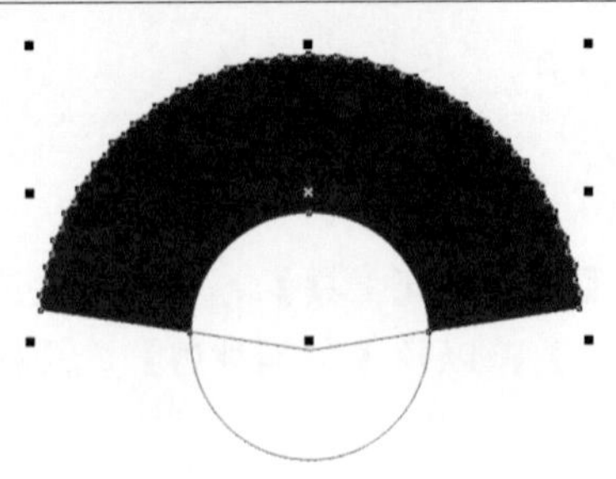
图12-66 指定填充图形

图12-67 导入图片

图12-68 置入图片后的效果

图12-69 调整图片的位置

⑪ 单击【效果】/【精确裁剪】/【完成编辑】命令，编辑后的效果如图12-70所示。

⑫ 运用工具箱中的（星形工具），在属性栏中设置【星形及复杂星形的多边形点和边数】为124（即上一个星形图形的2倍），【星形和复杂星形的尖角】为99，按住键盘上的Ctrl键，绘制一个比前一个星形图形稍大的星形，调整到如图12-71所示的位置。

图12-70 编辑后的效果

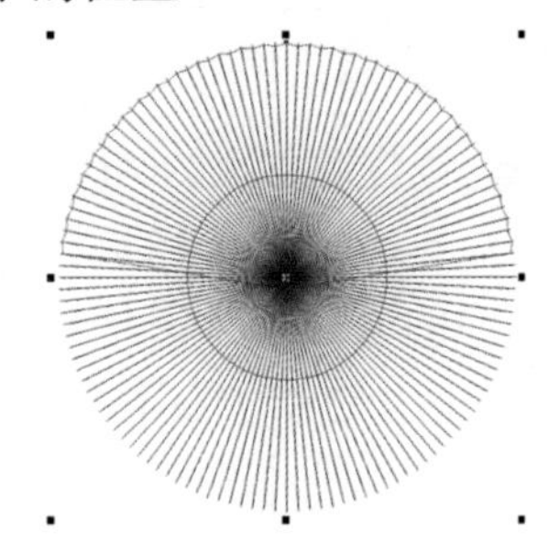
图12-71 绘制星形

⑬ 运用工具箱中的（智能填充工具），填充如图12-72所示的图形，制作出扇面的折叠效果。

⑭ 选择上一步操作中指定填充的图形，单击属性栏中的（接合）按钮，将图形合并为一个图形，删除轮廓，填充为灰色（CMYK：0、0、0、30）（在后面将此图形称为“折页”），然后选择星形及扇形A，按键盘上的Delete键，将其删除，如图12-73所示。

图12-72 填充图形

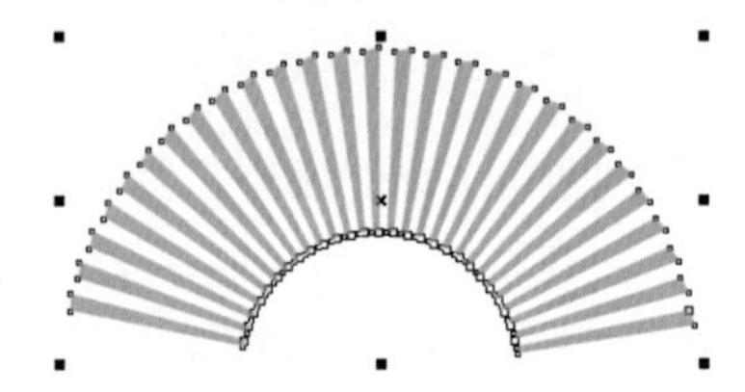
图12-73 编辑后的图形

⑮ 调整折页图形至扇形B图形上，如图12-74所示。

⑯ 运用“交互式”展开工具栏中的（交互式透明工具），移动鼠标指针至折页图形上，按住鼠标拖曳，在属性栏中设置【透明度类型】为圆锥，效果如图12-75所示。

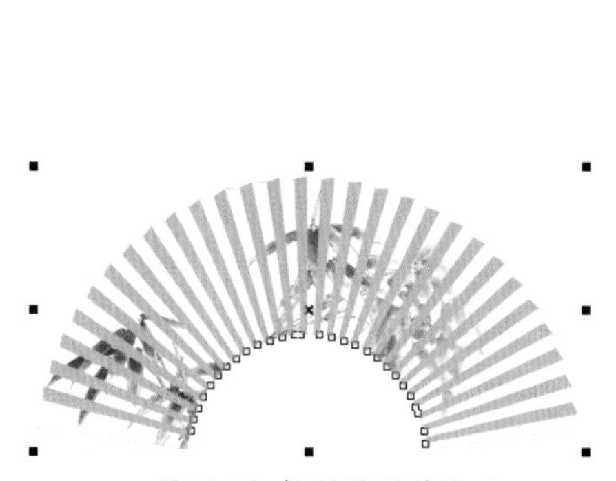

图12-74 折页图形的位置

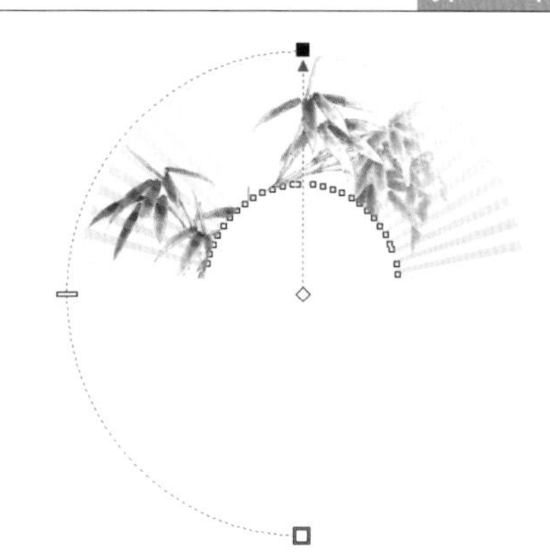

图12-75 编辑后的效果

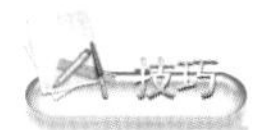

将运用【智能填充工具】创建的多个对象接合为一体，然后再对这个对象添加透明效果，可节省电脑资源。试一下，将多个对象群组后，添加透明效果后的文件大小。

绘制竹签

⑰ 运用工具箱中的（贝塞尔工具），在绘图区中绘制如图12-76所示的封闭图形。

⑱ 单击工具箱中的（椭圆工具），在绘图区中，绘制多个圆形，位置如图12-77所示。

图12-76 绘制图形

图12-77 圆形的位置

⑲ 运用工具箱中的（智能填充工具），在属性栏中设置填充颜色为咖啡色（CMYK：15、62、93、65），填充如图12-78所示的图形。

图12-78 填充图形

⑳ 单击【效果】/【斜角】命令，在弹出的【斜角】对话框中设置参数，如图12-79所示。

㉑ 单击 应用 按钮，编辑后的效果如图12-80所示。

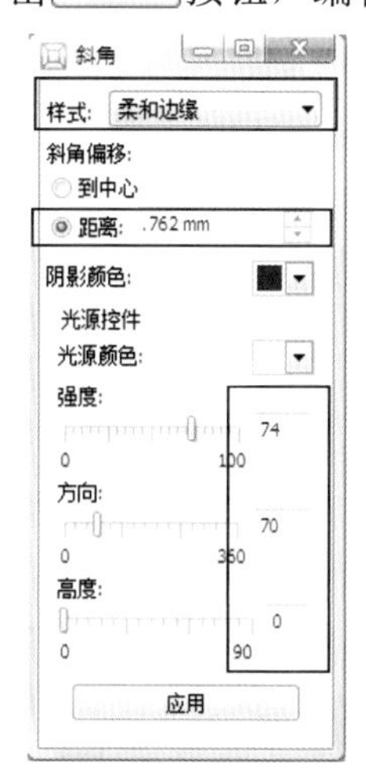

图12-79 【斜角】对话框

图12-80 编辑后的效果

㉒ 在属性栏中设置旋转合适的角度，调整图形的位置，如图12-81所示。

㉓ 运用旋转复制的方法，将竹签图形复制多个，效果如图12-82所示。

㉔ 选择圆形，填充为白色，调整到如图12-83所示的位置。

图12-81 编辑后的位置

图12-82 复制后的位置

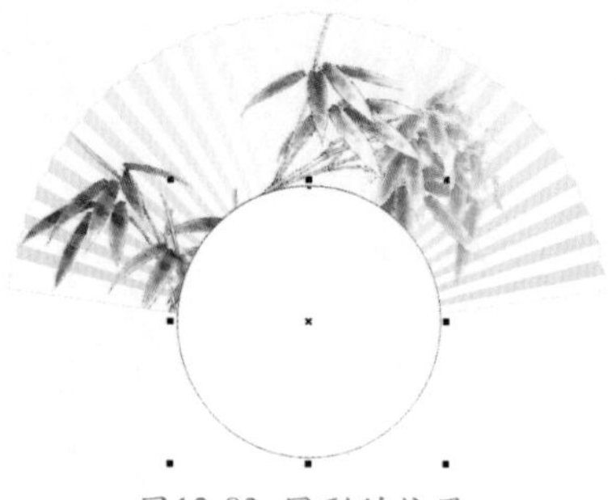

图12-83 圆形的位置

㉕ 将制作的竹签图形群组，按键盘上的Shift + PageUp键，调整到图层后面。

㉖ 在属性栏中单击（饼形）按钮，设置起始和结束角度分别为3、177，如图12-84所示。

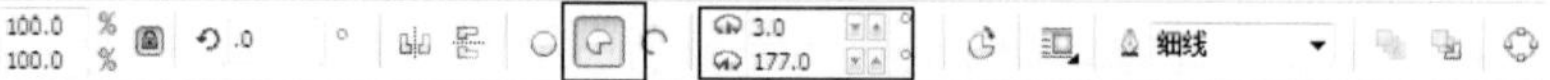

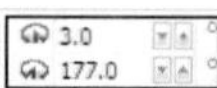

图12-84 属性栏

㉗ 按键盘上的Ctrl + Q键，将饼形转换为曲线。

㉘ 运用工具箱中的（形状工具），调整饼形中心节点的位置，如图12-85所示。

㉙ 删除饼形的轮廓，单击“交互式”展开工具栏中的（交互式透明工具），移动鼠标指针至饼形上，按住鼠标左键拖曳，在属性栏中设置【透明度类型】为圆锥，如图12-86所示。

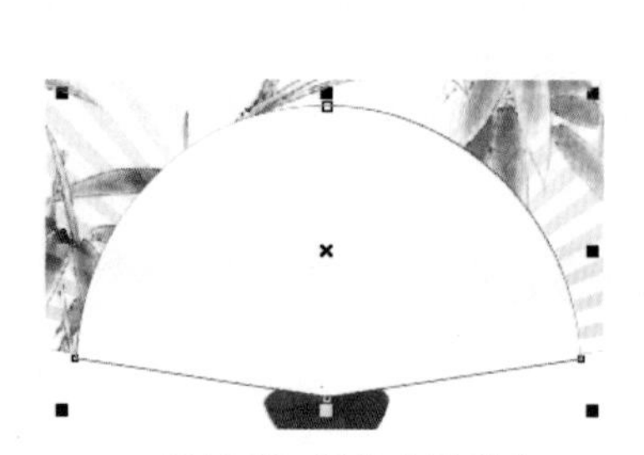

图12-85 调整后的形态

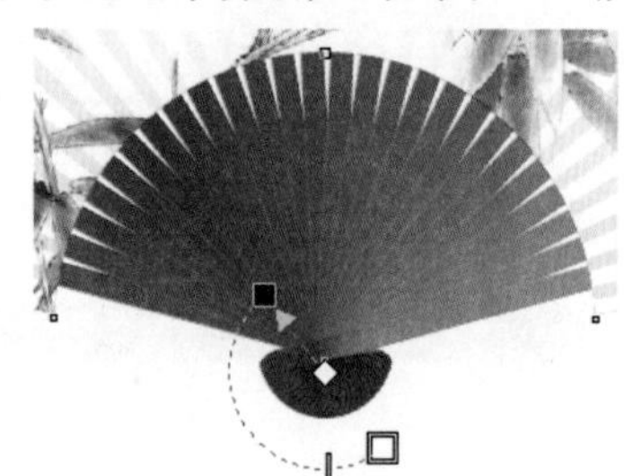

图12-86 编辑后的效果

制作一个饼形并添加透明效果，避免了在竹签上逐一制作的麻烦。

㉚ 运用【贝塞尔工具】，绘制如图12-87所示的封闭图形。

图12-87 绘制图形

㉛ 确认绘制的图形处于选择状态，将图形填充为黑色，按键盘上的 + 键，将其复制一个，再按键盘上的F11键，在弹出的【渐变填充】对话框中设置参数，如图12-88所示。

㉜ 调整复制后图形的位置，如图12-89所示。

㉝ 将图形群组，在属性栏中设置旋转角度为9.2，调整图形的位置，如图12-90所示。

㉞ 将图形水平镜像复制一个，调整到扇面的另一侧，如图12-91所示。

㉟ 按键盘上的 + 键，复制图形，按键盘上的Shift + PageDown键，将图形置于底层。

㊱ 选择前面的图形，运用“交互式”展开工具栏中的（交互式透明工具），调整渐变填充方式，如图12-92所示。

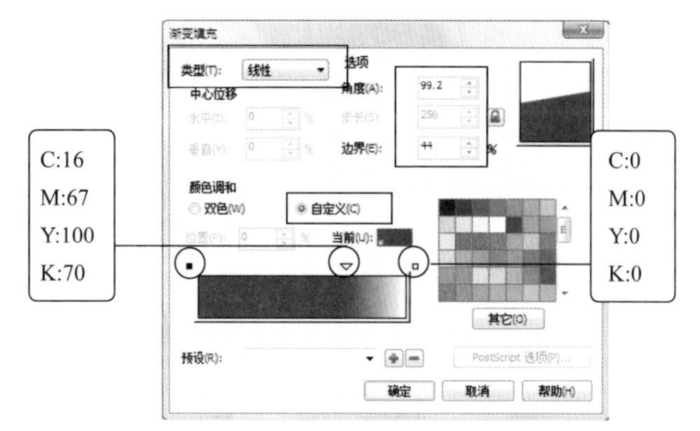

图12-88 【渐变填充】对话框

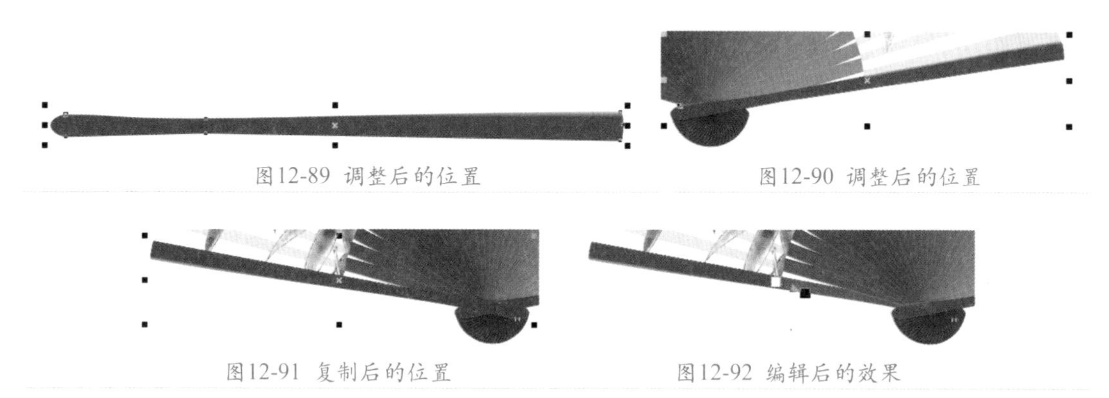

图12-89 调整后的位置

图12-90 调整后的位置

图12-91 复制后的位置

图12-92 编辑后的效果

㊲ 按键盘上的F11键，打开【渐变填充】对话框，设置渐变类型为线性，将颜色调和为双色，从黑色（CMYK：0、0、0、100）到白色，如图12-93所示。

㊳ 按键盘上的Ctrl + A键，选择全部图形，单击属性栏中的（群组）按钮，将其群组。

㊴ 运用“交互式”展开工具栏中的（交互式阴影工具），制作出扇子的阴影，在属性栏中设置参数，如图12-94所示。

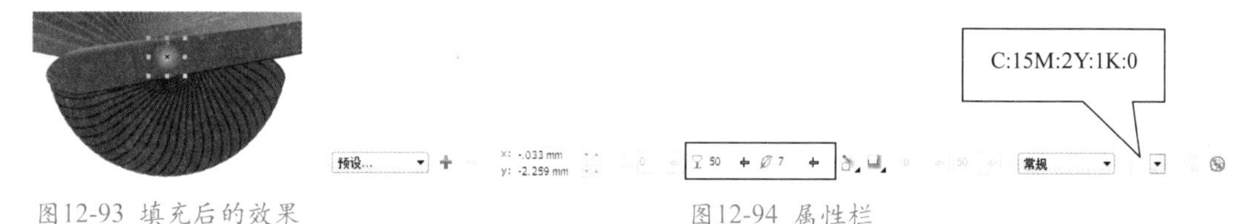

图12-93 填充后的效果

图12-94 属性栏

㊵ 编辑后的效果如图12-95所示。

㊶ 保存文件，命名为“扇子.cdr”。

实例总结

在本例的制作过程中，运用了【星形工具】、【椭圆工具】、【智能填充工具】、【交互式透明工具】、【贝塞尔工具】、【交互式阴影工具】等，应重点掌握扇面折页的制作。

图12-95 编辑后的效果

Example 实例 143 渐变填充——不锈钢茶具

实例目的

本例综合运用【椭圆工具】、【贝塞尔工具】、【渐变填充工具】、【矩形工具】、【智能填充工具】、【交互式透明工具】工具和【接合】、【修剪】命令，制作出“不锈钢茶具”效果，如图12-96所示。

图12-96 不透钢茶具效果

实例要点

◆ 运用【椭圆工具】和【渐变填充】制作碟子。

◆ 运用【矩形工具】、【椭圆工具】、【渐变填充工具】、【交互式透明工具】、【智能填充工具】及【接合】、【修剪】命令制作出杯子。

◆ 运用【贝塞尔工具】、【渐变填充工具】和【交互式透明工具】制作出杯把。

◆ 运用【渐变填充工具】、【贝塞尔工具】和【交互式透明工具】制作出不锈钢杯子与碟子的反光及高光部分。

操作步骤

01 在CorelDRAW X5中新建文件。

绘制碟子

02 运用工具箱中的（椭圆工具），在绘图区中绘制一个椭圆形，如图12-97所示。

03 将椭圆形复制一个，调整到如图12-98所示的位置。

04 选择两个椭圆形，单击属性栏中的（修剪）按钮，修剪图形，如图12-99所示。

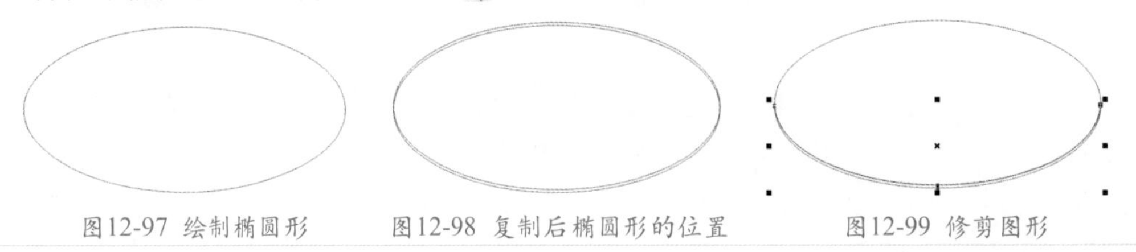
图12-97 绘制椭圆形　图12-98 复制后椭圆形的位置　图12-99 修剪图形

05 将修剪后的图形填充为灰色（CMYK：0、0、0、50），删除轮廓；选择复制后的椭圆形，删除轮廓，按键盘上的F11键，打开【渐变填充】对话框，参数设置如图12-100所示。

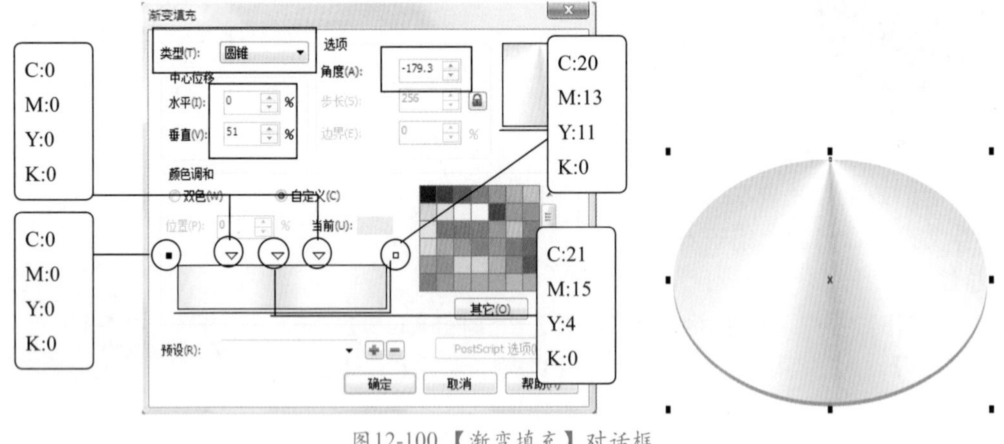

图12-100 【渐变填充】对话框

06 确认椭圆形处于选择状态，将其复制一个，填充为白色（CMYK：0、0、0、0），调整大小及位置，如图12-101所示。

07 将椭圆形再复制一个，打开【渐变填充】对话框，参数设置如图12-102所示。

08 按键盘上的 + 键，将椭圆形复制一个，然后按键盘上的Ctrl + Q键，将椭圆形转换为曲线，并填充为黑色（CMYK：0、0、0、100），最后运用（形状）工具，调整椭圆形的形态，如图12-103所示。

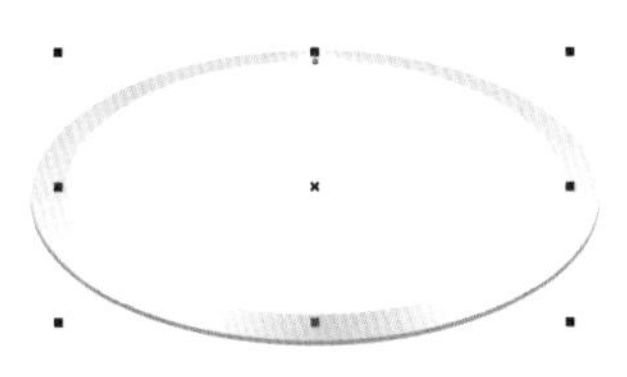

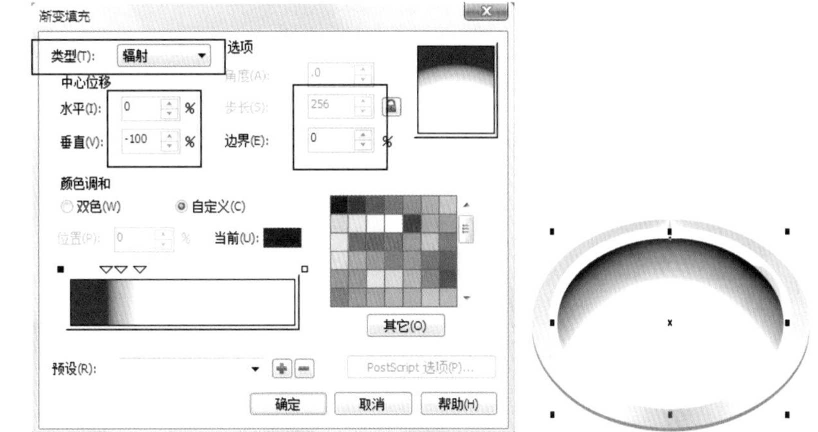

图12-101 复制后椭圆形的位置　　图12-102 【渐变填充】对话框

绘制杯子

09 运用（矩形工具）和（椭圆工具），在工作区中绘制一个矩形和两个椭圆形，位置如图12-104所示。

10 选择矩形及下方的椭圆形，单击属性栏中的（接合）按钮，接合图形，如图12-105所示。

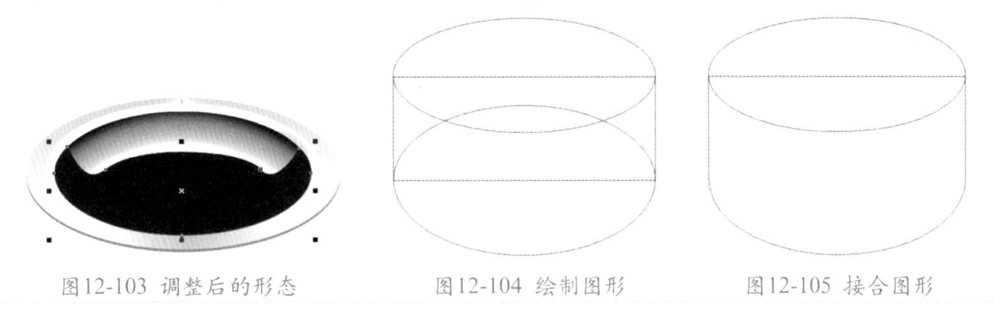

图12-103 调整后的形态　　图12-104 绘制图形　　图12-105 接合图形

11 按住键盘上的Shift键，选择椭圆形，按键盘上的 + 键，将其复制一组备用，按键盘上的左右方向键，调整图形的位置。

12 选择复制前的图形，单击属性栏中的（修剪）按钮，修剪图形，如图12-106所示。

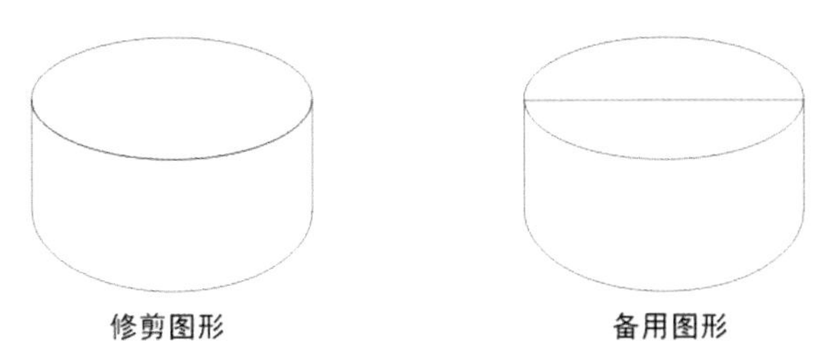

图12-106 修剪图形

13 选择修剪后的图形，设置轮廓颜色为浅灰色（CMYK：0、0、0、40），轮廓宽度为0.4mm，按键盘上的F11键，在弹出的【渐变填充】对话框中设置参数，如图12-107所示。

14 选择椭圆形，填充为白色，设置轮廓宽度为0.3mm，轮廓颜色为浅灰色（CMYK：0、0、0、20），效果如图12-108所示。

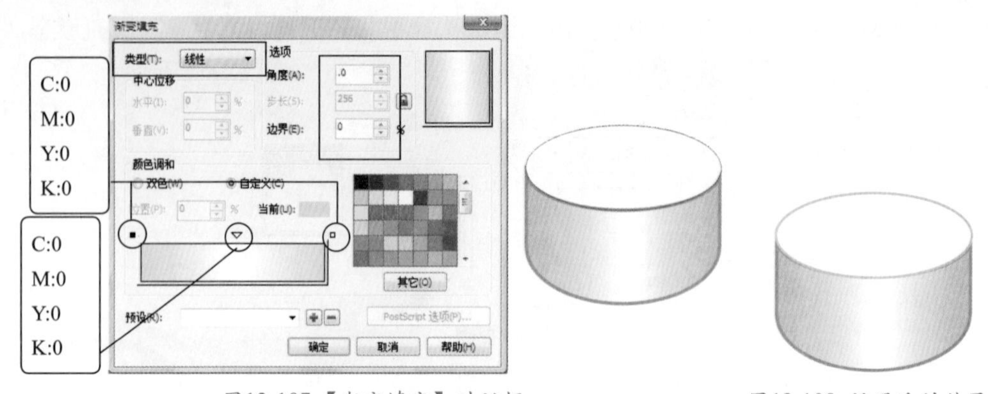

图12-107【渐变填充】对话框　　　　图12-108 设置后的效果

⑮ 运用“交互式”展开工具栏中的（交互式透明工具），移动鼠标指针至已选择的椭圆形上，由下至上拖曳，效果如图12-109所示。

图12-109 调整后的效果

⑯ 选择前面备份的椭圆形，将其复制两个，调整椭圆形的大小及位置，如图12-110所示。

⑰ 选择复制的两个椭圆形，单击属性栏中的（修剪）按钮，修剪图形，然后再将备份的椭圆形复制两个，调整大小及位置，如图12-111所示。

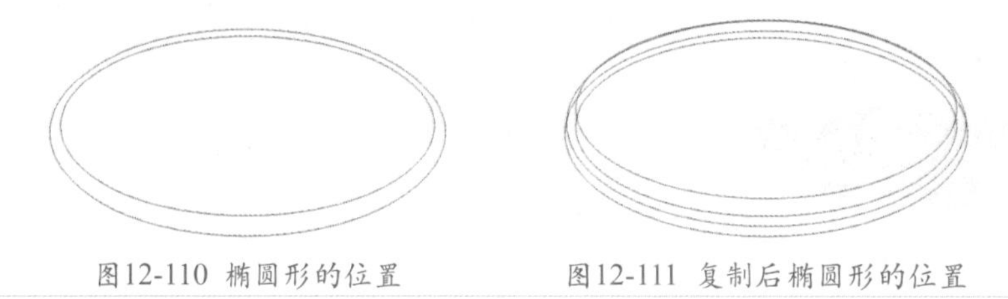

图12-110 椭圆形的位置　　　　图12-111 复制后椭圆形的位置

⑱ 运用（智能填充工具），在属性栏中，设置填充颜色为黑色（CMYK：0、0、0、100），填充相应的图形，如图12-112所示。

图12-112 指定填充的图形

⑲ 将修剪后的环形填充为灰色（CMYK：0、0、0、50），选择图形，按键盘上的F11键，在弹出的【渐变填充】对话框中设置参数，如图12-113所示。

⑳ 运用框选的方法，选择前一步操作中显示的图形，调整其位置，如图12-114所示。

㉑ 运用前面介绍的方法，制作弧形，然后打开【渐变填充】对话框，参数设置如图12-115所示。

㉒ 运用前面介绍的方法，绘制出如图12-116所示的图形，并填充相应的颜色。

㉓ 选择杯边的弧形，按键盘上的F11键，打开【渐变填充】对话框，参数设置如图12-117所示。

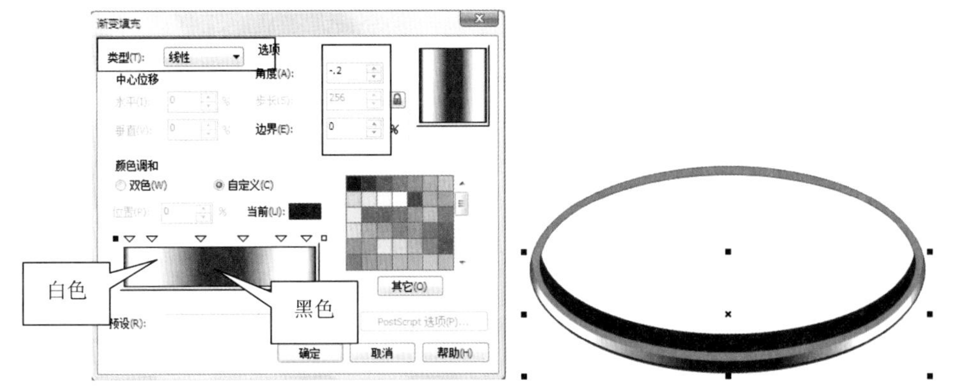

图12-113【渐变填充】对话框

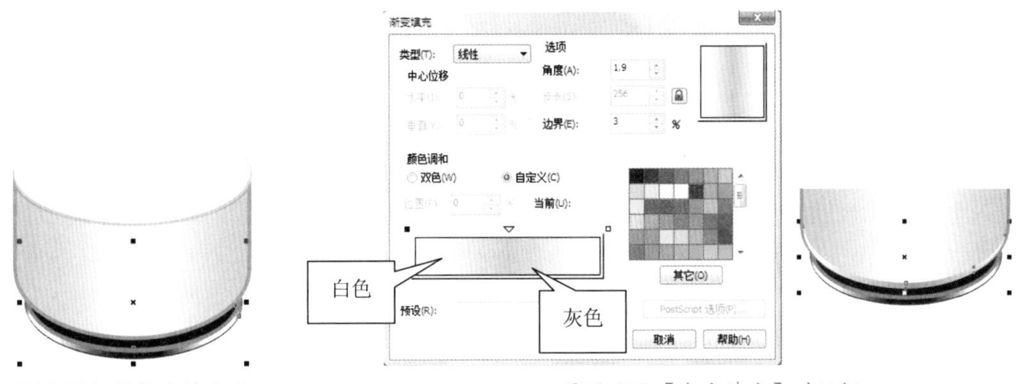

图12-114 调整后的位置　　图12-115【渐变填充】对话框

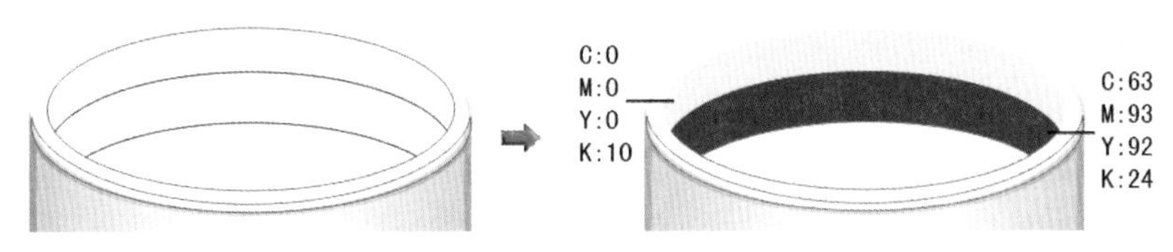

图12-116 填充图形

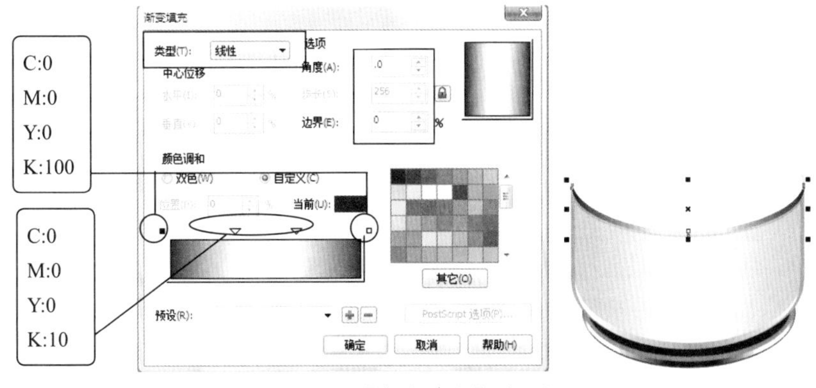

图12-117【渐变填充】对话框

㉔ 选择杯口中心的图形，按键盘上的F11键，在弹出的对话框中设置参数，如图12-118所示。

㉕ 选择杯口中填充为浅灰色的图形，按键盘上的+键，将其复制一个，填充为灰色（CMYK：0、0、0、50），单击（交互式透明工具）按钮，编辑图形渐变透明效果，如图12-119所示。

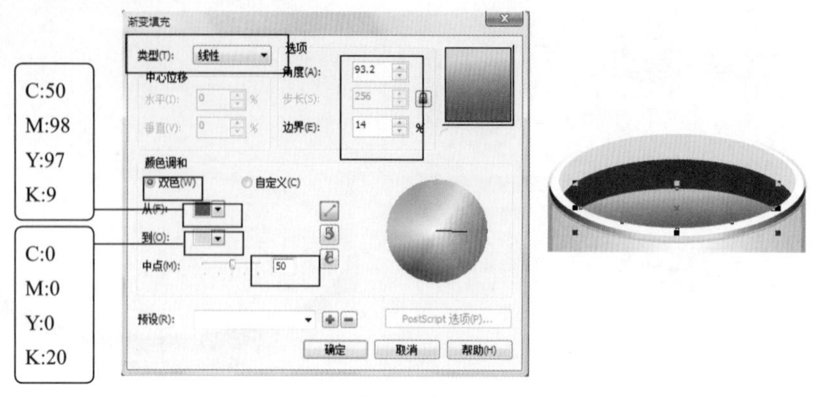

图12-118 【渐变填充】对话框

图12-119 编辑后的效果

㉖ 按键盘上的 + 键，单击属性栏中的（水平镜像）按钮，将复制的图形水平镜像，效果如图12-120所示。

绘制杯把

㉗ 运用（贝塞尔工具），绘制如图12-121所示的图形。

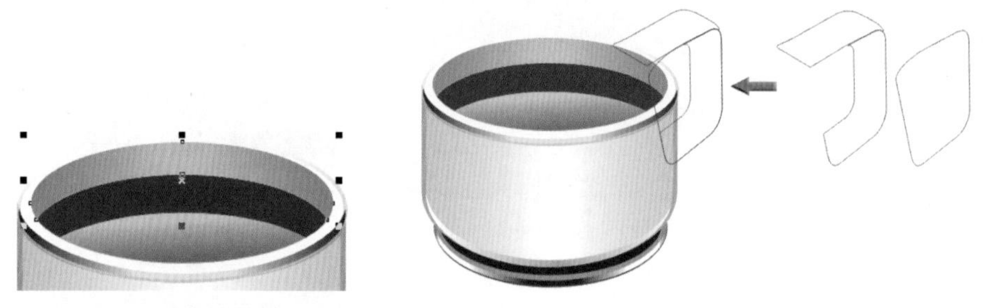

图12-120 编辑后的效果　　　　图12-121 绘制图形

㉘ 按键盘上的F11键，在弹出的对话框中设置参数，如图12-122所示。

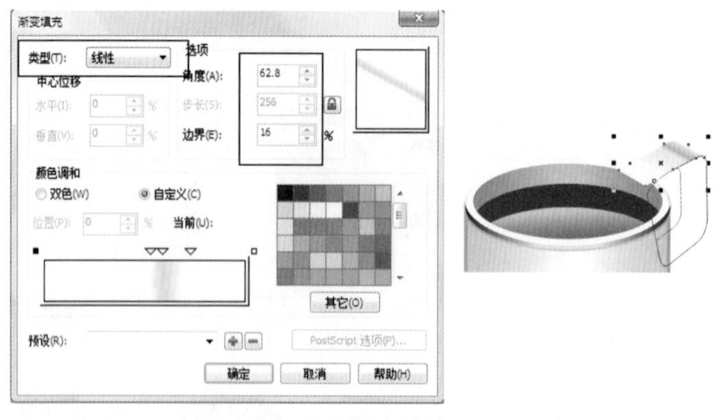

图12-122 【渐变填充】对话框

㉙ 打开【渐变填充】对话框，填充如图12-123所示的图形。

㉚ 选择杯把上最后一个图形，设置轮廓宽度为0.6mm，轮廓颜色为银灰色（CMYK：37、30、25、0）。

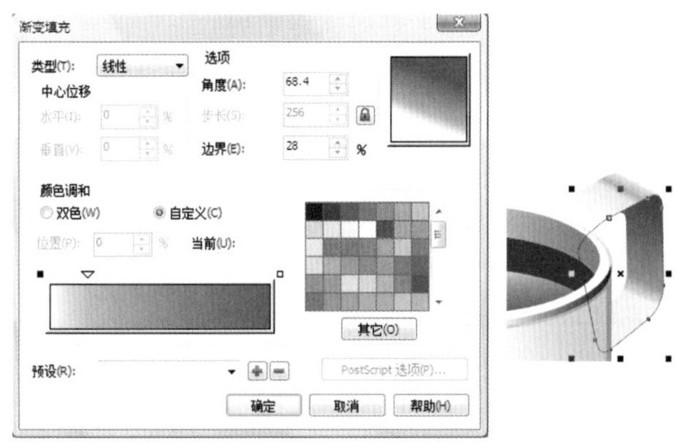

图12-123 【渐变填充】对话框

㉛ 运用工具箱中的（交互式透明工具），制作图形的渐变透明效果，如图12-124所示。

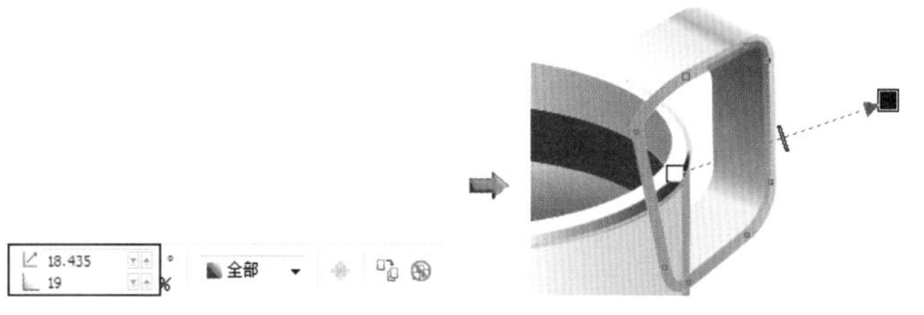

图12-124 渐变透明效果

㉜ 按键盘上的Ctrl + PageDown键，向后调整图形的位置，效果如图12-125所示。

㉝ 运用框选的方法，选择杯子图形，调整到碟子的中心位置，如图12-126所示。

图12-125 调整后的效果

图12-126 调整后的效果

制作反光和高光部分

㉞ 运用前面介绍的方法，在碟子上制作弧形，然后打开【渐变填充】对话框，参数设置如图12-127所示。

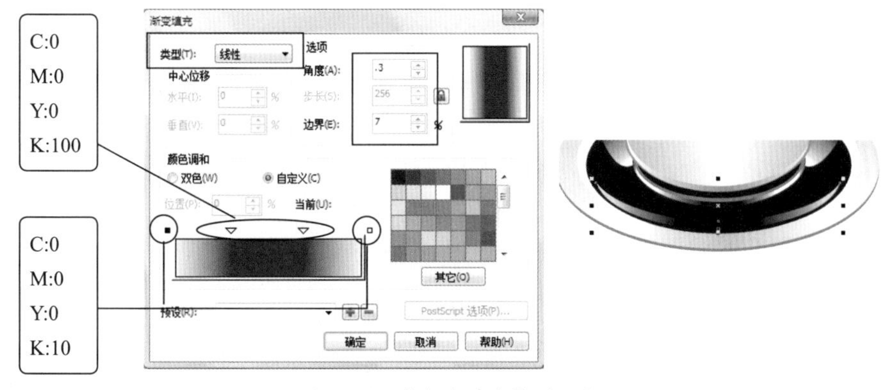

图12-127 【渐变填充】对话框

㉟ 在杯子的底部绘制一个弧形，打开【渐变填充】对话框，参数设置如图12-128所示。

㊱ 运用（贝塞尔工具），在杯子的边缘位置绘制如图12-129所示的图形。

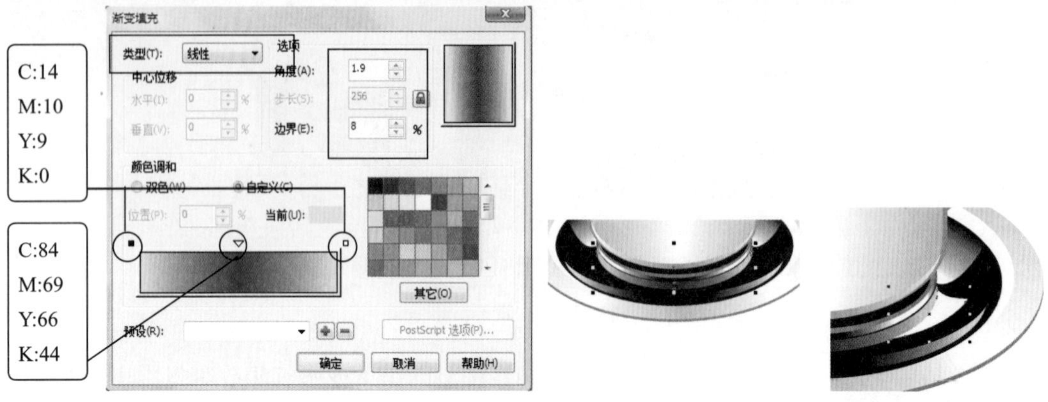

图12-128 【渐变填充】对话框　　图12-129 绘制图形

㊲ 按键盘上的F11键，在弹出的【渐变填充】对话框中设置参数，如图12-130所示。

㊳ 继续运用（贝塞尔工具），绘制如图12-131所示的图形。

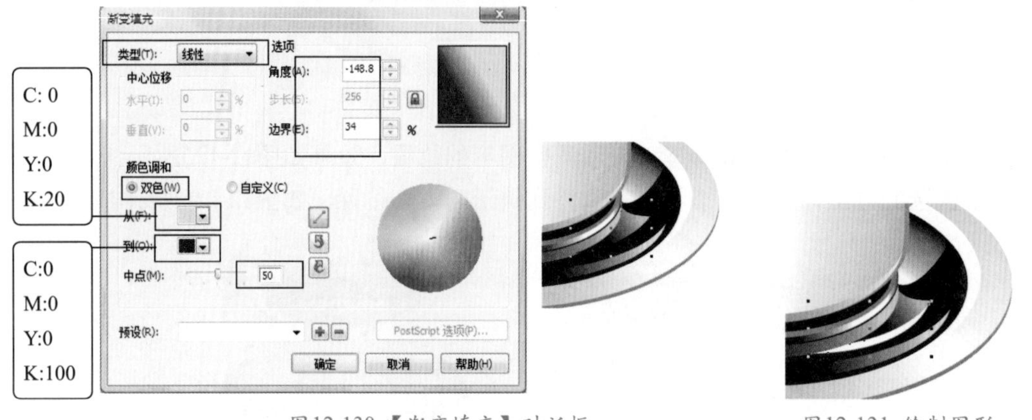

图12-130 【渐变填充】对话框　　图12-131 绘制图形

㊴ 为绘制的图形填充渐变效果，如图12-132所示。

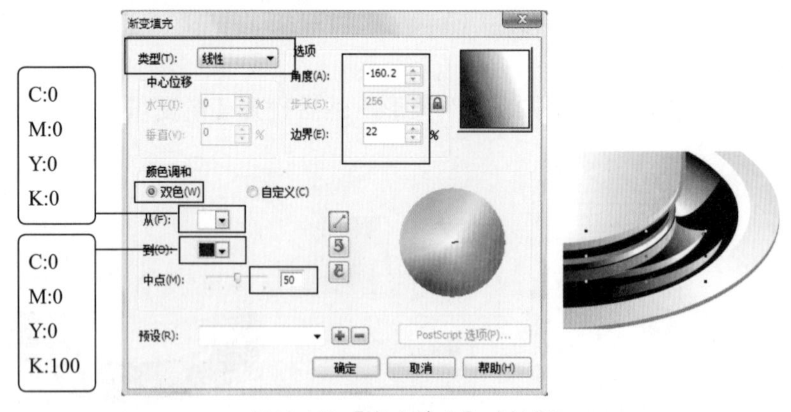

图12-132 【渐变填充】对话框

㊵ 在碟子的边缘位置绘制出如图12-133所示的图形。

㊶ 将所绘制的图形填充为浅灰色（CMYK：11、8、7、0），删除轮廓。

㊷ 选择前面备用的图形2，调整大小及位置，如图12-134所示。

图12-133 绘制图形

图12-134 调整后的位置

㊸ 确认图形2处于选择状态，设置轮廓宽度为0.9mm，轮廓颜色为浅灰色（CMYK：0、0、0、40），然后按键盘上的F11键，打开【渐变填充】对话框，参数设置如图12-135所示。

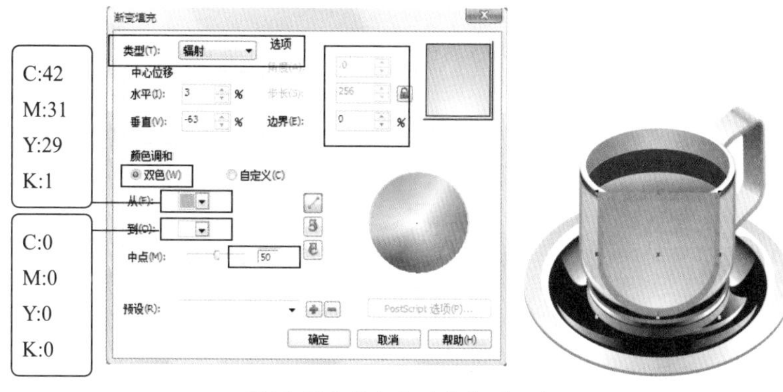

图12-135 【渐变填充】对话框

㊹ 单击（交互式透明工具）按钮，在处于选择状态的图形上由上向下拖曳鼠标，效果如图12-136所示。

㊺ 运用（贝塞尔工具），在杯壁上绘制一条曲线，设置其轮廓宽度为0.9mm，轮廓颜色为深灰色（CMYK：0、0、0、70），如图12-137所示。

图12-136 透明效果

图12-137 曲线的形态

㊻ 选择（交互式透明工具），在属性栏的【透明度类型】下拉列表中选择【辐射】选项，如图12-138所示。

㊼ 运用（手绘工具），按住键盘上的Ctrl键，绘制一条直线，设置轮廓宽度为0.25mm，如图12-139所示。

图12-138 编辑后的效果

图12-139 绘制直线

48 选择（交互式透明工具），在属性栏中设置参数，如图12-140所示。

49 将直线复制一条，调整到如图12-141所示的位置。

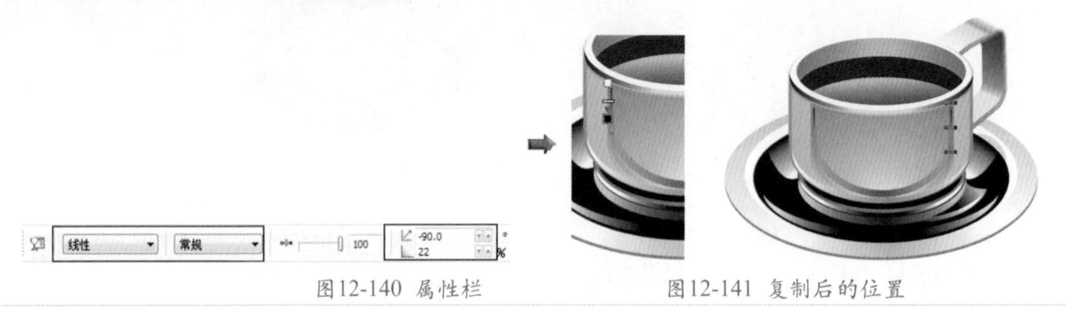

图12-140 属性栏　　　图12-141 复制后的位置

50 保存文件，命名为“不锈钢茶具.cdr”。

实例总结

本例的制作较多地运用了【渐变填充工具】、【智能填充工具】和【交互式透明工具】，制作出不锈钢杯中的反光及高光部分。读者应重点掌握这部分的绘制过程。

Example 实例 144　交互式透明——叶子

实例目的

本例学习运用【贝塞尔工具】和【交互式透明工具】，制作出“叶子”图形，效果如图12-142所示。

图12-142 叶子效果

实例要点

- ◆ 运用【贝塞尔工具】绘制出叶子的轮廓、叶脉及叶茎。
- ◆ 将叶子填充为（CMYK：55、0、100、0）。
- ◆ 将叶脉及叶茎填充为（CMYK：20、0、60、0）。
- ◆ 在叶脉间绘制封闭的图形，填充为（CMYK：81、40、95、7），然后运用【交互式透明工具】制作出叶脉间的投影效果。

Example 实例 145　手绘工具——太阳花

实例目的

本例学习“太阳花”图形的绘制方法，尤其是“太阳花”花瓣及叶子的表现方法是重点内容，太阳花效果如图12-143所示。

图12-143 太阳花效果

实例要点

- ◆ 绘制花瓣。
- ◆ 制作花瓣上的高光部分。
- ◆ 绘制花茎及叶子。

操作步骤

01 在CorelDRAW X5中新建文件。

02 单击工具箱中的（椭圆工具），按住键盘上的Ctrl键，在绘图区中绘制一个圆形。

03 在“填充”展开工具栏中单击（渐变填充）按钮，在弹出的对话框中设置参数，如图12-144所示。

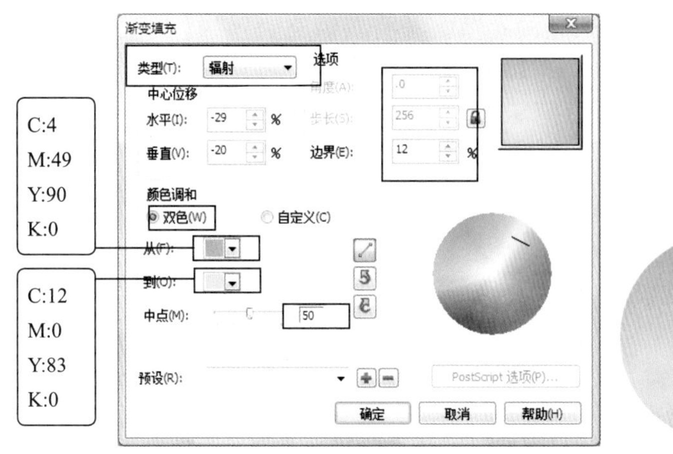

图12-144 【渐变填充】对话框

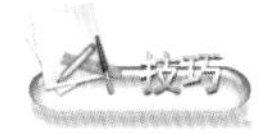

在【渐变填充】对话框中，单击【步长值】右侧的按钮，变为形状时，解除锁定，步长值越大，渐变效果就越柔和，反之，当步长值设置得较低时，可以很清楚地看到渐变的步数，巧妙运用步长值可以实现奇特的效果。

04 运用（手绘工具）绘制出太阳花的花瓣，如图12-145所示。

05 将花瓣填充为橘红色（CMYK：12、72、96、0），效果如图12-146所示。

图12-145 绘制花瓣　　图12-146 填充颜色

06 运用（贝塞尔工具），绘制出花瓣的高光部分，然后将其填充为橘黄色（CMYK：5、53、91、0），效果如图12-147所示。

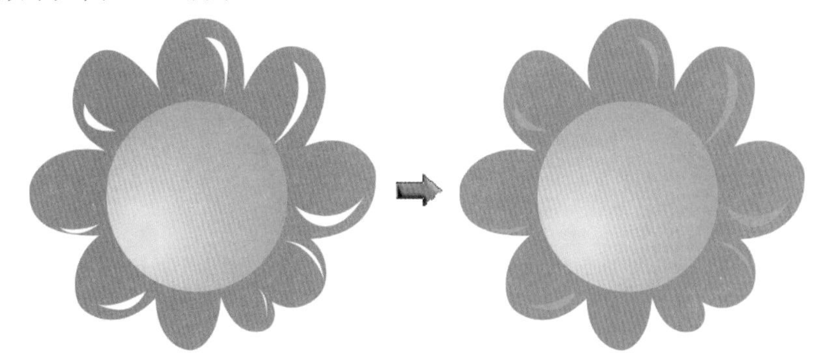

图12-147 填充颜色

运用手绘工具绘制出太阳花的花瓣后，再运用贝塞尔工具绘制出花瓣上的高光部分，简单的曲线，可增强整个图形的视觉效果。

07 在太阳花的底部绘制出太阳花的花茎，并将其填充为墨绿色（CMYK：86、47、100、11），效果如图12-148所示。

08 运用（贝塞尔工具）和（智能填充工具），绘制出叶子轮廓，效果如图12-149所示。

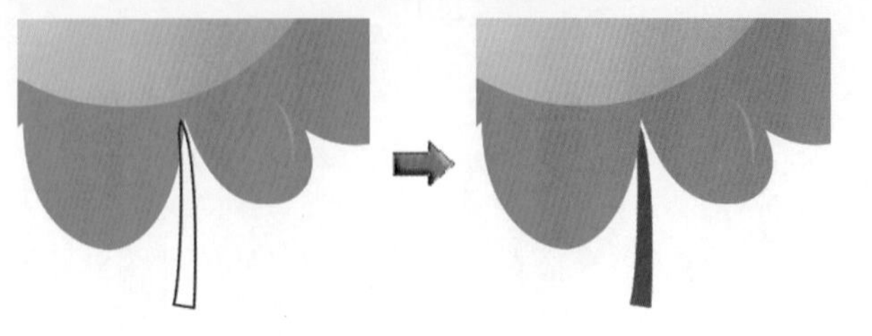
图12-148 绘制花茎

图12-149 绘制叶子

09 选择叶子图形，按键盘上的F11键，打开【渐变填充】对话框，参数设置如图12-150所示。

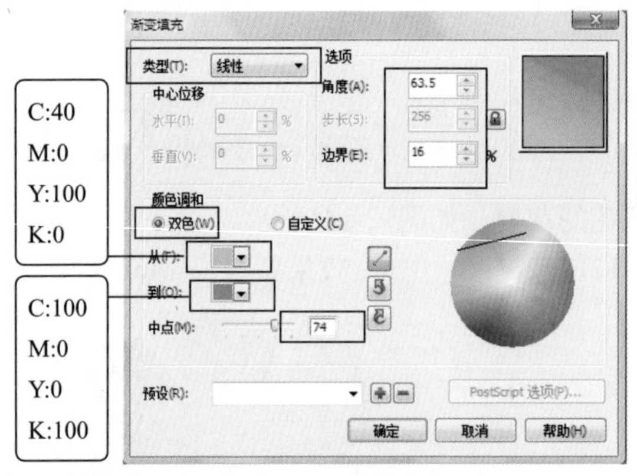

图12-150 【渐变填充】对话框

10 将叶子上剩余两个图形分别填充为灰绿色（CMYK：68、22、100、3）和绿色（CMYK：100、0、100、0），效果如图12-151所示。

11 运用框选的方法选择叶子图形，将其水平镜像复制一组，调整到如图12-152所示的位置。

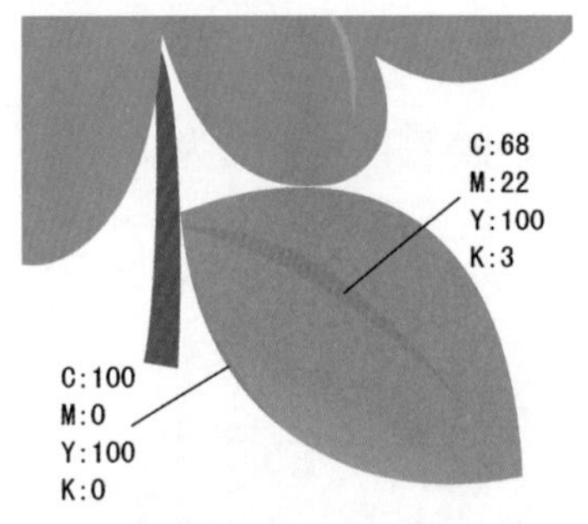

图12-151 填充颜色

图12-152 复制后的位置

在绘制太阳花的叶子时，在叶子的边缘位置绘制了一个图形，其填充颜色比叶子的颜色要深，使整个叶片看起来有一定的厚度。

太阳花图形绘制完成，最终效果如图12-153所示。

12 保存文件，命名为“太阳花.cdr”。

实例总结

本例中运用了【椭圆工具】、【手绘工具】、【贝塞尔工具】、【智能填充工具】等，应重点掌握太阳花图形的绘制方法。

图12-153 最终效果

Example 实例 146 基本形状——水仙

实例目的

本例综合运用【基本形状工具】、【交互式填充工具】、【椭圆工具】、【渐变填充工具】、【星形工具】、【手绘工具】等，制作出“水仙”图形，效果如图12-154所示。

图12-154 “水仙”效果

实例要点

◆ 运用【基本形状工具】、【星形工具】、【椭圆工具】和【渐变填充工具】制作出水仙花。

◆ 运用【贝塞尔工具】和【渐变填充工具】制作出花茎及叶子。

◆ 运用【矩形工具】、【封套工具】、【椭圆工具】、【修剪工具】、【贝塞尔工具】和【智能填充工具】制作出花盆。

操作步骤

01 在CorelDRAW X5中新建文件。

绘制花瓣

02 运用工具箱中的（基本形状工具），在属性栏中单击（完美形状）按钮，在弹出的列表中选择水滴图形，如图12-155所示。

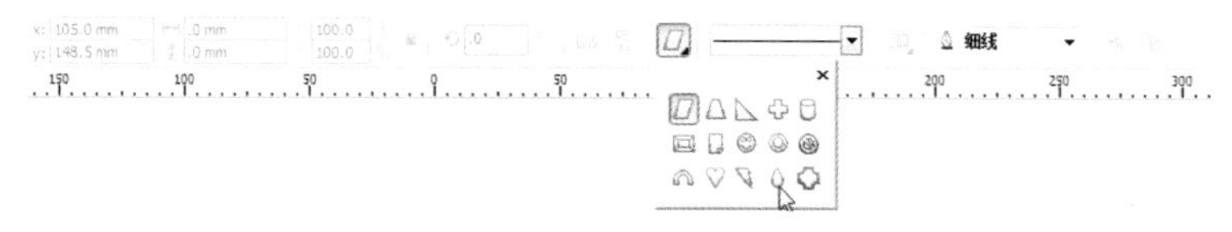

图12-155 属性栏

03 在绘图区中绘制一个水滴图形，如图12-156所示。

04 按键盘上的Ctrl + Q键，将图形转换为曲线；运用工具箱中的（形状工具），调整图形的形态，如图12-157所示。

图12-156 绘制图形

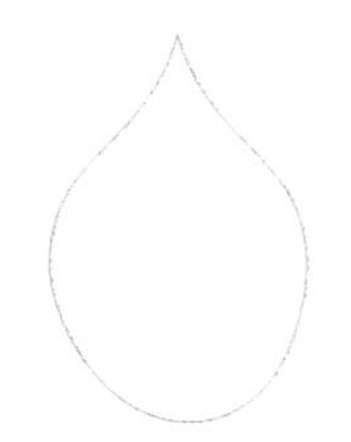

图12-157 调整后的形态

05 按键盘上的F11键，在弹出的【渐变填充】对话框中设置参数，如图12-158所示。

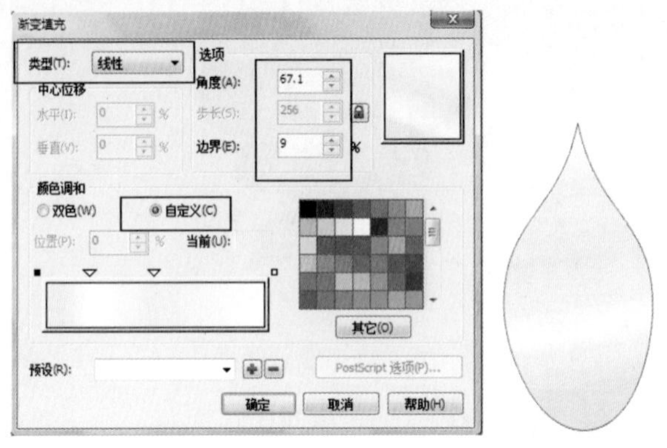

图12-158 【渐变填充】对话框

06 单击【窗口】/【泊坞窗】/【变换】/【旋转】命令，在弹出的【旋转】对话框中设置参数，如图12-159所示。

07 将鼠标指针移至 应用 按钮上并单击，将图形旋转复制两个，如图12-160所示。

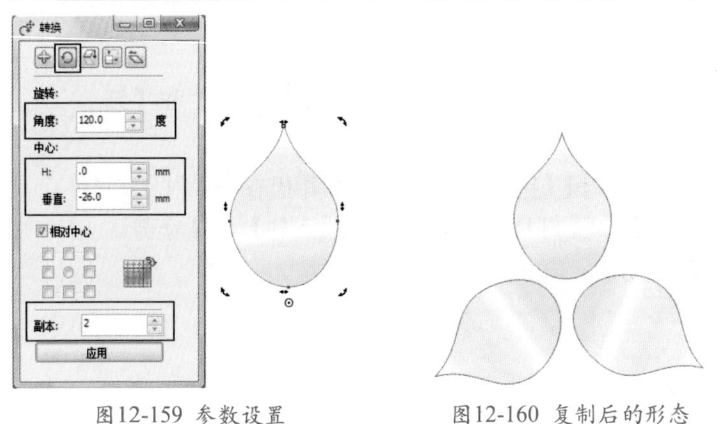

图12-159 参数设置　　图12-160 复制后的形态

08 选择绘图区中的全部图形，按键盘上的 + 键，再制图形。

09 在属性栏中设置旋转角度为60，复制后图形的位置如图12-161所示。

10 按键盘上的Ctrl + A键，选择绘图区中的全部图形，在属性栏中设置旋转角为35°，如图12-162所示。

11 运用工具箱中的（交互式填充工具），调整花瓣上填充控制线两端的控制块，改变渐变填充的位置和角度，调整花瓣的渐变效果，如图12-163所示。

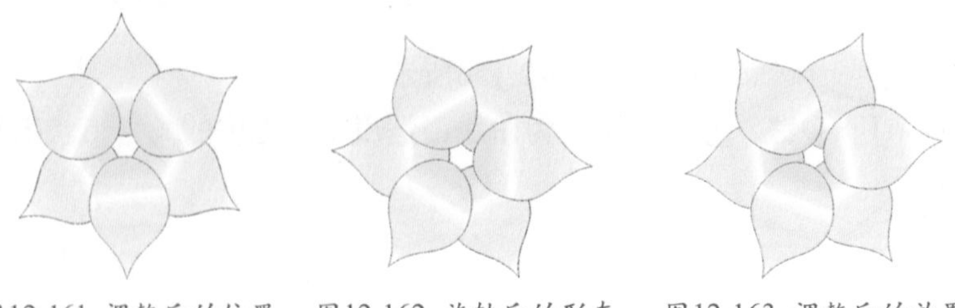
图12-161 调整后的位置　图12-162 旋转后的形态　图12-163 调整后的效果

12 运用（椭圆工具），按住键盘上的Ctrl键，在花瓣中心位置绘制一个圆形，然后在“填充”展开工具栏中，单击（渐变填充）按钮，在弹出的【渐变填充】对话框中设置参数，如图12-164所示。

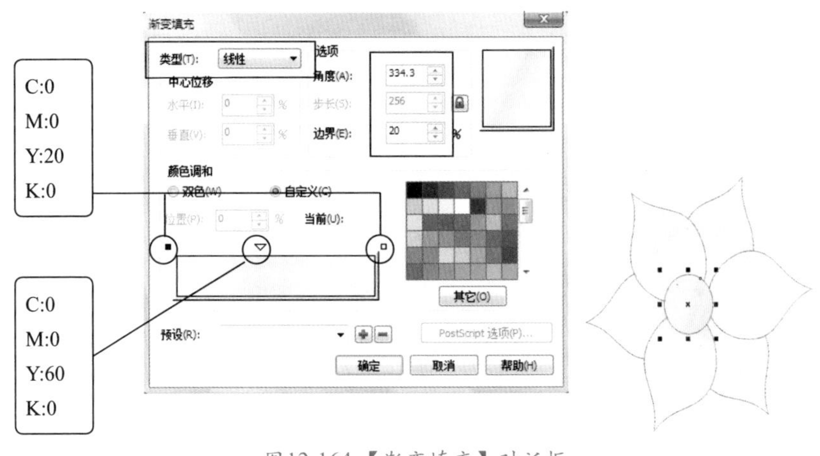

图12-164【渐变填充】对话框

⑬ 运用“对象”展开工具栏中的☆（星形工具），在属性栏中设置【星形及复杂星形的多边形点或边数】为8，【星形及复杂星形尖角】为5，在绘图形区中绘制一个星形，然后将其旋转15.9°，形态如图12-165所示。

图12-165 星形的形态

⑭ 将星形转换为曲线，单击工具箱中的（形状工具）按钮，选择星形上的所有节点，然后分别单击属性栏中的（转换为曲线）和（生成对称节点）按钮，星形的形态如图12-166所示。

⑮ 再运用（形状工具）调整星形节点的位置，然后将调整后的星形调整到如图12-167所示的位置。

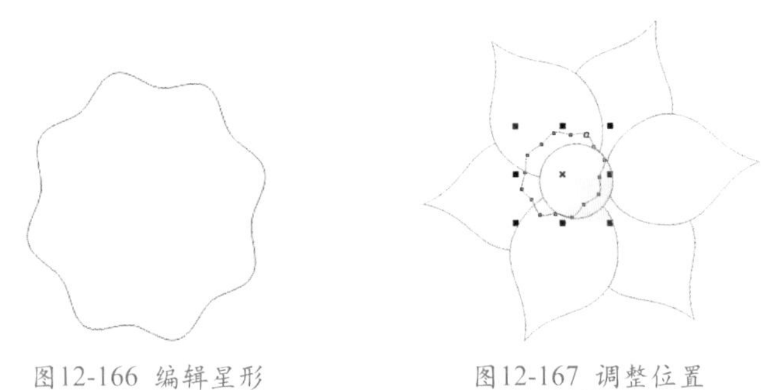

图12-166 编辑星形　　图12-167 调整位置

⑯ 在“填充”展开工具栏中单击（渐变填充）按钮，在弹出的【渐变填充】对话框中设置参数，如图12-168所示。

⑰ 运用（手绘工具）和（椭圆工具），在星形中绘制一条曲线和多个椭圆形，然后调整椭圆形的角度，如图12-169所示。

绘制花茎及叶子

⑱ 单击“曲线”展开工具栏中的（贝塞尔工具），在绘图区中绘制出如图12-170所示的图形，作为水仙花的花茎。

⑲ 将花茎图形调整到如图12-171所示的位置。

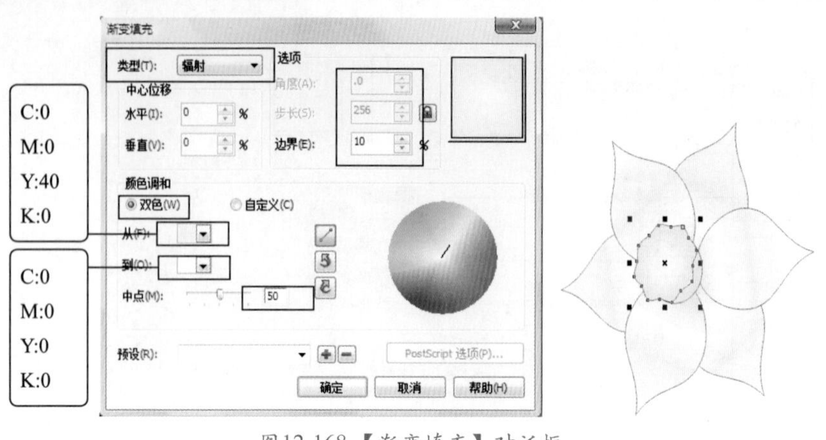

图12-168 【渐变填充】对话框

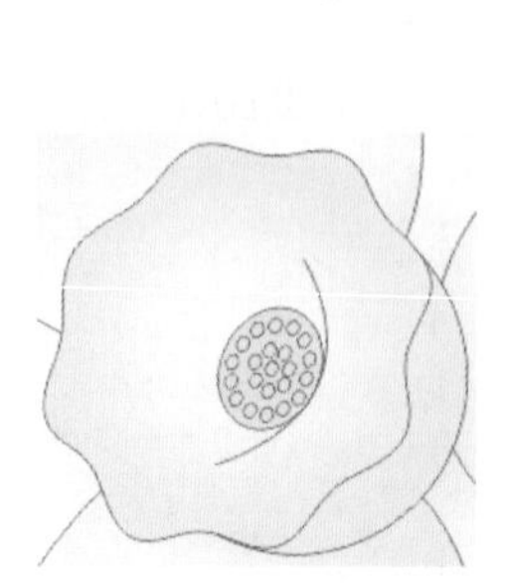

图12-169 曲线和椭圆形的位置

图12-170 绘制花茎

⑳ 继续运用（贝塞尔工具），在绘图区中绘制出水仙花的叶子，如图12-172所示。

图12-171 调整后的位置

图12-172 绘制叶子

㉑ 选择任意一片叶子，在“填充”展开工具栏中单击（渐变填充）按钮，在弹出的【渐变填充】对话框中设置参数，如图12-173所示。

㉒ 运用同样的方法，制作出其他叶子的渐变填充效果，然后调整叶子的位置，如图12-174所示。

绘制花盆

㉓ 运用工具箱中的（矩形工具），在绘图区中绘制两个矩形，如图12-175所示。

㉔ 按键盘上的空格键，切换为选择工具，在属性栏中分别设置矩形的边角圆滑度，参数设置如图12-176所示。

㉕ 在“交互式”展开工具栏中单击（封套）工具，分别调整矩形的形态，如图12-177所示。

㉖ 单击工具箱中的（椭圆工具）按钮，在小矩形的上方绘制一个椭圆形，如图12-178所示。

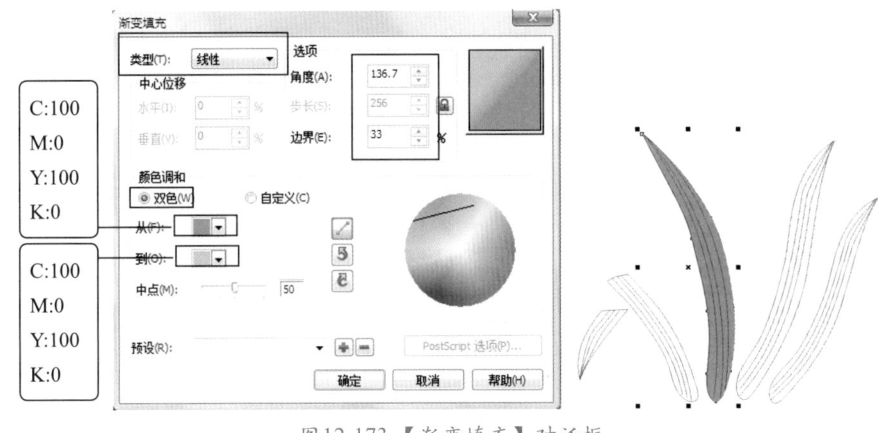

图12-173 【渐变填充】对话框

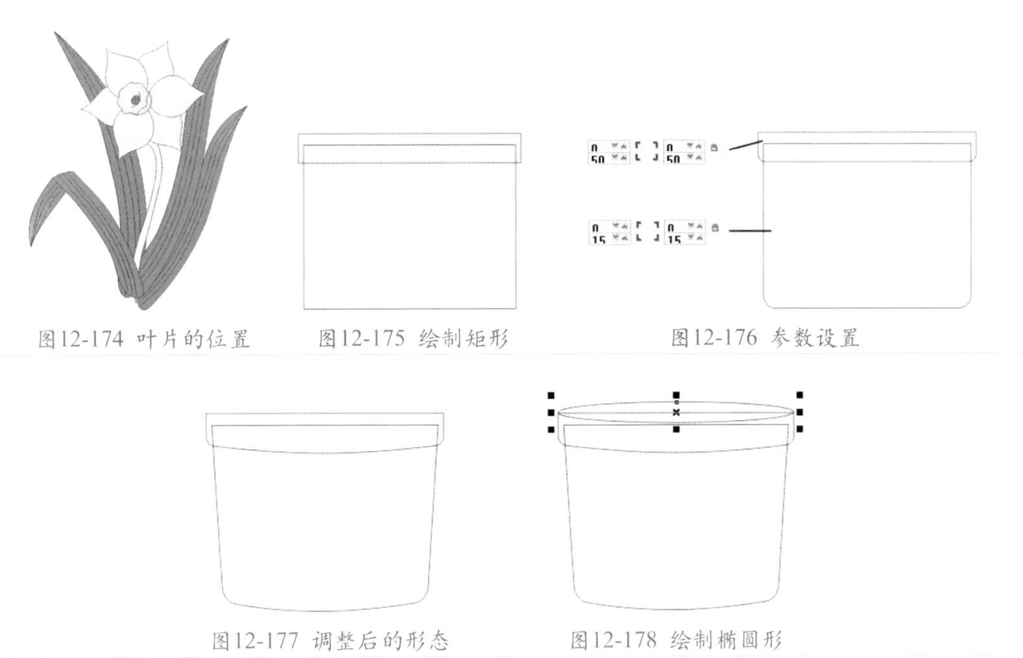

图12-174 叶片的位置　　图12-175 绘制矩形　　图12-176 参数设置

图12-177 调整后的形态　　图12-178 绘制椭圆形

㉗ 选择小矩形和椭圆形，单击属性栏中的 （修剪）按钮，修剪图形，修剪后的形态如图12-179所示。

㉘ 将大矩形填充为金色（CMYK：0、20、60、20），椭圆形填充为淡黄色（CMYK：10、10、30、0），修剪后的图形填充为砖红色（CMYK：0、60、80、20），删除所有图形的轮廓，如图12-180所示。

图12-179 修剪后的形态　　图12-180 填充后的效果

㉙ 选择椭圆形，按键盘上的 + 键，再制图形，将其缩小至合适大小，填充为深褐色（CMYK：0、20、20、60），如图12-181所示。

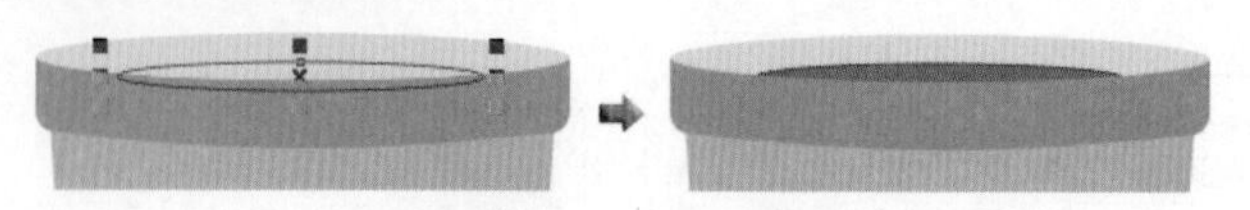

图12-181 复制椭圆形

30 运用（贝塞尔工具），绘制一条辅助曲线，然后将其复制5条，调整位置，如图12-182所示。

31 单击（智能填充工具），在属性栏中设置指定颜色和轮廓颜色均为砖红色（同前面的设置），然后填充如图12-183所示的图形，并删除相关的辅助曲线。

32 将花盆图形调整到水仙花的下方，如图12-184所示。

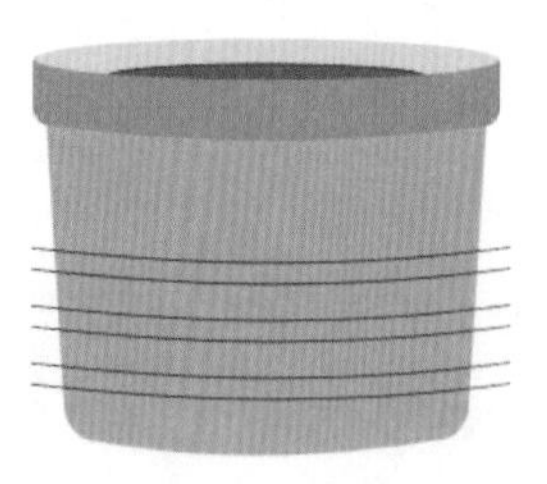

图12-182 辅助曲线的位置

图12-183 填充后的效果

图12-184 调整后的位置

33 保存文件，命名为“水仙.cdr”。

实例总结

本例通过绘制水仙的花、茎、叶子、花盆等图形，使读者熟练掌握【交互式填充工具】、【渐变填充工具】、【星形工具】等的操作方法。

Example 实例 147 复制属性——荷

实例目的

本例综合运用【贝塞尔工具】、【交互式填充工具】、【智能填充工具】、【椭圆工具】、【艺术笔工具】、【交互式透明工具】、【交互式调和工具】等，绘制出“荷”图形，效果如图12-185所示。

图12-185 荷效果

实例要点

◆ 运用【贝塞尔工具】绘制荷花轮廓。

◆ 运用【交互式填充工具】填充颜色。

◆ 运用【椭圆工具】绘制莲蓬。

◆ 运用【艺术笔工具】中的【画笔】工具绘制花蕊。

◆ 运用【贝塞尔工具】、【交互式调和工具】和【椭圆工具】绘制荷叶及叶梗。

◆ 制作背景。

操作步骤

01 在CorelDRAW X5中新建文件。

绘制荷花

02 运用工具箱中的（手绘工具）和（贝塞尔工具），在绘图区中绘制出荷花的花瓣轮廓，如图12-186所示。

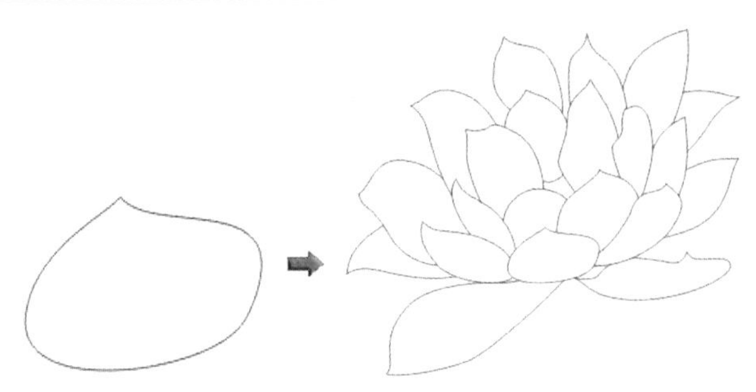

图12-186 绘制花瓣轮廓

在绘制荷花的花瓣前，可先绘制一个椭圆形，旋转至合适的角度，制作出荷花的总体轮廓，然后再进行绘制。

03 按键盘上的Ctrl + A键，选择全部图形，设置荷花花瓣的轮廓颜色为灰色（CMYK：0、0、0、10）。（注意：为了显示清楚，在后面的操作中，将花瓣轮廓暂设为黑色。）

04 单击工具箱中的 （交互式填充工具），在荷花的任意一片花瓣上拖曳，制作线性渐变效果，在属性栏中，设置起始填充色为白色，结束填充色为浅粉色（CMYK：0、50、0、0），调整填充控制线的角度，完成一片花瓣的制作，效果如图12-187所示。

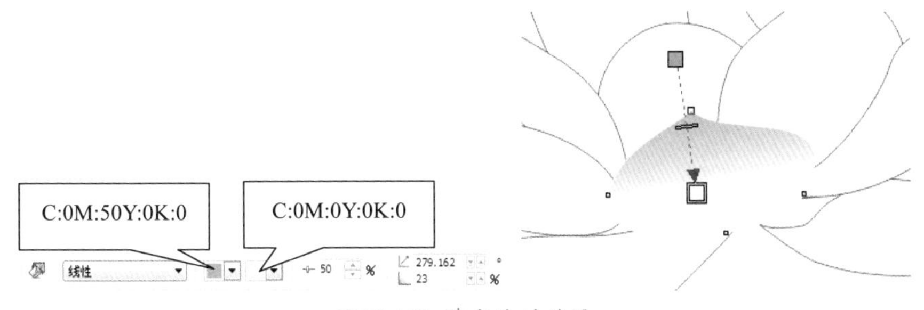

图12-187 填充后的效果

05 运用同样的方法，完成荷花及其他花瓣的制作，效果如图12-188所示。

06 单击 （贝塞尔工具）按钮，在荷花的花瓣上绘制如图12-189所示的辅助曲线。

07 选择工具箱中的 （智能填充工具），填充如图12-190所示的图形。

图12-188 花瓣效果

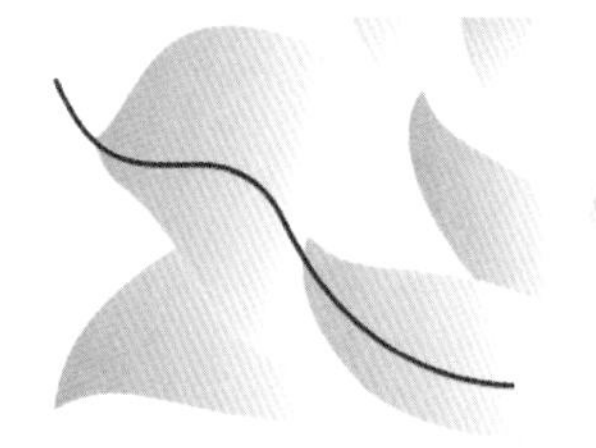

图12-189 绘制曲线

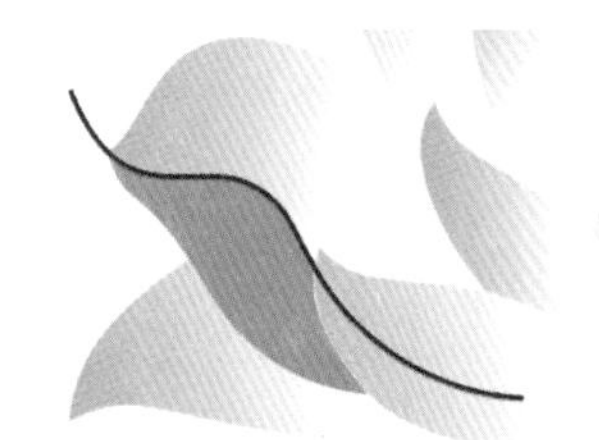

图12-190 填充图形

运用【贝塞尔工具】，在花瓣上绘制一条曲线，然后运用【智能填充工具】，创建出花瓣的反面图形，这两种工具的配合使用，可以更快地制作出所需要的图形。

08 删除辅助线，运用工具箱中的 （交互式填充工具），在属性栏中单击 （复制属性）按钮，移动鼠标指针至绘图区（或工作区）中，鼠标指针变为➡形状；在运用了渐变填充的任意一片花瓣上单击鼠标左键，即可复制渐变效果至选择的图形上，如图12-191所示。

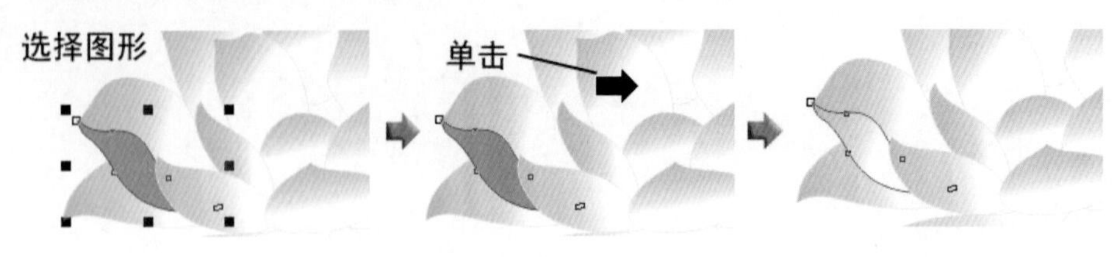

图12-191 复制渐变填充效果

⑨ 继续前面的操作，移动鼠标指针至已选择的图形对象上并单击鼠标左键，显示图形对象上的填充控制线，调整填充控制线的角度，如图12-192所示。

⑩ 运用同样的方法，制作出如图12-193所示的荷花花瓣（注意：为了显示清楚，在此暂将花瓣的轮廓颜色设置为黑色）。

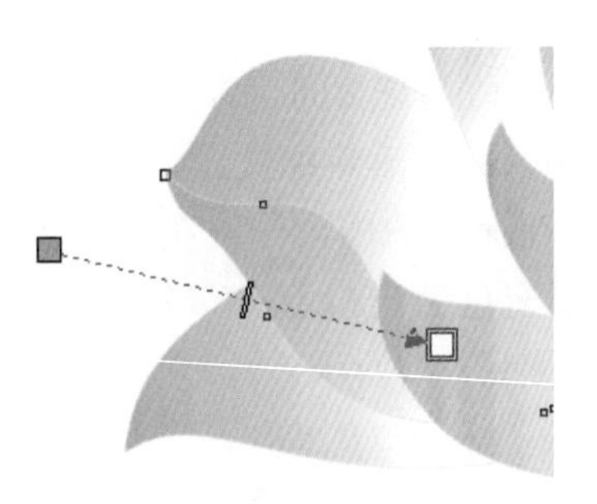

图12-192 调整后的效果

图12-193 制作花瓣

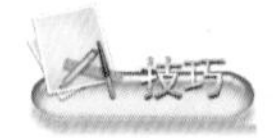

荷花花瓣渐变颜色的设置是一致的，选择一片已填充颜色的花瓣，按住鼠标右键移动到荷花的反面花瓣上，松开鼠标右键，在弹出的菜单中选择【复制所有属性】命令，即可将花瓣上的填充颜色与轮廓颜色复制到反面花瓣上。运用【交互式填充工具】，调整填充控制线两端的色块位置，改变填充角度，使花瓣正面、反面的颜色形成反差。

⑪ 选择工具箱中的（贝塞尔工具），绘制如图12-194所示的曲线。

⑫ 选择所绘制的曲线，设置曲线的轮廓颜色为浅灰色（同花瓣的轮廓颜色）。

绘制莲蓬

⑬ 运用（椭圆工具），在荷花的中心位置绘制一个椭圆形，并填充为橘黄色（CMYK：0、10、70、0），旋转至合适的角度，效果如图12-195所示。

⑭ 将椭圆形的轮廓颜色设置为浅灰色（同花瓣的轮廓颜色）。

⑮ 按键盘上的Ctrl + PageDown键，执行多次，调整椭圆形在花瓣中的图层位置，如图12-196所示。

图12-194 绘制曲线

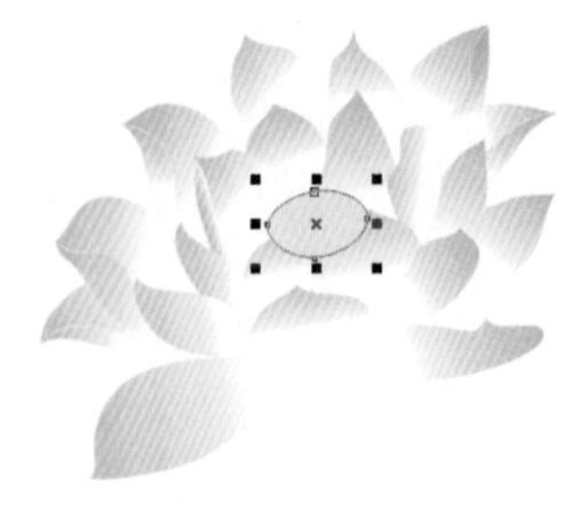

图12-195 绘制椭圆

图12-196 椭圆的位置

绘制花蕊

⑯ 运用“手绘”展开工具栏中的（艺术笔工具），在属性栏上单击（画笔）按钮，设置

【艺术媒体工具的宽度】为1mm，在【笔触列表】下拉列表中，选择 画笔，如图12-197所示。

图12-197 属性栏

⑰ 在椭圆的周围绘制多条曲线，并填充为柠檬色（CMYK：0、0、70、0），效果如图12-198所示。

⑱ 运用前面介绍的方法，绘制出一个花苞，设置轮廓颜色为浅灰色（CMYK：0、0、0、20），效果如图12-199所示。

图12-198 绘制图形

图12-199 绘制花苞

⑲ 单击工具箱中的（矩形工具）按钮，在绘图区中绘制一个长度为106mm，高度为125mm的矩形。

⑳ 将荷花及花苞分别群组，调整大小及位置，如图12-200所示。

绘制荷叶

㉑ 单击工具箱中的（贝塞尔工具）按钮，绘制出荷叶的轮廓，如图12-201所示。

图12-200 调整后的位置

图12-201 绘制荷叶轮廓

㉒ 选择荷叶图形，设置轮廓颜色为鳄梨绿（CMYK：20、0、40、40）。

㉓ 运用（交互式填充工具），在属性栏中，设置【填充类型】为辐射，起始填充色为薄荷绿色（CMYK：40、0、40、0）、结束填充色为深灰（CMYK：0、0、0、90），效果如图12-202所示。

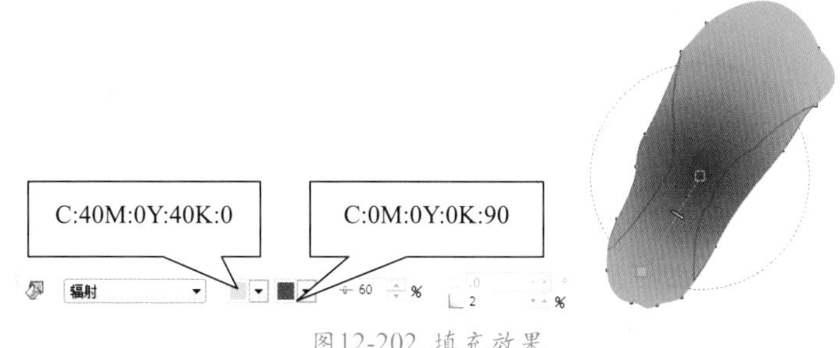

图12-202 填充效果

㉔ 运用同样的方法，填充如图12-203所示的图形。在属性栏中，设置【填充类型】为线性，起始填充色为浅绿色（CMYK：10、0、33、0）、结束填充色为墨绿（CMYK：26、13、48、0）。

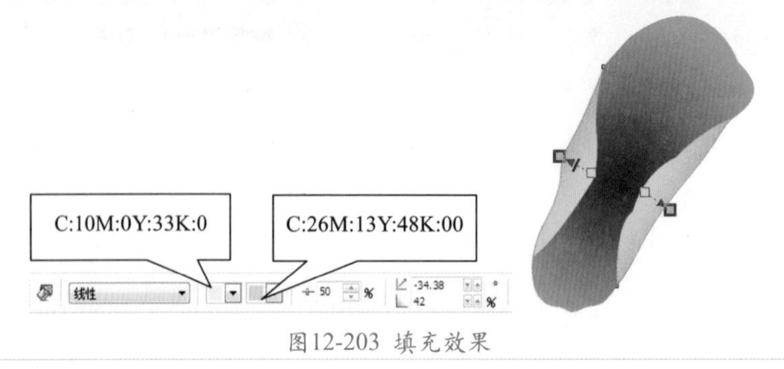

图12-203 填充效果

㉕ 选择工具箱中的（贝塞尔工具），绘制如图12-204所示的曲线。

㉖ 选择所绘制的曲线，按键盘上的Ctrl + G键，将选择的曲线群组，然后设置曲线的轮廓宽度为0.706mm，轮廓颜色为鳄梨绿（同荷叶的轮廓颜色）。

㉗ 单击（交互式调和工具）/（交互式透明工具）按钮，在属性栏中的【编辑类型】下拉列表中选择“辐射”选项，单击（编辑透明度）按钮，弹出【渐变透明度】对话框，参数设置如图12-205所示。

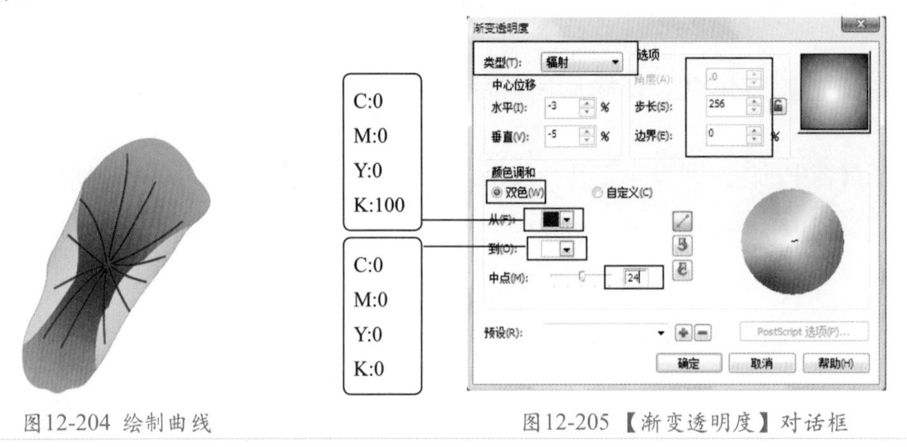

图12-204 绘制曲线　　图12-205 【渐变透明度】对话框

㉘ 单击 确定 按钮，编辑后的透明效果如图12-206所示。

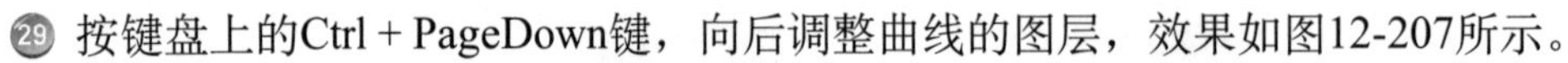

㉙ 按键盘上的Ctrl + PageDown键，向后调整曲线的图层，效果如图12-207所示。

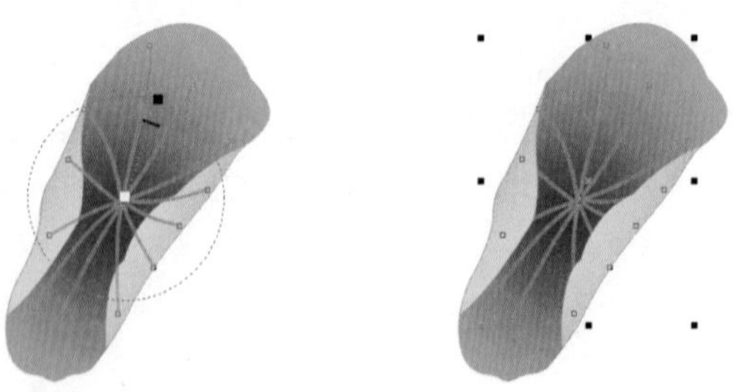

图12-206 编辑后的透明效果　　图12-207 调整后的效果

㉚ 运用工具箱中的（椭圆工具），在荷叶的中心位置绘制两个椭圆，分别填充为苔绿色（CMYK：20、0、0、60）、松石色（60、0、20、0），调整形态及位置，如图12-208所示。

㉛ 单击“交互式”展开工具栏中的（交互式调和工具）按钮，调和两个椭圆形，效果如图12-209所示。

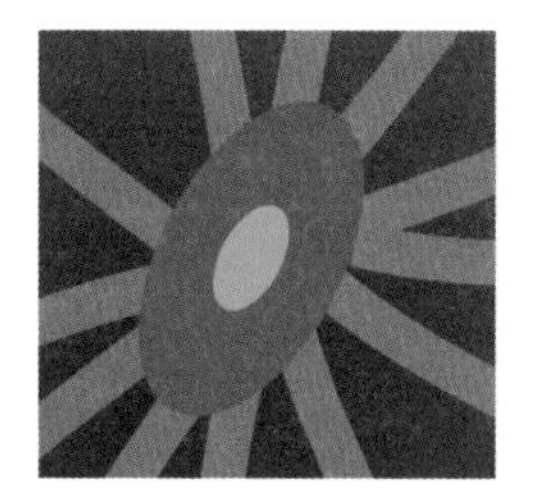
图12-208 绘制椭圆

图12-209 调和图形

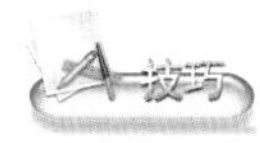

制作渐变效果。运用【交互式调和工具】调和两个椭圆形，制作出渐变的效果，在属性栏中，设置的调和步数值越大，过渡色越均匀。

32 选择荷叶图形，单击属性栏中的 （群组）按钮，将图形群组，调整位置，如图12-210所示。

33 运用同样的方法，绘制如图12-211所示的荷叶图形。

图12-210 调整后的位置

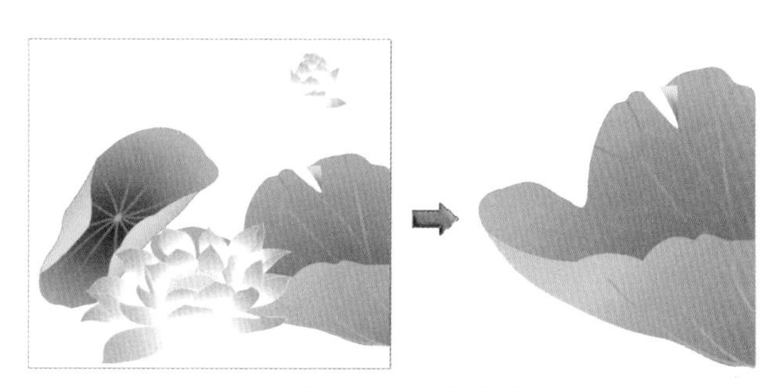
图12-211 绘制荷叶

绘制叶梗

34 在荷花的底部绘制一条曲线，然后设置曲线的宽度为2.822mm，轮廓颜色为灰绿色（20、0、40、20），如图12-212所示。

35 运用前面制作花蕊的方法，选择一种合适的画笔笔触，绘制出叶梗上的刺，填充为军绿色（CMYK：20、0、20、40）。

36 同样地，绘制出如图12-213所示的叶梗。

图12-212 绘制曲线

图12-213 绘制叶梗

填充背景

37 选择矩形，单击“填充”展开工具栏的 （底纹填充对话框）按钮，弹出【底纹填充】对话框，参数设置如图12-214所示。

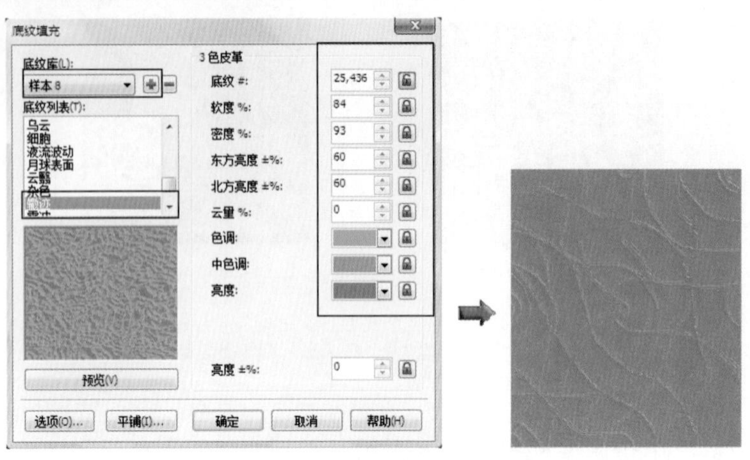

图12-214 【底纹填充】对话框

至此，整个图形绘制完成，最终效果如图12-215所示。

图12-215 最终效果

㊳ 保存文件，命名为“荷.cdr”。

实例总结

本例通过绘制荷花的花瓣、花心、花蕊、荷叶、茎等图形，使读者熟练掌握【交互式填充工具】的使用方法。

Example 实例 148 渐变填充——小憩

实例目的

【渐变填充工具】的应用较多，在CorelDRAW中有多种打开方式，通过本实例的创作，讲解其中的两种打开方法，小憩效果如图12-216所示。

实例要点

- 绘制椭圆形。
- 绘制矩形并编辑其形态。
- 填充颜色。
- 导入图形。

图12-216 小憩效果

操作步骤

01 在CorelDRAW X5中新建文件。

02 运用（椭圆工具），在绘图区中绘制1个椭圆形，位置如图12-217所示。

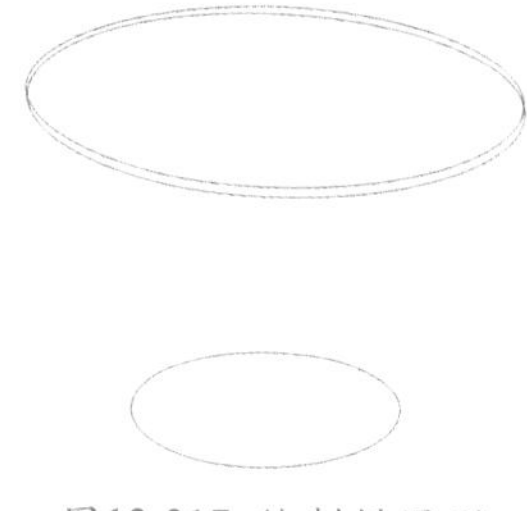
图12-217 绘制椭圆形

03 按由上至下的顺序，将第一个椭圆形填充为（CMYK：9、6、5、0）；第二个椭圆形填充为20%黑（CMYK：0、0、0、20）；选择第三个椭圆形，单击工具箱中的（交互式填充工具），在属性栏的【填充类型】下拉列表中选择【圆锥】项，单击左侧的（编辑填充）按钮，打开【渐变填充】对话框，参数设置如图12-218所示。

04 运用（矩形工具），绘制一个矩形，然后将其转换为曲线，将矩形底部的直线调整成弧形，如图12-219所示。

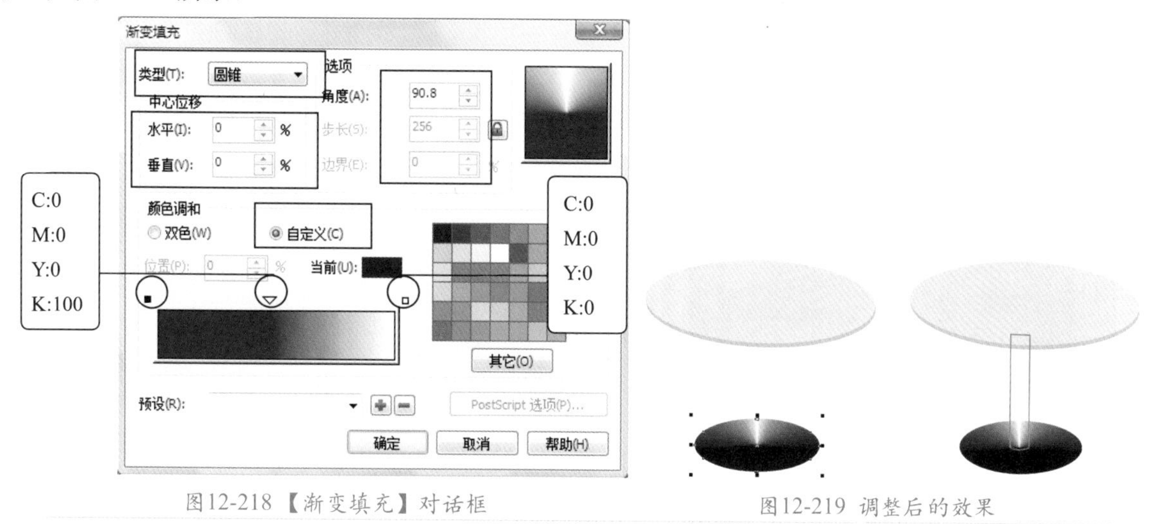

图12-218 【渐变填充】对话框　　图12-219 调整后的效果

05 按键盘上的F11键，打开【渐变填充】对话框，参数设置如图12-220所示。

06 单击【排列】/【顺序】/【置于此对象后】命令，鼠标指针变为➡形状，移动鼠标指针至第二个椭圆形上，如图12-221所示。

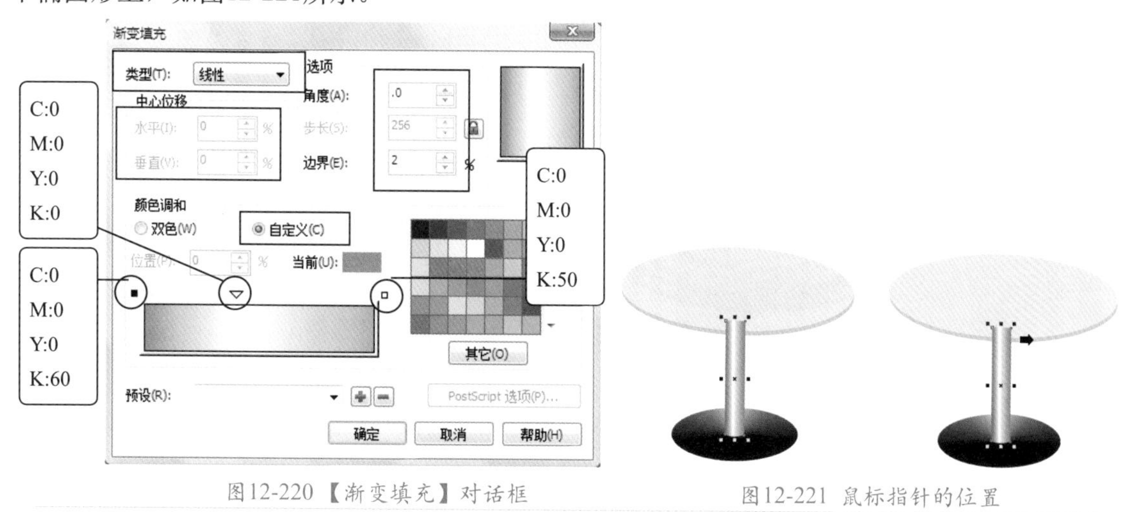

图12-220 【渐变填充】对话框　　图12-221 鼠标指针的位置

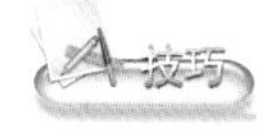

移动鼠标指针至矩形上，单击鼠标右键，在弹出的菜单中选择【顺序】/【置于此对象前】命令，然后指定排列在选择对象之前的对象即可。

07 单击鼠标左键，调整图形的顺序，如图12-222所示。

⑧ 继续运用（贝塞尔工具），绘制如图12-223所示的图形，然后将其填充为（CMYK：18、13、10、1）。

图12-222 调整后的位置

图12-223 绘制图形

⑨ 导入“书.cdr”文件（光盘\第12章\素材），如图12-224所示。

⑩ 调整导入图形的大小及位置，如图12-225所示。

图12-224 导入图形

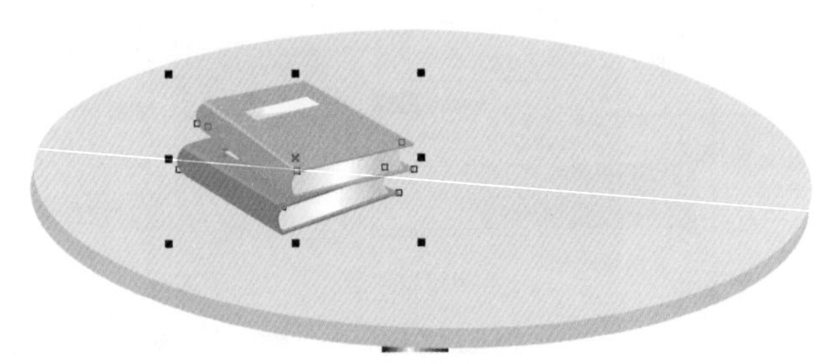

图12-225 调整后的位置

⑪ 导入前面制作的“不锈钢杯.cdr”文件（光盘\第12章\），如图12-226所示。

⑫ 运用（贝塞尔工具），绘制如图12-227所示的图形。

图12-226 导入图形

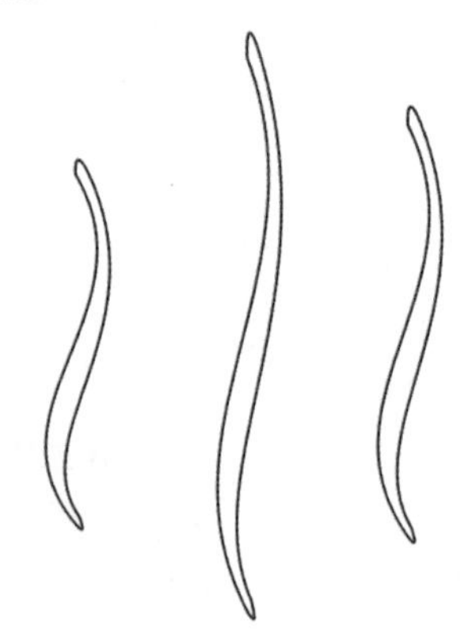

图12-227 绘制图形

⑬ 将所绘制的图形填充为40%黑（CMYK：0、0、0、40），调整大小及位置，如图12-228所示。

⑭ 选择不锈钢杯及所绘制的图形，调整大小及位置，如图12-229所示。

⑮ 保存文件，命名为“小憩.cdr”。

实例总结

本例在制作过程中运用【椭圆工具】、【矩形工具】和【贝塞尔工具】，绘制出“小憩”图形，重点掌握打开【渐变填充】对话框的方式及方法。

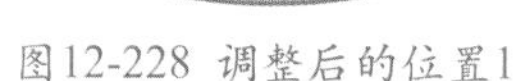

图12-228 调整后的位置1

图12-229 调整后的位置2

Example 实例 149 线性渐变——书本

实例目的

学习了前面的范例，现在读者自己动手绘制出一幅“书本”图形，效果如图12-230所示。

图12-230 书本效果

实例要点

- 叠放的书。运用贝塞尔工具绘制一条曲线，设置轮廓颜色为（CMYK：0、51、0、0）。
- 书页的制作。绘制书夹页图形，然后填充线性渐变色，再绘制多条直线，制书页效果。
- 运用同样的方法，读者在制作时，可以设置自己喜欢的书皮颜色，进行制作。
- 打开的书的制作。先绘制书页轮廓，填充线性渐变色，注意渐变的角度。

Example 实例 150 贝塞尔工具——拳头

实例目的

学习了前面的范例后，现在读者自己动手绘制出一个“拳头”图形，效果如图12-231所示。

实例要点

- 绘制出拳头的轮廓。
- 按照颜色分布，由大到小的顺序，逐步进行绘制。
- 将所绘制的图形填充合适的颜色。

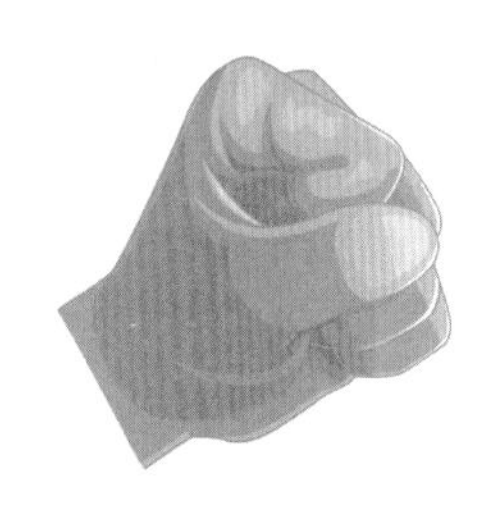

图12-231 拳头效果

Example 实例 151 交互式透明——软盘

实例目的

本例运用【矩形工具】、【交互式透明工具】和【交互式透明工具】制作出软盘图形，效果如图12-232所示。

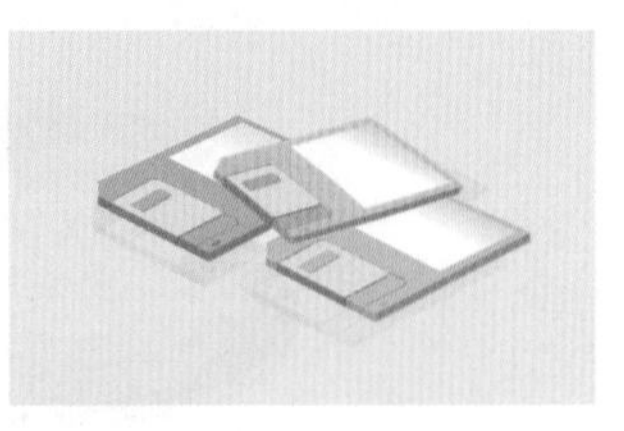

图12-232 软盘效果

实例要点

◆ 绘制出软盘的外轮廓，填充为（CMYK：1、18、76、0）。

◆ 绘制一个圆角矩形，制作软盘上的标签，填充为从（CMYK：3、12、44、0）到白色的线性渐变。

◆ 在软盘的侧面绘制两个矩形，填充为黑色，然后选择【交互式透明工具】，设置其透明度为70。

◆ 运用同样的方法，制作出软盘前部的图形，将滑动片颜色填充为（CMYK：9、6、4、0），一个软盘制作完成。

◆ 将软盘复制两个，分别修改颜色为蓝色（CMYK：41、2、4、0）和月光绿色（CMYK：20、0、60、0）。

◆ 绘制一个矩形，填充为（CMYK：8、4、4、0），运用【交互式透明工具】，编辑透明度为9。

◆ 将3个软盘群组，并复制出一组，调整到矩形的下方，制作出软盘的投影效果，完成软盘的制作。

Example 实例 152 交互式立体化工具——螺丝刀

实例目的

自己动手，运用【贝塞尔工具】、【椭圆工具】和【交互式立体化工具】，制作出“螺丝刀”图形，效果如图12-233所示。

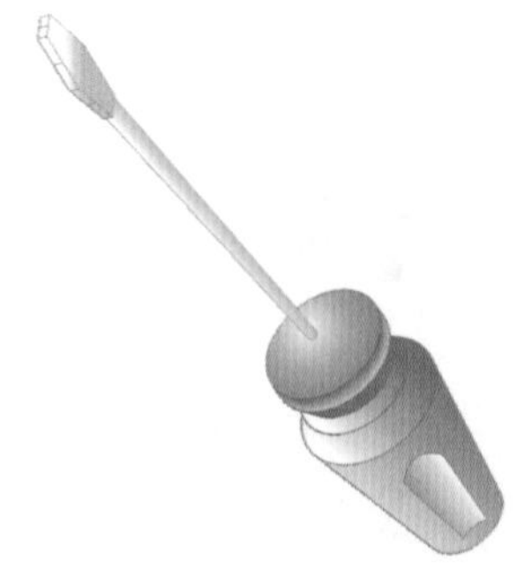

图12-233 螺丝刀效果

实例要点

◆ 运用【贝塞尔工具】、【椭圆工具】绘制出螺丝刀的轮廓。

◆ 将螺丝刀的手柄部分填充为从褐色（CMYK：0、20、40、40）到白色（CMYK：0、0、0、0）的辐射渐变。

◆ 将螺丝刀杆填充为30%黑（CMYK：0、0、0、30）。

◆ 将螺丝刀头填充为从20%黑（CMYK：0、0、0、20）到白色的线性渐变。

◆ 运用【交互式立体化工具】，将螺丝刀各部分立体化，制作出立体效果。

Example 实例 153 交互式阴影——首饰

实例目的

学习了前面的范例，现在读者自己动手绘制出“首饰”图形，效果如图12-234所示。

实例要点

◆ 绘制一个椭圆形，运用艺术笔工具，在属性栏中选择涂罐工具，然后在喷涂列表中选择合适的图形，将椭圆形转换为艺术图形，设置要喷涂的对象大小为6，要喷涂对象的小块间距为

0.089mm，制作出项链的链子。

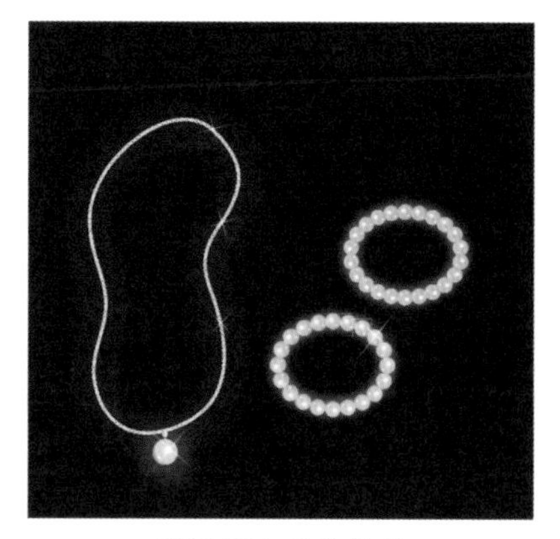

图12-234 首饰效果

◆ 在喷涂列表中再选择珍珠图形，绘制一颗珍珠图形，调整到链子的下方，完成项链的制作。
◆ 将项链图形群组，运用【交互式阴影工具】制作出阴影，设置阴影颜色为白色。
◆ 运用同样的方法，制作出手镯图形。

Example 实例 154 交互式立体化工具——手机

实例目的

学习了前面的范例，现在读者自己动手绘制出一个“手机”图形，效果如图12-235所示。

实例要点

图12-235 手机效果

◆ 绘制手机的机壳轮廓，然后运用【交互式立体化工具】制作出立体效果，在属性栏中单击【颜色】按钮，选择【使用递减的颜色】，从（CMYK：20、0、0、40）到（CMYK：40、20、0、40），单击【照明】按钮，在弹出的面板中选择【光源1】，在其右侧的光源强度预览窗口中，调整【光源1】的位置到左上方。

◆ 运用【贝塞尔工具】和【矩形工具】制作出手机屏幕，按由外到内的顺序，分别填充为蓝灰（CMYK：29、20、17、4），从10%黑（CMYK：0、0、0、10）到白色的线性渐变，灰色（CMYK：22、15、12、2），从冰蓝色（CMYK：40、0、0、0）到白色的线性渐变。

◆ 在屏幕的下方，给制3个椭圆形，按由外到内的顺序，分别填充为从20%黑（CMYK：0、0、0、10）到白色的线性渐变，从40%黑（CMYK：0、0、0、40）到白色的线性渐变，从90%黑（CMYK：0、0、0、90）到白色的辐射渐变。

◆ 在手机的右上方绘制两个椭圆形，将大椭圆形填充为从（CMYK：61、47、47、47）到白色的线性渐变，小椭圆形填充为从黑色（CMYK：0、0、0、100）到白色的辐射渐变。

◆ 导入文件“杜鹃花.cdr”（光盘\第12章\素材），将导入图形调整到手机屏幕位置，然后运用【交互式透明工具】制作出杜鹃花的线性透明效果。

Example 实例 155 添加透视点——电视柜

实例目的

运用【矩形工具】、【交互式透明工具】、【交互式立体化工具】和【椭圆工具】制作出“电视柜”图形，效果如图12-236所示。

图12-236 电视柜效果

实例要点

◆ 绘制一个矩形，添加透视点，编辑矩形，制作出电视柜的面。

◆ 打开【渐变填充】对话框，填充从（CMYK：61、47、47、47）到白色的线性渐变。

◆ 运用同样的方法，制作出电视柜的侧面和底座。

◆ 将电视柜的面向下复制一个，填充为白色，轮廓颜色为黑色，将其立体化，制作出电视柜的隔板，将其复制一个，制作出纵向隔板。

◆ 绘制一个矩形，调整形态后，填充为（CMYK：61、47、47、47），运用【交互式透明工具】，从左至右拖曳，制作出电视柜的玻璃。

◆ 再绘制两个矩形，调整到电视柜玻璃的底端，填充为黑色（CMYK：0、0、0、100），制作出电视柜玻璃底端的活叶。

◆ 绘制两个圆形，填充为从黑色到白色的辐射渐变，制作出电视柜玻璃上的扣。

◆ 最后导入“玫瑰.cdr”文件（光盘\第12章\素材），调整大小后，放置在电视柜的面上，完成制作。

第13章　复杂三维图形绘制

三维效果的制作主要是运用【交互式立体化工具】中三维空间的立体旋转和光源照射的功能，为对象添加产生明暗变化的阴影，以及运用【渐变填充工具】和【效果】/【添加透视点】命令，将平面对象变形，制作出三维效果。

Example 实例 156　添加透视点——MP3

实例目的

本例综合运用【矩形工具】、【贝塞尔工具】、【交互式立体化工具】和【椭圆工具】制作出MP3图形，效果如图13-1所示。

图13-1 MP3效果

实例要点

- 绘制矩形，添加透视点，调整其形态。
- 将矩形立体化，设置立体化的方向、斜角和颜色。
- 绘制显示屏。
- 制作按钮和耳塞。

操作步骤

01 在CorelDRAW X5中新建文件。

02 在绘图区中绘制一个矩形，如图13-2所示。

03 在属性栏中设置矩形的圆滑度为100，如图13-3所示。

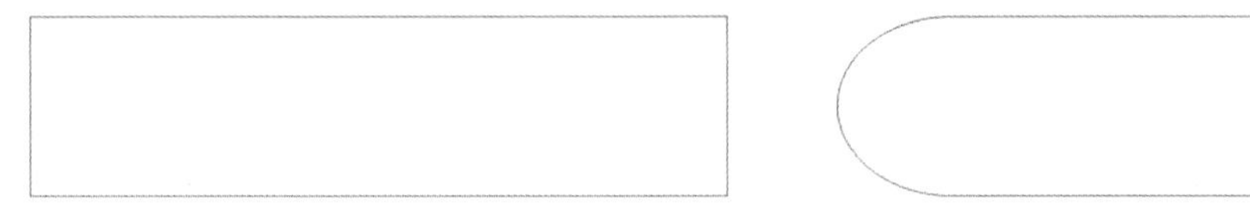

图13-2 绘制矩形　　图13-3 调整后的形态

04 单击【效果】/【添加透视点】命令，调整透视点的位置，改变圆角矩形的形态，如图13-4所示。

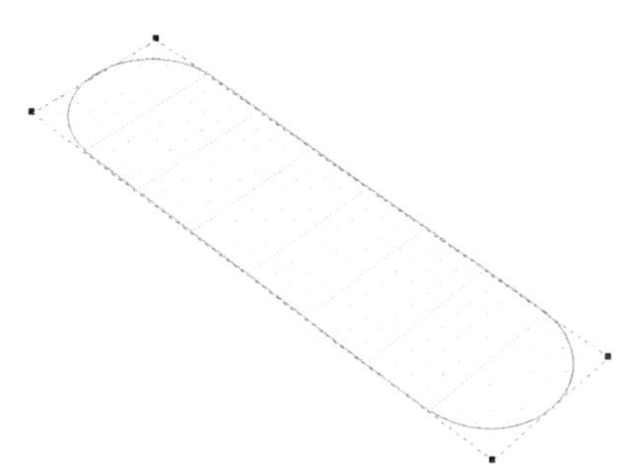

图13-4 透视点的位置

05 按键盘上的+键，将调整后的圆角矩形复制一个，调整到其他位置备用。

06 单击工具箱中的（交互式立体化工具），按住鼠标左键，在圆角矩形上拖曳，将图形立体化，然后在属性栏中设置参数，如图13-5所示。

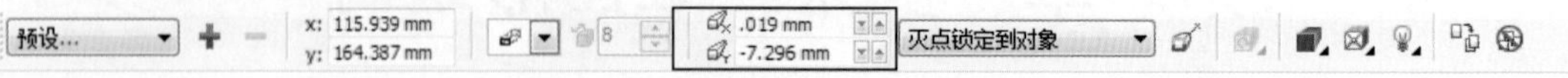

图13-5 属性栏

07 在属性栏中设置完成后，效果如图13-6所示。

08 移动鼠标指针至调色板的白色色块上，单击鼠标左键，将图形填充为白色。

09 单击属性栏中的（立体的方向）按钮，在弹出的面板中设置参数，如图13-7所示。

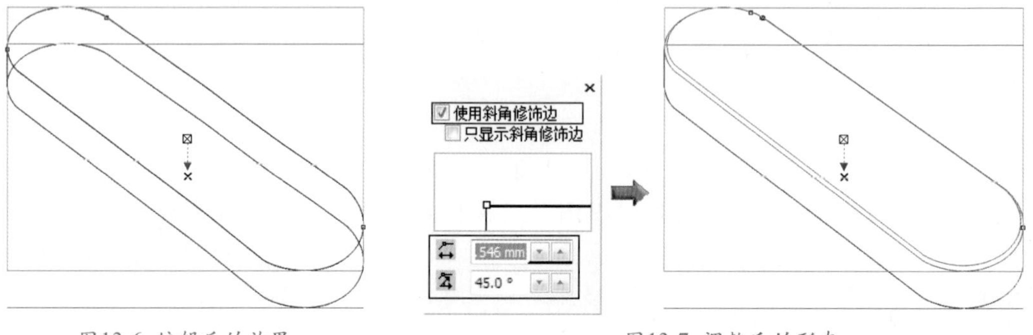

图13-6 编辑后的效果　　图13-7 调整后的形态

10 单击属性栏中的（立体化颜色）按钮，在弹出的面板中单击（使用递减的颜色）按钮，设置从钴蓝色（CMYK：100、30、0、0）到碧绿色（CMYK：100、10、10、0）的渐变色，效果如图13-8所示。

11 设置轮廓颜色为露草色（CMYK：70、10、0、0），如图13-9所示。

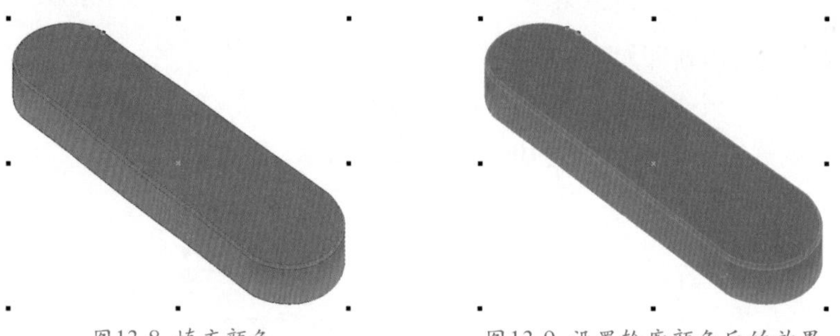

图13-8 填充颜色　　图13-9 设置轮廓颜色后的效果

12 选择备用图形，调整大小及位置，如图13-10所示。

13 打开【渐变填充颜】对话框，设置类型为线性，角度为–35.4，边界为35，颜色调和为双色，从10%黑（CMYK：0、0、0、10）到白色，效果如图13-11所示。

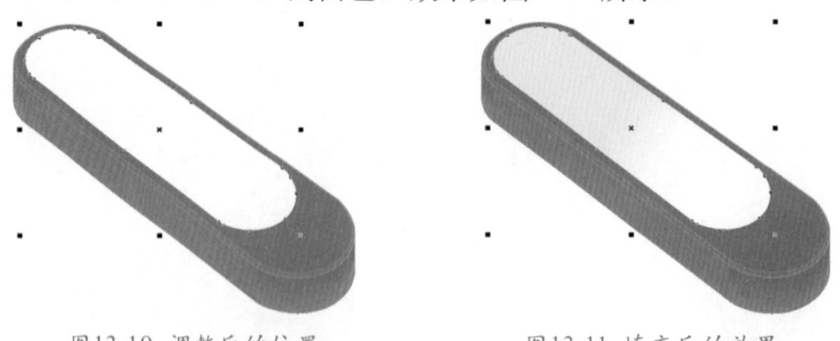

图13-10 调整后的位置　　图13-11 填充后的效果

14 单击（矩形工具）按钮，绘制一个矩形，调整形状后，设置轮廓颜色为30%黑（CMYK：0、0、0、30），然后按键盘上的F11键，打开【渐变填充】对话框，设置角度值为146.4，边界为

4%（其他参数同上），效果如图13-12所示。

⑮ 运用缩小复制的方法，将矩形复制一个，打开【渐变填充】对话框，设置类型为线性，角度为–47.6，边界为17%，将颜色调和为双色，从青色（CMYK：100、0、0、0）到白色，效果如图13-13所示。

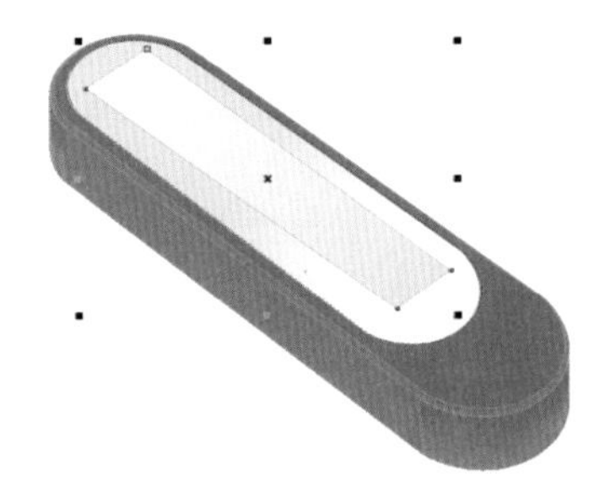

图13-12 编辑后的效果

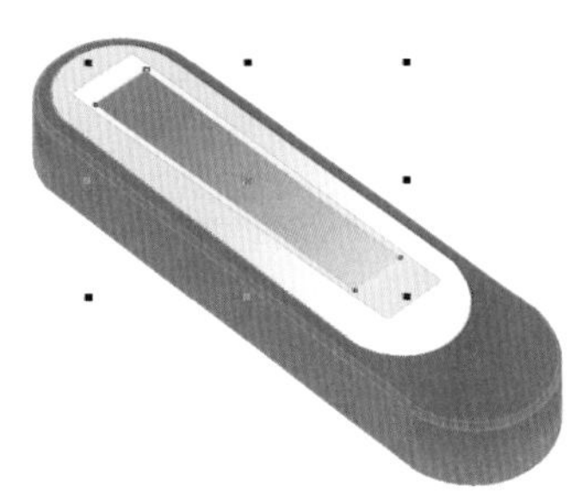

图13-13 填充颜色

⑯ 选择（椭圆工具）和（多边形工具），绘制两个圆形和一个三角形，位置如图13-14所示。

⑰ 将外侧圆形填充为深蓝色（CMYK：100、50、20、50），选择内侧圆形，打开【渐变填充】对话框，设置类型为射线，水平为–14%，垂直为23%，将颜色调和为双色，从30%黑（CMYK：0、0、0、30）到白色，效果如图13-15所示。

⑱ 将三角形复制一个，填充为40%黑（CMYK：0、0、0、40），按键盘上的Ctrl+PageDown键，向后一位调整复制的三角形的顺序。

⑲ 选择三角形，打开【渐变填充】对话框，设置类型为射线，水平为–4%，垂直为10%，将颜色调和为双色，从40%黑（CMYK：0、0、0、40）到白色，效果如图13-16所示。

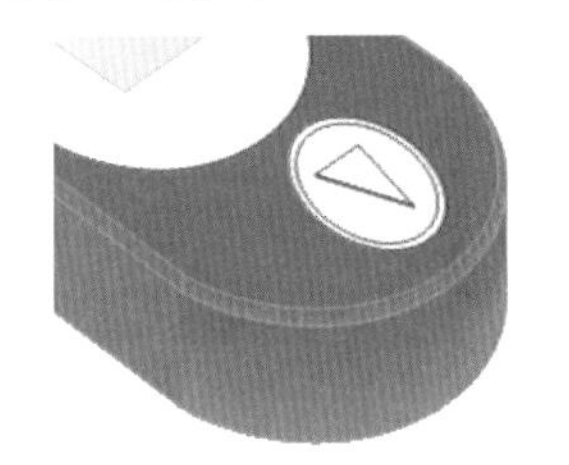

图13-14 绘制图形

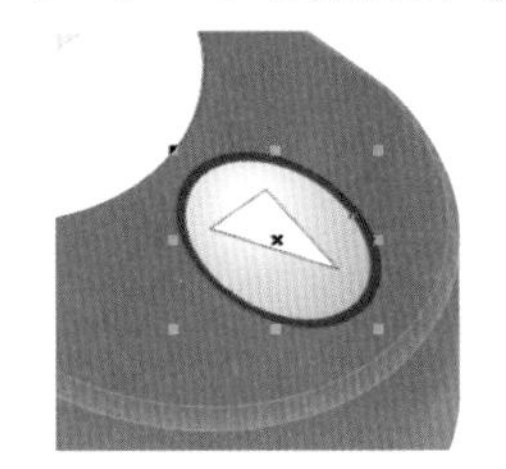

图13-15 填充后的效果

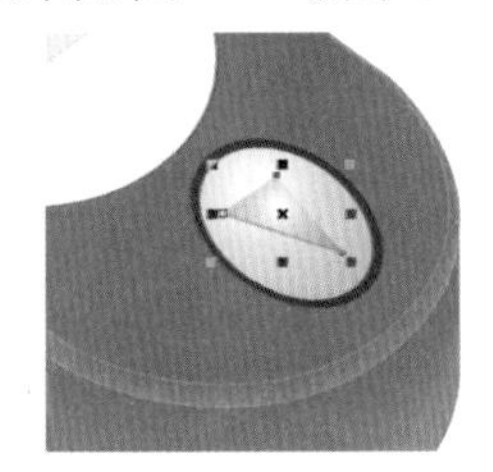

图13-16 填充颜色

⑳ 运用（矩形工具）绘制一个矩形，将其填充为10%黑（CMYK：0、0、0、10），设置轮廓颜色为40%黑（CMYK：0、0、0、40），调整形态及位置，如图13-17所示。

㉑ 选择（交互式立体化工具），在矩形上按住鼠标左键并拖曳，将其立体化，制作出侧面的按钮，如图13-18所示。

图13-17 调整后的位置

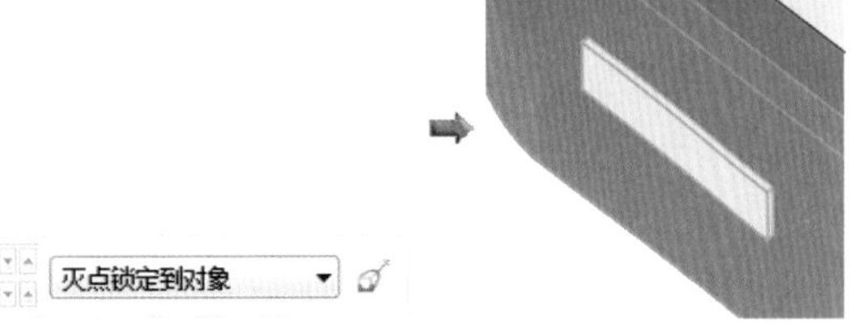

图13-18 调整后的效果

㉒ 将按钮图形复制一个，调整到如图13-19所示的位置。

㉓ 绘制一个椭圆形，调整形态及位置，如图13-20所示。

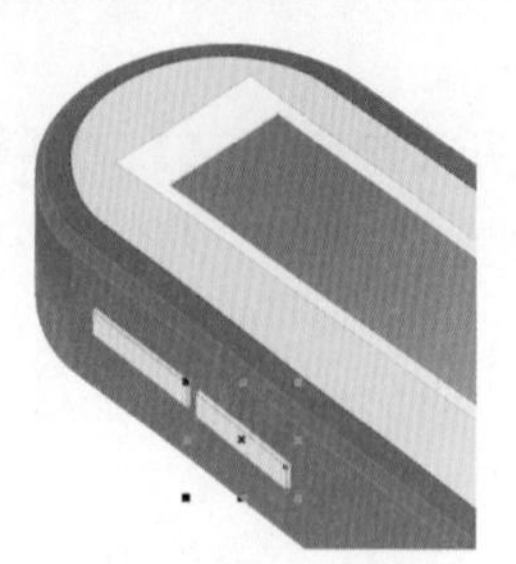

图13-19 调整后的位置

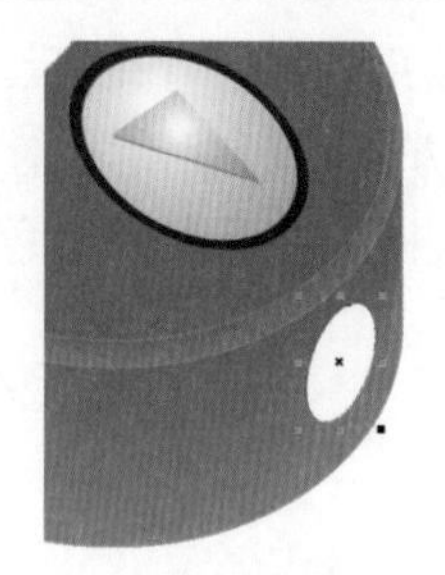

图13-20 绘制椭圆形

㉔ 将椭圆形填充为80%黑（CMYK：0、0、0、80），然后选择（交互式立体化工具），在椭圆形上按住鼠标左键并拖曳，制作出圆柱效果，如图13-21所示。

图13-21 调整后的效果

㉕ 将圆柱图形复制一个，调整大小及位置，如图13-22所示。

㉖ 选择（贝塞尔工具），绘制两条曲线，如图13-23所示。

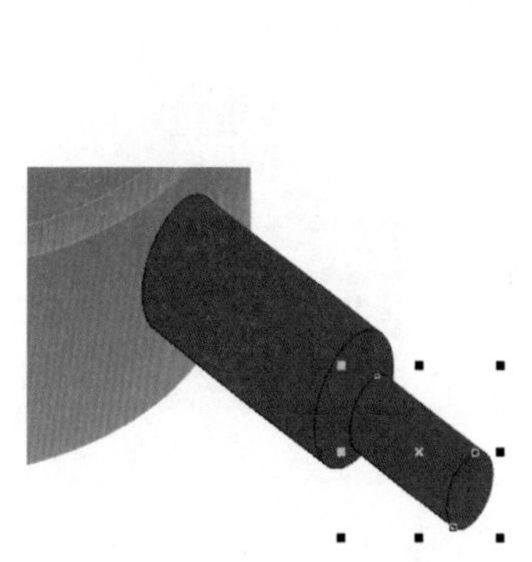

图13-22 复制后的位置

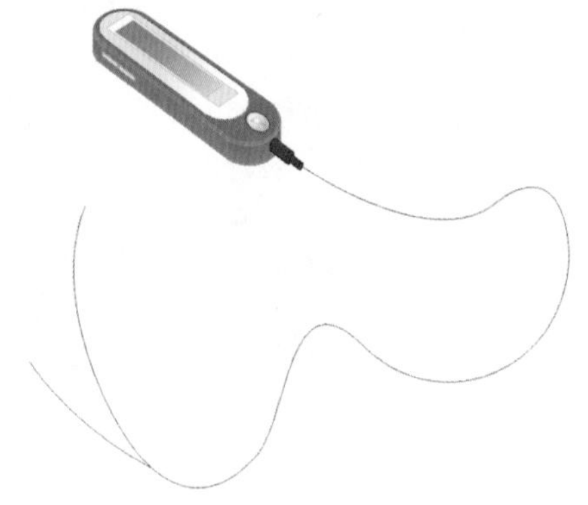

图13-23 绘制曲线

制作耳塞

㉗ 运用（贝塞尔工具）和（矩形工具），绘制出如图13-24所示的图形。

㉘ 确认绘制的图形处于选择状态，填充为30%黑（CMYK：0、0、0、30）。

㉙ 单击（椭圆工具），绘制3个椭圆形，如图13-25所示。

㉚ 选择底部的椭圆形，将其填充为90%黑（CMYK：0、0、0、90），然后选择上部外侧的椭圆形，将其填充为80%黑（CMYK：0、0、0、80），再选择内侧的椭圆形，打开【渐变填充】对话框，参数设置如图13-26所示。

㉛ 继续运用（贝塞尔工具），绘制如图13-27所示的图形。

㉜ 打开【渐变填充】对话框，设置类型为线性，角度为-114.2，边界为18%，将颜色调和为双色，从80%黑（CMYK：0、0、0、80）到30%黑（CMYK：0、0、0、30），效果如图13-28所示。

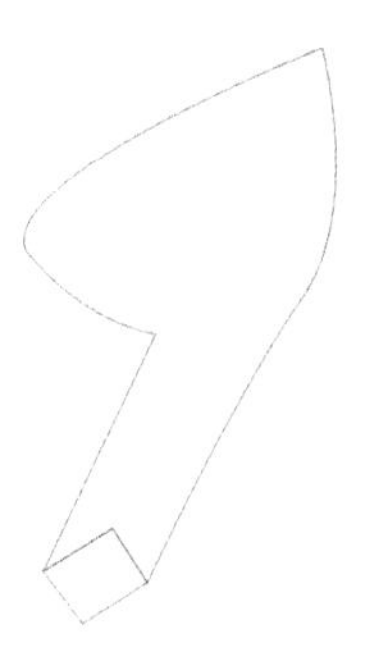
图13-24 绘制图形

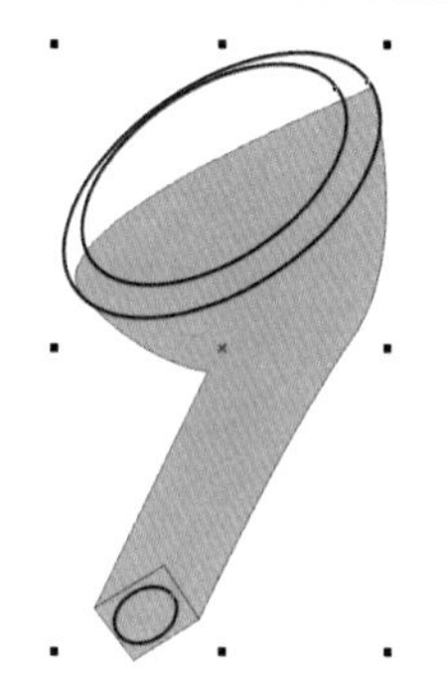
图13-25 绘制椭圆形

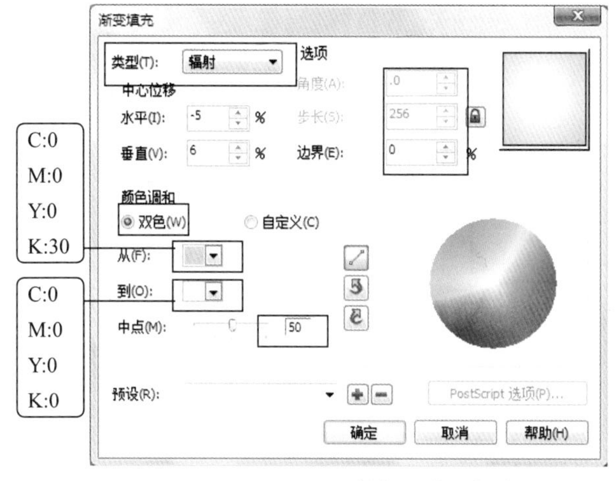

图13-26 【渐变填充】对话框

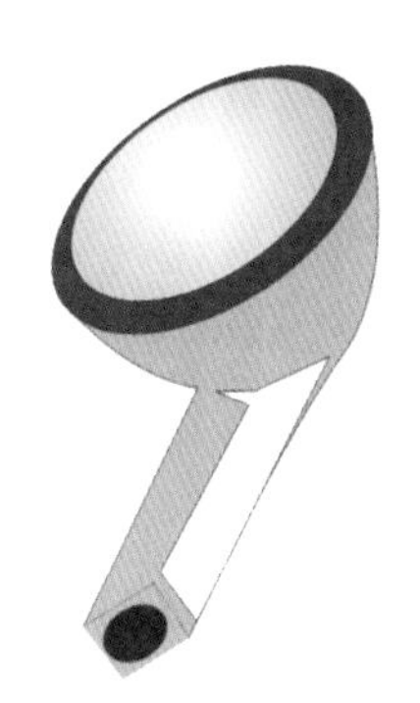
图13-27 绘制图形

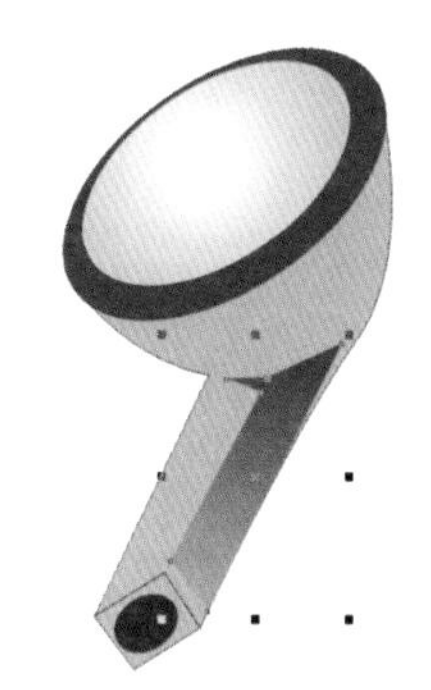
图13-28 填充后的效果

33 调整耳塞图形的大小及位置，如图13-29所示。

34 运用同样的方法，绘制出另一个耳塞图形，如图13-30所示。

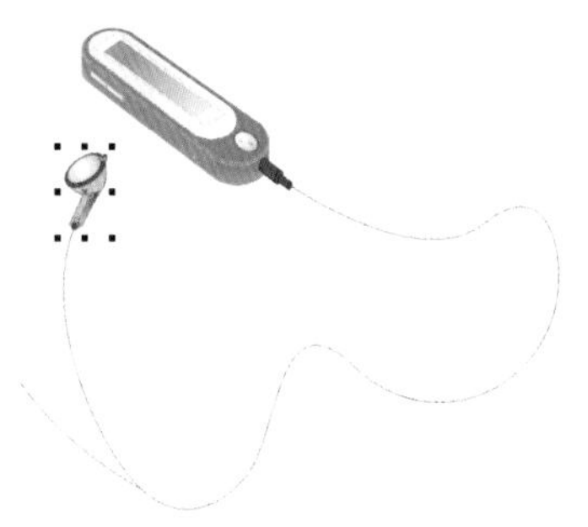
图13-29 调整后的位置

图13-30 制作耳塞图形

㉟ 调整耳塞图形的位置，如图13-31所示。

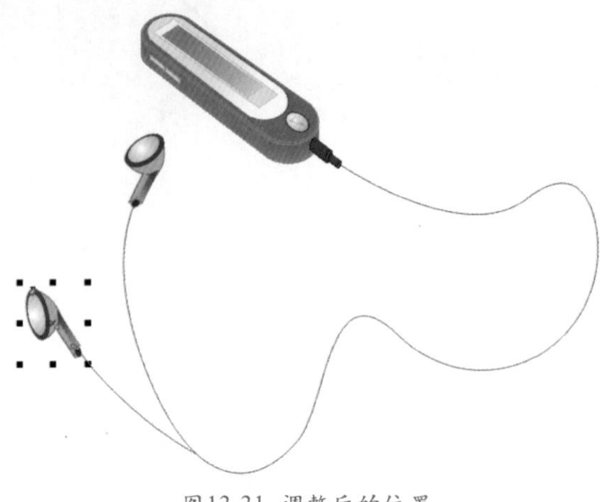

图13-31 调整后的位置

㊱ 保存文件，命名为“MP3.cdr”。

实例总结

本例所绘制的MP3图形，主要运用了【矩形工具】、【贝塞尔工具】、【交互式立体化工具】、【椭圆工具】等，应重点掌握【交互式立体化工具】和【添加透视点】命令的使用方法。

Example 实例 157 交互式填充——办公桌

实例目的

本例主要讲解运用二维图形和二维图形结合【交互式立体化工具】制作出三维图形的方法，办公桌效果如图13-32所示。

图13-32 办公桌效果

实例要点

- 绘制图形并填充颜色。
- 运用【交互式立体化工具】制作出立体效果。
- 运用【交互式调和工具】填充颜色。
- 绘制储物柜。

操作步骤

01 在CorelDRAW X5中新建文件。

02 运用（矩形工具）和（贝塞尔工具），绘制出如图13-33所示的图形。

03 设置所绘制图形的轮廓颜色为灰色（CMYK：0、0、0、20），然后选择桌面图形，将其填充为（CMYK：0、0、0、4），如图13-34所示。

04 选择（交互式填充工具），移动鼠标指针至桌面图形的右侧，按住鼠标左键并向左上方向拖曳，效果如图13-35所示。

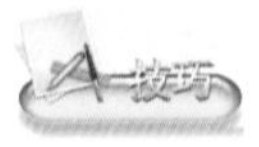

图形对象中没有添充任何颜色时，用（交互式填充工具）在对象上拖曳，将填充为从黑色到白色的线性渐变，即系统默认的渐变填充色。运用系统默认的这种填充方式，如果我们先将图形对象填充为红色，再运用（交互式填充工具）在对象上拖曳，此时图形对象将填充为从红色到白色的线性渐变效果。在使用双色渐变的情况下，这种方法非常适用。

图13-33 绘制图形

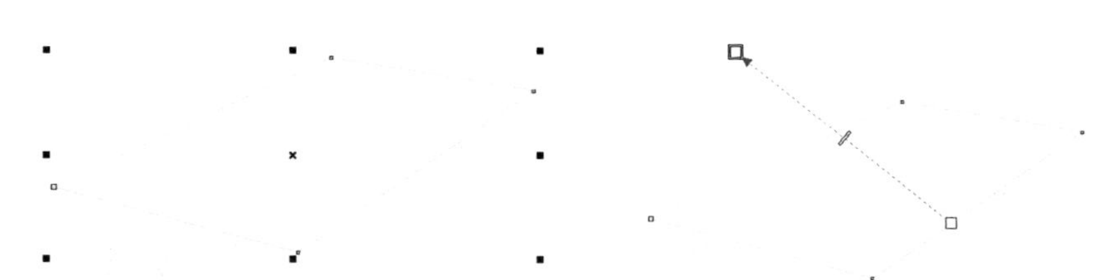

图13-34 填充图形　　图13-35 渐变效果

05 选择桌面右侧的桌边和桌腿图形，填充为30%黑（CMYK：0、0、0、30），如图13-36所示。

06 运用前面介绍的方法，单击（交互式填充工具），分别调整图形的渐变效果，如图13-37所示。

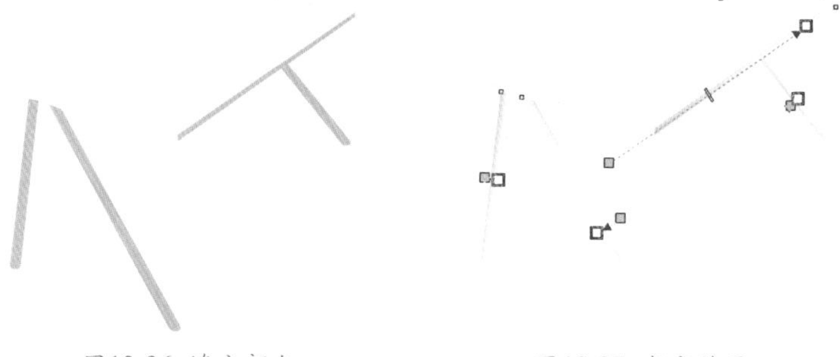

图13-36 填充颜色　　图13-37 渐变效果

07 将桌栓填充为20%黑（CMYK：0、0、0、20），同样地，快速制作出渐变效果，如图13-38所示。

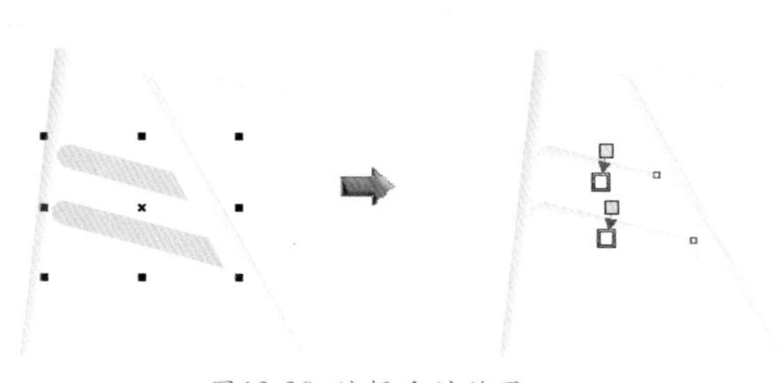

图13-38 编辑后的效果

08 将桌面底部的桌边填充为白色，效果如图13-39所示。

09 运用（椭圆工具）绘制一个椭圆形，设置轮廓颜色为20%黑（CMYK：0、0、0、30），旋转至合适的角度，打开【渐变填充】对话框，设置类型为线性，角度为–47.4，边界为18%，将颜色调和为双色，从10%黑（CMYK：0、0、0、10）到白色，效果如图13-40所示。

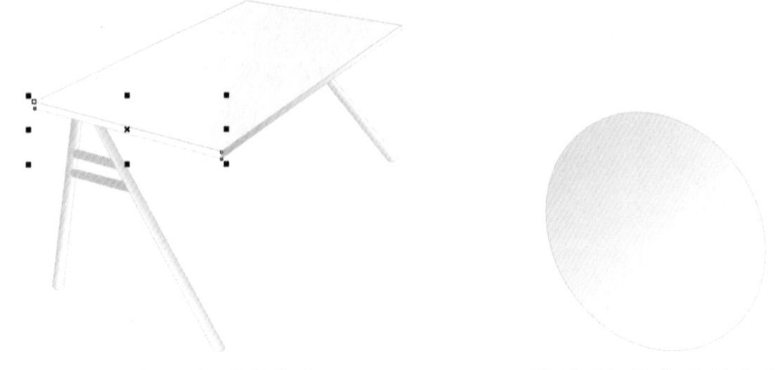

图13-39 填充颜色　　图13-40 填充后的效果

10 运用（交互式立体化工具），在椭圆形上拖曳，然后在属性栏中设置如图13-41所示的参数。

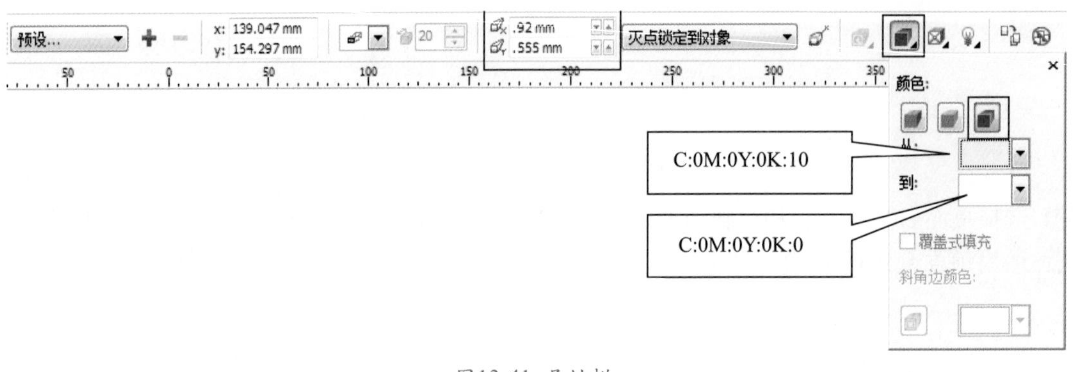

图13-41 属性栏

11 设置完成后的效果如图13-42所示。

12 调整立体椭圆的位置，如图13-43所示。

13 再运用（椭圆工具）绘制一个椭圆形，设置轮廓颜色为30%黑（CMYK：0、0、0、30），旋转至合适的角度，打开【渐变填充】对话框，设置类型为线性，角度为–4.3，边界为13%，将颜色调和为双色，从黑色到30%黑（CMYK：0、0、0、30），效果如图13-44所示。

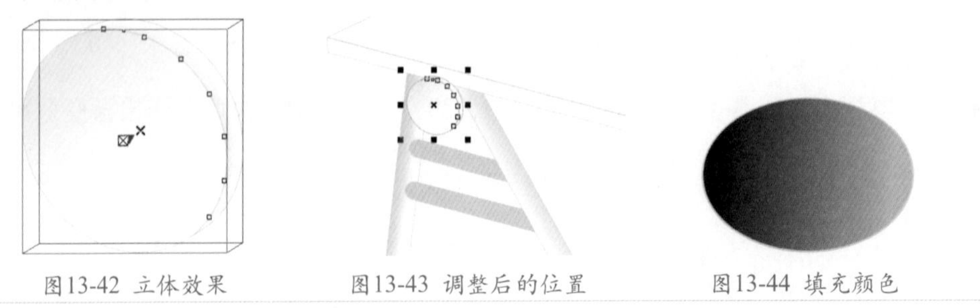

图13-42 立体效果　　图13-43 调整后的位置　　图13-44 填充颜色

14 调整椭圆形的位置，如图13-45所示。

15 将椭圆形复制两个，分别调整大小及位置，如图13-46所示。

16 运用（贝塞尔工具），绘制如图13-47所示的图形。

17 设置轮廓颜色为砖红色（CMYK：0、60、80、20）。打开【渐变填充】对话框，设置类型为线性，角度为20.2，边界为1%，将颜色调和为双色，从橘红色（CMYK：0、60、100、0）到黄色（CMYK：0、0、100、0），效果如图13-48所示。

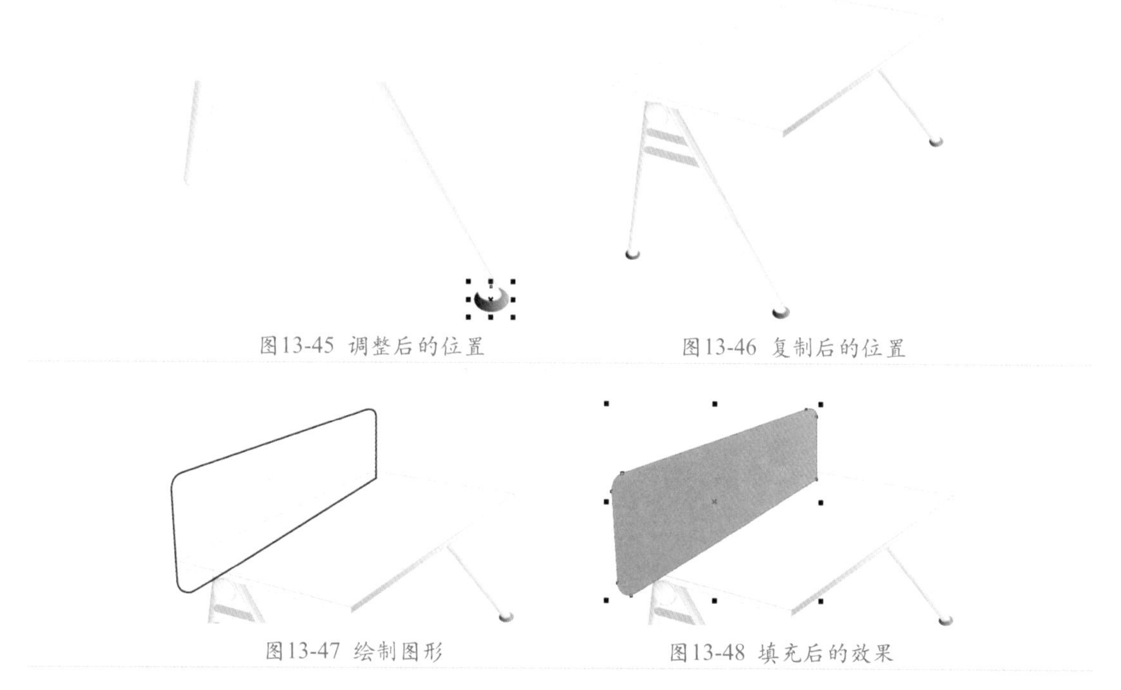

图13-45 调整后的位置　　图13-46 复制后的位置

图13-47 绘制图形　　图13-48 填充后的效果

⑱ 选择（交互式立体化工具），在所绘制的图形上按住鼠标左键并拖曳，在属性栏中设置参数，如图13-49所示。

图13-49 属性栏

⑲ 设置完成后的效果如图13-50所示。

⑳ 按键盘上的Shift+PageDown键，调整图形到图层后面，效果如图13-51所示。

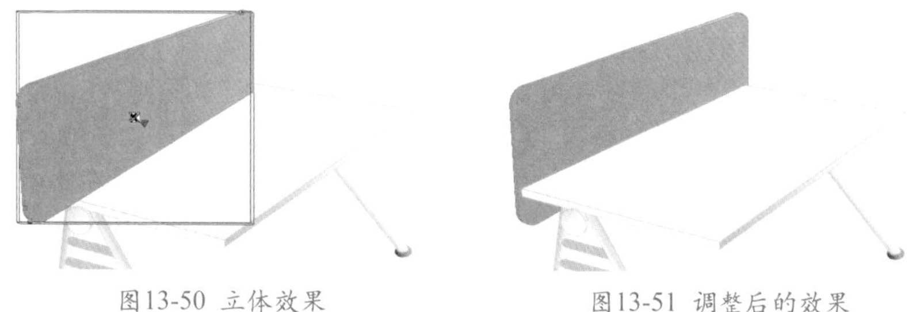

图13-50 立体效果　　图13-51 调整后的效果

㉑ 再运用（贝塞尔工具），绘制如图13-52所示的图形。

㉒ 选择如图13-53所示的图形，填充为白色，设置轮廓颜色为20%黑（CMYK：0、0、0、20）。

㉓ 选择未填充的图形，设置轮廓颜色为深黄色（CMYK：0、20、100、0），打开【渐变填充】对话框，设置类型为线性，角度为–7.5，边界为7%，将颜色调和为双色，从（CMYK：0、10、50、0）到（CMYK：0、5、30、0），效果如图13-54所示。

绘制储物柜

㉔ 运用（贝塞尔工具）、（矩形工具）和（椭圆工具），绘制出储物柜的轮廓，如图13-55所示。

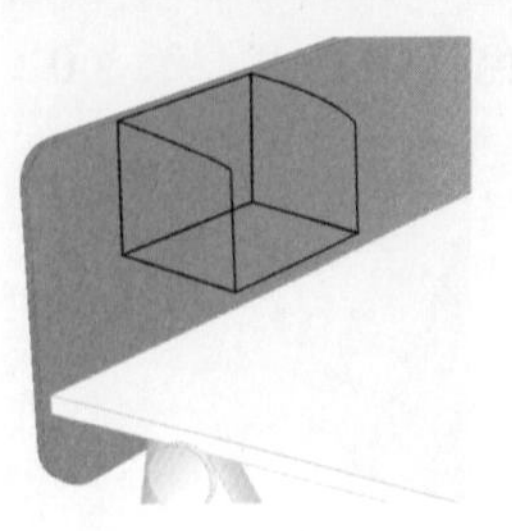

图13-52 绘制图形

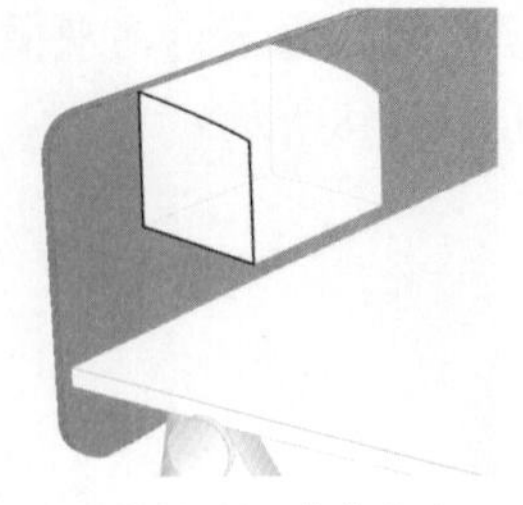
图13-53 填充颜色

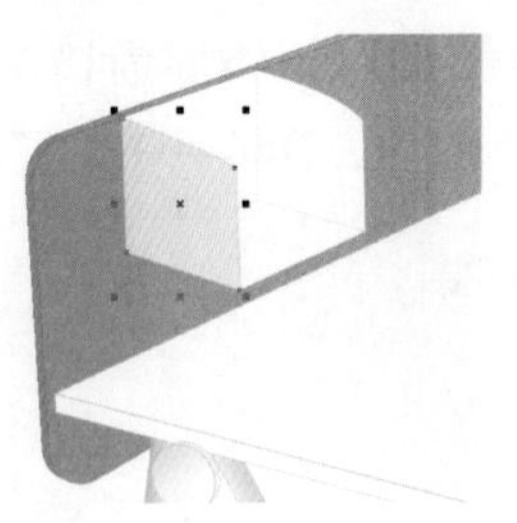
图13-54 填充后的效果

㉕ 选择图形1，填充为从10%黑（CMYK：0、0、0、10）到白色的线性渐变色；再选择图形2，填充为从10%黑（CMYK：0、0、0、10）到白色的线性渐变色，并删除轮廓；最后选择图形3，填充为从20%黑（CMYK：0、0、0、20）到白色的线性渐变色，如图13-56所示。

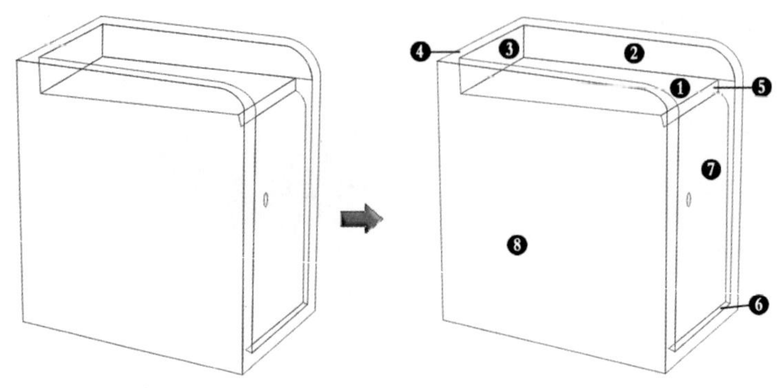

图13-55 绘制图形

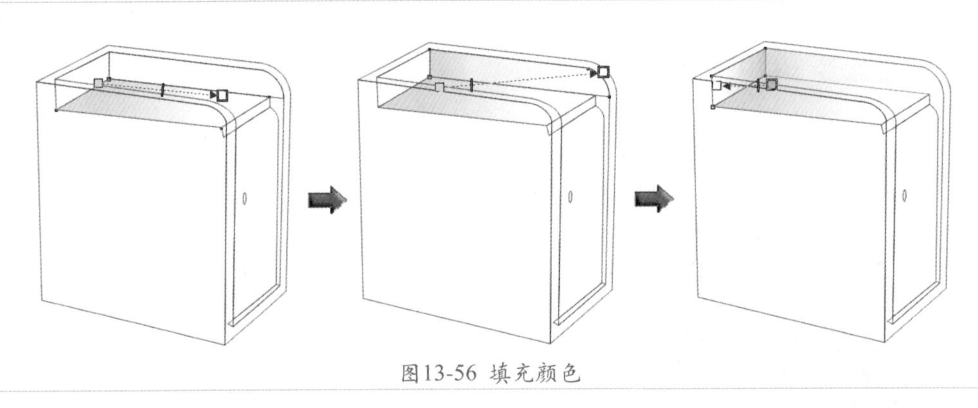
图13-56 填充颜色

㉖ 将图形4和图形6均填充为从20%黑（CMYK：0、0、0、20）到白色的线性渐变色，渐变角度及方向如图13-57所示。

㉗ 将图形5填充为白色，图形8填充为（CMYK：0、0、0、15），效果如图13-58所示。

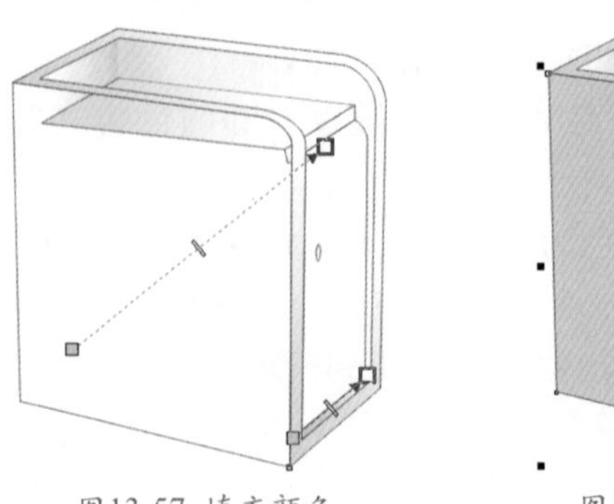
图13-57 填充颜色

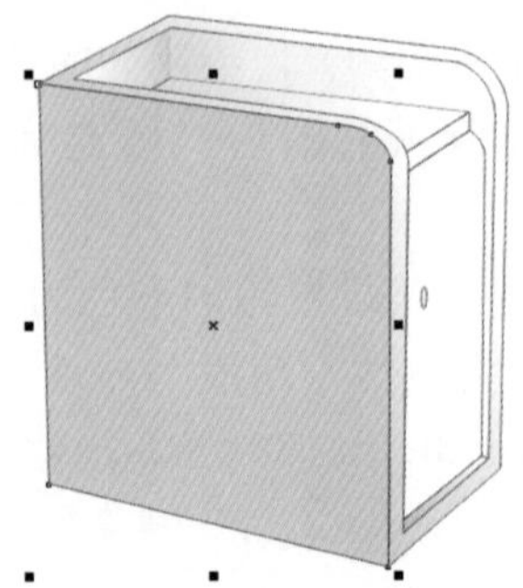
图13-58 填充后的效果

㉘ 选择图形7，运用 （交互式填充工具），在图形7上拖曳，在属性栏中设置参数，如图13-59所示。

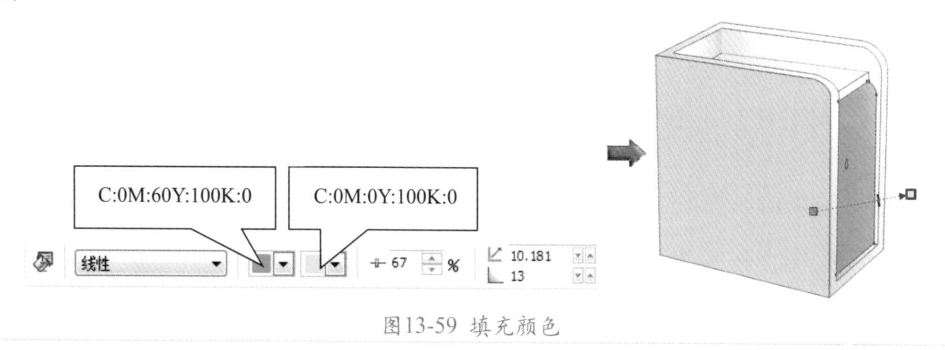

图13-59 填充颜色

㉙ 选择椭圆形，填充为40%黑（CMYK：0、0、0、40），然后运用 （交互式填充）工具在椭圆形上拖曳，在属性栏的【渐变类型】下拉列表中选择“辐射”，如图13-60所示。

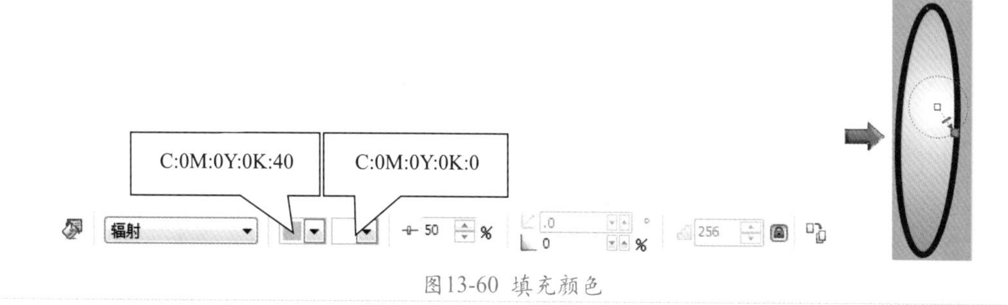

图13-60 填充颜色

㉚ 将储物柜图形中的黑色轮廓修改为20%黑（CMYK：0、0、0、20），如图13-61所示。

㉛ 选择储物柜图形，调整位置，如图13-62所示。

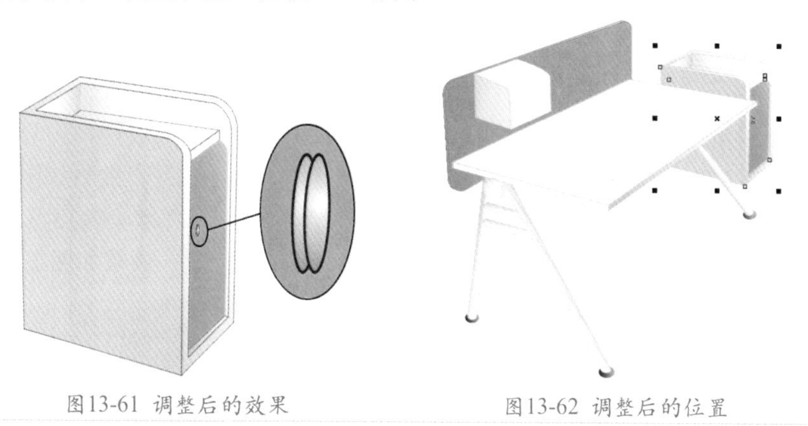

图13-61 调整后的效果　　图13-62 调整后的位置

㉜ 保存文件，命名为“办公桌.cdr”。

实例总结

在本例的制作过程中，综合运用了【矩形工具】、【贝塞尔工具】、【交互式立体化工具】、【椭圆工具】等，应重点掌握绘制办公桌时渐变色的变化角度。

Example 实例 158 渐变填充——购物袋（1）

实例目的

本例综合运用【矩形工具】、【贝塞尔工具】、【星形工具】、【多边形工具】、【渐变填充工具】、【文本工具】等，制作出“购物袋一”，效果如图13-63所示。

图13-63 购物袋效果

实例要点

◆ 运用【矩形工具】和【贝塞尔工具】绘制购物袋的正面和侧面图形。

◆ 运用【椭圆工具】、【渐变填充工具】制作购物袋正面的装饰图案。

◆ 绘制购物袋袋口部位扣眼的正面和反面。

◆ 导入图形。

操作步骤

01 在CorelDRAW X5中新建文件。

02 在绘图区中绘制一个矩形，如图13-64所示。

03 运用（贝塞尔工具），绘制如图13-65所示的图形。

04 选择矩形和右上方的三角形，填充为（CMYK：18、12、9、1），轮廓颜色为（CMYK：29、20、17、4），效果如图13-66所示。

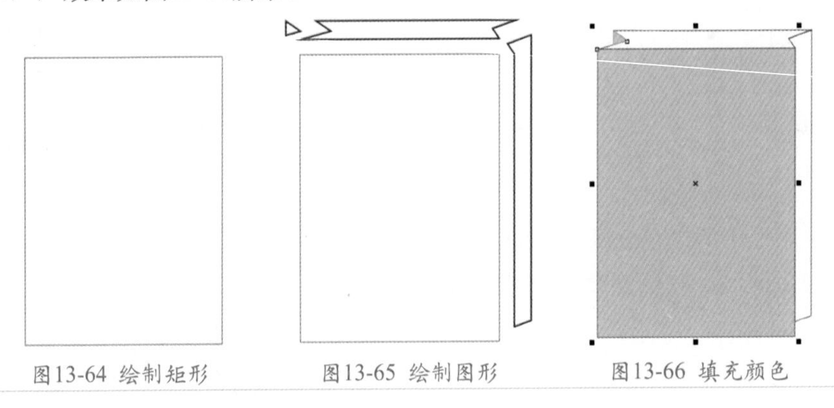

图13-64 绘制矩形　　图13-65 绘制图形　　图13-66 填充颜色

05 选择矩形右侧的图形，打开【渐变填充】对话框，设置类型为线性，边界为5%，将颜色调和为双色，从（CMYK：18、12、9、1）到（CMYK：25、13、8、1），效果如图 13-67所示。

06 绘制一个圆形，打开【渐变填充】对话框，设置类型为射线，水平为13%，垂直为–7%，边界为17%，将颜色调和为双色，从（CMYK：18、12、9、1）到白色，效果如图 13-68所示。

07 将圆形复制多个，调整大小及位置，如图13-69所示。

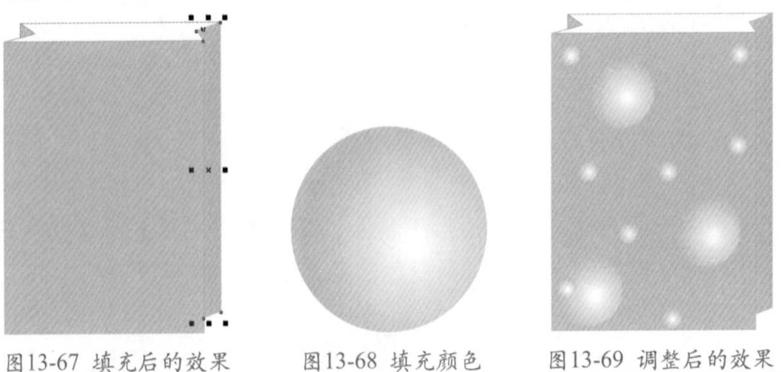

图13-67 填充后的效果　　图13-68 填充颜色　　图13-69 调整后的效果

绘制扣眼

08 继续运用（椭圆工具）绘制两个圆形，位置如图13-70所示。

图13-70 绘制圆形

⑨ 将内侧的圆形填充为白色，选择外侧的圆形，按键盘上的F11键，在弹出的对话框中设置参数，如图13-71所示。

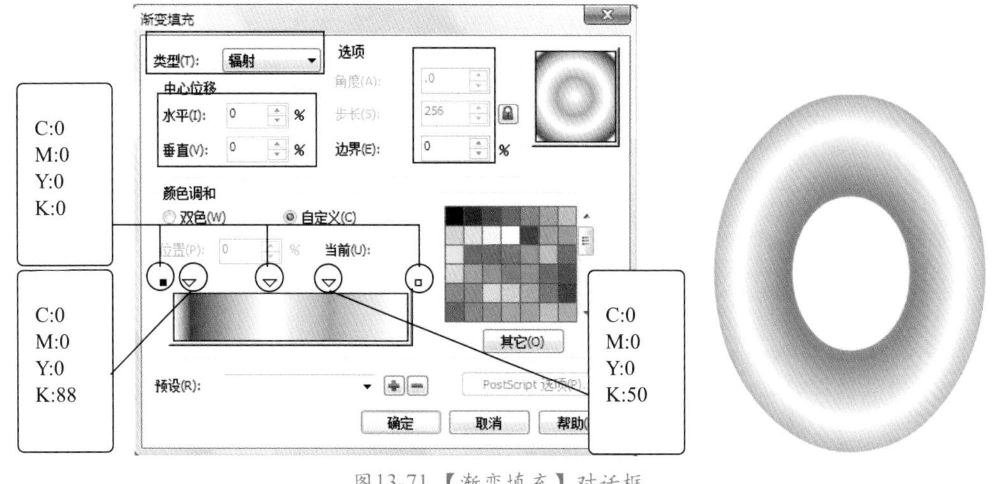

图13-71 【渐变填充】对话框

⑩ 选择圆环形，并将其复制一个，调整位置，如图13-72所示。

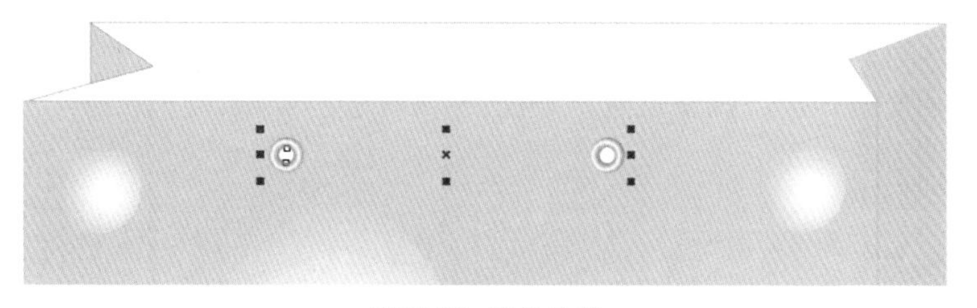

图13-72 调整位置

⑪ 选择☆（星形工具），在属性栏中设置边数为6，尖角为50，绘制如图13-73所示的星形。

⑫ 选择⬡（多边形工具），在属性栏中设置边数为12，绘制一个多边形，然后将其旋转15.7°，位置如图13-74所示。

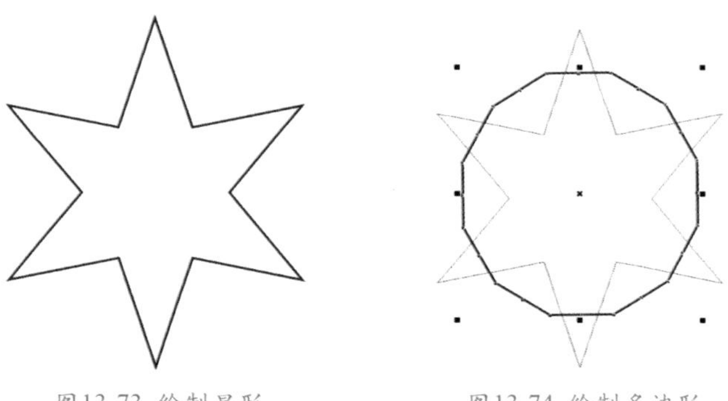

图13-73 绘制星形　　图13-74 绘制多边形

⑬ 运用（椭圆工具），在多边形的中心位置绘制一个圆形，如图13-75所示。

⑭ 选择工具箱中的（智能填充工具），选取如图13-76所示的图形。

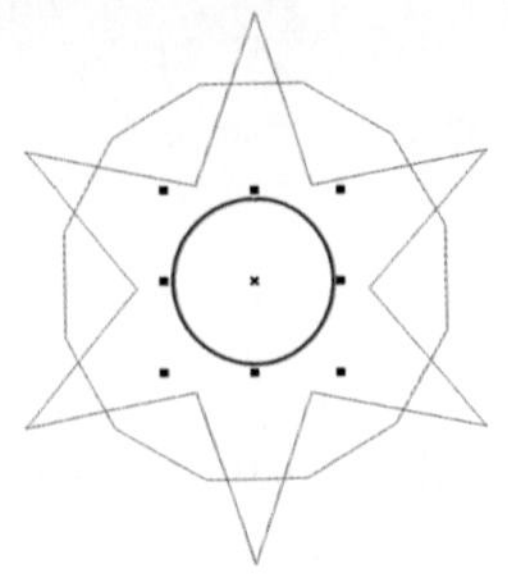

图13-75 绘制圆形

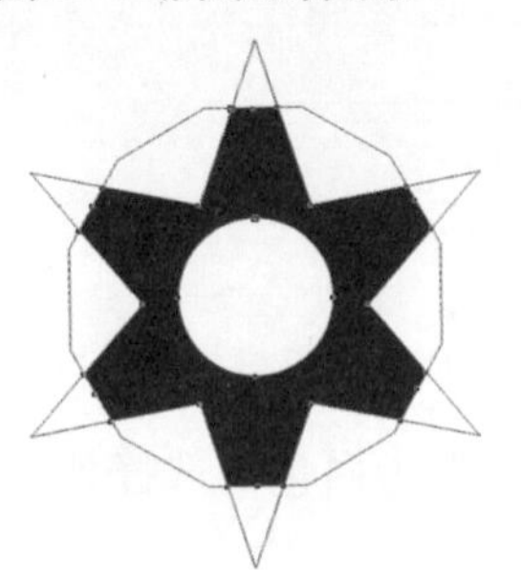

图13-76 选取图形

⑮ 确认选取的图形处于选择状态，打开【渐变填充】对话框，参数设置如图13-77所示。

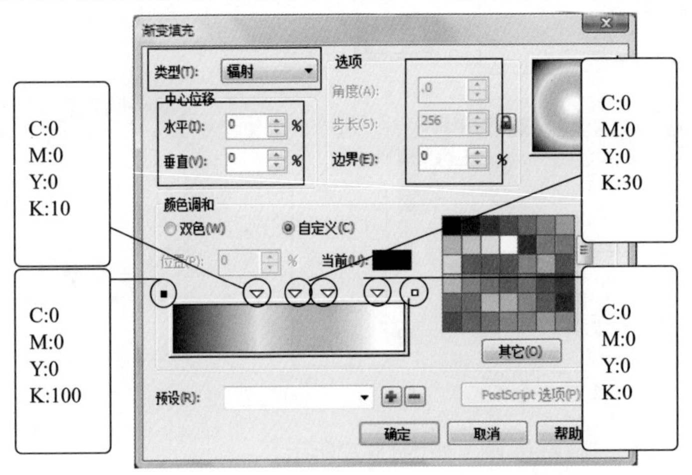

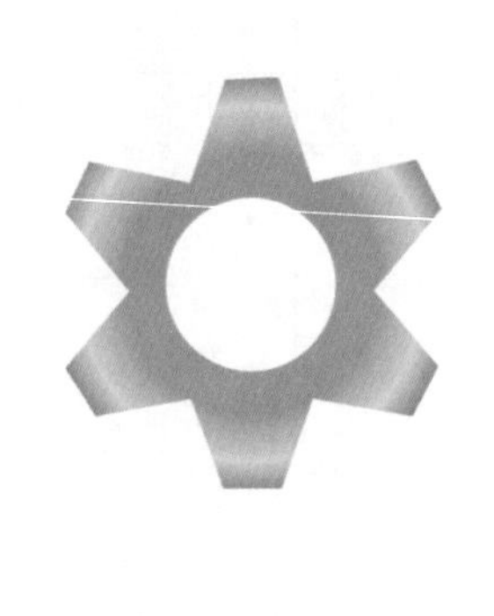

图13-77【渐变填充】对话框

⑯ 将选取的图形复制一个，调整位置，如图13-78所示。

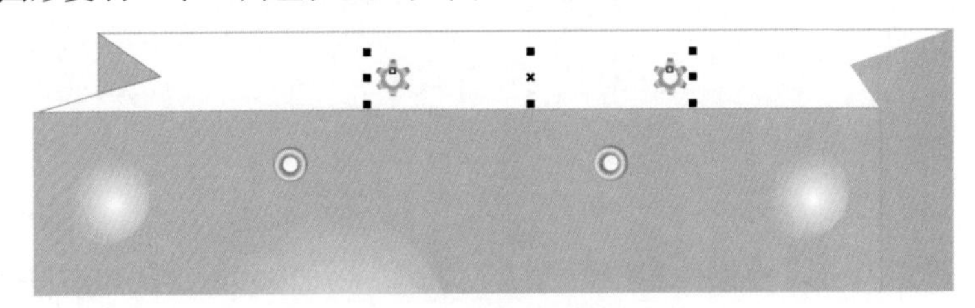

图13-78 调整后的位置

⑰ 运用（贝塞尔工具）绘制一条曲线，如图13-79所示。

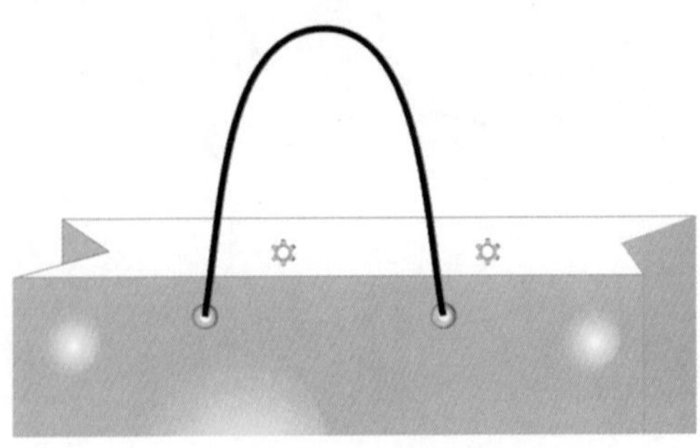

图13-79 绘制曲线

⑱ 按键盘上的F12键，打开【轮廓笔】对话框，参数设置如图13-80所示。

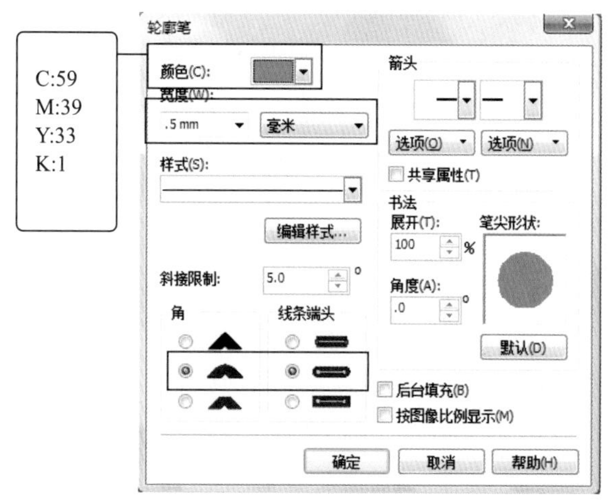

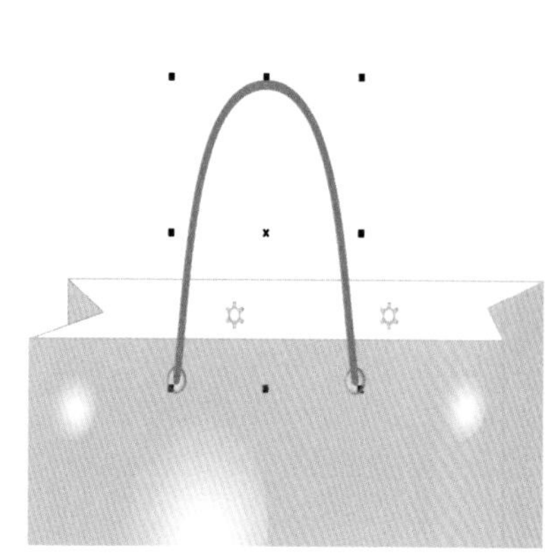

图13-80 【轮廓笔】对话框

⑲ 将曲线复制一条，调整位置，如图13-81所示。

⑳ 再运用（贝塞尔工具）绘制如图13-82所示的曲线。

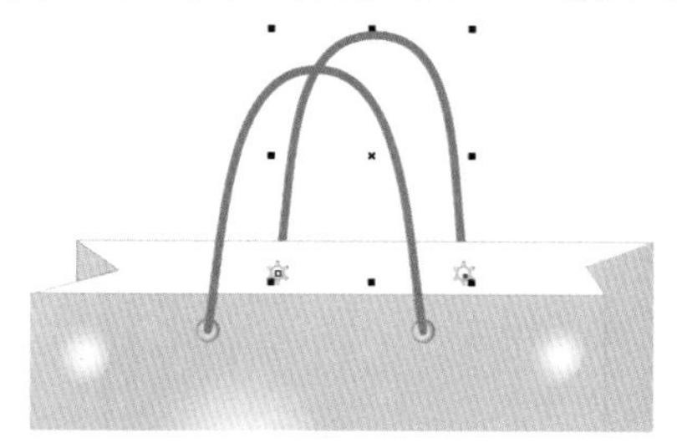

图13-81 调整后的位置

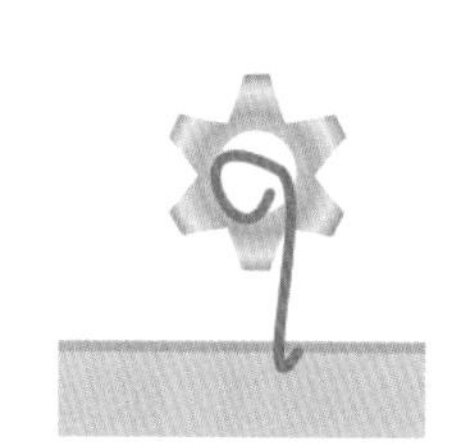

图13-82 绘制曲线

㉑ 将曲线复制一条，调整位置，如图13-83所示。

㉒ 单击字（文本工具）按钮，输入“购物袋”3个字，然后在属性栏中设置字体为“文鼎中特广告体”，其他设置如图13-84所示。

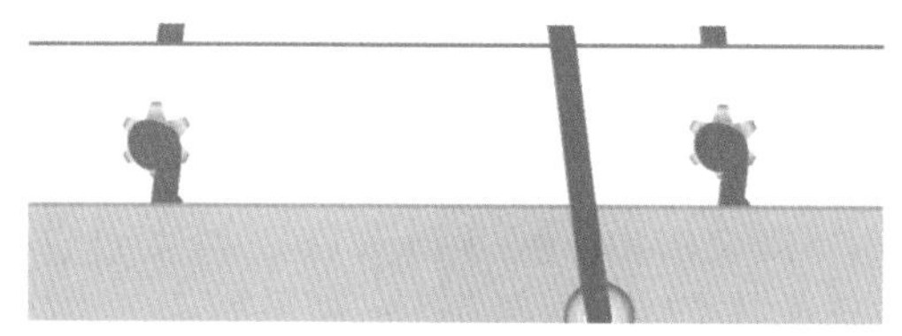

图13-83 调整后的位置

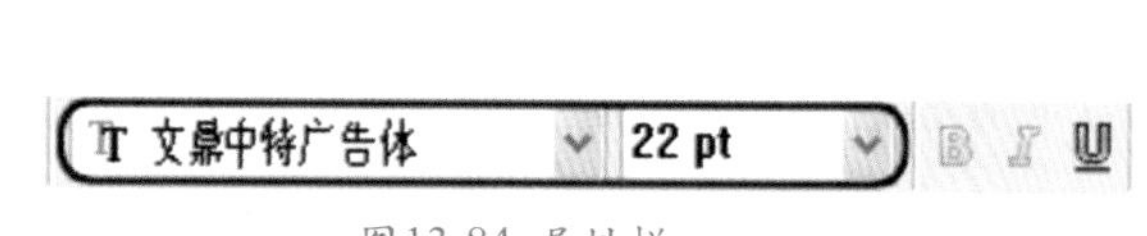

图13-84 属性栏

㉓ 设置完成后的效果如图13-85所示。

㉔ 将文本填充为灰色（CMYK：53、39、33、1）。

㉕ 导入“两个女孩.cdr”文件（光盘\第13章），如图13-86所示。

㉖ 调整导入图形的大小及位置，如图13-87所示。

㉗ 保存文件，命名为“购物袋一.cdr”。

实例总结

本例所绘制的购物袋图形，主要运用了【矩形工具】、【贝塞尔工具】、【椭圆工具】、【星形工具】、【多边形工具】、【文本工具】，以及【渐变填充工具】，重点需要掌握购物袋上扣眼正反面的绘制方法。

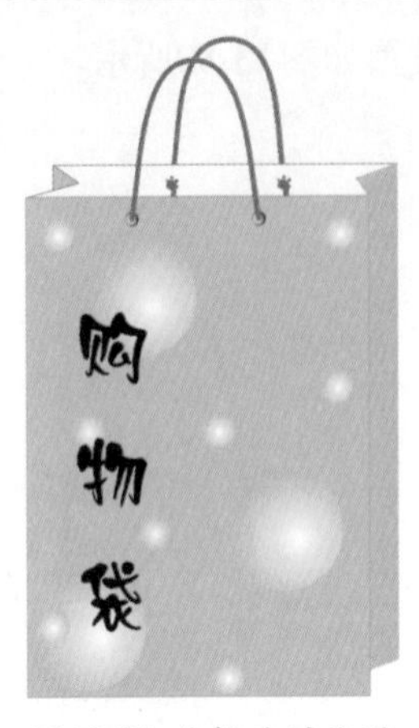

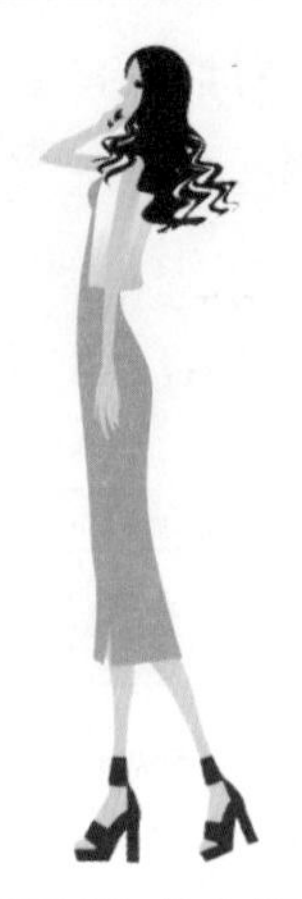

图13-85 编辑后的位置　　图13-86 导入图形　　图13-87 调整后的位置

Example 实例 159　底纹填充——购物袋（2）

实例目的

本例先修改“购物袋一”图形，然后运用【形状工具】、【底纹填充工具】和【文本工具】，制作出“购物袋二”，效果如图13-88所示。

实例要点

- ◆ 运用【形状工具】和【挑选工具】修改“购物袋一”。
- ◆ 运用【纹理填充工具】填充购物袋的正面和侧面。
- ◆ 导入图形，取消群组，编辑图形。
- ◆ 输入美术字。

图13-88 购物袋效果

操作步骤

01 在CorelDRAW X5中新建文件。

02 导入“购物袋一.cdr”文件（光盘\第13章），删除多余的图形，保留如图13-89所示的部分。

03 运用（形状工具），将“购物袋一”修整为如图13-90所示的形态。

04 将修整后的购物袋的轮廓颜色设置为酒绿色（CMYK：40、0、100、0），效果如图13-91所示。

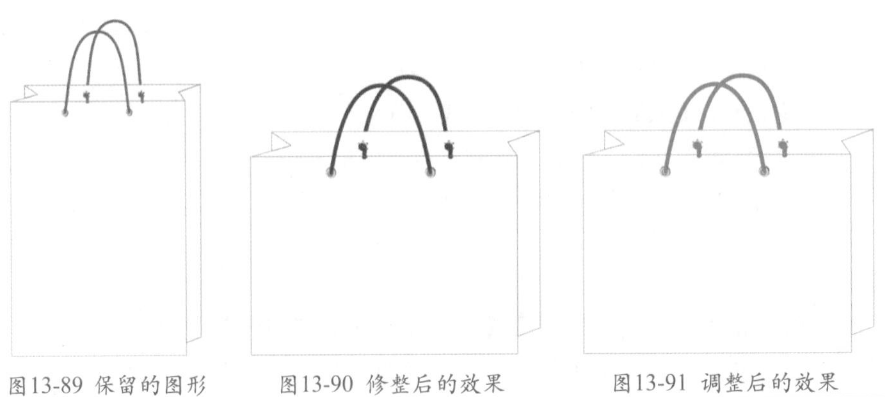

图13-89 保留的图形　　图13-90 修整后的效果　　图13-91 调整后的效果

05 选择购物袋图形，在“填充”展开工具栏中，单击（底纹填充对话框）按钮，在弹出的对话框中设置参数，如图13-92所示。

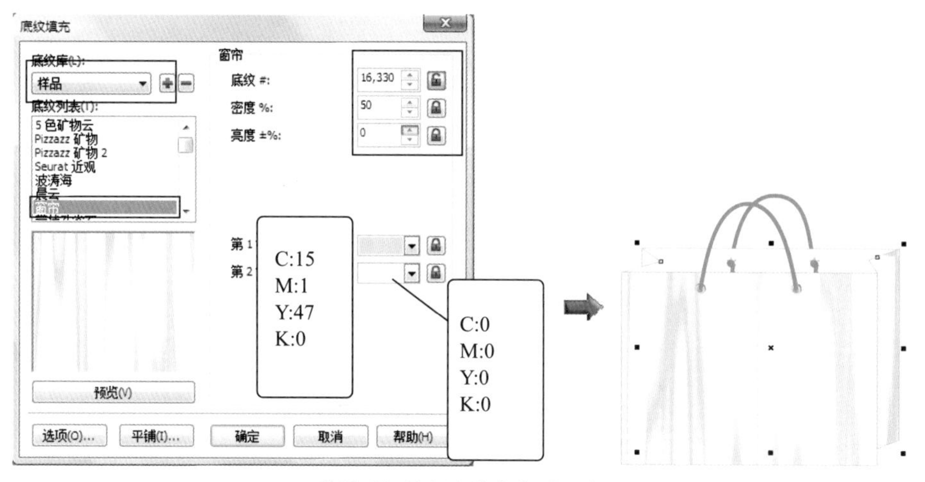

图13-92 【底纹填充】对话框

选择购物袋的正面与侧面的图形，打开【底纹填充】对话框，设置完成后，所选择的对象填充上相同的颜色。

06 导入“竹.cdr”文件（光盘\第13章\源文件），如图13-93所示。

07 单击属性栏中的（取消群组）按钮，将导入图形的群组取消，选择部分竹子图形，调整到如图13-94所示的位置。

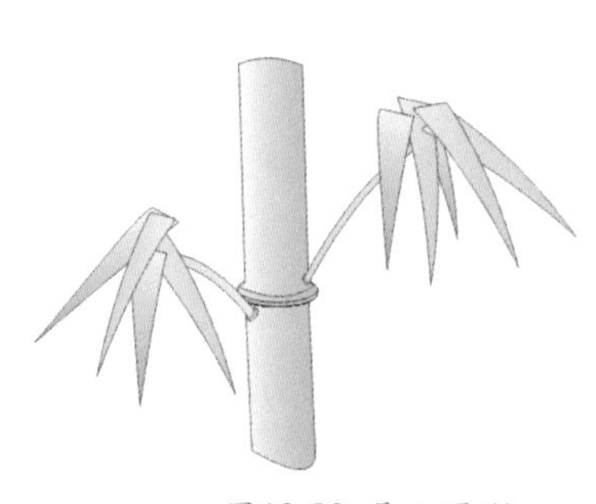

图13-93 导入图形

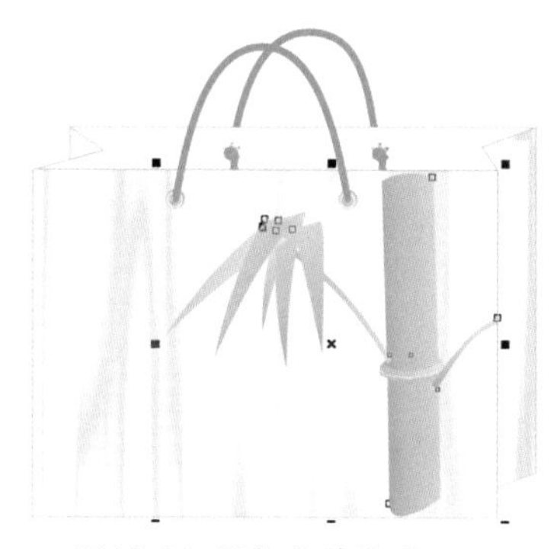

图13-94 调整后的位置

08 选择竹叶图形，调整到如图13-95所示的位置。

09 单击字（文本工具）按钮，在购物袋上输入“竹茶”，设置为自己喜欢的字体，字体大小为22pt，位置如图13-96所示。

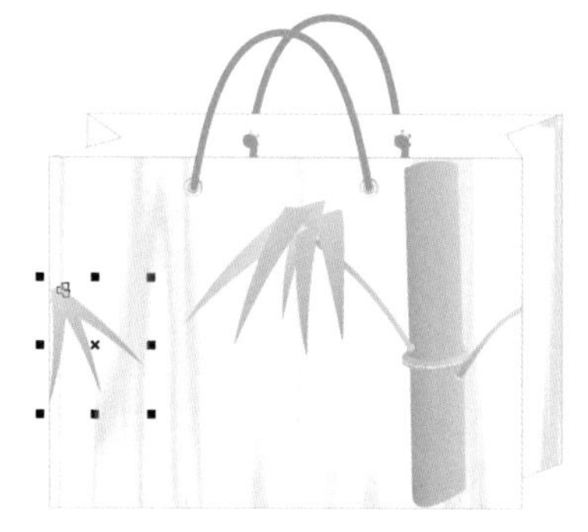

图13-95 调整位置

图13-96 输入美术字

⑩ 确认输入的美术字处于选择状态，填充为草绿色（CMYK：100、0、90、40），效果如图13-97所示。

图13-97 填充颜色

⑪ 保存文件，命名为“购物袋二.cdr”。

实例总结

本例所制作的“购物袋二”图形，是将“购物袋一”图形修改后，再运用【形状工具】、【底纹填充工具】和【文本工具】制作而成。

Example 实例 160　底纹填充与渐变填充——室内一角

实例目的

学习了前面的范例后，现在读者自己动手绘制出一个“室内一角”图形，效果如图13-98所示。

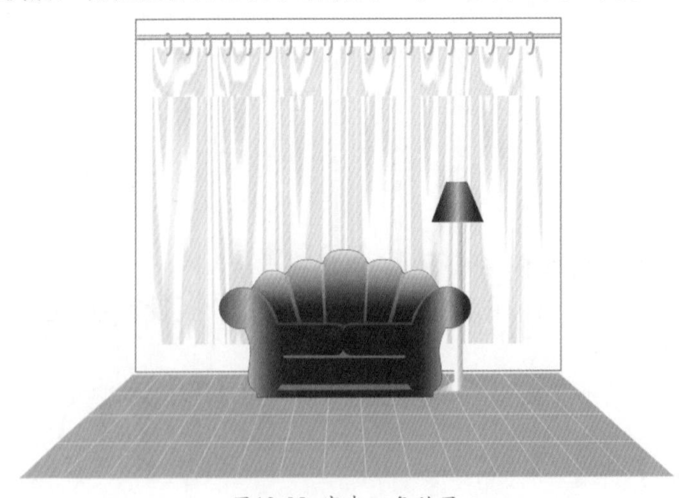

图13-98 室内一角效果

实例要点

◆　绘制一个矩形，设置轮廓颜色为10%黑（CMYK：0、0、0、10）。

◆　运用缩小复制的方法，复制一个矩形，打开【底纹填充】对话框，在【底纹库】右侧的下拉列表中选择“样本6”，在【底纹类型】列表中选择“闪光丝绸”，设置第一种颜色为白色，第二种颜色为（CMYK：7、10、14、0），制作出窗帘。

◆ 在窗帘的上方绘制一个矩形，打开【渐变填充】对话框，设置渐变类型为线性，调和颜色为自定义，按照从左至右的顺序，设置第一种和第三种颜色为黑色，第二种颜色为白色，制作出窗帘杆。

◆ 在窗帘和窗帘杆之间绘制一个椭圆形，设置轮廓宽度为1mm，轮廓颜色为（CMYK：23、27、33、0），然后将椭圆形复制多个，制作出窗帘上的环。

◆ 在矩形的下方绘制一个梯形，填充为（CMYK：23、27、33、0）。

◆ 运用【图纸工具】，在属性栏中设置图纸的行数和列数分别为15、4，绘制图纸图形。然后单击【效果】/【添加透视点】命令，调整图纸图表的透视点的位置，填充为（CMYK：23、27、33、0），设置轮廓颜色为（CMYK：7、9、14、0），制作出地板。

◆ 打开【插入字符】泊坞窗，选择沙发与台灯图形，插入到绘图区中，运用智能填充工具，创建相应的图形，填充上适合的颜色，完成制作。

Example 实例 161 贝塞尔工具——鼠标

实例目的

学习了前面的范例，现在读者自己动手绘制出一个“鼠标”图形，效果如图13-99所示。

图13-99 鼠标效果

实例要点

◆ 绘制出鼠标的轮廓。

◆ 运用【贝塞尔工具】和【智能填充工具】，划分出鼠标的层次，选取相应的图形并填充合适的颜色。

◆ 运用【椭圆工具】和【渐变填充工具】，制作出鼠标的滚轮。

◆ 绘制多条曲线，增强鼠标的整体效果。

Example 实例 162 交互式调和——铝板琴

实例目的

读者自己动手，运用【矩形工具】、【贝塞尔工具】和【交互式调和工具】制作出铝板琴图形，效果如图13-100所示。

实例要点

◆ 绘制一个矩形，填充为从（CMYK：29、20、17、4）到（CMYK：18、12、9、1）的线性渐变色，然后将其旋转至合适的角度，制作出一块铝板。

◆ 将矩形复制一个，填充为白色，调整到右下方。

◆ 运用【交互式调和工具】调和两个矩形，设置调和步数为14，制作出一排铝板。

◆ 将调整后的图形复制一组，填充为50%黑（CMYYK：0、0、0、50），调整到图层后面。

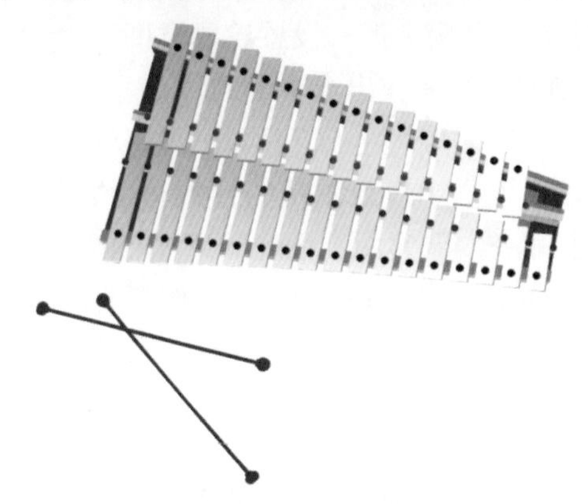

图13-100 铝板琴效果

◆ 选择全部图形，将其复制一组，调整到合适位置，制作出第二排铝板，然后修改调和步数为16。

◆ 绘制两个圆形，填充为黑色，运用【交互式调和工具】调和，调和步数与铝板相同，制作出铝板上的固定钉。

◆ 绘制两个圆形和一个矩形，将其焊接，制作出一根敲击棒，然后将其复制一根，调整形态。

Example 实例 163 交互式立体化——立体字

实例目的

学习了前面的范例后，现在读者自己动手绘制出一个“立体字”图形，效果如图13-101所示。

实例要点

◆ 设置页面为横向。

◆ 在绘图区中输入SOLID，在属性栏中，设置字体为Bolt Bd BT，字体大小为115pt，设置颜色为深粉红（CMYK：0、65、80、0），然后旋转至合适的角度。

图13-101 立体字效果

◆ 运用【交互式立体化工具】将文本立体化，在属性栏中设置步数为3，单击【立体化照明】按钮，在弹出的面板中选择【光源1】，在其右侧的光源强度预览窗口中，调整【光源1】的位置到右下角，选择【光源2】，将其调整到左侧后面的中间位置，选择【光源3】，默认位置。

◆ 双击矩形，创建一个矩形，打开【渐变填充】对话框，设置渐变类型为线性，调和颜色为双色，从40%黑（CMYK：20、0、0、40）到（CMYK：6、2、2、0）。

◆ 选择立体字，复制一个，调整到下方，然后运用【交互式透明工具】，在复制的立体字上由上向下拖曳，制作立体字的投影。

◆ 在页面的左上方绘制一个圆形，打开【渐变填充】对话框，设置类型为辐射，调和颜色为自定义（三色），设置第一种颜色为（CMYK：2、12、11、0），第二种颜色为（CMYK：0、25、25、0），第三种颜色为白色。

◆ 将圆形垂直镜像复制一个，运用前面讲解的方法，制作出圆形倒影。

◆ 选择圆形，运用【交互式阴影工具】制作出圆形的阴影，在属性栏中设置阴影颜色为50%黑（CMYK：0、0、0、50）。

第14章 抽象图形绘制

本章主要学习运用CorelDRAW软件绘制一些抽象图形（包括伸展、仰望、山水画等），通过这一部分内容的学习，使读者进一步掌握各种绘画工具的使用。

Example 实例 164 螺纹工具——伸展

实例目的

本例综合运用【椭圆工具】、【渐变填充工具】、【螺纹工具】、【形状工具】、【交互式透明工具】和【交互式调和工具】，绘制出“伸展”图形，效果如图14-1所示。

实例要点

- ◆ 绘制圆形并填充渐变色。
- ◆ 绘制螺旋形，转换为曲线，调整形态。
- ◆ 复制圆形并添加透明效果。
- ◆ 运用【交互式调和工具】调和两个圆形。

操作步骤

01 在CorelDRAW X5中新建文件。

02 单击工具箱中的（椭圆工具），按住键盘上的Ctrl键，在绘图区中绘制一个圆形，如图14-2所示。

图14-1 伸展效果

图14-2 绘制圆形

03 在“填充”展开工具栏中单击（渐变填充）按钮，在弹出的对话框中设置参数，如图14-3所示。

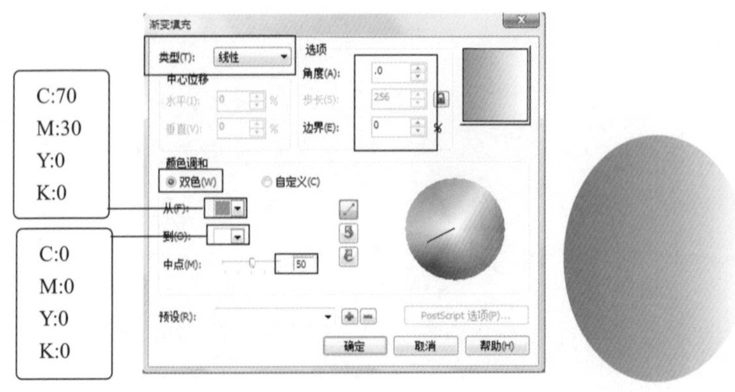

图14-3【渐变填充】对话框

04 运用（螺纹工具），配合（形状工具），绘制出如图14-4所示的图形。

05 选择绘制的圆形，调整到如图14-5所示的位置。（注意：圆形的中心与曲线的节点重合）

图14-4 绘制图形　　图14-5 圆形的位置

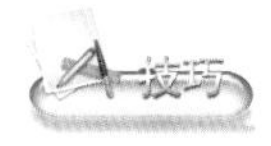

在绘图区（或工作区）中的空白位置，单击鼠标右键，在弹出的菜单中选择【创建对象】/【螺旋形】命令，可切换为（螺纹工具）。

06 运用缩小复制的方法，复制一个圆形，调整到如图14-6所示的位置。

07 确认小圆形处于选择状态，单击“交互式”展开工具栏中的（交互式透明工具），在属性栏中设置参数，如图14-7所示。

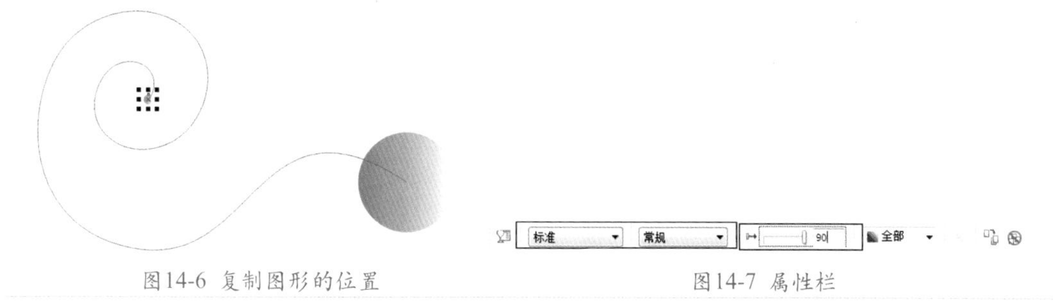

图14-6 复制图形的位置　　图14-7 属性栏

08 设置完成后和效果如图14-8所示。

09 选择（交互式调和工具），在两个圆形之间调和，效果如图14-9所示。

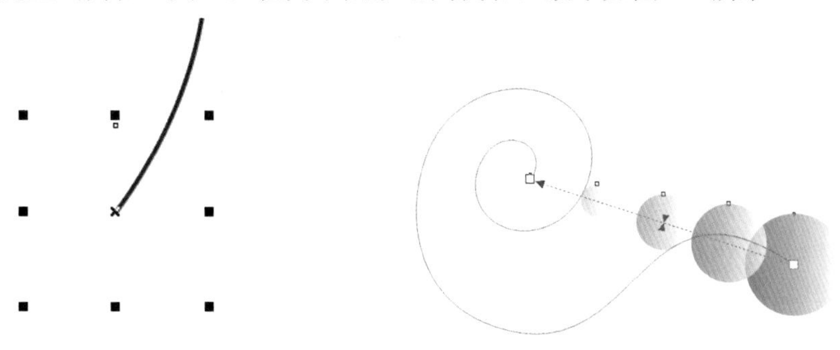

图14-8 编辑后的效果　　图14-9 调和效果

10 单击（路径属性）按钮，在弹出的面板中选择【新建路径】选项，指定曲线为新路径，如图14-10所示。

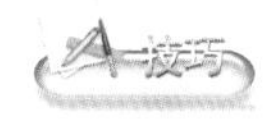

在调和对象上单击鼠标右键，在弹出的菜单中选择【新建路径】命令，即可指定新的路径。

11 指定路径后的效果如图14-11所示。

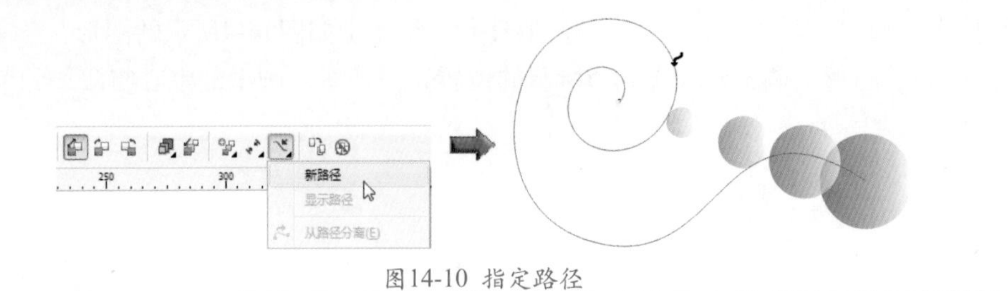

图14-10 指定路径

⑫ 在属性栏中设置调和步数为100，效果如图14-12所示。

图14-11 指定路径后的效果　　图14-12 调和后的效果

⑬ 单击属性栏中的（对象和颜色加速）按钮，在弹出的面板中调整滑块的位置，如图14-13所示。

⑭ 设置完成后的效果如图14-14所示。

⑮ 移动鼠标指针至调色板的☒上，单击鼠标右键，删除曲线轮廓，效果如图14-15所示。

图14-13 滑块的位置　　图14-14 调整后的效果　　图14-15 删除轮廓后的效果

⑯ 保存文件，命名为“伸展.cdr”。

实例总结

在本例的制作过程中，运用了【椭圆工具】、【渐变填充工具】、【螺纹工具】、【形状工具】、【交互式透明工具】和【交互式调和工具】工具，应重点掌握【交互式调和工具】中指定新路径、对象和颜色加速的操作。

Example 实例 165 星形工具——仰望

实例目的

本例综合运用【矩形工具】、【渐变填充工具】、【星形工具】、【椭圆工具】、【交互式调和工具】、【交互式透明工具】、【贝塞尔工具】等，制作出“仰望”图形，效果如图14-16所示。

实例要点

- 运用【矩形工具】和【渐变填充工具】制作出背景。
- 运用【星形工具】制作出星星。

图14-16 仰望效果

- ◆ 运用【贝塞尔工具】绘制出月亮和脸部轮廓。
- ◆ 运用【交互式调和工具】和【交互式透明工具】制作出流星。

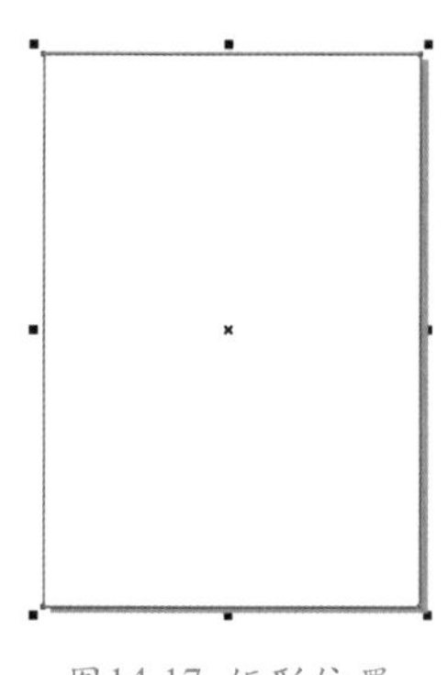

图14-17 矩形位置

操作步骤

01 在CorelDRAW X5中新建文件。

02 双击工具箱中的（矩形工具）按钮，系统沿绘图区域的边缘自动建立一个矩形，如图14-17所示。

03 按键盘上的F11键，在【渐变填充】对话框中，设置【类型】为线性，【颜色调和】为从蓝色（CMYK：100、100、0、0）到白色（CMYK：0、0、0、0），【角度】为–88.7，其他设置如图14-18所示。

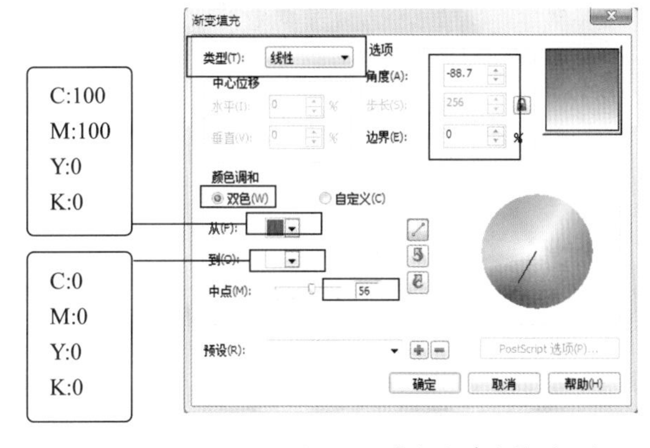

图14-18 【渐变填充】对话框

04 选择（星形工具），在属性栏中设置参数，如图14-19所示。

x: 91.253 mm　y: 274.784 mm　13.254 mm　13.254 mm　11.5 %　11.5 %　.0 °　4　94　无

图14-19 属性栏

05 按住键盘上的Ctrl键，在工作区中的任意位置绘制一个星形，如图14-20所示。

06 将星形填充为白色，调整星形图形到绘图区中的合适位置，并将其复制多个，位置及形态如图14-21所示。

07 运用工具箱中的（手绘工具）/（贝塞尔工具），绘制如图14-22所示的封闭图形，填充为黄色（CMYK：0、0、100、0），删除轮廓。

08 继续运用（贝塞尔工具），在绘图区的右下角绘制如图14-23所示的人物头部轮廓，并填充黑色。

09 单击工具箱中的（椭圆工具）按钮，在工作区中绘制两个椭圆形，并将其填充为黑色

（CMYK：0、0、0、100），如图14-24所示。

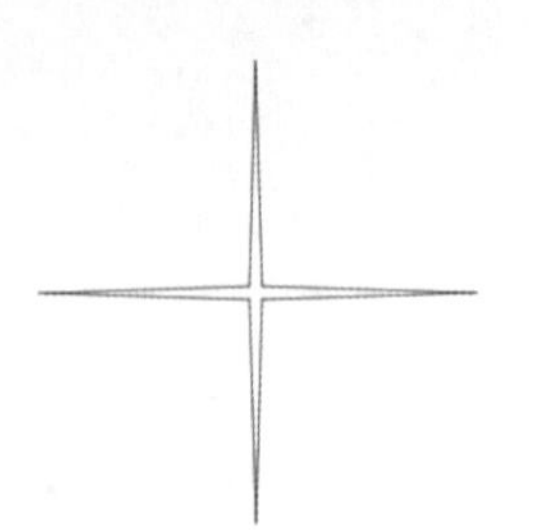

图14-20 绘制星形

图14-21 调整后的形态

图14-22 绘制封闭图形

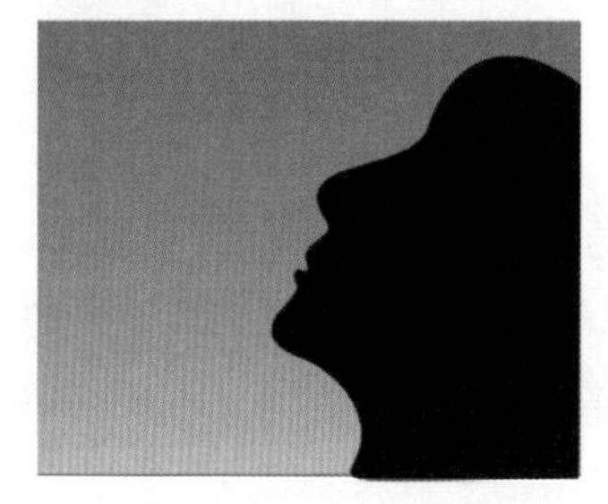

图14-23 绘制图形

⑩ 运用工具箱中的（交互式调和工具），调和两个椭圆形，效果如图14-25所示。

图14-24 绘制椭圆

图14-25 调整后的效果

⑪ 继续运用（贝塞尔工具），在工作区中的任意位置绘制一条曲线，作为调和图形的新路径，如图14-26所示。

⑫ 选择交互式调合的图形，单击属性栏中的（路径属性）按钮，在弹出的列表中选择【新建路径】命令，将调和图形指定到新路径上，调整起始端和尾端的椭圆形的位置，调整后的效果如图14-27所示。

⑬ 确认调和图形处于选择状态，在属性栏中设置【步数】为60，效果如图14-28所示。

图14-26 绘制曲线

图14-27 调整后的效果

图14-28 编辑后的形态

⑭ 按键盘上的空格键，切换为挑选工具。选择调和图形顶端的椭圆形，将其填充为白色（0、0、0、0），删除轮廓；选择调和图形末端的椭圆形，填充从蓝色到白色的渐变（同矩形渐变的设置），删除其轮廓，效果如图14-29所示。

⑮ 选择交互式调和图形，单击工具箱中的（交互式调和工具）/（交互式透明工具）按钮，移动鼠标指针至调和图形的右上角，按住鼠标左键向左下角拖曳，调整后的效果如图14-30所示。

⑯ 将交互式调和图形复制两个，调整大小及位置，如图14-31所示。

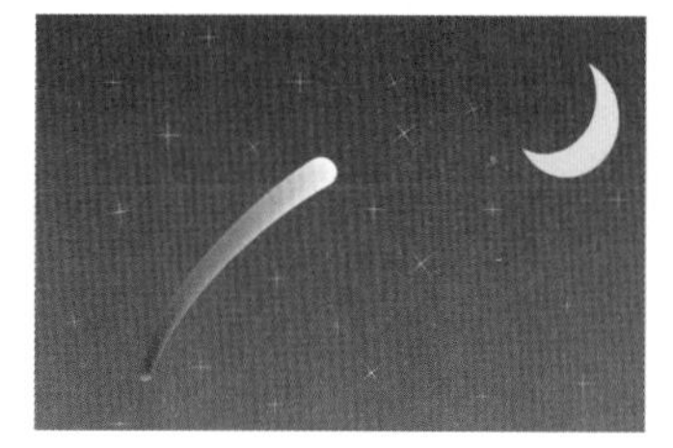
图14-29 编辑后的效果

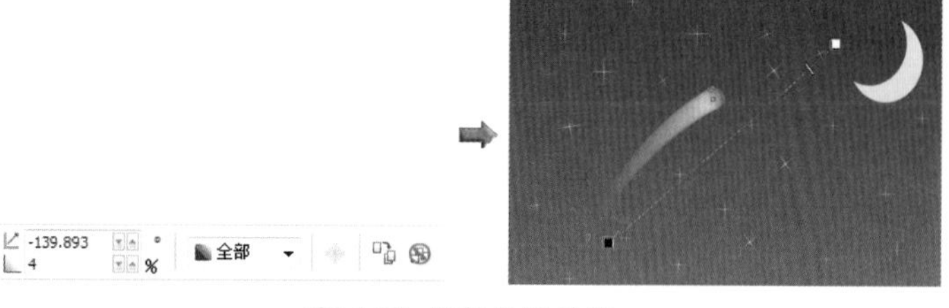

图14-30 调整后的效果

图14-31 复制后的位置

17 保存文件，命名为“夜.cdr”。

实例总结

在本例的制作过程中，综合运用了【矩形工具】、【渐变填充工具】、【星形工具】、【椭圆工具】、【交互式调和工具】、【交互式透明工具】等，应重点掌握【交互式调和工具】、【交互式透明工具】的使用方法。

Example 实例 166 艺术笔工具——山水画

实例目的

运用【艺术笔工具】中的【画笔】工具和【喷涂】工具，绘制出“山水画”图形，效果如图14-32所示。

图14-32 山水画效果

实例要点

◆ 运用【贝塞尔工具】绘制出山的轮廓。

◆ 运用【艺术笔工具】中的【画笔】工具，选择合适的画笔笔触，将山轮廓转换为选择的图形。

◆ 选择【艺术笔工具】中的【喷涂】工具，绘制出海鸥。

操作步骤

01 在CorelDRAW X5中新建文件。

02 单击属性栏中的□（横向）按钮，将页面设置为横向。

03 运用工具箱中的（贝塞尔工具），绘制如图14-33所示的曲线。

04 按键盘上的Ctrl + A键，选择所绘制的全部曲线，选择（艺术笔）工具，单击属性栏中的（画笔）按钮，其他设置如图14-34所示。

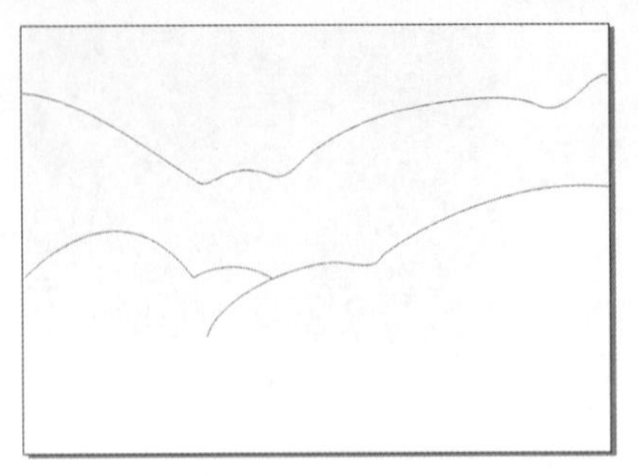

图14-33 绘制曲线

图14-34 属性栏

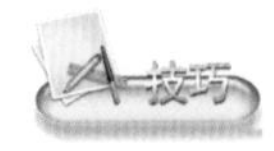

在工作区（或绘图区）中的空白位置单击鼠标右键，在弹出的菜单中选择【创建对象】/【艺术笔】/【画笔笔触】命令，即可切换为（画笔）工具。

05 设置完成后，曲线变为选择的画笔笔触，效果如图14-35所示。

06 在属性栏的【笔触列表】中，选择如图14-36所示的笔触。

图14-35 调整后的效果

图14-36 属性栏

07 在绘图区的中下方，按住鼠标左键拖曳，绘制效果如图14-37所示。

08 单击属性栏中的（喷涂）按钮，切换为喷涂工具，在【喷涂文件列表】中选择海鸥图形，如图14-38所示。

图14-37 绘制后的效果

图14-38 属性栏

09 在绘制区中，移动鼠标指针至合适位置，按住鼠标左键画短线，可绘制出一只海鸥图形。

10 运用同样的方法，再绘制出4只海鸥图形，调整大小及位置，如图14-39所示。

11 保存文件，命名为“山水画.cdr”。

实例总结

先运用【贝塞尔工具】绘制出山的轮廓，然后运用【艺术笔工具】中的【画笔】工具，选择合适的画笔笔触，将山轮廓转换为选择的图形，再选择合适的画笔笔触绘制出水，最后选择【艺术笔工具】中的【喷涂】工具，绘制出海鸥。

图14-39 绘制海鸥

Example 实例 167 交互式透明——灯泡中的鱼

实例目的

本例自己动手运用【椭圆工具】、【矩形工具】、【贝塞尔工具】、【交互式透明工具】、【艺术笔工具】等，绘制出“灯泡中的鱼”图形，效果如图14-40所示。

图14-40 灯泡中的鱼效果

实例要点

◆ 在绘图区中绘制一个圆形，打开【渐变填充】对话框，设置渐变类型为辐射，自定义颜色（四色），按由左到右的顺序，第一种颜色（CMYK：20、0、0、0、0）、第二种颜色（CMYK：30、0、0、0）、“第三种”和“第四种”颜色均为白色（CMYK：0、0、0、0）。

◆ 将圆形复制一个，在“填充”展开工具栏中选择【图案填充对话框】工具，在弹出的对话框中，勾选【位图】复选框，在图样下拉列表框中选择青石子图样，在【大小】栏中设置宽度和高度均为20mm。

◆ 运用【交互式透明工具】，在位图填充图形上由下向上拖曳，制作出线性透明效果。

◆ 绘制一个圆角矩形，在属性栏中设置边角圆滑度为100，然后将其转换为曲线，调整形态后，调整到圆形的下方。

◆ 打开【渐变填充】对话框，设置渐变类型为线性，自定义颜色（三色），第一种颜色为（CMYK：84、73、71、83）、第二种颜色为（CMYK：42、0、0、0）、第三种颜色为（CMYK：27、0、0、0）。

◆ 运用缩小复制的方法，将编辑后的圆角矩形向下复制5个。

◆ 绘制出灯泡的底部图形，打开【渐变填充】对话框，设置渐变类型为线性，自定义颜色（三色），第一种颜色为（CMYK：84、73、72、86）、第二种颜色为（CMYK：22、16、13、2）、第三种颜色为（CMYK：20、15、9、1）。

◆ 选择【艺术笔工具】/【喷涂】工具，在【喷涂】下拉列表中选择金鱼图形。

◆ 在圆形中按住鼠标左键并拖曳，绘制出两条金鱼及气泡，完成制作。

Example 实例 168 贝塞尔工具——探寻

实例目的

学习了前面的范例后，现在读者自己动手绘制出一个“探寻”图形，效果如图14-41所示。

图14-41 探寻效果

实例要点

◆ 绘制一个正方形，填充为黑色。

◆ 绘制一个椭圆形，运用【交互式阴影工具】制作出椭圆形的阴影，设置阴影颜色为黄色（CMYK：0、0、100、0），拆分图形，删除椭圆形。

◆ 将阴影调整到合适位置，运用缩小复制的方法，将其复制多个，调整到矩形上的不同位置。

◆ 运用【贝塞尔工具】绘制出蝴蝶的身体和翅膀，将身体填充为（CMYK：5、2、9、0），内侧的翅膀填充为（CMYK：3、2、5、0），外侧翅膀填充为白色。

◆ 再绘制出蝴蝶翅膀上的花纹，填充为（CMYK：56、68、80、6）。

◆ 绘制出蝴蝶的触角和腿，设置轮廓颜色为白色。

第15章　VI设计

本章主要运用CorelDRAW软件制作VI设计方案，包括标志、T恤、胸卡、手提袋、车体、会场、光盘、名片、条幅的设计，通过制作这一系列设计方案，将公司、集团的企业理念、企业形象有效地传播给社会公众。

Example 实例 169　立体化颜色——化工公司标志

实例目的

本例将重点运用【多边形工具】、【交互式立体化工具】和【文本工具】制作出“Logo——化工公司标志”图形，效果如图15-1所示。

图15-1 Logo——化工公司标志

实例要点

- ◆ 绘制多边形并将其倾斜。
- ◆ 运用【交互式立体化工具】将多边形立体化。
- ◆ 复制多个多边形，调整大小及颜色后制作出标志。
- ◆ 输入美术字，制作出立体效果。

操作步骤

01 在CorelDRAW X5中新建文件。

02 选择（多边形工具），在属性栏中设置边数为6，绘制一个六边形，并将其旋转90°，如图15-2所示。

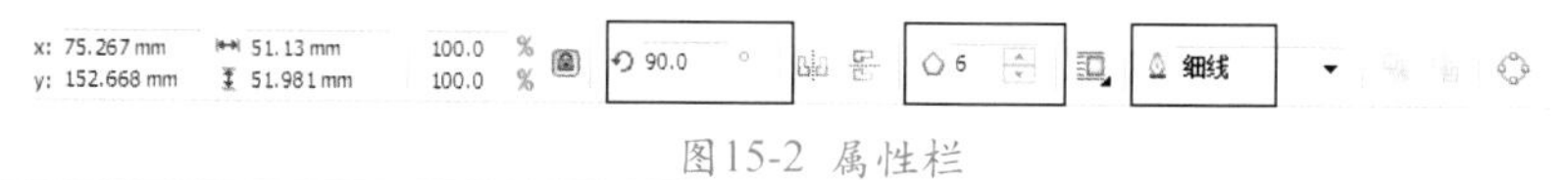

图15-2 属性栏

03 设置完成后的效果如图15-3所示。

04 运用前面讲解的方法，倾斜多边形，形态如图15-4所示。

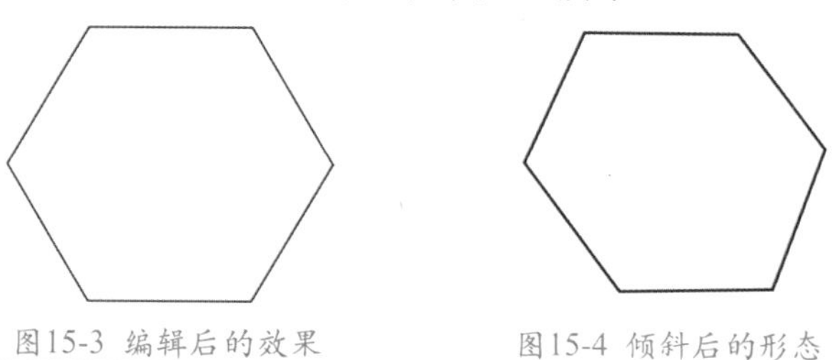

图15-3 编辑后的效果　　图15-4 倾斜后的形态

05 将多边形填充为10%黑（CMYK：0、0、0、10），选择（交互式立体化工具），将多边形立体化，在属性栏中设置参数，如图15-5所示。

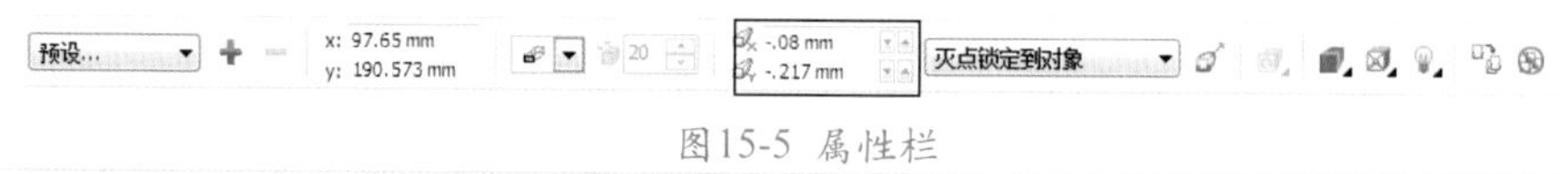

图15-5 属性栏

06 设置完成后的效果如图15-6所示。

07 单击属性栏中的■（立体化颜色）按钮，在弹出的面板中设置参数，如图15-7所示。

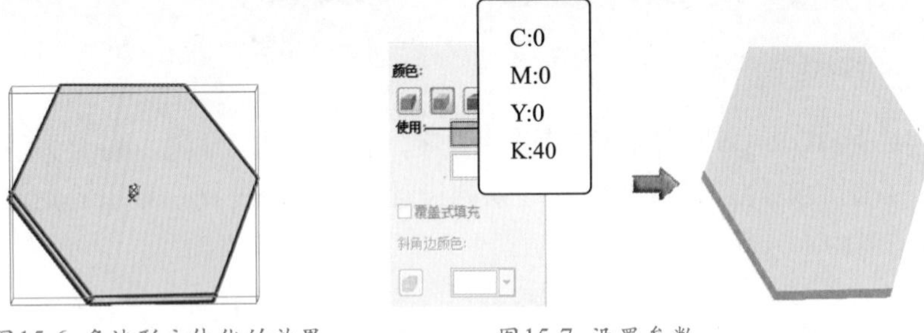

图15-6 多边形立体化的效果　　图15-7 设置参数

08 将立体化后的多边形复制一个，调整大小及位置，如图15-8所示。

09 将复制后的图形填充为（CMYK：65、31、16、0），然后单击属性栏中的■（立体化颜色）按钮，在弹出的颜色面板中，修改颜色为（CMYK：65、31、16、40），如图15-9所示。

10 将制作的第一个立体六边形再复制一个，调整其角度，位置如图15-10所示。

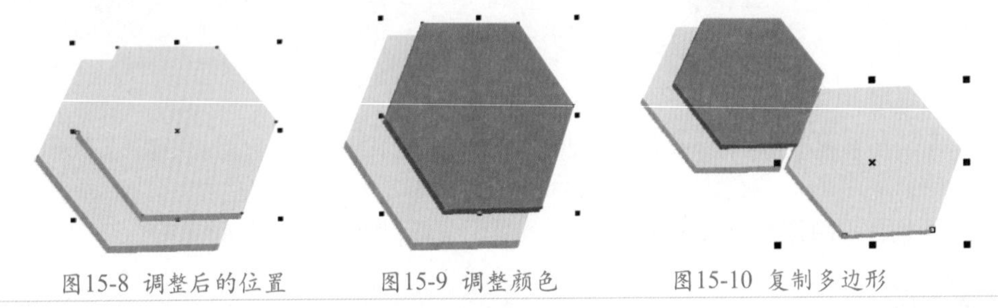

图15-8 调整后的位置　　图15-9 调整颜色　　图15-10 复制多边形

11 确认复制后的图形处于选择状态，按键盘上的+键，将其复制一个，填充为（CMYK：36、15、8、0），然后单击属性栏中的■（立体化颜色）按钮，在弹出的面板中，修改颜色为（CMYK：36、15、8、40），效果如图15-11所示。

12 将多边形再复制一个，填充颜色为（CMYK：4、63、96、0），然后单击属性栏中的■（立体化颜色）按钮，在弹出的面板中，修改颜色为（CMYK：4、63、96、40），最后调整图形的大小及位置，如图15-12所示。

将一个立体化对象复制多个，按照由大到小的排列顺序进行排列，制作出立体化标志。

13 运用字（文本工具），在图形右侧输入SENBO，在属性栏中设置参数，如图15-13所示。

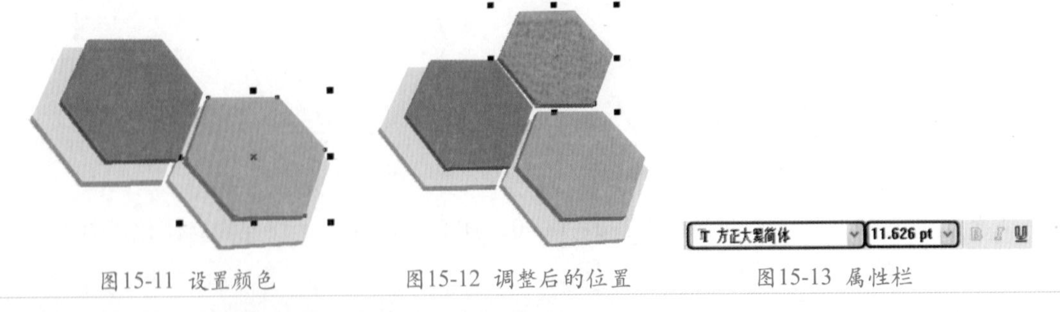

图15-11 设置颜色　　图15-12 调整后的位置　　图15-13 属性栏

14 设置完成后，调整美术字的位置，如图15-14所示。

15 将文字填充为30%黑（CMYK：0、0、0、30），然后选择“交互式”展开工具栏中的■（交互式立体化工具），将美术字立体化，效果如图15-15所示。

图15-14 调整后的位置

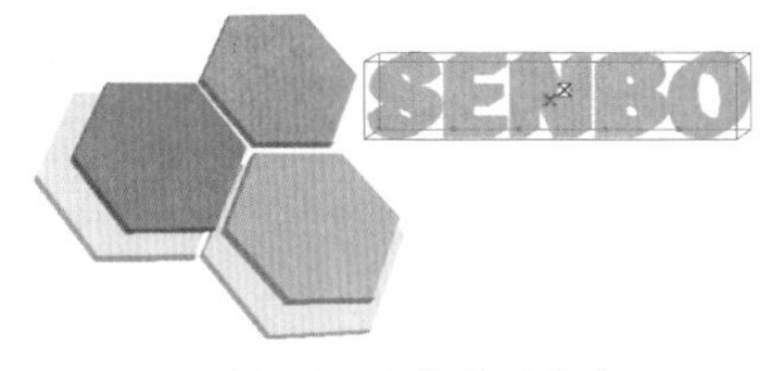

图15-15 立体化美术字

⑯ 单击属性栏中的（立体化颜色）按钮，在弹出的面板中单击（使用纯色）按钮，设置颜色为70%黑（CMYK：0、0、0、70），调整后的效果如图15-16所示。

⑰ 运用（文本工具），在美术字下方输入CHEMISTRY INDUSTRY，设置字体为“方正大黑简体”，字体大小为3.841pt，效果如图15-17所示。

图15-16 调整后的效果

图15-17 输入美术字

⑱ 保存文件，命名为“Logo——化工公司标志.cdr”。

实例总结

本例主要运用了【多边形工具】、【交互式立体化工具】和【文本工具】，应重点掌握【交互式立体化工具】的使用方法。

Example 实例 170 修剪——技术公司标志

实例目的

本例综合运用【矩形工具】、【文本工具】并结合【修剪】、【拆分】命令，绘制出“Logo——技术公司标志”图形，该标志由箭变化而来，效果如图15-18所示。

实例要点

- 绘制矩形。
- 旋转图形角度。
- 修剪图形。
- 拆分图形。
- 输入文本。

图15-18 Logo——技术公司标志效果

操作步骤

01 在CorelDRAW X5中新建文件。

02 在绘图区中绘制一个矩形，填充为蓝色（CMYK：100、100、0、0），如图15-19所示。

03 再绘制两个矩形，组成一个T形，并将其群组，如图15-20所示。

04 确认群组图形处于选择状态，在属性栏中设置旋转角度为45°，调整到图15-21所示的位置。

05 选择全部图形，单击属性栏中的（修剪）按钮，修剪图形，然后删除群组图形，效果如图15-22所示。

06 按键盘上的Ctrl + K键，拆分图形，然后选择左上角的三角形，填充为红色（CMYK：0、100、100、0）。

图15-19 绘制矩形

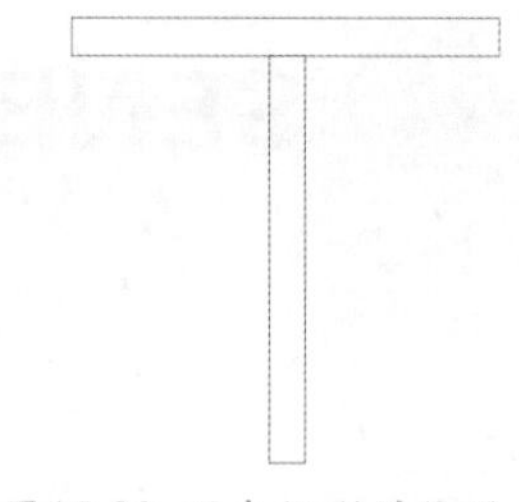

图15-20 两个矩形的位置

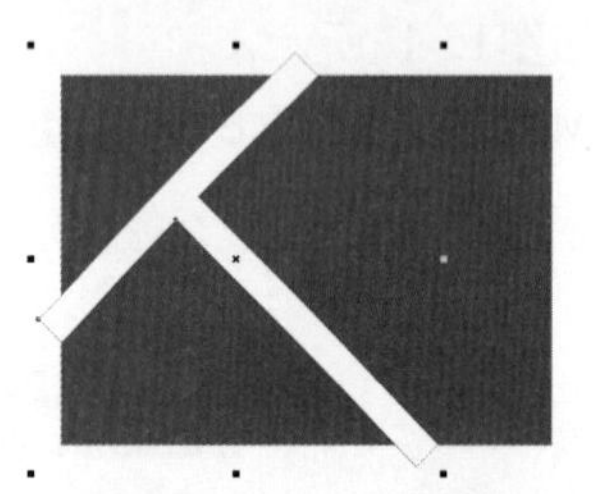

图15-21 调整后的位置

图15-22 修剪后的效果

07 运用字（文本工具），在图形下方输入DEVELOPING，效果如图15-23所示。

图15-23 输入美术字

08 保存文件，命名为“Logo——技术公司标志.cdr”。

实例总结

本例在制作过程中，运用了【矩形工具】和【文本工具】，应重点掌握修剪和拆分图形的操作。

Example 实例 171 复制——广告公司标志

实例目的

学习了前面的范例，现在读者自己动手绘制出一个“Logo——广告公司标志”图形，效果如图15-24所示。

图15-24 Logo——广告公司标志

实例要点

◆ 绘制一个圆形，运用缩小复制的方法，将其复制一个，全部填充为红色（CMYK：20、0、60、0）。

◆ 再绘制一个圆形，在属性栏中单击【弧形】按钮，设置起始和结束角度分别为0、270。

◆ 运用【交互式调和工具】调和两个圆形，然后单击属性栏中的【路径属性】按钮，指定弧形为新建路径。

◆ 将大圆调整到弧形上方的起始点处，小圆调整到弧下方结束点。

◆ 将调和图形的中心点调整到小圆中心点处，运用旋转复制的方法，以60°的增量复制两个调整图形，分别填充为（CMYK：100、20、0、0）和红色（CMYK：0、100、100、0）。

Example 实例 172 结合——传媒公司标志

实例目的

读者自己动手，运用【矩形工具】和【椭圆工具】并结合【排列】/【结合】和【排列】/【修整】/【修剪】命令，制作出“Logo——设计传媒公司标志”图形，效果如图15-25所示。

图15-25 Logo设计—传媒公司标志

实例要点

◆ 绘制一个矩形，填充为10%黑（CMYK：0、0、0、10）。

◆ 运用【椭圆工具】，按住键盘上的Ctrl键，绘制两个圆形，填充为10%黑（同矩形颜色）。

◆ 选择两个圆形，单击【排列】/【结合】命令，制作出环形。

◆ 将环形复制一个，调整到右侧。

◆ 再绘制一个矩形，调整到右侧圆环的位置，单击【排列】/【修整】/【修剪】命令，修剪图形，最后将右侧的矩形删除，完成图形的制作。

Example 实例 173 交互式透明——汽车集团标志

实例目的

本例综合运用【椭圆工具】、【贝塞尔工具】、【智能填充工具】、【交互式透明工具】和【文本工具】制作出“汽车集团VI设计标志”，效果如图15-26所示。

图15-26 汽车集团VI设计标志

实例要点

◆ 运用【椭圆工具】和【贝塞尔工具】绘制出标志轮廓。

◆ 运用【智能填充工具】选取相交图形。

◆ 运用【交互式透明工具】添加线性透明效果，制作出标志。

◆ 输入美术字。

Example 实例 174 交互式调和——名片设计（1）

实例目的

本例综合运用【矩形工具】、【贝塞尔工具】、【文本工具】和【交互式调和工具】制作出“名片”，效果如图15-27所示。

实例要点

◆ 制作底纹。

◆ 输入文本。

◆ 调整字本间距。

◆ 导入图形。

图15-27 名片效果

操作步骤

01 在CorelDRAW X5中新建文件。

02 在属性栏的【纸张类型/大小】下拉列表中选择“名片”项，页面变为3.5×2.0，如图15-28

所示。

03 在工具箱中的（矩形工具）按钮上双击鼠标左键，系统自动创建与页面大小一致的矩形，然后将矩形填充为（CMYK：84、38、2、0），如图15-29所示。

图15-28 横式名片页面

04 绘制一条与矩形宽度一致的水平直线，然后设置轮廓颜色为（CMYK：84、38、2、0），轮廓宽度为0.12mm，位置如图15-30所示。

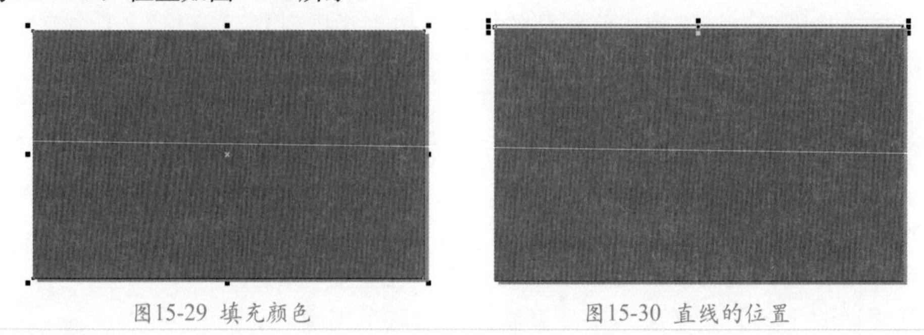

图15-29 填充颜色　　图15-30 直线的位置

05 将直线复制一条，调整到页面的底部，如图15-31所示。

06 选择（交互式立体化工具），调和两条直线，然后在属性栏中设置调和步数为60，效果如图15-32所示。

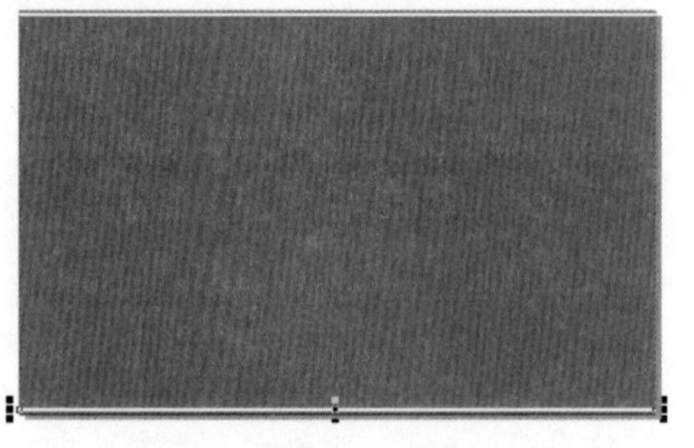

图15-31 复制后直线的位置

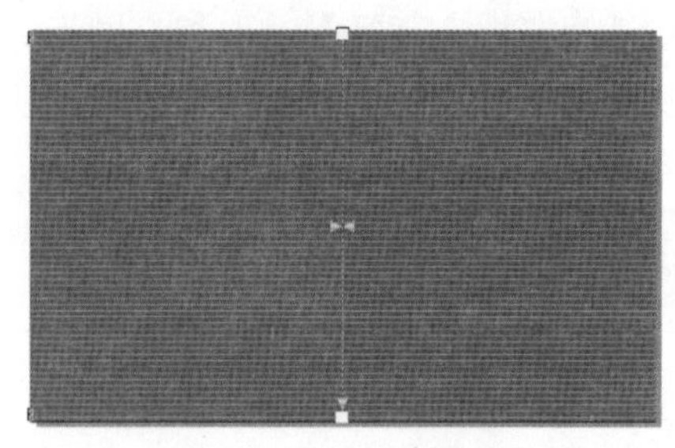

图15-32 调和后的效果

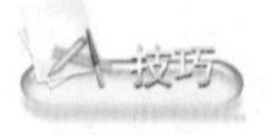

在矩形中绘制多条直线，模拟布纹名片纸的效果，名片设计完成后，客户可以更直观地看到名片设计的整体效果。

07 单击（文本工具）按钮，输入名字“吴微微”，设置字体为黑体，字体大小为11pt，填充为白色，位置如图15-33所示。

08 在名字的右侧输入职务“经理助理”，设置字体为黑体，字体大小为6.5pt，填充为白色，位置如图15-34所示。

09 在名字的下方输入手机号，设置字体为Century Gothic，字体大小为7pt，位置如图15-35所示。

10 输入公司名“青岛通达广告制作有限责任公司”，设置字体为“幼圆”，字体大小为8pt，调整到如图15-36所示的位置。

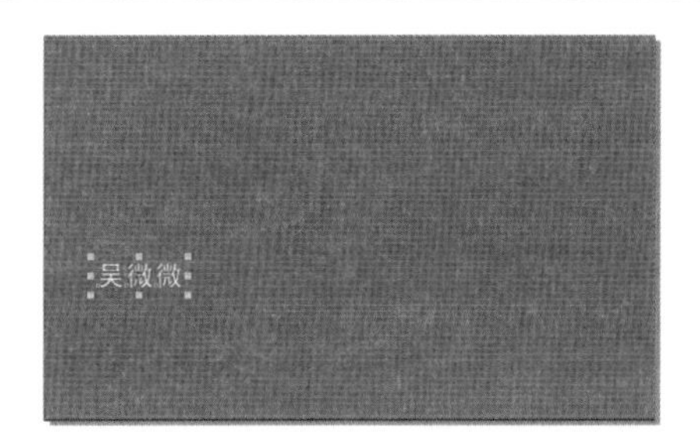

图15-33 名字的位置

图15-34 职务的位置

图15-35 手机号的位置

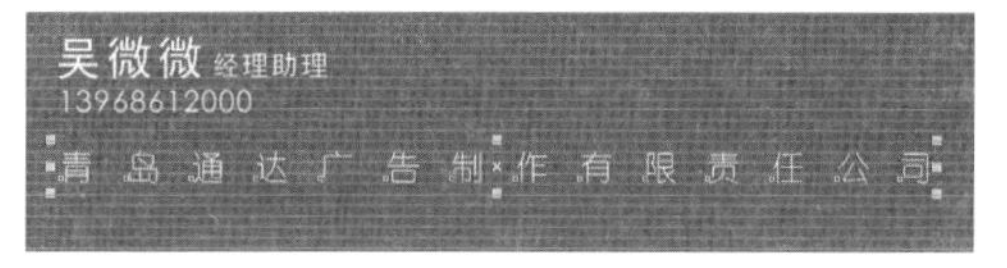

图15-36 公司名的位置

⑪ 运用（形状工具），快速调整字间距，如图15-37所示。

⑫ 输入“地址：、E-mail:、传真：”等文字，然后设置字体为黑体，字体大小为6.5pt，如图15-38所示。

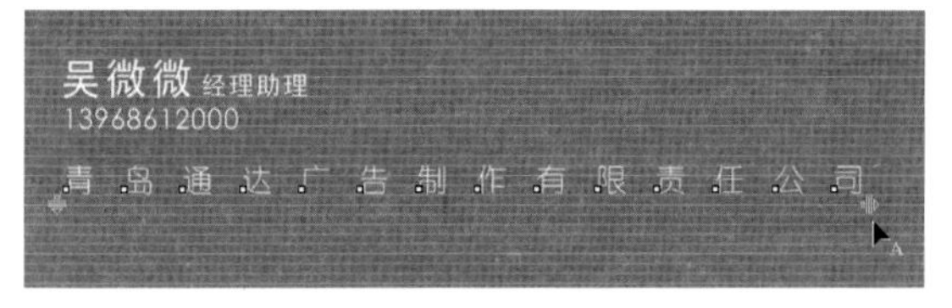

图15-37 调整间距

图15-38 设置后的效果

在设计名片时，运用【文本工具】分别输入名片内容，例如，输入自己的姓名、单位及联系方式等，输入这些内容时要分开输入，以便于排版。

⑬ 导入“标志.cdr”文件（光盘\第15章\素材），如图15-39所示。

⑭ 将标志图形中的蓝色图形填充为浅灰色（CMYK：0、0、0、20），效果如图15-40所示。

图15-39 标志图形

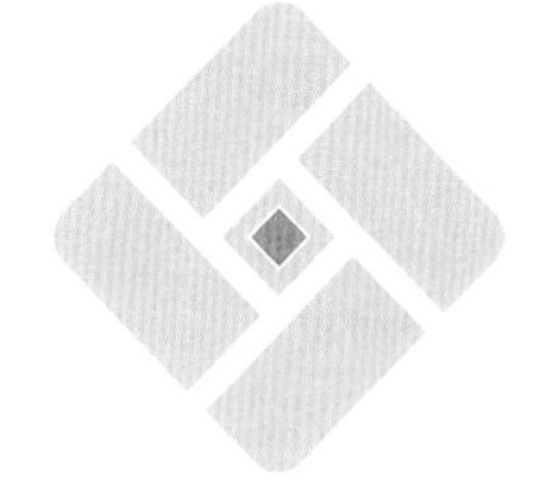

图15-40 调整后的效果

⑮ 将标志图形调整到如图15-41所示的位置。

⑯ 保存文件，命名为“名片设计一.cdr”。

实例总结

此名片的底色分别使用了浅灰色和蓝色，标志放在图面的右上方，与底色相对比，使人的注意力集中到标志上，整个名片设计简洁大方。

图15-41 导入图形的位置

Example 实例 175 文本工具——名片设计（2）

图15-42 名片效果

实例目的

学习了前面的范例后，现在读者自己动手制作出另一张“名片”，效果如图15-42所示。

实例要点

◆ 设置页面为“横式-名片”。

◆ 导入“化工公司标志.cdr”文件（光盘\第15章）。

◆ 运用【文本工具】输入姓名、职务、公司名称、联系方式等内容。

◆ 在页面的上部和下部分别绘制与名片标志对应的图形。

Example 实例 176 导入——名片设计（3）

图15-43 汽车集团VI设计名片

实例目的

学习了前面的范例，现在读者自己动手绘制出一个“汽车集团VI设计名片”图形，效果如图15-43所示。

实例要点

◆ 将页面设置为“横式-名片”。

◆ 导入“汽车集团标志.cdr”文件（光盘\第15章），调整到合适的位置。

◆ 导入“四环形.jpg”文件（光盘\第15章\素材），将其置于容器中，并编辑位置。

◆ 最后，输入公司名、姓名、职务、公司地址、电话等内容。

Example 实例 177 相交——信封设计（1）

实例目的

本例综合运用【矩形工具】、【贝塞尔工具】、【文本工具】绘制出信封图形，效果如图15-44所示。

实例要点

◆ 绘制信封轮廓。

- 导入文件。
- 制作信封的底纹。
- 输入公司名称、地址、E-mail、传真、邮编等内容。

图15-44 信封设计效果

操作步骤

01 在CorelDRAW X5中新建文件。

02 运用□（矩形工具）和（贝塞尔工具），绘制一个矩形和一个梯形，如图15-45所示。

03 将梯形填充为蓝色（CMYK：100、100、0、0）。

04 导入“标志.cdr”文件（光盘\第15章\素材），如图15-46所示。

05 将标志中的白色部分复制一组，调整大小及位置，如图15-47所示。

图15-45 绘制图形

图15-46 导入图形

图15-47 调整后的位置

06 确认复制图形处于选择状态，按住键盘上的Shift键，加选矩形，然后单击属性栏中的（相交）按钮，生成相交图形，删除复制图形，效果如图15-48所示。

07 将相交图形填充为（CMYK：3、3、0、0），制作出信封的底纹。

08 调整导入图形的大小及位置，如图15-49所示。

图15-48 编辑后的效果

图15-49 导入图形的位置

09 在导入图形的右侧输入文字，字体为黑体，字体大小为14pt；在右下侧键入文字，设置字体为黑体，字体大小为7pt，如图15-50所示。

10 在公司名称下方绘制一条直线，设置轮廓宽度为1mm，轮廓颜色为蓝色（同梯形的颜色），从直线的中间位置向右再绘制一条直线，设置轮廓宽度为1mm，轮廓颜色为红色（CMYK：0、100、100、0），如图15-51所示。

图15-50 输入美术字

图15-51 绘制直线

信封图形绘制完成，最终效果如图15-52所示。

图15-52 最终效果

⑪ 保存文件，命名为“信封设计一.cdr”。

实例总结

本例制作的信封图形运用了【矩形工具】、【文本工具】，以及【相交】命令，重点掌握相交命令的使用方法。

Example 实例 178 形状工具——信封设计（2）

实例目的

学习了前面的范例，现在读者自己动手绘制出一个信封图形，效果如图15-53所示。

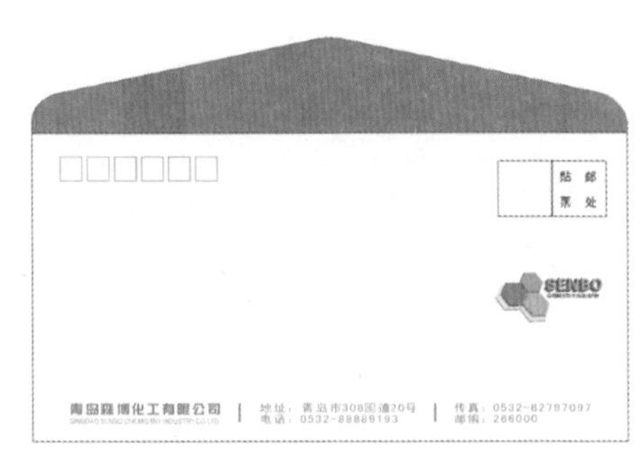

图15-53 信封效果

实例要点

◆ 运用【矩形工具】、【贝塞尔工具】和【形状工具】绘制出信封的轮廓。

◆ 导入“化工公司标志.cdr”文件（光盘\第15章）。

◆ 运用【文本工具】输入公司名称、地址、电话、传真、邮编等内容。

Example 实例 179 精确裁剪——胸卡

实例目的

本例综合运用【矩形工具】、【交互式透明工具】、【文本工具】和【效果】/【精确裁剪】命令，制作出“胸卡”，效果如图15-54所示。

图15-54 胸卡效果

实例要点

◆ 运用【矩形工具】和【交互式透明工具】制作出胸卡上的膜。

◆ 单击【效果】/【精确裁剪】命令，将导入图形置入矩形容器中，并编辑置入图形的位置。

◆ 导入图片。

◆ 绘制圆角矩形，输入相应文本。

操作步骤

01 在CorelDRAW X5中新建文件。

02 在绘图区中绘制两个矩形，设置外侧矩形的边角圆滑度为6，小矩形的边角圆滑度为100，如图15-55所示。

03 选择两个圆角矩形，单击【排列】/【结合】命令，将两个图形结合为一体。

04 将图形填充为10%黑（CMYK：0、0、0、10）。

05 确认图形处于选择状态，运用（交互式透明工具），按住鼠标左键，从图形的左上角向右下角拖曳，然后单击属性栏中的（编辑透明度）按钮，在弹出的【渐变透明度】对话框中设置参数，如图15-56所示。

图15-55 绘制圆角矩形

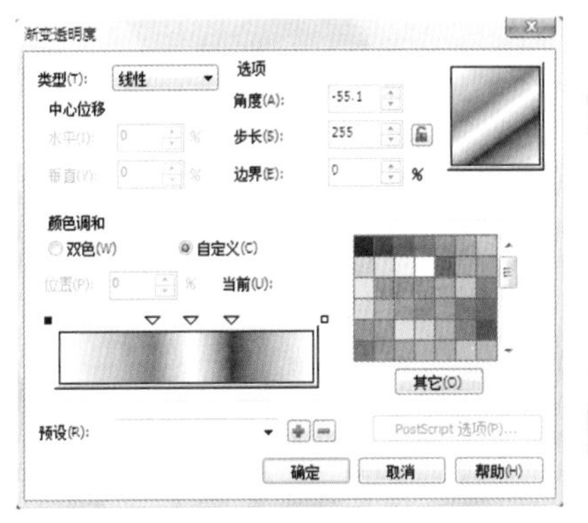

图15-56 【渐变透明度】对话框

06 运用（矩形工具）绘制一个矩形，位置如图15-57所示。

07 将矩形填充为黄色（CMYK：0、0、100、0）。

08 导入“四环形.cdr”文件（光盘\第15章\素材），然后调整导入图形的大小及位置，如图15-58所示。

09 运用前面介绍的方法，单击【效果】/【精确裁剪】/【放置在容器中】命令，将四环形放置在黄色矩形中，并编辑其位置，效果如图15-59所示。

图15-57 绘制矩形

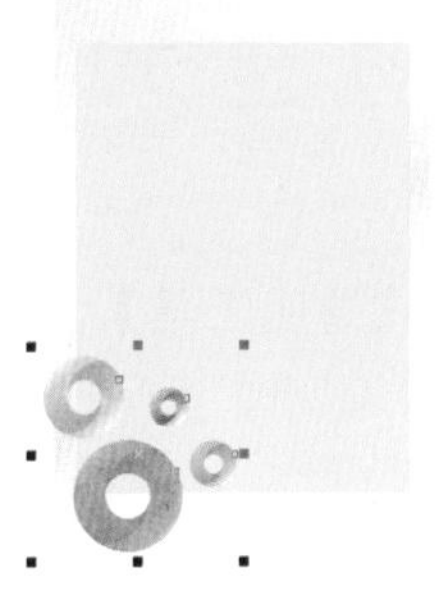

图15-58 调整图形位置

图15-59 编辑后的效果

10 导入“汽车集团VI设计标志.cdr”文件（光盘\第15章），将导入标志中的美术字调整到图形的右侧，如图15-60所示。

11 将标志调整到如图15-61所示的位置。

12 导入“照片.jpg”文件（光盘\第15章\素材），如图15-62所示。

图15-60 调整后的位置

图15-61 调整后的位置

图15-62 导入图片

⑬ 调整导入图片的大小及位置，如图15-63所示。

⑭ 选择□（矩形工具），在属性栏中设置边角圆滑度为33，绘制一个圆角方形，然后将其复制3个，按由上至下的顺序分别填充为淡蓝色（CMYK：100、80、0、0）、洋红色（CMYK：0、100、0、0）、橘红色（CMYK：0、60、100、0）和酒绿色（CMYK：40、0、100、0），如图15-64所示。

最后在圆角方形的右侧输入职员的姓名、职务、工作岗位、编辑等内容，完成胸卡的制作，效果如图15-65所示。

图15-63 调整图片的位置　　图15-64 绘制圆角方形　　图15-65 最终效果

⑮ 保存文件，命名为“汽车集团VI设计——胸卡设计.cdr”。

实例总结

本例主要运用【矩形工具】、【交互式透明工具】、【文本工具】和【效果】/【精确裁剪】/【放置在容器中】、【编辑内容】、【完成编辑这一级】命令，应重点掌握将图形置入容器和编辑图形位置的方法。

Example 实例 180　交互式透明——手提袋

实例目的

本例综合运用【矩形工具】和【交互式透明工具】，以及【效果】/【精确裁剪】命令，制作出“手提袋”，效果如图15-66所示。

图15-66 手提袋效果

实例要点

- 运用【矩形工具】绘制手提袋轮廓。
- 导入图形并将其置入矩形中。
- 编辑置入图形的位置。
- 运用【交互式透明工具】制作出手提袋的投影。

操作步骤

01 在CorelDRAW X5中新建文件。

02 在绘图区中绘制3个矩形，位置如图15-67所示。

03 将外侧矩形填充为40%黑（CMYK：0、0、0、40）；选择小矩形，设置轮廓宽度为1.2mm，轮廓颜色为白色；将剩余的矩形填充为白色，效果如图15-68所示。

04 导入“四环形.cdr”文件（光盘\第15章\素材），调整位置，如图15-69所示。

05 单击【效果】/【精确裁剪】命令，编辑导入图形的位置，如图15-70所示。

06 导入“汽车集团VI设计标志.cdr”文件（光盘\第15章），然后调整其大小及位置，如图15-71所示。

⑦ 运用（矩形工具）绘制一个矩形，位置如图15-72所示。

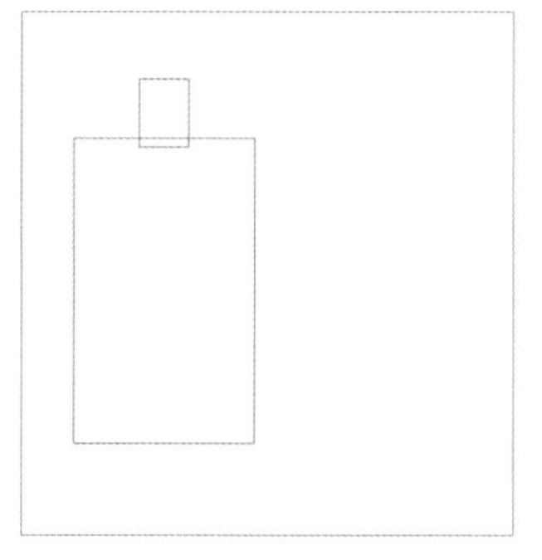

图15-67 绘制矩形

图15-68 填充颜色

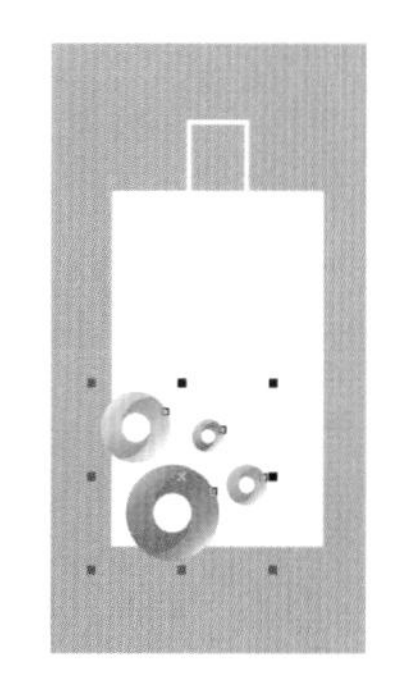

图15-69 调整后的位置

图15-70 编辑后的效果

图15-71 导入图形的位置

⑧ 将绘制的矩形填充为白色，然后选择（交互式透明工具），制作出手提袋的投影，效果如图15-73所示。

⑨ 将手提袋图形复制一个，调整手提袋及投影的颜色为黑色，效果如图15-74所示。

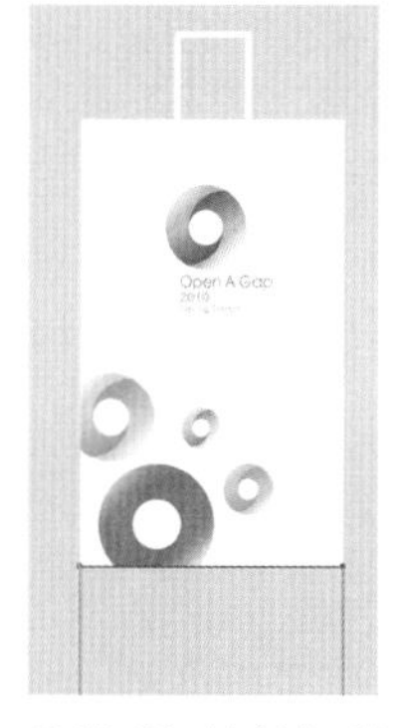

图15-72 绘制矩形

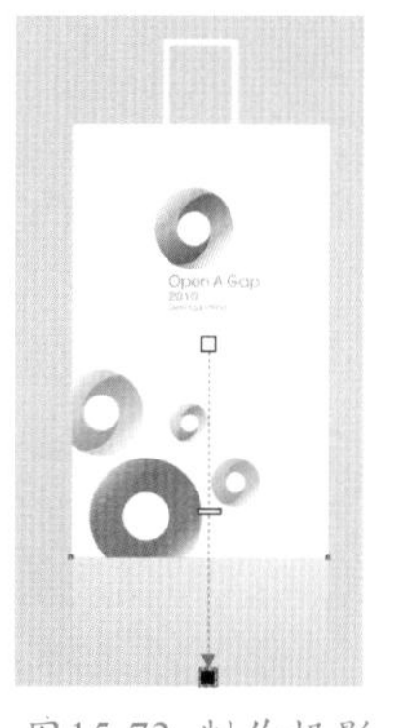

图15-73 制作投影

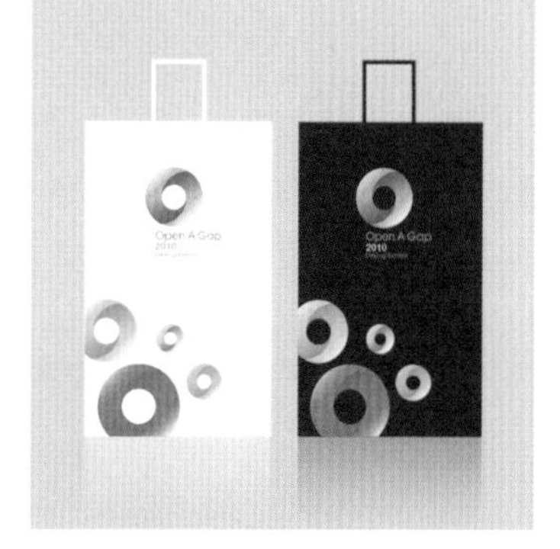

图15-74 复制后的位置

⑩ 保存文件，命名为“汽车集团VI设计——手提袋.cdr”。

实例总结

本例在制作过程中，运用了【矩形工具】、【交互式透明工具】工具，以及【效果】/【精确裁剪】命令，应重点掌握手提袋投影的制作方法。

Example 实例 181 渐变填充——车体设计

实例目的

本例综合运用【贝塞尔工具】、【渐变填充工具】和【椭圆工具】，制作出车体图形，车体在设计上，运用了大面积的渐变色，对比强烈，标志放置在车门和车身前部两个位置，突出标志，加深印象。车体设计效果如图15-75所示。

图15-75 车体设计效果

实例要点

◆ 运用【贝塞尔工具】、【渐变填充工具】绘制出车体轮廓并填充颜色。

◆ 导入图形，将导入的图形置入车体中并调整位置。

◆ 运用【矩形工具】、【贝塞尔工具】绘制出车窗、车门和车灯。

◆ 运用【椭圆工具】绘制出车轮。

操作步骤

01 在CorelDRAW X5中新建文件。

02 运用（贝塞尔工具），绘制出车体、车窗图形，如图15-76所示。

03 选择（智能填充工具），选取车体图形，然后打开【渐变填充】对话框，参数设置如图15-77所示。

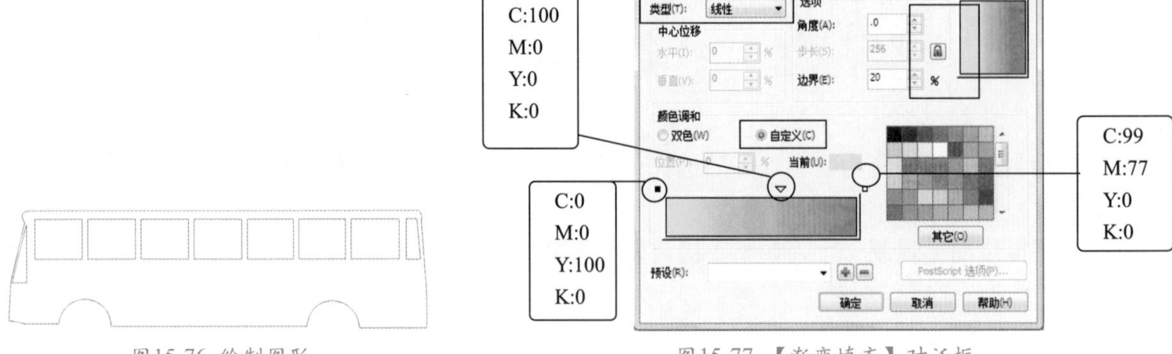

图15-76 绘制图形

图15-77 【渐变填充】对话框

04 单击 确定 按钮，填充效果如图15-78所示。

05 导入“四环形.cdr”文件（光盘\第15章\素材），调整大小及位置，如图15-79所示。

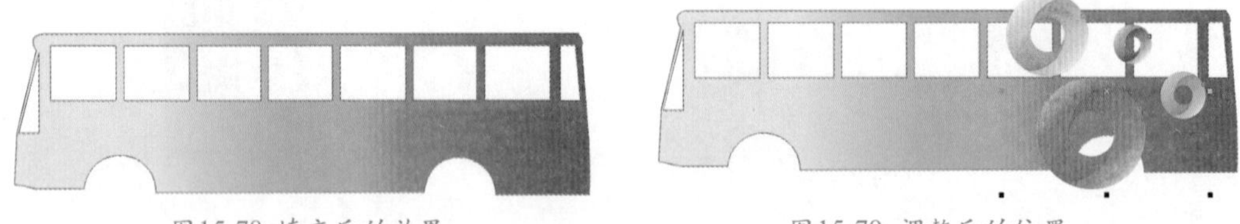

图15-78 填充后的效果

图15-79 调整后的位置

06 单击【效果】/【精确裁剪】/【放置在容器中】命令，将四环形置入车体中，然后编辑图形位置，效果如图15-80所示。

07 在窗口外侧绘制一个矩形，如图15-81所示。

08 将矩形复制6个，调整到其他窗口上。

09 运用（矩形工具）和（手绘工具）绘出车门，如图15-82所示。

确认车窗上的矩形处于选择状态，按键盘上的+键6次，将矩形复制6个，调整最后一个矩形到最后的车窗位置上，选择所绘制的全部矩形，按键盘上的Shift+E键，水平分散排列选定对象的中心。

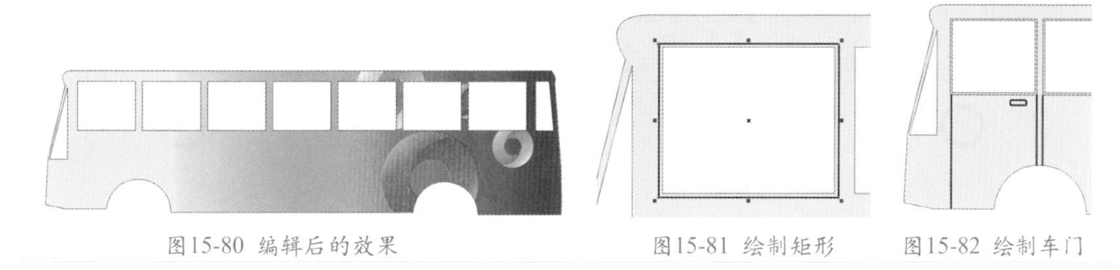

图15-80 编辑后的效果　　图15-81 绘制矩形　　图15-82 绘制车门

⑩ 继续绘制出后视镜、车灯及挡板，并填充合适的颜色，如图15-83所示。

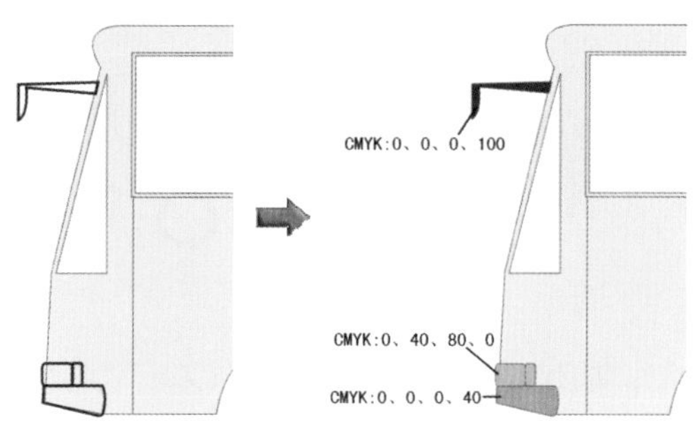

图15-83 绘制图形并填充颜色

⑪ 将车灯水平镜像复制一组，调整到车的后部，如图15-84所示。

⑫ 选择（椭圆工具），按住键盘上的Ctrl键，绘制车轮及车轴，并填充上合适的颜色，如图15-85所示。

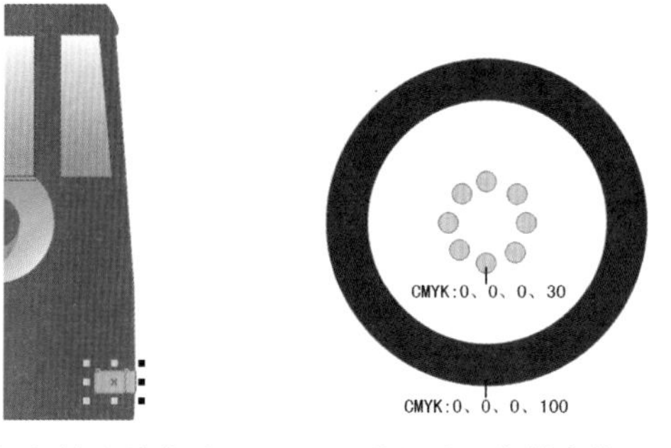

图15-84 复制后的位置　　图15-85 绘制车轮

⑬ 将车轮图形复制一个，调整位置，如图15-86所示。

⑭ 导入标志图形，调整到车门的位置上，如图15-87所示。

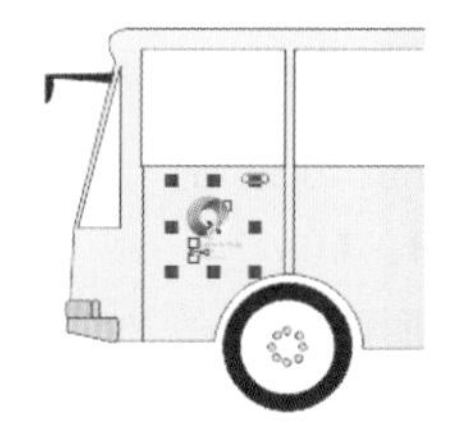

图15-86 车轮的位置　　图15-87 标志的位置

⑮ 将标志图形复制一组，调整位置，如图15-88所示。

制作玻璃

⑯ 运用（贝塞尔工具），在车窗位置绘制如图15-89所示的图形。

图15-88 调整后的位置

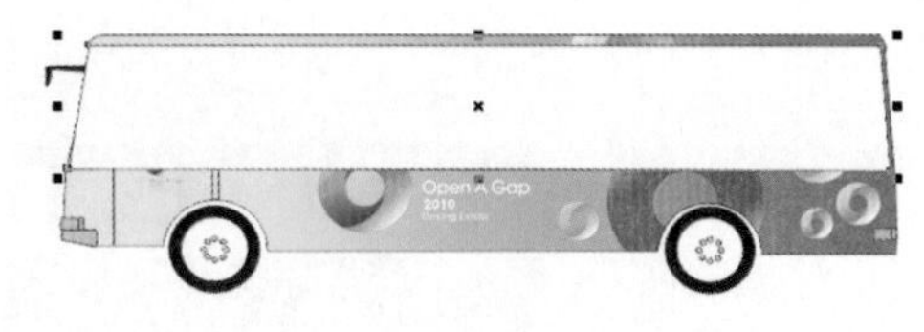

图15-89 绘制图形

⑰ 按键盘上的F11键，打开【渐变填充】对话框，设置类型为线性，角度为92，边界为31%，将颜色调和为双色，从40%黑（CMYK：0、0、0、40）到白色，效果如图15-90所示。

⑱ 按键盘上的Shift＋PageDown键，将图形调整到图层后面，效果如图15-91所示。

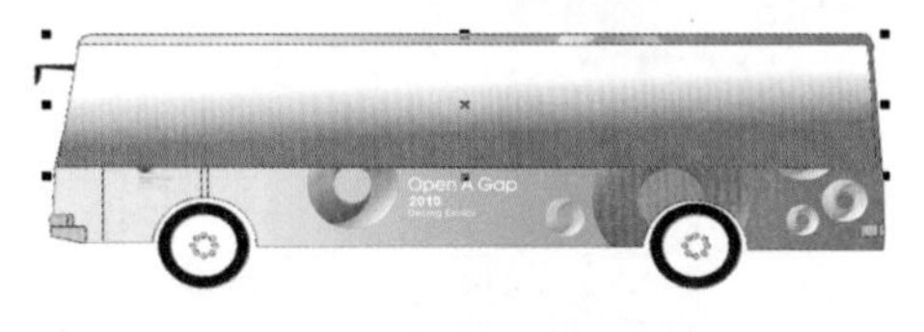

图15-90 填充后的效果

图15-91 调整后的效果

⑲ 保存文件，命名为“汽车集团VI设计——车体设计.cdr”。

实例总结

本例综合运用【贝塞尔工具】、【智能填充工具】、【渐变填充工具】、【椭圆工具】和【效果】/【精确裁剪】命令，制作出“汽车集团VI设计——车体设计”效果。

Example 实例 182 矩形工具——会场设计

实例目的

学习了前面的范例，现在读者自己动手绘制出一个“会场设计”图形，效果如图15-92所示。

图15-92 会场设计效果

实例要点

◆ 绘制一个矩形，填充为白色。

◆ 导入前面制作的标志和四环形，调整标志的位置，将四环形置入矩形容器中，并编辑其位置。

◆ 绘制一个梯形，填充为70%黑（CMYK：0、0、0、70），在梯形的下方再绘制一个矩形，填充为30%黑（CMYK：0、0、0、30）。

◆ 再绘制一个矩形，打开【渐变填充】对话框，设置渐变类型为“线性”，调和颜色为自定义（三色），设置第一种和第三种颜色均为30%黑（CMYK：0、0、0、30），第二种颜色为白色。在其上方再绘制一个稍宽的矩形，填充为（CMYK：80、0、0、0），制作出讲台。

◆ 在讲台的上方绘制一个圆角矩形，设置边角圆滑度为30，然后将其填充为60%黑（CMYK：0、0、0、60）。

◆ 在圆角矩形的下方绘制一条垂直直线，设置轮廓宽度为1mm，制作出一个麦克风图形，将其复制3个，调整到合适位置。

◆ 将标志复制一个，调整到讲台位置上。

Example 实例 183 导入——T恤

实例目的

学习了前面的范例，现在读者自己动手绘制出一个“T恤”图形，效果如图15-93所示。

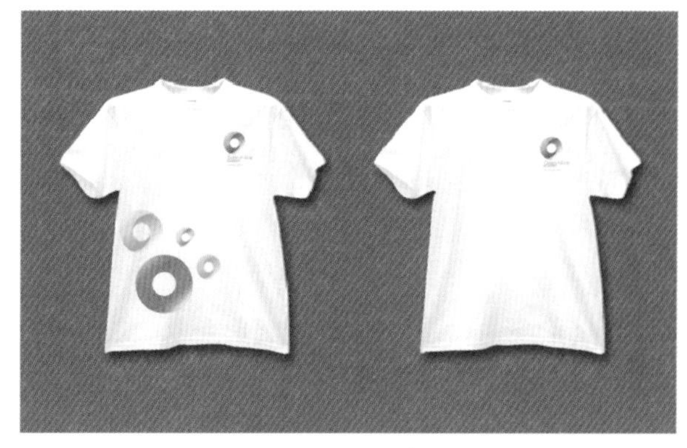

图15-93 T恤效果

实例要点

◆ 导入“T恤衫.jpg”文件（光盘\第15章\素材）。

◆ 导入前面制作的“汽车集团VI设计标志.cdr”图形，调整大小后，放置在T恤的右上方，然后将其复制一个，放置在另一件T恤的相同位置。

◆ 导入“四环形.jpg”文件（光盘\第15章\素材），调整到左侧T恤的左下方。

Example 实例 184 精确剪裁——光盘

实例目的

学习了前面的范例，现在读者自己动手绘制出一个“光盘”图形，效果如图15-94所示。

图15-94 光盘效果

实例要点

◆ 打开“第5章”制作的“光盘.cdr”图形，删除贝多芬图形及文本。

◆ 导入前面制作的“汽车集团VI设计标志.cdr”和“四环形.cdr”，将标志调整到光盘的右侧，选择四环形，单击【效果】/【精确剪裁】/【放置在容器中】命令，将四环形置于光盘中，然后编辑位置。

◆ 绘制一个与光盘同等小大的圆形，调整到光盘下方，填充为白色，运用【交互式透明工具】，在白色圆形上由上到下拖曳，制作出光盘的投影。

◆ 运用同样的方法，再制作一个白色光盘，调整到左侧。

◆ 最后换名保存文件。

Example 实例 185 精确剪裁——条幅

实例目的

学习了前面的范例，现在读者自己动手绘制出一个“条幅”图形，效果如图15-95所示。

图15-95 条幅效果

实例要点

◆ 绘制矩形白色，导入前面制作的标志及四环形。

◆ 导入“汽车集团VI设计标志.cdr”文件（光盘\第15章），调整标志图形的位置。

◆ 选择“四环形.jpg”文件（光盘\第15章\素材），单击【效果】/【精确裁剪】/【放置在容器中】命令，放置在矩形容器中，然后编辑容器中四环形的位置。

◆ 运用同样的方法，可制作出横向或纵向的条幅。

第16章　平面设计

平面设计所涉及的范围很广，如海报、包装，通常指容器外面的包装，其主要功能有保护产品、促进销售和易于使用，常见的包装形式有纸盒、袋、罐等形式。

下面我们继续讲解运用CorelDRAW软件进行平面设计的技巧和方法，内容包括宣传海报、茶艺表演、书籍装帧设计、台历设计、背景板、平面图、产品包装设计等实例的制作过程。

Example 实例 186　交互式调和——宣传海报

实例目的

本例运用【交互式调和工具】调和多个对象，制作出对象渐变效果，海报效果如图16-1所示。

图16-1 海报效果

实例要点

◆ 绘制椭圆形。
◆ 调和对象。
◆ 将调和对象转换为位图。
◆ 添加高斯式模糊效果。
◆ 导入图形。
◆ 制作调和星形。

操作步骤

01 在CorelDRAW X5中新建文件。

02 运用（椭圆工具），绘制3个椭圆形，位置如图16-2所示。

03 依照由内到外的顺序，将椭圆形分别填充为白色、冰蓝色（CMYK：40、0、0、0）和深蓝色（CMYK：100、50、0、0），效果如图16-3所示。

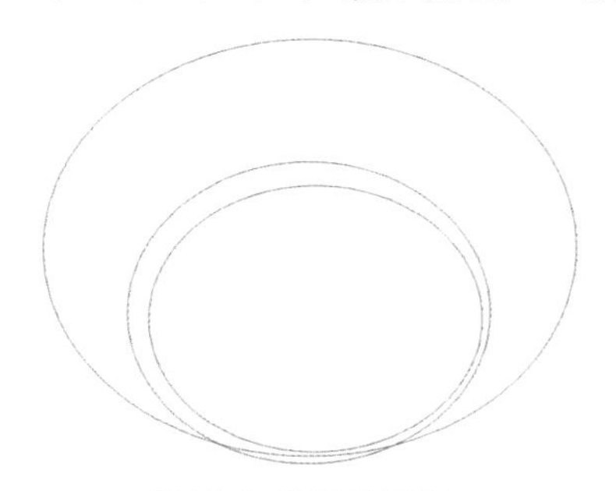
图16-2 绘制椭圆形

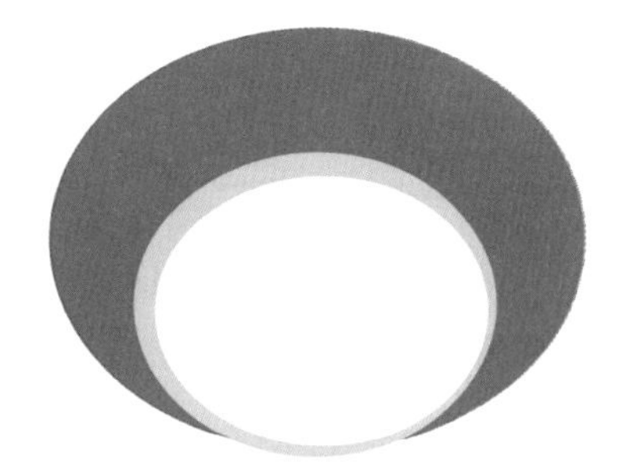
图16-3 填充颜色

04 运用（交互式调和工具），先调和中间椭圆形和外侧椭圆形，在属性栏中，设置调和步数为20；再调和内侧椭椭圆和中间椭圆形，设置调和步数为3，效果如图16-4所示。

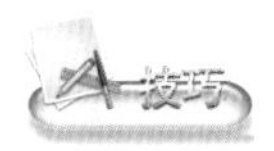

运用【交互式调和工具】，可以制作出多个对象间的渐变效果，在制作时，使用由外向内调和的方法，可以更快速地调和对象。

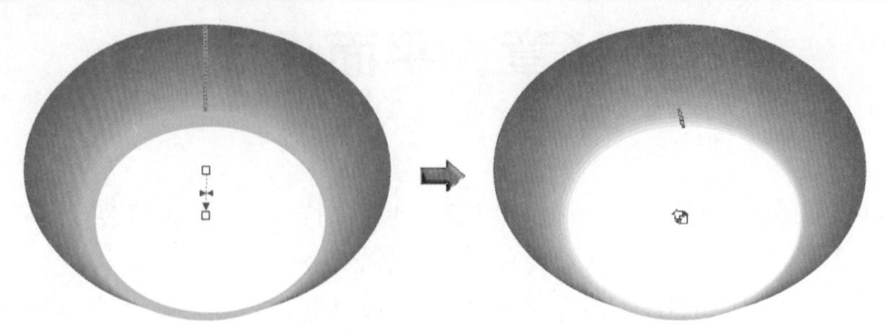

图16-4 调和图形

05 选择全部图形，单击【位图】/【转换为位图】命令，在弹出的对话框中设置分辨率为150dpi。

06 单击【位图】/【模糊】/【高斯式模糊】命令，弹出【高斯式模糊】对话框，参数设置如图16-5所示。

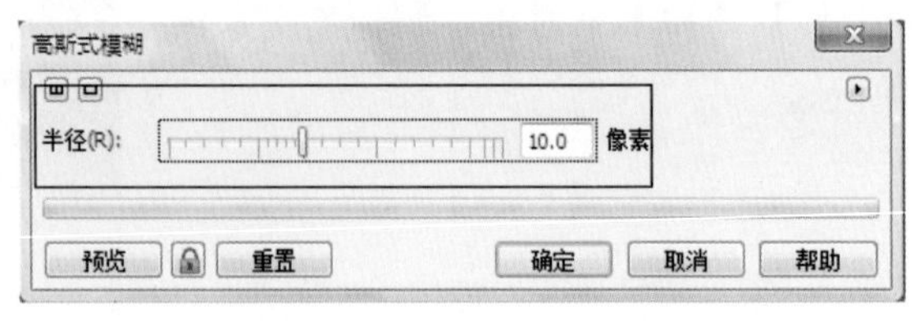

图16-5 【高斯式模糊】对话框

07 单击 确定 按钮，效果如图16-6所示。

08 运用（裁切工具），按页面大小裁切图形，效果如图16-7所示。

图16-6 编辑后的效果

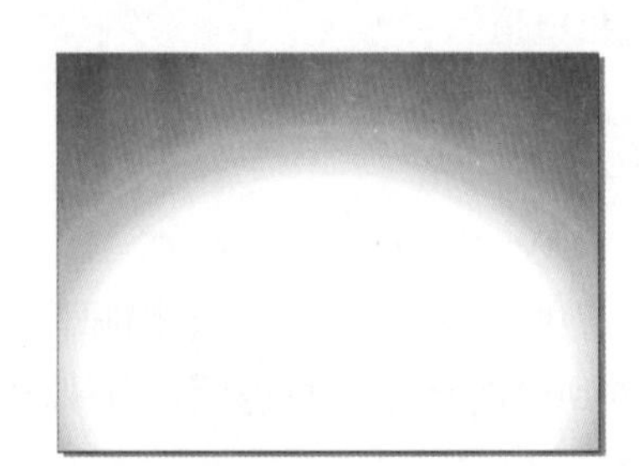

图16-7 裁切后的效果

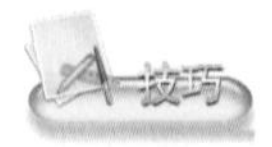

按页面大小裁切图形时，移动鼠标指针至【矩形工具】上，双击鼠标左键，按页面大小创建一个矩形，将矩形调整到图层前面，再单击（裁切工具），沿矩形框的大小裁切图形即可。

09 导入"楼宇.jpg"文件（光盘\第16章\素材），如图16-8所示。

10 调整导入图形的大小及位置，如图16-9所示。

图16-8 导入图形

图16-9 调整后的位置

⑪ 再导入“003.jpg”文件（光盘\第16章\素材），如图16-10所示。

⑫ 将导入的图形调整到页面中间的位置，如图16-11所示。

图16-10 导入图形

图16-11 调整后的位置

⑬ 选择☆（星形工具），在属性栏中设置参数，如图16-12所示。

图16-12 属性栏

在绘图区（或工作区）中的空白位置，单击鼠标右键，在弹出的菜单中选择【创建对象】/【星形】命令，也可切换为☆（星形工具）。

⑭ 设置完成后，按住鼠标左键拖曳，绘制两个星形，如图16-13所示。

⑮ 将内侧的星形填充为白色，外侧的星形填充为洋红色（CMYK：0、100、0、0），效果如图16-14所示。

⑯ 运用（交互式调和工具），调和两个星形，然后在属性栏中设置调和步数为20，效果如图16-15所示。

图16-13 绘制星形

图16-14 填充颜色

图16-15 调和图形

⑰ 将调和后的星形调整到如图16-16所示的位置。

至此，整个图形制作完成，最终效果如图16-17所示。

⑱ 保存文件，命名为“海报.cdr”。

实例总结

本例的背景制作与第9章中的“黄昏”实例有些相似，读者在制作时，比较一下这两实例在制作背景时的区别。

图16-16 调整后的位置

图16-17 最终效果

Example 实例 187 艺术笔工具——茶艺表演

图16-18 茶艺表演效果

实例目的

学习了前面的范例，现在读者自己动手绘制出一幅“茶艺表演”图形，效果如图16-18所示。

实例要点

◆ 先绘制女孩的头部轮廓、眉毛、眼睛、鼻子、嘴和耳朵，然后将脸填充为（CMYK：3、10、11、0）。

◆ 绘制头发、脖子、旗袍，将头发填充为黑色（CMYK：0、0、0、100），脖子填充为（CMYK：3、10、11、0）、旗袍填充为（CMYK：60、96、23、0），然后在旗袍的底部绘制出白色曲线。

◆ 绘制胳膊、茶壶、脚和鞋，胳膊和脚的颜色与脸的颜色相同，鞋和旗袍的颜色相同，将茶壶填充为（CMYK：16、6、11、0）。

◆ 运用艺术笔工具中的喷涂工具，在【喷涂】下拉列表中选择合适的笔触，再绘制两个艺术图形。

◆ 在女孩的右侧输入“茶艺表演”，设置字体为“华文行楷”，字体大小为50pt，完成整个作品的制作。

Example 实例 188 智能填充工具——台历

实例目的

本例综合运用【完美形状工具】、【智能填充工具】、【贝塞尔工具】、【文本工具】、【交互式调和工具】等绘制出“台历”图形，效果如图16-19所示。

图16-19 台历效果

实例要点

◆ 运用【完美形状工具】和【智能填充工具】绘制出台历的底座。

◆ 运用【矩形工具】绘制出台历。

◆ 输入文本。

◆ 运用【交互式调和工具】调和弧形。

◆ 导入图形。

操作步骤

01 在CorelDRAW X5中新建文件。

绘制台历架

02 运用（基本形状工具），在属性栏中单击（完美形状）按钮，在弹出的面板中选择形状，绘制如图16-20所示的图形。

03 按键盘上的 + 键，将图形复制一个，再单击属性栏中的（水平镜像）按钮，将图形水平镜像，然后调整位置，如图16-21所示。

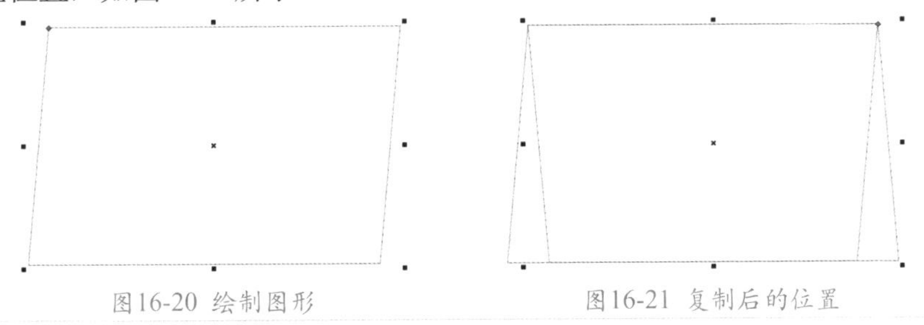

图16-20 绘制图形　　图16-21 复制后的位置

04 运用手绘工具，在如图16-22所示的位置绘制一条辅助直线。

05 单击（智能填充工具）按钮，创建如图16-23所示的图形。

06 删除辅助直线和复制的平行四边形，如图16-24所示。

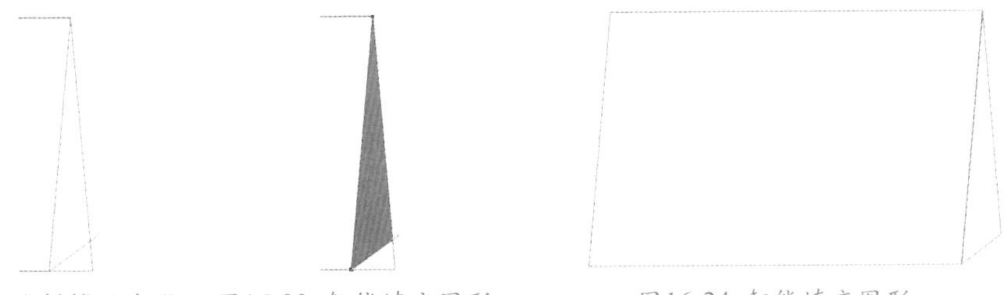

图16-22 绘制辅助直线　　图16-23 智能填充图形　　图16-24 智能填充图形

07 继续运用（手绘工具），绘制如图16-25所示的辅助直线。

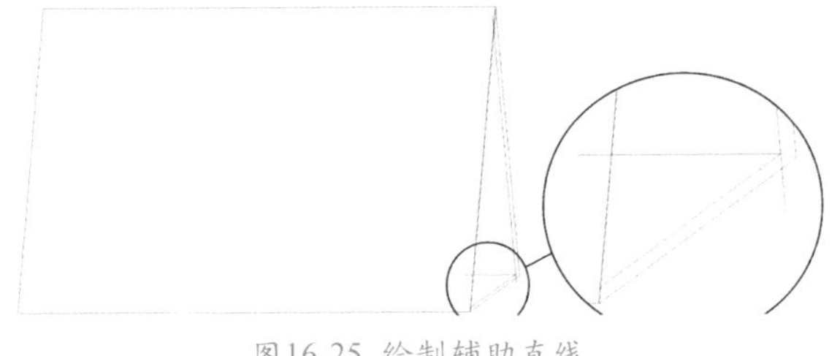

图16-25 绘制辅助直线

08 同样地，运用（智能填充工具），在属性栏中设置颜色为深蓝色（CMYK：100、50、20、50），填充如图16-26所示的图形。

⑨ 继续运用工具箱中的（智能填充工具），创建如图16-27所示的图形。

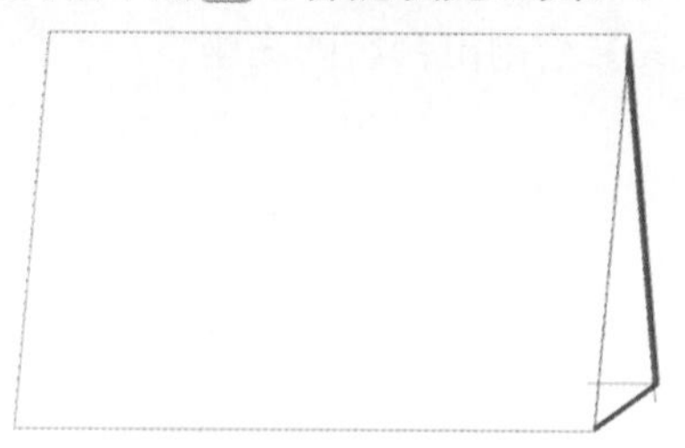
图16-26 智能填充图形

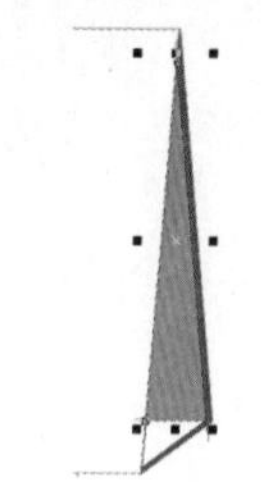
图16-27 智能填充的图形

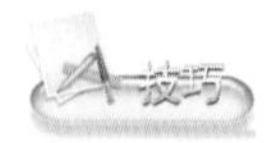
运用【贝塞尔工具】绘制辅助线，再运用【智能填充工具】填充分割图形，创建新图表，制作完成后删除辅助线。

⑩ 确认创建的图形处于选择状态，打开【渐变填充】对话框，设置类型为线性，角度为–94.9，边界为39%，将颜色调和为双色，从白色到（CMYK：0、0、0、5），效果如图16-28所示。

⑪ 同样地，运用（智能填充工具）创建如图16-29所示的图形，然后打开【渐变填充】对话框，设置类型为线性，角度为67.5，边界为28%，将颜色调和为双色，从白色到20%黑（CMYK：0、0、0、20）。

⑫ 删除辅助线，选择平行四边形，填充为深蓝色（CMYK：100、50、20、50），完成台历架的制作，如图16-30所示。

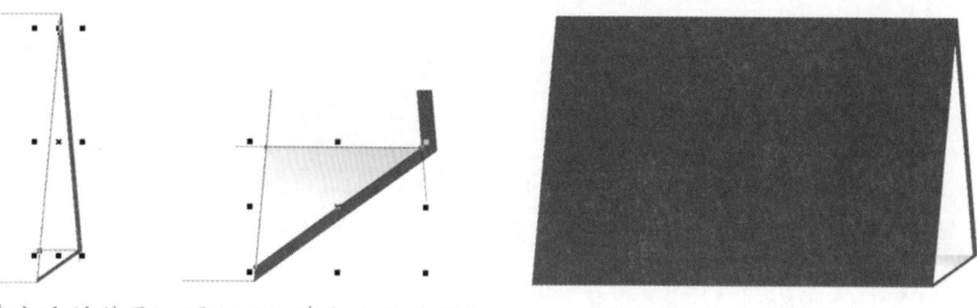
图16-28 填充后的效果1　图16-29 填充后的效果2　图16-30 台历架的形态

绘制插页

⑬ 选择（矩形工具），在属性栏中，设置边角圆滑度为8，绘制两个圆角矩形，如图16-31所示。

⑭ 将右上方的圆角矩形填充为白色，另一个圆角矩形填充为（CMYK：0、0、0、15），效果如图16-32所示。

⑮ 在矩形的中上方绘制一条水平直线，位置如图16-33所示。

图16-31 绘制矩形　图16-32 填充颜色　图16-33 辅助线的位置

⑯ 运用（智能填充工具），选取辅助线上方的图形，然后打开【渐变填充】对话框，参数设置如图16-34所示。

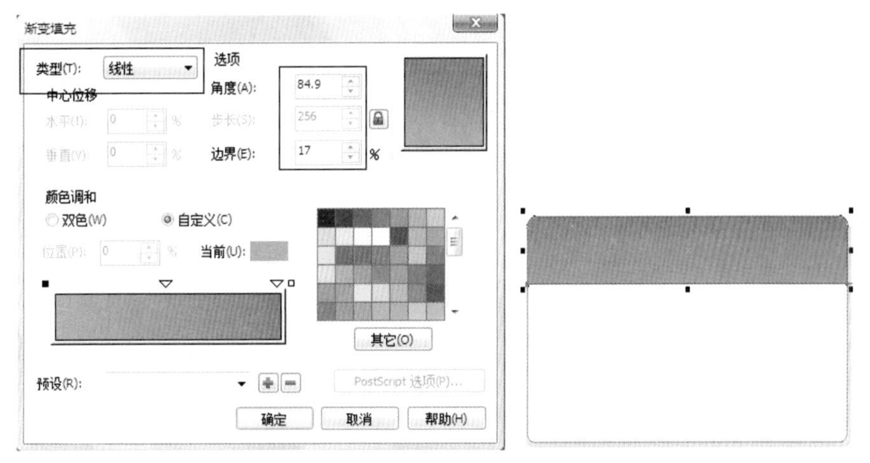

图16-34 【渐变填充】对话框

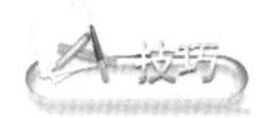

在【渐变填充】对话框的预览框中，按住鼠标左键拖曳，可以调整渐变角度。

⑰ 删除辅助线，取消白色圆角矩形及智能填充图形的轮廓。

⑱ 运用字（文本工具），在圆角矩形的左上方输入12，设置字体为CenturyExpd BT，位置如图16-35所示。

⑲ 将数字12填充为白色，继续运用字（文本工具），在矩形框中，分别输入December、SUN、MON、TUE、WED、THU、FRI、SAT、“1～31”字母和数字，设置字体为AvantGarde Md BT，调整大小及位置，如图16-36所示。

⑳ 将字母December填充为白色，SUN填充为（CMYK：45、13、62、0），MON、TUE、WED、THU、FRI、SAT填充为黑色，数字5、12、19、25、26填充为（CMYK：0、87、96、0），其余数字均填充为黑色，如图16-37所示。

图16-35 数字的位置

图16-36 字母和数字的位置

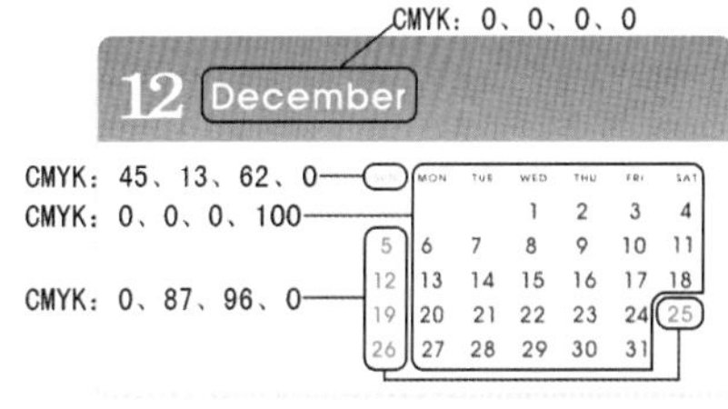

图16-37 填充颜色

打开【标准颜色】对话框，设置一种常用颜色，单击【添加到调色板】按钮，将设置的颜色添加到调色板的末端，经常使用的一种颜色就填充到调色板中了。运用同样的方法，可以添加多种常用颜色。

㉑ 选择工具箱中的（手绘工具），绘制两条水平直线，如图16-38所示。

㉒ 选择两条直线，将轮廓颜色设置为50%黑（CMYK：0、0、0、50）。

㉓ 导入“剪纸.cdr”文件（光盘\第16章\素材），如图16-39所示。

㉔ 调整导入图形的大小及位置，如图16-40所示。

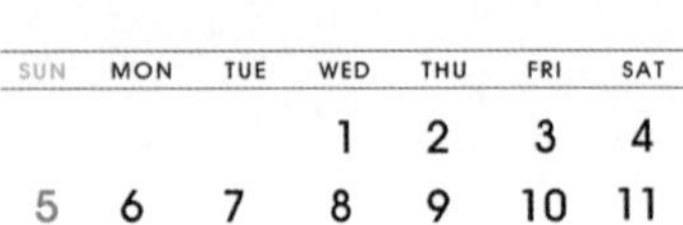

图16-38 绘制直线

图16-39 导入图形

图16-40 导入图形的位置

㉕ 运用框选的方法，选择插页图形，按键盘上的Ctrl + G键，将图形群组，调整到如图16-41所示的位置。

㉖ 将插页图形调整为变形状态，倾斜图形，效果如图16-42所示。

图16-41 调整后的位置

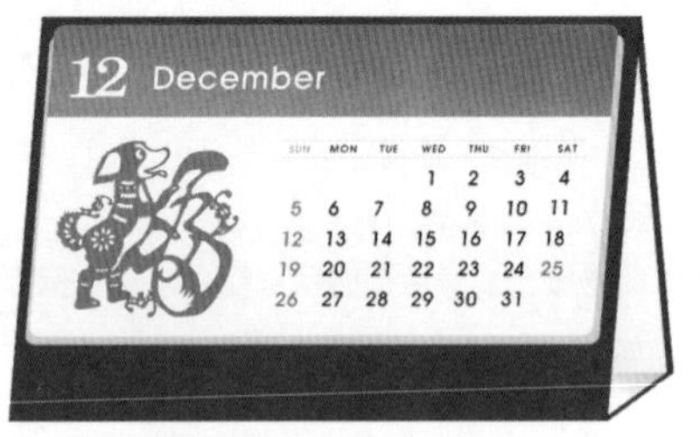

图16-42 倾斜后的形态

㉗ 在圆角矩形的左上角绘制一个椭圆形，填充为白色，如图16-43所示。

㉘ 再绘制一个椭圆形，然后单击属性栏中的◌（弧形）按钮，设置起始和结束角度为30、270，位置如图16-44所示。

图16-43 椭圆形的位置

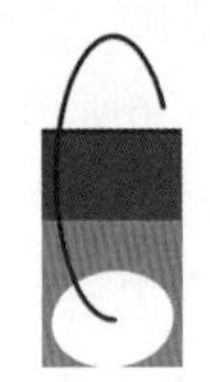

图16-44 设置弧形

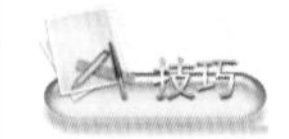

移动鼠标指针至工具箱的◌（椭圆工具）上，双击鼠标左键，在弹出的对话框中选择【弧】选项，可切换为◌（弧形）工具。

㉙ 按键盘上的F12键，打开【轮廓笔】对话框，参数设置如图16-45所示。

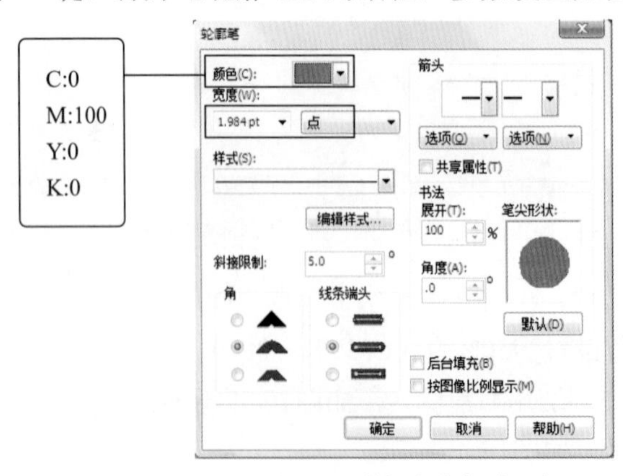

图16-45 【轮廓笔】对话框

㉚ 按键盘上的+键，将弧形复制一个，设置轮廓颜色为白色，轮廓宽度为细线，如图16-46所示。

㉛ 运用（交互式调和工具）调和两个弧形，效果如图16-47所示。

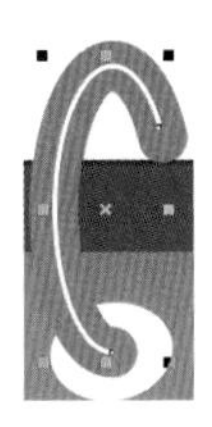

图16-46 复制后的弧形

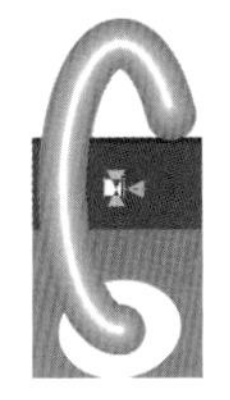

图16-47 调和弧形

㉜ 将调和图形复制多个，效果如图16-48所示。

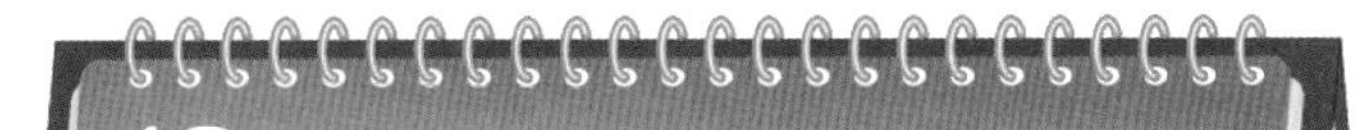

图16-48 复制后的效果

㉝ 运用（交互式阴影工具），制作出台历的阴影，效果如图16-49所示。

图16-49 阴影效果

㉞ 保存文件，命名为“台历.cdr”。

实例总结

本例在制作过程中，主要运用了【美完形状工具】、【文本工具】、【交互式调和工具】等，读者在制作时，需要重点掌握输入文本、简单调和弧形、倾斜等操作方法。

Example 实例 189 矩形工具——背景板

实例目的

本例运用【矩形工具】和【文本工具】制作出“背景板”图形，效果如图16-50所示。

图16-50 背景板效果

实例要点

- 自定义页面。
- 导入图片。
- 输入文本。

操作步骤

01 在CorelDRAW X5中新建文件。

02 在属性栏中设置页面宽度为800mm，高度为250mm，如图16-51所示。

图16-51 设置页面

03 双击（矩形工具）按钮，创建页面大小的矩形，填充为（CMYK：16、11、9、2），效果如图16-52所示。

04 导入“总决赛.jpg”文件（光盘\第16章\素材），如图16-53所示。

图16-52 填充颜色

图16-53 导入图片

05 调整导入图片的大小及位置，如图16-54所示。

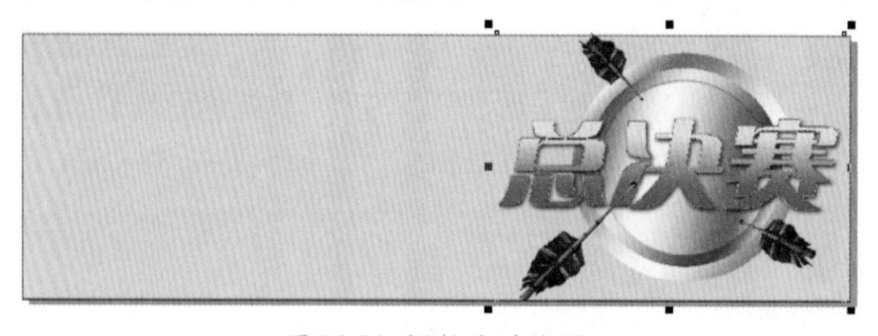

图16-54 调整后的位置

06 运用（文本工具），输入“‘宽带e线’山东电子竞技大赛”，设置字体为“黑体”，效果如图16-55所示。

图16-55 输入美术字

07 保存文件，命名为“背景板.cdr”。

实例总结

本例的制作非常简单，先自定义页面，然后创建页面大小的矩形，并填充适合的颜色，制作出背景，导入适合的图片，最后输入文本，完成制作。

Example 实例 190 封套——书籍装帧设计

实例目的

本例综合运用【矩形工具】、【星形工具】、【贝塞尔工具】、【文本工具】及【封套工具】，制作出“书籍装帧设计”图形，效果如图16-56所示。

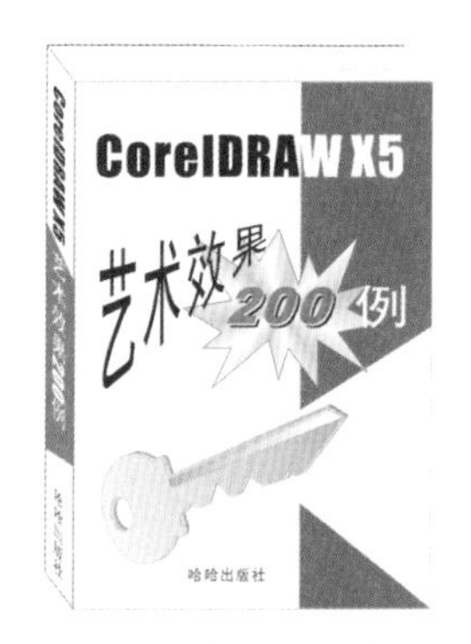

图16-56 书籍装帧设计效果

实例要点

◆ 输入美术字。
◆ 编辑星形。
◆ 倾斜美术字。
◆ 运用【封套】工具变形美术字。
◆ 导入图形。
◆ 斜倾图形，制作出书的侧面。
◆ 复制多条直线，制作出书面效果。

Example 实例 191 贝塞尔工具——平面图

实例目的

学习了前面的范例后，现在读者自己动手绘制出一个“平面图”，效果如图16-57所示。

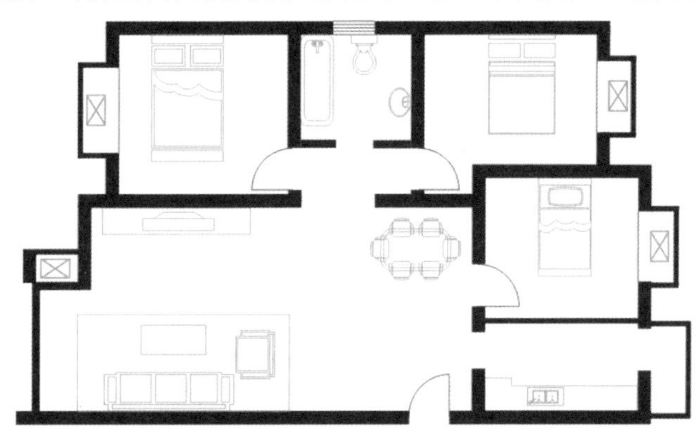
图16-57 平面图效果

实例要点

◆ 运用【矩形工具】绘制出平面图中的墙体和隔断，并填充为黑色。
◆ 运用【贝塞尔工具】绘制出门。
◆ 再绘制出沙发、茶几、电视柜、电视、餐桌、椅子等图形。
◆ 将绘制的图形填充为青色（CMYK：100、0、0、0）。

Example 实例 192 贝塞尔工具——产品包装设计

实例目的

学习了前面的范例后，现在读者自己动手绘制出一个“产品包装”图形，效果如图16-58所示。

图16-58 产品包装效果

实例要点

- ◆ 绘制出产品包装图形的轮廓，将右侧中的图形填充为（CMYK：99、91、0、0）。
- ◆ 导入“SKEDU.jpg”文件（光盘\第16章\素材）。
- ◆ 绘制一个圆形，将导入的图形置于圆形容器中，然后编辑图形的位置。
- ◆ 其余部分的图形，读者在绘制时可参考彩页中的图形进行制作。

第17章　打印输出与页面设置

本章主要讲解文件发送到打印公司或输出公司的准备工作，以及分色设置、打印的基本设置、页面设置等内容。

Example 实例 193　输出准备

实例目的

本例以“石膏字”为例，讲解文件发送到打印公司或输出公司前的准备工作，即将文字转换为曲线及颜色模式的转换过程，石膏字效果如图17-1所示。

图17-1　石膏字效果

实例要点

- ◆ 打开文件。
- ◆ 文本统计信息。
- ◆ 位图颜色模式的转换。
- ◆ 批量转换矢量图的颜色模式。

操作步骤

01 打开“石膏字.cdr”文件（光盘\第17章），如图17-2所示。

02 单击【文本】/【文本统计信息】命令，弹出【统计】对话框，在此显示此文件中美术字对象的行数、字符数、使用字体等信息，如图17-3所示。

图17-2 打开“石膏字.cdr”文件

图17-3 【统计】对话框

将文本转换为曲线或位图后，文本将失去文字的属性，文本内容不能再进行修改，因此，在转换前应对文件进行备份，以方便修改。

自电子出版出现以来，文字的字体有成千上万种，由于输出公司电脑中安装的字体有限，为保证印刷效果，作品在输出前应将文本对象转换为曲线或位图。

位图颜色模式的转换

03 单击【编辑】/【查找并替换】/【查找对象】命令，弹出【查找向导】对话框，选择【开始新的搜索】单选项，如图17-4所示。

04 单击[下一步(N)>]按钮，在【对象类型】选项卡的列表框中，勾选【位图】复选框，如图17-5所示。

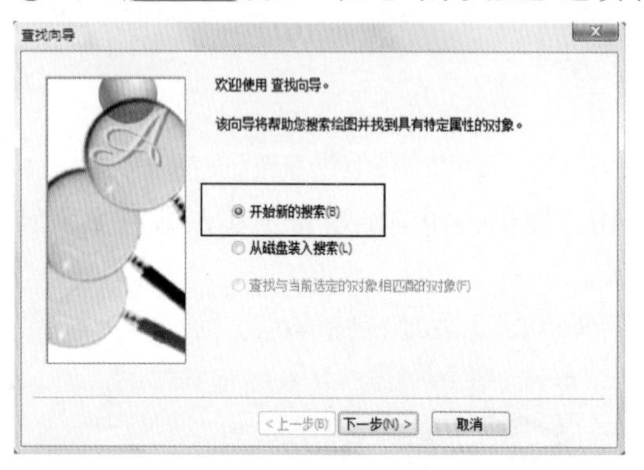

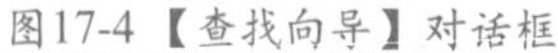
图17-4 【查找向导】对话框

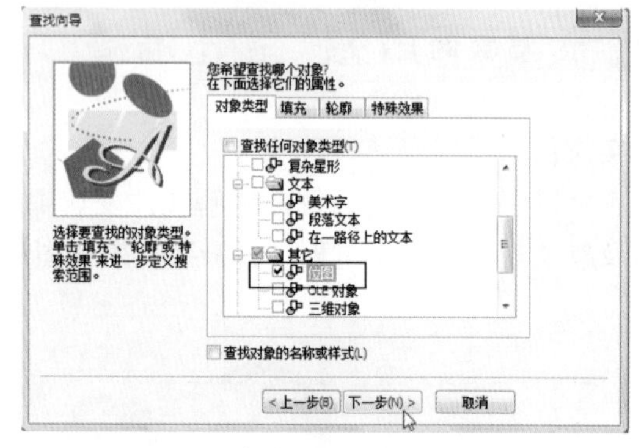

图17-5 勾选【位图】复选框

05 单击[下一步(N)>]按钮，在弹出的对话框中单击[指定属性(S)位图...]按钮，弹出【指定的位图】对话框，勾选【位图类型】选项，在其右侧的下拉列表中选择【RGB色（24-位）】选项，如图17-6所示。

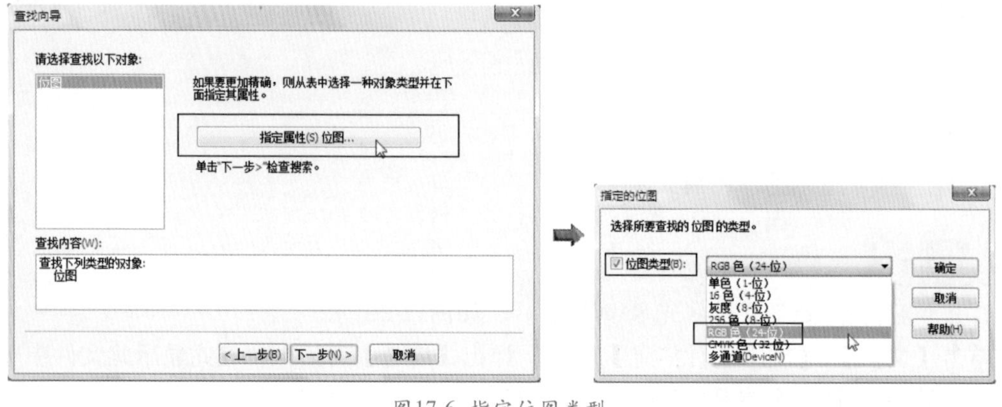

图17-6 指定位图类型

06 单击[确定]按钮，返回对象类型对话框，在【查找内容】列表框中添加查找对象的位图类型，如图17-7所示。

07 单击[下一步(N)>]按钮，在弹出的对话框中显示指定的查找对象和类型，如图17-8所示。

08 单击[完成]按钮，完成查找向导的设置。CorelDRAW将查找到第一个符合要求的对象。同时弹出【查找】对话框，如图17-9所示。

09 单击【位图】/【模式】/【CMYK颜色（32位）】命令，转换查找到的对象的颜色模式。

10 在【查找】对话框中单击[查找下一个(N)]按钮，查找下一个符合要求的对象，运用同样的方法，转换对象的颜色模式，查找完成后，弹出如图17-10所示的对话框。

11 单击[确定]按钮，完成查找。

批量转换矢量图的颜色模式

12 单击【编辑】/【查找和替换】/【替换对象】命令，弹出【替换向导】对话框，选择【替换颜色模型或调色板】选项，如图17-11所示。

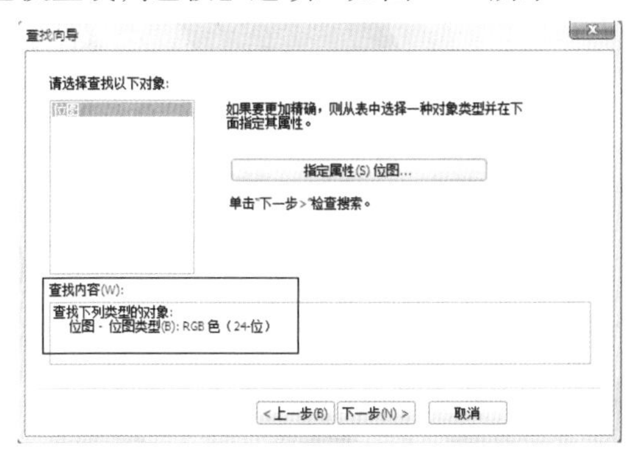

图17-7 返回对象类型对话框

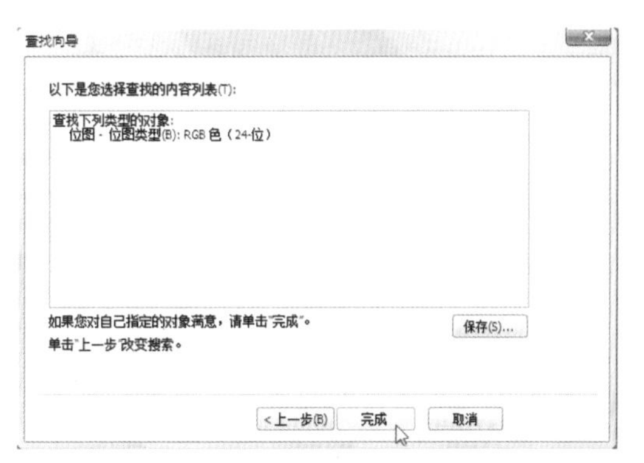

图17-8 【查找向导】对话框

图17-9 【查找】对话框

图17-10 CorelDRAW X5对话框

⑬ 单击下一步(N) >按钮，在弹出的对话框中选择【查找任何颜色模型或调色板】选项，然后在【用来替换的颜色模型】右侧的下拉列表中选择CMYK选项，如图17-12所示。

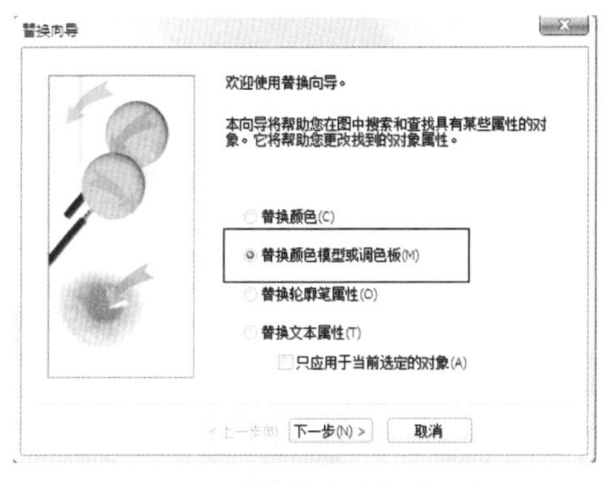

图17-11 【替换向导】对话框

图17-12 设置选项

⑭ 单击完成按钮，完成【替换向导】的设置，弹出【查找并替换】对话框，如图17-13所示。

⑮ 单击全部替换(L)按钮，执行全部替换操作，然后在弹出的CorelDRAW对话框中单击确定按钮，完成替换操作。

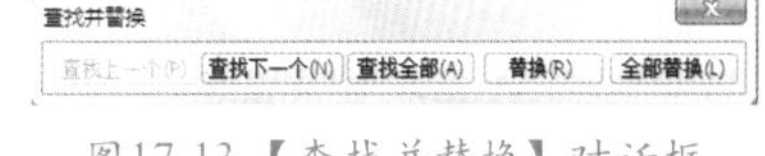

图17-13 【查找并替换】对话框

实例总结

本例主要讲解了3点内容：一是将文字转换为曲线或位图，二是将位图的RGB模式转换为CMYK模式，三是批量转换矢量图的颜色模式。

Example 实例 194 分色设置

实例目的

通过“河边照镜的小猫”实例，讲解在普通打印机中设置分色的操作方法，“河边照镜的小猫”效果如图17-14所示。

图17-14 “河边照镜的小猫”效果

实例要点

◆ 打开文件。

◆ 设置分色。

操作步骤

01 打开文件名为“河边照镜的小猫.cdr”文件（光盘\第17章）。

02 单击【文件】/【打印预览】命令，弹出Coreldraw X5对话框。

03 单击[是(Y)]按钮，预览文件如图17-15所示。

04 单击【设置】/【分色】命令，弹出【打印选项】对话框，如图17-16所示。

05 单击[应用(A)]按钮，分色后的“页面1-青色”效果如图17-17所示。

图17-15 预览文件

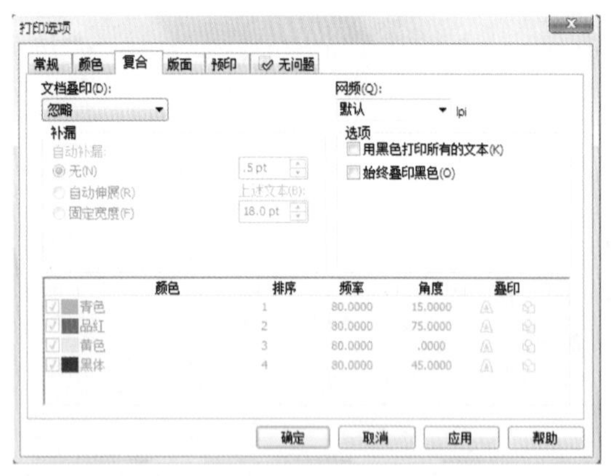

图17-16 【打印选项】对话框

图17-17 “页面1-青色”效果

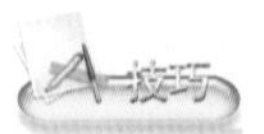

【分色】命令的快捷键是Ctrl + S。另外，单击标准菜单中的（启用分色）按钮，可以快速分色文件。

实例总结

当印刷的数量较大时，通常都会到输出公司输出菲林，然后进行印刷，这样可以有效地控制印刷成本，保证印刷质量，对于一般的印刷品而言，需要输出CMYK模式所对应的青色、洋红、黄色、黑色的4张菲林，本例应重点掌握在普通打印机中设置分色的方法。

Example 实例 195 打印的基本设置

实例目的

通过“风景01”实例，讲解在一切工作准备就绪后，使用打印机时的打印设置情况，这里以常用的喷墨打印机为例进行说明，风景01效果如图17-18所示。

图17-18 风景01效果

实例要点

- 打开文件。
- 预览文件。
- 设置打印纸张。
- 设置打印质量。

操作步骤

01 打开“风景01.cdr”文件（光盘\第17章），如图17-19所示。

02 单击【文件】/【打印预览】命令，打开【打印预览】窗口，可预览文件的打印效果，如图17-20所示。

图17-19 打开“风景01.cdr”文件

图17-20 【打印预览】窗口

03 单击【设置】/【常规】命令，弹出【打印选项】对话框，在【名称】右侧的下拉列表中选择打印机，然后单击 首选项(P)... 按钮，如图17-21所示。

04 弹出打印文档的属性对话框，单击【纸张/质量】选项卡，其中的各项参数设置如图17-22所示。

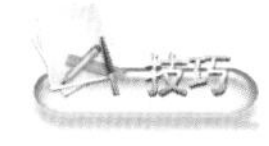

在【打印预览】窗口的标准工具栏中，单击（打印选项）按钮或按键盘上的Alt + O键或Ctrl + E键，都可以打开【打印选项】对话框。

05 设置完成后单击 确定 按钮。

06 在【打印预览】窗口的标准工具栏中，单击（打印）按钮，开始打印文件。

图17-21【打印选项】对话框

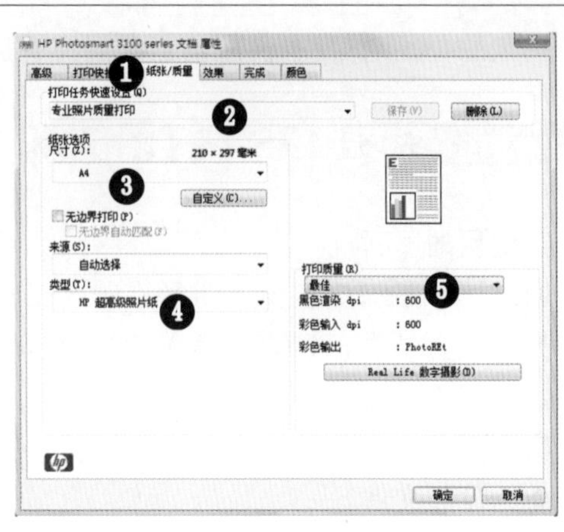

图17-22 打印设置

文档设置完成后，按键盘上的Ctrl + P键，即可打印文件。

实例总结

本例主要讲解在打印文件前，需要先选择合适的打印机，然后再对打印机的纸张、打印的精度等进行相应的设置，最后打印作品。

Example 实例 196 插入页面——抽象画

实例目的

通过制作“抽象画”实例，学习新建页面、切换页面，删除页面的操作方法，抽象画效果如图17-23所示。

图17-23 抽象画效果

实例要点

- 调和椭圆形。
- 将调和图形转换为位图，添加模糊效果。
- 新建页面。
- 切换页面。
- 删除页面。
- 导入图形。

操作步骤

01 在CorelDRAW X5中新建文件。

02 单击属性栏中的（横向）按钮，将页面设置为横向。

03 运用（椭圆工具），绘制两个椭圆形，然后将外侧的椭圆形填充为黑色（CMYK：0、0、0、100），内侧的椭圆形填充为红色（CMYK：0、100、100、0），效果如图17-24所示。

04 选择（交互式调和工具），调和两个椭圆形，然后在属性栏中设置调和步数为20，效果如图17-25所示。

05 确认调和图形处于选择状态，单击【位图】/【转换为位图】命令，在弹出的【转换为位图】对话框中设置参数，如图17-26所示。

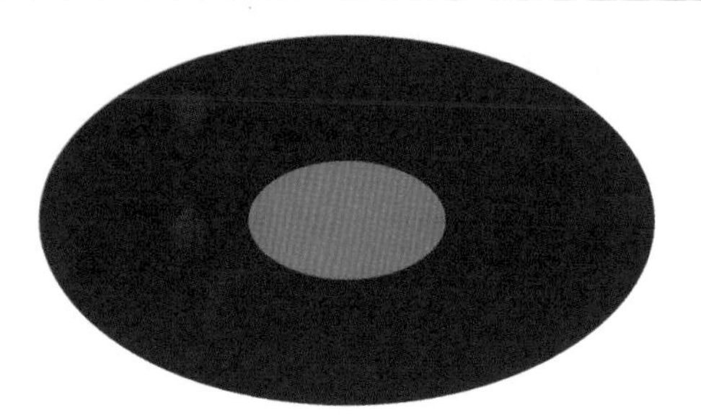

图17-24 填充后的效果

图17-25 调和图形

06 单击【位图】/【模糊】/【高斯式模糊】命令，在弹出的【高斯式模糊】对话框中设置参数，如图17-27所示。

图17-26 【转换为位图】对话框

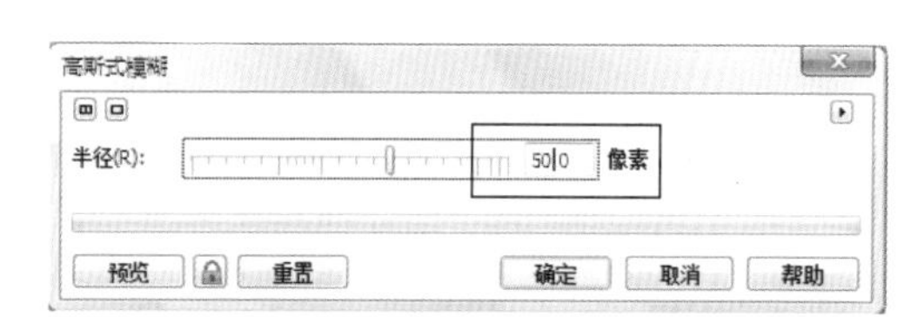

图17-27 【高斯式模糊】对话框

07 单击 确定 按钮，效果如图17-28所示。

08 将模糊图形调整到绘图区中，如图17-29所示。

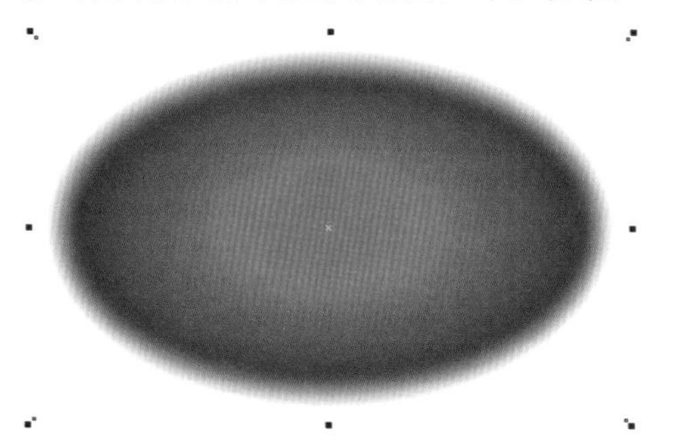

图17-28 模糊效果

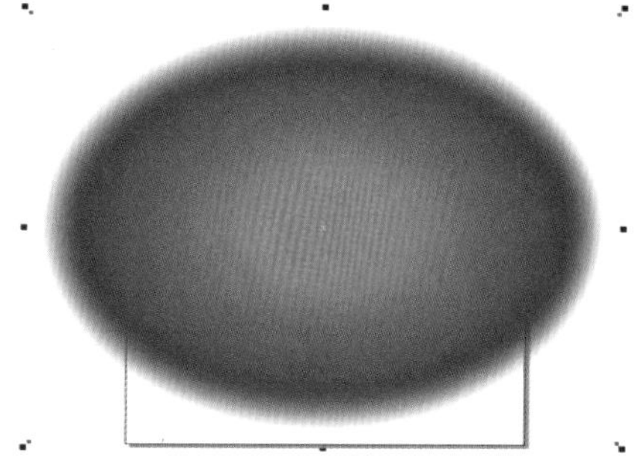

图17-29 图形位置

位图处于选择状态，单击【形状工具】按钮，位图轮廓上出现4个节点，运用形状工具调整节点的位置，也可裁切位图。

09 选择工具箱中的（裁切工具），按页面大小裁切图形，效果如图17-30所示。

10 单击（椭圆工具），按住键盘上的Ctrl键，在绘图区中绘制一个圆形，并填充为黄色（CMYK：0、0、100、0），位置如图17-31所示。

11 在“交互式”展开工具栏中选择（交互式阴影工具），在属性栏中设置参数，如图17-32所示。

12 设置完成后的效果如图17-33所示。

13 单击【版面】/【插入页】命令，弹出【插入页面】对话框，选择【横向】选项，如图17-34所示。

图17-30 裁切图形

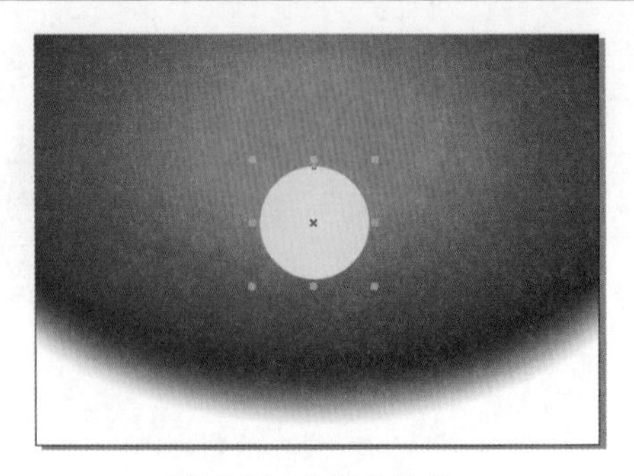

图17-31 圆形的位置

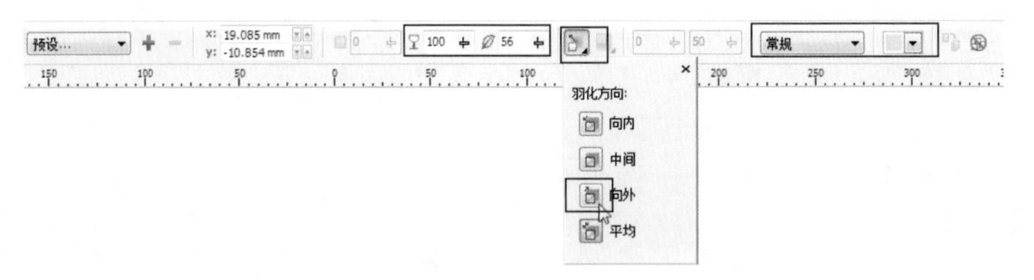

图17-32 属性栏

⑭ 单击[确定]按钮，在导航器上新插入一页，如图17-35所示。

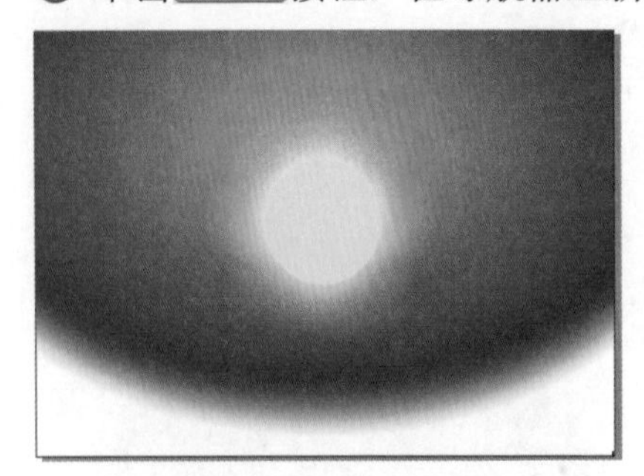

图17-33 编辑后的效果

图17-34 【插入页面】对话框

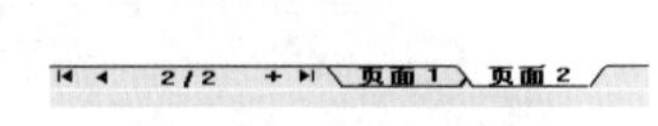

图17-35 插入页

单击导船器上的 + 按钮，即可插入一个新页。

单击【版面】/【重命名页面】命令，在弹出的对话框中【页名】下的文本框中输入名称，即可将页面重新命名，也可以在导航器插入页上单击鼠标右键，在弹出的菜单中选择【重命名页面】，即可将页面重新命令。

⑮ 运用（贝塞尔工具），在绘图区中绘制两条辅助曲线，如图17-36所示。

⑯ 双击（矩形工具）按钮，创建一个矩形，然后选择（智能填充工具），创建如图17-37所示的两个图形。

⑰ 删除辅助曲线，选择页面中间的图形，按键盘上的F11键，打开【渐变填充】对话框，设置渐变类型为线性，角度为90，边界为37%，将颜色调和为双色，从（CMYK：96、64、27、15）到（CMYK：93、93、43、56），效果如图17-38所示。

⑱ 选择页面底部创建的图形，打开【渐变填充】对话框，参数设置如图17-39所示。

⑲ 按键盘上的Ctrl + A键，选择“页面2”中的全部图形，再按键盘上的Ctrl + X键，切换到“页面1”中，然后按键盘上的Ctrl + V键，复制图形，效果如图17-40所示。

⑳ 单击【版面】/【删除页面】命令，弹出【删除页面】对话框，在【删除页面】右侧的数值框中输入2，如图17-41所示。

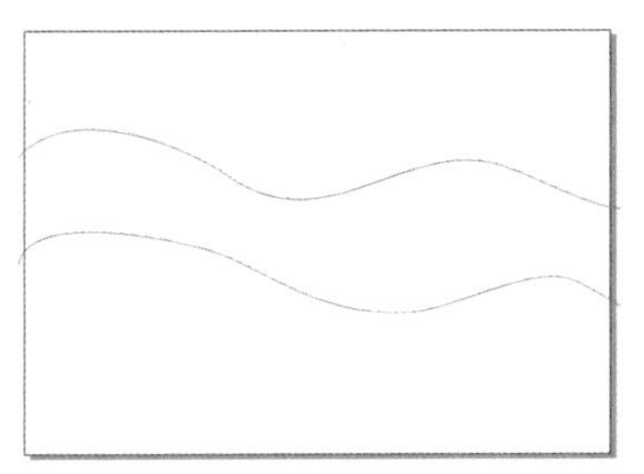

图17-36 绘制曲线

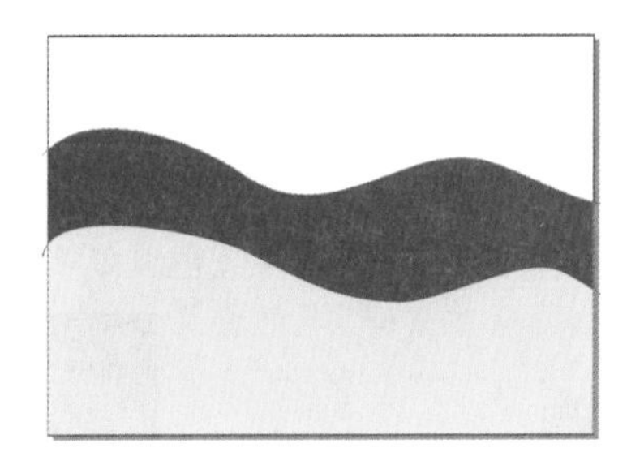

图17-37 创建图形

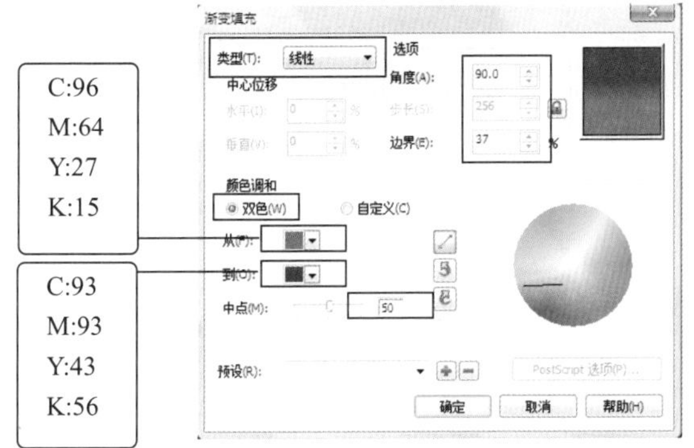

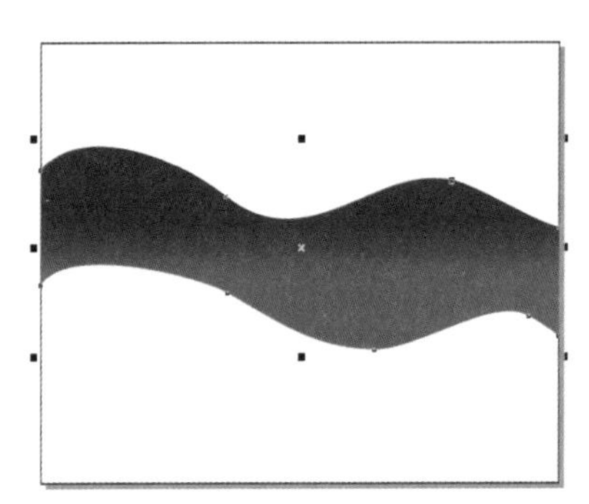

图17-38 【渐变填充】对话框

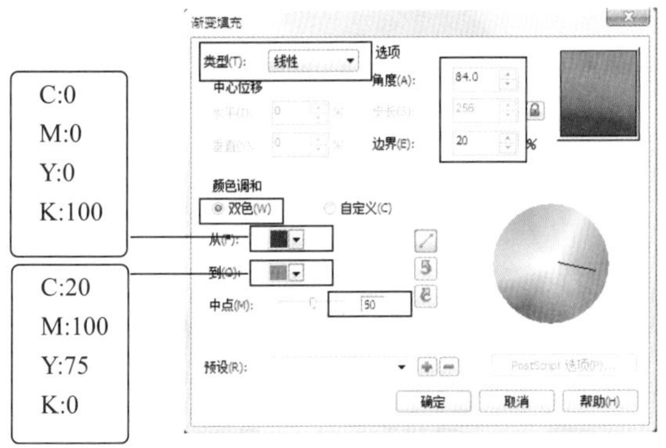

图17-39 【渐变填充】对话框

切换页面。1. 单击【版面】/【切到某页】命令，弹出【定位页面】对话框，在定位页面右侧的数值框中，输入页面的序号，单击 确定 按钮，即可切换到相应的页面；2. 移动鼠标指针至导航器中的“页面1”上单击，即可切换到“页面1”。

按键盘上的PageUp键，转到前一页。

图17-40 复制后的位置

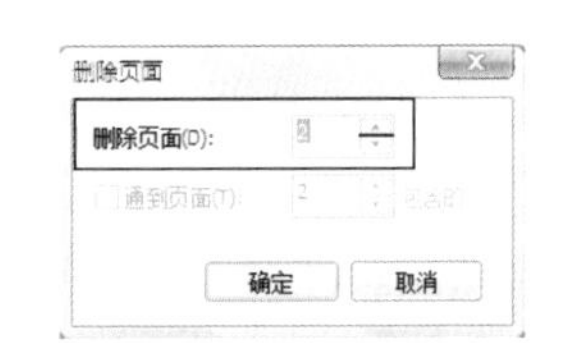

图17-41 【删除页面】对话框

21 单击[确定]按钮，删除“页面2”。

22 导入“马.cdr”文件（光盘\第17章\素材），如图17-42所示。

23 调整导入图形的大小及位置，如图17-43所示。

24 设置导入图形的轮廓为红色（CMYK：0、100、100、0），效果如图17-44所示。

图17-42 导入图形

图17-43 导入图形的位置

图17-44 设置轮廓后的效果

25 保存文件，命名为“抽象画.cdr”。

实例总结

在本例的制作过程中，运用了【渐变填充项】、【交互式阴影工具】等，应重点掌握新建页面、切换页面及删除页面的操作方法。

Example 实例 197 新建图层——小汽车

实例目的

CorelDRAW默认设置下每个页面有一个图层，之前我们所学习的绘制操作都是在一个图层上进行的。本例学习新建图层、调整图层位置等操作方法，小汽车效果如图17-45所示。

实例要点

- 在【对象管理器】泊坞窗中新建图层。
- 绘制小汽车的轮廓。
- 隐藏图层。
- 调整图层位置。
- 显示图层。
- 绘制轮胎
- 绘制小汽车上的高光部分。
- 导入图形并调整其图层位置。

图17-45 小汽车效果

操作步骤

01 在CorelDRAW X5中新建文件。

02 单击【工具】/【对象管理器】命令，弹出【对象管理器】泊坞窗，如图17-46所示。

03 运用工具箱中的（手绘工具）/（贝塞尔工具）和（椭圆工具），在绘图区中绘制出小汽车的轮廓，如图17-47所示。

04 选择所绘制的全部图形，单击属性栏中的（修剪）按钮，修剪后的形态如图17-48所示。

05 在【对象管理器】泊坞窗中，单击左下角的（新建图层）按钮，在【对象管理器】泊坞窗中新建一个图层，系统默认命名为“图层2”，呈红色显示，如图17-49所示。

06 继续运用（贝塞尔工具），在小汽车上绘制车窗、车门、车灯等轮廓线，如图17-50所示。

07 选择小汽车轮廓部位的两个圆形，按键盘上的 + 键，将其复制一组，按键盘上的Ctrl + Q

键，将圆形转换为曲线。

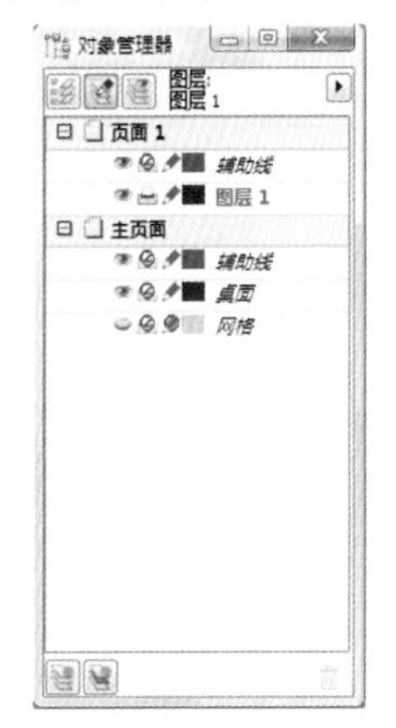

图17-46 【对象管理器】泊坞窗

图17-47 绘制小汽车的轮廓

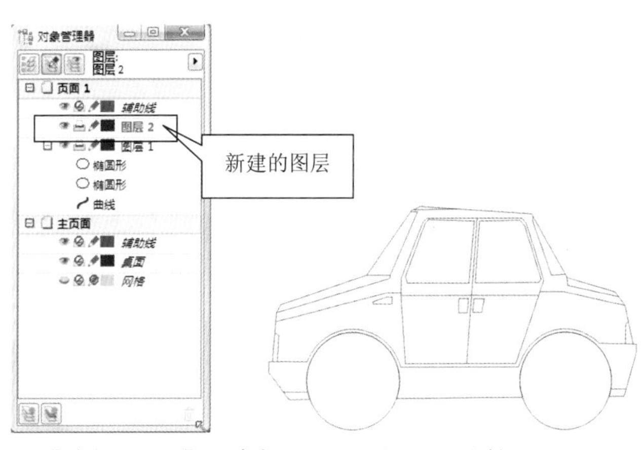

图17-48 修剪后的形态　图17-49 【对象管理器】泊坞窗　图17-50 绘制曲线

08 运用工具箱中的 （形状工具），调整复制后的圆形的形态，如图17-51所示。

09 选择未调整的两个圆形，调整大小及位置，如图17-52所示。

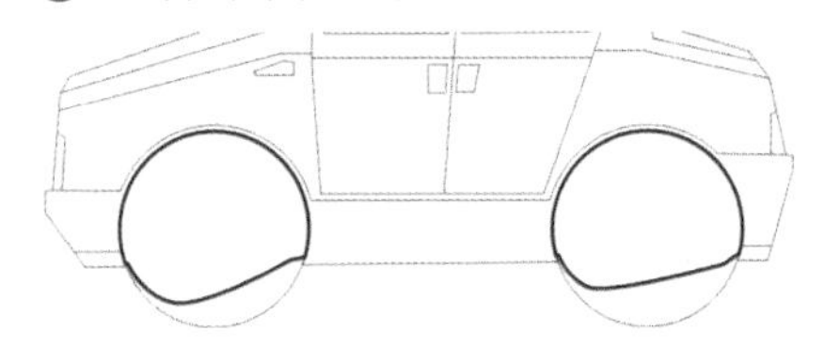

图17-51 调整后的形态

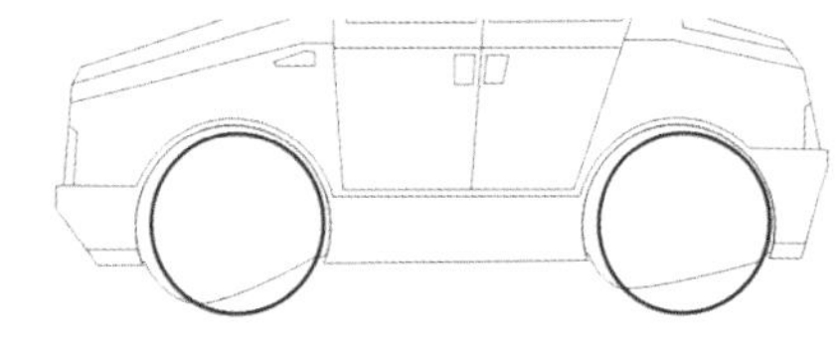

图17-52 调整后的位置

10 选择 （贝塞尔工具），在车窗位置绘制如图17-53所示的封闭曲线。

11 在【对象管理器】泊坞窗中新建一个图层，图名处于编辑状态时，输入图层名为“填充”，按键盘上的Enter键确认，完成图层的命名，如图17-54所示。

12 运用框选的方法，选择小汽车的车身图形（除车轮以外的全部图形），设置轮廓宽度为0.35mm，效果如图17-55所示。

13 单击工具箱中的 （智能填充工具），在属性栏中，指定填充颜色为橘红色（CMYK：2、38、46、0），如图17-56所示。

14 设置完成后，填充如图17-57所示的图形。

15 运用同样的方法，在属性栏中，指定填充的颜色为黑色（CMYK：0、0、0、100），填充如图17-58所示的图形。

图17-53 绘制封闭曲线

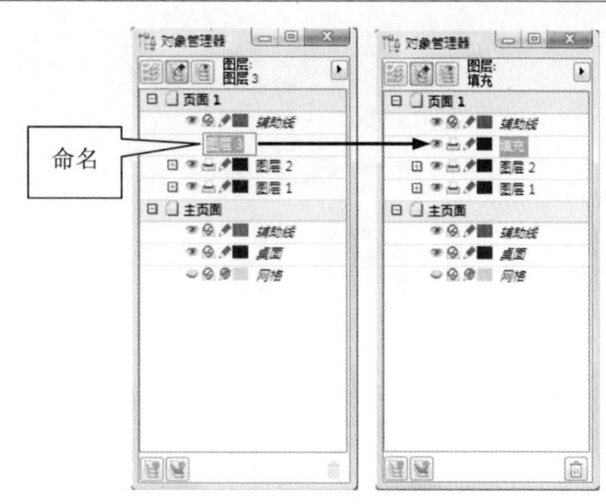

图17-54 【对象管理器】泊坞窗

图17-55 设置后的效果

图17-56 属性栏

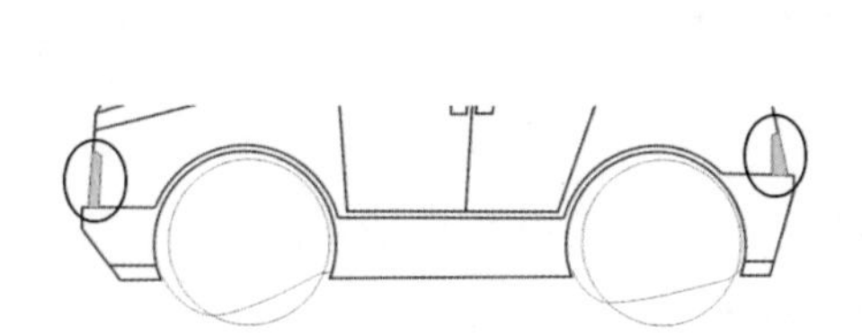

图17-57 指定填充的图形

图17-58 填充黑色的图形

⑯ 同样地，填充如图17-59所示的图形。

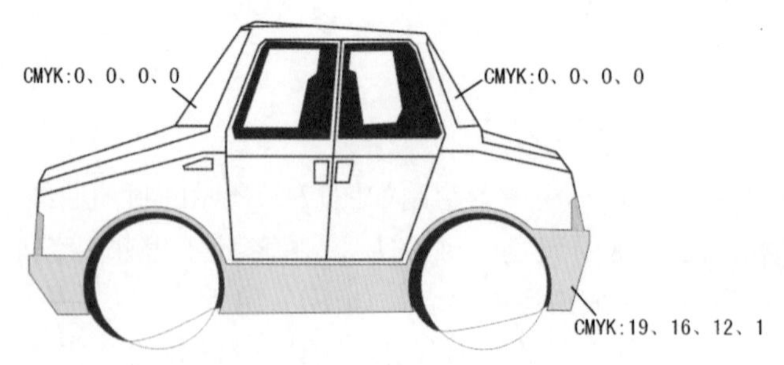

图17-59 指定填充图形

⑰ 在【对象管理器】泊坞窗中，单击“图层2”前面的图标，隐藏“图层2”中的图形对象，如图17-60所示。（注意：为了显示清楚，暂将填充为白色的图形，填充为浅灰色）

⑱ 在【对象管理器】泊坞窗中，选择“填充”层为当前层。运用（智能填充工具），在属性栏中，指定填充颜色为砖红色（CMYK：17、82、95、5），在小汽车车身上未填充的位置单击鼠标左键，效果如图17-61所示。

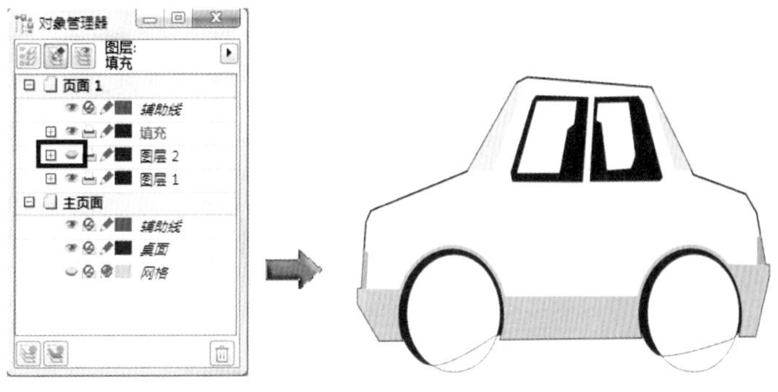

图17-60 隐藏图层

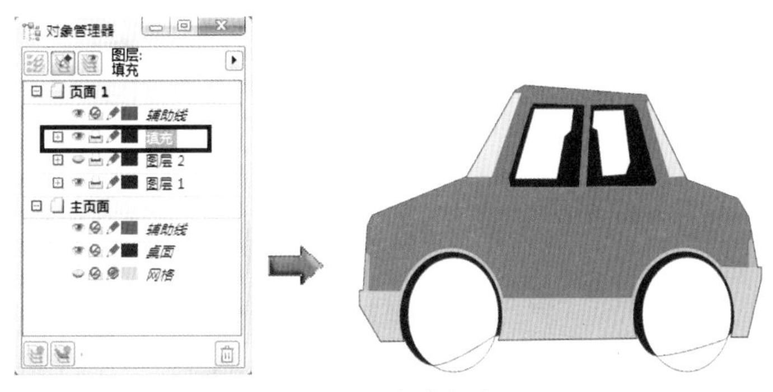

图17-61 指定填充图形

⑲ 单击【对象器管理器】面板中“图层2”前面的 图标，当图标变为 状态时，显示“图层2”中的图形对象。

⑳ 移动鼠标指针至“填充”层上，按住鼠标左键向下移动，当“图层2”与“图层1”之间出现一条横线时，松开鼠标左键，将“填充”层调整至“图层2”的下方，如图17-62所示。

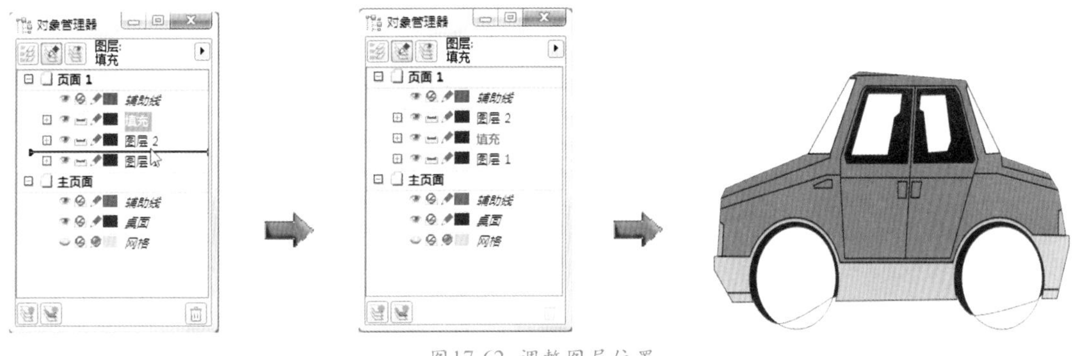

图17-62 调整图层位置

㉑ 运用 （贝塞尔工具），在车顶和车前盖位置绘制三角形，然后填充为白色（CMYK：0、0、0、0），删除轮廓，如图17-63所示。

㉒ 再运用 （贝塞尔工具），绘制出小汽车上的后视镜，然后填充为砖红色（同车身的颜色），完成车身的绘制，如图17-64所示。

制作车轮

㉓ 选择小汽车车轮位置上的两个图形，如图17-65所示。

㉔ 按键盘上的Delete键，将其删除。

㉕ 在【对象管理器】泊坞窗中新建一个图层，命名为“车轮”。

图17-63 绘制三角形

图17-64 后视镜的位置

㉖ 选择小汽车车轮位置上的两个圆形，按键盘上的Ctrl + X键，剪切圆形，在【对象管理器】泊坞窗中选择“车轮”，再按键盘上的Ctrl + C键，复制圆形，复制的圆形在当前图层中。

㉗ 将圆形复制多个，调整大小及位置，如图17-66所示。

㉘ 按照由内向外的顺序，将圆形分别填充为浅灰色（CMYK：22、18、13、2）、灰色（CMYK：29、23、20、5）、蓝灰色（CMYK：47、36、34、20）、深灰色（CMYK：54、49、38、30）、浅灰色（CMYK：22、18、13、2）、蓝灰色（CMYK：47、36、34、20）、黑色（CMYK：0、0、0、100）、蓝灰色（CMYK：47、36、34、20）和黑色（CMYK：0、0、0、100），效果如图17-67所示。

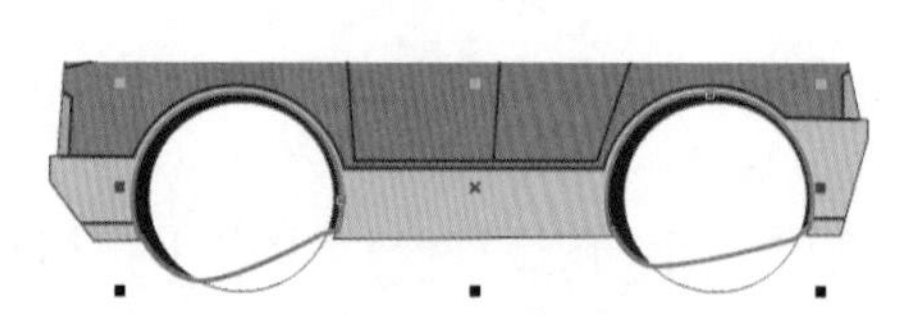

图17-65 选择图形

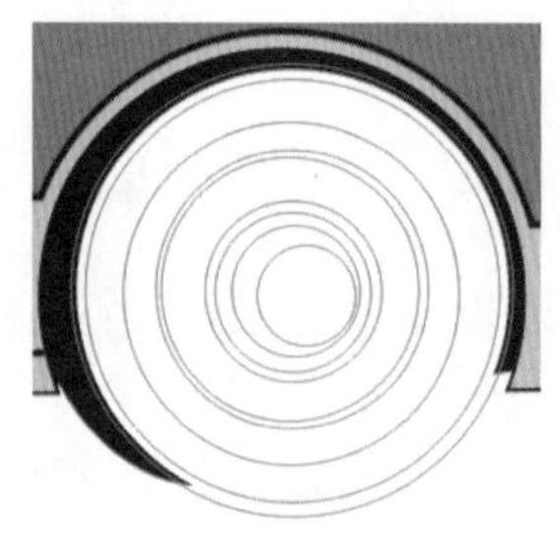

图17-66 圆形的位置

图17-67 填充后的效果

㉙ 选择车轮图形，按键盘上的+键，将其复制一组，调整其位置，如图17-68所示。

㉚ 导入“男孩.cdr”文件（光盘\第17章\素材），如图17-69所示。

图17-68 复制后的位置

图17-69 男孩图形

㉛ 单击工具箱中的（裁切工具）按钮，裁切图形，效果如图17-70所示。

㉜ 将裁切的图形调整到小汽车的车窗位置，如图17-71所示。

㉝ 保存文件，命名为“小汽车.cdr”。

实例总结

本例应掌握在【对象管理器】中新建图层、调整图层位置的操作方法。由于图层在CorelDRAW中的应用较少，读者只需要简单掌握即可。

图17-70 裁切图形

图17-71 调整后的位置

Example 实例 198 对象管理器——创意滑梯

实例目的

本例学习在【对象管理器】中复制对象、调整对象位置、更换对象颜色等操作方法，创意滑梯效果如图17-72所示。

图17-72 创意滑梯效果

实例要点

- 在【图层管理器】中复制对象。
- 调整对象位置。
- 更换对象颜色。
- 绘制滑梯。
- 导入图形。

操作步骤

01 在CorelDRAW X5中新建文件。

02 导入"卡通字母.cdr"文件（光盘\第17章），如图17-73所示。

03 将导入图形左侧的字母C删除，保留字母O，如图17-74所示。

图17-73 导入图形

图17-74 保留图形

04 单击【工具】/【对象管理器】命令，弹出【对象管理器】泊坞窗，如图17-75所示。

05 在【对象管理器】泊坞窗中选择绿色椭圆对象，单击鼠标右键，在弹出的菜单中选择【复制】选项，如图17-76所示。

06 按键盘上的Ctrl + V键，在【对象管理器】泊坞窗中生成一个新的绿色椭圆，且处于选择状态，如图17-77所示。

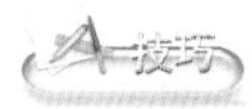

按键盘上的Alt + D键，可快速打开【对象管理器】泊坞窗。

07 移动鼠标指针至新的椭圆对象上，按住鼠标左键，向下移动至绿色椭圆对象的下方，移动的位置出现一条黑色长线，表示移动对象欲调整到的位置，松开鼠标左键，调整新椭圆对象的图层位置，如图17-78所示。

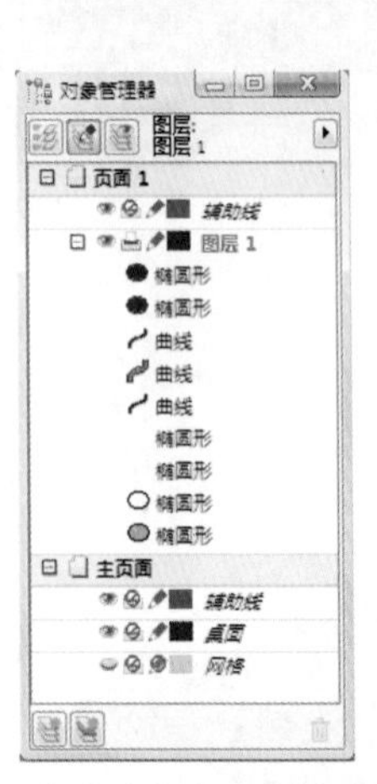

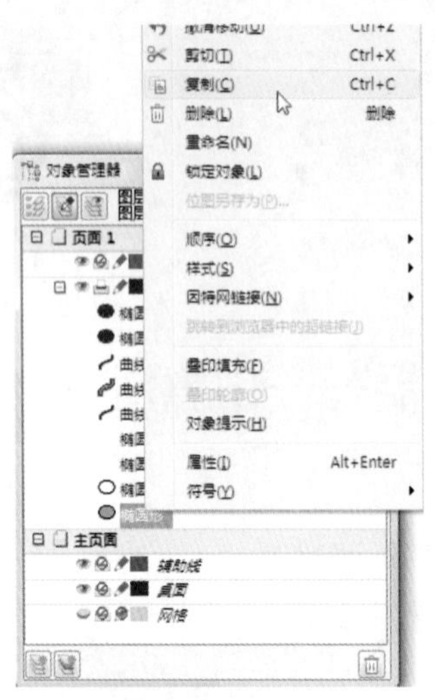

图17-75 【对象管理器】泊坞窗　　图17-76 复制对象　　图17-77 粘贴对象的图层位置

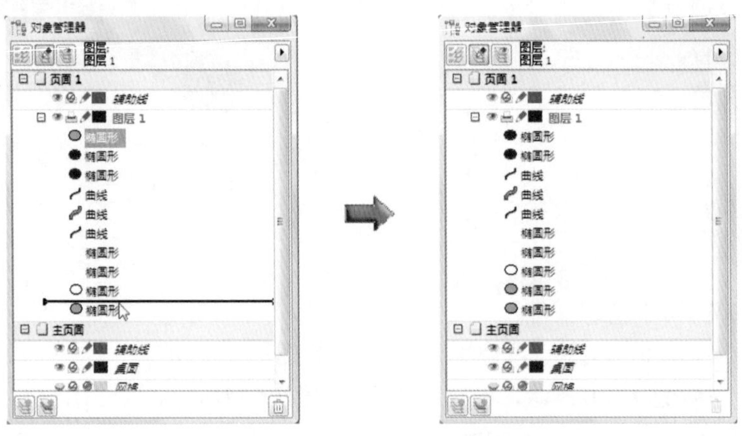

图17-78 调整对象的图层位置

⑧ 移动鼠标指针至调色板中的酒绿色色块上，按住鼠标左键，移动鼠标指针至【对象管理器】泊坞窗中的椭圆对象上，松开鼠标左键，对象的颜色由原来的绿色（CMYK：100、0、100、0），更换为酒绿色（CMYK：40、0、100、0），如图17-79所示。

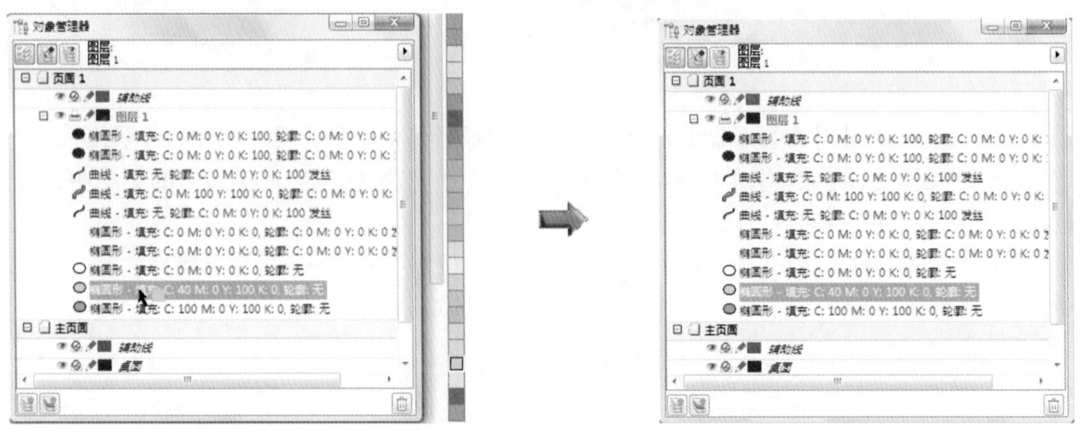

图17-79 更换对象颜色

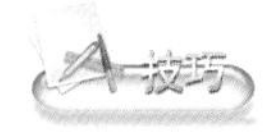

在调色板中选择合适的颜色直接拖曳到对象上，可以快速改变对象的颜色。在此需要注意一点，此方法只能更换单一颜色的对象。

09 在【对象管理器】泊坞窗中，选择新椭圆对象，向左调整对象位置，如图17-80所示。

10 单击工具箱中的（裁切工具），移动鼠标指针至合适位置，按住鼠标左键绘制裁切框，如图17-81所示。

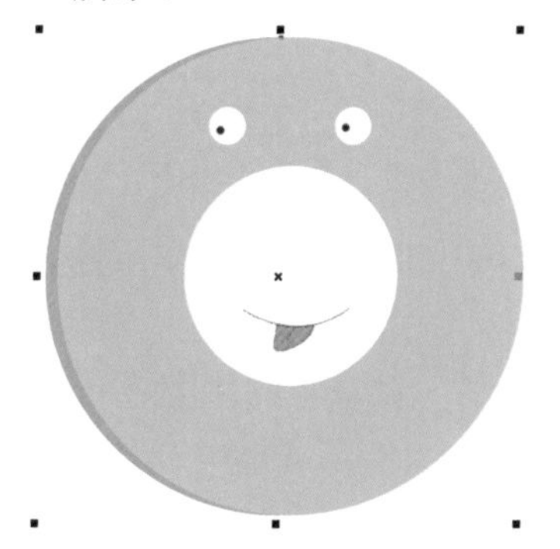

图17-80 调整后的位置

图17-81 绘制裁切框

11 在属性栏中设置旋转角度为4，旋转裁切框，如图17-82所示。

12 在裁切框中双击鼠标左键，裁切图形，效果如图17-83所示。

图17-82 旋转裁切框

图17-83 裁切图形

13 将裁切后的绿色和酒绿色椭圆复制一组，调整到如图17-84所示的位置。

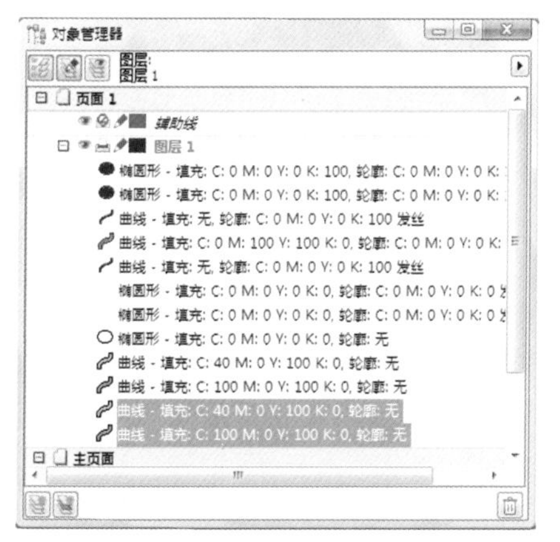

图17-84 复制图形的位置

14 运用（贝塞尔工具），在字母O的左侧绘制出如图17-85所示的滑梯轮廓。

15 将滑梯轮廓填充为深粉红色（CMYK：0、65、80、0）。

⑯ 继续运用（贝塞尔工具），绘制出滑梯两边的轮廓，然后将其填充为琥珀色（CMYK：0、50、80、0），如图17-86所示。

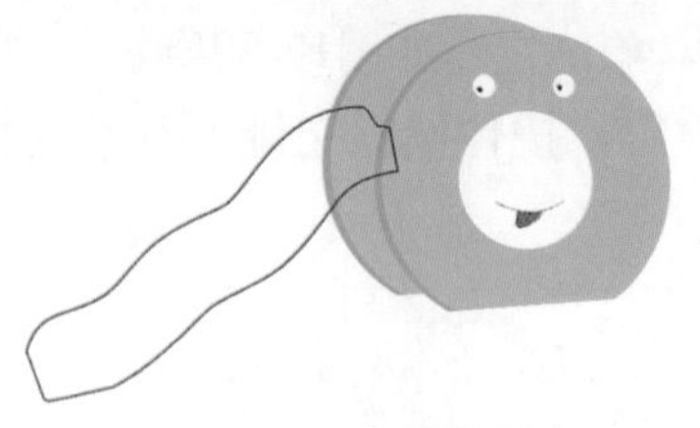
图17-85 绘制滑梯轮廓

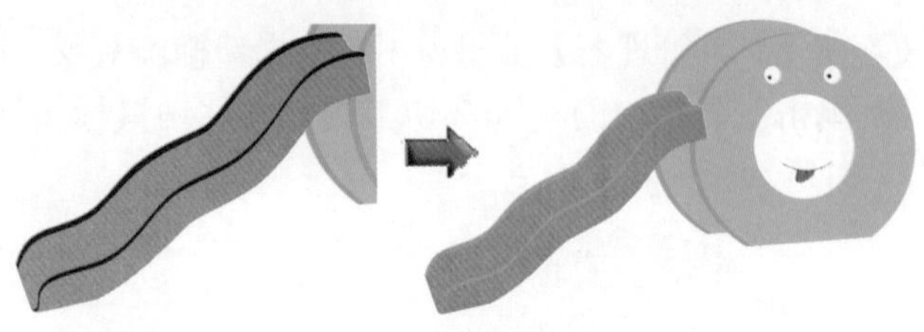
图17-86 绘制图形并填充颜色

⑰ 运用前面介绍的方法，选择滑梯图形，按键盘上的Ctrl + PageDown键多次，调整选择对象的图层顺序，效果如图17-87所示。

⑱ 按键盘上的Ctrl + I键，打开本书配套光盘“第17章”/“素材”目录下的“宝宝.cdr”文件，如图17-88所示。

图17-87 调整后的位置

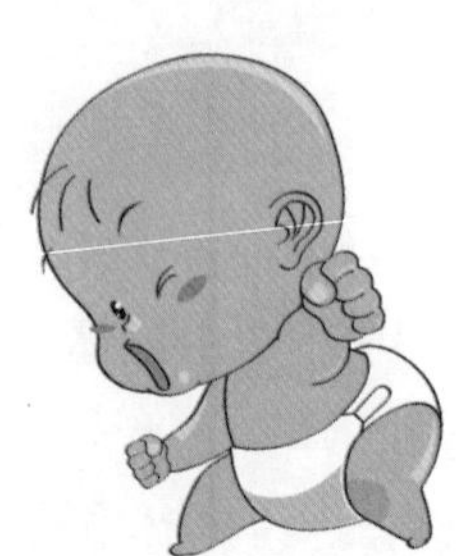
图17-88 导入图形

⑲ 调整导入图形的大小及位置，如图17-89所示。

⑳ 同样地，按键盘上的Ctrl + PageDown键多次，调整选择对象的图层顺序，效果如图17-90所示。

图17-89 调整后的位置

图17-90 调整后的效果

㉑ 保存文件，命名为“创意滑梯.cdr”。

实例总结

本例运用了【贝塞尔工具】和【裁切工具】，应重点掌握在【对象管理器】中调整对象位置、更换对象颜色等操作方法。

Example 实例 199 对象管理器——卡通戒指

实例目的

学习了前面的范例后，现在读者自己动手绘制出一个“卡通戒指”图形，效果如图17-91所示。

图17-91 卡通戒指效果

实例要点

◆ 绘制两个椭圆形。

◆ 选择大椭圆形，打开【渐变填充】对话框，设置渐变类型为辐射，调和颜色为自定义（五色），设置第一种、第三种、第五种颜色均为20%黑（CMYK：0、0、0、20），第二种和第四种颜色均为白色。

◆ 选择小椭圆形，填充为白色。

◆ 打开【对象管理器】泊坞窗，新建一个图层，然后导入“太阳花.cdr”文件（光盘\第17章）。

◆ 隐藏“图层1”，删除导入图形的叶子和茎，调整太阳花图形到椭圆形的下方。

◆ 显示“图层1”，完成制作。

Example 实例 200 螺纹工具——棒棒糖

实例目的

学习了前面的范例后，读者自己动手运用【螺纹工具】、【贝塞尔工具】和【渐变填充工具】来绘制“棒棒糖”图形，效果如图17-92所示。

图17-92 棒棒糖效果

实例要点

◆ 运用【螺纹工具】和【贝塞尔工具】绘制出棒棒糖上的糖稀，然后将其填充为（CMYK：0、78、38、0）。

◆ 选择【贝塞尔工具】，绘制棒棒糖的外侧轮廓，打开【渐变填充】对话框，设置渐变类型为线性，自定义颜色（五色），第一种颜色（CMYK：0、0、0、0、10），第二种颜色（CMYK：

0、0、0、0、20），第三、四种颜色均为（CMYK：0、0、0、0、40），第五种颜色为白色（CMYK：0、0、0、0、0），制作出棒棒糖的厚度。

◆ 再运用【贝塞尔工具】绘制一个弧形，填充为（CMYK：34、27、26、0），制作出棒棒糖的投影。

◆ 绘制一个矩形，然后打开【渐变填充】对话框，设置渐变类型为线性，自定义颜色（三色），第一种颜色（CMYK：24、27、34、0），第二种颜色（CMYK：7、9、13、0），第三种颜色（CMYK：23、27、33、0），旋转至合适的角度，制作出棒棒糖的木棒。

◆ 运用同样的方法，制作出另一根棒棒糖，填充个人喜欢的颜色。